Reliure serrée

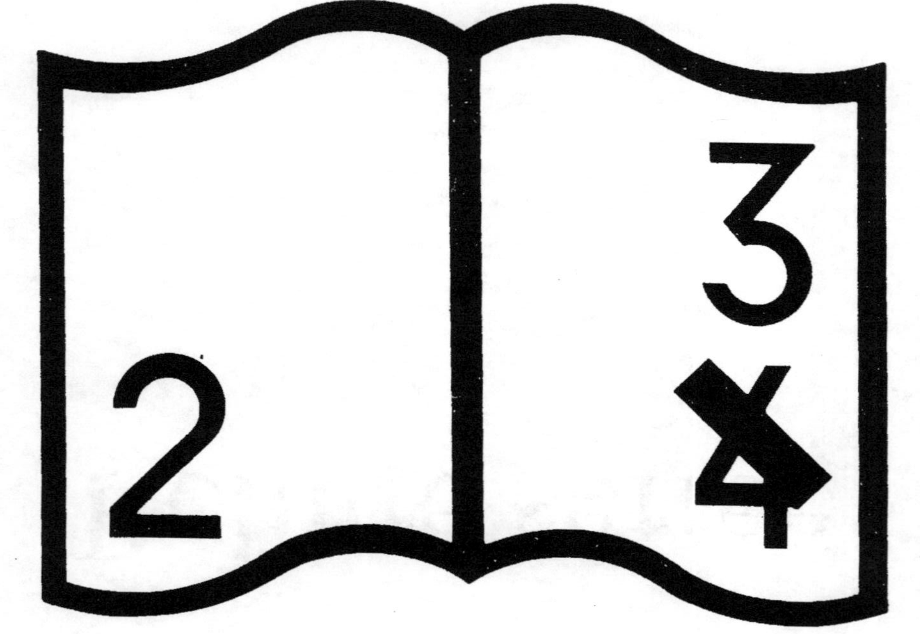

Pagination incorrecte — date incorrecte

NF Z 43-120-12

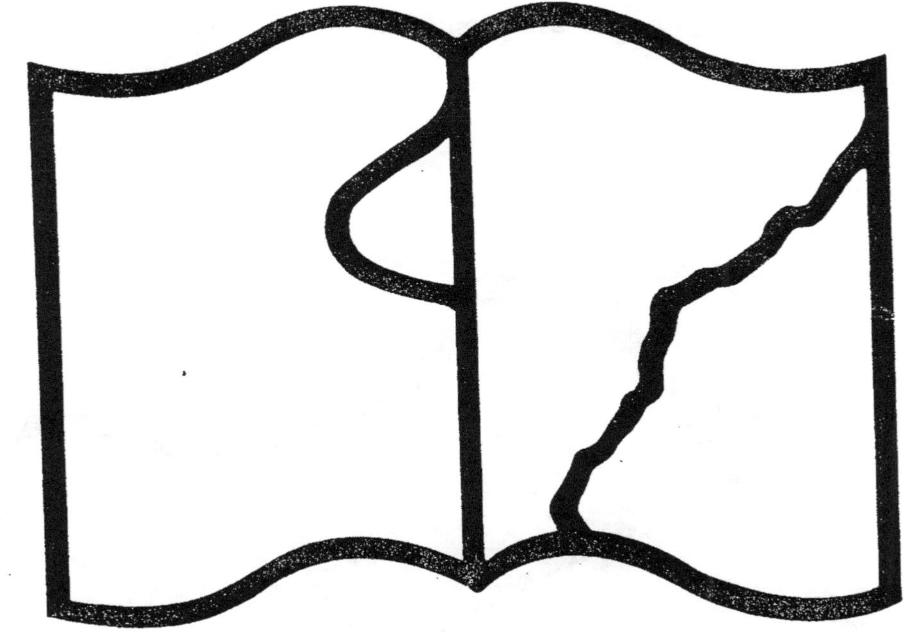

Texte détérioré — reliure défectueuse

NF Z 43-120-11

Documents manquants (pages, cahiers...)

NF Z 43-120-13

RECUEIL DES VOIAGES

QUI ONT SERVI
A L'ÉTABLISSEMENT
ET AUX PROGRÈS
DE LA
COMPAGNIE
DES
INDES ORIENTALES,

Formée dans les **PROVINCES UNIES** des Païs-bas.

TOME QUATRIÈME.

A AMSTERDAM,

Aux Dépens d'ÉTIENNE ROGER, Marchand Libraire, chez qui l'on trouve un affortiment général de toute forte de Mufique. M. D. C C V.

VOIAGE
DE L'AMIRAL
PIERRE WILLEMSZ
VERHOEVEN
AUX INDES ORIENTALES,
Au Japon &c.

L'An 1607. & les Années suivantes:

Avec une Rélation de ce qui s'est passé en ce tems-là dans l'isle Borneo, & une description de l'état où étoient l'isle d'Amboine & les Moluques l'An 1627.

DES Treize vaisseaux que la Compagnie des Indes Orientales fit partir l'An 1607. il en fut équipé quatre grands & deux yachts, par la Chambre d'Amsterdam qui participoit pour la moitié à cette cargaison. La Chambre de Hoorn & d'Enchuise, qui y participoit pour une huitiême, fournit un vaisseau de 800. tonneaux: celle de Delft, qui y participoit pour

A   une

une demie part, fournit un vaiſſeau de 1000. tonneaux, & un yacht de deux cents : celle de Zélande, qui y participoit pour un quart de part, fournit un vaiſſeau de 600. tonneaux, & un yacht de deux cents.

Pierre Willemſz Verhoeven, ou Verhouven, d'Amſterdam, fut établi Amiral de cette flote, & Francois Wittert de Zélande en fut fait Vice-amiral. Il y eut ſept des vaiſſeaux qui la compoſoient, qui firent voiles du Texel le 22. de Décembre 1607. à ſix heures du matin, par un vent d'Eſt. Mais celui qui ſe nommoit *Hollande* aïant touché ſur un banc, dans la paſſe des Eſpagnols, les autres le laiſſérent, & portérent le cap au Sud-oüeſt-quart-de-Sud, par un vent fait de Nord, qui étoit fort-frais.

Le 23. nous eûmes la vuë de Douvres & de Calais, par un vent d'Eſt-nord-eſt, & nous courûmes au Sud-oüeſt-quart-à-l'Oüeſt. Le *Delft*, dont Jaques van Groenewegen étoit le Commis, joignit alors notre flote.

Le 24. elle fut auſſi jointe par une autre flote de Hambourquois, à qui le Maître du vaiſſeau *les Provinces* alla raiſonner. Ils lui répondirent que leurs vaiſſeaux étoient deſtinez pour S. Lucas. Sur le ſoir nous découvrîmes Portlandt.

Le 25. de vaiſſeau *le Lion Rouge* & le yacht *le Paon* s'abordérent. *Le Lion Rouge* perdit ſon mât & ſa vergue d'artimon, & ſa galerie fut fort endommagée. L'Amiral fit mettre aux fers les Oficiers du quart, pour n'avoir pas bien fait leur devoir.

Le 26. le Conſeil général s'étant aſſemblé, on concerta les ordres qu'il faudroit ſuivre ;

en

en cas d'ataque par des ennemis. En même tems les rations furent réglées à 4. livres de bifcuit par femaine, pour chaque homme ; à un pot de biére par jour, & 5. fromages pour tout le voiage.

Le 8. de Janvier 1608. le vent aïant forcé, les vaiſſeaux s'écartérent les uns des autres. Il n'y eut que *les Provinces*, qui portoit le pavillon comme Amiral, le *Delft* & le yacht *l'Aigle*, qui demeurérent enſemble ; & ils coururent à l'Ouëſt.

Le 26. nous nous trouvâmes à 8. lieuës du Pic de Ténériffe, qui nous demeuroit à l'Eſt-ſud-eſt. La nuit ſuivante nous eûmes un vent de Nord-eſt, & nous crûmes que c'étoit un de ces vents aliſez qui durent ordinairement juſques par les 5. ou 6. degrès au-deçà de la Ligne équinoxiale.

Le 2. de Février nous eûmes la vuë des iſles du cap Verd, qu'on nomme autrement, ſurtout parmi les Hollandois, les iſles Salées, parce-qu'ils ont trouvé beaucoup de ſel dans l'iſle du Mai. Celle qui ſe nomme l'iſle du Sel en particulier, ne fournit que peu de rafraî-chiſſemens, qui conſiſtent en quelques chévres & cabris bien-maigres. Les habitans d'une autre de ces iſles, nommée S. Jago, y vont chaſſer, & particuliérement une fois l'année, qu'ils font une chaſſe générale, pour avoir les peaux de ces bêtes.

Les dix vaiſſeaux qui avoient été ſéparez, s'étoient rejoints à la rade de l'iſle du Mai, où l'Amiral les rencontra. La joie de cette rencontre fut entiére, car on y trouva le navire *Hollande*, qu'on craignoit qui ne ſe fût

A 2   briſé

brisé sur le banc de la passe des Espagnols au
Texel, où on l'avoit laissé échoüé. Simon
Jansz Hoen, qui en étoit le Capitaine, & Jaques de Bitter qui en étoit le premier Commis,
firent le raport de ce qui leur étoit arrivé.

Le circuit de l'isle du Mai est d'environ deux
jours de chemin. Il y a beaucoup de rochers,
& elle est fort-aride. Il n'y croît presque rien
que du foin, & des figuiers sauvages, dont les
figues ne meurissent point, quoi-que la chaleur leur fasse prendre une assez belle couleur,
mais elles manquent de pluïe. Il y a aussi
quelques arbres qui portent du coton.

Ce qu'on y trouve en abondance sont des
chévres, dont le Gouverneur fait tuer plus de
5000. par an pour en avoir les peaux. Il y a
peut-être 30. familles qui y vivent misérable-
ment. Il y a aussi des bœufs sauvages, des vaches, des taureaux, des asnes, des pourceaux,
des coqs de bruïére, des faisans, des oies sauvages. Mais tout est si farouche qu'on a beaucoup de peine à en découvrir & à en tuer.

Il y a des marais salans dans lesquels l'eau
entre, & où même elle sourd, & la chaleur
la faisant coaguler, il s'en forme de bon sel,
qui y est en abondance. Ceux qui relâchent à
cette isle pour s'en pourvoir, doivent prendre
les habitans par la douceur ; si-non ils s'en-
fuïent dans les montagnes, & y emmènent
leurs troupeaux de chévres, ainsi-qu'il est
arrivé en cette ocasion.

Car le *Zelande* y aïant relâché le premier,
& aïant mis des gens à terre pendant la nuit,
tout le monde s'enfuit hormis un vieillard,
que le Commis Obelaer traita fort honnête-
ment,

ment, lui faifant même des préfens en le ren-
voiant, pour l'obliger de dire aux autres que
s'ils vouloient amener des rafraîchiffemens,
on les leur paieroit bien. Cependant il ne revint point, & l'on ne vit plus perfonne.

L'Amiral & Jaques le Fèvre defcendirent à
terre, acompagnez chacun de 25. moufquetaires, avec quelques piquiers, & chaque
troupe prit un chemin particulier. Ils pafférent la nuit dans l'ifle, & les habitans aïant
vu qu'ils n'y avoient fait aucun defordre, envoiérent dire à l'Amiral qu'ils lui meneroient
des chévres, fi fes gens ne commettoient aucune violence, & ne touchoient point au foin
dont ces bêtes devoient vivre.

Le 14. ils livrérent 90. chévres, qui furent
diftribuées fur les vaiffeaux, & on les païa en
fromages, & en d'autres marchandifes qu'ils
défirérent. Cependant on avoit fait débarquer
les foldats & quelques matelots, qu'on logea
dans une petite E'glife, & à qui l'on fit faire
tous les jours des éxercices militaires. On prit
auffi beaucoup de poiffons, comme une efpéce
de mulets, des brémes, des dorades, des tortuës, & d'autres auffi gros que de petites mo-
ruës, & d'un goût excellent. Pour des oranges & des limons il n'y en avoit point.

Au côté oriental de l'ifle coule un ruiffeau,
qui eft une aiguade bonne & commode, quoi-
qu'elle foit à trois lieuës dans les terres. Le
vent d'Eft-nord-eft foufle continuellement dans
les parages voifins, & il n'y pleut qu'aux mois
de Septembre, Octobre & Novembre. Mais
la pluïe y tombe alors avec tant de force,
qu'elle fait rouler de gros morceaux de roches

A 3

& de,

& des arbres des montagnes.

Un soldat du *Hoorn* avoit été condamné à la grande cale, par-dessous la quille du vaisseau, & à être déserté dans la premiére isle, pour avoir tué un Sergeant. Sa Sentence fut mise à éxécution, & il fut laissé dans l'isle du Mai. Les autres isles du cap Verd où l'on pourroit se rafraîchir, étant défenduës par des forts que les Portugais y ont construits, on ne peut pas y relâcher surement.

Ainsi Jean de Molre premier Commis du vaisseau Amiral, & Jaques le Fèvre, Fiscal de la flote, qui ont écrit cette présente Rélation, donnent avis aux Sieurs Directeurs de la Compagnie, qu'il vaudroit mieux ordonner aux vaisseaux d'aller se rafraîchir dans les ports du continent du cap Verd, où le moüillage est bon, & où l'on trouve quantité d'oranges & de limons.

De-plus il faut considérer que si les Hollandois continuënt à marquer l'isle du Mai pour rendévous, le Roi d'Espagne pourra y envoier ses galions, pour atendre les flotes, qui n'entrent ordinairement dans le port que vaisseau à vaisseau ; & il leur seroit facile de les détruire. Au-lieu qu'on pourroit tour-à-tour leur marquer différens ports au continent, pour se mettre à couvert de surprise, d'autant-plus qu'on ne s'éloigneroit presque pas de la route qui conduit sous la Ligne, puis-que les vents alisez d'Est-nord-est y souflent aussi.

Enfin chacun s'ocupa, dans le port de l'isle du Mai, à se racommoder & à faire de l'eau, & comme ce fut là que toute la flote se trouva rassemblée, cette circonstance fournir ici l'ocal'ocafion de fpécifier tous les vaiffeaux dont elle étoit compofée, & d'en parler en détail.

1. L'Amiral, qui étoit du port de 800. tonneaux, fe nommoit *Les Provinces Unies*, & étoit monté par l'Amiral Verhoeven. Jean de Molre en étoit le premier Commis, & Frans Jacobfz d'E'dam le Capitaine, ou le Maître. Il portoit deux piéces de canon de 24. livres de balle; 4. piéces de 18. livres de balle; 2. pierriers de fonte de 13. livres de balle; 18. piéces de petit canon & deux de rechange; 10. autres pierriers; avec les munitions de guerre néceffaires, & des vivres pour 160. hommes, pendant trois ans.

2. *Hollande*, du port de 1000. tonneaux, dont le Commis fe nommoit Jaques de Bitter de Harlem, & le Maître Simon Janfz Hoen, ou Houn. Il portoit fix canons de demi-calibre, & 22. petits, avec deux autres de rechange; 10. pierriers &c. & des vivres pour 230. hommes, auffi pendant 3. ans.

3. *Amfterdam*, du port de 600. tonneaux, dont le Commis fe nommoit Pierre Hertfingh, & le Maître Pierre Gerritfz d'Amfterdam. Il portoit 22. canons, 8. pierriers, & des vivres pour 140. hommes.

4. *Le Lion Rouge avec les fléches*, du port de 460. tonneaux, dont le Commis fe nommoit Gilles le Fieff d'Anvers, & le Maître Jean Wallifchfz d'E'dam. Il portoit 18. canons & 8. pierriers, avec des vivres pour 120. hommes.

5. Le yacht *le Paon*, de 220. tonneaux, dont le Commis fe nommoit Pierre Segerfz d'Utrecht, & le Maître Meus Gysbertfz d'Amfter-

dam,

dam. Il portoit 18. canons & 6. pierriers, avec des vivres pour 70. hommes.

6. Le yacht *l'Aigle*, de la même capacité & de la même monture que *le Paon*, & également pourvu de toutes fortes de munitions. Le Commis se nommoit Jean Hesselsz de Steenwijk, & le Maître Rutgert Thomasz d'Amsterdam.

7. *Middelbourg*, du port de 1000. tonneaux, monté par le Vice-amiral François Wittert. Le Commis se nommoit Jaques Bouvaert, & le Maître Corneille Leenertsz Krackeel. Il portoit 26. canons, quelques pierriers, & des vivres pour 220. hommes.

8. *Zélande*, du port de 600. tonneaux, dont le Commis se nommoit Jean Obelaar de Flandres, & le Maître Guillaume Jacobsz d'Armuide. Il portoit 20. canons & 8. pierriers, avec des vivres pour 140. hommes.

9. Le yacht *le Faucon*, du port de 200. tonneaux, dont le Commis se nommoit Hans van Houten, & le Maître Corneille Adriaansz. Il portoit 15. canons, & 6. pierriers, avec des vivres pour 96. hommes.

10. *Rotterdam* du port de 10000. tonneaux, dont le Commis se nommoit Adam Claasz van Driel, & le Maître Jean Cornelisz de With. Il portoit 22. canons & 8. pierriers, avec des vivres pour 210. hommes.

11. Le yacht *le Griffon*, du port de 200. tonneaux, dont le Commis se nommoit Nicolas Puyes, & le Maître Corneille Cornelisz Thert. Il portoit 12. piéces de canon, & 7. pierriers avec des vivres pour 60. hommes.

12. *Delft*, du port de 1000. tonneaux, dont
le

le Commis se nommoit Jaques van Groenwe-
gen, & le Maître Simon Martensz de Rotterdam. Il portoit 26. piéces de canon, & 10.
pierriers, avec des vivres pour 210. hommes.

13. *Hoorn*, du port de 700. tonneaux, dont
le Commis se nommoit Pierre Gerritsz Bourgogne, & le Maître Martin Jansz Kloot. Il
portoit 22. piéces de canon, & 5. pierriers,
avec des vivres pour 140. hommes.

Ainsi toute la flote étoit montée de 18. à 19.
cents hommes, de douze piéces de canon de
fonte, de 263. canons de fer, & de 102. pierriers, faisant en tout 377. piéces de canon,
avec des munitions de boulets, de poudre, de
méche &c. & des vivres pour 3. ans. Cet armement coûtoit deux millions sept cents qua-
tre-vingts-seize mille deux-cents trente-trois
livres.

Le Conseil de l'Amiral devoit être composé du Vice-amiral comme Président, de Jean
de Molre Commis du vaisseau *les Provinces
Unies*; de Corneille Leenertsz Krackeel, Maître du *Middelbourg*; de Jaques Obelaar, Commis du vaisseau *Zélande*; de Jaques van Groenewegen, Commis du *Delft*; de Simon Jansz
Hoen, Maître du vaisseau *Hollande*; de Jaques de Bitter, Commis du même vaisseau;
d'Adam Claasz van Driel, Commis du *Rotterdam*; de Pierre Gerritsz, Maître de *l'Amsterdam*; de Pierre Hertsing Commis du même vaisseau; de Pierre Gerritsz Bourgogne,
Commis du *Hoorn*; & de Corneille Cornelisz
Thert, Maître du yacht *le Griffon*.

Outre ce Conseil ordinaire, il y avoit encore un Conseil de guerre, pour les afaires cri-

 minel-

minelles. Il y avoit même dans chaque vaiffeau un Conseil particulier, qui étoit composé du premier Commis, du Maître, du Sous-
commis, du Pilote, du Contre-maître, & du
Commandant des soldats. Chacun de ces Conseils avoit son acte de Commission, & ses Inftructions auxquelles il devoit se conformer.

Pendant-que tous les vaifseaux étoient ensemble à la rade de l'isle du Mai, on ouvrit,
selon les ordres qu'on en avoit, une Instruction secrète, où l'on ne trouva que des avis
pour passer promtement la Ligne; pour tâcher
de doubler le cap de Bonne-espérance dans le
14. de Janvier; & en cas qu'on s'écartât, pour
s'atendre les uns les autres, pendant 15. jours,
dans la baie de Verhagen, ou dans celle de
S. Auguftin, qui est par les 38. degrès, sous le
Tropique du Capricorne.

Après avoir leu cette Instruction, il fut réfolu, à la pluralité des voix, qu'on tâcheroit
de passer la Ligne, & que pour cet éfet on feroit le Sud-sud-est, & le Sud-est-quart-au-sud,
le vent étant alors Nord-est; & en conséquence l'Amiral aïant tiré la nuit le coup de partance, on remit à la voile.

Le 21. nous tombâmes dans le calme, ainfi
qu'il arrive quand on aproche de la Ligne, &
nous eûmes en même tems plufieurs travades.
Le 8. de Mars, nous nous trouvâmes par les
41. minutes de latitude Sud, fi-bien que nous
avions passé sous la Ligne pendant la nuit. Nous
prîmes alors notre cours au Sud-est-quart-de-
sud.

Il est difficile, quand on est sous la Ligne
de prendre hauteur à l'astrolabe, ou à l'arba-
lête,

lête, parce-qu'on a le Soleil ou tout-à-fait ou presque perpendiculairement sur la tête, quand il est sur le zénit, savoir le 22. de Mars. Dans ce tems-là on est obligé de se régler par la Croisade du pole Antarctique.

Le 23. par la hauteur des 2. degrés 28. minutes, on pêcha tant de bonites qu'il y en eut quelquefois sufisamment pour donner à manger à tous les équipages. C'est un poisson plus gros qu'une alose, & il peut fournir à manger à 8. ou 10. personnes. Son goût aproche de celui du maquereau. Nous pêchâmes encore des Dorades, qui sont de la grosseur du saumon, à-peu-près du goût de l'alose, & dont la substance est fort blanche. On prit aussi des hydres, ou serpens d'eau, de 4. à 5. piés de long. On les regarde comme les loups de la mer, & il fut fait défence aux équipages de se baigner, parce-qu'on est souvent surpris par ces hydres, qui ont tant de force, & mordent si-serré, que quand ils saisissent un bras, ou une jambe, ils entraînent aussi-tôt l'homme au fond de l'eau.

Ils ont la gueule grande & les dents aiguës. On les prend avec un gros hameçon, ou crochet, de l'épaisseur d'un doigt, où l'on met un morceau de chair. Il y a toujours devant leur gueule, ou sous leur corps, de petits poissons qui nagent, & qui sont de la grosseur des harangs ; mais ils ont des raies noires. On les nomme Pilotes. Ils vont succer l'apas, avant que l'hydre y touche, & quand il les voit faire sans qu'il leur en arrive de mal, il y va aussi, & s'accroche en voulant avaler le morceau.

A 6

Il y eut une partie de nos gens qui n'en voulurent pas manger. Les autres en mangérent
& les trouvérent fort bons. On leur ouvroit
le ventre, & on leur ôtoit les entrailles qu'on
jettoit à la mer, où les autres serpens les dé-
voroient, tant ils sont voraces.

Nous vîmes encore une multitude de poissons volants, qui voloient contre les voiles,
& tomboient dans les vaisseaux. Ils sont de la
grosseur & du goût d'un gros éperlan rôti sur
le gril. Les bonites & les dorades qui nagent
fort-vîte, leur donnent la chasse, & les mangent. Nous pêchâmes aussi de ces poissons que
les Portugais nomment Abricoor, qui ont trois
à 4. piés de long, qui sont de bon goût, &
aussi gras que des pourceaux. L'équipage du
Middelbourg en pêcha un qui avoit cinq piés,
& qui fut sufisant pour son repas, c'est-à-dire
pour plus de 200. hommes.

Le 23. du même mois de Mars 1608. il fut
résolu qu'on iroit relâcher à l'isle de Sainte
Héléne, & que ceux qui pourroient s'être écar-
tes de la flote, l'atendroient là pendant 15.
jours; lequel tems étant passé, ou-bien au cas
qu'ils s'y rendissent trop tard, & qu'ils n'y
trouvassent plus personne, ils s'en iroient à la
baie de Verhagen, ou au cap de S. Sébastien,
sous le Tropique du Capricorne, par la hauteur des 22. degrès 40. minutes, & de-là aux
isles Comeros, ou Comores, savoir Mayotte
& Anguon, qui gisent par la hauteur d'entre
les 12. & 13. degrès. Mais il les faut compter par les 13. degrès 15. minutes, pour prendre bonne hauteur, parce-que les courans portent toujours vers le Nord. Les Portugais n'en
ont

ont pas eu une affez particuliére connoiffance, & par cette raifon ils les ont omifes dans leurs cartes.

Au-refte il fut bien recommandé à chacun des Oficiers de faire tous fes éforts pour s'y rendre avant le 8. d'Août, afin d'y faire monter les chaloupes, & de pouvoir faire voiles à la mi-Août vers la côte de Malabar.

Le 5. d'Avril, la flote étant par la hauteur des 26. degrès 40. minutes, on eut ordre de porter fur l'ifle Sainte Héléne ; & comme on y pouvoit rencontrer des carraques Portugaifes, elle fut diftribuée en trois divifions. La premiére, qui étoit compofée des vaiffeaux *les Provinces Unies*, *Zélande*, *Hollande*, & des deux yachts *le Griffon* & *l'Aigle*, fut fous le commandement de l'Amiral, pour fe mettre de l'avant. La feconde, compofée du *Middelbourg*, de l'*Amfterdam*, du *Delft*, & du yacht *le Paon*, eut pour Chef le Vice-amiral. La troifiême compofée des vaiffeaux *Rotterdam*, *le Lion Rouge* & *Hoorn*, & du yacht *le Faucon*, fut mife fous la conduite d'Adam Claafz van Driel.

Il fut en même tems ordonné, qu'on tiendroit, à côté de chaque piéce de canon, une grande baille pleine d'eau, avec un feilleau de cuir, où il y auroit une corde de la longueur de 3. a 4. braffes. On diftribua 40. grenades à chaque vaiffeau, & 25. à chaque yacht, & l'on promit une réale de huit à chacun de ceux qui en auroient jetté quelqu'une qui auroit endommagé les ennemis; & 50. réales à celui qui pourroit enlever le pavillon de leur Amiral.

Si l'on ne trouvoit point de carraques, ni

 d'aud'autres ennemis à Sainte Héléne, on y devoit faire rafraîchir les malades, & faire de l'eau: car autrement on auroit été contraint de relâcher pour cet éfet au cap de Bonne-espérance. Mais on n'y pouvoit aller alors qu'avec beaucoup de péril, parce-que c'étoit la saison de l'Hiver.

Le 10. on fut par la hauteur des 25. degrès 55. minutes, & les vaisseaux furent acompagnez des bonites jusques-là.

Le 14. de Mai 1608. on eut la vuë de l'isle Sainte Héléne, & le 15. sur le minuit, on moüilla l'ancre à la rade, par le travers de la petite E'glise, où l'on ne trouva aucuns vaisseaux, ni amis, ni ennemis. Il y avoit bien 500. malades dans la flote, pour qui l'on dressa des tentes à terre, où on les fit porter. Le lendemain on trouva quatre lettres, dans un morceau de bois creux, suspendu au coin de la porte de la petite E'glise.

La premiére étoit de l'Amiral Waarwijk, qui avoit relâché à cette isle le 28. de Janvier 1607. avec deux vaisseaux nommez *Hollande & Dort*, qui avoient remis à la voile le 28. de Fèvrier suivant, pour s'en retourner en Hollande.

La seconde étoit de Jean van den Beet, Commis du vaisseau *le Lion Blanc*, qui y avoit relâché le 15. de Décembre 1607.

La troisième étoit de B. Opmeer, premier Commis de l'*Amsterdam*, & de Dirck Gijsbertsz Schaeck qui en étoit le Sous-commis. Ils y avoient relâché le 19. de Décembre 1607. & le 6. de Janvier 1608. ils avoient continué leur route vers la Hollande.

La

La quatriême étoit de Guillaume Cornelifz Schouten , de Jean Willemfz Verfchoor, & de Paul van Soldt , qui y avoient relâché le 21. de Fèvrier 1608. avec les vaiffeaux *les Provinces Unies* , *le Lion Noir*, & *Médenblick*; & en étoient partis le 3. de Mars pour aller auffi en Hollande.

L'ifle Sainte Héléne eft haute & montueufe. Elle eft entourée de roches efcarpées, & a fix lieuës de circuit. Elle gît par les 16. degrès un quart. A fon côté occidental, proche de la petite E'glife , il y a bon moüillage : mais il faut moüiller tout-proche de terre, pour ne pas chaffer fur fes ancres : car il y a des valées entre le grandes montagnes, d'où fortent ordinairement des vents qui fouflent avec impétuofité.

La plupart de ces montagnes font couvertes de verdure , & de quelques arbres fauvages. Entre-autres il y en a un dont les feüilles font affez femblables à celles de la fauge , & ont à-peu-près la même odeur ; & c'eft celui qui fournit l'ébéne. Ses fleurs fourniffent auffi une gomme de la couleur de la gomme Arabique, & de l'odeur du benjoin. Il y a d'autres grands arbres, qui produifent de belles fleurs incarnates & blanches, à-peu près comme les tulipes, qui font un très-bel ornement ; & un petit fruit, prefque comme le blé farrafin.

Il y a deux belles valées, dont l'une s'apelle la valée de l'E'glife ; & c'eft par le derriére de l'E'glife qui y eft, qu'on monte fur la montagne. L'autre fe nomme la valée des oranges , qui eft au Sud. On y trouve de bonnes oranges, des grenades, des limons, affez pour fervir

vir de rafraîchiſſemens aux équipages de cinq
ou ſix vaiſſeaux. On y voit auſſi quantité de
perſil, de ſenevé, de pourpier, d'oſeille, de
camomille, herbages qui mangez en potages,
ou en ſalades, ſont très bons contre le ſcorbut.

Il croît ſur la montagne une certaine herbe
aſſez ſemblable à la lavande, dont le goût aigret eſt fort agréable, & qui jette des feüilles de la longueur du doigt, qui ſe terminent
en pointe, comme des oreilles de lapin. Il y
croît encore beaucoup de creſſon, avec une autre herbe qui eſt comme du tabac, aïant une
odeur forte, aprochant de celle des feüilles du
noïer; & dont la tige s'élève d'une braſſe, ou
d'une braſſe & demie. Nous crûmes qu'elle
avoit une vertu médecinale, & ſans doute qu'à
l'avenir quelqu'un un fera l'épreuve.

L'uſage de toutes ces herbes contribua tellement à la guériſon de ceux qui étoient malades du ſcorbut, qu'en huit jours il y en eut
plus de la moitié en état d'aller eux-mêmes les
cüeillir, & les aprêter; & même d'aller à la
chaſſe aux chévres & aux ſangliers. Il y a auſſi
quantité de cabris & de boucs très-gras, &
fort-gros, qu'on auroit pris pour des che-
vreüils, ou pour des veaux. Il y a des pourceaux de diverſes couleurs, & d'un très-bon
goût: mais les unes & les autres de ces bêtes
ſont difficiles à chaſſer.

Il y a encore des perdrix, des pigeons, des
tourterelles, des paons, qu'on ne peut prendre, & qu'il faut tuer à coups de fuſils. Mais
il n'y a point de bêtes devorantes, d'oiſeaux
de proie, ni de reptiles venimeux. Il n'y a
ni loups, ni lions, ni ours, ni aigles, ni éperviers,

viers, ni vautours, ni ferpens, ni crapaux.
Tout ce qui y eſt d'incommode ſont de groſſes
araignées, & des moûches auſſi groſſes que des
ſauterelles.

Au côté méridîonal de Sainte Héléne giſent certaines petites iſles, qui ne ſont proprement que des rochers, où nous voïïons des milliers de mouëttes noires, & d'autres oiſeaux
blancs, ou tachetez, dont les uns avoient le cou
long, & les autres l'avoient court. Ils faiſoient leurs œufs ſur les rochers, & ces œufs
ſont très-bons à manger. La multitude de ces
oiſeaux eſt ſi-grande, qu'on les prenoit à milliers, & ils ſe laiſſoient tuer à coups de bâton,
ce qui fait qu'on les apelle les mouëttes folles;
mais elles ſont de très-bon goût.

On y a trouvé des montagnes qui donnent
du bol rouge, & une terre graſſe qui eſt griſe,
& aſſez ſemblable à la terre Lemnienne, tant
par ſa qualité graſſe, que par le goût qu'on y
trouve, en y apliquant la langue. Il y a une
montagne au Sud-eſt, qui eſt pleine d'une ſorte de couleur rouge, avec laquelle on fait du
rouge chargé, du rouge brun & du clair. Il
y en a une autre à l'Eſt, qui fournit une belle
couleur perſe, & dont la terre, vers le bas de
la montagne, eſt d'un pers clair, & vers le
haut d'un pers brun, ainſi-que Jaques de Molre, dans ſon Journal, raporte qu'il l'a vu &
bien éxaminé.

Il y a ſur les rochers qui ſont le long de la
mer, de bon ſalpêtre, & de bon ſel. L'eau
qu'on fait dans cette iſle eſt la plus ſaine & la
meilleure qui ſe trouve ſur toute la route. La
mer y eſt fort poiſſonneuſe. On y pêche tout-
proche

proche du rivage , avec de gros & de petits hameçons ; mais non-pas avec la feine , parceque le fond y eft fale , & que la mer y brife trop-fort.

Il y a diverfes efpéces de poiffons , favoir des maquereaux & des rougets , d'autres qui font comme des barbeaux , des perches , des carpes de différentes couleurs, & d'autres fortes encore. Il y a des ferpens gros comme le bras , qui font d'un excellent goût. Il y a des écrevices, & des huitres meilleures qu'en Hollande , qui font tellement atachées aux rochers qu'il les en faut féparer avec le couteau.

Le 30. du même mois de Mai , on écrivit deux lettres , par lefquelles on marquoit que l'Amiral Verhoeven avoit relâché à cette ifle avec fa flote , le 15. de Mai , & qu'il avoit remis à la voile le 2. de Juin , pour continuer fa route vers les Indes. Une de ces lettres fut mife dans une boîte de plomb , qu'on enterra dans un creux , à un pié & demi de la porte de l'Églife , & l'autre fut enfermée dans un bois creux qu'on laiffa fufpendu dans l'Églife.

Le 1. de Juin 1608. il fut réfolu qu'on feroit le Sud , jufques par les 32. degrès , où l'on changeroit de rumb pour doubler le cap de Bonne-efpérance. Le foir du 2. toute la flote remit à la voile. Le 9. on fut par la hauteur des 24. degrès 25. minutes , courant au Sud & au Sud-quart-de Sud-oüeft , par un vent forcé d'Eft-fud-eft , aïant alors paffé trois fois fous le Tropique du Capricorne.

Ceux qui paffant fous la Ligne , veulent faire route vers le cap , doivent fe fouvenir que lors-qu'ils feront au-deffus des Abrolhos, il faut

qu'ils

qu'ils portent au Sud jusques-à-ce qu'ils soient fous le Tropique, & par la hauteur des 34. ou 35. degrès, où les vents d'Est les porteront; afin de rencontrer plutôt les vents d'Oüest, qui les conduiront jusques au cap. Car fi l'on court trop-tôt la bande de l'Est, on tombe aussi trop-tôt dans les calmes.

Le 27. de Juin, au quart du jour, le Vice-amiral fit tirer un coup & mettre deux feux, pour fignal qu'il avoit découvert les terres. Vers le foir on trouva fond fur 50. brasses, & l'on crut être fur le cap des Aiguilles. Peu après on vit les terres qui nous demeuroient à 8. lieuës au Nord. Toute la nuit on fit l'Est-nord-est, jusqu'au matin du 28. & fur le midi on vit floter quantité de trombes.

On n'avoit pas cru pouvoir doubler le cap de Bonne-espérance que dans trois jours, & même quelques Pilotes croioient en être encore à cent lieuës, felon leurs pointages, lorsqu'on vit le cap des Aiguilles, qui en est à 20. lieuës, Est-quart-de-nord-est; de-forte que les courans avoient beaucoup contribué à le faire doubler, & avoient porté les vaisseaux avec force au-delà de ce premier cap.

Ceux qui viennent de Hollande, pour le doubler en cette faifon, y trouvent l'Hiver, & les vents d'Oüest, qui leur font favorables. Mais ceux qui reviennent des Indes, avec de groffes cargaifons, pour le doubler en cette même faifon, ont bien befoin de fe recommander à la miféricorde de Dieu. Ainfi il faut prendre garde à partir des Indes dans une faifon propre pour trouver l'Été au cap, en le dépaffant; & à partir de Hollande dans une
faifon

faison propre pour y faire trouver l'Hiver.
Sans cette précaution on court de grands risques, dont les moindres font d'être arrêté un
ou deux mois par des vents contraires.

Le 28. l'Amiral ordonna qu'on célébrât un
jour d'actions de graces à Dieu, dans toute la
flote, pour la faveur qu'il avoit bien voulu nous accorder, de doubler le cap de Bonne-
espérance.

Le 6. de Juillet 1608. nous fûmes battus
d'une furieuse tempête. La miséne de l'Amiral
fut emportée hors des rallingues, & il arriva
divers autres semblables accidens. Je croi que
quand l'on est vers la Terre de Natal, il faut
prendre garde à la constitution de l'air; car
avant-que la tempête commençât, on y avoit
vu des éclairs fort longtems.

Le 23. comme la flote étoit par les 17. degrès 14. minutes, le Conseil s'assembla pour
délibérer sur l'article de l'Instruction secrète des Sieurs Directeurs, qui portoit qu'on
chercheroit la flote de Portugal pour la combattre, & qu'elle seroit aparemment à Mosambique, ou dans les parages qui en sont proches. Ainsi il s'agissoit de savoir où on la devoit atendre, & si ce seroit à Maïotte, ou à
Comore, ou à Mosambique.

Il y avoit dans l'Instruction un article qui
portoit défenses de paroître à la vuë de Mosambique, pour empêcher que la flote ne
fût découverte. Néanmoins après quelques réflexions, on reconnut que si l'on relâchoit
à Maïotte, ou à Comore, il faudroit envoier
un yacht visiter le port de Mosambique, parce-qu'autrement on ne pourroit pas savoir si

les

les carraques n'y feroient point toutes, ou s'il
n'y en auroit point une partie. Or en cas
qu'elles y fuſſent, il n'étoit pas poſſible d'aller
les y ataquer, vu-que quelques-uns de nos vaiſſeaux étoient grands & fort chargez, & que
pendant la mouſſon où l'on avoit les vents &
les courans contraires, ils ne pourroient aprocher, ni entrer malgré les carraques dans le
port de cette iſle ; & c'étoit à quoi les Sieurs
Directeurs n'avoient pas penſé.

Il fut donc réſolu qu'on iroit en droiture à
Moſambique, & que ſi la flote Portugaiſe n'y
étoit pas, on l'y atendroit : qu'on comman-
deroit deux yachts pour croiſer inceſſamment
en mer, afin de donner avis à l'Amiral, s'ils
venoient à la découvrir : que cependant, pour
ne pas demeurer ſans rien faire, on ataqueroit le fort de Moſambique, quoi-que non pas
de la maniére qu'on auroit pu le faire, s'il
n'eût point fallu ſe tenir toujours en état d'aller combattre les carraques, lors-qu'elles pa-
roîtroient.

Le 24. on concerta les ordres qu'il faudroit
obſerver en faiſant deſcente. Il fut réglé qu'outre les ſoldats & leurs Oficiers, on mettroit
à terre deux compagnies de matelots, chacune de 100. hommes, & que chaque homme
feroit pourvu de vivres pour deux jours : que
les vaiſſeaux *les Provinces Unies, Delft, Hollande, & Amſterdam*, fourniroient 138. beſ-
ches, 118. pelles garnies de fer, 52. haches &c.
avec des Charpentiers, des Chirurgiens, &
des médicamens : que chaque vaiſſeau fourniroit à ſes gens de la poudre, des balles &c.
que chacun des grands navires fourniroit 25.

mate-

matelots armez, hormis *le Lion Rouge*, qui ne
fourniroit que 10. mousquetaires &c. que le
Vice-amiral seroit Général de cette petite armée, Jean de Molre Lieutenant Colonel, Simon Jansz Hoen Général de l'artillerie, Jean
de With Général des munitions de guerre, Henri van Cranenbourg Sergeant Major, Huibert
Schuurmans Quartier-maître général, Job
Jansz d'Utrecht Inspecteur général des travailleurs.

Le 28. du même mois de Juillet, la flote
étant par la hauteur des 14. degrès 50. minutes, on eut la vuë de Mosambique, qui nous
demeuroit à 3. lieuës au Nord, & vers le soir
on moüilla l'ancre à la rade, à demie-lieuë du
fort, par un vent de Sud-sud-oüest, sur onze
brasses d'eau. On éxamina la variation de l'aiguille qui avoit nordoüesté, & l'on trouva
13. degrès 14. minutes.

Dès le même jour l'Amiral aïant fait tirer
un coup de canon, & arborer un pavillon blanc
pour signal aux Oficiers de se rendre à son
bord, il fut arrêté que comme il y avoit une
carraque & deux autres petits bâtimens à la
rade, devant le fort, on envoieroit les 4. yachts
& une chaloupe armée de soldats pour les aborder; ce qui fut éxécuté, & les yachts *l'Aigle*
& *le Griffon* prirent la carraque qui étoit montée de 34. ou 35. canons de fonte & de fer.
Elle avoit hiverné dans ce port, & on l'avoit
alors armée pour faire voiles dans 7. ou 8. jours,
& aller à Goa.

Elle étoit chargée de draps d'Espagne, de
ras, de carisez, de dents d'éléfans & de chevaux marins, d'ébéne, de vins, d'huiles, &
de

de quelques autres marchandiſes. Les priſonniers furent diſtribuez ſur la flote ; mais comme on amenoit la priſe ſous le pavillon, l'eau
aïant baiſſé, elle demeura échoüée.

Les deux autres yachts *le Faucon & le Paon*,
qui avoient abordé les deux petits bâtimens
Portugais, les trouvérent léges. Dès la nuit
ſuivante on déchargea de la carraque quelques
éfets de peu de conſéquence. Il y avoit encore
deux autres petits bâtimens, que le Gouverneur, nommé Don Eſtevan d'Attaïda, fit
toüer & preſque haler ſur le ſec, où il n'y avoit
plus moïen de les joindre.

Cette expédition faite, l'Amiral fit tirer un
nouveau coup de canon, & arborer le pavillon rouge. Auſſi-tôt toutes les chaloupes armées ſe rendirent à ſon bord, où le Vice-amiral en qualité de Général des troupes de débarquement, reçut de lui ſes Inſtructions, & enſuite il fit deſcente avec ſon armée, avant-que
le Soleil fût couché, & ſans que perſonne s'y
opoſât.

Le Conſeil de guerre s'étant aſſemblé ſur le
rivage, on nomma pour Capitaines Arent Je-
liſz, Leonard Hendrikſz, Criſpin Roelant
ou Roulant, & Pierre la Broſche : pour Enſeignes Henri Jacobſz, Tobie van Varlar,
Jean Jobſz, & Cléophas van Reüven. Chacune
de leurs compagnies étoient de 100. hommes.
Le Général conduiſoit l'avantgarde qui étoit
compoſée de trois compagnies, avec les Charpentiers & les matelots pourvus d'inſtrumens
pour remuer la terre, & pour hacher le bois.
Jean de Molre commandoit l'arriéregarde, qui
étoit auſſi compoſée de trois compagnies.

Ils

Ils paſſérent au-travers du bois & du bourg, pour aller droit au fort, & firent halte dans le jardin du couvent des Dominicains, où l'armée fut rangée en ordre, & campa autour de l'E'gliſe du couvent. Le 29. les tranchées furent conduites juſques au pié du fort, d'où il ne fut pas tiré un ſeul coup juſqu'à midi. Mais après cela les ennemis firent un grand feu de mouſqueterie, & une ſortie de 40. hommes, pour retirer quelques marchandiſes, qui avoient été amenées & ſauvées ſous leurs murailles. Trente de nos ſoldats, dont la plupart avoient trop bu, aïant été commandez pour eſcarmoucher avec eux, furent repouſſez, & dans leur retraite il y eut deux Sergeants de tuez, & quelques ſoldats de bleſſez.

Le 30. du même mois de Juillet, on envoia des gens vers les Caffres, avec des préſens, pour tâcher de les attirer dans notre parti ; mais on n'en put venir à bout. Le 3. on éleva deux batteries l'une de deux canons de demi-calibre du côté du Nord, & l'autre de quatre pareils canons, du côté du Sud. La nuit ſuivante on fit poſter devant le fort 4. chaloupes, armées chacune de ſix mouſquetaires, pour empêcher que perſonne n'y entrât, ni n'en ſortît.

Le 1. d'Août, le Conſeil ordonna qu'on déchargeroit la carraque échüoée, puis-qu'on n'avoit pu la remettre à flot. Mais les ennemis nous prévinrent. Ils la firent brûler juſqu'à fleur d'eau, & l'on n'en ſauva rien que quelque pillage que firent les matelots, & quelques piéces de canon.

Le 2. le feu fut mis dans une petite maiſon,

tout-

tout-proche de notre parc aux poudres. On ne
douta point que ce ne fût un coup des Portugais, & l'on porta les munitions de guerre
dans l'Eglife. Le 3. on fit aprocher les canots du fort, pour le ferrer de plus près, & ils
furent commandez par Corneille Cornelifz
't Hart, Maître du yacht *le Griffon*.

Le 4. on envoia un Trompette & un Négre
au fort avec une lettre, pour le fommer de fe
rendre. Le Négre fut retenu, & le Trompette renvoié avec une réponce qui portoit
que le Gouverneur, à qui le Roi de Portugal
fon Maître avoit confié cette place, n'avoit
pas intention de la rendre, à la vuë d'une fimple lettre: que ceux qui défiroient de s'en rendre maîtres, n'avoient qu'à chercher d'autres
mains que celles qu'ils avoient déja emploiées,
pour y parvenir: que ce n'étoit pas un chat à
prendre fans mitaines. Cette réponfe n'étoit
fignée que par le Capitaine du baftion de S. Ga-
briel, le Gouverneur, par une fierté Portugaife, aïant voulu têmoigner qu'il fe croioit
trop grand Seigneur, & qu'il n'avoit pas daig-
né s'abaiffer jufqu'à la figner.

Nous favions auffi très-certainement qu'il y
avoit peu de vivres dans la place. Mais pour
nous ôter cette penfée, ou pour nous empêcher
de la concevoir, le Trompette fut régalé de
bifcuits, qu'on fervit devant lui en abondance, avec une infinité d'oranges. Outre cela
on chaffoit quelquefois de la place des chévres
& des pourceaux fur les rempars, comme pour
s'en décharger, parce-qu'il y en avoit trop.

Le 8. d'Août les affiégez firent une fortie de
50. hommes, qui ataquérent les fentinelles,

B

&

& chaſſérent les aſſiégeans de leurs tranchées: puis ils ſe retirérent en bon ordre emportant deux de nos tambours, & quelques mouſquets. Cette action obligea nos Commandans à faire une nouvelle batterie de deux piéces ſur l'Egliſe, & enſuite on atacha le mineur: mais les aſſiégez jettérent tant de pots à feu qu'il fut impoſſible de travailler.

Le 11. on fit des préparatifs pour la retraite, & la nuit on rembarqua trois piéces de canon. Le 12. les aſſiégez mirent le feu à un vieux bâtiment dégradé, qui étoit au pié du fort, pour découvrir quelle manœuvre nous faiſions.

La nuit du 13. nous prîmes un Noir qui ſortoit de la place, & qui dît qu'il y alloit toutes les nuits des canots avec des rafraîchiſſemens, non-obſtant les ſentinelles que nous avions poſées; mais qu'on y manquoit d'eau.

Le 15. on rembarqua le reſte du canon. Le même jour un ſoldat de la compagnie de Cronenbourg aïant déſerté, & s'étant jetté dans la place, l'Amiral y envoia un Trompette avec une lettre pour le demander. Le Gouverneur fit répondre qu'il étoit allé au fort volontairement, qu'en le recevant on lui avoit donné parole de le garder, & qu'on vouloit lui tenir ce qu'on lui avoit promis.

Le 17. on lia tous les priſonniers, on les conduiſit à la tranchée, & l'on cria aux aſſiégez que s'ils ne rendoient à l'inſtant le déſerteur, on les maſſacreroit tous à leur vuë. La réponce fut que les Hollandois en uſeroient comme il leur plairoit, & que s'ils maltraitoient leurs priſonniers, le Vice-roi uſeroit de repré-

repréſailles ſur tous leurs gens qui pourroient être pris le long de la côte : que quand ils au-roient 100. Portugais , au-lieu qu'ils n'en avoient que 34. il les laiſſeroit périr , plutôt que d'abandonner un homme qui s'étoit venu jetter entre ſes bras , & à qui il avoit promis ſa protection. Sur cette réponſe on caſſa la tête aux priſonniers à coups d'arquebuſes.

Le 18. l'armée fut rangée en ordre de ba-taille , & en même tems l'on brûla la ville ; puis on marcha vers le bout occidental de l'iſ-le , en pillant & ruinant tout ce qu'on rencon-troit. Enſuite on ſe rembarqua dans les cha-loupes , ſans que la garniſon parût pour s'y opoſer , ou pour nous harceler. En faiſant la revuë à bord , on trouva qu'il manquoit 2. ou 3. ſoldats de la même compagnie de Cro-nenbourg , qui avoient déſerté.

Il nous fut tué 30. hommes à ce ſiége , & nous en eûmes 80. de bleſſez. Nous tirâmes 1250. coups de canon ſur la fortereſſe , qui eſt la plus conſidérable que les Portugais poſſé-dent dans les Indes Orientales , aïant quatre baſtions , & trois rempars.

Comme on a vu la deſcription de Moſam-bique , dans les précédens Voiages , particulié-rement dans celui de l'Amiral Paul van Caerden , il n'eſt pas néceſſaire de la faire encore. Mais puis-que le puiſſant Empire des Abiſſins , dont l'Empereur ſe nomme le Prête-jan , eſt vis-à-vis de cette iſle , dans le continent , il ſemble que c'eſt ici le lieu de dire ce qu'on en ſait.

TOUS ceux qui dans leurs Rélations ont parlé de la puiſſance & des forces de ce Mo-

nar-

narque, & des païs qu'il posséde, semblent avoir
fait le récit de ce qui regardoit ses prédécef-
seurs, plutôt que de ce qui le regarde lui-même aujourdhui. Quelques-uns étendent sa domination depuis un des Tropiques jusqu'à l'autre, c'est-à-dire qu'ils lui assujettissent autant
de païs en largeur qu'il y en a sous 50. degrès,
qui font 1400. lieuës de France, ou depuis la
mer Rouge jusqu'à la mer d'E'thiopie, aiant
l'E'gipte au Nord; la mer Rouge, & une partie des Indes à l'Est; les montages de la Lune
au Sud, où elles servent de barriéres à cet Empire; & la riviére de Sénéga, les Empires de
Nubie, de Manicongo, & le Nil à l'Oüest.
C'est ainsi que s'en expliquent Mercator, Ma-
ginus, & plusieurs autres.

Linschot, dans ses Voiages, dit que l'Empire du Prête-jan s'étend depuis l'entrée de la
mer Rouge, jusqu'a l'isle Siena, sous le Tropique du Cancer, hormis la côte que le Turc
tient sous son pouvoir depuis 70. ans. Selon
lui cet Empire est borné par la mer Rouge à
l'Est; par l'E'gipte & par les déserts de Nubie au Nord; par le Roiaume de Monoemugi
ou Monoumugi au Sud, ce qui fait environ
400. lieuës d'Italie.

Juan de Baros, que Boterus a suivi, place
le lac de Barcéne au milieu de cet Empire,
dont le circuit, selon lui, seroit de 672.
lieuës.

Le Prête-jan qui se dit être descendu du
Roi David, se qualifie Empereur de la haute
& de la basse E'thiopie, Roi de Xoa, de Caf-
fette, de Fatigar, d'Angota, de Béris, de
Balignaze, d'Adea, de Vangue, de Gaïanne

où

où est la source du Nil, d'Amaran, de Baga-
modri, d'Ambea, de Vanguci, de Tigremahon, de Sabaun qui est le Roïaume de la Reine de Saba, de Bernagas ; & Seigneur de la
Nubie qui s'étend vers l'E'gipte.

Pour parler de cet Empire dans l'état où
il est présentement, & de chacune de ses provinces en particulier, nous dirons qu'il n'y en
a point qui nous soit plus connuë que celle de
Bernagas, parce-qu'elle confine à la mer Rouge, où elle a un bon port, qui se nomme Ercocco. La ville capitale, qu'on nomme Be-
roë, est située sur le bord d'une belle riviére.
Il n'y a pas longtems que les Turcs y firent une
irruption, & en enlevérent beaucoup de peuple & de butin. Depuis ce tems-là, les habitans ont conclu un Traité avec le Bacha de
Zuaquen, qui est sur la côte de la mer Rouge,
suivant lequel ils lui paient un tribut de 1000.
onces d'or par an.

Au côté occidental il y a une haute montagne escarpée, qui a près d'une lieuë de long.
On y voit, sur le sommet qui est plat, un bel
édifice, une E'glise, un couvent, deux grandes citernes, & l'on y sème du blé & d'autres
choses. On n'y peut monter que par un seul
sentier assez étroit, & jusqu'à une certaine
hauteur, où il faut se mettre dans des panniers,
& l'on vous tire au haut : si-bien que c'est un
lieu inaccessible & imprenable : car on y recüeille autant de denrées qu'en peuvent consu-
mer les gens qui y sont, & il y a une place où
500. hommes peuvent se ranger en bataille.

En sortant de Bernagas, on trouve entre le
Sud & l'Est, les montagnes de Mandafo,
B 3 d'Osale

d'Ofale & de Graro, qui féparent ce Roïau-me de celui d'Adel. Dans la province de Da-fila , qui dépend du Roïaume de Bernagas , on voit, outre la ville d'Ercocco, celles de Sautar, Giabel, Facciri, & Abarac.

Au-delà du cap d'Ercocco , font deux gran-des eaux dormantes, où il y a des crocodiles comme dans le Nil. On paffe de-là au cap de Docono, qui eft dans le Roïaume de Dangali ; puis à l'ifle Zeilaz, & enfuite au cap del Guardafumi , où eft la ville de Metre.

En rangeant la côte qui court au Sud-eft , on trouve Carfur, & le cap de Zinogi. Sur ce golfe, où la côte eft de travers, on voit Azun & Zazella, puis Magadazo où les Portugais trafiquent. La derniére province, qui confine à la mer , eft celle de Barnis, qui a deux villes maritimes nommées Patea & Bravo. Elle fé-pare les terres du Roi de la grande E'thiopie de celles du Roi de Mélinde. C'eft là l'état des côtes.

Plus avant dans les terres eft le Roïaume de Tigremahon, entre les riviéres de Marobo & du Nil, & le Roïaume d'Angota. Cet E'tat eft compté parmi ceux de la domination du Prête-jan , parce-que le Roi eft vaffal de cet Empereur.

Dans le Roïaume de Tigrai eft la forte vil-le de Caxumo , où l'on dit que la Reine de Sa-ba tenoit fa Cour, & qui s'apelloit alors Ma-queda. Les E'thiopiens font perfuadez que cet-te Reine eut du Roi Salomon un enfant qui s'apella Meïlech. C'étoit dans cette même vil-le que la Reine Candace faifoit fa réfidence.

Le Roïame d'Angota eft fitué entre ceux de Tigre-

Tigremahon & d'Amaran , & les provinces d'Abugana & Jannemora en font partie. On y trouve les villes d'Angotini, Bachle, Corcore , & Betmar , qui font fur la riviére de Säbellette. La capitale qui fe nomme auffi Angota , eft fituée fur le bord de la riviére d'Ancone.

Le Roïaume d'Amaran confine par le Nord à celui d'Angota ; par l'Eft à celui de Xoa ; par le Sud à celui de Damut , par l'Oüeft il s'étend prefque jufqu'au Nil.

Le Roïaume de Xoa eft entre ceux d'Amaran , de Damut, & de Fatigar.

Le Roïaume de Sagamedra eft le plus grand de ceux qui compofent l'Empire d'E'thiopie ; car depuis le Roïaume de Gaïanne jufqu'à l'autre côté de l'ifle de Gueguera , il y a plus de 600. lieuës.

Cette ifle , qui fe nommoit autrefois Meroë , n'eft pas de la domination du Prête-jan. Au-contraire les habitans , qui proffent le Mahométifme, font fes mortels ennemis.

Fatigar eft entre les Roïaumes d'Adel & de Xoa. Damut confine à Xoa & à Zanguabar. Quelques-uns placent celui-ci au-delà des Roïaumes de Vangue & de Gaïanne , vers l'Oüeft, & je croi qu'ils ont raifon.

Cet Empire eft d'une fi grande étenduë & fi peu fréquenté par les étrangers, que c'eft là tout ce qu'on en peut dire de plus certain. Mais ceux-là fe font trompez qui ont écrit que l'Empereur tenoit fa Cour à Caxumo ; car c'eft dans la ville de Beimalechi , ainfi-que l'a dit Linfchot, qui a parcouru toutes les côtes d'E'thiopie , & qui l'a feu des Abiffins mêmes.

En

En général tous les païs de cet Empire sont fertiles. Il est vrai qu'on n'y recüeille point de froment ni de seigle ; mais il produit abondance d'orge, de blé sarrasin, de pois gris, de fèves, & d'autres denrées, avec quantité de sucre, que les habitans ne savent pas préparer.

Il y a beaucoup de vignobles, une infinité d'oranges, de citrons & de limons. Il n'y a pas moins de miel, les abeilles y étant dans les maisons avec les hommes ; & il y a tant de cire, qu'on ne se sert point de suif, pour faire de la chandelle. Il y croît quantité de chanvre, dont ils ne font point de toiles, ne sachant pas la faire, & n'étant pas excitez à l'aprendre, parce-qu'il n'y a point ou presque point de commerce. Ils ne se servent que de toiles de coton.

Il y a diverses sortes de bêtes & de volatiles. On y en voit presque de toutes les espéces qui sont en Europe, ou bien il s'en faut très-peu. Il y a une grande incommodité, qui est une multitude de sauterelles qui gâtent tout, & qui ruinent quelquefois les moissons. Les chevaux y sont petits, ce qui fait qu'on en tire d'Arabie & d'Egipte, à qui l'on ôte les poulains, dès qu'ils ont trois ou quatre jours, pour les faire allaiter par les vaches.

Il y a des mines d'or, d'argent, de cuivre, & de fer. Toutes les campagnes y fourmillent de perdrix, de liévres & de lapins, parce-qu'on ne va point à la chasse. Enfin on y trouve quantité de choses nécessaires pour la vie, & en abondance.

On y a deux Etés & deux Hivers, qui ne sont pas distinguez par le chaud & par le froid, mais par la durée des pluïes.   L'Em-

L'Empereur des Abiſſins, eſt nommé par les Arabes Anticlibacha, & par quelques-uns Beul-gian, ce qui veut dire Puiſſance du Prince. D'autres le nomment Aceguée, ou Empereur; & d'autres le nomment Négus, ou Roi. Il n'a point de lieu fixe pour ſa réſidence. Il va tantôt dans une place, tantôt dans une autre, & couche ordinairement ſous des tentes, qu'on porte parmi ſes bagages, au nombre de ſix mille; de-ſorte que quand il campe en raſe campagne, ſa Cour & ſon train ocupent plus de 10. ou 12. lieuës de païs. On dit qu'il eſt moins noir que les autres Mores.

Lors-qu'il voiage il eſt entouré de rideaux rouges, aïant ſur ſa tête un trône moitié d'or & moitié d'argent, & une croix d'argent en ſa main. Son viſage eſt couvert d'un morceau de zaffetas bleu, qu'il hauſſe quand il veut favoriſer ceux qui ſont auprès de lui, ou qui déſirent lui parler.

Les peuples ſont tout-à-fait noirs, & n'ont preſque aucune connoiſſance des arts ni des ſciences. Ils n'en ont pas même de la Médecine. Leurs vêtemens ordinaires ſont de toile de coton, & les plus riches en ont de ſoie.

Leurs maiſons ſont baſſes & mal bâties, faites de chaux & de paille. Les portes en ſont toujours ouvertes; car il n'y a perſonne qui veüille entrer dans la maiſon d'autruy. Ils s'aſſéïent à terre pour manger, & ne mettent jamais de nappes. Il y en a qui mangent de la chair de bœuf toute cruë. Ils ne ſe ſervent point d'argent monnoié: ils donnent l'or au poids, & trafiquent par troc: ſur-tout ils troquent du poivre pour du ſel.

B 5

Quoi-

Quoi-qu'ils aient des vignes, il ne se boit poit de vin que dans la maison du Roi, & chez le Patriarche qui porte le nom d'Abuna. Leur bruvage est fait de tamarins, & a un goût aigret. Les riches traitent fort-durement les pauvres, ce qui est cause que toutes les terres ne sont pas ensemencées; parce que ces premiers enlèvent aux autres tout ce qu'ils ont.

Ils n'ont point de règles pour leur langage, & pour écrire une lettre ils y emploient plusieurs jours. Cependant leurs caractéres sont plus beaux que ceux des Arabes & des Turcs, ainsi-qu'on le voit dans le livre de Joseph Scaliger, *De Emendatione Temporum.* La Noblesse demeure à part, la Bourgeoisie de-même, & le commun peuple aussi. Les gens de ce dernier ordre peuvent être ennoblis en faisant quelque belle action. Ils demeurent ordinairement épars en divers hameaux. Ils pèsent le sel au même poids que l'or.

Ils ne jurent que par la tête de leur Roi. Ils se servent de mulets pour porter des fardeaux, & de chevaux pour combattre. Ils ne s'habillent jamais de noir qu'en deüil, regardant toujours cette couleur comme un simbole de tristesse. Ils pleurent leurs morts 40. jours. Dans leurs festins le second service est de viande cruë, & c'est le service délicat.

Ils s'adonnent volontiers à la navigation, & ils y ont de l'expérience. Si, lors-qu'un vaisseau est sous voiles, quelqu'un laisse tomber dans l'eau une chose, qui même ne soit presque d'aucune conséquence, ils se jettent, un ou plusieurs, à la mer, & la vont querir. Ils chantent presque toujours en travaillant,

& lors-

& lors-qu'ils n'ont rien à faire, particuliérement quand ils font fur des vaiffeaux Portugais, où ils ont toute leur famille avec eux,
ils ne font que boire & chanter des chanfons
avec leurs femmes & leurs enfans. Les femmes portent de longues culottes, comme celles des matelots Indiens. Les femmes Arabes
en portent auffi.

L'or, l'argent, le cuivre & le fer, fourniffent affez de richeffes à l'Empereur, & le fucre lui produiroit auffi de grands revenus, fi les
peuples pouvoient s'acoutumer à le préparer.
Ses revenus font de trois fortes. Les uns proviennent de fes domaines, qu'il fait cultiver
par fes efclaves & par fes bœufs, le nombre
de fes efclaves augmentant tous les jours, par
les mariages qui fe font entre eux, parce-que
leurs enfans demeurent en leur place.

Ses autres revenus proviennent du droit de
capitation, qui fe lève fur tout le peuple, &
de la dixième partie de tout ce qui fe retire
des mines qui ne font pas dans l'enceinte de
fes domaines. La troifième fource eft dans les
tributs que lui paient ceux des Princes voifins
qui font fes vaffaux, dont quelques-uns lui
fourniffent des efclaves, les autres des chevaux, du coton, des toiles, & d'autres chofes.

Il y a donc aparence qu'il a de grands tré-
fors en or, en argent, en pierreries & en
perles. Il fit ofrir 100000. dragmes d'or au
Roi de Portugal, pour faire la guerre aux
Turcs, & promettoit d'envoier auffi une groffe armée contre eux, avec des vivres pour elle, & pour celle des Portugais.

Ses fujets ne font pas fort belliqueux. Ils ne

B 6

favent

favent fe fervir d'aucunes armes ofenfives; ce qui vient de ce qu'on les traite tout-à-fait en efclaves, & qu'ils portent trop loin le refpeét qu'ils doivent à leur Prince. Il n'y a dans fes terres aucune place fortifiée & en état de défence. D'ailleurs ils font tous les ans un carême de 50. jours, qui épuife tellement leurs forces, que de longtems ils ne font en affez bonne difpofition pour agir comme à l'ordinaire. Les Mores épient cette circonftance, quand ils veulent les ataquer.

Alvarez a écrit que le Prête-jan peut mettre fur pié plufieurs millions d'hommes. Le tems & l'expérience ont bien fait connoître le contraire. Il y a un Ordre Militaire fous la proteétion de S. Antoine, & quand un Gentilhomme a trois fils, l'Empereur a droit de choifir lequel il lui plaît, pour le lui conférer. On tire douze mille cavaliers, des mieux faits de ce corps, pour fa garde. Ils font deftinez, par leur inftitution, à garder les frontiéres du Roïaume, & à les garantir des incurfions des ennemis.

L'Empire des Abiffins confine aux païs de trois puiffans ennemis. Le premier eft le Roi de Bornio, qui a auffi plufieurs Princes pour vaffaux. Sa domination s'étend depuis Guengalo vers l'Eft environ 50. lieuës, entre les déferts de Seth & de Barca, & fes fujets n'ont point d'autre ocupation que de faire des courfés fur leurs voifins, de les piller, & d'enlever hommes, beftiaux & fruits.

Du côté de l'Eft il confine au Turc, & entre l'Eft & le Sud au Roi d'Adel. Les Turcs defolent auffi les parties de cet Empire qui les avoi-

avoisinent. L'An 1558. ils firent une irruption
dans le Roiaume de Bernagas, & en pillérent
& brûlérent la plus grande partie. Il fallut que
les habitans s'obligeassent de paier au Grand
Seigneur un tribut annuel de 32. livres d'or.

Le Roi d'Adel, qui est son troisiême ennemi, ne le maltraite pas moins. Celui-ci gouverne les païs qui sont proche de Fatigar, &
une partie de la côte de la mer Rouge. Il enlève continuellement des troupes d'Abissins,
hommes & femmes, & les fait esclaves: car
ils sont plus estimez dans les païs étrangers que
dans le leur, parce-qu'on les fait travailler
dans ces premiers, & ils s'y acoutument si-
bien, que souvent ils obtiennent la liberté, en
considération de leurs grands services. Cela
même se voit dans l'Arabie, à Cambaie, à
Bengale, à Sumatra, où l'on fait plus d'état
des esclaves Abissins, que de tous les autres.

Le Vice-roi des Portugais dans les Indes,
envoie beaucoup de ses gens dans leur païs, &
à la Cour de leur Monarque ; ce qui a donné
ocasion à quelques Abissins d'aprendre d'eux à
manier les armes, à faire des éxercices militaires, & quelques fortifications aux places.
Il y a de l'aparence que les autres s'y éxerce-
ront aussi avec le tems, & que peu-à-peu ils
se rendront capables de se défendre, car déja
leurs ennemis ne les méprisent pas tant qu'ils
faisoient autrefois. Il y a des Marchands Flo-
rentins qui s'y sont aussi établis, & qui con-
tribuëront à les instruire des choses qu'ils ne
savent pas. L'Empereur caresse fort les étrangers, sur-tout les Européens, qu'il retient autant qu'il peut dans ses E'tats.

B 7

Il

Il a encore d'autres ennemis comme, le Roi de Dancali, à qui apartient Suela sur la mer Rouge; & les Mores dans la province de Domba, qui est pourtant de sa domination. Néanmoins ils se revoltent incessamment, d'autant plus volontiers qu'il y a une loi entre eux qui leur interdit le mariage, jusques-à-ce qu'ils aient tué douze Chrétiens.

Cependant de notre tems, ses sujets aiant commencé à s'aguerrir, ainsi-qu'il a été dit, ce Monarque a battu le Roi de Mosambique, & une autrefois l'armée de la Reine de Barfaga, qui est proche du cap de Bonne-espérance. Il a encore battu Termidem Prince des Noirs qui sont à l'Oüest de son pais, & le Roi de Manicongo, dont les terres sont vis-à-vis de l'isle de S. Thomas, directement sous la Ligne. Un de ses Généraux nommé Azamur, a aussi défait trois fois les Turcs commandez par le Bacha de Züaquen, & dans le dernier combat aiant pris le fils de ce Bacha, il lui fit trancher la tête.

Pour les Egiptiens, ils le craignent, parce-qu'il peut détourner le cours du Nil, & les priver de ce fleuve. Plusieurs Arabes le craignent aussi par cette même raison, qui fait que les uns & les autres lui paient tribut. Car il peut affamer l'Egipte, ou-bien l'inonder, ainsi que divers Auteurs l'ont démontré.

Parmi les respects excessifs que les Abissins rendent à leur Prince, comme si c'étoit une Divinité, ils ont coutume de saluer sa tente dès-qu'ils la voient, & ils touchent d'une main à terre lors-qu'ils l'entendent nommer. Il use d'un pouvoir absolu sur tous ses sujets, Nobles & Ro-

& Roturiers, Eccléſiaſtiques & Laïques. Il diſpoſe de toutes les charges ſéculiéres & Eccléſiaſtiques, & tous ceux qui les poſſédent ſont obligez de lui en faire hommage.

L'adminiſtration des Sacremens apartient à l'Abuna, ou Patriarche. Les Empereurs ſont élus d'une des trois races de Gaſpar, de Melchior, ou de Balthaſar. Tous les enfans qui viennent de ces trois races, ſont gardez ſur le mont Amaran, & quand l'Empereur eſt mort, on en élit un pour tenir ſa place. Mais preſque toujours les aînés ſont préférez aux plus jeunes, & l'élection ne ſe fait que par eux-mêmes.

Les femmes & les filles de joie font leur demeure hors des villes & des villages, où elles ne peuvent jamais entrer. Elles ſont entretenuës aux dépens du public, & doivent être toujours vêtuës de jaune.

Les fils aînés recüeillent ſeuls la ſucceſſion des péres. Il y a une loi par laquelle l'Empereur ne doit pas réſider plus de deux jours dans un endroit, ſa Cour étant ſi groſſe, & ſon train ſi nombreux, qu'ils en conſumeroient tous les vivres.

Le premier Ordre de l'Etat eſt celui qui comprend les Evêques, & les autres Eccléſiaſtiques. Le ſecond eſt des Sages du païs, qui ſe nomment Balſamates & Tenquates. Le troiſième eſt de la Nobleſſe. Le quatrième eſt de ceux qui reçoivent ſolde, dont on fait choix auſſi.

Les Juges ne peuvent condamner perſonne à mort, ſans en donner connoiſſance au Goûverneur qui repréſente la perſonne du Prince. Ils
n'ont

n'ont point de loix pour servir de règles aux Sentences qu'ils rendent : ils se laissent seulement guider par les lumiéres naturelles de la raison. Une femme convaincuë d'adultére reçoit son suplice de la main de celui à qui elle a fait l'ofense.

Presque tous les sujets du Prête-jan sont Chrétiens. Il n'y a que quelques Mahométans, & ils lui paient tribut.

Les Abissins disent que le Judaïsme fut établi parmi eux, par Meilech fils du Roi Salomon & de la Reine de Maqueda, & par quelques Juifs qui l'accompagnoient ; ce qu'ils prétendent prouver par une vieille Chronique que l'on conserve à Caxumo.

Ils ont reçu la Foi Chrétienne par l'Eunuque de la Reine Candace, que S. Philippe batisa. Ensuite les Cofites, par le moien du Patriarche d'Aléxandrie duquel ils dépendent, leur ont communiqué leurs héréfies. Les Turcs, avec qui ils trafiquent, les ont aussi infectez de quelques-unes de leurs croïances ; & dans quelques endroits il y en a qui ont retenu certains cultes de leur ancienne idolatrie. Toutefois ils sont en général assez conformes aux Grecs, en quelques points aux Moscovites. Mais ces choses ne sont pas assez éclaircies pour en parler distinctement & certainement.

Les Laïques se rasent le poil autour de la bouche, & se laissent croître les cheveux. Au contraire les Prêtres se coupent les cheveux, & se laissent croître la barbe. Il y a parmi eux des Evêques, des Diacres, des Prêtres, des Moines de l'Ordre de S. Gregoire, & de celui de S. Antoine, qui ne demeurent pas en com-
munau-

munauté, dans des couvents : ils font répandus dans les bourgs & dans les villages.

En entrant dans l'Eglife ils laiffent leurs fouliers à la porte, & ne crachent point, quand ils font au-dedans. Ils n'y laiffent entrer aucune bête, & ceux qui font à cheval, mettent pié à terre quand ils paffent devant. Les cimetiéres font entourez de hautes & épaiffes murailles, afin que les bêtes n'y puiffent entrer. Ils ont des cloches de fer, fur quoi ils frapent d'un bâton qu'ils tiennent dans la main, pour leur faire rendre le fon.

En mémoire du batême de Notre Seigneur, ils fe font batifer tous les ans, le jour des Rois, dans de certaines petites eaux dormantes. Ils font debout en fe confeffant, & font leur confeffion à haute voix. Ils communient fous les deux efpéces, favoir celle du vin & celle du pain point levé ; & ils font auffi debout en recevant la Communion.

Les contracts de mariage fe paffent par-devant les Prêtres, faute dequoi le mariage eft nul. Les Prêtres fe peuvent marier ; mais leurs femmes étant mortes, ils ne peuvent fe remarier.

Parmi leurs Moines, dont la plus grande partie eft de l'Ordre de S. Antoine, il y en a qui fe nomment Ceftifanes, & qui mènent une vie fort-auftére, pratiquant de rudes fuperftitions, comme de porter un cercle de fer fur leur peau, autour du corps ; de ne point s'affeoir pendant tout le carême ; de demeurer fouvent & longtems dans l'eau froide jufques au cou ; de vivre féparé & éloigné des autres hommes.

Pendant

Pendant la Semaine Sainte les Abiſſins ne ſe ſaluënt point, & les plus conſidérables ſont vêtus de noir, ou de bleu. Ils n'allument point non-plus de chandelles dans leurs Egliſes. Le Jeudi Saint ils lavent les piés des pauvres. Le Vendredi Saint ils ſe donnent la diſcipline à coups de verges. Enfin il y a parmi eux pluſieurs autres telles mortifications & dévotions volontaires, qui procédent de leurs creuſes imaginations.

L'Empereur David aiant ouï parler des exploits de guerre des Portugais, qui ſe rendoient maîtres de pluſieurs païs voiſins des ſiens, & apris qu'ils étoient Chrétiens, envoia des Ambaſſadeurs à Alfonſe Albuquerque Vice-roi des Indes, pour faire alliance avec le Roi Emanuel. Son Ambaſſadeur & ſes lettres furent envoiez en Portugal, d'où l'Ambaſſadeur ne retourna que dix ans après, emportant avec lui un Traité de paix & d'alliance perpétuelle entre les deux Monarques.

Le Roi de Portugal, à ſon tour, lui envoia deux Ambaſſadeurs nommez Rodrigo de Lima & Franciſco d'Alvarez, qui ne retournérent que ſix ans après, ſavoir l'an 1528. amenant un autre Ambaſſadeur nommé Sagaſaba, qui porta des lettres au Roi de Portugal & au Pape. Elles furent préſentées à Clément VII. à Bologne au couronnement de Charles V.

Cette Ambaſſade donna lieu au Roi de Portugal & au Pape, d'entreprendre d'unir cette Egliſe à l'Egliſe de Rome. Pour cet éfet ils y envoiérent quelques Eccléſiaſtiques : mais la choſe n'a pu réuſſir.

Le Pape y envoia 13. Jéſuites, dont Jean Mugnez

Mugnez devoit être Patriarche , Melchior Carnea & André Ovieda Evêques , avec les titres de Nicée & de Hérapoli. Le Roi Jean les pourvut de tout ce qui leur étoit néceſſaire pour le voiage , & de préſens pour l'Empereur des Abiſſins.

On y avoit déja auparavant envoié de Goa, comme pour fraier le chemin , Jaques Dias & Gonſalve Rodrigo. Cependant toutes ces tentatives furent inutiles. Le peuple les reçut mal , & les traita encore plus mal , ſi-bien que la plupart y périrent dans une grande miſére.

REPRENONS maintenant la ſuite de notre Rélation. Le 20. d'Août 1608. l'Amiral étant deſcendu à terre avec 100. hommes brûla un bourg , dont les habitans s'en étoient fuis. *Le Lion Rouge* revint à la rade , & raporta que la nuit le yacht *l'Aigle* étoit entré en action avec un vaiſſeau Portugais, & qu'il les avoit tous deux perdus de vuë.

Le matin du 21. on vit revenir les 3. yachts avec une priſe , qui étoit un galion de guerre de la capacité de 460. tonneaux , nommé *le Bon Jeſus* , qui portoit 10. canons de fonte , 20. barils de poudre , des boulets à proportion , 100. mouſquets , des demi-piques & d'autres armes , 180. hommes , la plupart Gallegos , qui ſont de pauvres ſoldats. Le Capitaine ſe nommoit Franciſco Sodropereira, Heidalgo del Rey , qui fit peu de réſiſtance ; car à la troiſiême décharge un de ſes gens aiant eu le bras emporté , les autres perdirent courage & ſe rendirent.

L'équipage fut diſtribué ſur la flote , & l'on envoia,

envoia, pour naviger la prise, 60. Hollandois, sous la conduite de Jean Molenaar second
Pilote du yacht *le Griffon*, qui y fut établi Maître. La flote Portugaise, en partant de Lisbonne, étoit composée de 14. vaisseaux, savoir huit grandes carraques, avec six galions,
& amenoit le Vice-roi de Goa. Mais la tempête avoit fait écarter les vaisseaux les uns des
autres, aux isles Canaries.

Le 22. l'Amiral fit mettre les prisonniers
Portugais dans l'isle de S. Jago, & leur fit donner des vivres pour deux jours; mais il retint
le Capitaine, le Maître, le Pilote, le Contre-maître, l'Ecrivain, avec un Flamand de
Brugges, nommé Paul le Coutre, & deux Prêtres, à qui il ordonna d'écrire une lettre au
Gouverneur de Mosambique, pour le prier de
rendre les déserteurs qu'il avoit, faute dequoi
ils seroient tous pendus. Le Gouverneur fit
réponce qu'il les avoit envoiez à Goa, & qu'il
étoit libre aux Hollandois d'en user avec leurs
prisonniers comme il leur plairoit.

La nuit du 23. l'Amiral fit tirer un coup
de canon pour signal d'appareiller, & quand
le jour fut venu l'on mit à la voile, avec la
prise, faisant route au Nord-est-quart-de-nord.
Le même jour, le Conseil s'étant assemblé,
il fut résolu qu'on iroit à Goa, & qu'on porteroit au Nord-est-quart-de-nord, jusques par
les 9. degrès; & ensuite au Nord-nord-est, jusques par un degré de latitude Nord.

Il fut aussi ordonné que chacun donneroi
un mémoire du pillage qu'il avoit fait, soi
or, argent, ou autres choses, pour être mi
entre les mains de l'Amiral, sur peine de pu
nitio

nition corporelle pour ceux qui seroient en
défaut. Enfin il fut arrêté que si la prise n'étoit
pas en état de suivre la flote, on la déchargeroit, & on la brûleroit.

La nuit du 11. de Septembre 1608. le *Delft*
& la prise *le Bon Jésus* s'étant abordez, la
prise perdit son couronnement & sa galerie,
& fit eau en plusieurs endroits; ce qui obligea l'équipage de tirer un coup, & de mettre
un feu pour signal de péril.

Le soir du 17. on trouva fond sur 30. brasses d'eau, & le 18. nous eûmes la vuë de Goa
qui nous demeuroit au Nord. Vers le soir nous
ancrâmes devant la barre sur quatorze brasses
d'eau, fond mou, à une lieuë de l'isle, qui
gît par les 15. degrès 50. minutes. Nous
étions assez proche de terre pour voir le nouveau fort des Portugais.

Le 11. on eut connoissance qu'il y avoit une
carraque à Carli, à 5. ou 6. lieuës au Nord.
Aussi-tôt on y envoia les yachts; mais les ennemis les voiant venir firent échoüer la carraque au rivage, & la brûlérent jusqu'a fleur
d'eau.

Le même jour, il fut arrêté de détacher,
les vaisseaux *Middelbourg*, *Rotterdam*, *Hoorn*,
le *Lion Rouge*, & le yacht *le Faucon*, sous le
commandement du Vice-amiral, pour ranger
la côte au Sud, & y croiser sur les vaisseaux
Portugais, pendant le tems que l'Amiral avec
le reste de la flote seroit devant Goa : & encore que van Driel iroit avec le *Lion Rouge* &
le yacht *le Faucon*, prendre terre à Calicut,
& en qualité d'Ambassadeur saluer le Samorin, Empereur de Malabar, & lui donner avis

de

de la venuë de la flote, auquel éfet il seroit pourvu de lettres de créance: que cependant le Vice-amiral tiendroit la barre de Cochin fermée,
pour ne manquer pas les vaiffeaux des Portugais, dont on étoit perfuadé que la flote étoit
divifée.

Le 22. l'Amiral quitta le bord des *Provinces Unies* vour paffer fur le vaiffeau *Hollande*, qui étoit plus grand, plus confidérable, &
dont les apartemens étoient plus fpacieux &
plus commodes.

Le 25. du même mois de Septembre, il
fut ordonné à Jaques de Bitter d'aller avec les
yachts *l'Aigle* & *le Faucon* fur la côte de Coromandel, prendre dans les comptoirs les toiles de coton qu'on auroit achetées, pour les
porter aux Moluques; de laiffer Pierre Gerritfz Bourgogne à Mafulipatan, avec un fonds
raifonable; & de laiffer auffi Jean van Houten
dans quelqu'une des places voifines, au cas
qu'on crût qu'il y eût du profit à faire. Pour
mieux éxécuter tous ces ordres, de Bitter reçut
une grande Inftruction à laquelle il devoit fe
conformer.

Le 26. la prife *le Bon Jéfus* fut déchargée
& coulée à fond. Le 27. l'Amiral aprit de
quelques habitans du continent, qu'il étoit arrivé à Dubal 12. navires Portugais, & il fut
réfolu dans le Confeil qu'encore que notre flote
ne fût plus que de 8. vaiffeaux, on iroit pourtant les ataquer.

Le 30. nous découvrîmes les ifles Quimades, & lors-que nous fûmes par la hauteur des
36. degrès 25. minutes, nous eûmes un tems
pluvieux, & des vents de Nord & de Nord-eft;
de

e-forte qu'on trouva qu'il étoit impossible que
le si gros vaisseaux pussent continuer leur rou-
e au Nord. Ainsi l'on prit le parti de courir au
'ud, & de faire route vers Montedelli, pour
e rendre ensuite à Calicut.

Le long des isles Quimades nous trouvâmes
seize brasses de profondeur. On nous aporta
quantité de rafraîchissemens, bananes, ananas, limons, sucre, gâteaux sucrez, miel, poules, veaux, bœufs, ris, concombres, noix de
cocos, diverses sortes de poissons &c. le tout
à bon marché ; mais il falloit paier en réales.

Le 5. d'Octobre 1608. nous relâchâmes à
Montedelli, & le 6. nous ancrâmes proche de
l'aiguade, sur sept brasses. Les chaloupes
aiant été commandées pour aller faire de
l'eau, on trouva les habitans en armes, qui
néanmoins nous permirent d'en prendre, en
paiant 4. piéces de 8. pour chaque vaisseau. Ils
nous fournirent aussi des rafraîchissemens à
bon prix. Les Marchands nous aportérent de
l'amfion, & quelques chétives pierreries, rubis, agates, spinelles, pour lesquelles ils vouloient qu'on leur donnât de l'or, de l'argent,
du coral, de l'écarlate, qui étoient des marchandises dont les vaisseaux n'étoient pas trop
bien pourvus.

Le païs est fertile. Il produit de très-bon
poivre, mais non-pas en quantité. Les gens
y sont raisonables, bien instruits dans l'éxercice des armes, & ils sont curieux d'en avoir
de belles. Ils sont vifs, mais soumis à leurs
Souverains.

Le soir du 8. d'Octobre, la flote jetta l'ancre a la rade de Calicut, où l'on trouva *le Lion
Rouge.*

Rouge. Le 9. Van Driel qui avoit été envoié
au Samorin, raporta que ce Prince l'avoit bien
reçu, & qu'il lui avoit dit que la venuë de l'A-
miral lui seroit fort-agréable. Cependant un
de ses Capitaines & deux Arabes se rendirent,
de sa part, à bord de l'Amiral. Ce Capitaine
étoit nud, hormis qu'il avoit une piéce de toile de coton, blanche & bien-fine, tournée plusieurs fois autour de son corps, & qui lui pendoit au-dessus des genoux ; ce qui est l'habil-
lement des gens de conséquence.

Il avoit les cheveux longs, relevez & noüez
sur le haut de la tête ; des ornemens d'or, de
perles & de pierreries, dans les bouts de ses
oreilles qui lui pendoient jusques sur les épaules ; & un anneau d'or au bras, au-dessus du
coude, qui avoit un pouce d'épaisseur. On lui
voioit en plusieurs endroits du corps des cica-
trices de balles de mousquet, qui étoient comme autant de marques de son courage.

Il salua donc l'Amiral de la part du Samorin, & le pria de descendre à terre avec telle
suite qu'il lui plairoit. Les Interprètes lui dirent de quelle maniére il falloit qu'il allât à
l'audience, & quelle étoit la coutume du païs à
cet égard, laquelle il falloit suivre, pour se
rendre agréable à la Cour.

Les présens qui furent préparez, consistoient
en une piéce de drap écarlate, quelques petits
paquets de coral fin, une demie douzaine de
grands miroirs ; deux petites piéces de canon
de fonte, tirez de la prise *le Bon Jésus*, deux
beaus mousquets, un sabre avec une poignée
d'argent, & 200. nattes d'une fabrique particuliére. Le tout fut mis dans deux caisses en-
velo-

velopées de drap bleu, & envoié à terre.

Le Capitaine requit encore qu'au moment que l'Amiral s'embarqueroit dans sa chaloupe, on fit une décharge de toute l'artillerie de la flote à l'honneur du Samorin, promettant que le lendemain ce Prince envoieroit des Oficiers sur le rivage, pour le recevoir. Lors-que le Capitaine se fut retiré, on régla que l'Amiral seroit acompagné de huit Commis, de 150. mousquetaires, & de 50. piquiers.

Le matin du 11. quelques-uns des Conseillers de l'Empereur vinrent sur le rivage, pour recevoir l'Amiral, qui s'y rendit au bruit du canon, & au son des trompettes. Il y avoit 1000. hommes sous les armes qui l'atendoient, & des Envoiés particuliers, qui se tenoient dans une place élevée & quarrée, qui vinrent au-devant de lui avec leurs parasols, & l'aïant fait mettre dessous avec eux, ils le conduisirent au palais.

Ils y trouvérent le Samorin paré de riches ornemens, de colliers garnis de diamans admirables & d'autres pierreries. Un de ses Seigneurs lui soutenoit le bras droit, où il y avoit plusieurs anneaux d'or aussi garnis de pierreries, de-même que tous les doigts de ses deux mains, & les longs bouts de ses oreilles. Il n'avoit rien autour du corps, qu'une toile blanche très-fine. Son front, ses épaules, & sa poitrine étoient teints en jaune de bois de santal. Ses longs cheveux étoient noüez ensemble sur le haut de sa tête, & il mâchoit de la betelle.

A son côté étoit le jeune Roi, avec son bouclier, son sabre, & ses autres armes à la main,

C

& au-

& autour d'eux étoient des Seigneurs qui tenoient des vaiffeaux dorez, où il y avoit de la
betelle. L'Amiral s'aprochant falua l'Empereur à la maniére de Hollande, & ce Prince
le reçut avec beaucoup de civilité, lui faifant
fort-bon vifage, & lui préfentant fa main, afin
qu'il la baifât.

Lors-que l'Amiral eut auffi falué le jeune
Roi & toute la Cour, l'Empereur le prit par
la main, paffant fes doigts entre les fiens, &
lui dît en propres termes ; *De-même que vos
doigts font préfentement joints, ainfi feront unies
les deux nations de Calicut & de Hollande :* puis
regardant nos gens & nos foldats ; *Je voi, dit-
il, maintenant avec plaifir les Hollandois & les
gens de Calicut en amitié & union ; & il me fem-
ble que ce n'eſt plus qu'un même peuple.*

Après quelques converfations, il mena l'A-
miral vifiter fon palais, & dans les apartemens
du bas on lui fervit une collation de confitures
& de fruits, & l'Empereur lui-même en prit
pour les lui préfenter. On but dans des coupes
d'argent & de coques de noix de cocos. Les
préfens qui avoient été aportez par des matelots, furent alors offerts, avec les deux piéces
de canon qui étoient chargées fur un éléfant,
& ils furent agréablement reçus.

L'Amiral étoit paré d'une chaîne d'or, à
laquelle pendoit une grande médaille d'or, où
étoit la tête du Prince Maurice. L'Empereur
l'aïant maniée & confidérée plufieurs fois avec
atention, l'Amiral la lui ofrit, & en reconnoiffance le Samorin lui donna une bague d'or
garnie de fort beaus diamans. Van Driel &
le Fieff, deux des Commis qui acompagnoient

oient l'Amiral , eurent chacun une chaîne
d'or, où pendoit une bague. Obelaar & Groe-
ewegen eurent chacun un rubis. Hertfing eut
une bague garnie de rubis & de fafirs.

Le Samorin fit aufli voir à l'Amiral, fa femme, fes enfans, & fes concubines, toutes ornées de braffelets & de pendants-d'oreilles
d'or & de pierreries. Elles font gardées par
les Eunuques. Après cela les Hollandois fe
retirérent , & on leur promit qu'ils auroient
le lendemain audience du Confeil.

Le jour fuivant, qui étoit le 12. d'Octobre ,
dès le matin , un Interprète s'étant rendu à
bord de l'Amiral, parla de faire des préfens
à l'Impératrice, au jeune Roi , & aux autres
enfans de l'Empereur. Pour cet éfet on prépara encore des draps écarlates , des nattes,
des fabres, un petit piftolet, & on les donna
aux perfonnes pour qui ils étoient deftinez.
Dans cette ocafion Jean Simonfz Hoen reçut
aufli une bague d'or.

Enfuite l'Amiral fut conduit à la chambre
du Confeil, où on le pria de ne mener avec lui
que trois ou quatre Oficiers, qui furent Molre , Hoen, & van Driel. En entrant dans la
chambre, ils y trouvérent fix Confeillers affis
en rond, & comme des Tailleurs d'habits. Les
Hollandois s'étant affis de-même, l'Interprète
alla leur parler affez bas, comme de-peur d'ê-
tre entendu.

Il leur dît que le Roi de Cochin, qui étoit
en alliance avec les Portugais, avoit plufieurs
fois follicité le Samorin d'y entrer aufli ; mais
que comme ce Monarque n'avoit trouvé en eux
que diffimulation & infidélité , il n'avoit pas

C 2   voulu

voulu y entendre ; qu'il avoit mieux aimé faire une ligue avec les Hollandois, qui étoient leurs ennemis, ainfi-qu'il avoit fait depuis quatre ans ; ce qui paroiffoit par le Traité conclu avec l'Amiral Verhagen, & par deux lettres du Prince Maurice, qu'on pouvoit repréfenter.

Que cependant, non-obftant les promeffes qui lui avoient été faites, on ne lui avoit envoié aucun fecours d'hommes ni de vaiffeaux, pour agir contre les Portugais, dequoi il s'étonnoit beaucoup : mais qu'il efpéroit qu'aumoins la flote qu'il voioit dans fon port, feroit prête à lui rendre les fervices dont il avoit befoin : qu'il prioit qu'on en emploiât deux vaiffeaux à croifer devant la barre de Goa, deux devant Calicut, & 2. devant la barre de Cochin ; à quoi il joindroit autant de frégates & de monde qu'il en faudroit pour empêcher les Portugais de le plus braver ; & qu'il tâcheroit avec le tems de les chaffer loin de fes côtes.

Que fi l'Amiral vouloit envoier deux ou trois de fes vaiffeaux devant Cochin, il y joindroit quantité de frégates, & iroit affiéger la place par terre, avec une fi groffe armée, qu'il s'en rendroit maître en peu de tems : qu'il feroit la même chofe à l'égard de Goa, pour la conquête de laquelle il obtiendroit le fecours du Hidelcamp fon ami, moiennant qu'il eût celui des vaiffeaux Hollandois.

Sur ces propofitions l'Amiral répondit, que les E'tats Généraux & le Prince Maurice fes maîtres, & les Sieurs Directeurs de la Compagnie, lui avoient fort recommandé les interêts du Samorin, & de faire pour lui contre

tre les Portugais tout ce qu'il feroit poffible;
ainfi que tous les Hollandois y devoient être
portez par le refpect qu'ils avoient pour fes
vertus, & en reconnoiffance de l'amitié qu'il
leur têmoignoit: mais que l'Empereur favoit
en quel état étoient les afaires des Moluques,
& que la plus preffante néceffité étoit d'y pourvoir.

Que fi l'on ne donnoit ordre à les rétablir,
tout ce qu'on pourroit faire pour le Samorin
feroit inutile & fans fuccès, parce-que pendant-que les Portugais feroient maîtres du
Sud, on ne devoit nullement fe flater de les
pouvoir réduire à la raifon: que par cette con-
fidération, il fuplioit le Samorin de recevoir
encore cette fois fes excufes, & de confentir
qu'il menât fa flote aux Moluques, promettant que s'il y pouvoit mettre les afaires fur
un bon pié, il ne manqueroit pas, à fon retour, de faire tout ce qu'il feroit poffible pour
fon fervice.

Que cependant, s'il plaifoit à l'Empereur,
il feroit enforte qu'on envoieroit de Bantam
à Calicut, deux vaiffeaux, pour y prendre le
refte de leur cargaifon en poivre & en indigo, & pendant-qu'on la raffembleroit ils luî
rendroient les fervices qu'il éxigeroit d'eux:
qu'il le fuplioit auffi de trouver bon que les
Hollandois envoiaffent un ou plufieurs Commis avec un fonds, pour acheter & affembler
des marchandifes en tems & lieu, & de leur
acorder un logement, où ils puffent tenir leurs
éfets en fureté avec eux.

L'Amiral auroit bien pu parler des droits
& des impôts, & en demander afranchiffe-

ment pour la nation ; mais on avoit jugé qu'il étoit encore trop-tôt, puis-qu'on n'étoit pas en état de rendre service à l'Empereur ; & qu'il falloit attendre qu'on lui pût faire cette demande comme une recompense. Outre cela on reconnoissoit que ses plaintes n'étoient pas tout-à-fait sans fondement, car il étoit vrai que par un Traité on s'étoit engagé à lui donner du secours, & on ne l'avoit pas encore fait, dequoi il avoit lieu d'être mécontent.

Le Conseil du Samorin lui repliqua que les Hollandois ne feroient pas de grands profits dans le Roïaume de Calicut, jusques-à-ce qu'ils eussent aidé à nétoier les côtes de vaisseaux Portugais, parce-que les Mores qui venoient de la mer Rouge, de Perse & de Cambaie, n'y pouvant terrir, ils étoient obligez d'aller vendre leurs cargaisons, à Goa & à Cochin ; & que pour rétablir le commerce à Calicut, il falloit nécessairement au-moins tenir le port de Cochin fermé : mais qu'ils feroient raport au Samorin de ce qui avoit été allégué, & qu'ils communiqueroient sa réponce.

Cependant ils demandérent la ratification du Traité qui avoit été fait avec l'Amiral van der Hagen, & qu'il fût dressé un nouvel Acte d'alliance, par lequel les Portugais & le Roi de Cochin fussent déclarez ennemis communs des deux nations, avec promesse de la part des Hollandois de secourir le Samorin ; & qu'on s'engageroit par serment de part & d'autre à l'accomplissement du Traité. L'Amiral témoigna qu'il y consentoit, & qu'il étoit prêt de le faire.

Sur

Sur cette ofre le principal des Conseillers
étendit la main droite, & désira que l'Amiral mît la sienne dessus. Un autre Conseiller
fit la même chose, & de Molre fit comme l'A-
miral, les deux autres Hollandois faisant aussi
de-même avec deux des autres Conseillers; ce
qui est parmi eux la forme & la solemnité du
serment. puis les Conseillers demandérent que
ce qui avoit été arrêté entre eux & les Hollandois, fût rédigé par écrit en Flamand &
en leur langue. Après cela ils allérent trouver le Samorin, pour lui faire leur raport.

Pendant-qu'ils furent absens les Hollandois
firent leur repas, autant de ce qu'ils avoient
aporté eux-mêmes, que de quelques fruits
cuits & de gâteaux qu'on leur envoia. Les
Conseillers étant de retour leur dirent qu'a-
près avoir représenté à l'Empereur ce qui s'é-
toit passé entre eux, il avoit résolu de faire
assembler le lendemain son Conseil général
pour prendre son avis; qu'ils pouvoient se retirer, & qu'ils ne devoient pas manquer de
revenir à la Cour le lendemain dès le matin,
pour être expédiez. En retournant à bord
ils reçurent quelques sangliers & des chevreuils
de la part du Prince.

Le 14. du même mois d'Octobre, aïant
apris que Martin van Domburch étoit retenu à Cochin dans une rude prison il fut résolu qu'on laisseroit entre les mains du Samorin les Portugais qu'on avoit réservez des prisonniers faits sur la prise *le Bon Jésus*, & qu'on
le prieroit de les échanger pour Domburch; ce
qui aïant été proposé à l'Empereur, il promit
de prendre soin de cette afaire.

C 4

Le

Le 15. l'Amiral étant retourné à la Cour, & aiant été introduit avec les mêmes Commis au Conseil Privé, on lui dît que l'Empereur comprenoit fort-bien de quelle importance étoit l'afaire des Moluques, & qu'il ne s'opofoit pas à ce qu'on l'entreprît : qu'il souhaitoit que ce fût avec un heureux succès : que pour cette fois il se contenteroit des vaisseaux & des Commis qu'on lui envoieroit de Bantam.

Ce ne fut pas tout. Il fallut de nouveau répandre des présens, & en faire à plusieurs Courtisans, pour se les rendre favorables. En prenant congé le Samorin tira l'Amiral à part, & lui dît, d'un air sincére & ouvert, ce qu'il avoit à faire, & quelle conduite il devoit tenir dans les Indes Orientales, l'avertissant surtout *de se tenir sur ses gardes contre toutes tromperies, de ne se hazarder que rarement à descendre à terre, & de ne se confier nullement à ceux qui lui feroient bon visage.*

Le 16. l'Amiral envoia de Molre & van Driel porter le Traité signé de lui & scellé, avec quelques présens encore. L'Empereur de son côté envoia 23. sangliers à bord, & fit délivrer le double du Traité signé de lui, écrit sur une feüille de cocos, avec une instruction pour reconnoître son seing, & être assuré qu'il n'étoit pas contrefait.

Calicut est une ville grande & forte, quoique point murée. Sa force consiste tant dans le nombre des Nairos & des Lascarins, qui est de plus de 30. mille, qu'en ce que les chemins pour y aborder sont difficiles, & dangereux à passer pour ceux qui voudroient aller

ata-

ataquer cette place. C'est ce qui a fait que les Portugais n'ont pu s'en rendre maîtres. D'ailleurs les ruës font tant de tours & de détours, qu'il est fort difficile de les reconnoître, & de s'y poster.

La plupart des maisons font bâties de grosses pierres, dans des endroits élevez, & font si-fortes qu'on les prendroit chacune pour une petite forteresse. Elles ont presque toutes des jardins remplis d'arbres fruitiers.

Les Nairos & les Lascarins font armez d'un bouclier, & d'un sabre fort-tranchant & large vers la pointe ; ou d'une longue lance ; ou d'un arc de six à sept piés de long, avec un carquois rempli de fléches. Quelques-uns ont des fufils, dont le canon est de fonte, & des moufquets plus proprement faits que les nôtres: mais les crosses en font plus courtes, & pour tirer on ne les peut apuier contre le sein.

Ils ont, à la maniére des Portugais, un baudrier autour du corps, où il y a 40. petites cartouches penduës, au lieu de charges, deforte qu'ils peuvent tirer 40. coups fans chercher de nouvelle poudre. Ils font fort-bien éxercez à manier toutes ces armes, & d'autant plus difpos que leurs habits ne les embaraffent point, n'aiant qu'un morceau de toile, qui fait quelques tous de la ceinture en-bas. L'ordre & la difcipline leur manquent plus que le courage, car le feu du canon & des moufquets ne les effraie nullement ; mais ils n'ont pas la moindre habileté pour ranger une armée en bataille.

Ils ne mangent que des fruits, comme des bananes, des ananas, des patates, des noix de

cocos, des oignons, de l'ail, & diverses autres choses semblables, qu'ils aprêtent & font
cuire en différentes maniéres, avec du ris, du
froment, de la farine. Ils ne boivent que de
l'eau ; ils sont sobres pour la bouche, & su-
portent bien le chaud & le froid.

Ils sont idolâtres. Leurs Prêtres s'apellent
Brames, ou Bramines, & portent trois fils
gris, qui leur descendent depuis les épaules
jusques aux genoux. Ils remplissent les plus
considérables charges de l'Etat, & font le service de leur Idoles dans les Pagodes. Ils se
baignent & se lavent quelquefois dans certains
étangs, & ce jour-là ils ne touchent à personne, & personne ne leur doit toucher.

Les hommes portent les cheveux longs, de-
même que les femmes ; mais ils les ont noüez
sur le haut de la tête : les femmes se les laissent
pendre sur les épaules, & ils sont noirs comme
du jaïet. Ils s'oignent d'une huile odoriféran-
te, & vont nuds, hormis depuis la ceinture
jusqu'aux genoux, quelques-uns n'aiant qu'un
mouchoir de toile de coton qui leur couvre les
parties naturelles.

Ils n'ont point de communication avec les
Chrétiens, ni avec les Mores, ne conversant
qu'avec ceux qui sont de même croiance qu'eux.
Néanmoins comme il demeure des gens de diverses nations dans la ville, on y trouve aisément toutes les choses dont on a besoin. Les
Nairos couchent avec les femmes de leur
croiance quand il leur plaît, & avec celles qu'il
leur plaît ; & alors ils laissent leurs armes sur
le seüil de la porte de la chambre où ils sont,
ce qui sert de défence à qui que ce soit d'y entrer.

trer. Les fils de l'Empereur & des autres Rois ne font pas leurs héritiers, ce font les fils de leurs Sœurs, ou à leur défaut, ceux des femmes qui font leurs plus proches parentes. Le Roi époufe une femme, & a plufieurs concubines.

Les marchandifes que les Hollandois aportent de leur païs, pour les débiter à Calicut, & fur toute la côte de Malabar, font des ouvrages d'étaim & d'argent, du coral rond & en branches, de l'ivoire, du craion, du paftel, des draps écarlates, des draps fins cramoifis, des draps groffiers, des nattes, du fafran. Pour ces marchandifes on a du poivre, de l'indigo, de très-fines toiles de coton, qui y font à bon marché, des rubis, des fafirs, des fpinelles, des grenates, des topafes, des Oillos de Gatto, & du criftal de roche.

Le 16. du même mois d'Octobre 1608. l'Amiral fit tirer le coup de partance, & le 17. il mouilla l'ancre à la rade de Cochin, où il trouva le Vice-amiral & les trois vaiffeaux qu'il commandoit. Le Confeil s'étant alors affemblé, on prit réfolution d'envoier à Bantam la chaloupe du *Zélande* avec le Sous-commis Paul Overbeeke, porter aux Commis qui étoient dans cette ville, une copie du Traité fait avec le Samorin; des copies des lettres qu'on avoit laiffées à Calicut; & des lettres pour envoier de Bantam en Hollande, aux Sieurs Directeurs, par les premiers vaiffeaux qui partiroient pour y retourner.

On avoit aufli deffein d'aprendre au retour de la chaloupe l'état où étoient les afaires des Indes Orientales; & d'obliger les Commis de

Ban-

Bantam à faire préparer deux vaiffeaux & un Commis, pour aller à Calicut, au defir du Traité. Pour faire fon raport, elle devoit revenir chercher l'Amiral devant Johor, ou devant Malacca. Enfuite, comme on n'avoit rien à faire à Cochin, la flote continua fa route, courant la bande du Sud-eft, le long des terres, jufques à Malacca.

Le 22. nous eûmes la vuë de Ceilon, & de Pointe de Galles. On réfolut alors de détacher le yacht *le Griffon* pour aller à Achin, prendre promtement connoiffance de l'état des afaires des Indes, & charger les mouchoirs & les toiles qui fe trouveroient entre les mains des Commis, & qui feroient propres pour porter dans les païs du Sud. Nicolas Puyes eut ordre d'y aller pour cet éfet, & de revenir joindre la flote devant Johor, ou devant Malacca.

La nuit entre le dernier d'Octobre & le 1. de Novembre 1608. la flote, après avoir eu beaucoup de gros tems, fut difperfée, & le lendemain matin les vaiffeaux *les Provinces Unies, Zélande, & Hoorn*, qui étoient demeurez enfemble, fe trouvérent féparez des autres. Les Oficiers de ces trois navires convinrent entre eux de faire fanal tour à tour, & de prendre la route de Sumatra, pour y chercher les autres vaiffeaux, & les rejoindre.

Le 19. du même mois de Novembre, fur les 3. heures après midi, ils découvrirent fix voiles, & bien-tôt après ils reconnurent que c'étoit leur flote.

Pendant-qu'ils en avoient été féparez, les fept vaiffeaux dont elle fe trouvoit alors compofée, poſée, avoient ancré le 5. de Novembre, le long de la côte de Sumatra, ſur 18. braſſes d'eau. Le 6. il fut réſolu que Gilles le Fieff, Commis du *Lion Rouge*, s'embarqueroit dans ſa chaloupe, pour aller à Achin, s'informer de l'état des afaires des Indes.

Il en revint le 7. & fit raport que le yacht *le Griffon* en étoit parti deux jours auparavant: qu'il amenoit deux Envoiez du Roi, & Albert Willemſz premier Commis du comptoir, avec un préſent de certains fruits des Indes pour l'Amiral, lequel il venoit prier de rendre viſite au Roi d'Achin avec telle ſuite & telles compagnies de gardes qu'il jugeroit à propos, afin de renouveller les alliances. Mais comme on étoit loin d'Achin, & qu'on ſe préparoit à faire voiles pour aller à Malacca, l'Amiral s'en excuſa pour cette fois.

Le 8. le Conſeil s'étant aſſemblé, il fut réſolu que pour contenter le Roi, on lui envoieroit Hertſing, le Fieff, Pierre Segertſz, & ſix Sous-commis, Aſſiſtans & Trompettes, pour le ſaluer de la part de l'Amiral, & lui préſenter certaines lettres, avec un préſent d'une piéce de drap écarlate, deux paquets de coral rouge, & quelques fuſils.

Le matin du 9. les trois vaiſſeaux deſtinez pour Achin s'étant détachez, ceux qui les montoient arivérent dès le ſoir dans la loge de cette ville, où le Sabandar, ou Sambador, les viſita, & enſuite il alla donner avis au Roi de leur venuë.

Le 10. le Roi envoia des éléfans, & quelques-uns de ſes Seigneurs pour amener les Envoiez Hollandois à la Cour. Ils montérent ſur

les

les élefans, & lors-qu'ils furent arrivez proche du lieu où le Roi donne audience, ils mirent pié à terre, ôtérent leurs souliers & leurs bas, entrérent dans la salle, saluérent ce Prince à la mode de leur païs, en lui faisant de profondes revérences, & lui ofrirent leurs présens.

Ensuite on étendit des tapis sur le plancher, où le Roi s'étant assis avec les Envoiez, il les entretint, & leur demanda des nouvelles de l'état des Provinces Unies, & d'où venoit que l'Amiral n'étoit pas venu le visiter lui qui étoit un des meilleurs amis & alliez des Hollandois?

Les Envoiez lui répondirent que ses afaires l'apelloient nécessairement ailleurs, que sa flote étoit déja sous voiles pour aller à Malacca insulter les Portugais leurs ennemis communs, ainsi qu'il étoit porté dans les lettres qu'ils lui présentérent. Ces lettres, & les excuses qu'elles contenoient furent fort-bien reçuës, & le Roi fit donner à chacun des Envoiez une belle robe de chambre, avec quelques autres petits présens.

Ce Prince étoit paré de quantité de diamans & d'autres pierreries, & servi par des femmes, & par quelques Eunuques, qu'on avoit coupez tout ras. Il y avoit devant la salle de l'audience 1300. soldats sous les armes, & quantité de Noblesse assise sur des nattes, les jambes croisées sous leurs corps. On fit aussi venir 58. éléfans, qu'on fit combattre les uns contre les autres, pour régaler les Envoiez de ce spectacle; & des coqs pour faire la même chose; à quoi tout le monde prit beaucoup de plaisir.

Après

Après cela on préſenta la collation qui fut
ſuperbe à la maniére du païs. Quand on eut
mangé, les Envoiez aiant pris congé du Roi,
remontérent ſur les éléfans, & s'en retournérent à leur loge, où ils paſſérent la nuit, &
ils ſe rembarquérent le lendemain.

La ville d'Achin eſt agréable. Elle eſt ar-
roſée d'une belle riviére, mais ſi-peu profou-
de, qu'à-peine une chaloupe chargée y peut
naviger. On voit au milieu de la ville une
fortereſſe bien munie de canon de fonte, &
aux deux côtés, par-dehors, de grands bois,
où il y a des ſinges, des guenons, des hérons,
& diverſes eſpéces d'oiſeaux. La ville eſt grande, ſituée dans une place unie, & n'eſt point
murée. Les maiſons ſont élevées ſur des pieux,
& couvertes de feüilles de cocos.

Les habitans ont le viſage plat & jaunâtre.
Ils portent une chemiſe de ſoie, ou de toile de
coton. Les enfans vont tout-nuds, hormis que
les filles ont une petite plaque d'argent ſur leurs
parties naturelles.

Le Roi loge dans la fortereſſe, qui eſt bien
ſituée & bien forte pour une place des Indes,
étant entourée de murailles & de paliſſades,
& y aiant du canon tout-autour. Ce Prince entretient quantité d'éléfans, & s'en ſert à ſe
rendre redoutable à ſes ſujets, faiſant expoſer
à ces bêtes ceux qui entreprennent de faire des
choſes qui lui déplaiſent. Ce qu'il y a de ſur-
prenant eſt que les éléfans entendent quelle eſt
la volonté du Roi, & que dans le mal qu'ils
font aux coupables, ils ne vont pas plus loin
qu'il leur eſt ordonné.

Il y a encore d'autres ſuplices. On coupe
aux

aux prévenus les mains, ou les piés, ou bien une main & un pié, ou les parties naturelles, & on les envoie dans l'isle Puloai, ou Pulo Wai, qui n'est presque peuplée que de pareilles gens. On en voit aussi à Achem, qui mandient leur pain.

Le païs est fertile, & bien pourvu d'oranges, de limons, de citrons, de grenades, de bananes, & d'autres fruits. Il y a des bœufs, des vaches, des buffles, & quelques brebis qui apartiennent au Roi seul, personne, soit riche ou pauvre, n'osant en nourrir. Les guerres qui y ont été depuis quelques années, y ont rendu les vivres chers; mais le prix commence à en diminuer.

Il y croît du poivre, quoi-que ce ne soit pas en abondance. Les Gusurattes y font un grand trafic, y portant des mouchoirs & des toiles de coton, qu'on transporte ensuite aux Moluques & aillleurs. Il y a des arbres dont on nomme les uns Arbres Tristes-de-jour, & les autres Arbres Tristes-de-Nuit. Les uns fleurissent de jour, & les autres ne fleurissent que de nuit; les uns & les autres produisent des fleurs d'une admirable odeur.

Le soir du même jour 10. de Novembre 1608. toute la flote se rendit à la rade d'Achin, où elle rencontra 8. jonques de Gusuratte. Le 11. le yacht *le Griffon*, qui avoit été 7. jours à passer le détroit de Malacca, rejoignit la flote, qui remit à la voile pendant le premier quart, & ancra le 23. après midi à la rade de Malacca.

Il y avoit une carraque tout-proche de terre. Les Portugais voiant que nos chaloupes
alloient

alloient l'ataquer, y mirent le feu ; mais comme il ne prit pas, nos gens eurent le tems de s'en emparer. C'étoit un vieux bâtiment ufé, où il n'y avoit rien qu'une petite partie de ris qui n'étoit pas net, & des noix de cocos. On le brûla entiérement. Nous y euffions trouvé beaucoup de vaiffeaux, fi l'on n'eût pas été averti de notre venuë, par une fufte qui nous avoit découverts en mer.

Le 24. il fut arrêté qu'on iroit monter les chaloupes dans une ifle qui a une demie lieuë de tour, à l'Ouëft-quart-de-Sud-ouëft de Malacca, qu'on nomme l'ifle de Pedras. Le lieu parut fort commode pour cette manœuvre, parce-qu'il y avoit de bonne eau pour les ouvriers. Chaque vaiffeau fournit un certain nombre de foldats, fous le commandement du Capitaine Hubert Scheurmans, pour mettre en fureté ceux qui devoient y travailler.

Le même jour Pierre Gerritfz, Maître du vaiffeau *Amfterdam*, fut envoié avec deux chaloupes au Commis Hollandois qui étoit à Johor, dans la ville de Batufabar, ou Batufauwer, pour donner avis au Roi de notre venuë, & lui ofrir d'acomplir le Traité qu'il avoit fait avec l'Amiral Corneille Matelief, pour affieger par mer la ville de Malacca, pendant-que le Roi l'affiégeroit par terre. On le prioit donc de fatisfaire auffi de fa part à fon engagement, & le Commis avoit ordre de l'en folliciter, & de demander du ris & de l'arack pour la flote.

Le 25. l'Amiral & tous les gens de fon Confeil étant allez dans l'ifle où l'on montoit les chaloupes, il y vint une frégate avec près

de

de 40. perſonnes, hommes, femmes & enfans, originairesde Pegu, qui ſuplioient qu'on les tirât de deſſous la tirannie des Portugais. Il leur fut permis d'entrer dans l'iſle, & de s'y retirer.

Ils raportérent que les Portugais travailloient de toutes leurs forces à fortifier Malacca ; qu'une partie de la Nobleſſe & des femmes quittoient la ville : qu'il n'y avoit que 400. ſoldats & les Caſados. Deux heures après Soleil couché on tira trois coups de canon du fort, on fit grand feu de mouſqueterie, & l'on entendit battre les tambours.

Le 26. du même mois de Novembre, le *Zélande* eut ordre d'aller ſe poſter à l'Oueſt, & de croiſer à l'entrée du détroit, ſur un vaiſſeau chargé de mouchoirs & destoile, que les Portugais atendoient de S. Thomas.

Le 27. à la pointe du jour, 4. frégates, 2. fuſtes, & quelques autres bâtimens, juſqu'au nombre de 36. s'avancérent vers l'iſle où l'on travailloit. *Le Lion Rouge* qui étoit de garde, les aiant découverts, tira un coup d'avis : mais ceux qui étoient dans l'iſle n'y aiant pas fait atention, les Portugais mirent ſans peine leur monde à terre, & ſurprirent les ſentinelles qui ne ſe tenoient pas ſur leurs gardes. Il fut tué quelques-uns de nos gens : les autres s'enfuirent vers le bord de la mer ; & les ennemis s'arrêtérent à piller.

Pendant ce tems-là, les nôtres, non-obſtant leur petit nombre, aiant repris courage, retournérent à la charge, tuérent 23. hommes, en bleſſérent pluſieurs, chaſſérent le reſte, & firent 3. Capitaines priſonniers. Nous perdîmes

mes le Capitaine Scheurmans, son Sergeant,
trois soldats : trois autres furent blessez, &
trois faits prisonniers. Il fut résolu que pour
prévenir un pareil accident, tous les soldats
seroient envoiez dans l'isle.

Le 28. sur le midi, 13. Salettes, qui sont
de petits capres du Roi de Johor, vinrent à
bord de l'Amiral, & lui dirent qu'ils croi-
soient sur les côtes de Malacca : qu'il y avoit
15. jours qu'ils étoient partis de Johor : qu'il
n'y avoit alors aucun vaisseau Hollandois, &
qu'on ne disoit point qu'il y en dût venir :
qu'ils avoient rencontré les deux chaloupes sur
leur route. On écrivit alors une nouvelle lettre au Commis de Johor, & on l'envoia par
un de ces capres.

Le 1. de Décembre 1608. un François natif
de la Rochelle, qui étoit auec les Portugais, dé-
serta, & fit raport à l'Amiral de l'état où étoit
la ville, savoir qu'il y avoit 35. piéces de gros
canon, & qu'elle étoit bien pourvuë de poudre, de plomb, & de vivres.

Le 3. on amena sous le pavillon une jonque
de Java, chargée de ris, de poules, de poivre, d'arack & de poisson sec, qui avoit été
prise en mer par *le Lion Rouge* ; & comme elle
se disoit être de nos amis, & qu'elle alloit à
Johor, on prit sa cargaison, & on paia ce
qui y étoit à un prix dont les Javanois furent
contens. Le 5. on en usa de-même avec une
autre jonque.

Le 7. le Sous-commis du *Zélande*, qui croisoit vers le cap Rachado, vint raporter que
le matin du jour précédent, qui étoit le 6. ce
vaisseau avoit chassé sur un autre d'environ

80. tonneaux, dont la chaloupe s'étant aprochée, l'ennemi avoit fait un si-grand feu sur elle, qu'après avoir fait perte d'un homme, elle avoit été obligée de se retirer, pour se raccommoder, & prendre plus de gens : qu'aïant retourné à l'ataque, & le vaisseau s'étant vu pressé, ceux qui le navigeoient y avoient mis le feu sur le soir, & s'étoient sauvez dans leur canot, à force de rames : que cependant le vaisseau avoit brûlé tout entier.

Le même jour, les deux chaloupes qui avoient été envoiées à Johor, en revinrent, & raportérent qu'elles avoient donné la chasse à deux bâtimens, qui aïant jetté à la mer une balle de ris & une de clou de girofle, elles les avoient pêchées, & les avoient aportées. Aussi-tôt on commanda deux navires & deux yachts, pour aller chasser sur ces deux bâtimens, qui furent pris & amenez le 11. sous le pavillon.

Ils étoient chargez de foies cruës, de velours, de damas, de confitures, de racines de sina, de poivre &c. Ils étoient chacun de la capacité d'environ 120. tonneaux, portant 110. personnes, entre lesquelles il y avoir 40. Portugais, & trois Moines. Les autres étoient des Chinois & des Gusurattes. Ils furent tous distribuez sur nos vaisseaux. Chacune des prises étoit montée de six piéces, tant canons de fonte que pierriers de fer. L'Amiral & le Vice-amiral allérent les faire décharger.

Le même jour, comme on vit un canot venir vers la flote, en envoia une petite chaloupe au-devant. Le Maître y trouva un homme qui avoit les jambes liées, & qui ne put dire autre chose, sinon que quelques jours auparaparavant les frégates de Maclacca avoient chaffé fur quelques fuftes où étoit le Commis de Johor: que les fuftes étoient allées vers la côte: qu'il y avoit été tué quelques gens de Johor, & que les autres s'étoient fauvez dans les bois.

Peu de tems après, il vint quatre bantins à bord de l'Amiral, qui lui donnérent une lettre du Commis, qui étoit à 4. lieuës de Malacca, & qui demandoit quelques chaloupes pour aller le dégager, parce-que les frégates croifoient fur lui. Les gens des bantins dirent que le Roi de Johor devoit venir à la flote dans deux ou trois jours.

Le 12. le yacht *le Paon* alla chercher le Commis. Le même jour nous eûmes avis qu'il y avoit une grande jonque en charge à Maccau à la Chine, pour en partir par la préfente mouffon. *Le Lion Rouge*, *le Griffon*, & la chaloupe de l'*Amfterdam* furent, détachez pour aller l'atendre dans le détroit de Sincapura. L'après-midi *le Paon* amena le Commis de Johor à la flote. Il fe nommoit Abraham van den Broek, & avoit été Secretaire de l'Amiral Matelief.

Le 18. on obligea les 3. Moines qu'on avoit pris, d'écrire à Malacca, pour demander à être échangez contre trois prifonniers qu'on avoit fait fur nous, & un fur l'Amiral Matelief, & la lettre fut envoiée par un Chinois. Sur le foir on reçut la réponce qui fut communiquée le 19. au Confeil. Elle portoit qu'on échangeroit les 3. prifonniers pour les Moines: mais qu'à l'égard du quatriême, on étoit en parole avec les Hollandois de Sunda, pour l'échanger

ger avec un grand Fidalgos, qu'ils retenoient
auſſi priſonnier. Sur cette réponſe on convint
de leur ofrir quelqu'un des plus conſidérables
des autres priſonniers, parce-qu'on craignoit
qu'ils ne l'envoiaſſent en Eſpagne.

Enfin après pluſieurs conteſtations, on prit
le parti de relâcher tous les priſonniers; parce-que de les entretenir toujours, ç'auroit été
une groſſe charge, & de les tuer de ſang froid,
il n'y eut perſonne aſſez dur pour y conſentir.
De Molre, Hoen & Hertſing, aiant eu commiſſion de les emmener d'Ilha Grande où ils
étoient, allérent les mettre à terre, au côté
occidental de Malacca, & y atendirent ceux
qu'on leur devoit renvoier de la ville, qui revín-
rent auſſi, & le tout fut éxécuté de bonne foi.

Tous nos vaiſſeaux aiant fait de l'eau dans
cette iſle, on mit en délibération ſi l'on ataqueroit la ville de Malacca, des forces & de
l'état de laquelle on étoit alors parfaitement
informé. Tout le Conſeil fut pour la négati-
ve; parce-qu'il y avoit dans la place 500. hommes de troupes réglées, outre les Caſados,
les valets, les Malais, & les autres gens de diverſes nations capables de porter les armes.
D'ailleurs elle étoit très-bien pourvuë de munitions de bouche & de guerre, de-même que
de canon, y en aiant ſur-tout deux piéces des
plus groſſes qui ſe faſſent, qui portoient extrémement loin. Le Roi de Johor n'avoit pas
des forces ſufiſantes, ni des gens aſſez aguerris, pour favoriſer beaucoup le ſiége par terre, les choſes étant chez lui encore au même
état qu'au tems de l'Amiral Matelief; & nous
n'avions que 900. hommes de troupes de dé-
bar-

barquement ; qui ne faifoient pas la moitié de ce qu'il auroit fallu pour enfermer la ville.

On remit donc à la voile, & le 5. de Janvier de l'An 1609. nous fûmes à l'entrée du détroit de Sincapura, qui a si-peu de largeur, qu'il n'y paffe qu'un vaiffeau à la fois, & il faut que les vaiffeaux y paffent comme en ligne. Le 4. l'Amiral & une partie de fon Confeil s'embarquérent dans les chaloupes, pour aller à Batufabar faluer le Roi de Johor.

A deux lieuës au-delà du détroit de Sincapura commence la riviére de Johor, à l'entrée de laquelle il y a deux petites éminences, ou petites ifles, en forme de pains de fucre, dont l'une eft une fois plus grande que l'autre. L'une gît au Nord-nord-eft de l'embouchure de la riviére, & l'autre au Nord-eft. De l'autre côté de la riviére il y a un haut côteau, qui eft plus bas au Sud-oueft.

Le 8. l'Amiral étant arrivé fur le rivage, les éléfans du Roi y furent envoiez, pour le prendre, fa fuite marchant à pié après lui. Quand il eut falué le Roi, & qu'il l'eut un peu entretenu, il fe retira pour fe repofer, parcequ'il étoit fatigué.

Le 9. on célébra une grande fête annuelle à Johor. L'Amiral s'y rendit pour voir le grand Roi Jean de Patuan aller en cérémonie au Pagode. Il étoit monté fur fon éléfant, & affis au milieu de deux Princes, dont celui qui étoit devant fe nommoit le Raïa Sabrang, ou Sabrong. Ils étoient tous trois fuperbement vêtus à leur mode, de-même que toute la Cour qui les fuivoit.

Il y avoit auprès du Pagode un échafaut, fur
lequel

lequel le Roi defcendit de deffus l'éléfant, &
il entra enfuite dans le Pagode, d'où étant for-
ti quelque tems après, il remonta fur l'éléfant, & s'en retourna au palais, l'Amiral &
fes gens marchant devant lui, & fes Trompettes faifant plufieurs fanfares. L'après-midi
on alla lui ofrir des préfens, & au Raià Sabrang. Celui-ci prit l'Amiral par la main, &
alla s'affeoir avec lui à une table fervie à la
maniére Hollandoife, où l'on fit bonne chére.

Au milieu du repas on vit paroître deux jeunes filles qui danférent au fon d'une efpéce de
tambour de basque, & à la voix de quelques
femmes qui chantoient. Toutes étranges que
fuffent leurs danfes, elles étoient divertiffan-
tes. Sur le foir l'Amiral & fa fuite furent re-
conduits à leur logement, par plufieurs Oficiers de la Cour.

Le 11. le Roi Jean de Patuan & le Raïa Sabrang allérent prendre l'Amiral à la loge, &
s'étant embarquez enfemble dans une frégate,
le Vice-amiral & le refte des gens de fa fuite
pafférent dans une autre, remontant enfemble
la riviére, pour aller voir une nouvelle ville
que le Roi faifoit bâtir. Au retour ils foupé-
rent avec ce Prince, & ne furent fervis que
par des femmes.

Le 12. l'Amiral & fon Confeil furent mandez pour affifter au Confeil du Roi, où ils s'af-
firent auprès des autres Confeillers. Là, au
nom des E'tats Généraux, du Prince Maurice,
& de la Compagnie, ils déclarérent quel étoit
le fujet de leur venuë, favoir pour bâtir un fort
à Johor, afin de fervir de défence aux habitans du païs & aux Hollandois contre les Portugais

tugais leurs ennemis communs. Le Roi répondit que les afaires n'étoient pas encore difpo-
fées à cela : mais qu'il ofroit de continuer la
guerre, & que pour cet éfet il demandoit des
fecours de munitions de guerre & d'argent,
ainfi qu'on le lui avoit promis, difant que par
ce moien on lieroit encore une amitié plus
étroite & plus ferme entre les Hollandois &
les habitans de Johor.

Le même jour un matelot du *Delft* qui fe
baignoit, fut devoré par un Cayman, & il ne
refta de lui qu'un peu de fes entrailles. Ce doit
être un avis pour tous les voiageurs, de ne fe
baigner pas dans des eaux inconnuës.

Le 13. Jean de Patuan & le Raïa Sabrang
allérent vifiter la flote, où ils furent bien régalez. Jean de Patuan demanda qu'on lui fît
préfent d'un paquet d'habits faits à la Hollandoife, & on lui donna fatisfaction. Le 15. on
fit débarquer tous les foldats, pour faire l'éxercice & un feint combat devant les deux Rois,
qui parurent y prendre beaucoup de plaifir.

Le 17. l'Amiral déclara dans fon Confeil que
le Roi ne vouloit pas encore permettre qu'on
bâtit un fort fur fes terres, difant que l'Amiral Matelief ne l'avoit jamais requis, mais feulement que ce Prince lui aidât à prendre Malacca. Il fut réfolu qu'on lui repréfenteroit
les avantages que la conftruction de ce fort
lui aporteroit, tant pour la défence de fon
païs, que pour le commerce.

Le Roi répondit qu'encore qu'il fût bien que
les Portugais équipoient une groffe armade,
il ne les craignoit toutefois pas tant que l'on
penfoit, parce-qu'il avoit le recours de fe re-

D

tirer

tirer avec ses gens vers le haut de la riviére ;
au-lieu qu'il ne pourroit plus le faire quand les
Hollandois seroient là établis, & qu'il faudroit que son peuple demeurât pour leur aider
à soutenir les éforts des Portugais, d'où pourroit s'ensuivre leur perte entiére : que les Hollandois étoient Hommes aussi-bien que les Portugais, & qu'il y avoit aparence que quand ils
se seroient établis, & qu'il y en auroit un nombre considérable dans le pais, ils voudroient
en user avec les femmes de ses sujets, ainsi-que
les Portugais avoient fait autrefois : qu'alors
il se verroit obligé d'entrer en guerre avec eux,
& que d'amis les deux peuples deviendroient
ennemis, parce-que ses sujets ne soufriroient
jamais qu'ils eussent aucun commerce avec
leurs femmes.

Il continua donc à refuser qu'on bâtît un fort,
& à demander des secours d'argent & de munitions de guerre, & que l'Amiral amenât encore une fois son Conseil à Johor, parce-qu'il
avoit quelque proposition secrète à lui faire.
Ainsi l'Amiral, acompagné de Molre & de
Groenewegen, s'y en alla le 18. du mois.

Le 19. du même mois de Janvier 1609. le
Raïa Sabrang, suivi des principaux Conseillers, étant allé le trouver à la loge, lui déclara que *puis-que les forces des Hollandois n'é-*
toient pas en état de le rétablir dans son Roiaume
de Malacca, & que son plus jeune frére le Roi de
Patane, pour adultére commis avec sa concubine,
avoit été privé de son Roiaume & de la vie, par
la Reine présentement regnante, le Roiaume de
Patane apartenoit de droit à lui Roi de Johor ;
que la Reine le possédoit injustement ; qu'il prioit
l'Amiral

l'Amiral de l'assister de ses forces, pour l'en chasser, & que pour recompense, ils partageroient le Roiaume ensemble.

Le 22. l'Amiral étant retourné à bord, fit assembler le Conseil, où il remontra que le Roi de Johor faisant la guerre aux Portugais en faveur des Hollandois, & se trouvant par-là dans un grand danger, il étoit à craindre qu'après leur départ, il chercheroit à s'accommoder avec ses ennemis, ce qui ne se pourroit faire sans un grand préjudice pour la Compagnie ; & que par cette raison il seroit bon de délibérer sur sa proposition, & de voir s'il ne seroit pas à propos de lui acorder ce qu'il demandoit.

Il fut arrêté qu'on assisteroit ce Roi, premiérement d'une somme de 3000. réales de huit, qu'on leveroit sur les éfets des deux navettes qu'on avoit prises proche du cap Rachado, venant de Maccau : en second lieu de vingt barils de poudre, d'une partie de Tintinago, pour en fondre des boulets ; & en troisiême lieu qu'on laisseroit deux vaisseaux, savoir *le Lion Rouge* & le yacht *le Griffon*, pour croiser devant la riviére de Johor, & en mettre les habitans & leur navigation en sureté, à-condition qu'ils auroient un libre accès dans tous les ports de l'E'tat, & qu'il leur seroit permis de se conformer aux Instructions que l'Amiral leur laisseroit.

Le 26. le yacht *le Paon* fut commandé pour aller relever *le Griffon*, qui croisoit avec *le Lion Rouge* au détroit de Sincapura, parce-qu'il y avoit beaucoup de malades à son bord. L'Amiral alla aussi à Johor porter 3000. réales au Roi, pour lui aider à bâtir fa nouvelle ville.

Le 20. un matelot qui fe baignoit fut faifi dans le côté par un grand ferpent d'eau. Il cria d'une fi grande force qu'il fut fecouru, mais non-pas affez tôt pour empêcher que l'hydre ne lui emportât un gros morceau de chair, de-quoi il mourut incontinent après. Le ferpent fe tenant toujours autour des vaiffeaux, on le prit enfin. C'étoit le plus gros qu'on eût vu pendant tout le voiage. En lui ouvrant le ventre, on y trouva encore le morceau de chair qu'il avoit arraché au matelot, & on alla l'enterrer avec lui.

Le 3. de Fèvrier 1609. l'Amiral aiant expédié fes afaires à Johor, y laiffa Jaques Obelaer pour premier Commis, Abraham Willemfz de Rijck, ou le Riche, pour Sous-commis, Hector Roos pour lapidaire, parce-qu'il avoit une grande connoiffance des diamans, avec encore deux Affiftans & quelques autres gens. Van den Broeck, qui y étoit auparavant Commis, fut établi premier Commis du *Lion Rouge*, qui eut ordre, avec *le Griffon*, de croifer devant la riviére jufqu'au premier jour du mois de Juillet fuivant, auquel tems ils prendroient la route de Patane & de Borneo, pour aller rejoindre la flote aux Moluques. On tira du *Lion Rouge* 20000. réales de huit qu'on mit dans le vaiffeau *Hollande*; & 10000. réales *du Griffon*, qui furent portées dans le *Rotterdam*.

Le 8. les vaiffeaux *Hollande*, *Middelbourg*, *les Provinces Unies*, *Delft*, *Rotterdam*, *Amfterdam*, *Hoorn*, & *Zélande*, le yacht *le Paon*, & une prife,

prise, mirent à la voile, par un vent de Nord-
est, & coururent la bande du Sud-est. Le 11.
ils découvrirent une voile, & l'aiant haussée,
on reconnut que c'étoit le yacht *Bonne Espéran-*
ce qui venoit de Hollande, & qui aportoit la
grande nouvelle de la Tréve de 12. ans, & de
nouvelles Instructions des Sieurs Directeurs, sur
lesquelles on devoit à l'avenir se régler, tant
à l'égard de la guerre que du commerce ; &
pour recommander de faire des alliances avec
les Princes & Rois des Indes.

Il y avoit déja 2. mois que cet yacht étoit
parti de Bantam, en compagnie d'une chaloupe de Zélande, qui avoit été 7. semaines séparée de lui. Le 15. tous les vaisseaux mouillérent l'ancre à la rade de Bantam, sur 4. brasses & demie d'eau. Ils trouvérent là les afaires du Roi fort broüillées. Il avoit le Panga-
ran son oncle dans son parti : mais les Ponganas ses principaux Officiers étoient contre lui.
Chacune de ces deux factions prenoit le prétexte des intérêts du Roi & de la Couronne, quoi-
que dans le fonds chacune tâchât à s'emparer
du gouvernement, à manier les afaires, & à
s'approprier les revenus, pendant-que le Roi
étoit encore jeune & en tutelle.

La division étoit allée si-avant, que chaque
parti s'étoit retranché & fortifié dans la ville même ; & l'on commettoit des actes d'hostilité de part & d'autre. L'Amiral se déclara neutre, fit des présens au Roi, & lui ofrit,
suivant les ordres qu'il avoit reçus, de faire
un Traité d'alliance avec lui. Le Roi différa de prendre sa résolution jusqu'à la fin de la
guerre, & que les Ponganas se fussent retirez.

D 3

On

On fit les mêmes ofres au Roi de Jaccatra, qui étoit alors à Bantam, aiant apris qu'il vouloit prendre en fa protection & emmener avec lui les Ponganas, qui étoient les gens les plus riches & les plus puiffans de la ville ; fi-bien que nous penfions à nous aller établir à Jaccatra, fi les afaires de Bantam prenoient un mauvais train, d'autant-plus que cette-ville nous eût été bien plus commode, & qu'elle étoit auffi propre pour le commerce. Ce Prince différa auffi à fe déclarer, jufques-à-ce qu'il fût de retour à Jaccatra, afin d'éviter les jaloufies ; & il promit d'écouter alors les propofitions qu'on lui feroit, fi elles étoient raifonables.

Le même jour on fit partir quelques vaiffeaux, entre-autres *le Paon* pour aller à Greffick acheter des vivres, afin d'en ravictuailler le fort de Banda. On aprit en même tems que les deux yachts l'*Aigle* & *le Faucon*, étoient en route pour aller aux Moluques, en compagnie du *Soleil*, navire de la flote de l'Amiral Paul van Caerden.

Le 19. il fut réfolu dans le Confeil, que puis-qu'il n'y avoit pas lieu de faire aucun Traité avec le Roi de Bantam, on laifferoit à Jaques l'Hermite des inftructions pour y travailler à l'ocafion : que d'un autre côté, les ordres venus de Hollande portant qu'on feroit tous les éforts poffibles pour conferver les Moluques, il y falloit envoier les vaiffeaux & les yachts, *Mildelbourg*, *Amfterdam*, *le Paon*, & *l'Efpérance*, qui, fur la route, relâcheroient à Macaffar, pour y faire alliance avec le Roi, y laiffer des Commis avec un fonds, & y

ache-

acheter autant de ris qu'on y en pourroit trouver : & enfin que l'Amiral avec le reste de la
flote iroit à Banda, pour faire aussi alliance,
& demander la liberté de bâtir un fort ; &
que de-là il s'en iroit à Tidore & à Ternate :
qu'outre cela on envoieroit une chaloupe à la
riviére de Johor, pour faire savoir au *Lion Rouge* & au *Griffon*, qu'à la première mousson ils
eussent à se rendre à Patane, pour y conclure,
s'il étoit possible, un Traité avec la Reine, &
y charger de la soie & du poivre ; puis faire
voiles à Lequeo Pequevo, pour y croiser sur la
carraque qui devoit aller de Maccau au Japon, & s'ils ne la pouvoient découvrir, s'en
aller au Japon, pour y trafiquer de leur cargaison, & tâcher de faire un Traité avec l'Empereur.

Le 25. la flote prit son cours vers Banda,
laissant à Bantam le Vice-amiral avec les 4.
vaisseaux détachez, qui, sous son commandement, devoient aller à Macassar. On y laissa aussi *le Petit Soleil* & le yacht *Bonne-espe-
rance*, qui étoient prêts à retourner en Hollande.

Le 27. on jetta l'ancre devant Jaccatra,
où l'on trouva l'*Amsterdam* qui y avoit été envoié pour faire des vivres.

Le 18. de Mars 1609. la chaloupe *le Dragon Volant* étant venuë de Macassar joindre la
flote, avec le Maître Albert Harmensz, qui
avoit été Maître de hache sur la flote de l'A-
miral Verhagen, & avoit mené à Succadana, dans l'isle Borneo, Samuel Bloemart pour
y être premier Commis, elle fut envoiée le
20. à Gressick. C'étoit pour avertir le Com-

mis

mis Pierre Segertfz qu'il y avoit à Macaffar un navire Efpagnol, qui y chargeoit du ris, & deux jonques avec lui pour en charger auffi, & aller ravitailler les Efpagnols de Ternate; afin qu'il prît des mefures pour lés chaffer, ou pour les empêcher de charger.

Van Driel y alla auffi, pour relever Corneille Pieterfz van der Meer, qui y étoit premier Commis. Il y porta 10000. réales pour aider à acheter 200. picols de foie, qui y avoient été menez par deux jonques de la Chine. On lui ordonna de tirer du yacht *le Paon* & de la loge autant d'argent qu'il lui en faudroit encore, pour acheter toute cette foie; & de tâcher de faire des Traitez avec les Rois de Greffick & de Jortan, ou Joartan, & de les envoier à Bantam.

On trouve à Greffick beaucoup de ris, de l'arack, & d'autres vivres. Il y va plufieurs jonques de la Chine pour y acheter des épiceries qu'on y aporte des Moluques; fi-bien que ce feroit un lieu propre pour trafiquer avec les Chinois, & acheter les foies qu'ils y mènent.

On avoit détaché *l'Aigle* & *le Faucon*, afin d'aller acheter des vivres, fous la conduite du Commis Jaques de Bitter, à qui l'on envoia des ordres pour faire voiles inceffamment à Banda, parce-qu'on craignoit que l'Amiral des Anglois, qui avoit été à Cambaie, où il avoit pris des mouchoirs & des toiles, ne fe rendît avant notre flote aux Moluques, où l'on en manquoit, & qu'il n'achetât le clou de girofle, les noix mufcades & le macis.

Cet Anglois avoit tâché de faire un Traité
à Cam-

à Cambaie ; mais comme le Roi, à la follicitation des Portugais, avoit fait mourir le
premier Commis David van Denfen, & s'é-
toit faifi de fon fonds, l'Anglois ne vit pas
qu'il y eût efpérance de réüffir. Le Confeil de
notre flore envoia auffi, par la chaloupe, ou
le yacht, des lettres à Bloemart, premier Commis de Succadana, pour traiter alliance avec
le Roi, ou la Reine, de Bengermarffin, &
avec les autres Rois & Princes de l'ifle Borneo, s'il y voioit quelque avantage à efpérer
pour la Compagnie.

Succadana eft au bout oriental de Borneo,
par les 14. degrès de latitude Sud, où fe décharge dans la mer une groffe riviére, que les
chaloupes peuvent remonter jufqu'à 40. lieuës;
& c'eft du païs qui eft vers le haut de cette riviére, qu'on aporte les diamans dans cette ville.
La Reine Régente avoit fait mourir, le mois
de Janvier précédent, le Roi fon époux, par
jaloufie, & s'étoit emparée du gouvernement.

Le 22. du même mois de Mars, la flore traverfa entre 21. ifles, qu'on nomme les Pater-
nofters, qui font au-delà de Madure, & l'on
y eut un grain fi violent, qu'on crut que toutes les voiles en feroient défoncées.

Entre Java & Madure, à l'Ouëft, il n'y a
que 15. ou 16. piés d'eau. Tout-proche gifent
les Pater-nofters, ifles fort-dangereufes à traverfer. Le paffage entre Java & Baly eft auffi
très-étroit, & le moindre grain, ou-bien un
changement de vent vous peut pouffer à la côte, & vous mettre en péril ; de-forte que quand
on navige avec de gros vaiffeaux, il vaut mieux
aller chercher le paffage des Boucherons.

D 5

Ceux

Ceux qui navigent sur la fin de la mousson d'Ouëst, c'est-à-dire vers la fin de Mars, ou au commencement d'Avril, feront bien de ranger la haute côte de Java, jusques-à-ce que les isles de Banda, ou d'Amboine, s'ils y veulent faire route, leur demeurent au Nord-quart-de-nord-est, parce-que les courans leur feront favorables le long de cette côte.

La mousson d'Ouëst commence ici ordinairement dès les premiers jours de Novembre, & finit à la fin de Mars. Mais on a des calmes tout le mois d'Avril, & ensuite des vents variables, jusques à la mousson d'Est, qu'on a les vents de Sud-est, ou de Sud-est tirant un peu plus à l'Est. Quand on navige dans la saison des calmes, il est bon de raser aussi la côte, parce-qu'on y trouve encore les courans de la précédente mousson.

Le 8. d'Avril 1609. la flote entra dans le port de Néra, une des isles de Banda, ou l'on trouva trois vaisseaux de la flote de l'Amiral Van Caerden, nommez *Banda*, *Patane*, & le yacht *la Concorde*, le *Banda* y étant en charge. On y rencontra aussi un navire Anglois, du port de quatre à 500. tonneaux, qui avoit un gros fonds d'argent, de mouchoirs, de toiles, d'armes ; & qui avoit beaucoup d'empressement pour trouver sa cargaison. Il fut cause que les Hollandois achetérent 12. réales de huit la bare de noix muscades, dont ils n'avoient coutume de paier que 9. réales.

L'Amiral voiant le tort que cette maniére d'agir faisoit aussi-bien à l'Anglois qu'aux autres, résolut à son tour d'offrir au-dessus de lui, & de le fatiguer. L'Anglois s'en étant aperçu,
retira

retira fes gens des ifles Pulo Wai & Pulo Rin, où ils trouvoient peu de marchandifes, & fit mine de vouloir s'en tenir au prix ordinaire, & de n'avoir pas envie de les faire hauffer davantage.

Mais ce n'étoit pas là fa penfée. Il paroiffoit mieux pourvu de mouchoirs, de toiles & d'armes, que d'argent, quoi-qu'il fît courir un bruit bien contraire. Il étoit allé acheter les toiles à Cambaie pour les vendre aux Moluques, & il ne pouvoit s'être chargé de tant d'armes, que pour les vendre aux Éfpagnols de Ternate, qui en avoient befoin.

Le 10. le Capitaine de ce vaiffeau, qui étoit un homme puiffant & vigoureux, qui parloit fort-bien Arabe & Malais, alla lui-même trouver l'Amiral, dans le Confeil, & le pria de lui déclarer s'il avoit quelque deffein formé fur l'ifle de Néra, afin qu'il rapellât fes gens à fon bord. Il pria auffi l'Amiral d'envoier à terre un homme fidelle & intelligent, pour avoir l'œil fur les démarches des Bandanois, afin-qu'il eût connoiffance de tout à heure & à tems; & enfin de vouloir fecourir les Anglois, fi les Bandanois entreprenoient de nuit, ou par furprife, quelque chofe contre eux, & que pour cet éfet il fît toujours tenir dans fa loge 30. Moufquetaires.

Les Bandanois, au nombre de plus de 2000. hommes, faifoient toutes les nuits la garde autour de la loge des Hollandois, aïant envoié dans la montagne leurs familles & leurs éfets. Ils firent dire à l'Amiral qu'ils vouloient s'affembler, & délibérer, felon la coutume de leur pais. Ils envoiérent auffi demander fe-

cours

cours aux habitans des autres isles, & aux Javanois, qui étoient là au nombre de plus de
1500. avec quelques jonques.

Ceux de Lontor & leurs confédérés répondirent qu'une flote si-considérable ne pouvoit
être venuë que dans l'une de ces deux vuës,
ou de bâtir un fort à Néra, ou de vanger les
meurtres auparavant commis dans les personnes des Hollandois, & que ces deux choses ne les regardoient nullement : qu'à l'égard
du fort, ils ne doutoient nullement que dans
la présente conjoncture des afaires, la chose
n'arrivât, ou de la part des Hollandois, ou
de celle des Castillans : que les Hollandois
n'avoient fait aucun tort aux habitans de Banda : qu'ils avoient trafiqué avec honnêteté &
douceur, & bien paié : que c'étoit à eux de
prendre leur parti, & de voir avec laquelle
der deux nations ils aimoient mieux entrer en
alliance. Le même jour *le Grand Soleil* moüilla l'ancre à la même rade.

Cependant les habitans de Néra se forti-
fioient à la pointe Sud-ouëst de l'isle, vis-à-vis
de l'isle Goumeape, où les Portugais avoient
autrefois un fort. Le 11. ils députérent vers
l'Amiral pour s'excuser de ce qu'ils n'avoient
point encore délibéré ensemble ; ce qui venoit
de ce que leurs confédérés n'étoient pas arrivez ; mais ils espéroient que ce seroit le Mécredi suivant. Tout cela n'étoit que pour gagner du tems, & l'emploier à se mettre en
état de défense. On disoit aussi qu'un de leurs
Saints, nommé Dato, avoit prophétisé qu'il
viendroit des hommes blancs, avec plusieurs
vaisseaux, qui se rendroient maîtres de leur
pais,

païs, & l'on croioit que cette prédiction alloit s'accomplir.

Le 14. du même mois d'Avril, les yachts
l'Aigle & *le Faucon*, avec le Commis de Bitter, qui venoient de la côte de Coromandel,
rejoignirent la flote. Le 19. l'Amiral & son
Conseil, accompagnez de 250. soldats & matelots, allérent à Lontor, où les Orancaies
des isles les atendoient, pour traiter au sujet
de la construction d'un fort à Néra. Il fut bien
reçu, au-moins en aparence, par les Orancaies, & l'on alla s'asseoir en rond, à la mode du païs.

Il leur déclara les ordres qu'il avoit du Prince & des Directeurs de la Compagnie, de bâtir un fort à Néra, & leur présenta les Patentes qu'il avoit pour cet éfet, qui étoient
écrites en Portugais, & qu'on leur lut tra-
duites en Malais. Il ne parut pas que cette proposition leur fût fort-agréable, & aïant demandé du tems pour en délibérer l'Amiral
s'en retourna sur son bord.

La nuit du 22. les Orancaies s'y rendirent,
demandant encore 3. jours de delai, qui leur
furent refusez. Enfin ils consentirent à la construction, parce-qu'ils virent bien qu'on la
pouvoit faire malgré eux. Pour cet éfet le vaisseau *le Soleil* étoit allé déja prendre poste, tout-
à-terre, à la pointe de Néra, où il devoit être
joint par deux yachts. Le 24. l'Amiral alla
reconnoître la place où l'on pourroit élever
le fort.

Le 25. étant encore allé à terre avec son
Conseil & 700. hommes sous les armes, pour
faire commencer l'ouvrage, il trouva la pe-

D 7

tite

tite ville abandonnée, les habitans s'en étant
fuis vers l'autre bout de l'isle; ce qui fut d'une
grande commodité pour loger les travailleurs,
à chacun desquels on assigna son quartier, avec
défences expresses de le quitter sans congé, ou
d'insulter les habitans, & de piller rien qui leur
apartint.

Le 3. de Mai 1609. on commença d'abatre
des arbres, & de travailler dans la terre. Mais
on connut que le terrein n'étoit pas bon, &
l'on vit que d'ailleurs il y avoit un très-grand
travail à faire. Ainsi le Conseil s'étant rassemblé on fut d'avis de relever l'ancien fort
des Portugais, où il y avoit encore une muraille qui subsistoit tout-autour, & où le terrein étoit bon. On le fit quarré avec quatre
angles, deux du côté de la mer, & deux du côté de la terre.

Le 15. *le Patane*, qui avoit une partie de
sa cargaison en noix muscades, & le yacht *le
Faucon*, se détachérent de la flote, & prirent
la route d'Amboine. On nomma deux Députés du Conseil, pour aller négocier avec les
habitans de Jortato, touchant la liberté de
commerce, & la construction d'une nouvelle
loge, à quoi Jaques de Bitter avoit écrit qu'ils
s'oposoient.

Le 22. les habitans de Néra & les autres
insulaires de Banda députérent vers l'Amiral,
pour lui demander qu'il lui plût de marquer
un lieu, où l'on pût conférer ensemble, traiter sur tous les différens, & convenir du prix
du macis & du clou, aïant pris résolution de
n'en vendre qu'aux Hollandois. Comme ils
étoient dans la fraieur, ils demandérent des
otages

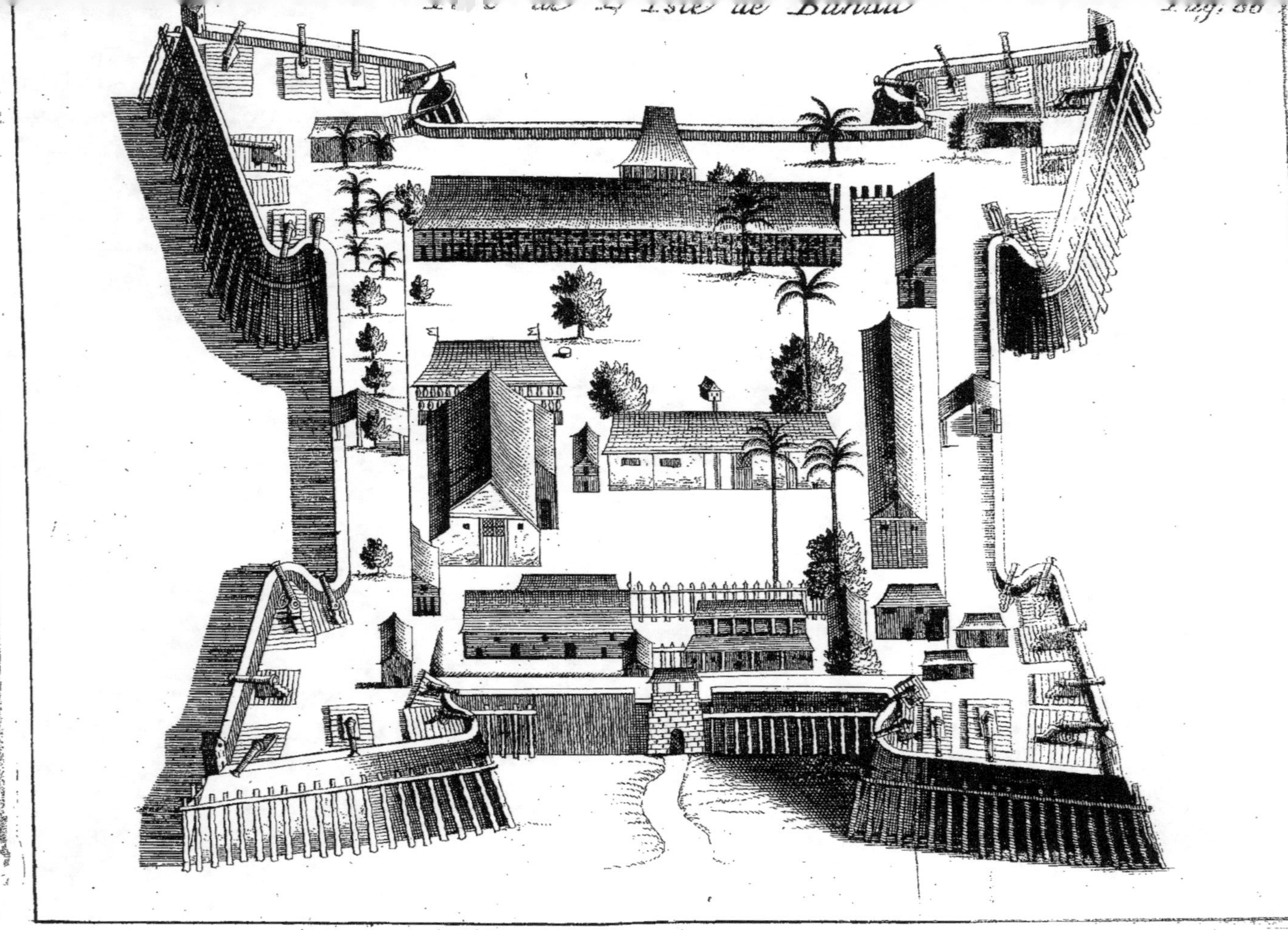
de l'Isle de Banda

otages. On leur envoia de Molre & de Visscher, qui aïant demeuré quelque tems à Néra,
savoient un peu la langue du païs, & on leur
donna rendévous sur le rivage, à une portée
de mousquet du quartier, sous un grand arbre.

Après-midi, qui étoit l'heure marquée,
l'Amiral & son Conseil se rendirent au rendévous, suivis de la compagnie de soldats de
Cronenbourg, & n'y aïant trouvé personne,
ils allérent s'asseoir sous l'arbre, résolus d'a-
tendre avec patience. Enfin après y avoir été
longtems, ils envoiérent dans la petite ville
Adrien Ilsevier, qui aïant fait un long séjour à Johor, savoit la langue Malaie, pour
leur faire savoir qu'il y avoit longtems que
l'Amiral les atendoit.

Ils sortirent tous au-devant de cet Envoié
& lui dirent qu'ils avoient peur des Mousquetaires qu'ils voioient, & qu'ils suplioient
l'Amiral & son Conseil de s'éloigner de cette milice, & de s'aprocher vers le bois. L'A-
miral y aïant consenti, fut aussi-tôt environné de toutes parts. Alors Jean de Bruin s'é-
cria, M. l'Amiral nous sommes trahis. L'A-
miral voiant le danger demanda ses armes.
A-peine avoit-il parlé qu'il reçut deux ou trois
blessures, & fut tué avec la plupart de ses
Conseillers.

Les soldats qui étoient sur le rivage, en-
tendant le bruit qui se faisoit, y coururent
promtement, firent feu, & mirent par terre
quelques-uns des assassins. Les autres passérent
au-travers du bois, & s'enfuirent dans leur
petite ville. Nos gens étant allez retirer les
morts & les blessez, trouvérent leur Amiral sans
tête,

tête, & percé de 28. coups. J. van Groene-wegen étoit dans le même état, aussi-bien que Jean de Bruin, & A. Ilsevier, y en aïant jus-qu'à 30. de massacrez. Les assassins retirérent aussi les corps de leurs gens, & les emporté-rent à leur quartier, où ils firent bonne gar-de toute la nuit.

Le 23. quatre compagnies des nôtres étant allées battre la campagne pour chercher le reste de ceux qui nous manquoient, & savoir s'ils étoient vivans ou morts, ou trouva les deux otages de Molre & de Visscher, & deux garçons de bord massacrez, avec plusieurs au-tres, tout-proche de la ville: mais on ne put les enlever à-cause de la grande résistance des ennemis, & de la multitude d'assagaies qu'ils lançoient, dont ils tuérent encore un de nos soldats.

L'Amiral, Groenewegen & de Bruin, aïant été enterrez dans le fort, avec les solomnités ordinaires, Simon Jansz Hoen fut établi Ami-ral par provision, jusques-à-ce que François Wittert Vice-amiral, fût venu pour remplir cette place. Jean Hendricksz premier Pilote des *Provinces Unies* fut fait Maître du vaisseau, & Conseiller, & Jaques van Schagen en fut fait premier Commis. Simon Martensz Maî-tre du *Delft*, fut établi Conseiller, & enfin le nombre des Oficiers fut rempli.

Le même jour les habitans de Jortato en-voiérent un de nos gens qui y résidoit, nom-mé Wouter van den Enden, pour les disculp-per du massacre, à quoi ils disoient n'avoir point eu de part, & pour ofrir de vivre en paix avec les Hollandois ainsi qu'auparavant,

& de

& de défendre les Commis qui étoient parmi eux contre les habitans de Néra. Van den
Enden étant allé faire son raport aux insulaires, ils le renvoiérent dès le même jour à la
flote, pour dire qu'il falloit que les Hollandois
abandonnassent sans delai leur fort, qu'ils par-
tissent, & qu'ils ne laissassent dans l'isle que
quelques Commis, comme il y en avoit eu,
sinon que ceux de Jortato leur déclareroient la
guerre; qu'ils se joindoient aux autres villes
& villages; qu'ils égorgeroient tous ceux de
la nation qui étoient dans leur ville, à Pulo
Wai, & à Pulo Rin. Le Conseil fit réponce
que ce n'étoit pas là son dessein, & Van den
Enden n'osa le déclarer à ceux de Jortato.

Le 24. Van den Enden fut encore envoié, à
Néra par les Jortatois, avec deux Orancaies &
un esclave de Lontor, qu'ils y engagérent par
de belles paroles & en lui donnant de l'argent.
Lors-qu'ils furent dans la loge, on mit aux
fers les Orancaies & l'esclave, qui en furent fort
surpris, s'étant atendus qu'on alloit abandonner le fort, & se retirer. Il fut alors résolu
d'envoier un esclave à Lontor avec une lettre,
par où l'on déclareroit, que si l'on ne renvoi-
oit les Hollandois qui y étoient, on pendroit
les deux Orancaies. On ne reçut point de réponce.

Le 25. on fut informé que les habitans de
Lontor avoient massacré le Commis Dirck
Pietersz qui étoit déja malade, & son Assistant nommé Corneille van Eerden. Sur cette
nouvelle on arbora par-tout les pavillons rouges, l'on déclara la guerre aux Bandanois, &
on battit Lontor avec le canon.

Les

Les 30. nos chaloupes armées allerent à Néra, où elles brûlérent toutes les navettes & les
pirogues qu'elles rencontrérent, avec deux jonques qui étoient sur les chantiers. Comme les
pluïes continuelles ruinoient une partie des
fortifications, il fut arrêté qu'on y mettroit
des pallissades.

Le 1. de Juin 1609. le yacht *l'Aigle* fut détaché pour aller à Amboine & à Ternate, porter la nouvelle du funeste événement qui étoit
arrivé. Le 3. un Chinois de Célame vint donner avis d'une entreprise que les Noirs médi-
toient contre les chaloupes. Cependant on travailloit toujours aux fortifications. Les deux
Orancaïes qu'on gardoit dans le vaisseau *Hollande*, aïant rompu leurs fers, se sauvérent à
la nage.

Le 10. on vit une jonque en mer. Les chaloupes l'aïant jointe, on lui cria de se rendre.
Comme on n'eut point de réponce, on en vint
à l'abordage. Le premier qui sauta sur son bord
aïant été tué d'un coup de poignard, ses compagnons qui y sautérent presque en même tems,
tuérent d'abord tout ce qu'ils rencontrérent,
puis voulant faire les autres prisonniers, ils se
retranchérent au fond de cale, sans vouloir se
rendre. On y mit le feu, & les plus opiniâ-
tres furent brûlez. Il y en eut 15. qui se rendirent. La jonque étoit de Gressick, chargée
de ris, de porcelaines, & de nattes.

Le 22. le *Banda* étant chargé de noix muscades & de macis, fit voiles pour retourner en
Hollande.

Le 5. de Juillet, 1609. toutes les chaloupes
armées de matelots & de soldats, allérent ataquer

quer Lapetaque, petite place dans le païs de Néra. Les Noirs s'enfuïrent dans les bois, & l'on pilla la ville, où les equipages firent un affez bon butin. Entre-autres on y trouva 14. pierriers qui furent menez au fort. Il n'y fut point tué de nos gens : mais le Vice-amiral Hoen y fut bleffé avec trois ou quatre autres.

Le 26. les chaloupes allérent à Célame, pour brûler quelques bâtimens qu'on difoit être fur les chantiers. Mais comme on n'y en trouva point, Jean de Bitter, qui avoit été établi Gouverneur du fort, & qui commandoit en cette expédition, jugea qu'il pouvoit pouffer plus loin fon entreprife, & mit du monde à terre pour furprendre Célame, qui eft une petite ville fort peuplée.

Ceux de Jortato & de Lontor s'étant aperçus affez tôt de ce deffein, allérent au fecours de la place, qui par ce moien fit une fi vigoureufe réfiftance, que les ataquans furent contrains de faire retraite, & de fe rembarquer avec perte de 9. hommes, & il y en eut 70. de bleffez, entre lefquels étoit le Commandant, qui fut bleffé au gras de jambe.

Les jours fuivans, jufques au 10. d'Août 1609. les Bandanois tâchérent par l'entremife d'un habitant de Macaffar, qui fe trouva parmi eux, de faire leur paix, & la chofe fut pouffée fi-avant, que Henri van Bergel, qui y avoit été premier Commis, eut ordre d'aller avec cet étranger, à bord du *Zélande*, qui étoit à l'ancre devant Lontor, pour y entrer en conférence. L'infulaire de Macaffar fut envoié à terre, pour dire aux Bandanois qu'ils fiffent avancer une pirogue à moitié-chemin

du

du *Zélande*, où van Bergel alla leur parler. A
son retour il fut ordonné que si l'on voioit venir quelque pirogue à la flote, avec une banniére blanche on ne tireroit pas dessus.

Le 11. l'entremetteur de la paix se rendit à
bord du Vice-amiral, & lui assura que les insulaires avoient véritablement intention de traiter, & que pour cet éfet ils demandoient une
amiable conférence. Le Vice-amiral lui aiant
aussi donné sa parole, Van Bergel & Van der
Dussen furent députés, pour aller avec cet entremetteur devant Lontor, où quelques Orancaies se rendirent proche d'eux dans des pirogues, & promirent d'aller le lendemain à
bord du *Zélande*, pour faire des ouvertures
de paix.

Le 12. le Vice-amiral & son Conseil s'é-
tant rendus dans ce vaisseau, & y aiant fait
arborer une banniére blanche, l'entremetteur y alla aussi avec quelques Orancaies,
qui, sur les propositions qu'on fit, retournérent à terre pour parler aux autres. Le lendemain ils revinrent, & conclurent un Traité, par lequel les Bandanois s'obligérent de
ne vendre point de noix muscades ni de macis
qu'aux Hollandois, au prix qui étoit réglé ;
& ils consentirent que toutes les jonques qui
viendroient de dehors, allassent moüiller sous
le fort, & qu'il ne fût permis à personne d'aller demeurer à Néra, que par la permission
du Gouverneur.

Le 14. les insulaires commencérent à porter leurs noix & leur macis au fort, dont le
Gouverneur Jaques de Bitter, mourut le même jour, de la blessure qu'il avoit reçuë de-

vant

vant Célame. Le lendemain Henri van Bergel
fut établi en sa place, & il eut pour Lieutenant Guillaume van der Voort.

Le 17. il fut résolu que les vaiſſeaux *Hollande*, *les Provinces Unies*, & *Delft*, mettroient
à la voile le 19. pour aller à Amboine & à Ternate ; & qu'on laiſſeroit à Banda le *Rotterdam*
& le *Hoorn*, pour tâcher d'y prendre leur cargaiſon, vu-que tous les jours on aportoit beaucoup de marchandiſes au fort. Le 19. les vaiſſeaux deſtinez pour les Moluques firent voiles,
& le *Zélande* prit ſon cours vers Greſſick, pour
ſe rendre enſuite à Bantam, & y charger,
afin de retourner en Hollande.

Le 21. les trois vaiſſeaux ancrérent ſous le
fort d'Amboine, où ils aprirent que *le Faucon* étoit en charge devant Cambelle.

Le 7. de Septembre 1609. le Vice-amiral
manda tous les Orancaies au fort, où il re-
nouvella les Traités avec eux ; ce qui ſe fit avec
beaucoup de réjoüiſſances de la part des Hollandois, comme de la part des Noirs.

Le 16. ils partirent d'Amboine pour aller
à Ternate, emmenant avec eux *le Faucon*, &
ils prirent leur cours au Nord-nord-ouëſt. Le
22. ils ancrérent à la rade de Machian, ſous
Noffeckia. Le Vice-amiral & ſon Conſeil
étant deſcendus à terre, aprirent que l'Amiral François Wittert, avoit bâti un fort dans
l'iſle Timor, ou dans celle de Motier, & qu'il
y avoit laiſſé 60. ſoldats, bien pourvus de munitions de guerre.

Le 23. ils remirent à la voile, & le 24. ils
moüillérent l'ancre, ſous le fort de Malaie,
à la rade de Ternate, où ils aprirent que l'A-
miral,

miral, avec l'*Amsterdam* qu'il montoit, & les yachts *le Paon* & *l'Aigle*, étoit parti le **26.** pour aller insulter les Portugais, aux Manilles, quoi-qu'il eût été averti de la venuë de nos trois vaisseaux, & qu'ils étoient alors à Machian.

Le 25. il fut arrêté de faire débarquer 250. hommes, afin d'aller au fort d'Orange, d'où l'on devoit sortir la nuit, conjointement avec une partie de la garnison & avec les Ternatois, pour aller ataquer un fort que les Espagnols avoient fait à Tallegome. Mais l'obscurité & le mauvais tems firent différer cette expédition jusqu'au lendemain, que les troupes marchérent sous le commandement du Capitane Schot, en qualité de Général. Cependant on s'en revint sans rien faire les ennemis étant fort-bien en défence, & n'y aïant, pour aborder le place, qu'un chemin étroit, où il ne pouvoit passer qu'un homme à la fois.

Le 8. d'Octobre 1609. le vaisseau *les Provinces Unies* & le yacht *le Chasseur*, avec 4. caracorres, firent voiles de Machian à Tacomma, qui est dans l'isle de Ternate, pour y bâtir un fort. Le 10. après le débarquement, on coupa les broussailles, on planta des palissades, & ensuite du canon sur le vieux bastion qui étoit le long de la mer, & les jours suivans on continua les travaux.

Le 16. quatre-vintgs Espagnols & trois ou 400. Mardicres, vinrent avec une galére & 4. caracorres, & aïant débarqué derriére une certaine pointe, ils marchérent, enseignes déploiées, vers nos ouvrages, qu'ils virent déja si-bien munis contre leur irruption, qu'ils

prirent

prirent le parti de se retirer vers le bois. Ils y trouvérent quelques habitans de Machian, qu'ils n'épargnérent pas, & après les avoir tuez ils allérent se rembarquer.

Le 4. de Novembre 1609. on fit battre la caisse pour lever une compagnie de 100. hommes, & la mettre en garnison dans le fort, à qui on donna le nom de Willemstadt. Adrien Claasz de Dordrecht, qui avoit été Lieutenant du fort de Malaie, en fut fait Capitaine, & Jean Vligans Lieutenant. Le fort étoit quarré, aïant un bastion du côté des terres, & une redoute sur une hauteur qui y est. On y fit des ruës bien rangées, & plusieurs Ternatois allérent y demeurer avec leurs familles; si-bien que comme l'endroit est commode pour recüeillir le clou, on peut espérer qu'avec le tems on en fera une place assez considérable. Le soir du même jour le Vice-amiral partit pour se rendre à Malaie.

Le 9. les vaisseaux *les Provinces Unies*, *Middelbourg*, *Delft*, & *Hollande*, avec 20. caracorres, allérent à Tidore, & aiant laissé tomber l'ancre sous le vieux fort des Portugais, ils y tirérent quelques coups de canon. Les gens de Tidore plantérent à leur tour du canon dans une demie-lune qui étoit sur le rivage, & battirent les vaisseaux qui furent contrains de reculer hors de la portée de leurs coups. Aussi la résolution qui avoit été prise, ne tendoit-elle qu'à les affamer, & à environner l'isle de caracorres, qui, par le moien des vaisseaux Hollandois, seroient garanties des eforts des galéres Portugaises.

Le 18. on convint avec le Roi de Ternate
d'aller

d'aller à Bachian, & de tâcher de s'en saisir, pour presser encore plus les habitans de Tidore. Pour cet éfet le Vice-amiral aïant passé à bord des *Provinces Unies*, partit avec le Roi de Ternate, accompagné du yacht *l'Espérance*, & de quinze caracorres, laissant les vaisseaux *Delft* & *Hollande*, & *le Griffon*, au côté occidental de l'isle de Tidore, & le *Middelbourg* devant le fort d: Marieco, pour y croiser & empêcher qu'on n'y portât des vivres.

Le 29. le Vice-amiral étant sur la côte de Bachian, fit avancer une chaloupe armée, où il y avoit une banniére de paix, pour demander aux habitans s'ils vouloient entendre à un Traité; & pour leur déclarer qu'en cas de refus on les traiteroit en ennemis. Ils répondirent qu'on n'avoit qu'à s'en retourner, qu'ils ne vouloient pas seulement parler à de tels chiens, & que si l'on ne s'en retournoit vîte, ils alloient tirer sur la chaloupe.

Comme on faisoit ce raport au Roi de Ternate & au Vice-amiral, le frére du Roi de Bachian vint à bord demander si l'on étoit venu dans le dessein de les exterminer ? Le Vice-amiral repliqua que c'étoit dans la vuë de traiter amiablement avec eux, ou-bien, s'ils n'y vouloient pas entendre, d'éxercer toutes sortes d'actes d'hostilité.

Sur cette déclaration l'acord fut bien-tôt fait: savoir que, de part & d'autre on vivroit en bonne intelligence; & que les insulaires ne donneroient aucun secours aux Espagnols ni aux Mardicres, qu'on avoit résolu de chasser & de détruire. Après cela on fit débarquer les troupes sous la conduite du Capitaine Schot,

                              & les

& les matelots fous celle de Jean Dirckfz qui
eut l'avant-garde , & ils prirent le fort fans
réfiftance. Il y avoit 18. foldats Efpagnols &
100. Mardicres pour le garder. Mais ils s'é-
toient retirez & fauvez vers le haut de la riviére , où l'on ne put les pourfuivre , parce-
qu'il n'y avoit pas affez de profondeur.

Le 1. de Décembre 1609. un Sergeant Major & 20. foldats remontérent la riviére dans
des pirogues qu'on fit venir, pour épier la con-
tenance des Efpagnols , & ils aprirent que le
Roi de l'ifle étoit avec eux ; de-forte qu'on ne
favoit fi l'on étoit en paix ou en guerre avec
lui. Dans ce doute on alla le trouver le lendemain avec plus de forces , & on lui demanda
des otages , s'il ne vouloit pas être traité en
ennemi. Il partit avec nos gens , & vint trouver le Vice-amiral , à qui il dît qu'il venoit fe
préfenter lui-même pour otage ; & en éfet il
paffa la nuit à bord avec quelques-uns de fes
Oficiers.

Les Capitaines Schot & Jean Dirckfz aïant
pourfuivi, pendant quelques jours, les foldats
Efpagnols, fe rendirent le 5. au pié de la montagne où ils étoient campez avec les Mardicres. Mais il y avoit de la difficulté à y monter. Enfin quelques foldats s'y étant hazar-
dez, il y eut une grande alarme parmi les ennemis. Les Hollandois s'en étant aperçus, leur
envoiérent un Noir pour les inviter à parlementer. Ils y confentirent , & fur cela nos
gens s'emprefférent à monter.

Un Alpheres, ou Enfeigne, les voiant faire, leur cria , Halte là , ou-bien nous ferons
feu. Que demandez-vous ? Les Hollandois ré-
E pondi-

pondirent ; Nous venons vous ofrir une capitulation avantageuſe , qui eſt de vous rendre
priſonniers, afin d'être échangez pour ceux de
nos gens qui le ſont auſſi, ou-bien ſi l'on vous
prend , on vous livrera aux Mores. Ils répondirent qu'ils aimeroient mieux mourir que de
ſe rendre priſonniers.

Enfin pourtant, après s'être conſultez , ils
demandérent un ſauf-conduit pous ſe retirer,
& qu'on leur fournît deux caracorres. Au-
lieu de cela on leur ofrit de les mener à Tidore, ou à Ternate, pourvu qu'ils rendiſſent
les armes. Les gens mariez & le Prêtre y con-
ſentirent ; mais l'Alpheres s'y opoſa, & voulut qu'on s'engageât à mettre à terre lui & ſes
gens tout-armez, ou qu'autrement il n'avoit
plus rien à dire.

A l'inſtant on cria des deux côtés, Aux armes, Aux armes, & l'on fit le plus grand feu
qu'on put. Mais il pleuvoit ſi-fort, qu'on ne
pouvoit rien faire , & les Hollandois furent
contrains de ſe retirer. Alors les ſoldats commencérent à faire les fanfarons, & à dire aux
Mardicres, ou géns mariez ; ,,Le voiez-vous
,,à-préſent que les Hollandois ne ſont que des
,,poules ? Les voiez-vous fuir ? Quoi nous
,,nous ſerions livrez entre leurs mains ? Un
,,ſeul d'entre nous battra toujours dix de ces
,, chiens de Lutériens.

Le 6. nos gens eurent ordre d'aller encore
les ataquer, quoi-qu'il fût difficile de monter
juſqu'à eux, ſur-tout à-cauſe de la multitude
de pierres qu'ils jettoient. Néanmoins en montant tous à la fois, on parvint à la fin juſqu'à
eux, & l'on tua tout ce qu'on put atraper. Ce
qu'il

qu'il y eut de cruel, & d'inévitable en même
tems, fut que les Ternatois éxercérent leur
vengeance fur les femmes & fur les enfans, &
maffacrérent tout, à la réferve de 8. Efpagnols
qu'on fit prifonniers, & de quelques Mardicres,
qui s'enfuirent dans les bois.

Le 10. le Capitaine Schot & le Roi de Ternate prirent la route de Machian; mais le Vice-amiral demeura encore à Bachian, où il fit
faire quatre baftions au fort, qui fut nommé
De Barneveldt. Le même jour on dreffa & on
figna un Traité entre les Hollandois & les Rois
de Ternate & de Bachian, pour fe prêter mutuellement fecours contre les Efpagnols & les
Portugais, qu'on regardoit comme les ennemis communs.

Tous les Caboves, ou Chrétiens, furent auffi mandez devant le Vice-amiral, pour lui prêter le ferment au nom du Prince d'Orange, &
déclarer qu'ils tenoient les Efpagnols & les
Portugais pour ennemis, & qu'ils demeureroient fidelles aux Hollandois; ce qu'ils promirent fort-volontiers, & en conféquence il
leur fut permis de retourner avec leurs familles habiter fous le fort.

Le 11. on eut avis que l'ennemi avoit paru
de l'autre côté de l'ifle, avec une galére & 4.
caracorres. Bien-qu'on ne crût pas que cela
fût poffible, on ne laiffa pas de commander le
Capitaine Jean Dirckfz & le Sergeant Major,
avec 60. foldats, pour aller fur la hauteur,
& défendre le Roi, fes femmes & fes enfans.

Le 12. le Capitaine étant fur cette hauteur
envoia quelques infulaires à la découverte. Ils
raportérent qu'ils avoient vu l'ennemi, & quoi-

E 2

qu'on

qu'on n'en crût rien, on fit donner avis de ce
raport au Vice-amiral qui envoia le lendemain
20. soldats pour en découvrir la vérité. Cependant le Roi se retira & emmena sa famille
& ses gens.

Le 13. le Sergeant Major qui commandoit
les 20. soldats, passa devant un lieu où étoient
en embuscade 400. Mardicres, qui ne se montrérent point. Le Sergeant aïant fait deux
lieuës de marche sans rien découvrir, revint
sur ses pas, jusqu'à l'endroit où étoit l'embuscade, qui fit alors un grand feu, & mit les
Hollandois en fuite, après qu'ils eurent perdu
leur Commandant.

Cependant les Espagnols, de leur côté, n'é-
toient pas plus assurez, ainsi-que le raporta
un Mardicre déserteur, & ce raport paroissoit fort croiable, car sans cela ils auroient
deu coucher par terre tout le parti Hollandois.
Ceux qui étoient sur la hauteur, aïant entendu le bruit des armes à feu, allérent au secours
de leurs compagnons, qu'ils trouvérent épars
dans les bois comme des brebis errantes. Le
14. l'ennemi content de cette rencontre se retira, & le 15. les Hollandois s'en retournérent
au fort de Barneveldt.

Le 16. Adrien van der Dussen fut établi pour
deux ans Gouverneur & premier Commis de
ce fort, où on laissa une garnison de 50. soldats. Le 19. le Vice-amiral se rembarqua dans
le yacht *l'Espérance*, pour retourner à Ternate,
laissant là le vaisseau *les Provinces Unies*, jusques-à-ce que les ouvrages du fort fussent amenez à perfection.

Le 4. de Janvier 1610. le même yacht retourna

tourna porter au fort des munitions de guerre & 8. petits canons, dont il y en eut un qui tomba à la mer en les débarquant. Le 7. le Droſt de Ternate, nommé Chriſtiaen, ſe rendit à Bachian, avec un Eſpagnol & deux caracorres, pour prendre quelques Mardicres, qu'on vouloit échanger contre ceux de nos gens que les Eſpagnols tenoient priſonniers ſur leurs galéres, à quoi le Roi s'opoſa, ſoutenant qu'ils étoient ſes ſujets. Ainſi le Droſt ſe retira ſans rien faire.

Le 22. le yacht *le Chaſſeur* mena huit tonneaux de ris au fort, & y porta la nouvelle de la mort du Vice-amiral, arrivée le 16. devant Tidore, non ſans ſoupçon qu'il eût été empoiſonné.

Le 27. les vaiſſeaux *les Provinces Unies* & *le Chaſſeur* partirent de Bachian pour aller à Tidore. Le 28. *le Chaſſeur* ſe mit de l'avant pour porter des lettres, parce-qu'il pouvoit traverſer avec moins de péril par les dedans, & par ce moien joindre plutôt la flote.

Mais le navire *les Provinces Unies* aïant été ſouvent pris de calme, & aïant navigé avec d'autres incommodités encore, juſques au 3. de Fèvrier 1610. laiſſa tomber l'ancre, ce jour-là, ſur la côte de Gilolo. Il y fut battu d'une groſſe tempête, juſques au lendemain qu'il remit à la voile pour regagner Bachian, ce qu'il ne put faire que le 7. du mois. Le Sous-commis aïant paſſé à ſon bord, y mena 4. priſonniers Eſpagnols, qui avoient été pris par nos caracorres, afin de les transporter à Ternate.

Le 9. le navire remit à la voile, & aïant

été

été encore contrarié par les vents, il mouilla l'ancre le matin du 19. fur la côte de Machian, à la rade de Taffafo, où le Capitaine Schot fe rendit à fon bord, & dit que
les vaiffeaux, *Middelbourg, Hollande & Delft*
avec le yacht *le Chaffeur*, étoient en parage
pour croifer.

Le 24. le navire fe trouva tout-proche de
Motir, où le Capitaine Adrien Clementfz
étant venu à bord, raporta que la flote Efpagnole des Manilles, confiftant en 6. frégates
& deux jonques; bien chargées de vivres, mais
de peu de foldats, avoit heureufement terri à
Gamalamme.

Le 27. le navire rejoignit notre flote à la
rade de Malaïe, & il y trouva deux prifes
faites fur celle des Manilles, favoir un yacht
du port de 120. tonneaux, & une jonque chargée de vivres & de munitions de guerre, avec
50. Efpagnols, parmi lefquels il y avoit 2.
Moines, & 2. Capitaines. Ces prifonniers di-
foient en général, que l'Amiral Wittert faifoit
beaucoup de defordre aux Manilles; mais ils
ne raportoient aucune particularité.

Le 1. de Mars 1610. le même navire *les Pro-*
vinces Unies reçut ordre de retourner à Bachian,
parce-qu'on avoit eu nouvelles que le Gouverneur de Gamalamme étoit allé avec toutes
fes forces pour reprendre le fort; & l'on y
embarqua du ris pour la garnifon. Le 5. le
navire jetta l'ancre fous le fort, & le Capitaine aïant paffé à fon bord, dit qu'il n'avoit
point vu d'ennemis, mais que le bruit couroit qu'ils avoient l'œil fur Labova, & que
c'étoit pour y aller qu'ils avoient tiré des gens
de

de quelques garnifons. Le Roi & les infulaires parurent avoir beaucoup de joie de la venuë du navire, & du foin qu'on prenoit de leur
confervation.

Le 23. *le Chaffeur* fe rendit auffi fous le fort
de Barneveldt, & aporta nouvelles de la délivrance de l'Amiral Paul van Caerden, qui étoit
retenu prifonnier depuis longtems, & qui
avoit été échangé le 18. pour quelques Efpagnols pris dans la derniére flote des Manilles.
On fut auffi que le vaiffeau *Hollande* étoit en
charge à Amboine.

Le 27. le Droft de Ternate revint à Bachian,
avec une caracorre & trois Commiffaires Efpagnols, pour prendre les Chrétiens, qui auroient volonté de fe retirer à Ternate. Il y eut
fix familles qui acceptérent ce parti.

Le 22. d'Avril 1610. le Capitaine Schot
vint à Bachian fur le bord du *Chaffeur*, avec
des lettres de l'Amiral, portant ordre au navire *les Provinces Unies* de fe rendre inceffamment à Ternate, & d'y faire un mois de féjour, pour renouveller & confirmer l'alliance
entre les habitans de cette ifle & ceux de Bachian: comme auffi de prendre les équipages des
caracorres, & de les faire travailler à un nouveau baftion, à l'entrée de la riviére, & à per-
fectionner les ouvrages du fort: & encore de
prendre deux caracorres pour les mener à Tfe-
vames enlever, de gré ou de force, le peuple
qui y étoit, & l'emmener à Motir.

Le 28. le navire aïant mis à la voile, alla
mouiller l'ancre le 1. de Mai 1610. fur la côte d'Om-bachian, où l'on trouva de bonne
eau, avec beaucoup de buffles & de fangliers.

E 4

Cor-

Corneille van Eck, qui alloit avec une caracorre à Amboine, y moüilla auſſi.

Le 2. de Mai, nous remontâmes la riviére
dans un canot, juſqu'à un vieux château ruïné,
ou quelques années auparavant le Roi de Bachian, avoit acoutumé de faire du féjour, pour
tuer des buffles & des fangliers, dont il y a une
quantité incroïable. Mais ils font fi-fauvages
qu'on a de la peine à en tuer : car dès-qu'ils
aperçoivent un fufil, ou qu'ils fentent la poudre, ils füient d'une vîteſſe extrême dans les
bois. Les habitans de Bachian, qui connoiſ-
fent leurs retraites, s'y gliſſent adroitement de
nuit, & en tuënt un grand nombre.

Le lieu d'Om-bachian eſt fort agréable.
C'eſt une plaine très-fertile, qui produit abondance de limons & d'autres fruits, auſſi-bien
que de fagu & de clou de-girofle ; de-forte que
c'eſt dommage qu'il demeure inculte & fans
être peuplé. Les infulaires de Tidore y vont
fouvent, pour prendre & préparer du fagu.
C'eſt ce qui fait que ceux de Bachian n'ofent
y aller, s'ils ne favent que les autres n'y font
pas ; mais quelque foin qu'ils prennent à épier
l'ocaſion, ils ne laiſſent pas d'être fouvent furpris.

Cette ifle eſt auſſi très-poiſſonneuſe, & on la
regarde comme la plus fertile des Moluques.
Le Roi a été contraint de l'abandonner, parce-que ceux de Tidore lui tuoient tous fes gens,
& il s'eſt retiré à Labova, qui eſt une grande
ifle, à une portée de petit canon de Bachian.
Le Roi de Labova, & tout fon peuple, qui
comme lui s'eſt fait batifer, eſt fous le pouvoir des Portugais, comme y étoit celui de Bachian.

chian. Chacun de ces deux Rois aïant peu de
forces, ils s'étoient unis d'interêts, & faisoient
la guerre ensemble.

L'isle de Labova, où est le fort de Barneveldt, est fort agréable. Elle produit beaucoup de clou de girofle, qui ne peut être recüeilli, parce-que l'isle est grande, & qu'il y
a peu de monde. On y trouve quantité de limons, de Cokesi, de poisson, de poules, de
sangliers, de sagu, & de quelques autres denrées. Elle est à-peu-près comme Amboine. Il
y a beaucoup de bois qui est propre à faire des
doublages de vaisseaux.

Le 5. du même mois de Mai, le navire moüilla l'ancre à Machian, & le 10. à la rade de Malaïe. On trouva tout en bon état dans ces deux
isles, hormis que le 28. de Mars précédent le
yacht *le Griffon* aïant chassé sur ses deux ancres,
étoit allé échoüer sur la côte de Machian. On
avoit pourtant sauvé tout ce qui étoit dedans,
& l'équipage avoit été distribué sur d'autres
vaisseaux. Il étoit encore survenu un autre malheur, savoir à Adrien Lemmertsz Capitaine
de Motir. Il alloit à Machian, dans une pirogue, avec son Caporal, 7. soldats & 3. matelots; & sur la route aïant été ataqué par ceux
de Tidore, il avoit été tué avec toute sa troupe.

Nous aprîmes aussi la cruelle action commi-
se par le Roi de Ternate, en la personne de la
Reine son épouse, qui auroit bien pu avoir de
funestes suites. Ce Prince aïant épousé la fille du frére du Sugage de Sabaos, qui est comme
un Souverain, & qui est fort vaillant, l'avoit
poignardée la nuit, sans en avoir aucun sujet,
& l'avoit fait jetter à la mer. Ce meurtre,

qui

qui ne pouvoit être tenu caché, étant venu aux oreilles du Sugage, il en avoit été tellement touché & irrité, qu'il ne voulut plus entendre parler d'aucun Ternatois, ni les foufrir fur fes terres. Il s'étoit fortifié à Gilolo, & avoit déclaré qu'il renonçoit à toute alliance, & qu'il refuferoit tous devoirs de vaffal, jufques-à-ce qu'on lui eût fait juftice, foit en faifant mourir le Roi, foit en le chaffant de fon Roïaume.

Les Hollandois, qui vouloient demeurer neutres, avoient envoié des Députés au Sugage, pour tâcher de le reconcilier avec le Roi, mais ç'avoit été fans fuccès. Ce Prince avoit déclaré que fi on ne lui faifoit juftice, il avoit réfolu d'atendre jufqu'à la venuë de la premiére flote qu'on envoieroit de Hollande, & que fi elle ne pouvoit chaffer les Efpagnols des Moluques, il fe joindroit avec eux & avec les infulaires de Tidore, pour fe vanger des Ternatois.

Ainfi les habitans de Ternate fe voioient dans un grand péril. On emploia tous les Sugages, & les autres Seigneurs de Machian, & des autres lieux, pour être médiateurs, & tâcher d'acommoder l'afaire. Enfin on convint que le Roi feroit privé de fa couronne & de tous fes biens, à-condition que le Gougou, ou Goegoe, vieux oncle du Roi, gouverneroit jufques-à-ce que le Roi eût reconnu fa faute, & changé de vie; parce-que ce meurtre n'étoit pas la feule mauvaife action qu'il eût faite, & que les Ternatois étoient fort mécontens de fa conduite. La chofe aiant été éxécutée, le Roi tomba tout-à-fait dans le mépris de fes fujets.

Le 1. de Juillet 1610. Paul van Caerden,
fut

fut déclaré Gouverneur de toutes les Moluques, au bruit du canon de Malaïe & de tous les vaisseaux. Le 6. le Capitaine Schot, qui montoit le yacht *le Chasseur*, vint moüiller à la rade de Malaïe, & raporta qu'on avoit fait encore un bastion au fort de Machian d'où il venoit; & qu'il avoit fait transporter les habitans de Ganua, au nombre d'environ 1000. ames, à Motir, pour peupler cette isle.

Le 7. le *Delft* fit voiles, pour aller à Patane chercher sa cargaison. *Les Provinces Unies*, navire qui étoit destiné pour aller prendre aussi la sienne à Gressick, & à bord duquel étoit celui qui a tenu le présent Journal, eut ordre de faire encore 10. ou 12. jours de séjour, dans l'espérance de la venuë de la flote qu'on atendoit de Hollande, & qu'on ne doutoit point qui ne fût à Banda, ou à Amboine.

LES HOLLANDOIS ont présentement, l'An 1610. à Ternate le fort de Malaïa, ou Malaïe, qui a 4. bastions, une garnison de 80. soldats & 2. à 3000. habitans dans sa dépendance. Plus le fort de Tacomma, ou Willemstadt, où il y a une garnison de 96. soldats, & plus de 1000. habitans dans sa dépendance.

A Machian ils ont trois forts; Taffaso qui a 4. bastions; Nofeckia ou le fort Maurice, qui en a aussi 4. & Tabilolla qui en a deux. Il y a dans tous les trois 128. soldats en garnison, & plus de 8000. habitans dans leur dépendance.

A Motir, ou Motier, ils ont le fort Nassau, qui a 3. bastions, une garnison de 80. soldats, & plus de 2000. habitans, originai-

res

res de l'ifle, ou venus de Ganua, dans fa dépendance.

A Bachian, où à Labova compris fous Bachian, ils ont le fort de Barneveldt, qui a deux
baftions, & il y a une garnifon de 48. foldats.

Ainfi la Compagnie n'a préfentement aux
Moluques que 430. foldats, ce qui eft trop-peu
pour conferver tant d'ifles & de forts. Les Efpagnols ont à Ternate la ville de Gamalamma, qui eft fi bien fortifiée, qu'on la regarde comme imprenable. Ils ont encore, entre
Gamalamma & Malaïe, le fort de SS. Pedro
& Paulo, qui a trois baftions revêtus de pierre.

Ils ont dans leur poffeffion la capitale de Tidore, & un fort dont on ne fait pas bien l'é-
tat. Ils ont auffi quelques petits forts ailleurs,
pour les favorifer quand ils vont quérir du
fagu.

Dans tous ces forts ils ont 800. foldats Efpagnols en garnifon, & à-peu-près autant
d'Indiens des Manilles, qui travaillent fans
ceffe à de nouvelles fortifications. Ils ont auffi
une galére & une galiote, qui leur font de
beaucoup d'utilité.

C'eft une grande incommodité qu'il n'y ait
point de vivres dans toutes ces ifles ; car il
faut y en mener fans ceffe, & y en avoir toujours de groffes provifions, pour nourrir tant
de gens. Mais c'eft ce qui aporte auffi de
grands profits à la Compagnie ; car fes Commis ne donnoient alors que 2. livres de ris pour
une livre de clou de girofle.

Le 18. du même mois de Juin 1610. comme la flote qu'on atendoit ne venoit point, le
navire *les Provinces Unies* fit voiles à Greffick,

& le

& le 20. de Juillet fuivant, il y moüilla l'ancre, aïant trouvé à la rade le *Rotterdam* & le
Hoorn, qui y étoient depuis un mois. Ils y
avoient chargé 200. laftes de poivre, & il n'y
en avoit plus à vendre.

Ils raportérent que les infulaires de Banda
s'étoient foulevez de nouveau, & nous avoient
déclaré la guerre, par l'infpiration d'un Anglois qui étoit à l'ancre fur la côte de Céram,
& qui avoit envoié fes gens à Pulo Wai & à
Pulo Rin, pour acheter les noix mufcades &
le macis, qu'on lui menoit à bord.

Ils dirent auffi que depuis qu'ils étoient à
cette rade, le Roi de Madure avoit éxercé des
hoftilités contre eux, leur aïant pris la chaloupe du *Hoorn*, & tué un homme : qu'il faifoit
faire une garde éxacte, & avec beaucoup de
gens, dans une certaine riviére nommée Avra-
bai, de-forte qu'il ne faifoit pas feur pour les
chaloupes, d'aller à Greffick.

Les deux premiers Commis de ces vaiffeaux
étoient pourtant alors dans cette ville, ne fachant pas comment ils pourroient retourner à
bord ; à quoi toutefois ils fe hafardérent le lendemain, s'étant embarquez dans une petite
jonque, où le Sabandar de Greffick fe mit avec
eux. Ce même jour les trois vaiffeaux firent
voiles vers Jaccatra, par un vent de Sud-fud-
eft, rangeant la côte à l'Ouëft-quart-de-nord-
ouëft.

Le 29. ils moüillérent l'ancre à la rade de
Jaccatra, fur 4. braffes d'eau, & après avoir
pris des rafraîchiffemens, entre-autres 67. tonneaux d'arack, ils remirent à la voile le 2.
d'Août. Le 4. ils ancrérent à la rade de Ban-

tam , où le Commis Jaques l'Hermite leur dît qu'il étoit mort quantité de gens de sa loge fort promtement, & que de 25. personnes il ne lui en restoit plus que 9.

Le 10. du même mois d'Août , le yacht *le Dragon Volant* alla moüiller l'ancre auprès d'eux. Il venoit de Succadana & en amenoit le Commis, nommé Samuel Bloemart , qui aportoit une partie considérable de diamans, & qui demandoit à être déchargé, vu-que le tems de sa commission étoit fini. Il avoit laissé par provision son Assistant en sa place.

Le 4. de Septembre 1610. les vaisseaux *Rotterdam* & *Hoorn* , qui avoient leur charge, firent voiles pour retourner en Hollande, avec ordre de relâcher à l'isle Maurice, & d'y atendre jusqu'à la mi-Décembre *les Provinces Unies*, qui devoit demeurer encore un mois à la rade de Bantam , pour charger du poivre de la nouvelle recolte, n'y en aiant plus de vieux. Que si ce navire ne se rendoit pas à l'isle Maurice dans le tems marqué, les deux autres devoient aller à Sainte Héléne, & y séjourner jusqu'au dernier de Mars.

Le 11. *le Griffon* qui revenoit de Banda, moüilla aussi l'ancre à la rade de Bantam. Il confirma les nouvelles de la guerre qu'on y faisoit aux Hollandois, disant que deux jours avant son départ, il avoit fait pendre à son beaupré un Bandanois, qui avoit été surpris en voulant couper le cable du vaisseau. Il dît aussi que l'Anglois étoit encore sur la côte de Céram, & qu'il avoit presque sa cargaison.

Le 26. il y moüilla un autre vaisseau de la côte de Coromandel, où il avoit été pris par

le

le Petit Soleil & par *la Concorde*, étant chargé d'anil, de mouchoirs, & de toiles. Cette prise étoit partie d'Achin en compagnie du *Petit Soleil*, qui par-conféquent étoit fur le point de paroître auffi. Elle amenoit Pierre Ifaackfz Commis de Maniapatam, par qui l'on aprit que les afaires alloient bien, fur la côte de Coromandel. Le 28. *le Petit Soleil* laiffa tomber l'ancre auprès de la prife.

Le 29. le yacht *le Levrier* vint terrir à Bantam, amenant de Hollande Warnaer van Borchum Capitaine & premier Commis, qui confirma la nouvelle de la Tréve de 12. ans, concluë entre le Roi d'Efpagne & les E'tats. Le 10. d'Octobre fuivant, le même yacht fit voiles à Greffick, pour y prendre une partie de bois de fantal & d'autres marchandifes, afin de les porter à la côte de Coromandel.

Le 18. le vaiffeau Anglois qui avoit été à l'ancre fur la côte de Céram, & avoit chargé à Banda, territ auffi à Bantam. Le Capitaine fe nommoit David Middelton. Il avoit fa charge entiére, & il raporta que les Hollandois du fort de Banda faifoient toujours la guerre aux infulaires, qui fouhaitoient alors la paix, mais que la garnifon n'y vouloit pas confentir. Il dît auffi qu'il s'étoit fort étonné que le *Rotterdam* & le *Hoorn* fuffent partis fi vîte de Banda, & qu'il étoit affuré qu'il y avoit encore affez de marchandifes pour charger un vaiffeau.

Le 14. de Novembre 1610. le navire *les Provinces Unies*, aïant fa charge de foies, de fil de coton, d'anil, de diamans & de poivre, mit à la voile pour retourner en Hollande. Le 16. il découvrit un navire en mer, qui fe trouva

être

être un de ceux de la flote qu'on atendoit de Hollande, sous le commandement de l'Amiral Pierre Both d'Amersfort. Il se nommoit *le Lion Blanc* & étoit venu en compagnie de 7. autres, qui étoient partis de Hollande au mois de Janvier 1610. savoir.

Amsterdam, qui portoit le pavillon, du port de 800. tonneaux, monté par l'Amiral Both: *Orange*, du port de 700. tonneaux: *le Lion Blanc*: *le Lion Noir*, du port de 600. tonneaux: *Flessingue*, du port de 600. tonneaux: *Der Goes* ou *Gous*, du port de 260. tonneaux: *Ceilon*, du port de 340. tonneaux, qui étoit destiné pour aller à l'isle Maurice, prendre la cargaison de *l'E'rasme* qui y étoit hors d'état de naviger: & le yacht *le Braque*.

Le 17. le navire *les Provinces Unies* n'aïant pu recevoir de ces vaisseaux les instructions dont il avoit besoin, & manquant d'un cable, reprit la route de Bantam. On fut surpris de voir dans cette nouvelle flote des femmes Hollandoises, n'en aïant point encore paru aux Indes. De 36. qui s'étoient embarquées, il en étoit mort deux sur la route; & il étoit né aussi deux ou trois enfans.

Le 18. le navire moüilla l'ancre à Pulo Panian, où l'on trouva le yacht *le Levrier*, qui venoit de Gressick chargé de bois de santal, & une chaloupe qui venoit d'Amboine. Les lettres des Moluques portoient qu'au mois de Juillet précédent le Gouverneur Paul van Caerden allant, sur le yacht *Bonne Espérance*, de Malaïe à Machian, avoit été pris par la galére Espagnole, & remis dans son ancienne prison à Gamalamma: que l'Amiral François Wittert, en

faisant

faisant décharger quelques jonques, avoit été surpris aux Manilles par les Espagnols, & tué dans le combat : qu'il avoit été ataqué par plus de 12. vaisseaux à la fois : qu'il s'étoit long-tems défendu : que l'*Amsterdam* avoit été emmené aux Manilles, aïant 21. morts à son bord avec l'Amiral : que le yacht *le Faucon* en avoit 22. que les Oficiers avoient été tuez, à la réserve de Pierre Gerritsz, Maître du yacht, & Pierre Hertsing, qui étoient tous deuz blessez : que *le Faucon* avoit été aussi emmené : que les Espagnols avoient fait 120. prisonniers sur les deux navires.

A l'égard des autres vaisseaux de leur compagnie, le yacht *l'Aigle* avoit sauté en l'air : *le Paon* & la chaloupe du *Delft* s'étoient sauvez, sans qu'on sût précisément où ils étoient allez ; mais on croioit que c'étoit à Patane. Ces nouvelles firent prendre la résolution de ne partir que le 25. du mois ; afin de pouvoir faire aux Sieurs Directeurs un raport certain de ce qui s'étoit passé.

Le 26. de Novembre 1610. le navire remit à la voile en compagnie d'un Anglois, pour retourner en Europe. Le 6. de Fèvrier 1611. ils laissérent tomber l'ancre dans la baie de la Table, sur 15. brasses, fond de pierre dure, où ils virent deux vaisseaux aussi moüillez. Le 27. ils ancrérent à la rade de Sainte Héléne, & y trouvérent le *Rotterdam*, le *Hoorn* & le *Ceilon* qui avoit été à l'isle Maurice, & y avoit pris la cargaison de l'*Erasme*. Ils aprirent que l'Amiral Pierre Both étoit arivé à cette isle, avec son vaisseau dématé, en compagnie du *Der Goes* & du yacht *le Braque*, d'où,

après

après s'être raccommodez, ils avoient continué leur route vers Bantam.

Ensuite les quatre vaisseaux Hollandois aïant remis à la voile, continuérent heureusement leur navigation, sans qu'il leur arivât rien de remarquable sur la route, & ils se rendirent en Hollande très-richement chargez.

VOIAGE au JAPON.

DES AUTRES Vaisseaux de la flote de l'Amiral Verhoeven, il y eut le yacht nommé *le Lion avec le faisceau de fléches*, qui reçut ordre d'aller au Japon. Pour cet éfet s'étant séparé de la flote, qui étoit devant la riviére de Johor, le 17. de Mars 1609. il alla moüiller l'ancre à Patane, & le 18. de Juin suivant, on vit les isles de Lamo, qui lui demeuroient à 3. lieuës au Nord-ouest-quart-à-l'Ouëst.

Le 22. du même mois de Juin on vit Isla Pequenna, ou la Petite Isle, au bout Nord-ouëst de laquelle on ancra. Le lendemain on alla chercher une bonne ráde, & l'on jetta l'ancre sur 25. brasses, fond de roches aiguës.

Le 1. de Juillet 1609. on découvrit les terres, qu'on crut être Isla Firando. On jetta la sonde & l'on trouva 50. brasses. Là on vit venir à bord plusieurs champans, & d'autres petits bâtimens, qui dirent que l'on étoit déchu à Nanguesacque, montrant Firando à l'Ouëst, où l'on mit le cap, & l'on prit deux lamaneurs Japonois, qui pilotérent le vaisseau par le détroit de Firando jusqu'à la rade.

Le 3. un grand nombre de personnes considéradérables allérent voir le yacht , marquant y prendre beaucoup de plaisir , & être fort contens de sa venuë. Il y en alla plus de 200. ce qui donna lieu à l'équipage de se tenir sur ses gardes.

Le 27. les Commis A. van den Broeck & N. Puick , allérent avec deux Assistans & un Interprète Flamand à la Cour de l'Empereur du Japon , pour lui faire la proposition d'un Traité de commerce.

Le 8. d'Août 1609. le Gouverneur de Firando alla visiter le yacht , & y fut reçu au bruit de toute l'artillerie. Le 17. le Gouverneur de Nanguesacque y alla aussi , & on lui rendit la même civilité.

Le 13. de Septembre 1609. les Commis étant retournez à bord , raportérent qu'ils avoient obtenu de l'Empereur ce qu'ils demandoient. Le 3. d'Octobre le yacht aïant remis à la voile , alla terrir le 31. de Novembre à Bantam , d'où étant parti le 10. de Janvier 1610. il se rendit heureusement au Texel le 20. de Juillet suivant.

Après ce voiage on prit des mesures pour établir le commerce du Japon. On y envoia des vaisseaux , & entre-autres le yacht *le Braque* , qui moüilla l'ancre à Firando le 1. de Juillet 1611. sur six brasses , fond de sable , proche de la loge qu'on y avoit acordée aux Hollandois. Voici ce que porte le Journal qui a été tenu de ce Voiage.

Le vieux & le nouveau Gouverneur de l'isle s'étant rendus à notre bord , marquérent beaucoup de joie de notre venuë. Nous fîmes présent au vieux Gouverneur de deux petits vais-

seaux

feaux de pierre propres pour boire, qu'il paroiffoit fouhaiter beaucoup , & d'un demi
fromage ; & lors-qu'ils fe retirérent on leur
fit une falve.

Nous trouvâmes tout en bon état au comptoir ; mais les Commis s'étonnérent de ne voir
qu'une fi petite cargaifon , après les avis qu'ils
avoient donnez à Patane de la néceffité qu'il
y avoit d'y en envoier une plus confidérable ,
particuliérement des foies cruës , qui y étoient
devenuës fort chéres. Ils ne pouvoient comprendre qu'on eût fait la dépence du voiage
d'un vaiffeau , & que cependant on eût gardé
à Patane les marchandifes qu'ils avoient marquées être le plus de requête. Il fut donc réfolu de dire à l'Empereur , pour s'excufer , que
le yacht étoit venu prefque fans cargaifon , à
caufe des grands impôts qu'auroit deu paier fa
cargaifon , qui n'eût pu être que médiocre ,
vu la capacité du vaiffeau.

Le 2. de Juillet 1611. un nommé Loifanes,
Capitaine d'une Jonque du Japon , vint à notre bord. C'étoit un Chrétien , qui avoit rencontré le yacht *le Paon* aux Manilles , & y
avoit donné avis à nos gens , que nous avions
obtenu la liberté de trafiquer dans cet Empire. Il nous fit le raport de la bataille des Manilles , dont il atribuoit le mauvais fuccès au
mépris que les Hollandois avoient fait de leurs
ennemis , & à la négligence dans laquelle ce
mépris les avoit fait tomber. Il dît que les
prifonniers étoient affez bien traitez , & que
l'Amiral , après être retourné jufqu'à deux fois
au combat , & avoir donné de grandes preuves
de fon courage , avoit été tué.

Le

Le même jour le Gouverneur envoia un Agent demander la liste des marchandises dont le yacht étoit chargé, pour l'envoier au Facteur de l'Empereur, à qui il avoit donné avis de notre venuë, afin qu'il en fît informer la Cour : s'excusant de ce qu'il faisoit cette demande ; & disant qu'il y étoit obligé pour donner satisfaction au Facteur de Nanguesacque, de-peur qu'il ne lui reprochât à quelque heure d'avoir négligé son devoir.

Nous fîmes réponce, que nous avions lieu de remercier le Gouverneur de la peine qu'il avoit prise : qu'il ne nous paroissoit pas nécessaire que le Facteur fût si-bien informé : que nous savions à quoi cela tendoit : que nous n'avions pas dessein de donner ainsi la liste de nos marchandises, pour que le Facteur, au nom de Sa Majesté, s'autorisât à en prendre ce qui lui plairoit : que nous ferions nous-mêmes donner cette liste par notre Commis, si l'Empereur la faisoit demander : que nous savions bien quelles étoient les intentions de Sa Majesté, puis-qu'il y avoit déja 2. ans qu'elle nous les avoit fait connoître par un Mémoire qu'on nous avoit fait délivrer.

Ainsi nous supliâmes le Gouverneur de nous être favorable, comme il nous l'avoit promis, & d'empêcher que nous n'eussions afaire au Facteur. Il nous fit réponce qu'il seroit bon que nous prissions encore patience pour ce voiage, jusques-à-ce que nous eussions une pleine permission, & un entier éclaircissement de la part de l'Empereur : qu'il nous conseilloit d'envoier notre liste à ce Facteur, ou du-moins la liste d'une bonne partie de nos marchandises,

afin-

afin-que cela ne causât point de différent entre le Facteur & lui.

Nous lui dîmes que si cela nous étoit ordonné de la part de l'Empereur, nous étions prêts à montrer tout piéce à piéce, sans en tenir rien caché ; mais que s'il n'y en avoit point d'ordre exprès, nous jugions que c'étoit une chose inutile, & que nous ne voulions point déclarer jusques où alloit le nombre de nos marchandises.

Néanmoins nous ofrîmes, pour lui complaire, de dire, en général, en quoi consistoit notre cargaison ; savoir, en poivre, en draps, en dents d'éléfans, en quelques étofes de soie, & en plomb ; lui faisant connoître que s'il recevoit des reproches à cet égard, il pourroit répondre qu'il nous avoit sollicitez à faire notre déclaration. L'Agent nous repliqua que nous savions ce que nous avions à faire ; que pour lui il s'étoit aquitté de sa commission ; qu'il feroit son raport ; qu'on pouvoit compter sur la bien-veillance du Gouverneur, toutes les fois qu'il auroit ocasion d'en donner des marques aux Hollandois ; qu'il ne doutoit pas que quand nous aurions fait nos remontrances à la Cour, elle ne nous déchargeât de l'inspection & des recherches du Facteur.

Nous avions résolu de ne nous laisser pas traiter par le Facteur, ni par les autres, autrement que l'étoient les Portugais, vu que nous n'avions déja pas moins de réputation qu'eux. C'est la raison pourquoi on nous avoit fait partir, & pour remercier l'Empereur de la faveur & de la liberté qu'il avoit acordée à nos vaisseaux qui avoient été au Japon : comme

me

me auſſi pour s'excuſer de ce qu'il n'y en étoit
point allé l'année précédente, quoi-qu'on l'eût
promis ; & pour remontrer que la guerre que
nous avions euë aux Moluques, & en d'autres
lieux, contre les Portugais & les Eſpagnols,
y avoit aporté obſtacle : que nous eſpérions qu'à
l'avenir, il en viendroit un chaque année de
Hollande pour y aller : qu'alors Sa Majeſté recevroit réponce à ſes lettres, & toute ſorte de
ſatisfaction ; ce qui n'avoit pu encore ariver à-
cauſe du grand éloignement & de la longueur
du chemin.

En éfet il falloit néceſſairement qu'il allât
des vaiſſeaux de Hollande au Japon, tant pour
l'honneur & pour le profit de notre nation, que
pour démentir les calomnies des Portugais.
Car ils diſoient hautement, que nos deſſeins
ſur les Manilles aïant manqué, & qu'y aïant été
battus, on ne nous verroit plus porter de ſoies
au Japon, n'aïant que celles que nous pillions
par nos pirateries, & que nous n'étions pas en
état d'en avoir par d'autres voies, ni d'en ſoutenir le commerce : que par conſéquent nous
n'avions pas deſſein de trafiquer dans cet Empire, mais de faire des démarches pour le faire croire, afin de troubler & de ruiner le commerce des autres.

Ces diſcours, qui d'abord n'avoient pas porté coup, auroient enfin trouvé créance, ſi l'on
ne les avoit pas détruits par l'envoi de vaiſſeaux
bien & richement chargez. Ainſi les Oficiers
du yacht & du comptoir, allérent le 3. de Juillet trouver le vieux Gouverneur, & lui demander permiſſion de décharger le poivre, parce-qu'il s'échaufoit, à-cauſe du peu d'eſpace
qui

qui étoit dans le vaiſſeau, & enſuite ils en allérent auſſi parler au nouveau Gouverneur.

C'eſt une coutume dans le païs, que perſonne n'oſe décharger de marchandiſes, que
le Facteur de la Cour, qui réſide à Nangueſacque, n'en ait eu avis. Le Gouverneur nous
fit donc dire encore par ſon Agent, qu'il nous
prioit d'atendre juſques-à-ce qu'il eût reçu réponce aux lettres qu'il avoit écrites au Facteur
le jour précédent, ſur notre ſujet, afin de voir
s'il commettroit quelqu'un pour viſiter le vaiſſeau, & prendre connoiſſance de la quantité
des marchandiſes qui y étoient, ainſi-qu'il ſe
pratiquoit à l'égard de toutes les nations, ſoit
Portugaïs, Eſpagnols, Chinois, ou Japonois;
& qu'alors ſi nous n'étions pas contens, nous
pourrions nous pourvoir à la Cour.

Nous perſiſtâmes & dîmes à l'Agent que nous
ne reconnoiſſions point le Facteur, & qu'il ne
nous avoit point été ordonné par l'Empereur
de le reconnoître, ainſi-qu'on prétendoit que
les autres nations l'euſſent reconnu : que nous
ne déclarerions rien de plus que ce que nous
avions déclaré le jour précédent : qu'il n'y avoit
ni juſtice ni raiſon à nous vouloir faire rendre
compte de ce que nous avions : que toutefois,
de-peur que le Gouverneur n'eût quelque choſe
à démêler pour ce ſujet avec le Facteur, nous
atendrions ſa réponce.

Le 4. en atendant cette réponce, nous nous
entretinmes touchant le voiage qu'il faudroit
faire à la Cour, & les préſens qu'il faudroit
ofrir au Prince, & touchant d'autres particularités de ce qu'il y auroit à obſerver, ſur quoi
nous ne nous trouvâmes pas peu embaraſſez.

Car

Car comment faire de gros préſens, & n'avoir
qu'une ſi petite cargaiſon ? Cependant il en
falloit paſſer par là, ſi nous voulions négocier
avec pleine franchiſe, ſans dépendre d'inſpecteurs, ni de facteurs, ni de gardes, à quoi nos
Maîtres avoient un grand interêt, parce-que
leur deſſein étoit de continuer leur commerce
au Japon.

En éfet le Facteur avoit pris deux ans auparavant de la ſoie des Caſtillans à 23. maſes,
dont les autres Marchands promettoient 30.
maſes ; & l'année précédente il en avoit pris
des Chinois à 24. maſes, dont les autres Marchands promettoient 40. ou 50. maſes. Il en va
ordinairement de-même des autres marchandiſes ; & cela ſe fait ſous le nom de l'Empereur,
qui n'en ſait rien, mais parce-qu'on y fait entrer ce nom, tout le monde le ſoufre & ſe ſou-
met. Auſſi les Portugais prirent-ils la réſolution, il y a environ deux ans, de ne vendre
point leurs ſoies, plutôt que d'y laiſſer mettre
le prix par un autre. Au-reſte c'eſt une pure in-
novation, & cela ne ſe pratiquoit pas ancien-
nement. C'eſt pourquoi il faut abſolument s'y
opoſer de bonne heure, & ne s'y pas aſſujettir,
parce-qu'il n'y auroit pas moien de s'en relever. Par cette raiſon nos gens avoient obtenu,
deux ans auparavant, que le Facteur ne prendroit point connoiſſance de nos afaires.

Le 5. de Juillet 1611. nous écrivîmes à Mr.
Guillaume Adamſz, qui avoit été Pilote du
vaiſſeau de Jaques Quaeckernaeck, par un exprès, pour le prier de nous atendre à Soringau, & de ne ſe mettre point en chemin pour
nous venir trouver, de-peur que nous n'allaſ-

F

ſions

sions par des chemin différens, ainsi qu'il étoit
arivé deux ans auparavant aux Commis & à
lui. Nous lui marquions que nous avions des
Requêtes à faire à l'Empereur, & que nous
avions besoin de son conseil & de son crédit.
Car ce Mr. Adamsz s'étoit si-bien introduit
auprès de ce Monarque, qu'il n'y avoit ni
Seigneur ni Prince du païs qui y fût mieux,
parce-qu'il avoit beaucoup d'esprit, d'expérience, & de sincérité. Il entretenoit souvent
l'Empereur, & avoit un grand accès auprès
de lui; grace qui ne s'acorde qu'à très-peu de
gens, & qui est d'une grande conséquence pour
ceux qui l'obtiennent.

Sur le midi, nous aprîmes qu'il étoit venu
deux hommes de Nanguesacque, de la part du
Facteur qui se nommoit le Saphidonne. Nous
allâmes aussi-tôt chez l'Agent du Gouverneur,
qui se nommoit le Guiseinendonne, & lui
déclarâmes que puis-qu'il étoit venu des Commis du Facteur, nous allions commencer à
décharger, & que s'ils avoient quelque chose à nous oposer, ils pourroient nous le faire
savoir. L'Agent se chargea d'en faire son raport au Gouverneur & aux deux Commis venus de Nanguesacque.

Dès-que nous fûmes de retour de chez l'A-
gent, nous commençâmes à décharger le poivre. Comme on y étoit ocupé, les deux Commis & deux Agens du Gouverneur vinrent à
bord, où les Commis, après avoir fait de grands
complimens de la part de leur Maître, demandérent une liste des choses dont le vaisseau
étoit chargé, afin-qu'il en pût donner avis à
l'Empereur, & qu'il pût acheter ce que Sa
Majesté

Majesté lui feroit savoir qu'elle désiroit, di-sant que c'étoit pour cela qu'ils étoient venus.

Nous leur rendïmes complimens pour com-plimens; & au fonds nous dîmes qu'à l'égard des marchandises, il y en avoit peu dans le yacht, parce-que la principale cause de no-tre venuë étoit pour remercier l'Empereur des faveurs qu'il avoit acordées à notre nation : que nos marchandises étoient du poivre, des draps, du plomb , des dents d'éléfans, ainsi que nous l'avions déja déclaré au Gouverneur, & que ce n'étoit que pour en laisser le fonds au comptoir.

Ils demandérent quelle étoit la quantité de ces marchandises, & quels présens nous vou-lions faire au Souverain, afin-qu'ils en don-nassent avis à leur Maître. Nous leur repli-quâmes que nous ne croïïons pas qu'il fût né-cessaire de faire une plus particuliére déclara-tion, & qu'à l'égard des présens, nous n'a-vions point encore pris de mesures sur ce que nous avions à faire , parce-que nos caisses n'é-toient pas encore ouvertes.

Ils demandérent pourquoi nous ne voulions pas donner une liste , ainsi-que faisoient les Portugais, les Chinois &c. vu-que c'étoit l'or-dre qui s'observoit dans l'Empire , & que le Saphidonne avoit commission du Prince pour le faire éxécuter. Nous répondîmes que nous ne voulions pas douter que ce ne fût un ordre établi de la part de l'Empereur, mais qu'il ne nous avoit pas encore été enjoint de nous y sou-mettre : que nous avions dessein d'envoier au premier jour des Députés saluer Sa Majesté, & que si Elle nous ordonnoit de nous confor-

F 2

mer

mer à cet ufage , nous y obéirions ; & nous
les priâmes de fe contenter de notre réponce.

Comme ils virent qu'on étoit embaraffé à
décharger , ils dirent qu'ils avoient encore
d'autres chofes à propofer , & qu'ils prioient
les Oficiers d'aller à terre , où l'on conféreroit
enfemble avec plus de loifir. On y alla. Ils per-
fiftérent dans leur demande , & nous dans notre refus. Ils nous déclarérent qu'il pourroit
nous en prendre mal : que c'étoit une chofe
étrange que nous ne vouluffions pas fuivre les
coutumes du païs , même après avoir manqué
à notre parole, n'aïant point envoié de vaiffeau l'année précédente, ainfi-que nous l'avions
promis , & venant cette année avec une fi médiocre cargaifon.

Comme ce reproche nous toucha , nous leur
repliquâmes avec chaleur , que nous favions
en partie les coutumes du païs , mais que nous
favions auffi que l'Empereur ne prendroit pas
en mauvaife part ce que nous faifions , puif-
qu'il nous avoit fait entendre fa volonté par
un mémoire qui nous avoit été ci-devant mis
entre les mains , & qui portoit que de tout
ce qui feroit dans notre vaiffeau , perfonne n'en
pourroit rien avoir que Sa Majefté même.

Nous leur dîmes auffi que comme ils n'é-
xerçoient pas la navigation , il n'étoit pas fur-
prenant qu'ils n'euffent pas compris la raifon pourquoi il n'étoit point venu de vaiffeau l'année précédente : que nous en infor-
merions leur Maître , & que nous les priions
de fe contenter de notre réponce.

Ils parurent alors un peu radoucis , & nous
priérent de différer notre départ , jufques-à-
ce

ce qu'ils en euſſent donné avis à leur Maître,
& qu'ils euſſent reçu réponce ; diſant que le
Saphidonne nous donneroit un Gentilhomme
pour nous conduire juſqu'à Conduſe, ainſi-qu'il
avoit fait deux ans auparavant, afin-que nous
puſſions ſurement paſſer par-tout.

Nous leur repliquâmes que l'état de nos afaires ne nous permettoit pas d'atendre, & que
le rems nous étoit cher, eſpérant de nous tirer
ainſi de leurs mains. Mais ils nous preſſérent
extrémement, diſant qu'il ne falloit pas douter que le Prince ne fût fort ſurpris de nous
voir ariver ſans lettres & ſans eſcorte, & qu'il
faudroit bien qu'il fût informé que nous n'aurions pas voulu en recevoir.

Nous jugeâmes donc à propos d'atendre 5.
jours, pour avoir des nouvelles de Nangueſacque ; mais nous déclarâmes que ſi dans ce
rems-là, on n'en recevoit point, nous nous met-
trions en chemin. Après cela on nous ſervit
une petite collation, pendant laquelle les Commis grondérent les Agens de ce qu'ils ne nous
avoient pas fait d'enquêtes plus éxactes ; &
les Agens s'excuſoient ſur ce que nous n'avions
pas voulu nous ouvrir à eux.

Nous écrivîmes auſſi par terre au Facteur,
pour le remercier de la viſite qu'il avoit bien
voulu nous faire rendre de ſa part, lui ofrant
nos ſervices, & lui diſant que nous n'aurions
pas manqué de lui donner avis de notre venuë,
ſans que le Gouverneur avoit bien voulu s'en
charger. Nous lui diſions encore que nous
avions eu deſſein de partir dans deux ou trois
jours, pour aller ſaluer l'Empereur ; mais qu'à
la priére de ſes Commis & du Gouverneur,

F 3

nous

nous atendrions sa réponce, le priant d'envoïer bien-tôt ses dépêches, parce-que nous n'avions point de tems à perdre, & qu'il falloit que le vaisseau s'en retournât promtement porter des nouvelles à Patane, où l'on atendoit avec impatience les avis de ce qui se feroit passé.

Au regard de la cargaison du yacht, nous nous excusions de ce qu'elle étoit si-médiocre, sur ce qu'on n'avoit eu en vuë que de l'envoïer promtement pour remercier l'Empereur, & pour lui assurer que nous atendions l'année prochaine un navire de Hollande, qui aporteroit réponce a ses lettres, & que nous espérions qu'il en seroit satisfait. Enfin nous le priions de vouloir écrire favorablement pour nous à la Cour, & de nous excuser lui-même de ce que nous ne pouvions lui envoïer personne, pour le saluer & pour lui parler. Cependant on déchargeoit toujours le poivre & la canelle, en atendant réponce.

Le 9. on délibéra touchant les présens qu'on feroit à l'Empereur, au Prince son fils qui résidoit à Jedo, & à qui il avoit transporté le Roïaume de Quando; & aux autres Seigneurs à qui l'on ne pouvoit se dispenser d'en faire aussi. C'étoit une charge bien grande pour nous, car nous ne pouvions pas moins faire que les Portugais, puis-que non-seulement nous avions autant de réputation qu'eux, mais peut-être plus : cependant nous n'avions pas l'éfet, & notre pouvoir étoit bien médiocre.

Il en étoit autant arivé 2. ans auparavant. On avoit fait plus de présens que ne valoient les profits qu'on fit sur la cargaison; & il falloit que la même chose arivât encore, si nous

voulions

voulions nous maintenir dans l'eſtime des Japonois, & continuer le commerce avec eux:
c'eſt pourquoi il n'y faut envoier que de riches
cargaiſons, afin-qu'elles puiſſent porter de ſi
grands frais. Car quoi-qu'on n'ait point de
requête à faire, dès-qu'il arive des vaiſſeaux,
il faut toujours que les préſens ſe faſſent.

Cependant la choſe n'iroit pas trop-loin, ſi
l'on avoit chaque fois quelque nouveauté &
quelque rareté qui pût plaire à l'Empereur,
quoi-que ce ne fut rien de haut prix; car il ne
regarde pas tant à la valeur qu'à l'agrément.
Enfin ce qu'on donne n'eſt plus ou moins conſidérable, que par raport à la cargaiſon qui en
doit porter la dépence, vu-qu'on ne fait point
d'autres frais, & qu'on ne paie de droits ni d'entrée, ni de ſortie, ni aucuns autres impôts,
quelles que ſoient les marchandiſes qu'on ait.
Au-reſte en livrant tout eſt paié comptant.

Le 10. de Juillet nous vîmes ariver de Nangueſacque, Hans Verſtreepen, Corneille Laurens d'Alcmaar, & Jean Corneliſz d'Enchuiſe, Aſſiſtans, qui étoient partis, le 3. de
Mars, de Patane pour aller à Siam, où ils s'é-
toient embarquez dans une jonque du Japon
pour y venir. Ils avoient ſéjourné 15. jours
à Satſuma, parce-qu'ils avoient le vent contraire.

Le même jour nous allâmes prier le jeune
Gouverneur de nous donner des lettres de recommandation, ce qu'il nous acorda, promettant de joindre ſes lettres aux dépêches de ſon
Grand-pére, & de nous donner un Gentilhomme pour nous conduire, nous ofrant auſſi les
barques, ſi nous en avions beſoin; de quoi nous

 le

le remerciâmes. Après cela nous allâmes encore délibérer au sujet des présens qui nous embarassoient extraordinairement, ne pouvant ménager les interêts de nos Maîtres en ce point, sans donner lieu aux Portugais de faire mille médisances de nous, qui seroient écoutées à la Cour que nous n'aurions pas satisfaite, & qui seroient encore plus capables de blesser les interêts de nos Maîtres, que ne feroit le coût des présens.

Le même jour nous reçûmes réponce du Facteur, qui se réjoüissoit de notre venuë, nous remerciant des avis que nous lui en avions fait donner, & nous disant qu'il étoit fort-content de ce que nous allions saluer l'Empereur; qu'il nous envoieroit incessamment des lettres de recommandation pour le Cosequidonne & pour le Sionsabrondonne; mais il ne nous parloit point d'envoier quelqu'un de ses gens avec nous, dequoi nous étions fort-aises.

Sur le soir le jeune Gouverneur se rendit à notre bord, avec le frére du vieux Gouverneur, que nous n'y avions point encore vu. On ne manqua pas de faire une décharge de l'artillerie en leur honneur. Ce frére étoit un homme qui nous rendoit tous les jours quelque service, & qui tâchoit aussi-bien que le Gouverneur à nous obliger en toutes choses.

Le 11. après avoir fait nos réflexions sur ce que nous avions à faire dans le voiage, il fut arrêté que nous irions aussi saluer le jeune Roi à Jedo, vu-que l'Empereur qui a 70. ans, est sur le point de lui résigner son Empire, aussi-bien que le Roïaume de Quando qu'il lui a déja donné; les Portugais en aïant ainsi usé, &
lui

lui aïant aussi fait des présens. D'ailleurs les
Gouverneurs & tous nos amis nous en avoient
donné le conseil.

Outre cela on nous conseilloit encore d'aller visiter Federi Samma, fils de l'Empereur
dernier mort, descendant des Empereurs du
Japon, en ligne directe, que divers incidens
avoient éloigné du trône, & qui résidoit dans
la château d'Osacco; & de lui faire des présens.
Car on jugeoit que lors que l'Empereur seroit mort, il pourroit bien remonter sur le trône, par les intrigues de sa faction, & par le
pouvoir du peuple, qui lui paroissoit fort af-
fectionné. Les Espagnols ne l'avoient pas non-
plus oublié dans leurs visites.

Le 13. du même mois de Juillet, nous eûmes des nouvelles certaines qu'il étoit venu
un vaisseau de la Nouvelle Espagne, avec un
Ambassadeur que le Vice-roi du Méxique envoioit à l'Empereur, pour le remercier du
secours qu'il avoit donné à Don Rrodrigo de
Buera, qui avoit été Gouverneur des Manilles, & qui allant à la Nouvelle Espagne, à
bord du *S. Francisco*, avoit échoüé sur la côte
de Quando. Cet Ambassadeur aportoit de
grands présens, & avoit aussi des draps à vendre. C'étoit le premier vaisseau qui fût venu
de la Nouvelle Espagne au Japon.

Après son naufrage Don Rodrigo avoit acheté un vaisseau, qui avoit été construit par le
Pilote & le reste des gens l'équipage de Quac-
quernaeck, qui s'étoient sauvez, & que l'Empereur avoit emploiez à cette fabrique. L'Espagnol l'avoit acheté 5700. ducats; & il étoit
parti de Morongau l'année précédente, pour

 con-

continuer fon voiage à la Nouvelle Efpagne.
Les marchandifes qui furent envoiées au Japon en paiement, étoient des étofes, dont il
ne paroiffoit pas que la Cour fût fort fatis-
faite.

Le 14. on nous fit favoir que les lettres du
Facteur étoient venuës, & nous fîmes préfent de deux piéces d'armoifin noir à fes deux
Commis, qui nous en avoient avertis: mais
le vent contraire ne nous permit pas de mettre à la voile. Lors-que nous prîmes congé du
Gouverneur, & que nous lui recommandâ-
mes notre vaiffeau & nos gens, il nous dît de
les bien avertir d'être fobres, & de ne s'eni-
vrer pas, parce-que de-là s'enfuivent de grands
defordres ; nous affurant que d'ailleurs ils feroient à Firando comme s'ils étoient en Hollande. Enfuite il nous envoia quelques petits
tonneaux de vin du Japon pour notre voiage.

Nous partîmes le 17. menant Jean Coufins
pour Interprète, & étant acompagnez d'un
Gentilhomme que le jeune Gouverneur nous
avoit donné. Nous nous mîmes dans la barque
de la loge avec 16. des rameurs du Gouverneur, qui faifoit auffi aller une autre barque
pour le port de Nangoïa.

Le foir du 18. nous jettâmes le grapin fur
la côte de l'ifle Ainoffima, à 21. lieuë de Nangoïa, aïant prefque toujours nagé au vent qui
nous étoit contraire.

Le 19. aïant été encore contrariez par le
vent, nous paffâmes, après Soleil levé, par
le travers d'une ville nommée Affia, qui eft
à 12. lieuës d'Ainoffima, fituée proche d'un
rivage de fable blanc, dans un pais montueux.
Sur

Sur le midi, nous nous trouvâmes par le travers de la ville de Coockoro, ou il y a deux châteaux. Au foir nous nous mîmes fur le grapin devant Ximontchequi, ville de grandeur médiocre, au-devant de laquelle il y a une petite forterefle, & un château fur une montagne qui eft vis-à-vis.

Le 20. nous entrâmes dans le port d'Ifacki, où il y a deux villages de 30. ou 40. maifons. Le foir du 26. nous jettâmes le grapin devant Mianos. Le 27. nous paffâmes par le travers de Cadmenexequi, où il y a un village de chaque côté. La nuit nous nous mîmes fur le grapin à Tfuwa, & la nuit du 30, à Vefimado, qui eft à 60. lieuës de Tfuwa. Le 31. nous eûmes du gros tems, & ne gagnâmes qu'avec beaucoup de peine le port de Mouro.

Le 3. d'Août 1611. nous paffâmes par le travers de Firmenfi, qui eft à 5. lieuës de Mouro, & qui eft une belle ville, où il y a un fort château. Nous demeurâmes la nuit à Tackeffima, qui eft à 4. lieuës de Firmenfi ; & le foir du 5. nous jettâmes le grapin à Fiongo.

Le 6. nous entrâmes dans la riviére d'Ofacko, & nous nous mîmes fur le grapin dans le fauxbourg qui fe nomme Auffima, où nous loüâmes une petite barque, pour nous mener à Fuffigni, les grandes n'y pouvant aller. Nous nous y embarquâmes après midi, avec notre bagage, & aïant paffé au-travers d'Ofacko, nous remontâmes la nuit la riviére, où il y avoit fi peu d'eau, qu'il falloit fouvent que les rameurs s'y miffent, pour decharger ou détourner la barque.

Ofacko eft une des plus confidérables villes

&

& des plus marchandes du Japon. Il y a un beau & fort château, ou Federi Samma, fils du défunt Empereur, fait son séjour. Il a présentement à-peu-près 18. ans, & n'a encore sorti qu'une seule fois de ce lieu-là. Divers incidens ont concouru à le faire exclure de l'Empire : mais il ne laisse pas d'avoir de grands revenus & de posséder de grands trésors. Il a pour lui une faction parmi les Seigneurs, & l'afection des peuples ; si bien qu'il n'est pas sans espérance de parvenir un jour à la Couronne.

Le 7. nous passâmes devant un village nommé Sergatte, & l'après-midi nous abordâmes à Fussigni. Nous vîmes sur la route deux hommes à un gibet, pour larcin, crime qui est là impardonnable. De Fussigni il faut aller par terre à Soringau. Dès-que nous fûmes à Fussigni on chargea nos hardes sur des chevaux, & nous allâmes coucher à Miaco, qui en est à quatre lieuës.

Cette ville de Miaco est grande. Il s'y fait un grand commerce, plus grand même qu'en aucune autre ville du Japon, & il est soutenu par diverses manufactures qui y sont établies. Elle s'étend du côté de Fussigni, & Fussigni s'étendant aussi vers Miaco, il s'en faut peu que les deux bouts ne se joignent. Il y a un bon château à Fussigni, avec une garnison, & un autre à Miaco, mais il est plus petit, & l'Empereur n'y loge pas. Lors-qu'il descend plus bas par Miaco, il y a une palais pour le loger. Jamais, quand il survient des guerres, on n'ataque Miaco ni de part ni d'autre ; on la laisse comme une place neutre, pour n'en pas ruiner le

com-

commerce; ce qui la rend extrémement flo-
riffante. On y trafique à-peu-près de-même que
dans les ville de l'Europe.

Le 8. d'Août 1611. aïant apris que les lettres que nous avions envoiées de Firando à
M. Adamſz, n'avoient pu lüi être renduës,
nous lui envoiâmes un autre exprès, de-peur
qu'il ne fût abſent lors-que nous ariverions
dans la ville.

Nous aprîmes qu'il y avoit quatre jours que
les Ambaſſadeurs des Portugais avoient paſſé
à Miaco : qu'ils étoient venus dans un petit
vaiſſeau Portugais qui avoit terri à Satſuma :
qu'ils avoient amené 200. picols de ſoie cruë,
une partie de draps, & une autre d'or : que cer-
te cargaiſon avoit été faite à la hâte à Maccau, pour acompagner l'Ambaſſade : qu'ils
avoient pris terre à Satſuma , parce-qu'ils
avoient eſpéré y trouver plus de faveur & de
liberté qu'à Nangueſacque , ne ſachant pas
comment ils ſeroient traitez au Japon, à-cauſe de ce qui étoit arivé l'année précédente :
que le Commandant de Satſuma leur avoit
prêté deux galéres pour les mener à Cohduze,
& trois Gentishommes pour les acompagner;
qu'ils avoient un grand nombre de trompettes, de tambours , & d'inſtrumens de Muſique : qu'ils avoient fait des préſens à Itakara
Froimendonne, qui conſiſtoient en quelques
beaus draps de ſoie , & que ce Seigneur leur
avoit fait donner 48. chevaux, qu'ils avoient
fait enharnacher à leurs dépens: qu'ils mar-
choient en grande pompe, faiſant ſans ceſſe
retentir le ſon de leurs inſtrumens de Muſique,
& de leurs trompettes : qu'ils étoient tous mag-

F 7

ni-

nifiquement vêtus, jusqu'aux Noirs qui les ſervoient, qui avoient tous des habits de velours d'une même couleur. La requête qu'ils avoient à faire, tendoit à ce qu'ils fuſſent rembourcez de la perte d'une carraque, que nous comprîmes qui leur avoit été brûlée à Nanguefacque l'année précédente.

Sur le midi, l'Agent d'Itakara Froimendonne, Gouverneur de Miaco, à qui le Gouverneur de Firando avoit écrit en notre faveur, vint nous rendre viſite, & nous dire qu'il atendoit ſon Maître ce même jour ; mais que s'il ne venoit pas, comme il voioit que nos afaires étoient preſſées, il nous meneroit lui-même le lendemain matin à Fuſſigni, & qu'il feroit enforte que nous aurions promtement nos dépêches : qu'il ne doutoit point que nous n'obtinſſions des chevaux, & qu'il nous rendroit ſervice autant-qu'il pourroit. C'eſt un grand avantage d'avoir des chevaux de l'Empereur, pour faire diligence & paſſer par-tout ſans être arrêté.

Le lendemain nous allâmes chez l'Agent, lui rendre ſa viſite, & lui faire préſent de trois aunes de drap cramoiſi, avec cinq bouteilles de verre, qu'il ſe défendit longtems d'accepter. Il nous régala, & ſe prépara pour faire le voiage avec nous, trouvant bon que Jaques Specx allât avec lui trouver Itakara Froimendonne, & lui préſenter 4. aunes & demie de drap écarlate, trois piéces de gros camelot noir, une carabine, 20. billes d'acier, 3. bouteilles de verre, 200. catis de plomb.

Ainſi Specx & l'Agent, qui étoient partis enſemble à 9. heures du matin, revinrent dès

le

le foir, aïant été bien reçus du Gouverneur, qui leur avoit donné un paffeport muni du feau de l'Empereur, & acordé dix chevaux, avec des lettres de faveur au Préfident du Confeil. Il refufa auffi d'abord les préfens, difant que ce n'étoit pas fa coutume de rien prendre des étrangers: mais en aïant auffi été preffé par fon Agent, fuivant la maniére ordinaire il dit qu'il n'accepteroit rien pour cette fois, mais que fi au retour il nous reftoit quelque chofe, il nous permettroit de penfer à lui. Après nous avoir régalez il nous congédia, nous promettant que fon Agent nous feroit fournir des chevaux le lendemain.

En éfet nous partîmes le 10. de Miaco, & allâmes coucher à Caufate, qui en eft à 7. lieuës. Le lendemain nous dinâmes à Sutfifamme, & allâmes coucher à Sequinofo. Le 12. nous dinâmes à Jakats, où nous nous mîmes dans une barque pour paffer un petit golfe de mer. Le foir nous couchâmes à Narmi, qui eft à 19. lieuës de Sequinofo.

Le 13. nous remontâmes à cheval, & aïant dîné à Okafacki, nous allâmes coucher à Juffindai, qui eft à 14. lieuës de Narmi, par une chaleur fi-grande que le lendemain matin un de nos gens en mourut fubitement, au-moins y avoit-il bien de l'aparence, que c'en fut là la caufe. Nous dinâmes à Acrai, & aïant encore traverfé un petit golfe, nous allâmes coucher à Fouquéres, qui eft à 13. lieuës & demie de Juffindai.

Le 16. nous dinâmes à Futfigeda, & allâmes enfuite à Mérico, où nous rencontrâmes M. Willem Adamfz, qui venoit au-devant

de

de nous, & le soir nous arrivâmes ensemble
à Soringau. Dès le même soir il alla trouver le Cosequidonne, c'est-à-dire le Président
du Conseil, & Ikoto Sionsabrondonne, pour
leur donner avis de notre venuë, & les prier
de nous faire avoir bien-tôt audience.

Le Cosequidonne lui dît qu'il ne doutoit
pas que notre venuë ne fût agréable à l'Empereur, auprès de qui il lui promettoit de nous
introduire le lendemain, s'il étoit possible,
& que si nous avions quelque requête à faire à ce Monarque, il nous marqueroit qu'il
étoit de nos amis. Ensuite lui & Ikoto Sionsabrondonne, envoiérent chacun un Gentilhomme nous faire des complimens, à quoi
nous tâchâmes de répondre à la maniére du
Japon, où l'on en fait beaucoup.

Le 16. nous allâmes deux fois au Palais,
par ordre du Cosequidonne, mais l'Empereur
fut toujours ocupé, & nous ne pûmes lui parler. Le Cosequidonne en fit des excuses à M.
Adamsz, & lui dît que l'Empereur faisoit
éxaminer les comptes de son Trésorier Général, à quoi il falloit qu'il fût lui-même aussi
présent, mais que nous ne devions pas laisser
de nous tenir toujours prêts.

Cependant nous aprîmes le succès qu'avoient
eu les Ambassadeurs des Portugais & des Castillans. Après que le Portugais, eut fait ses
propositions verbalement, & qu'il les eut données par écrit au Cosequidonne, aiant eu audience de l'Empereur, il partit pour aller à
Jedo saluer aussi le Prince, & peut-être lui
faire ses remontrances & ses plaintes. Les
présens qu'il avoit oferts au Cosequidonne,
n'avoient

n'avoient pas été acceptez. Cet Oficier les lui avoit renvoiez , aiant acoutumé d'en uſer ainſi avec les étrangers, ſur-tout quand il ne vouloit pas les gratifier.

Ceux qu'il avoit faits à l'Empereur conſiſtoient en dix piéces de drap d'or figuré , cent catis de la plus fine ſoie , une balance d'or fort-artiſtement faite, une montre d'or , & d'autres bijoux. Ils avoient été acceptez, mais d'une maniére qui n'étoit pas des plus obligeantes; car l'Empereur ne parla point du tout à l'Ambaſſadeur , qui n'eut le tems que de faire porter les préſens devant lui , & auſſi-tôt on lui dît de ſe retirer.

Il étoit allé à la Cour avec une groſſe ſuite de ſes gens, qui avoient tous des chaînes d'or au cou, & tous les Négres avoient des habits de velours d'une même parure. Pour ſes propoſitions elles ne furent pas fort-bien reçuës. C'étoit premiérement une juſtification au ſujet des Japonois, qu'il y avoit trois ans qui avoient été tuez à Macau. Il prétendoit faire voir que les Portugais avoient eu raiſon, & en conſéquence il demandoit le rembourcement du prix d'un vaiſſeau de la nation, qui avoit été brûlé à Nangueſacque, & qui , avec ſa cargaiſon , valoit quelques millions de ducats; de laquelle inſulte il chargeoit particuliérement le Facteur, s'en plaignant extrémement.

Le reſte de ſon diſcours n'étoit que des raiſonnemens pour détruire les prétentions des Japonois, & pour apuïer les ſiennes, & il ne propoſa rien qui pût être à notre préjudice. Le Coſequidonne lui repliqua que l'obſtination

tion des Oficiers du vaiſſeau avoit été étrange : qu'ils n'avoient pas fait paroître dans tout
leur procédé, qu'ils fiſſent ſeulement uſage de
leur raiſon : que le Capitaine avoit refuſé de
comparoître devant l'Empereur, & de venir
ſoutenir ſon droit en juſtice ; refus qui étoit
contre le droit commun, & contre ce que la
raiſon enſeigne de pratiquer, & ce qui ſe pratique auſſi-bien parmi les Chrétiens qu'au Japon : d'où il étoit aiſé de conclure que c'étoit
qu'il ne pouvoit diſculper la nation des meurtres commis dans les perſonnes des Japonois,
& que ces meurtres avoient été commis par
paſſion, par violence, & nullement avec raiſon, ni avec les formalités de la Juſtice.

Enfin le Préſident concluoit que puis-que c'é-
toit la propre obſtination des Portugais, &
le mépris qu'ils avoient fait de la Juſtice, qui
leur avoit atiré leur malheur, il paroiſſoit
clairement que la Cour n'avoit eu aucune intention de faire périr le vaiſſeau, ni les gens
dé l'équipage : qu'on avoit ſeulement demande que le Capitaine ſe remît entre les mains
de l'Empereur, pour défendre en juſtice le
fait de la nation : que ſur le refus qui en avoit
été fait, la Cour avoit ordonné qu'on ſe ſervît
des voies que la néceſſité fait prendre en pareille ocaſion.

Ainſi le Coſequidonne avoit déclaré à
l'Ambaſſadeur qu'il falloit qu'il donnât ſa défenſe par écrit, comme on l'avoit demandée
au Capitaine du vaiſſeau ; que la Cour y ré-
pondroit en la même maniére ; & qu'il trouveroit la réponce prête à ſon retour de Jedo.
Cependant on voit peu d'aparence qu'il obtien-
ne aucune reſtitution.   Les

Les démarches de l'Ambaſſadeur des Caſtillans avoient été fort ſuperbes & peu concertées. Il étoit allé à Jedo ſaluer le Prince,
avant-que d'avoir vu l'Empereur, & la Cour
l'avoit trouvé mauvais. Il étoit entré à Soringau environné de 40. Mouſquetaires, avec une
enſeigne d'Eſpagne déploiée. Il avoit fait ſonner les trompettes dans toutes les ruës où il
avoit paſſé, & faire des décharges de mouſqueterie.

Les préſens qu'il avoit fait porter au Coſequidonne, lui avoient été renvoiez, ainſi-que
ceux de l'Ambaſſadeur de Portugal. Il avoit
enſuite demandé à être admis à l'audience de
l'Empereur, & avoit fait quatre propoſitions;
ſavoir; *Qu'il fût permis aux Caſtillans de bâtir autant de vaiſſeaux, & tels qu'il leur plairoit. Qu'il leur fût permis de faire reconnoître
par leurs Pilotes toutes les côtes & les ports du
Japon. Que l'Empereur nous défendît de trafiquer dans les païs de ſon obéïſſance, & qu'il ne
nous l'accordât plus, à quoi s'il plaiſoit à Sa
Majeſté de conſentir, le Roi d'Eſpagne ſon Maître envoieroit des navires de guerre au Japon,
pour détruire & brûler les nôtres. Que lors-que
les vaiſſeaux Eſpagnols viendroient au Japon ils
ne ſeroient ſujets à aucune viſite, ni à aucuns inſpecteurs, & qu'ils vendroient leurs marchandiſes
à qui il leur plairoit.*

Ces propoſitions aïant été faites de bouche
furent auſſi données par écrit. L'Ambaſſadeur
avoit été cinq jours à Soringau, avant-que de
pouvoir obtenir audience. On lui déclara d'abord que ce n'étoit pas la coutume que perſonne entrât & parût avec des armes devant
l'Em-

l'Empereur; que tous ceux qui alloient à l'audience étoient obligez de les quitter. Néanmoins la fierté de l'Ambassadeur ne lui permettant pas d'avoir égard à cet avis, il se présenta devant le palais avec la banniére de son Maître, & avec ses soldats, au-travers desquels il passa, non sans observer beaucoup de cérémonies.

Mais il fut introduit seul au palais, où il présenta les lettres dont il étoit chargé, portant réponce à celles que l'Empereur avoit écrites l'année précédente. Il ofrit aussi les présens envoiez par le Vice-roi du Mexique, qui étoient une selle de cheval brodée d'or fin; un beau harnois de guerre; quelques précieux médicamens, & d'autres raretés.

L'Empereur lui fit meilleur visage qu'il n'avoit fait au Portugais; mais il ne lui parla point non-plus. Ensuite il reçut sa réponce, qui fut; *Qu'il lui étoit permis de bâtir des vaisseaux, & de faire choix du lieu qui lui paroîtroit le plus propre pour cet éfet. Qu'il lui étoit permis de reconnoître les côtes du Japon, & qu'on lui fourniroit des barques s'il en avoit besoin. Que les païs de Sa Majesté étoient ouvers à tous les étrangers; que chacun y pouvoit venir librement; que n'aïant aucune raison pour nous en exclure, il vouloit nous laisser joüir d'un privilége qu'il acordoit à toutes les nations; que si nos Princes avoient guerre ensemble, cela ne regardoit pas Sa Majesté, qui les laissoit volontiers vuider leurs différens dans leurs païs. Que ceux qui viendroient trafiquer au Japon, n'y seroient traitez que selon les régles de la raison,* sans aucune explication plus particuliére sur cet article. Et après

cette

cette réponce l'Ambassadeur se retira. Au-
reste M. Adamsz vit & entendit tout, étant
alors proche de la personne de l'Empereur.

Les Castillans dirent la nouvelle de la mort
du Roi de France, qui avoit été tué d'un coup
de couteau dans le ventre, en son carosse, par
un Etudiant de chez les Jésuites. Ils parlérent aussi de la Tréve qui avoit été concluë entre le Roi d'Espagne & les E'tats Généraux:
mais ils dirent qu'ils ne savoient pas ce qui
avoit été réglé à l'égard des Indes, à l'Est du
cap de Bonne-espérance; assurant que la Tréve n'avoit pas encore été publiée en Espagne.

M. Adamsz, qui étoit présent, leur repliqua qu'ils savoient fort-bien le contraire : il
soutint que la Tréve avoit été publiée, & les
réfuta même par l'excuse que les Portugais alléguoient, que la Tréve n'avoit pas été publiée aux Indes, mais seulement en Europe:
qu'il étoit si-constant que les uns & les autres
étoient informez de la vérité de ce fait, &
qu'ils avoient reçu d'Europe des nouvelles
qu'ils falsifioient, qu'on avoit fait voir des lettres à Macau, qui portoient que le Prince Maurice étoit mort, & que Don Emanuel de Portugal avoit été élu par les E'tats Généraux pour
remplir sa place ; ce qui faisoit connoître que
c'étoit à dessein que les Espagnols ne vouloient
pas paroître informez de la Tréve : que d'ailleurs lors-que le yacht qui étoit venu aux Indes, étoit parti de Hollande, on n'y parloit
point encore ni de la mort du Roi de France,
ni de celle du Prince Maurice : que cependant
la Tréve que les Espagnols affectoient de tai-
re, y avoit été publiée près d'un an auparavant;

vant ; que par conséquent il ne falloit pas douter qu'ils n'eussent quelque dessein caché, en voulant ignorer une chose connuë depuis longtems à toute l'Europe.

L'après-midi, le Cosequidonne nous fit avertir que nous ne pouvions voir l'Empereur ce jour-là, mais que ce seroit le lendemain. M. Adam fut d'avis que nous devions aussi aller saluer le Prince à Jedo, puis-que les Portugais & les Castillans y étoient allez.

Le matin du 17. nous allâmes visiter Ohoto Sionsabrondonne, Trésorier Général, Maître des monnoies, & Conseiller d'Etat, & nous lui presentâmes 5. aunes de drap rouge cramoisi ; 2. aunes d'étofe de soie travaillée en camelot & piquée ; une piéce de drap violet & or, une piéce de damas vert ; 3. carpettes de Nuremberg ; 5. bouteilles de verre ; une carabine, & un cornet à amorcer.

Après avoir accepté nos présens avec les complimens ordinaires, il nous promit de nous faire avoir audience ce jour-là. C'est un homme fort estimé de l'Empereur, qui ne fait pas de grandes promesses aux gens, ni ne les amuse pas de paroles ; mais il est en éfet bon ami, & sert ceux qu'il croit qui le méritent.

Il y avoit déja deux jours qu'il s'étoit ouvert à M. Adamsz, & lui avoit dit qu'il sembloit que nous n'étions atirez au Japon que par l'envie de faire capture sur les Espagnols & sur les Portugais ; que nous y venions cette année parce-que les autres y venoient, de-même que nous y étions venus il y avoit deux ans ; mais que nous n'y étions pas venus l'année précédente, parce-que les autres n'y étoient pas aussi venus :

que

que cette conjecture se confirmoit par le peu de
marchandises que nous aportions, ce qui marquoit que nous en avions peu, & que nous n'é-
tions Marchands que des prises que nous faisions sur les autres.

M. Adamsz lui assura que nous n'étions nullement des pirates, mais des Marchands, &
qu'on connoîtroit dans peu de tems au Japon,
que nous trafiquions avec plus de droiture &
de sincérité que toutes les autres nations qui y
venoient ; que bien-loin d'épier l'ocasion de
prendre les vaisseaux Castillans, ou Portugais,
la Tréve de douze ans ne nous permettoit plus
de leur faire aucune insulte, en quelque lieu
du monde que ce fût. Ce fait lui aiant été afir-
mé aussi-bien que tous les autres, par M. A-
damsz, il têmoigna qu'il en étoit bien-aise.

Ensuite M. Adamsz lui fit toute notre histoire, & par là il lui fit comprendre les raisons qui nous avoient empêché de venir au Japon l'année précédente. Il nous interrogea sur
toutes les choses qu'Adamsz lui avoit dites,
écoutant avec beaucoup d'atention nos réponces, qui ne varioient point, parce-que nous
disions tous la vérité. Il étoit d'autant plus
ardent à s'informer de tout, que c'étoit lui qui
étoit chargé de répondre aux mémoires de
l'Ambassadeur Portugais. L'assurance qu'il
eut de la Tréve lui plut beaucoup, parce-que
nous allions les uns & les autres au Japon, &
il disoit que nous ne nous troublerions plus,
& que chacun y pourroit au-moins naviger en
sureté.

Lors-que nous eûmes pris notre congé nous
allâmes chez le Cosequidonne, qui étoit reve-

nu

nu de la Cour. Nous en fûmes reçus favorablement, & nous lui préſentâmes 8. aunes de
drap rouge cramoiſi; une piéce de ſatin ſemé
de petites roſes; une piéce de damas; une piéce de drap d'or; 3. carpettes de Nurenberg;
une carabine & un cornet à amorcer; 100.
billes d'acier.

Lors-qu'il eut vu ce préſent, il le fit ôter
promtement de devant lui, diſant que nous
avions eu beaucoup de peine à faire tranſporter toutes ces choſes, & qu'elles lui étóient
inutiles. Il nous dît qu'il avoit donné avis de
notre venuë à l'Empereur, à qui cette nouvelle avoit été agréable; & que nous étions
arivez à propos: puis il nous demanda quelle
requête ou quelles propoſitions nous avions à
faire à la Cour?

Nous lui répondîmes que nous n'avions rien
de particulier à propoſer; que nous voulions
ſeulement nous excuſer de ce qu'il n'étoit point
venu de nos vaiſſeaux au Japon, l'année précédente, & de ce que nous n'aportions point
de réponce à la lettre qu'il avoit plu à l'Empereur d'écrire, ſur quoi nous lui fîmes une
ample déduction de nos raiſons. Il nous dît
qu'il feroit ſon raport à Sa Majeſté, & qu'il
ne doutoit pas qu'elle n'en fût ſatisfaite; que
nous ne devions pas nous inquiéter là-deſſus.

Il nous preſſa de lui dire ſi nous avions quelque requête particuliére à faire. Nous lui répondîmes que nous voulions requérir Sa Majeſté qu'il lui plût de donner des paſſeports à
nos vaiſſeaux, afin-qu'ils fuſſent francs, &
qu'en quelque lieu, en quelque port qu'ils
vinſſent terrir, ils y fuſſent bien reçus, & re-

gardez

gardez comme étant fous la protection de Sa
Majefté : qu'il lui plût auffi de nous acorder des
patentes pour nos vaiffeaux, tant pour celui qui
nous avoit amenez à Firando , que pour ceux
qui y viendroient ci-aprés , à ce qu'ils puffent
décharger leurs marchandifes, les faire porter
dans les magafins, les faire voir aux Marchands
qui pourroient les demander, & les vendre,
fans être inquiétez par aucuns gardes, ou infpecteurs , en gardant néanmoins pour Sa Majefté tout ce qu'elle pourroit défirer , & réfer-
vant toutes les curiofités qu'on pourroit avoir,
jufques-à-ce que Sa Majefté pût faire fon choix:
que nous ofions le fuplier de nous être favorable, & d'apuïer notre Requête.

Il nous répondit que notre demande étoit
raifonable , & que nous ne devions pas craindre d'être refufez ; que nous pouvions nous repofer fur lui ; qu'il prendroit foin de faire préparer nos dépêches , pour notre retour de Jedo ; difant que Sa Majefté avoit trouvé bon que
nous euffions intention d'aller féliciter le Prince fon fils , ainfi-que Mr. Adamfz en avoit fait
ouverture à S. M ; & que pour lui il nous l'auroit confeillé , vu-que les Portugais & les Caftillans l'avoient fait : que nous-aurions pour
cet éfet des chevaux , des barques, des gens
pour nous conduire , & tout ce dont nous aurions befoin , & qu'on nous en délivreroit des
patentes en partant.

Il nous fit auffi un peu raifonner touchant les
afaires de notre E'tat ; puis il nous promit de
nous mander fur le midi , & de nous préfenter
à l'Empereur. Après cela nous prîmes congé
de lui, & il nous reconduifit jufqu'au-delà de

G

fa porte. Enfuite il rapella M. Adamſz, &
lui ordonnant de renvoïer querir nos préfens,
il lui dît qu'il devoit nous avoir avertis de ne
lui en pas ofrir, fachant bien qu'il n'avoit pas
acoutumé d'en recevoir ; que cela ne l'empêcheroit nullement de nous acorder fa faveur,
& que ce n'étoit pas par cette voie qu'il falloit l'aquérir.

Adamſz lui dît que fi-peu de chofe ne váloit
pas la peine d'être apellé un préfent, & que
pour nous marquer qu'il ne fe tenoit pas ofen-
fé que nous euffions ofé le lui ofrir, il le fuplioit avec nous de le vouloir retenir, feule-
mént pour l'honneur de notre nation. Il s'arrêta un peu alors, & parut délibérer en lui-
même ; puis il dît que pour nous donner une
marque de fon amitié, il renonceroit pour cette fois à fa réfolution & à fa coutume ; & nous
faifant auffi rapeller, il nous répéta la même
chofe.

Cette faveur furprit extrémement les Japonois, auffi-bien que les Caftillans & les Portugais de qui il n'avoit rien voulu accepter ;
quoi-que tous les ans ils lui aportaffent de gros
préfens ; & elle nous donna de bonnes efpé-
rances touchant notre établiffement au Japon.

Sur le midi, nous fûmes mandez à l'audience, où nous portâmes auffi nos préfens, qui fuivant la coutume, furent mis, chaque forte, fur
une table particuliére. C'étoit une demie piéce
de drap rouge cramoifi ; une demie piéce de
drap écarlate ; une piéce de carifé cramoifi ;
… de velours noir uni ; 3. piéces de camelots
luftrez ; 2. piéces de fatin broché d'or ; 3. piéces de damas ; 5. carpettes de Nurenberg ; dix
bou-

bouteilles de verre ; 200. catis de plomb ; 2. fusils de 8. piés de long ; 2. carabines & deux
cornets à amorcer ; 5. dents d'éléfans ; 200.
billes d'acier.

Lors-que nous eûmes salué l'Empereur, il
nous demanda combien à-peu-près nous avions
de soldats aux Moluques ; si nous trafiquions à
Borneo, & s'il étoit vrai que c'est là qu'on
trouve le meilleur camfre, & d'où il y vient ;
d'où vient le meilleur aguila & le meilleur ca-
lamba ; quels bois odoriférans nous avions
dans notre païs, & quels étoient ceux que nous
estimions le plus ? Nous repondîmes à toutes
ces questions, par le moien de l'Interprète ;
puis nous prîmes notre congé, le Cosequidonne & le Sionsabróndonne nous venant reconduire jusques hors de la sale, en nous félicitant
du bonheur que nous avions eu, de trouver le
moment favorable auprès de S. M. & en nous
disant que la chose étoit allée si-loin qu'ils en
étoient surpris : que ce n'étoit pas la coutume que S. M. parlât si-familiérement à personne, non-pas même aux plus grands Seigneurs du païs, qui lui aportoient des présens
de la valeur de dix ; de vingt, & de trente
mille ducats ; & qu'il ne leur parloit jamais
si longtems qu'il nous avoit parlé : qu'il n'a-
voit pas dit une seule parole à l'Ambassadeur
Portugais, & que celui de Castille n'avoit pas
été beaucoup mieux traité.

Un peu après que nous fûmes sortis M. A-
damsz aïant été rapellé, nous dît, quand il
fut revenu, que l'Empereur regarda les draps,
les camelots, les velours, & les fusils même,
l'un après l'autre, & qu'il lui dît; Lors-que

G 2

les

les vaisseaux Hollandois viendront, aporteront-ils beaucoup de curiosités & de belles marchandises? Adamsz répondit qu'il assuroit S. M. que les vaisseaux qui viendroient de Hollande aporteroient plusieurs belles choses. L'Empereur repliqua; ,, Oui, Oui, je voi bien que ,, les Hollandois sont passez maîtres aussi-bien ,, dans les munufactures que dans la guerre.

Nous mîmes ensuite notre proposition par écrit, & la fîmes traduire en Japonois, & écrire en caractéres du païs, pour la laisser entre les mains du Cosequidonne, afin qu'il pensât à notre afaire, & que notre voiage à Jedo n'en retardât pas l'expédition. Nous envoiâmes aussi à son Agent un présent d'une piéce de camelot noir à gros grain, & de trois piéces d'armoisin blanc de soie crüe.

Le 18. du même mois d'Août, 1611. Adamsz mit notre mémoire entre les mains du Cosequidonne, qui dit qu'il se le tenoit pour fort bien recommandé. Après-midi un de ses Gentishommes nous aporta un passeport pour dix chevaux, & des lettres du Cosequidonne pour les bateliers & mariniers, & pour les barques sur les riviéres, avec des lettres de recommandation pour son fils qui étoit à Jedo. Il nous dit de la part de son Maître, que nous ne devions nous mettre en peine de rien, qu'il avoit donné ordre à son fils de pourvoir à tout ce qui nous regarderoit.

Le 19. nous partîmes de Soringau par un fort mauvais tems, & nous arivâmes à Tesseri par une grosse pluïe, avec des éclairs & des tonnerres. Le 20. nous marchâmes par un tems à-peu-près égal, & nous allâmes coucher
à Mis-

à Miſſima, qui eſt à 12. lieuës de Teſſeri. Le 21. nous dînâmes à Wondebro, & paſſâmes une montagne nommée Facu-tamme, où il y avoit quatre lieuës à monter, & autant à deſcendre, le paſſage en étant fort difficile. Nous allâmes coucher à Futſiſawa, qui eſt à 16. lieuës de Miſſima.

Le 22. nous déjunâmes à Toska, qui eſt à deux lieuës de Futſiſawa, & ſur le ſoir nous arivâmes à Jedo, qui eſt à dix lieuës de Toſka, & où le Prince fils de l'Empereur tient ſa Cour dans le château. Nous logeâmes dans la maiſon de M. Adamſz, qui alla donner avis de notre venuë au Sadadonne, Préſident du Conſeil du Prince, & pére du Coſequidonne; & il rendit les lettres de ce dernier à ſon fils. Il les informa auſſi tous deux du détail de ce qui nous regardoit, de la cauſe de notre venuë, de l'état de notre païs, & des raiſons qui nous avoient empêchez de venir l'année précédente; les priant de faire entendre toutes ces choſes au Prince, de les lui expliquer favorablement, & de tâcher de nous faire promtement obtenir audience.

Le Préſident nous dît que le Prince ſeroit aſſurément bien content de notre venuë, parce-qu'il avoit ouï dire qu'il y avoit deux ans qu'on avoit vu quelques-uns de nos vaiſſeaux au Japon, & qu'ils avoient trouvé beaucoup de faveur auprès de l'Empereur, qui leur avoit acordé la liberté du commerce, & des franchiſes; que depuis ce tems-là le Prince avoit pluſieurs fois têmoigné qu'il ſouhaiteroit de voir des gens de notre nation; & que puis-que nous avions pris la peine d'aller juſques-là, il ſeroit

G 3

enſor-

enforte que nous ferions expédiez le lendemain, à-caufe qu'on l'avertiffoit que nous étions pref-fez. Il donna en même tems ordre à fon Agent d'acompagner M. Adamfz , pour nous venir faire des complimens de fa part , & nous ofrir fes fervices.

Le lendemain du 23. nous allâmes lui ren-dre vifite , & nous lui préfentâmes 5. aunes de drap rouge cramoifi ; 2. piéces de camelot noir à gros grain , & une de camelot croifé , de la même couleur ; une piéce de damas noir ; 5. pieces d'armoifin blanc ; 3. bouteilles de ver-re ; une carabine & un cornet à amorcer. Il nous dît que ce n'étoit nullement fa coutu-me d'accepter des préfens ; mais que pour la premiére fois il ne vouloit pas nous refufer, & qu'il nous donnoit cette marque d'amitié, afin que nous euffions plus de confiance en lui.

Enfuite il nous dît qu'encore qu'il fût incom-modé, il alloit monter au château pour nous faire expédier ; que dès le foir précédent il avoit averti le Prince de notre venuë , qui en avoit reçu la nouvelle avec plaifir, & qui dé-firoit fort de nous voir. Cependant nous de-meurâmes plus de demie heure à nous entre-tenir avec lui de l'état de notre païs & de quel-ques autres, des caufes de la guerre qui étoit entre nous & le Roi d'Efpagne, comment elle avoit commencé, & comment on avoit enfin conclu une tréve. Il témoigna beaucoup d'é-tonnement de ce qu'un païs auffi-petit que nous difions qu'étoit le nôtre , avoit pu réfifter fi longtems aux forces d'un fi-grand Roi.

Après cela il nous fit fervir une colation de fruits & des autres chofes qu'on a coutume de
pré-

préfenter au Japon; puis nous prîmes congé,
& quoi-que ce Seigneur eût un grand âge, &
qu'il fût fort incommodé, fur-tout en marchant, il ne laiffa pas de nous reconduire jufques dans la cour, nous promettant qu'il nous
manderoit après midi, pour aller au Palais.

En éfet, il nous manda fur les deux heures,
& nous conduifit à l'audience Prince, à qui nous
préfentâmes une demie piéce de drap rouge
cramoifi; une piéce de carifé cramoifi; 15.
aunes de velours cifelé à fond vert & à fleurs
noires; 9. aunes & demie du même velours à
fond rouge & à fleurs noires; une piéce de damas; une piéce de drap d'or; 5. carpettes de
Nurenberg; une piéce de fatin femé de petites rofes; une piéce de camelot croifé; 3. dents
d'éléfant; 100. billes d'acier; un fufil à méche; 2. carabines & 2. cornets à amorcer;
500. catis de plomb.

Le Prince nous reçut fort-bien, & nous re-
mercia de la peine que nous avions bien voulu prendre à-caufe de lui. Nous lui demandâ-
mes fa protection & fa faveur, felon les ordres
que nous lui dîmes que nous en avions de notre Prince & de nos Maîtres, ce qui étoit la
feule caufe de notre voiage. Il répondit à ce
compliment par un figne de tête, & nous donna congé. L'Agent du Sadadonne eut permiffion de nous promener dans tout le palais, &
il nous reconduifit jufques dehors. On nous
acorda auffi les chevaux, les barques & les
gens néceffaires pour nous remener à Soringau.

Adamfz alla faire nos remercîmens au Sadadonne, car l'Ambaffadeur Efpagnol avoit
demeuré là trois jours, avant-que d'obtenir

G 4

audien-

audience ; quoi-qu'il fût arivé dans un équipage magnifique , & qu'il eût de grands présens à faire. Le Sadadonne aïant su que nous
voulions partir le lendemain matin , & que
nous aurions bien voulu aller jusqu'au port de
Wormgau par eau, dît que le Prince avoit ordonné qu'on nous fournît des voitures , & qu'il
y auroit le lendemain une galére prête , avec
un passeport, afin qu'on nous fournît ensuite
des chevaux pour le reste du voiage ; & que si
nous avions besoin d'autres choses, nous n'a-
vions qu'à le déclarer.

Sur le soir, un des principaux Seigneurs de
la Cour fut amené par l'Agent du Sadadonne,
à notre logis, pour nous faire des complimens
de la part du Prince, & pour présenter à Jaques Specx deux .... & une .... & autant à
Pierre Segertsz , leur faisant dire qu'il les
prioit de ne s'arrêter pas au peu de valeur du
présent, mais à l'afection avec laquelle le Prince le faisoit, & au témoignage qu'il nous donnoit que notre visite lui avoit été agréable.

Le matin du 24. M. Adamsz , alla remercier de notre part l'Agent du Sadadonne, &
lui fit présent, suivant la coutume du païs, de
6. aunes de carisé rouge; de 2. aunes de drap
écarlate ; de 2. piéces d'armoisin de soie cruë ;
& de 3. bouteilles de verre. Sur le midi, il
alla aussi rendre la visite au Tackendonne, qui
étoit celui qui avoit été envoié de la part du
Prince le jour précédent, & il lui présenta 3.
aunes de carisé ; 3. piéces d'armoisin de soie
cruë , & cinq bouteilles de verre , que son
Agent reçut en son absence.

Après midi l'Agent du Sadadonne aporta
les

les passeports pour faire avoir des chevaux, & des lettres pour les bateliers & pour les barques, avec 20. chemises à la Japonoise, pour Specx, & dix pour Segertsz. Au soir nous fûmes invitez à manger chez un Frére du jeune Gouverneur de Firando, qui est un des premiers Gentishommes de la chambre du Prince, & qui nous avoit déja rendu plusieurs petits services. Nous lui fîmes présent de 3. aunes de drap écarlate ; de 6. piéces d'armoisin blanc de soie crüe ; de 3. bouteilles de verre ; & il nous donna des lettres pour son Grand-pére & pour son Frére.

Le 25. du même mois d'Août, nous allâmes remercier le Sadadonne & prendre congé de lui ; puis nous nous embarquâmes dans la galére qui nous étoit destinée avec une barque pour le bagage. Nous fûmes dès le soir au port de Wormgau, qui est à 18. lieuës de Jedo, où nous logeâmes encore dans une maison de M. Adamsz. Nous y trouvâmes le navire & l'Ambassadeur de la Nouvelle Espagne, qui envoia deux ou trois de ses soldats, nous faire des complimens de sa part, & nous accabler de courtoisies ; à quoi nous tâchâmes de répondre de la même maniére.

Le 26. il plut tant que nous fûmes contrains de passer la journée en ce lieu-là, & nous y aprîmes des nouvelles de l'Ambassade, par le moien de deux hommes des Païs-bas qui étoient au service de l'Ambassadeur. Ils nous dirent quel avoit été le but de ce voiage, & quel en avoit été le succès. Ils nous aprirent la découverte qu'on avoit faite du païs de la Nouvelle Guinée, & de la côte de la Nouvel-

G 5

le

le Espagne, avec plusieurs circonstances.

Ils étoient entrez dans le port de Wormgau le 14. de Juin. Le but de leur voiage étoit en partie de ramener les Japonois, qui étoient allez l'année précédente dans la Nouvelle Espagne, avec le Gouverneur Don Rodrigo de Riduere. Ils avoient été traitez magnifiquement en ce païs-là, & il en avoit coûté plus de 50000. réales de huit au Roi d'Espagne : car ils avoient été défraiez depuis Acapulco jusqu'au Mexique. Lors-qu'ils avoient été proche de la ville, on avoit envoié des carosses au-devant d'eux pour les prendre ; outre les grands frais qu'on avoit faits pour les préparatifs de l'Ambassade.

Mais nous sûmes que dans les Instructions de l'Ambassadeur il n'étoit point fait de mention de ce qu'il avoit dit contre nous, & qu'il y avoit eu différent sur ce sujet entre lui & le Capitaine soutenu des autres principaux Oficiers de l'Ambassade, qui avoient entendu ce qu'il avoit requis, & qui vouloient faire leurs protestations contre lui à cet égard. Mais comme il déclara qu'il se chargeoit seul de ce qui en pourroit ariver, ils ne passérent pas outre.

Sa commission étoit seulement de demander la liberté de visiter tous les ports, afin que les connoissances qu'ils en prendroient, pussent servir à naviger avec plus de sureté les vaisseaux qui vont tous les ans des Manilles à la Nouvelle Espagne, parce-que faute de ces connoissances, ils avoient perdu plusieurs navires très richement chargez ; les vents forcez les poussant ordinairement, en faisant cette route, vers les côtes du Japon, où ils demeurent affalez,

falez , & périſſent. En ſecond lieu l'Ambaſſadeur avoit ordre de demander la permiſſion de conſtruire des vaiſſeaux, à-cauſe qu'on
ne le pouvoit faire qu'avec beaucoup plus de
coût & de peine aux Manilles & à la Nouvelle Eſpagne, & qu'ils n'étoient pas ſi-bons que
ſeroient ceux du Japon, où l'on trouvoit plus
de matériaux, & de meilleurs, & plus d'ouvriers.

Pour la découverte faite depuis peu par les
Caſtillans, dans le païs de la Nouvelle Guinée,
les deux Flamans ne purent nous dire par quelle hauteur ni de quel côté c'étoit. Les Eſpagnols y avoient pris terre avec un vaiſſeau d'une
grandeur médiocre, & ils y avoient trouvé
des gens d'un naturel aſſez doux, mais peu ci-
viliſez. L'air y étoit tempéré, & le païs paſ-
fablement peuplé, pourvu d'or, de noix muſcades & de vivres.

Ils y avoient enlevé ſecrétement deux hommes, pour les envoier en Eſpagne, afin-que le
Roi pût être informé par eux-mêmes de l'état
de leur païs. On avoit deſſein d'y entretenir la
navigation, & pour cet éfet on y avoit laiſſé
quelques Caſtillans, afin de découvrir plus
avant, & de chercher un lieu propre à faire une
peuplade. Dans cette vuë on faiſoit conſtruire
quelques vaiſſeaux en la Nouvelle Eſpagne, parce-qu'il y a beaucoup d'aparence qu'on pourra
faire de grands profits dans ce païs-là.

D'un autre côté les Caſtillans avoient emploié 13. mois & demi à la recherche des côtes de la Nouvelle Eſpagne, & navigé juſques
par les 45. & 46. degrès. Ils avoient découvert pluſieurs bons havres, des baies, & des
G 6.

lieux

lieux de relâche, où les vaiſſeaux qui vont des Manilles à la Nouvelle Eſpagne peuvent fort-bien ſe rafraîchir.

Ils diſoient qu'à leur départ de la Nouvelle Eſpagne on n'avoit point encore eu de nouvel-les de la Tréve, ou que ſi l'on en avoit eu, on les tenoit ſecrétes, & ils s'étonnoient que nous en fuſſions informez ; parce-que le même vaiſ-ſeau qui étoit au Japon avoit amené des per-ſonnes qui avoient vu des lettres de France à S. Lucas & à Seville, qui faiſoient mention de la mort du Roi de France. Cependant cet-te mort n'étoit pas encore arivée lors-que no-tre flote, qui nous avoit aporté les nouvelles de la Tréve étoit partie ; & néanmoins cette Tréve concluë & publiée avant la mort du Roi de France, n'étoit pas encore publiée aux In-des.

Cette déclaration nous fit ſoupçonner que les Eſpagnols avoient quelque deſſein particulier, & qu'aparemment ils avoient embarqué des ſoldats dans la Nouvelle Eſpagne, ſur les vaiſ-ſeaux qui alloient aux Manilles, pour les en-voier de-là aux Moluques, & faire un nouvel éfort afin de nous les enlever, avant la publi-cation de la Tréve. L'Ambaſſadeur nous en-voia diverſes fois prier d'aller nous divertir avec lui, & de notre côté nous le fimes auſſi prier de venir avec nous. Mais comme per-ſonne ne voulut rendre la premiére viſite, nous en demeurâmes là.

M. Adamſz aïant négligé ſes propres afai-res pour être toujours avec nous, & nous aïant fort utilement ſervis, nous lui donnâmes, en atendant mieux, 8. aunes de drap rouge cra-moiſi ;

moifi ; 4. aunes de carifé rouge ; 3. aunes de drap écarlate ; 3. piéces d'armoifin noir ; une piéce de camelot noir luftré.

Le 27. nous partîmes de Wormgau, & après avoir diné à Capacure, nous allâmes coucher à Oxfo. Le 28. nous fîmes 17. lieuës, & couchâmes à Infuwarra. Le 29. nous montâmes à cheval avant jour, & nous arivâmes à midi à Soringau.

M. Adamfz alla fur l'heure porter au Cofequidonne les lettres du Sadadonne, & lui faire le raport de ce qui s'étoit paffé dans notre voiage. L'Agent vint avec Adamfz, nous faire des complimens de la part de fon Maître, qui avoit dit que l'Empereur avoit demandé quelles marchandifes notre vaiffeau avoit aportées, & qu'il lui avoit répondu qu'il en informeroit le lendemain Sa Majefté.

Le 30. du même mois d'Août, Adamfz alla porter au Cofequidonne le mémoire de nos marchandifes, & le pria de faire avancer notre expédition. Le Préfident dit que les paffeports étoient déja prêts, qu'il n'y manquoit plus que le feau. Nous aprîmes que la réponce par écrit que la Cour avoit faite au mémoire de l'Ambaffadeur de Portugal, n'étoit pas favorable. Il avoit demandé que les vaiffeaux de fa nation puffent trafiquer au Japon avec les mêmes immunités qu'auparavant ; fur quoi on lui avoit répondu, *Que s'ils vouloient venir trafiquer comme auparavant, ils feroient traitez comme ils l'avoient été auparavant ;* & voiant qu'il ne pouvoit obtenir rien de plus précis, il s'étoit retiré.

Nous rencontrâmes dans notre auberge un
G 7
nom-

nommé Jacobii, qui étoit un Japonois Chrétien, Capitaine d'une jonque, qui avoit été arrêtée aux Manilles par le feu Amiral Wittert. Il nous fit le raport de ce qui s'étoit passé aux Manilles, & à son égard il se loüa extrémement du traitement qu'il avoit reçu de l'Amiral; mais il n'étoit pas content des Maîtres & des autres Oficiers.

L'Amiral avoit fait tirer de sa jonque 20. bales de farine, 50. bales de ris, 100. pots de poudre à canon, 8. petits tonneaux de laitües dans la saumure; & lui avoit paié pour le tout 400. réales de huit, dont il s'étoit contenté, quoi-qu'il dît que cela valoit davantage. Mais il avoit fait enlever de ce qui apartenoit aux Castillans, quelques grosses ancres de fer, environ 5000. catis de cloux de fer, & 500. catis d'argent, dont il n'avoit pas voulu paier la voiture.

Lors-que ce Capitaine fut arivé aux Manilles, le Gouverneur le fit mettre en prison, parce-qu'il fut accusé sur plusieurs chefs. Il y fut 30. jours, & il n'en sortit qu'en paiant une amende de 600. catis, suivant les têmoignages qu'il en avoit. Ainsi il n'étoit guéres satisfait ni des uns ni des autres. Il ne l'étoit pas de nos gens, parce-qu'ils avoient été la cause de son malheur: il ne l'étoit pas des Portugais, parce-qu'encore qu'il fût Chrétien, ils ne lui avoient pas rendu justice, lui aïant fait paier ce que nos gens lui avoient enlevé par une violence à laquelle il n'étoit pas en état de s'oposer.

Il est certain que puis-que nous étions en guerre, on avoit droit, selon l'usage, de faire

re ce que nos gens avoient fait. Néanmoins il s'agiſſoit de peu de choſe, & quand il y au-roit eu une plus groſſe capture à faire, il au-roit mieux valu y renoncer, que de tirer ain-ſi tout à la rigueur, & de donner des prétextes de plainte à une nation de qui nous recher-chions la faveur & la bienveillance. Car la principale cauſe du favorable accüeil que nous trouvions à la Cour, venoit des bons têmoig-nages que les Japonois nous avoient rendus. Ils avoient raporté que nous n'inſultions en mer que les Portugais & les Caſtillans; que nous en avions toujours bien uſé avec les Japonois; qu'ils n'avoient point de ſujet de ſe plaindre de nous; & ces raports nous avoient fait re-garder par l'Empereur & par ſes Oficiers, pour des gens de probité.

Sur le ſoir l'Agent du Coſequidonne aporta de ſa part à Specx 20. chemiſes du Japon, & 10. à Segertſz. Le 31. Adamſz nous aporta deux paſſeports pour nos vaiſſeaux, & un or-dre de l'Empereur pour prendre encore dix chevaux francs. Nous fîmes traduire les paſſe-ports; mais nous n'y trouvâmes point de clau-ſe pour pouvoir décharger nos vaiſſeaux, & vendre nos marchandiſes, ſans être ſujets aux viſites des gardes & des inſpecteurs, ce qui étoit le véritable ſujet de notre voiage, & le ſeul but où nous tendions.

Cette omiſſion nous cauſa beaucoup d'in-quiétude, n'en pouvant pénétrer la cauſe. Nous préſumâmes que comme les Ambaſſadeurs de Caſtille & de Portugal avoient porté de gran-des plaintes contre le Saphidonne, & qu'ils avoient fait connoître en détail au Coſequidonne

donne les juſtes ſujets qu'ils en avoient, cet Oſicier & les autres voioient que ſi l'Empereur en avoit quelque connoiſſance, ce Facteur ſeroit immancablement puni de mort, ils n'avoient rien voulu entamer qui le regardât. Car ſes injuſtices étoient ſi criantes, que nonobſtant que ſa Sœur fût une des femmes de ce Monarque, on ne doutoit pas qu'il n'en fût puni; & ſans doute que le Coſequidonne n'y vouloit pas donner lieu, ni ofenſer cette Sœur.

Notre conjecture ſe trouva être véritable: car on étoit perſuadé que ſi ce chef de notre Requête étoit propoſé à l'Empereur, il voudroit en ſavoir la cauſe, & faire éxaminer de qui nous nous plaignions, & qui étoient ceux qui nous traverſoient, & qui nous empêchoient d'agir en pleine liberté; ce qui auroit donné lieu à un éxamen de toute la conduite du Saphidonne.

Ainſi nous nous trouvâmes fort embaraſſez, ne voiant point de jour à réitérer notre demande, outre que de nouvelles procédures nous auroient beaucoup retardez. Néanmoins nous ne pûmes nous réſoudre à laiſſer une afaire pour laquelle nous avions fait tant de dépence, & entrepris un ſi-pénible voiage; & nous prîmes le parti d'y revenir, quoi-qu'en pareille ocaſion il n'y eût point eu de Japonois qui eût oſé l'entreprendre, & qui eût pu obtenir une nouvelle audience.

Les deux paſſeports pour les vaiſſeaux qui pourroient venir au Japon, étoient conçus en termes fort-favorables. En voici la teneur. ,, Nous ordonnons & commandons par ces Pré-
,, ſentes, très-expreſſément à tous & chacun
,,de

,, de ceux qui font fous notre domination, de
,, n'inquiéter en aucune maniére, ni donner
,, aucun empêchement aux vaiffeaux Hollan-
,, dois, qui viendront dans nos païs du Japon,
,, en quelque lieu ou port que ce puiffe être;
,, mais au-contraire de les traiter favorable-
,, ment, & de les affifter en tout ce qu'ils pour-
,, ront requérir; défendant à tous nos fujets
,, d'en ufer avec eux autrement que comme
,, avec des amis, dequoi nous leur avons don-
,, né notre parole & promeffe, qui ne pourra
,, être violée par qui que ce foit. Daté felon
,, le ftile du Japon, l'An 1611. le 25. jour du
,, feptiême mois. Et c'étoit fuivant notre ftile,
le 30. d'Août. Nous en avions demandé deux
femblables, afin d'en laiffer un à Patane, & l'autre à Bantam.

Le 1. de Septembre, Specx & Adamfz allérent trouver le Cofequidonne, & le remercier
de la promte expédition. Il leur demanda fi
nous étions contens des paffeports, & quand
nous voulions partir. Ils lui répondirent que
les paffeports étoient tout-à-fait favorables,
mais qu'il y manquoit une claufe qui étoit que
nos vaiffeaux puffent être déchargez, & nos
éfets vendus, fans être fujets à aucuns vifiteurs
ni infpecteurs; ce qui étoit la principale faveur à quoi nous afpirions. Le Préfident leur
répondit que nous n'avions rien à craindre à
cet égard, & que perfonne n'entreprendroit de
nous inquiéter.

Il leur affura qu'il avoit écrit fur ce fujet au
Saphidonne, fachant bien que c'étoit la l'épine que nous avions dans le pié, quoi-que par
certaines confidérations, nous ne l'euffions ja-

mais nommé. Sur cette ouverture, ils le priérent, que pour plus grande assurance, il lui plût de nous donner un Acte de sa main sur ce sujet, s'il jugeoit qu'il y eût trop de peine à se pourvoir encore devant l'Empereur. Il leur repliqua que cela n'étoit point nécessaire, & que s'il survenoit quelque difficulté, il ne falloit qu'écrire à M. Adamsz, qui étoit ordinairement à la Cour, & estimé de S. M. & qu'il promettoit que dès-que M. Adamsz lui parleroit, il nous feroit donner satisfaction, & obtenir le sceau de l'Empereur.

Ils le remerciérent, & lui dirent que nous nous reposerions sur sa parole; mais que néanmoins une telle afaire nous feroit d'un fort grand préjudice, parce-qu'elle empêcheroit nos vaisseaux de partir dans la saison convenable, & que s'ils ne partoient entre le 8. & le neuvième mois, il falloit qu'ils fissent 5. ou 6. mois de séjour à Patane. Le Président voiant qu'on insistoit si-fort, dît que puis-que le tems nous pressoit, & que ce que nous demandions ne se pouvoit faire en deux ni en trois jours, nous n'avions qu'à partir, & à laisser l'afaire entre les mains de M. Adamsz, qui la feroit comme si nous y étions présens; nous assurant de sa faveur sur ce point, & disant que nous ne devions nullement douter que la chose ne réüssit: sur quoi ils prirent congé de lui.

Dès-qu'ils furent de retour, nous dressâmes notre Requête sur ce point, & y aiant inféré nos raisons, nous la fîmes traduire en Japonois, & la signâmes. Sur le soir Adamsz alla la porter au Coséquidonne, qui l'aiant luë dît
qu'il

qu'il y avoit des afaires à la Cour, & qu'il
craignoit qu'elle n'y fût présentée à contretems. Il la rendit donc, & dît à Adamsz qu'il
allât le lendemain au palais, & qu'il se trouvât auprès de S. M. avec la Requête, & que
s'il voioit que l'ocasion fût favorable, & que
S. M. eût quelque moment de loisir, il la pré-
senteroit : qu'il tâcheroit de se trouver proche
de S. M. & d'y faire trouver Hotto Sionsabrondonne avec lui, & qu'ils apuïeroient la Requête, espérant qu'elle seroit favorablement ré-
ponduë. Cet avis nous fit reprendre courage,
& nous fûmes de plus en plus confirmez que
ce qui s'oposoit à notre demande, étoit la peur
qu'on avoit que le procédé du Saphidonne ne
vint à la connoissance de l'Empereur.

Le 2. sur le midi, Adamsz alla au palais,
& le moment fut si favorable, que, graces à
Dieu, l'Empereur aïant ouï notre Requête,
nous acorda ce que nous demandions, & ordonna qu'on en fît à l'heure même un Acte que
S. M. seella, ainsi qu'Elle a coutume de seeller
Elle-même tous les Actes, & il nous fut aporté dès l'après-midi, par Adamsz à qui l'Empereur avoit ordonné de nous dire, que nous
ne trouverions de difficulté pour nos afaires en
aucun lieu, que nous n'avions qu'à nous mettre en chemin, & à faire venir bien-tôt nos
vaisseaux ; qu'il pouvoit descendre avec nous
& nous acompagner ; permission qui nous donna beaucoup de joie, aussi-bien que le succès
de notre afaire, dont les Japonois furent surpris, parce-que nous avions obtenu ce qui venoit d'être refusé aux Portugais & aux Castillans. Il est vrai que le Cosequidonne & Hotto
Sionsa-

Sionsabrondonne nous avoient fidellement &
ardemment servis. Ainsi nous remportions tout
l'avantage que nous pouvions désirer pour nos
Maîtres, & il ne restoit plus qu'à envoier de
bonnes cargaisons au Japon.

Sur le soir Hotto Sionsabrondonne nous envoia faire des complimens par un Gentilhomme, qui présenta de sa part 8. chemises du Japon
à Specx. L'Agent du Cosequidonne nous vint
aussi dire qu'il avoit beaucoup de joie de ce que
nous avions été favorablement expédiez; que
nous devions bien regarder à envoier un vaisseau l'année prochaine, afin de nous entretenir dans les bonnes graces de l'Empereur.

Le 3. du même mois de Septembre, nous
allâmes remercier Hotto Sionsabrondonne,
& prendre congé de lui. Il nous recommanda
aussi la même chose, à l'égard de l'envoi d'un
vaisseau & d'une bonne cargaison, nous disant
qu'il nous conseilloit en ami de n'y pas manquer. Après midi nous partîmes de Soringau,
en compagnie d'Adamsz, qui fut prié par le
Capitaine Jacobii, ou Jaques, de lui rendre
service à l'ocasion. Il sollicitoit alors un passeport pour aller à Siam, selon le dessein qu'il
en avoit formé. Nous allâmes coucher à Utsi-
mado qui est à 7. lieuës de Soringau.

Le 4. nous dinâmes à Haquingauwa, & couchâmes à Arrai, aïant traversé la riviére de
Senegouwo, sur laquelle nous avions fait 14.
lieuës. Le 5. nous partîmes incontinent après
minuit, & nous dinâmes à Futsisawa, qui est
une grande ville au milieu de laquelle il y a
un gros château. Nous couchâmes à Naring,
aïant fait ce jour-là 18. lieuës & demie, en-

tre

tre des terres bien-cultivées & enfemencées,
avec de beaus arbres autour.

Le 6. nous déjeunâmes à deux lieuës de Naring, dans une ville, nommée Aftanamia,
qui eft d'une médiocre grandeur, & où il fe
fait un grand commerce de bois, les Marchands
aïant leurs logis, leurs cours, granges & apen-
tis, pour mettre leurs bois, ainfi-qu'en Hollande. Enfuite nous paflâmes un petit golfe de
mer qui avoit 7. lieuës, & nous rendîmes à
Kuwano, qui eft une grande ville défenduë
par un fort château, d'où nous gagnâmes bien-
tôt jufqu'à Domuda, pour aller coucher à Ca-
mitamme, aïant fait 17. lieuës ce jour-là.

Le 7. nous partîmes par un fort mauvais
tems, & allâmes diner à Stutfifamme, & coucher à Thibe, aïant fait 12. lieuës de chemin.
Le 8. il fut réglé que Specx, Adamfz, & le
Gentilhomme que le Gouverneur de Firando
nous avoit donné pour guide, iroient paffer à
Miaco, pour rendre les lettres du Cofequidonne à Itakura Froimendonne, & le remercier de celles qu'il nous avoit données pour le
Cofequidonne & pour d'autres Seigneurs ; &
auffi pour lui ofrir encore une fois un préfent
de 4. aunes & demie de drap rouge cramoifi,
2. piéces de camelot noir, une piéce de camelot noir croifé, & 200. catis de plomb.

Ainfi nous nous féparâmes les uns des autres,
fur le midi, à Woots, Segertfz & Jean Cou-
fijus prenant la route de Futfuni, avec le bagage, & nous celle de Miaco, où nous arivâmes le foir. Nous donnâmes incontinent avis
de notre venuë à l'Agent du Froimendonne,
qui nous promit de nous préfenter le lendemain

main à fon Maître , qui étoit en feftin ce jour-là.

Le 9. du même mois de Septembre , nous allâmes au château , & y fîmes porter notre préfent , qui fut longtems refufé ; mais enfin à la preffante follicitation d'Adamfz il fut accepté. Quand nous eûmes fait le raport du fuccès de notre voiage , le Froimendonne en parut auffi étonné que réjouï. Il nous ofrit des chevaux francs & une barque , pour nous mener jufqu'à Firando , fi nous en avions befoin. Lors-que nous eûmes pris congé de lui nous allâmes recevoir quelques ouvrages de vernis, que nous avions commandez en allant.

Le 10. nous partîmes de Miaco , & allâmes dîner à Fuffomi , où nous nous embarquâmes fur la riviére & defcendîmes vers Ofacko , arivant le matin du 11. au fauxbourg Kuffima , où nous chargeâmes nos hardes dans la barque de la loge ; puis nous allâmes exprès à Sackar , ville fort-marchande , qui eft à 3. lieuës d'O-facko, & que nous voulions voir , afin d'aprendre le cours & le prix des marchandifes.

Nous y arivâmes fur le midi , & y trouvâmes Melchior van Santvoort , qui étoit un des gens du vaiffeau de Quaeckernaeck, lequel nous rendit tous les fervices qu'il put. Enfuite nous retournâmes au fauxbourg de Kuffima , & le 12. nous defcendîmes fur la riviére à Dembo. Le foir du 14. nous couchâmes à Simmoiefecki. Le foir du 17. nous paffâmes devant la ville de Frougi , & allâmes ancrer au port de Feffima. Le 18. nous arivâmes à Nangoïa, & le 19. après midi à Firando , où le vieux & le jeune Gouverneur nous envoiérent faire des

com-

complimens ; & de notre côté nous priâmes le Gentilhomme qui avoit été notre guide, d'aller leur en faire auffi beaucoup pour nous, & de leur rendre les lettres du Cofequidonne, de Hotto Sionfabrondonne, & d'Itakura Froimendonne.

Sur le foir, Specx, Segertfz & Adamfz, allérent les voir l'un après l'autre. Ils firent paroître beaucoup de joie du fuccès de notre voiage, & nous ofrirent leurs fervices d'une maniére qui nous fit connoître que les autres Seigneurs leur avoient écrit en notre faveur. Ils font fort-bien à la Cour, & eftimez de l'Empereur.

Le 20. le Gouverneur fit retirer les Gardes qui étoient toujours demeurez dans le vaiffeau, & nous fîmes travailler à le décharger. Le 23. le Confeil des Oficiers du comptoir & du vaiffeau réglérent les préfens qu'il falloit faire, au vieux Gouverneur, au jeune, & au frére du vieux, aux deux Agens, au Gentilhomme qui avoit été notre guide, & aux deux Gardes qui avoient été dans le vaiffeau.

C'étoit une groffe afaire que ce qui regardoit le vieux Gouverneur: il y avoit longtems qu'il faifoit des dépences de fa propre bource en faveur de notre nation. Il y avoit 8. ans qu'il avoit fait équiper une jonque exprès, à fes frais, pour tranfporter à Patane Quaeckernaeck & Van Santvoort, qui avoient obtenu permiffion de l'Empereur d'aller chercher les Hollandois leurs compatriotes, & les informer du commerce qu'ils pouvoient faire au Japon, & de la permiffion que l'Empereur leur en acorderoit.

Cet

Cet équipement avoit coûté à ce Seigneur 1500. catis d'argent, ou 1875. réales de huit, dont il n'avoit pas eu un seul denier de profit. L'an 1609. lors-que les vaisseaux *le Lion avec le faisseau de fléches*, & le yacht *le Griffon*, furent venus à Firando, & qu'il fallut qu'ils envoiassent des Députés vers l'Empereur, pour lui demander la liberté du commerce, ce même Seigneur leur donna une galére avec 56. rameurs à ses dépens, pendant deux mois, & la galére se trouva tellement incommodée, à cause du gros tems qu'ils avoient eu, qu'il la fallut dépecer.

Outre cela il fit la faveur à nos gens d'acheter la soie & le poivre que ces vaisseaux avoient laissé, afin seulement d'empêcher que le Saphidonne ne mît les mains dessus, ainsi-qu'il auroit fait sans doute, puis-qu'aucun Marchand n'auroit osé en acheter sans sa permission. On savoit même qu'il avoit perdu sur les soies. De plus lui & le jeune Gouverneur avoient fait la dépence des barques qu'il avoit fallu envoier à la Cour, pour donner avis de la venuë des vaisseaux, l'année 1609. & encore cette fois.

Cependant on peut dire qu'il n'avoit rien retiré de tout cela, les présens qu'on lui avoit faits la première fois aïant été très-peu de chose. Au-contraire les Chinois, pour qui il n'avoit point de dépences à faire, étant venus l'année précédente à Firando, avec 10. petites jonques, lui avoient aporté plus de 4000. livres de profit.

Toutes ces choses faisoient voir qu'il falloit qu'il eût une singuliére afection pour nous; car s'il eût marqué au Conseil de l'Empereur le
moindre

moindre mécontentement de notre conduite, il est constant que nous n'y aurions trouvé ni accès ni faveur. Nous nous excusâmes donc envers lui sur le peu de valeur de notre cargaison, l'assurant que la premiére fois on ne manqueroit pas de lui faire mieux connoître combien notre nation étoit sensible aux obligations qu'on lui avoit; & cependant nous le priâmes d'accepter notre présent, qui ne laissoit pas d'être considérable par raport à notre vaisseau, & qui consistoit en une demie piéce de drap rouge cramoisi ; une piéce de carisé rouge ; 2. piéces de satin semé de petites roses; une piéce de damas; 5. piéces d'armoisin blanc de soie cruë ; 500. catis de plomb ; 50. billes d'acier ; une dent d'éléfant ; 3. bouteilles de verre ; un mousquet de bord. Ce vieux Gouverneur se nommoit Foie Samma.

Après midi nous allâmes présenter au jeune Gouverneur 14. aunes de drap cramoisi ; une piéce de carisé rouge cramoisi ; une piéce de satin semé de petites roses; 3. piéces de damas blanc ; 3. piéces d'armoisin blanc de soie cruë ; 200. catis de plomb ; une dent d'éléfant ; 50. billes d'acier ; 3. bouteilles de verre.

Nous présentâmes à Novo Sau Samma, frére du vieux Gouverneur, une piéce de carisé rouge ; 3. piéces d'armoisin noir ; une piéce de satin semé de petites roses ; une piéce de damas; un morceau de drap d'or ; 100. catis de plomb. Ensuite nous fîmes les présens aux Agens & aux Gardes, qui ne purent être considérables, à-cause du grand nombre de gens à qui il falloit donner.

H

Le 27.

Le 27. du même mois de Septembre 1611.
nous fîmes choix des gens que nous voulions
laisser à Firando, & donnâmes les ordres pour
les bâtimens qu'il y falloit faire. Le 28. nous
nous rendîmes à bord du yacht *le Braque*, &
fîmes voiles à Patane.

Mémoire touchant les Isles de Banda.

COMME les afaires qui nous ont été sus-
citées par les Espagnols & par les Portugais,
dans les Indes Orientales, ne sont pas les seu-
les que nous y avons euës, nous avons été souvent obligez de nous défendre, contre les autres Chrétiens de divers Roïaumes qui y trafiquent. Mais sur-tout il a fallu nous armer à
tout moment contre l'inconstance & l'infidélité
des Rois Indiens, qui sont en grand nombre,
& qui ne font nulle difficulté de violer leurs sermens, leurs Traités & leurs alliances. Les
grands démêlés & les guerres que nous avons
eu à soutenir contre tant d'ennemis, ou conjointement, ou tour-à-tour; contre tant de diverses nations, qui n'ont pas eu plus de bonne
foi dans ce qu'elles ont dit que dans ce qu'elles ont fait, nous ont souvent rendus les l'objets
de la médisance des peuples de ces païs-là, &
peut-être de la plus grande partie de l'Univers. On nous a voulu faire passer pour la cause de tous les troubles qui se font élevez de
nos jours dans les Indes, & je sai qu'on nous
a calomniez sur des points où je puis dire, sans
vanité, que nous méritons une loüange éter-
nelle de patience, de constance, & de probité, au-lieu du blâme dont on ose nous charger,

ger, sans savoir le détail de ce qui s'est passé.

Il n'est pas possible de remédier tout-à-fait à ce mal ; & d'ailleurs il arive rarement que les remédes qu'on emploie soient éficaces. Néanmoins il ne faut rien négliger, & quand l'ocasion s'en présente, il faut y apliquer ceux qu'on a en main. Les afaires qui arivérent dans l'isle de Banda l'An 1621. & quelques années auparavant, sont du nombre de celles sur lesquelles on a tâché de nous décrier. Nous allons en raporter ici la vérité, afin-que nous n'aïons pas à nous reprocher de n'avoir pris aucun soin de notre réputation ; & nous conseillons à ceux qui sont instruits du détail des autres événemens qui nous regardent, de faire comme nous, & de mettre au jour l'innocence de la conduite de notre nation, quand elle est acusée injustement, laissant ensuite à Dieu, à qui la vérité est connuë, le jugement de ceux qui continuëront à nous calomnier.

Par un Traité d'Alliance du 10. d'Août 1609. fait entre les Orancaies & Seigneurs de toutes ces isles, & les Seigneurs E'tats Généraux des Provinces Unies, elles furent mises sous la protection de L. H. P. à-condition de les défendre contre les Portugais & leurs autres ennemis ; & en conséquence les habitans demeurérent obligez de porter au fort de Nassau, ou aux Commis de la Compagnie, tous leurs fruits, & de les leur livrer au prix qui est fixé par le Traité.

Ces conditions furent accomplies pendant quelque tems ; mais ensuite ils ne voulurent plus y avoir d'égard. Non-seulement ils portérent ailleurs leurs fruits, mais ils pillérent

les

les comptoirs, ils maſſacrérent nos gens, mé-
me contre la foi des nouvelles promeſſes qu'ils
avoient faites, & de la liberté qu'ils avoient
ſolemnellement acordée. Ces maſſacres furent
faits en divers tems, en divers lieux, & en
diverſes perſonnes de nos principaux Oficiers,
des Commis & des Serviteurs de la Compagnie.

Ils prirent nos petits bâtimens, quand ils
en trouvérent l'ocaſion: ils s'emparérent de places & de païs qui nous apartenoient, & qui
étoient abſolument ſous la domination de L.
H. P. ils en tranſportérent les habitans : ils
les contraignirent à renoncer au Chriſtianiſme
qu'ils avoient embraſſé, & à reprendre la croïance des Mores ; & ils commirent des excès
inoüis dans les perſonnes de ceux qui refuſé-
rent de s'y ranger.

Non-obſtant ces excès & ces violences, on
fit quelques nouveaux Traités avec eux, ſur la
parole qu'ils donnérent de ne s'y plus abandonner. Le Commandant Lam traita au mois
de Mai 1616. & Laurens Real Gouverneur général, l'An 1617. Ces deux Traités ne ſubſiſ-
térent pas longtems. Les Bandanois les fou-
lérent bientôt aux piés, à la ſollicitation des
Anglois, qui faiſoient alors la guerre à la Compagnie, & qui leur fournirent ouvertement des
vivres, des munitions de guerre, du canon,
du monde & des vaiſſeaux.

Les hoſtilités de ces inſulaires durérent juſques au mois de Juin 1620. que la paix fut publiée à la rade de Jaccatra ſur la flote des Anglois & ſur celle des Hollandois. Elle avoit été
concluë à Londres, au mois de Juillet de l'année
précé-

précédente , entre le Roi de la Grande Bretagne & les E'tats Généraux , & portoit la liberté du commerce respectivement dans les isles Moluques, à Amboine, & à Banda ; & chaque nation devoit fournir un nombre égal de vaisseaux pour la défence des droits des deux Compagnies, & du commerce qui étoit établi dans les Indes.

La réduction des Bandanois avoit été empêchée quelques années par les hostilités des Anglois , commises contre nous d'abord à Banda , puis sur les côtes de Java , & dans toutes les Indes ; & ces premiers encouragez par les promesses des autres, avoient déclaré la guerre au fort de Nassau , & nous faisoient tous les outrages qu'ils pouvoient. On ne voioit plus du-tout de noix muscades ni de macis. Les Anglois en recevoient une partie , & les Portugais avoient l'autre , quoi-que de tout tems ils fussent aussi ennemis déclarez des Anglois. Mais ils tâchoient de se servir de l'ocasion pour engager les insulaires , & ils avoient déja fait passer 50. ou 60. hommes dans l'isle, avec espérance d'y en envoier un plus grand nombre, & d'en chasser pour toujours & les Anglois & nos gens.

Après la publication de la paix entre les Compagnies d'Angleterre & de Hollande, notre Général proposa dans le Conseil commun la réduction de Banda , & le rétablissement des afaires des Moluques & d'Amboine, au-desir du Traité de paix qui portoit que les deux Compagnies joindroient leurs forces ensemble. Il paroît par les Actes du Conseil de Défence des deux nations, datez le 1. de Janvier

1621. nouveau ftile ; que les Commis Anglois
déclarérent, que la néceffité de donner ordre
aux afaires qui avoient été propofées leur étoit
connuë, & qu'ils étoient prêts à y travailler
en commun avec nous ; mais qu'ils étoient
alors fans fonds, fans monde, fans vaiffeaux,
pour emploier en pareille ocafion , & qu'il
leur étoit impoffible de rien contribuer. Notre
Gouverneur répondit qu'il fe voioit donc obligé d'y travailler en fon particulier, quoi-qu'il
eût atendu d'eux un fecours dont il auroit eu
befoin ; mais qu'il efpéroit que Dieu lui prè-
zeroit fecours, & béniroit fes entreprifes.

Sur ce refus des Anglois, le Gouverneur général de Jaccatra, ou Batavia , pour la Compagnie Hollandoife, partit le 13. de Janvier,
& territ à Amboine le 14. de Février 1621.
d'où il alla moüiller l'ancre le 27. du même
mois à Banda, fous le fort de Naffau, qui eft
dans l'ifle de Nera. Lors-qu'il partit d'Amboine, il y avoit à la rade un des Confeillers
Anglois du Confeil de Défence , qui avoit affifté lui-même à la délibération de Jaccatra le
1. de Janvier précédent. Il fit porter des lettres par nos propres vaiffeaux aux Anglois qui
étoient dans la petite ifle de Puloron , par lefquelles il leur découvroit toutes les circonftan-
ces de l'entreprife de notre Général contre la
grande ifle, proprement nommée Banda , &
de quelle maniére on la devoit ataquer , pour
en donner avis aux Bandanois ; ce qui fut fidellement éxécuté.

Dès-que le Général fut au fort de Naffau,
il aprit que ces Anglois qui étoient à Puloron,
avoient envoié du fecours & 4. piéces de canon

à la

à la ville de Lontor , qui eft dans la grande
ifle de Banda. Il y a bien de l'aparence que
s'ils euffent pu recevoir des avis plutôt , ils auroient élevé des batteries , & empêché le Général d'entrer dans la paffe de Lontor. Il fut
auffi qu'il y en avoit actuellement quelques-uns
à Lontor , qui encourageoient les habitans , qui
les affiftoient de leurs confeils , & qui leur promettoient de leur aider à fe défendre.

C'eft ainfi qu'au préjudice des Traités , & des
nouveaux engagemens où les Anglois étoient
entrez , ils affiftoient nos ennemis & les leurs
propres , & nous trahiffoient même en leur faveur. Notre Général les fit prier de fe retirer
de Lontor , par les raifons ci-deffus alléguées ,
& leur fit dire qu'au defir du Traité & de l'ordre du Confeil de Défence , ils ne pouvoient
plus acheter de fruits aux Moluques , ni à Amboine , ni à Banda , qu'après la publication du
Traité , & que ce ne fût en commun , & dans
les places qui leur étoient communes avec les
Hollandois. Mais il y en eut encore qui ne
laifférent pas de demeurer avec les Bandanois.
Le Général fit fes proteftations , & leur fit déclarer que s'il leur arivoit quelque mal , il en
feroit innocent , puis-qu'ils vouloient être parmi nos ennemis , & qu'ils ne craignoient pas
de nous donner lieu de nous plaindre de leur
conduite.

Le premier deffein de notre Général , avoit
été de faire defcente dans un endroit nommé
Luchui , fur la côte méridionale de la grande
ifle de Banda , que quelques-uns nomment auffi
Lontor , à-caufe de la principale ville qui y
eft , laquelle porte ce nom. Dans cette vuë il

y en-

y envoia le vaisseau *le Cerf* moüiller l'ancre.
Mais peu de tems après qu'il y fut établi sur
ses amarres, il s'y trouva si maltraité par une
piéce de canon des Anglois, qu'il fallut le re-
morquer du rivage avec une galére, & il y
laissa deux ancres & deux cables. Si on ne l'eût
ainsi remorqué, il couroit grand risque d'être
coulé à fond, ou brûlé. Tous nos gens déclarérent que le canon avoit été servi par un Canonier Anglois; qu'ils l'avoient vu distinctement & reconnu. Les Anglois eurent recours
au déni, ainsi qu'on a coutume de faire dans
une afaire si peu honnête.

Cet incident aïant obligé le Général à changer de dessein, il résolut d'aller faire la descente sur la côte interne de Banda, d'y camper, & de faire dresser une batterie sur la montagne. En éfet le 8. de Mars 1621. il y eut 17.
compagnies qui débarquérent entre Combre &
Ortatte. Ensuite elles marchérent le long du
rivage, jusqu'à la portée d'une batterie de 3.
piéces de canon qui avoient été prêtées aux insulaires par les Anglois. Si l'on se fût avancé
davantage, cette batterie nous auroit emporté beaucoup de gens.

Il n'y avoit donc point de place où l'on pût
camper surement, les ennemis étant maîtres
de la montagne qui commandoit tous les lieux
voisins, & l'on ne voioit aucun chemin pour
aller les en chasser. Celui par lequel nos gens
y avoient monté, trois ans auparavant, étoit
coupé de trois retranchemens bien gardez.
Ainsi les troupes furent contraintes de se rembarquer. Les Bandanois leur laissérent faire
leur retraite sans les incommoder, mais non.

pas.

pas sans s'en moquer ; & comme ils crurent avoir la victoire, ils renvoiérent leurs femmes & leurs enfans à Lontor.

Le canon des Anglois aïant fait échoüer ces deux projets, il fut résolu qu'on donneroit un assaut général aux deux côtés de l'isle en même tems, sut la côte interne avec 6. compagnies, & avec 10. autres sur la côte méridionale: qu'on feroit la descente au premier endroit une heure avant que de la faire au second, afin d'y atirer les ennemis: que cependant une compagnie de gens choisis, qui s'ofroient volontairement pour cet éfet, marcheroit du côté du Nord, & tâcheroit de monter sur la montagne, & que quelques-unes des autres feroient la même tentative par d'autres endroits. Il y eut 330. hommes ordonnez pour demeurer à la garde de 30. tingans, qui devoient servir à mener les 10. compagnies à la côte méridionale.

Le 11. de Mai, les 6. compagnies allérent encore débarquer, à la pointe du jour, entre Combre & Ortatte. Aussi-tôt le Capitaine Vogel, à la tête d'une troupe des meilleurs soldats, aïant marché vers la montagne, ils commencérent tous à monter. Mais ils trouvérent tant de résistance, qu'ils consumérent toute leur poudre, & se virent dans un grand danger. Néanmoins aïant été bien secondez du reste de leurs gens, les ennemis lâchérent le pié peu-à-peu, quoi-qu'en disputant toujours le terrein.

Pendant-que cela se passoit, les dix autres compagnies aïant débarqué de leurs 30. tingans, dans une petite anse, au côté méridional de

l'ifle, les uns montérent fur les rochers avec des
échelles, & les autres fans échelles. Lors-qu'ils
furent au haut ils marchérent vers la ville , &
y entrérent par-derriére. Ils ne trouvérent de
réfiftance , qu'une décharge de 10. à 20. moufquets , que fit fur notre avantgarde une troupe
de coureurs qui tuérent un homme & en blefférent quatre ou cinq.

Il y avoit déja longtems que la ville étoit
prife par les 10. compagnies qui avoient débarqué au Sud , fans que les Bandanois, qui fe
batroient contre celles qui avoient fait defcente de l'autre côté , le fuffent encore. Dès-que
les habitans de Madiangi , Luchui, Ortatte,
& Sammar, en aprirent la nouvelle , ils abandonnérent les lieux de leurs demeures, & s'enfuirent. Les Lontorois, qui voioient de deffus leur montagne les 30. tingans , croioient
qu'ils étoient là feulement pour faire le tour
de l'ifle , comme on avoit déja fait deux fois
auparavant. Ainfi ils ne s'en mirent pas en
peine , & fe laifférent furprendre en plein jour.

Lors-que Lontor & les 4. autres places ci-
deffus nommées furent prifes , le refte des Bandanois, favoir ceux de Slamma , de Combre,
d'Ouwendendre, de Waïer, des ifles de Rof-
figni & de Puloron , demandérent grace. On
leur promit de leur pardonner , à-condition
qu'ils démoliroient leurs murailles & leurs
forts , & qu'ils rendroient leur canon , leurs
moufquets, leurs fufils &c. ce qu'ils firent.

Après cela ils s'affemblérent , & reconnurent par un Traité qui fe fit , que leur païs
apartenoit aux Seigneurs E'tats Généraux ,
tant par droit de conquête, que par la ceffion
qu'ils

qu'ils leur en faisoient, promettant de les reconnoître à perpétuité pour leurs légitimes
Souverains ; de leur être fidelles; d'obéir à
tout ce qui leur seroit commandé de leur part;
& déclarant que jamais auparavant ils n'a-
voient reconnu aucun autre Souverain.

Pour ceux de Lontor, ils s'enfuirent, & se
tinrent cachez parmi les habitans des autres
isles, & dans des lieux écartez. Mais enfin ils
firent aussi demander pardon, & on le leur
acorda aux mêmes conditions qu'aux autres.
Néanmoins ils ne se hâtérent pas de les éxécuter; au-contraire ils firent de nouveaux com-
plots, & tâchérent de rallumer le feu de la
rebellion. Le Gouverneur les voiant dans cette obstination, les fit tous assembler sur le rivage, & leur dît qu'il vouloit les faire transporter dans un autre endroit, où ils habi-
teroient en pleine liberté de Bourgeois, & où
ils emporteroient tout ce qui avoit été trouvé
dans leurs maisons.

Il y en eut une partie qui déclara qu'elle
étoit prête d'obeir. Les autres s'enfuirent au
plus haut de la montagne de Banda, où plusieurs fugitifs des autres places allérent les joindre. Ils tuérent un Sous-commis Hollandois,
un Assistant & un jeune garçon. Mais on prit
de telles mesures qu'ils furent bien-tôt affa-
mez sur leur montagne, & contrains de se
rendre.

Ainsi toutes les isles de Banda passérent
sous la domination des E'tats. Mais on ne fit
point de changemens à Puloron, ni on ne l'a-
taqua point, parce-que les habitans n'avoient
pas remüé. Cependant les Anglois avoient fait,

en leur faveur, plusieurs batteries de neuf piéces de canon, dans une certaine petite isle, qui joignoit la leur, & ils y avoient fait des retranchemens, avec des huttes, où ils se retiroient. Ces insulaires étoient obligez comme les autres, par le Traité, de rendre toutes leurs armes, & ils obéirent sans s'y faire contraindre. Mais nos gens ne voulurent point parler du canon qui étoit dans la petite isle, afin de ne donner ocasion à aucun différent avec les Anglois, dont le Comandant nommé Omphry Filts Herbour, qui montoit le vaisseau *Exchange*, étoit alors à la rade d'Amboine. Lors-qu'on y eut reçu les nouvelles de la victoire de notre Général, il fit tirer onze coups de canon, pour nous en féliciter.

Ce récit est la pure vérité de ce qui s'est passé à Banda, & l'on défie tous les calomniateurs de faire voir que les afaires y aient été traitées autrement. Les premiers Traités ont été très-volontaires. On s'est armé pour leur éxécution, lors-qu'ils ont été enfreints d'une maniére perfide, cruelle & inhumaine; & l'on n'a rien atenté contre les droits de la Compagnie Angloise, qui ne sauroit prouver qu'elle en ait qui renversent ceux qui nous sont aquis par nos Traités & par nos armes.

De l'état de l'Isle Borneo, & de ce qui s'y est passé l'An 1609.

NOUS partîmes de Bantam le 19. de Novembre 1608. & nous rencontrâmes proche de Luzapara le vaisseau *le Petit Soleil* qui venoit

noit de Patane. Lors-que nous fûmes proche de Monte de Monapin, nous trouvâmes que la force des courans augmentoit tous
les jours, & qu'ils portoient au Sud, par
un vent frais de Nord; ce qui nous fit prendre le parti de porter le cap au Sud de Banca
& de Billeton, & nous terrîmes ici, (à Succadana, dans l'isle Borneo) le 17. de Septembre.

Sept ou huit jours après, nous convînmes
avec la Reine, à 4. taïels d'or, pour les droits
de doüane, de tout ce qui seroit déchargé &
vendu de notre cargaison, dans son païs, durant un an. Mais à l'égard des autres vaisseaux, & des nouvelles marchandises qui pourroient y venir, les droits en devoient être
paiez.

Nous y trouvâmes encore les Ambassadeurs
de Bengermarssin, qui n'étoient pas fort satisfaits de leur négociation; car ils croioient
qu'on leur livreroit nos gens, & qu'ils les
emmeneroient. Mais au-contraire la Reine &
les Méterins avoient obligé ces Ambasseurs de
leur acorder un sauf-conduit, & même à-condition que dans la paix qui se feroit entre elle & le Roi de Bengermarssin, Simon qui
étoit prisonnier en ce païs-là, y seroit compris, & qu'il seroit incessamment renvoié,
& remis entre les mains de la Reine; ce que
les Ambassadeurs avoient promis.

Outre cela la Reine & les Méterins les
avoient fait consentir que le yacht demeure-
roit encore 3. jours après leur départ. Ensuite les Ambassadeurs se retirérent avec deux
pirogues, laissant leur jonque après eux; &

le 17. le yacht remit à la voile, pour continuer fon voiage à Amboine & à Banda.

Il y a ici une fi grande fraïeur parmi le peuple, & ils craignent tant les habitans de Bengermarffin, qu'à-peine ofe-t-on fe mettre en
mer, chacun apréhendant d'être pris & tué.
Tous les jours on reçoit des nouvelles & des
alarmes vraies ou fauffes. L'un a vu 4. ou
5. voiles en mer. L'autre a ouï dire que nous
avons pris une jonque de Bengermarffin, &
que nous en avons tué tout l'équipage, & peut-
être, fi cela étoit arivé, nos gens auroient-
ils bien fait; mais cependant on jetteroit une
grande épouvante dans ce païs-ci.

Lors-que le yacht viendra, il vous plaira
de vous informer du Pilote George Paulufz
van Candyen, qui a pris en cachette, dans la
chambre du Capitaine, à Bantam, une petite
carte de cette côte, qui m'apartient, & qu'il a
portée aux Anglois, qui l'ont conrrefaite, ainfi
que je l'ai apris; car la route de ce païs-ci s'y
eft trouvée toute piquée de petits trous, ce qui
fait connoître qu'ils l'ont prife. Quand on en
parla au Pilote, il dît qu'il l'avoit fait voir
à des amis, & non à des ennemis, & que
nous ne devions pas trouver mauvais que nos
amis cherchaffent à faire leurs afaires, auffi-
bien que nous.

Vous verrez ce que vous aurez à faire à cet
égard; mais je ne doute pas que les Anglois
ne viennent ici. Dans les chofes que vous aurez à demander, ou à traiter, il eft bon que
de tels gens que ce Pilote, n'aïent connoiffance de rien, puis-qu'ils font fi peu fidelles
à leurs Maîtres. Je ne doute pas qu'il n'ait
reçu

reçu de l'argent des Anglois, pour les informer éxactement de cette route.

J'ai entretenu plusieurs·fois Quiai Area Commandant de Landa, au sujet du commerce de ce lieu-là. Mais je ne voi pas encore de fondement solide, sur quoi l'on puisse apüier ; car les habitans dépendent tellement de ceux de Succadana, qu'ils n'osent rien entreprendre sans le consentement de ceuxci. Il m'a donné les connoissances du cours de la riviére, & montré de quel côté il faut naviger pour demeurer dans le canal où est la profondeur , & jusqu'où on la peut remonter. Il pourroit nous venir trouver dans ce lieu-là , pour trafiquer avec nous. Si nous pouvions faire cet établissennent, il faudroit abandonner Succadana ; mais il n'est pas encore à propos d'y penser. Il faut que nous aïons auparavant un endroit fixe, où nous bâtissions une loge.

Il m'a aussi dit qu'on peut naviger jusqu'à Teïe , qui est sur la riviére de Lauwe, où il y a une autre petite riviére qui coule vers Landa, m'assurant que si nous voulions y aller , nous n'aurions qu'à le faire avertir de notre arivée, & qu'il iroit nous trouver où nous ferions. Je croi que si l'on faisoit quelques présens à ceux de Succadana , ils nous permettroient bien d'aller à Teïe.

Le même Quiai Area m'a parlé, aussi-bien que plusieurs autres de Landa, d'un lieu nommé Sadong, qui est au Nord de Sambas, & sous la domination du Roi de Borneo, d'où l'on peut aller par terre, dans un jour à Landa, où il a promis qu'il iroit trafiquer avec
nous ;

nous; & , selon-qu'il me l'a fait espérer, Chili Pahang iroit aussi , ou-bien à Manpana ,
qui est au Sud de Sambas, ainsi-qu'il me l'a
aussi dit. C'est, ce me semble, la meilleure
voie qu'il y ait à prendre, pour trafiquer avec
ceux de Landa. Touchant tous ces païs-là , savoir, Sadong, Manpana, Sambas, Borneo,
& Teïe, il vous plaira d'envoier vos ordres
par le yacht qui viendra ici.

Chili Pahang a une grande quantité de pierreries, aiant acheté presque toutes celles de
ceux de Landa qui ont fait ce voiage. Il y
avoit, entre-autres , deux pierres, chacune
de 8. carats, Nous sommes arivez sept à huit
jours trop tard; mais nous atendrons l'autre
voiage, & j'espére que nous pourrons tout
acheter : car quand Chili Pahang se sera retiré,
il n'y aura plus personne que nous pour acheter;
vu-que la plupart des Chinois partent aussi
pour Greffick , & qu'ils ont une assez grosse
partie de pierreries. Je suis persuadé que de
ce voiage il en sera porté à Bantam, & dans
les autres villes de Java , au-moins 4. ou 5.
cents carats.

Il y a aux environs de Sambas beaucoup d'or
qui n'est pas fort bon , & des pierres de bezoüard , qu'il faut mettre dans l'eau pour les
éprouver , car il se commet beaucoup de frau-
des dans ce commerce. Les réales sont de requête en ce païs-là.

Il faut bien recommander à Pierre Aertsz
qui est à Sambas, de chercher les voies d'é-
tablir le commerce de Landa , & d'éxaminer quel seroit l'endroit le plus propre pour
cenéfer, afin-que si les habitans de Succada-

na veulent faire les difficiles, on pût s'en retirer, & aller bâtir une loge dans le lieu qu'il
indiqueroit.

Il y a une riviére proche de Sambas, dont on
dit qu'un bras fe rend celle dans de Landa. Les
habitans de Sambas & ceux de Landa font
en guerre; mais les uns & les autres feroient
bien-aifes de faire la paix. Il faut recommander
à Pierre Aertfz de travailler à y faire confentir le Roi de Sambas. On a le ris à meilleur
marché à Sambas qu'à Succadana, & les pourceaux auffi.

Le 26. d'Avril 1609. le yacht *le Dragon
Volant* a pris terre à Succadana. Il venoit d'Amboine & de Banda, & avoit rencontré proche de Madure la flote de l'Amiral Verhoeven, qui lui avoit donné ordre de venir ici
avec des lettres & des Inftructions des Sieurs
Directeurs, qui portoient les nouvelles de la
Tréve, & ordre de faire des Traités d'alliance avec les Princes des Indes.

Le même Bloemart a reçu une lettre du
Prince Maurice, pour préfenter au Roi de
Borneo, & pour traiter auffi avec ceux de Bengermarffin. Pour éxécuter ces deux commiffions il n'y a pas un petit chemin à faire, l'une
étant pour le bout méridional de l'ifle Borneo, & l'autre pour le bout feptentrional. Il
faudroit bien un an pour faire ce voiage. C'eft
pourquoi je juge à propos de demander ici
qu'il nous foit permis d'aller trafiquer vers le
Nord, favoir à Manpana, à Sambas, à Sadong, afin de pouvoir auffi trafiquer à Landa; car Sadong eft fous la juridiction du Roi
de Borneo. J'eftime que c'eft un endroit très-
propre.

propre pour s'y établir, afin de trafiquer à Landa, & l'on pourroit faire un Traité avec le Commandant du lieu. Que si l'on vouloit demander permiſſion d'aller trafiquer plus loin, il faudroit avoir un bon yacht, parce-que tout eſt plein de pirates & de voleurs.

Néanmoins j'eſtime que Sambas eſt encore le meilleur endroit où l'on puiſſe s'établir pour ce deſſein, vu-que le Roi parut fort réjoüi d'y voir ariver Pierre Aertſz. Ce Prince marque plus d'empreſſement à recevoir bien les Marchands que ne fait la Reine de ce païs-ci, qui eſt avare, & qui achète elle-même autant de pierreries qu'elle peut, diſant qu'elle eſt âgée, & qu'il faut qu'elle amaſſe pour ſes enfans ; ce qui cauſera la ruïne de ſon païs, ainſi que le Gouverneur & les Orancaies le ſavent bien dire. Cependant ils n'oſent lui en parler, decrainte qu'elle ne les faſſe hâter d'aller dans le paradis de Mahomet, ainſi qu'elle y a envoié le Roi ſon époux, pour un ſujet très-leger. En un mot c'eſt une femme ſur qui il n'y a point de fonds à faire.

Au regard de Bengermarſſin, ſi nous pouvons nous établir à Sambas, & dans les autres lieux, il ne s'en faut pas mettre en peine, parce-que les Chinois qui y viennent tous les ans de la Chine avec un Pelo, y ont tout gâté. Ils tirent tout ce qui y eſt, & y portent aſſez tout ce qu'il y faut, parce-qu'ils trafiquent à Malacca, & qu'ils y prennent toutes ſortes de mouchoirs & de toiles, qu'ils donnent à meilleur marché que nous ne les pourrions donner.

Quiai Sinipate eſt allé d'ici à Bengermarſ-fin, pour en amener l'oncle de la Reine, &

sans lui on ne peut rien faire où nous sommes. Comme les deux Commandans de Landa, le Tommegon & Quiai Area ont des différens ensemble, la Reine y avoit envoié une pirogue pour procurer la paix entre eux, & pour déposer le Tommegon, ou le faire mourir, parce, dit-on, qu'il a envoié à Bantam une pirogue avec des diamans. Mais il s'est justifié, & l'on a fait la paix.

Quinze jours après que les gens que la Reine y avoit envoiez ont été de retour, il est venu une pirogue de Landa, qui a raporté que la guerre y avoit recommencé, & qu'il avoit été déja tué cinq ou six des principaux de part & d'autre: que les Sauvages de chaque parti s'étoient mis en campagne, les uns sur l'eau avec des pirogues, & les autres par terre, au nombre de 4. ou cinq mille hommes, pour ocuper la riviére, afin que ceux de Succadana ne puissent la remonter.

Je m'imagine que c'est un jeu joüé par Chili Pahang, pour détacher ceux de Landa de la Reine de Succadana, & les soumettre au Roi de Sambas. Car il l'échapa belle étant ici, & s'il y fût demeuré encore un jour on l'auroit fait tuer, parce-qu'il tâchoit d'atirer à lui tous les principaux de la Cour. Sur cette nouvelle guerre on a envoié le 19. du même mois d'Avril 1609. quatre pirogues à Landa, avec quatre des principaux Orancaies de Succadana, pour tâcher de faire encore la paix.

Le 22. il est arivé une jonque de Greffick, qui raporte que le Roi de Palimbam fait équiper 40. pirogues pour venir s'emparer de Succadana, à quoi je croi qu'il a été sollicité par

les

les Portugais, qui voudroient bien non-seulement avoir la liberté du commerce des diamans, mais se l'atirer à eux seuls, sur quoi vous ferez vos réflexions.

Je suis allé trouver la Reine, & lui ai ofert, pour sa sureté & pour la nôtre, de faire toüer le yacht dans la riviére, à-condition qu'elle nous acorderoit la liberté de trafiquer à Landa & à Lauwe, & qu'aucune autre nation de l'Europe ne pourroit trafiquer ici. Elle m'a répondu qu'elle ne peut acorder la liberté de ce commerce, parce-que ce seroit la ruine de son païs, dont l'accès, d'ailleurs, est permis à toutes les nations ; & qu'elle n'a pas dessein de le défendre à personne.

Le Roi de Johor qui doit faire circoncire son fils, a invité à cette cérémonie tous les Princes ses vassaux & ses amis, au-nombre desquels est le Roi de Sambas. Je me propose d'y aller aussi, pour traiter avec lui, & avec les autres Rois qui y seront, selon les ordres des Sieurs Directeurs ; car son païs est propre pour entretenir commerce à Landa, où l'on prend les diamans, puis-que la Reine de Succadana ne nous veut pas permettre d'y aller ; & je suis d'avis qu'on prie le Roi de Sambas de nous en donner la permission par son païs, ou-bien de tenter quelque autre voie.

L'Amiral Van Caerden allant de Machian à Ternate, a été repris par les Espagnols, & mené au fort de Ternate. Il a été trahi encore cette fois par ses gens, car la premiére fois qu'il fut pris par les galéres Espagnoles, il n'y eut aucun de ses gens qui voulût se battre.

Le même Bloemart est parti de Succadana

pour

pour aller à Sambas, & il y eſt arivé le premier de Juillet 1609. Il a fait ſes propoſitions
au Roi, & des ofres avantageuſes, ſi ce Prince pouvoit atirer dans ſon païs le commerce
des diamans. La propoſition en aiant été favorablement écoutée, on a envoié une pirogue
aux Sauvages chez qui les diamans ſe trouvent,
& on leur a ofert de les laiſſer trafiquer avec
nous à Sambas librement, & ſans paier aucuns
droits.

On a encore commandé une autre pirogue
pour aller à Mampana, avec des lettres qui
contenoient les mêmes ofres, pour faire tenir
par terre de Mampana à Landa. Celle qui
étoit allée dans le païs des Sauvages, a été 22.
jours en ſon voiage, & a raporté qu'ils ont
promis de venir à Sambas dans le ſeptiême
mois, ſelon leur compte, qui doit être le mois
d'Octobre prochain, & de traiter avec le
Roi.

Le 10. d'Août 1609. il eſt arivé une pirogue des Sauvages à Sambas, pour prier le Roi
d'aller à la montagne proche de laquelle les
diamans ſe prennent, afin de traiter avec leur
Prince. Ils ont même envoié une montre d'un
diamant qu'ils diſent être du poids de de dix
coupans, qui eſt entre 30. & 40. carats, & ils
ont mandé qu'ils en ont une aſſez grande quantité depuis quatre carats juſqu'à 24.

Le Roi ne néglige rien. Il fait ſes préparatifs pour aller au rendévous. Ce qu'il demande principalement de nous eſt du canon &
des munitions de guerre, & que nous bâtiſ-
ſions un fort ſur ſes terres. Car il croit que
ſi le commerce des diamans ſe fait dans ſon

païs,

païs, cela lui atirera des ennemis sur les bras; parce-qu'il y a des alliances entre ceux de Borneo & les Portugais, & que ces derniers donnant du secours aux autres, il n'auroit pas assez de forces pour leur résister, si nous ne nous joignions pas avec lui. Je lui ai promis que s'il peut obtenir que le commerce des diamans se fasse en son païs, nous lui prêterons tout le secours qu'il nous sera possible, contre ses ennemis & les nôtres.

Ce Prince m'a dit que si nous désirions de l'or, on pouvoit facilement aller de son pais à Pahang, où il y en a beaucoup parmi le sable, de-même qu'à Siam. Cet avis mérite qu'on y fasse réflexion, car sans or on ne fait point bien ici ses afaires.

Il est arivé de Landa quelques pirogues à Succadana, qui ont aporté une assez petite partie de diamans : mais elles y ont aporté les lettres que le Roi de Sambas avoit écrites à ceux de Landa ; & l'on n'a pas craint d'y ajoûter que ce Prince avoit dessein de se rendre maître de leur païs, par notre secours. Cette nouvelle a fort irrité la Reine, qui a résolu d'y envoier dix pirogues, avec deux ou trois mille hommes, pour la défence du lieu.

Elle m'a déclaré tout ce qui se passoit, & m'a dit que nous avions pour but de ruiner son païs. Je lui ai dit que ce n'étoit nullement notre pensée : que nous étions des Marchands, qui cherchions des diamans à vendre, soit à Succadana, soit à Sambas, ou ailleurs : que si le Roi de Sambas a écrit quelque chose en notre nom, c'est assurément sans notre participation ; ce qui l'a un peu apaisée. Quoi-
qu'il

qu'il en soit ces gens-ci sont fort-sanguinai-
res, & il faudroit peu de chose pour les porter
à nous massacrer.

J'ai proposé à la Reine de faire un Traité
avec elle; mais elle n'y veut point entendre.
Elle dit qu'il lui est égal que nous trafiquions
ici ou ailleurs, que cela ne lui importe nullement. Elle a fait défendre aux gens de Landa
de venir à notre comptoir. Je ne sai pas ce
qui arivera de tout ceci. Il faut tâcher à demeurer amis de cette Cour, jusques-a-ce qu'on
trouve mieux ailleurs.

Enfin on a conclu un Traité avec le Roi de
Sambas, signé dans sa ville le 1. d'Octobre
1609. par Samuel Bloemart, au nom des
E'tats Généraux, du Prince Maurice, & des
Sieurs Directeurs de la Compagnie.

Les habitans de Calca, de Séribas, & de
Melanouge, se sont revoltez contre le Roi de
Bornéo, de qui ils dépendoient, & se sont soumis au Roi de Johor. On trouve dans leur païs
beaucoup d'or, de pierres de bezoüard & de
perles; ce qui me fait prendre la résolution
d'aller visiter ce païs-là; car il faut de l'or pour
faire le commerce des diamans, qui est notre
principale vuë.

Le Roi de Bornéo se prépare à venir ataquer
Sambas, avec 150. pirogues, ce qui éfraie
beaucoup les habitans de cette derniére place.
Ils avoient déja cherché des pirogues pour s'y
embarquer & s'enfuir: mais à la venuë du
yacht ils ont repris courage, & commencé à
fortifier leur ville. Le Roi demande avec instance que nous y fassions bâtir un fort. L'équipage du yacht a aussi murmuré de ce qu'on le

vouloit

vouloit obliger de se battre contre une telle multitude de pirogues , dont on ne pourroit se débarasser. Cette circonstance nous a obligez de débarquer le canon , & de faire des batteries sur une pointe de la ville , d'où l'on peut battre tout le long de la riviére. Cependant il n'a point paru d'ennemis.

Je suis allé à Crimata , dans le yacht , pour acheter des outils avec d'autres choses qui sont de requête à Sambas , & de la viande pour saler. Dès-que la Reine sut que nous étions partis pour y aller , elle envoia défendre au Gouverneur de laisser trafiquer personne avec nous. Ainsi l'on n'a pas seulement voulu nous vendre une pipe de tabac , la défence étant sur peine de l'amende d'un taïel d'or & un quart ; ce qui nous a obligez de remettre aussi-tôt à la voile , n'y aïant pas aparence que ceux qui nous font de pareils refus , nous acordent la liberté du commerce à Landa.

Si le dessein d'établir le commerce à Sambas réüssit , on n'aura pas assez d'or pour acheter de grosses parties de diamans. On m'a dit qu'on peut avoir du sable d'or de Sey & de Calantan , car l'or est cher à Java. J'ai écrit au Sieur Adam Claasz Commis à Gressick qu'il prie le Roi de Serubaïa de nous faire obtenir la liberté du commerce à Landa ; car la Reine de ce païs-ci relève de lui.

La plus commode riviére pour aller à Landa , est celle de Moira-Landa. C'est par là que les jonques y vont. Il est vrai-que de basse eau il n'y en a que deux piés à son embouchure ; mais au-delà elle a 6. à 7. piés de profondeur , & cela dure jusqu'à Landa , ou du-moins il ne

s'en

s'en faut que 7. ou 8. lieuës, d'où l'on fait le
reſte du chemin dans des pirogues, toujours
fond mou. La riviére de Monpana eſt peu de
choſe, étant étroite, ſans profondeur, & le
fond étant fort dur. Il eſt dangereux d'y naviger à-cauſe des Sauvages : je le ſai pour y avoir
paſſé. La riviére de Sambas a plus de profondeur.

Le Roi de Sambas fait tous ſes éforts pour
s'accommoder avec les habitans de Landa, &
s'atirer le commerce des diamans. Il promet
de ne lever point de droits ſur nous, ſi nous
voulons nous établir dans ſon païs, & que les
habitans de Landa y viennent trafiquer. Il n'y
a préſentement ni diamans, ni pierres de bezoüard. Le Roi dit qu'on y venoit autrefois
de Landa, mais qu'il n'y avoit point d'ache-
teurs, ce qui avoit fait ceſſer ce commerce.

Le 18. de Novembre 1609. Quiai Cube, que
le Roi avoit envoié aux Sauvages de Landa,
eſt revenu à Sambas, où il a conduit vingt Sauvages, parmi leſquels il y a quelques Orancaies, pour faire un Traité avec ce Prince. Le
26. ils s'en ſont retournez ſous promeſſe de revenir dans 5. ſemaines.

Le Roi aiant vu que ce tems-là étoit paſſé,
leur a envoié le 28. de Décembre une pirogue,
avec des préſens. Le bâtiment eſt auſſi-tôt revenu avec réponce de la part du Commandant,
qui a dit que tout le monde étoit alors ocupé
à recüeillir le Pady, & que non-ſeulement il
ne manquera pas d'envoier auſſi une pirogue
dans cinq ſemaines, mais qu'il a intention de
venir lui-même.

Le même Roi a reçu des lettres de Sobi,

iſle

ifle qui gît tout proche de Borneo ; qu'il y a dans ce Roiaume 150. pirogues, où font embarquez 40. Rois, & qui aiant mis à la mer, ont été contrariées par les vents, & contraintes de s'en retourner. Elles atendront encore un mois, afin de voir fi elles pourront venir devant Sambas, où elles aporteront des provifions pour en faire durer le fiége fix mois.

Ce Prince a eu auffi avis de Monpana que la Reine vous avoit fait prier de mener du canon à terre, & que c'étoit par une mauvaife intention. Si vous defcendez à terre vous ferez bien de vous tenir fur vos gardes. Ne vous inquiétez pas au fujet du commerce des diamans qui fe pourra faire ici, car dès-qu'il y fera ouvert, je dépêcherai une pirogue pour vous en donner avis, avant-que la nouvelle en puiffe être portée de Landa à Succadana. Il fe paffera bien encore 7. ou 8. femaines avant-que nous puiffions favoir ce qu'il en fera.

Quoi-qu'on ait apris à Borneo que l'armée du Roi de Johor eft en marche pour y aller, on n'abandonne pourtant pas le deffein de venir à Sambas.

Pierre Aertfz eft venu le 18. de Mars 1610. faluer de Roi, à qui nous avons remontré que les Sauvages remettent à venir de mois en mois ; qu'il y a un an que cela dure ; que la faifon pour le trafic des pierreries eft paffée ; que notre féjour caufe de grands frais à nos Maîtres, fans leur aporter aucun profit ; que perfonne ne vient rien acheter de nous &c.

Il nous a répondu que fi fes ennemis de Borneo, ne viennent pas au plein de la Lune, il remontera lui-même la riviére, & qu'il envoiera

iera par terre des gens aux Sauvages, pour les
ier de descendre jusqu'au lieu où il sera ; qu'il
ra la même chose à l'égard de Quiai Area &
Tommegon , pour tâcher de traiter aussi
vec eux ; parce que sans cela il y auroit tou-
urs guerre entre les Mores & les Sauvages.
Que si les Sauvages venoient trafiquer à Sam-
as, quoi-que les Mores ne voulussent pas y
enir , & que nous pussions donner au Roi un
ecours de 20. ou 30. hommes, il feroit cons-
ruire un fort , où nous pourrions demeurer.
Mais quand même les Mores, Quiai Area &
Tommegon , feroient la paix , & traiteroient
vec le Roi , il faudroit toujours qu'il fît un
ort pour se garantir des irruptions de la Reine
de Succadana. Quiai Area feroit aussi volontiers la même chose, car il m'a dit sept ou huit
fois que si nous voulions nous établir à Landa
il y feroit bâtir un fort , & Chili Pahang m'a
souvent fait entendre qu'il seroit dans le même
sentiment , si nous voulions aller demeurer dans
son païs.

Mémoire d'Apollonius Schot , de Middelbourg ,
touchant les Isles Moluques.

NOUS possédons trois forts à Ternate ,
celui de Malaïa, ou d'Orange , commencé par
l'Amiral Matelief , où le Roi de Ternate fait
sa résidence : celui de Toluco , ou Hollande ,
qui est au bout oriental de l'isle , sur une hauteur , à une demi-lieuë au Nord de celui de
Malaïa , bâti à chaux & à sable, de-peur que
les Espagnols n'allassent ocuper ce poste , &
pour y envoier demeurer une partie du peu-

ple

ple qui étoit de trop à Malaïa.

Notre troisiême fort est celui de Tacomma, ou Willemstad, qui est au Nord-ouëst, & qui a été construit par l'Amiral Simon Jansz Hoen, où les habitans qui s'étoient retirez à Gilolo, sont revenus. Ce fort couvre tout le païs qui est entre lui & Malaïa, où il se recüeille plus de clou de girofle qu'en aucune partie de l'isle. On y fait par ce moien la recolte en toute sureté.

L'isle Mothir, ou Motier, qui gît entre Tidore & Machian, est demeurée longtems presque déserte, à-cause de la guerre qui étoit entre les habitans de Tidore & ceux de Ternate. L'Amiral Wittert y a bâti un fort, au bout septentrional, à la priére des Ternatois, & l'a peuplé en partie des naturels de l'isle, qui s'en étoient fuis à Gilolo, & de tous les habitans de Gane, qui gît proche du bout oriental de Gilolo, vers Bachian, lesquels relevoient de Ternate. Le nombre des habitans de Mothir est d'environ 2000.

L'Amiral van Caerden se rendit maître de l'isle de Machian. On y a fait trois forts; celui de Taffaso, qui est au côté occidental; celui de Noffagina, qui est au côté septentrional, & celui de Tabillola, qui est au côté oriental. Ils sont tous trois bien peuplez, ainsi-que quelques autres petites villes, qui sont autour de l'isle. Je croi qu'il y a bien en tout 9000. ames, en y comptant les habitans de Caïoa qui y furent transportez l'an 1609. parce-qu'ils n'étoient pas en sureté dans leur isle.

Machian est la plus fertile des isles Moluques, tant en clou, qu'en autres denrées. Elle

le produit affez de fruits pour fes habitans, &
pour en faire part à fes voifins, fur-tout à ceux
de Tidore & de Ternate où il ne s'en recüeille
guéres. Ce n'eft pourtant pas par la nature du
fonds, c'eft par l'humeur des habitans, qui
ne veulent pas s'adonner à l'agriculture, qu'ils
tiennent au-deffous d'eux. Ils ont le cœur haut,
& aiment les armes & la guerre. Auffi l'ont-
ils prefque toujours enfemble, pillant & pira-
tant fans ceffe les uns fur les autres. Chacun de
ces deux peuples forme à tout moment d'am-
bitieux deffeins, & ne s'ocupe qu'à faire des
éforts pour fe foumettre toutes les autres ifles.
Mais ceux de Machian & de Mothir s'adonnent plus au travail, & cultivent mieux leur
pais.

Bachian eft un Roiaume indépendant. L'ifle
eft de grande étenduë & prefque déferte. Elle
produit abondance de fagu & de fruits. Le peu
de gens dont elle eft peuplée, font des négli-
gens & des fainéans, qui ne penfent qu'à leurs
plaifirs. C'eft par cette raifon que d'un puiffant Roiaume qu'elle étoit, elle eft devenuë
une ifle prefque inhabitée. Par cette même
raifon, le clou de giroffe, dont elle produit
quantité, y périt, n'y aiant pas affez de monde pour le recüeillir.

Autrefois elle a été en alliance avec les Portugais & avec les Efpagnols, qui avoient élevé
un fort à Labova, & y tenoient ordinairement
une garnifon de 20. Efpagnols. Il y demeure
encore 17. familles Portugaifes, & 80. La-
bovaifes, toutes Chrétiennes. Un de nos Vi-
ce-amiraux le prit l'An 1600. au mois de Novembre, & depuis ce tems là il y a toujours

I 3

eu

eu une sufisante garnison de nos gens.

Plus avant dans les terres, il ne nous est demeuré qu'une place nommée Gammedourre, fort-peuplée, aux habitans de laquelle se sont joints Sabongo & ses sujets, qui ont abandonné le parti des Espagnols. C'est à leur requête que nous avons fait fortifier cette place, & nous y tenons une garnison de 30. soldats ou plus, selon le besoin.

Toutes nos places sont sufisamment pourvuës de gens, tant que nous serons en bonne intelligence avec les habitans : mais il est à craindre que cela ne continuë pas, parce-que lors-qu'ils nous ont apellez, ils nous ont fait de grandes promesses, qu'ils n'ont pas éfectuées.

Le Traité que nous avons fait avec eux nous est avantageux. Il y a un article par lequel ils nous cédent tous les tributs qui se lèvent tant sur les originaires du païs, que sur les étrangers, afin de nous rembourcer de nos dépenses tant aux fortifications, qu'en d'autres ocasions qui les regardoient : & à notre égard il y a pleine franchise & immunité de tous droits. Mais il y a déja une partie des Nobles qui disent que cela s'est fait sans leur participation, & ils animent le peuple contre nous.

Outre cela ils nous ont fait bien d'autres promesses, qu'ils n'ont pu éxécuter, dequoi nous ne sommes pas satisfaits. D'ailleurs les Ternatois étant un peuple fier, qui a autrefois commandé à tous ses voisins, quelque abatus qu'ils soient, ils ne peuvent pas soufrir fort patiemment le joug qui leur est imposé, bien-qu'il soit fort leger, & que nous ne préten-

tendions nullement leur en impofer un pefant.
Au-contraire, ils voudroient bien fe fouftrai-
re, & nous maîtrifer nous-mêmes, & avec
cela l'infidélité leur eft comme naturelle, ainfi
qu'à tous les Mores.

Avec les autres moiens qu'on peut emploier
pour les tenir en bride, celui-ci doit être particuliérement pratiqué, favoir; De laiffer les
Mores fe confumer & fe détruire eux-mêmes
en partie, par les guerres qu'ils fe font, fans
nous en mêler, qu'en cas de grande néceffité.
D'amener aux Moluques de nouveaux Chrétiens de Céram & des autres ifles, pour remplacer le nombre des habitans qui périffent.
D'inftruire avec beaucoup de foin & de zèle
les peuples dans la Réligion Chrétienne, &
d'y en atirer le plus qu'on pourra. Car par là,
en fatisfaifant aux devoirs de fa confcience,
on ufe d'une très-bonne politique, puis-que les
liens de la Réligion atachent fortement les
hommes les uns aux autres.

A l'égard de l'état de nos ennemis aux Moluques, & de ce qu'ils y poffédent, les Efpagnols font maîtres de la ville de Gammalamma, dans l'ifle de Ternate, l'aiant enle-
vée aux habitans. Ils la nomment Neuftra Signora Di Rofario. Elle a une muraille & des
baftions bâtis à pierre & à chaux. Elle eft bien
pourvuë de canon & de munitions de guerre,
qu'on y envoie des Manilles.

La garnifon eft préfentement de 200. Efpagnols & de 90. Papaugos, qui font des habitans
des Philippines, bien éxercez dans les armes,
& fervant comme les foldats Efpagnols. Il y
a encore 30. familles Portugaifes; 60. à 80.

I 4

famil-

familles Chinoifes, qui font diverfes manufactures; & 50. à 60. familles Chrétiennes
des Moluques.

Ils ont un autre fort entre Gammalamma &
Malaïa, nommé SS. Pedro & Paulo, fitué fur
une hauteur, où il y a fix piéces de canon. Il
y en a trente-trois de fonte dans la premiére
forterefie. La garnifon de cette derniére con-
fifte ordinairement en 27. Efpagnols, 20. Papaugos, & quelques autres gens des Manilles.

Ils poffédent toute l'ifle de Tidore, & y ont
trois forts; favoir, celui de Taroula, qui eft
dans la grande ville où le Roi fait fa réfidence.
Il eft plus fort que les deux autres par fa fituation
qui eft fur une hauteur. La garnifon eft ordinairement de 50. Efpagnols, & de 8. ou 10.
Papaugos. Il y a dix groffes piéces de canon
de fonte.

Le fecond fort, eft le vieux château Portugais que Corneille Baftiaanfz prit, & qu'ils
ont relevé. Il y a 13. Efpagnols, avec plufieurs infulaires, & 2. piéces de canon.

Le troifième fe nomme Marieco, & eft à la
vuë de Gammalamma. C'eft une petite ville
bien peuplée des habitans de l'ifle. La garnifon
eft de 14. Caftillans & de quelques Papaugos,
& il y a deux piéces de canon. On voit encore dans l'ifle d'autres petites villes qui ne font
peuplées que des originaires du lieu. Les guerres ont un peu dépeuplé le païs. On nous a dit
que ce qu'il y a d'habitans propres à porter les
armes, ne va pas à plus de 1000. hommes. Le
Roi de Tidore a des fujets de fa dépendance
hors de l'ifle, qui lui fourniffent du fagu &
du ris.

Ils

Ils ont plusieurs forts à Gilolo ; savoir, celui
de Sabougo, que Don Juan de Silva nous enleva l'an 1611. Ils l'ont encore fortifié de 4.
bastions & d'une demi-lune à l'entrée de la
riviére. La garnison est de 60. Castillans &
de 50. Papaugos. Mais les habitans ont quitté le parti des Espagnols, & sont allez trouver
nos gens à Gamconorre. Ce fort est bien pourvu de gros canon.

Le second, nommé Gilolo, nous a été aussi
enlevé par le même Don Juan de Silva. Il y a
un Roi particulier, & 50. ou 60. familles Espagnoles, avec quelques gens venus des Manilles. Ils l'ont fortifié, & y tiennent 50. à
60. Espagnols en garnison. Ces deux forts sont
sur la côte occidentale de Gilolo, à 7. lieuës
de Malaïa.

Le troisiême se nomme Aquilamo, & est situé sur la même côte, vis-à-vis de Machian.
Il est au bord d'une petite riviére, environné
de murailles, peuplé de naturels du païs, gardé par un petit nombre d'Espagnols, & par
40. insulaires de Tidore, que le Roi y entretient, pour la sureté de ceux qu'il y envoie
chercher des vivres. Il y a un bastion avec deux
piéces de canon.

Ils ont trois forts sur la côte de Moro, qui
est la côte orientale de Gilolo ; savoir, Jolo,
Isau, & Joffougho. Les garnisons sont de 45.
Espagnols & de plusieurs naturels du païs, qui
sont presque tous Chrétiens. Les Espagnols
tirent de cette côte quantité de ris, de sagu,
& d'autres vivres pour Ternate & pour Tidore. Il y a environ 60. lieuës de navigation de
Malaïa à Gilolo, & ensuite il faut faire en-

I 5   viron

viron une journée de chemin par terre.

Les Espagnols tiennent ordinairement en mer une galére, une frégate, & quelques yachts à rames. Ils les font naviger par des esclaves, par des prisonniers, & encore quand il en est besoin, par quelques soldats qu'ils tirent des garnisons. Ils sont assez-bien pourvus de munitions de guerre, qu'on leur aporte des Manilles, ainsi-que je l'ai déja dit; mais ils le sont assez-mal de munitions de bouche ; ce qui fait que leurs domestiques, le bas peuple, & même les soldats Espagnols désertent souvent.

Pour ce qui regarde leur commerce, le Roi prend la moitié entiére du prix du clou de girofle, dans les lieux où il se vend. Ce ne sont presque que les Portugais qui en trafiquent, pour les transporter à Malacca & ailleurs. Depuis six ans ce négoce ne leur a pas été fort avantageux, ni au Roi, qui pendant la guerre fait plus de dépence qu'il ne tire de revenu. Mais ils vivent sur l'espérance, & ils n'espérent pour l'avenir rien que de grand & de considérable.

Le Roi d'Espagne fait régir ce qu'il posséde aux Moluques par un Gouverneur particulier, qui dépend de celui des Manilles. Celui qui y est à-présent se nomme Don Jeronimo de Silva. Il est parti d'Espagne après la publication de la paix dans l'Europe. Avant sa venuë on nous disoit qu'il devoit ratifier la paix dans ces païs-ci.

Ce Gouverneur est assisté d'un Sergeant Major, d'un Contador, d'un Pagador, & d'un Commis du Roi que le Gouverneur n'apelle au Con-

Conseil que quand il lui plaît. Outre ces principaux Oficiers, il y en a encore d'autres, qui sont des Alcaldes, des Barachelos, des Capitaines del Campo, avec beaucoup d'Intretandos & de Retormados, selon la coutume de la nation.

Don Jer. de Silva entend fort-bien la guerre. Il est orgueilleux & sévére, & tâche de faire réüssir ses afaires par intrigue. Néanmoins dans quelques entretiens que nos gens ont eu avec lui, au sujet de celles de l'Europe, ils l'ont pénétré, & ont découvert que ses ordres sont d'entretenir ici la Tréve, ou de recommencer la guerre, selon que les ocasions lui seront favorables. Quelques réponces qu'il a été obligé de faire, ont achevé de découvrir ce secret.

Comme il a fort-bien servi son Roi dans plusieurs afaires importantes, on lui a donné plus de pouvoir & d'autorité que les précédens Gouverneurs n'en avoient. Il est oncle du Gouverneur des Philippines, si-bien qu'il y a lieu de croire qu'il fera mieux les afaires des Espagnols, que ses prédécesseurs n'ont fait.

Il est venu des Marchands Portugais de Malacca & d'autres lieux, pour trafiquer à Amboine & à Banda. Nous les avons arrêtez, parce-qu'on n'a point encore voulu publier ni ratifier la Tréve dans les Indes; ce qui fait qu'ils se plaignent fort du Gouverneur Espagnol. Ils disent, & nous le voions, que les Portugais observent la Tréve dans un endroit, & point dans l'autre, selon-qu'il leur est avantageux de l'observer, ou de ne l'observer pas. Il est aisé de voir qu'ils l'auroient promtement pu-

I 6   bliée,

bliée, si l'Amiral Wittert eût continué à les incommoder aux Manilles, & qu'il n'eût pas eu le malheur de succomber comme il a fait.

Ils ont encore une autre raison d'en user ainsi. C'est la prise qu'ils ont faite de nouveau de l'Amiral van Caerden ; car ils ont trouvé tous ses papiers, & connu par là le peu de forces & de munitions que nous avons aux Moluques. Ils ont aussi connoissance de l'état où sont nos afaires dans notre patrie, par les papiers qu'ils ont trouvez dans le navire qu'ils ont pris aux Manilles, & dans le yacht; deforte que leur espérance est tout-à-fait relevée. Car ils savent présentement tous les secrets de nos Instructions, ce qui est dans les lettres qu'on a reçuës, quels sont nos projets, quelles fautes se commettent dans nos afaires, & quels abus les particuliers ont commis, soit dans les vaisseaux, ou dans les comptoirs. En un mot ils sont informez de tout, jusqu'aux moindres circonstances.

Il ne faut pas douter qu'ils n'aient donné des avis au Conseil d'Espagne, qui prendra de nouvelles mesures, & envoiera de nouveaux ordres. Car jamais auparavant ils n'avoient pu découvrir l'état de nos afaires: ce qui fait que nous devons nous atendre à un grand changement dans leur conduite, & que nous devons en aporter aussi beaucoup dans la nôtre. Toutes ces choses méritent qu'on y fasse de grandes réflexions.

Il faut encore considérer que le butin que les Espagnols ont fait sur l'Amiral Wittert aux Manilles, monte à quelques millions d'or, & que cela fournira des subsides au Roi d'Espagne

pour

pour faire de grandes entreprifes. Car au-lieu qu'il n'avoit point de fonds auparavant, il en a préfentement du nôtre entre les mains, & beaucoup plus encore de celui de fes fujets que nous avions pris. C'eft une chofe à éxaminer dans la ratification qui fe pourra faire de la Tréve: car nos prifes avoient été faites en tems de guerre; mais ce qu'ils ont fait à l'Amiral Wittert, & ce qu'ils ont pris fur lui, a été fait depuis la Tréve, & dans un tems où elle a deu leur être connuë.

Le meilleur moien, à mon avis, de réta-blir nos afaires dans les Indes, & de nous ren-dre maîtres des Moluques, feroit d'envoier une flote bien montée & bien pourvuë, en droiture aux Philippines, pour y ataquer les Efpagnols, comme dans le cœur de leur empire; de leur y enlever autant de places qu'il feroit poffi-ble, afin-qu'elles puffent fervir dans la fuite à s'emparer du refte; ce qui déconcerteroit tous leurs deffeins. Rien n'eft plus capable de les étourdir, que d'agir préfentement contre eux ofenfivement, vu les fujets qu'ils nous en don-nent. C'eft à quoi ils s'atendent le moins.

C'eft une chofe connuë qu'ils ont ici (aux Moluques) beaucoup de bons foldats, & bien aguerris, parce qu'ils ont tiré & qu'ils tirent encore tout ce qu'il y a de meilleur aux Ma-nilles, où ils ne remplacent les garnifons que de nouveaux foldats, fans expérience, pour garder les places avec les Commis Efpagnols, D'ailleurs ils font tellement prévenus de l'o-pinion que nous fommes rebutez d'aller aux Manilles, à-caufe du grand échec que nous y avons reçu, qu'ils ne s'y atendent nullement.

Si cette entreprise pouvoit nous réüssir, la meilleure partie du commerce avec les Chinois tomberoit entre nos mains; & comme le païs est extrémement fertile, on en tireroit des vivres pour la plupart de ceux que nous posſédons, & des gens pour y faire des peuplades. Enfin par cette voie on affameroit les Espagnols aux Moluques, & on les y épuiſeroit.

Rélation du Voiage du même Apollonius Schot, fait de Bantam à Botton, à Solor & à Timor, & d'un deſſein ſecret du Roi d'Eſpagne, découvert dans une lettre écrite par un Pilote Portugais à Matthieu Couteels à Bantam, datée le 5. de Juillet 1613.

JE NE ſai pas ſi vous avez apris que ſuivant la Réſolution du Général, en date du 9. de Novembre 1612. je ſuis parti à bord du *Terveer* pour aller faire un Traité avec le Roi de Botton, & que de là je devois aller aux iſles de Solor & de Timor, pour en chaſſer les Portugais. Quoi-qu'il en ſoit, je me croi obligé, par beaucoup de raiſons, de vous informer du ſuccès de ce voiage.

Nous ne moüillâmes l'ancre à Botton que le 17. de Décembre 1612. parce-que nous avions été fort contrariez par les vents. Pluſieurs gens de notre équipage furent fort mal, & il en mourut beaucoup; de-ſorte que lorsque nous terrîmes, nous avions grand beſoin de nous rafraîchir. Nous fûmes bien reçus du Roi & du peuple, & nous conclûmes le Traité dont vous trouverez une copie ici jointe.

A Botton, au-lieu de monnoie, on ſe ſert
de

de certains petits morceaux de métal, ainsi-
que vous le dira le porteur de la présente ; ce
qui m'a obligé de mettre dans le Traité un
article particulier ; par lequel nous promettons de faire porter dans l'isle une bonne quan-
l'isle de Cafies, ou d'autre monnoie de cuivre, & le Roi a promis de leur donner cours,
& qu'on nous les paiera en certains mouchoirs
& toiles nommées Tametes, qui font de requête aux Moluques & dans les autres païs
voisins.

On pourra mettre à Botton les Cafies à plus
haut prix qu'elles ne se mettent ailleurs, ce qui
fera un commerce à part, qui aportera beaucoup de profit. Il feroit donc nécessaire de
chercher l'ocasion d'y en envoier, comme auffi des Seraffen Taenconden & d'autres marchandises, selon le mémoire ici joint, sur quoi
l'on pourra faire affez de gain. On y a laissé
pour Commis Gregoire Cornelisz, à qui vous
pourrez écrire & envoier les marchandises.

Le 9. de Janvier 1613. je suis parti à bord
du *Terveer*, en compagnie du yacht *la Demi-
Lune*, que nous avions rencontré sur notre route, & nous sommes allez à Solor, avec quelques Ternatois que nous avions trouvez à
Botton, où ils nous avoient amené une corcorre du Roi, qui avoit promis de la faire
bien-tôt suivre par plusieurs pirogues. Nous
avons jugé à propos de les atendre à Botton,
d'autant-plus que nous atendions encore des
forces d'Amboine, qui suivant les ordres du
Général devoient nous venir joindre à Solor,
& nous voulions leur donner le tems de s'y
rendre

En

En mon particulier je n'ai pu porter les habitans de Botton à ce que nous désirions, leur naturel y répugnant entiérement. Mais j'ai recommandé à ceux qui y demeurent de travailler à les y amener peu-à-peu. D'ailleurs je me suis contenté de la promesse que le Roi m'a faite, qu'il m'envoieroit des gens & des corcorres; ce qu'il a aussi executé; mais ils n'ont paru à Solor, qu'après la prise du fort.

Le 17. du même mois de Janvier 1613. nos deux vaisseaux ont paru devant le fort que les Portugais avoient dans cette isle. Aussi-tôt nous avons fait feu du *Terveer*, sur une batterie qui défendoit l'entrée de la rade, & nous l'avons démontée. Le gros tems nous a empêchez de faire descente à l'heure même, & nous avons été contrains de retourner à bord avec perte d'un homme. Néanmoins, dans le même jour, nous avons brûlé une partie de la ville.

Le 21. nous avons amené une galiote, que les ennemis avoient toüée contre le rivage, & mis le feu dans une partie des maisons; & le 29. nous avons brûlé le reste.

Le 7. de Fèvrier 1613. nous avans détaché le yacht & la galiote prise, qui a été commandée par Willem Jansz, pour aller croiser par le travers de Timor sur deux frégates & une navette des Portugais, qu'on y atendoit de la Chine.

Le 27. nous avons apris par un transfuge, que les Portugais avoient fait donner des avis à Timor, touchant notre venuë, & ordre qu'on transportât leurs éfers à Malacca : sur quoi il a été résolu d'envoier le yacht, la galiote, &

des

des corcorres à Timor , pour defemparer les bâtimens qui y font; & que le *Terveer* demeurera ici , en atendant le fuccès.

Le 17. de Mars , un Pilote que nous avions envoié à Amboine eft revenu avec un champan, 25. foldats, & 25. demi-barils de poudre. Nous avons mis ici plufieurs fois du monde à terre , & avons reçu quelque fecours des habitans , mais bien-peu.

Le 1. d'Avril le yacht & la galiote font revenus de Timor , & ont amené une navette chargée de 250. bares de bois de fantal , avec des prifonniers Noirs, quelques métifs, & 13. Portugais , entre lefquels il y a un Capitaine & un Commis. Ils ont brûlé à Timor une galiote dont le bois de fantal a été fauvé. L'équipage s'en étoit fuï à terre , où les habitans ont ataqué & pillé tout ce qu'ils en ont rencontré.

Il y a dans l'ifle de Timor plufieurs Rois, avec quelques-uns defquels nos gens ont parlé. Ils nous ont paru être fort de nos amis. On leur a déclaré que nous fommes ici à Solor , & à quelle fin nous y fommes, leur demandant du fecours, à quoi ils femblent confentir. Entre-autres le Roi de Coupan a envoié des députés pour requérir qu'on allât bâtir un fort fur fes terres, & ofrir de fe faire Chrétien avec tous fes fujets, comme il l'avoit auffi promis aux Portugais, avant notre venuë. Ils comptoient là-deffus, & croioient que c'étoit un coup qui ne leur pouvoit manquer, ainfi-que nous l'avons vu dans une de leurs lettres écrite de Solor par Padre Vicario à ce Roi qui nous l'a envoiée. Elle contient beau-

coup

coup de chofes dont nous devons profiter : fur-
tout elle fait connoître que Coupan eft une
place très-propre pour établir le commerce
fur la côte de Timor, felon que les Portugais en avoient formé le deffein, en quoi nous
ferons bien de les fuivre. Ce Roi a éxercé
beaucoup d'actes d'hoftilité contre eux, & a
été bien aife d'aprendre que cela nous a donné
de la confiance en lui.

Willem Jacobfz & Melis Andriefz font allez parler au Roi d'Ammanoban, dans le païs
duquel il y a beaucoup de bois de fantal. Il
agit comme les autres Rois de l'ifle, & me
fait prier de me rendre auprès de lui pour faire
un Traité, ce que la préfente mouffon & les afaires que nous avons ne me permettent pas. Il y
faudra penfer en tems & lieu.

Nos afaires étant dans cet état à Solor & à
Timor, les Portugais aïant été difperfez devant cette derniére place, & nos gens étant
ici de retour, le *Zélande* eft venu des Moluques nous joindre le 3. d'Avril, & le 5. il a
été réfolu de faire defcente au côté occidental du fort, que nous avons battu le 7. d'A-
vril, avec 7. piéces qui tiroient inceffamment
fur les dehors, dont les ouvrages étoient garnis de terre.

Le 9. outre cette premiére batterie nous
avons encore fait porter à terre deux autres canons auffi de fer, qui ont abattu une tour quarrée
qui nous incommodoit beaucoup. Le 18. nous
avons été renforcez du *Patane* qui eft venu
d'Amboine, fur quoi nous avons fait fommer
encore une fois la place, déclarant que fi elle
ne fe rendoit pas, il n'y auroit plus de capi-
tula-

tulation ni de vie à espérer pour personne : sur quoi ils se sont rendus.

Le 20. ils sont sortis du fort avec armes & bagages, & nous ont laissé la moitié de leurs marchandises, & toutes les munitions de guerre, qui consistoient en six barils de poudre du poids de 7. quintaux, un gros canon de fer, qui avoit été aporté de Goa, une piéce de fonte, 8. gros faucons de fonte, & quelques pierriers. Nous leur avons fait cette composition, parce-que nous avons apris que le secours de leurs gens aproche de Timor, & qu'il seroit difficile d'empêcher qu'il n'entrât dans le fort, vu-que ce que ce que nous avons de Hollandois est assez ocupé ; & pour les Noirs, il ne faut pas beaucoup compter sur eux.

En second lieu, nous avons cru qu'il falloit ménager nos soldats & nos munitions, à-cause des nouvelles que nous avons des ennemis, & que la place étoit en état de se défendre, & de faire périr beaucoup de monde. Il y avoit encore deux pipes de vin, & plusieurs grands pots d'arack, avec beaucoup d'autres vivres. Ce qui les a fait résoudre à capituler a été la présence & la sollicitation des femmes & des enfans.

Il est sorti du fort plus de 1000. ames, &, entre-autres, plus de 250. Noirs & métifs capables de porter les armes, avec environ 30. Portugais tant sains que malades, & 7. Moines Dominicains. Le reste des Portugais est revenu de Timor deux ou trois jours après que nous avons été maîtres du fort, si-bien que quand ils y étoient tous, il y avoit environ 89. Blancs, & 450. métifs. La capitulation

porte

porte que ceux qui voudront se retirer à Malacca en auront la liberté.

Tous les Portugais Blancs se sont retirez, hormis deux ou trois. Les autres Chrétiens Noirs se joindront sans doute à nous. Nous sommes pourvus d'Interprètes & d'autres gens propres pour trafiquer à Timor ; mais le commerce n'y va pas fort-bien.

Le fort de Solor est avantageusement situé sur une hauteur, au bord du rivage. Les dedans sont de bonne massonnerie. Il y a de chaque côté une valée assez profonde, sur-tout celle qui est du côté oriental l'est beaucoup, & elle est escarpée. Celle qui est du côté occidental descend en pente douce vers les terres. C'est là que les Portugais avoient des ouvrages avancez, de terre & de bois. Du côté de la dernière ils n'étoient renfermez que d'une muraille de massonnerie, le lieu étant de lui-même d'un trop-difficile accès.

Les habitans des lieux qu'ils possédoient, étoient presque tous des nouveaux Chrétiens. Ils étoient maîtres de plusieurs villages, savoir de trois dans l'isle où étoit le fort. Il y avoit 40. familles dans celui qu'on nomme Chérebare : il y en avoit 80. à Pamancaie, & 30. à Louvelaings. Dans une autre isle qui joint presque à celle-ci, ils possédoient quatre villages. Il y avoit 1000. familles à Carmang ; 300. à Lovococol ; 100. à Lovoongin, & 300. à Mimba. Dans l'isle même, il y avoit 200. familles à Sika, & 100. à Larentoncal.

Les armes de ce peuple sont des arcs, des fusils, des boucliers & des sabres. Il y avoit
dans

dans chaque village un Commandant & un Prêtre qui gouvernoient, & qui animoient le peuple contre nous. Enfin on nous avoit dépeint
cette place & cette isle, comme beaucoup
plus foibles qu'elles n'étoient. Mais après nous
être engagez un peu trop legérement à cette entreprise, il n'y a pas eu d'aparence de reculer, & il a fallu faire de nécessité vertu. Nous
avons fait un grand coup, car il y a un très-
bon commerce de bois de santal à faire avec
les Chinois.

Les habitans Mores qui se sont déclarez pour
nous, ont dans les isles de Solor cinq petites
villes qui se nomment Lamakere, Lamale,
Toulon, Adenare, & Pratololi, qui ont dans
leur dépendance quantité de païsans idolâtres.
Les habitans d'Aude & de Sallelauvo ont aussi
pris notre parti. Ceux-ci avoient tréve avec
les Portugais lors-que nous avons paru. Mais
ils se sont déclarez contre eux, se disant sujets
du Roi de Ternate.

Il y a parmi eux un personnage qui y est fort-
considéré, qui se nomme Kitebil. Il s'étoit
fait Chrétien par force, & pour complaire aux
Portugais qui avoient fait mourir son pére. Ces
deux raisons font qu'il les hait mortellement.
Il entretient une grande correspondance avec
les Rois de Botton, de Macassar, de Bintam,
& avec un Raïa Mena, qui est le plus puissant
des Rois de Timor, auprès duquel il nous
sert. Les nouveaux Chrétiens demeurent toujours afectionez aux ennemis.

Après avoir fait partir la plus grande partie
des Portugais, je me suis embarqué le 26. de
Mai 1613. dans le *Patane* qui a été accompagné

né du yacht & de la galiote, & nous sommes allez à Timor, pour traiter avec les Rois qui
font fur la côte intérieure de l'ifle. Nous y
avons mené Jean G. de Vrye, avec quelques
Interprètes qui fe font mis à notre fervice, &
porté plufieurs marchandifes propres pour ce
lieu-là.

Nous avions pris terre à Timor le 4. de Juin
1613. & aïant fait demander au Roi de Mena
de pouvoir parler à lui, nous l'avons prié de
traiter alliance avec nous, & avec les Rois de
Ternate & de Botton, & les habitans de Solor. Nous lui avons auffi ofert de conftruire
un fort fur fes terres, moïennant que fes fujets
nous y aident. Il nous a tout acotdé, & a promis de charger notre yacht *la Demie Lune* de
bois de fantal.

Les Portugais avoient acoutumé de tirer de
fon païs plus de mille bares de ce bois, fans
compter ce que les Chinois & les autres nations en enlèvent auffi. Tout cela fe confom-
me à la Chine & fur la côte de Coromandel.
Si nous pouvons nous rendre maîtres de ce
commerce, & que nous puiffions l'interdire
aux Chinois, il nous ouvrira fans doute celui
de la Chine.

J'ai auffi parlé au Roi d'Affon, & il m'a
promis de nous vendre tout le bois de fantal
que fon païs peut fournir. Ces deux Rois font
les principaux de Timor : ils font tous deux
idolâtres; mais on peut mieux fe fier fur leur
parole que fur celle des Mores. Il y a chez
eux beaucoup de cire, & elle s'y donne à bon
marché. Jean G. de Vrye y démeure pour
avoir l'œil fur ces commerces; il nous en ren-
dra bon compte.   Les

Les amitiés & les ofres que nous font les
Rois Mores de Solor ne font pas moindres que
celles des Rois de Timor, & quoi-qu'il n'y ait
pas tant de profits à faire à Solor, il est pourtant bon de ne pas négliger la conservation de
cette isle, parce-qu'elle nous assure celle de
Timor. D'ailleurs on en pourra tirer commodément des vivres pour les Moluques, & il y
a encore diverses raisons qui doivent nous engager à nous y maintenir.

Voici ce que j'ai apris de plusieurs prisonniers, ou déserteurs Portugais, touchant les
desseins de cette nation, & touchant les préparatifs qui se font dans les païs où elle domi-
ne. Mais je dirai auparavant, que nous avons
un grand interêt à pourvoir à la sureté des Indiens, qui nous sont comme soumis, & à leur
commodité, parce-que dès-que nous les lais-
serons embarassez, ils nous abandonneront.
Les Ternatois même seront les premiers à le
faire, quelque étroitement qu'ils paroissent
être unis avec nous, dès-que cette liaison que
nous avons ensemble pourra les exposer à quelque soufrance, ou à quelque péril.

Il est certain qu'on voit rouler de gros nua-
ges sur nos têtes dans les Indes. Il y a toute
aparence qu'ils sont prêts à crever sur les Moluques, sur Amboine, & sur Banda, & que ce
sera dès cette présente année.

Le prétendu Monarque Universel de l'Europe, n'a reculé dans notre partie, que pour
avoir du tems, & rassembler ses forces, afin
de nous acabler dans les Indes, & de nous en
chasser, aiant espérance de reprendre ensuite
ses desseins dans l'Europe, & de les y pousser
avec

avec plus de succès. Ainsi nous devons nous atendre à tout ce que sont capables de faire, sa dissimulation, sa mauvaise foi, sa haine & sa tirannie. Mais sa dissimulation n'est pas moins à craindre pour nous auprès des Indiens que le reste.

Un Pilote Portugais m'a dit fort sincérement qu'il passoit pour constant à la Cour & parmi les peuples d'Espagne & de Portugal, que nos forces ne venoient que de notre commerce dans les Indes, & que ce n'est que par là que nous nous sommes trouvez en état de résister à leur Roi.

Il m'a aussi assuré que les 13. derniers vaisseaux qui sont venus ici, ont été suivis par 13. galions, jusqu'au cap de Bonne-espérance, sous le commandement du jeune Don Loüis Faïarde. Cette escadre avoit mis à la mer sous prétexte d'aller croiser sur les Corsaires. Mais le bruit couroit parmi les Espagnols qu'elle alloit aux Manilles, quoi-qu'on n'en eût pourtant point de certitude.

Il m'a encore déclaré que Christofle de Schorté, qui a été Gouverneur de Gammalamma, fut envoié des Manilles, sur la fin du mois de Décembre dernier, par Don Juan de Silva, vers le Vice-roi de Goa, auquel il porta beaucoup d'argent comptant, & des lettres de change, pour faire équiper promtement 7. grands navires & 20. frégates, qu'il doit conduire à Malacca, & ensuite aux Manilles quand la saison sera venuë, pour y joindre les forces qui y sont, & aller faire un grand éfort aux Moluques, dans le mois de Décembre prochain.

Il sait, de-plus, que le même Gouverneur
des

des Manilles a envoié à Macao un Général Espagnol nommé Tolledo , pour en amener un galion que les Espagnols y ont fait acheter. Le même Tolledo a aussi ordre, d'en ramener six galions, qui y sont allez de Malacca , & de les conduire aux Manilles.

J'ai apris qu'il est venu deux vaisseaux d'Espagne, exprés pour aporter des avis au Vice-roi de Goa , & des ordres pour envoier les forces qu'il a dans ces Indes, joindre celles qui sont aux Manilles , afin-que tout fonde à la fois sur les Hollandois. C'est à cette même fin qu'on fait construire trois grands vaisseaux dans un lieu qu'on nomme Pintados.

Ceux qu'ils ont à Cayta sont , le *Gouda*, & l'*Amsterdam* que montoit l'Amiral Wittert , tous deux pris sur nous ; l'*Esprit Sante* ; le *S. Juan Bapta* ; le *Jean de Lupas* qui est un des plus grands navires ; le *S. André* ; le *S. Marc* qui est un assez petit bâtiment ; & l'on y en attend deux qui viennent de Castille , & qui amènent des gens & des munitions pour cette flote.

On construit aux Manilles trois nouvelles galéres, & il y en a une autre depuis longtems. On tient que la flote sera composée de 18. gros navires, 20. frégates & 4. galéres, & outre les équipages elle sera montée de 5000. hommes de troupes réglées. Mais pour les six vaisseaux qui sont allez à Macao, on doute qu'ils puissent s'y joindre. Ce sera Don Juan de Silva qui commandera cette armade , & c'est par cette raison qu'il est demeuré dans le gouvernement des Manilles , quoi-que son tems fût fini.

J'ai encore été informé que Don Jeronimo

K

de

de Silva, après la prife de Maricque, avoit envoié une frégate à Malacca, porter des avis à Chriftofle de Schotte, qui devoit conduire l'armade Portugaife de Goa à Malacca, ainfi qu'il a été déja dit, pour la mener enfuite aux Manilles, & de-là fe rendre aux Moluques dans le mois de Décembre, ou dans celui de Janvier prochain.

Cette frégate avoit relâché à Botton pour faire de l'eau; mais le Roi a fait arrêter le Pilote, qui étoit defcendu à terre. Ce Prince & Henri van Raay ont tâché de fe rendre maîtres de la frégate; mais un traître en fit donner avis à l'équipage.

Pendant-que je fuis ici, il y eft venu un Kitchil de Macaffar, avec d'autres Députés, & 33. corcorres, qui aportoient des préfens au Capitaine de ce fort, à qui ils ont demandé permiffion de parler, ce que je n'ai pas voulu leur acorder. Ils prétendoient éxiger un tribut des habitans de Solor, qui ont répondu qu'ils n'étoient tributaires que du Roi de Ternate. Je ne me fuis fervi, en cette ocafion, que de raifons pour les combattre.

Ces gens-là étoient fort inftruits des préparatifs des Portugais & des Efpagnols, & les vantoient beaucoup, difant qu'ils avoient apris ces nouvelles des Portugais qui font dans leur païs, & de quelques Efpagnols des Manilles qui avoient relâché avec une petite galére à Macaffar, en allant à Ternate. Ils raportoient encore que nos gens avoient été maffacrez à Mafulipatan, & que notre comptoir y avoit été pillé.

Plufieurs autres Portugais m'ont confirmé
les

es déclarations ci-deſſus, que le Pilote m'a-
ʀoit faites. S'il vient des vaiſſeaux de Hol-
ande, il ſera bon de les faire partir promtement pour les Moluques. Il ſeroit encore à
ʀropos qu'il y en eût quelques-uns, qui, en
aſſant, vinſſent relâcher à ces iſles-ci, & y
paroître. On y a faute de fer pour forger, &
de bois, planches & poutres. Je vous en donne avis.

J'eſpérois que le Sieur Général viendroit ici
de Banda où il étoit; mais je crains qu'il ne
ſoit obligé d'y ſéjourner plus longtems qu'il
ne croioit, à-cauſe des afaires que les Anglois
lui ont ſuſcitées. S'il ne vient pas, & que je
ne reçoive point de nouveaux ordres, j'irai à
Bantam vers la fin d'Août, & le vaiſſeau que
je monterai ſervira enſuite à tranſporter des
vivres & d'autres choſes ici & aux Moluques.
Il y a pourtant de l'aparence qu'en ce tems-là
il ſera venu des vaiſſeaux de Hollande. Penſez
bien je vous prie à ce que je vous ai dit, que
de ces iſles-ci on peut aviĉtuailler les Moluques plus commodément & à moindres frais
que d'aucun autre endroit. Fait à bord du *Ter-*
wer le 5. de Juillet 1613.

Mémoire des Forts que la Compagnie poſſédoit
dans les Indes Orientales, au mois
de Juillet 1616.

DANS l'iſle de Ternate, le fort de Malaïa, & celui de Taluce: ceux de Tacomo &
de Zabau dans l'iſle de Gilolo: celui de Marieco dans l'iſle de Tidore: un dans l'iſle de
Mothir: ceux de Taffaſo, Tabillola, & Nof-

faca dans l'ifle de Machian: celui de Barneveldt dans l'ifle de Bachian: une bonne forte-
reffe à Amboine, & encore les forts de Cou-
bella & de Lauw, & la redoute de Hittou;

Dans les ifles de Banda, deux forts, favoir
celui de Naffau dans l'ifle de Nera, & un autre nommé Belgica: le fort Revenge dans l'ifle
de Polüai, ou Pulo Wai: une bonne forteref-
fe à Palacatte fur la côte de Coromandel. Les
villes de Negapatan & de Maffepatan font dans
notre parti, & quoi-que nous n'y aïons point
de forts, elles nous ont commis leur défence,
& nous y avons du canon.

Nous avons un fort à Jaccatra qui eft à une
journée de chemin de Bantam, dans l'ifle nommée la Grande Java. Il a beaucoup d'étenduë,
& contient plufieurs maifons qui y font renfer-
mées, & qui font habitées par diverfes fortes
d'ouvriers. C'eft notre principal magafin de
munitions de guerre, de vivres, & d'apparaux
pour les navires. Il eft fous la direction du
comptoir de Bantam, & il n'y a pas de place
aux Indes mieux pourvuë de foldats, de gros
canon, & généralement de tout ce qui concerne la guerre.

On y entretient plufieurs frégates bien équipées, & bien montées de gens & d'artillerie,
outre les efclaves & les prifonniers, qui y fervent auffi.

Toutes ces places enfemble font pourvuës de
5000. hommes de troupes réglées, de 193. canons de fonte, de 320. canons de fer, & de
360. pierriers.

Places

Places abandonnées.

ON A démoli le fort de Gammalanor à Gilolo, parce-qu'il n'y avoit rien à craindre du côté où il étoit. On a aussi ruiné, dans l'isle Botton, entre les Moluques & Java, un fort qu'on a jugé inutile. On en avoit fait de même à l'égard de ceux qui étoient dans les isles de Solor & de Timor. Mais on y a envoié depuis peu les vaisseaux *l'Aigle* & *l'Etoile*, pour faire un nouveau Traité avec les habitans.

On avoit un comptoir à Gressick dans l'isle de Java; mais on a eu des raisons pour l'abandonner. Il en a été de-même à l'égard de celui d'Achin, parce-que le Roi étoit animé contre nous. Nous y avons aussi envoié depuis peu deux vaisseaux, pour tâcher de nous reconcilier avec lui.

Entre tous les Rois des Indes, il n'y en a point qui ait plus d'afection pour nous que le Roi de Johor, quoi-qu'il n'ait presque point d'apui de nous, & que nous n'aions point bâti de forteresse sur ses terres; faute dequoi ses ennemis l'insultent souvent; ce qui n'arriveroit pas si l'on avoit un lieu de retraite, où l'on pût se défendre.

Macassar dans l'isle Célébes a été abandonné sans raison, par le peu d'expérience des jeunes gens qui y étoient. Cependant c'est un païs qui fournit beaucoup de ris & de sagu. Aussi avons-nous recommencé à entrer en négociation avec les habitans, & il y a lieu d'en espérer un bon succès.

K 3

Nous

Nous avons dans la ville de Jambi, qui est dans une des isles qui dépendent de Sumatra, une étape de poivre, & un commerce qui nous est plus profitable qu'aucun autre. Nous avons aussi, dans l'isle Borneo la liberté du commerce des diamans, & des pierre de bezoüard.

Nous avons au Japon un grand édifice, qui a été bâti sous la direction de Jaques Specx, qui y demeure encore en qualité de premier Commis. Il est vrai que d'abord le commerce que nous y avons fait dans la Duché de Firando, a été de peu de conséquence ; mais présentement les afaires y vont bien. Entre-autres les ouvrages de bois s'y font encore dans une plus grande perfection qu'à la Chine, & nous en tirons beaucoup de vivres & de denrées.

Les Jésuites s'étoient établis ci-devant dans cette même Duché de Firando, qui par leurs intrigues ordinaires avoient atiré à eux tout ce qu'il y avoir de richesses dans la province. Ils s'étoient tellement introduits auprès des Seigneurs & des plus considérables habitans, qu'ils en avoient gagné la confiance ; & comme le Christanisme qu'ils leur présentoient n'étoit ni austére, ni fort éloigné de leurs cultes, tant ces bons Péres savent s'acommoder avec toute sorte de monde, les Japonois l'avoient embrassé, & les Jésuites pouvoient se vanter d'avoir converti presque une multitude de gens, si c'est conversion que de savoir réciter *l'Ave Maria*, & faire des signes de Croix. C'étoit en cela que consistoit tout le Christianisme de ces nouveaux convertis.

Le Duc, dont les revenus se trouvérent fort
dimi-

diminuez, s'avifa, mal-à-propos, d'éxaminer d'où cela provenoit. Il ne lui fut pas difficile de connoître que les Jéfuites avoient pro-
fité de tout ce qu'il avoit perdu. Son reffenti-
ment alla loin : il en fit maffacrer une partie,
& chaffa le refte. Depuis ce tems-là les Péres
n'ont ofé y retourner, & l'on y a oublié l'*Ave
Maria*, mais on s'y fouvient fort-bien de leurs
atentats.

Entre les Rois de la Grande Java il y en a
un qu'on nomme le grand Mataram, dans les
terres duquel nous avons plufieurs loges, où il
fe fait un gros commerce. La principale eft à
Japara, ville abondante en ris, bœufs, brebis, boucs, poiffon fec, fèves, pois, & toutes fortes d'autres denrées que nous prenons
pour aviétuailler les Moluques, Banda, & les
autres lieux qui en manquent.

Bantam, dans la même ifle, eft préfentement gouvernée par le Pangoran, qui s'eft emparé de l'autorité & tient le Roi comme en
fujettion. C'eft dans ce port-que nous char-
geons & déchargeons nos vaiffeaux. C'eft là
que réfide le Prefident & Diréiteur général de
tous nos comptoirs, & c'eft de-là que nous
viennent nos ordres & nos inftructions. C'eft
là qu'on envoie les livres de tous les comptoirs
des Indes, & qu'ils font portez fur un livre de
compte général : de-forte qu'on y fait toujours
précifément en quel état font tous nos comptoirs de ces païs-là.

K 4

Etat

*Etat préfent de l'ifle d'Amboine, & des autres
ifles & lieux en dépendans, qui font fous l'o-
béiffance de L. H. P. les Seigneurs Etats Généraux , & des Sieurs Directeurs de la Compagnie des Indes Orientales, dreffé par le Commiffaire Gilles Seyft, l'an 1627.*

JE PRIS terre à Amboine le 19. de
Mars 1627. avec les vaiffeaux *Orange* & *la
Brille*. J'allai montrer ma Commiffion au Sieur
Gouverneur, & lui demander main forte pour
fon éxécution, ce qu'il me promit. Je vifitai
le livre du Négoce, celui de la garnifon, celui de la loge, celui du magafin qui étoit dans
la ville, & généralement tous les régîtres. Ils
avoient été tous clos & arrêtez le dernier de
Fèvrier précédent.

Je les trouvai en bon état. Il y avoit pourtant bien quelques petites fautes & legers abus;
mais il n'y avoit point de fautes qui paruffent
être faites de propos délibéré. Ce qu'il y en
avoit venoit feulement des Copiftes, & il fut
aifé d'y remédier. Les livres des comptoirs de
Hittou & de Larique étoient auffi au fort : je
les vifitai comme les autres, afin-qu'à la premiére ocafion on les envoiât à Batavia.

Je trouvai les marchandifes bien-conditio-
nées dans les magafins, les vivres en bon état,
& que le fort en étoit bien pourvu. On paie
les foldats tous les mois, ce qui fait qu'ils fe
paffent de prendre de la viande au fort: ils fe
nourriffent des mêmes vivres que les efclaves,
pour épargner leur argent. Mais s'il falloit
leur donner des rations, comme on faifoit autrefois, il n'y auroit pas de viande pour plus
de 5.

de 5. mois. Au regard de l'huile , du vinaigre , des fèves , de la farine , du sel , selon la
consommation qui s'en fait ordinairement , il
y en a toujours pour plus d'un an.

Le fort est au bord du rivage. Les vaisseaux
peuvent ancrer à une demie portée de mousquet , si-bien qu'ils y sont en toute sureté , le
fond étant de bonne tenuë. Il y a un enfoncement presque aussi profond qu'un golfe , où ils
sont à l'abri de la plupart des vents. Le fort est
environné d'un fossé , où il y a ordinairement
cinq piés d'eau. Il est entouré de murailles
bâties de pierre , à chaux & à sable.

Il y a quatre bastions , dont les deux qui sont
du côté des terres sont un peu plus grands que
ceux qui regardent la mer: ils sont aussi plus
élevez & bien remplis de terre : il y a des
rempars tout-autour , hormis à ceux qui sont
vers la mer. Entre ces deux-là on voit un grand
bâtiment , qui s'étend depuis l'un jusqu'à l'autre , où logent le Gouverneur , le premier Commis & d'autres Oficiers.

Sous ces logemens sont les magasins où l'on
tient les vivres , ris , viande , lard , huile , vinaigre &c. & toutes les provisions de réserve. On y met aussi le clou de girofle qui se recüeille dans l'isle , & qu'on y aporte d'Ou-
rion & de Larique. Au-dessus des apartemens
il y a encore un étage , où sont les paquets de
mouchoirs & de toiles , avec des caisses &
des armoires pour les serrer. Les marchandises
sont là fort à l'air , & sans cela elles seroient
en danger de se gâter.

Il y a un bel arsenal , qui est couvert de tui-
les. Toutes les toiles se vendent dans une bou-

K 5.

tique,

tique, qui eſt dans le fort, vers les terres, à
côté d'une porte, & fort commodément placée.
Tout le monde, ſoit habitans de l'iſle, étrangers,
Bourgeois, où domeſtiques de la Compagnie,
y peuvent aller choiſir ce qui les aſſortit. Le
débit ſe fait par un Sous-commis, qui ſe nommoit alors Nicolas Maarſman.

Avant-que l'*Orange* & *la Brille* y euſſent
terri, la garniſon étoit ſi-foible qu'il n'y
avoit pas le Dimanche 84. hommes à faire la
parade; encore y avoit-il parmi eux des Charpentiers & des maſſons. Ainſi ce fut très-à-
propos que ces deux navires amenérent deux
nouvelles compagnies de ſoldats, dont la plupart étoient deſtinez pour Amboine.

Le 21. de Mars., ou deux jours après notre
arrivée, le Gouverneur, nommé Jean de Gorcum, fit débarquer ces deux compagnies, qui
conſiſtoient en 160. hommes, & les fit entrer,
dans le fort avec beaucoup d'éclat, en préſence des inſulaires. Il y en avoit 32. hommes, Oficiers & ſoldats, deſtinez pour les
Moluques.

Quoi-que, comme il a été dit, il n'eût alors
paru au fort que 84. hommes à la revuë, néanmoins il y avoit à la charge de la Compagnie,
pour le maintien de ſon autorité à Amboine
& dans les dépendances., environ 450. hommes de toutes conditions, dont il y en avoit
ordinairement environ 160. emploiez dans les
retranchemens qui étoient là-autour, & qui
contribuoient à la ſeureté de l'iſle. Il y en
avoit 50. autres emploiez ſur des yachts, ainſi-qu'il en ſera parlé ci-après.

Les ſujets Négres qui habitent proche du
fort

fort font au nombre de 1230. hommes capables de porter les armes, & de 1620. en tout. Dans les autres endroits de l'ifle il y a environ 1830. hommes en tout, & généralement dans toute l'ifle 3060. hommes capables de porter les armes. Les deux Négreries de Larique & de Wacquefie, qui font proches l'une de l'autre, au bout Ouëft-fud-ouëft de l'ifle, ne font habitées que par des Mores, qui font fous l'obéïffance du fort, ainfi-que les Chrétiens.

Il y aura pour cette mouffon aparemment 70. bares de clou de girofle dans ces deux derniéres Négreries, & 250. à 300. bares, pour la mouffon prochaine. Comme il n'y a pas lieu de fe confier entiérement aux Mores, & qu'ils pourroient prendre des intelligences avec les Ternatois, on tient dans un petit fort, au-milieu de leurs villages, un Commis, un Sergeant & 17. foldats. Le nombre des Mores peut monter à 350. perfonnes.

Ourie & Affelouli font encore deux autres Négreries, proches, tout-de-même, l'une de l'autre, au bout occidental de l'ifle, habitées par des Mores, au nombre d'environ 150. Ils pourront fournir pour cette mouffon 30. bares de clou, & 70. pour la mouffon prochaine. Il y a auffi un petit fort, ocupé par 24. foldats, un Sergeant & un Affiftant, à qui les Mores livrent le clou quand il eft recüeilli.

Hatüa, Caylola & Cabeau, font trois Négreries dans l'ifle d'Oma, qui eft tout-proche d'Amboine, habitées par des Mores, qui avoient toujours été fous la juridiction du fort.

K 6   Mais

Mais au mois d'Août 1626. ils se donnérent aux Ternatois, sans avoir pu dire quelle raison ils en avoient, & quel étoit le sujet de leur mécontentement. Depuis ce tems-là ils sont demeurez en guerre avec les sujets du fort, les Ternatois leur prêtant du secours. Les habitans de ces trois Négreries montent à 1000, hommes.

Les trois autres bourgs, ou petites villes de cette isle, qui se nomment, Oma, Abora, & Crieu, sont sous l'obéissance du fort, & en reçoivent du secours. Les habitans en sont Chrétiens, montant seulement à 300. hommes.

Il y a dans l'isle d'Uleaster sept bourgs, ou petites villes qui sont régies par trois Rois, ou Roitelets. La Compagnie y a une loge, où elle entretient un Sergeant & 17. soldats, à la priére des habitans, & par ce moien on tient aussi l'isle en sujettion. Il y a environ 1500. personnes. Mais au côté oriental de l'isle il y a encore deux bourgs & 5. villages, habitez par des Mores, qui tiennent plus pour les Ternatois que pour nous, & qui sont environ 600. personnes.

L'isle de Nosselau est la plus orientale, par raport à Amboine. Il y a aussi un Roi qu'on nomme le Roi de Titüai, qui a sous lui trois bourgs, dont les habitans sont Chrétiens, & au nombre de 1500. personnes, qui relèvent du fort d'Amboine. Tous ces insulaires ensemble tant d'Amboine, que des isles qui en dépendent, montent à 7460. hommes, outre les 1000. d'Oma qui se sont révoltez.

L'isle d'Amboine ni celles de sa dépendance ne fournissent que peu de clou. Mais depuis

puis 5. ou 6. ans on y a planté quantité de jeunes arbres, qui produiront dans 4. ou 5. ans, & qui font très-beaux.

Il y a encore une autre isle , qui gît proche de Borneo , dont tous les habitans font Mores. La Compagnie y a aussi un petit fort, qu'on y. a fait à leur requête , pour pouvoir résister à ceux du Bourg & de Ternate. On y tient un Sergeant & 18. soldats. Il ne s'y recüeille presque point de clou, mais elle est fort commode pour nos petits bâtimens, qui vont croiser fur les jonques Malaies & fur celles de Macassar, qui vont trafiquer à Cambelle, à Lohou , & à Manipe. Je n'y allai pas, parce-qu'elle est éloignée du fort , & que j'avois peu de loisir. Elle n'est pas forte , & il n'y a qu'une piéce de canon avec ses utensiles. Il n'y a dans toute l'isle que 400. hommes capables de porter les armes. Ils nous font fort afectionnez & fort soumis. Si l'on y envoioit quelques-uns de nos Ecclésiastiques, qui eussent du zèle , on les porteroit fans doute à embrasser le Christianisme.

La Compagnie à des sujets fur la côte de Céram , qui la reconnoissent de bouche ; mais qui de cœur tiennent pour les Ternatois. Canarie est au Nord de l'isle d'Oma, Il y a quelques Mores, & le reste des habitans est idolâtre. Ils ont été fous la domination des Portugais. On n'y trouve que du sagu. La Négrérie, est à une lieuë & demie de la côte.

Lomma Caïa est une autre Négrerie à 4. lieuës Est de Canarie. Tous les habitans font Mores, & quoi-qu'il foient fous le pouvoir de la Compagnie, ils font plus afectionnez aux

K 7

Ter-

Ternatois qu'à nous. Lattoi & Hollai font à 2. lieuës Eſt de Louina Caïa. Les habitans font Mores & afectionnez aux Ternatois, quoique foumis à la Compagnie. Quelque-Ponti, ou Hatoufieli, eſt une très-petite Négrerie, à 2. lieuës de Lattoi & Hollai. Coacqen eſt à 4. lieuës, Il y a eu un fort nommé Harderwijk : mais la crainte que les habitans ont des Ternatois, les tient quelquefois en balance, à-cauſe des menaces que ceux-ci leur font. Car quand ils ne peuvent les réduire comme ils veulent, ils les tuënt, ou enlèvent leurs enfans, & les élèvent dans l'eſclavage, prenant les filles pour leurs concubines, & lors-qu'ils en font las ils les chaſſent, ou les vendent. C'eſt ainſi que les Ternatois éxercent une tirannie auſſi brutale qu'inhumaine, & qu'ils font trembler tous les habitans de cette côte, qui aiment mieux leur demeurer aſſujettis, que d'être expoſez à leurs cruautés par les droits de la guerre. Ceux qui font encore fous la domination du fort d'Amboine montent à 600. hommes capables de porter les armes.

Outre cela, il y a plus avant dans l'iſle fix autres Négreries, dont la plupart des habitans font des païſans, tous idolâtres, au nombre d'environ 3000. hommes capables de porter les armes, qui reconnoiſſent le pouvoir de la Compagnie. Mais lors-qu'on les veut emploier pour le ſervice de leur propre païs, il faut les aller querir avec des corcorres ; parce-qu'ils habitent en des lieux montueux, & qu'ils n'ont jamais de bâtimens pour naviger.

Ils font fort redoutez dans tous les païs de leur voiſinage, non à-cauſe de leur valeur,
mais

mais parce-qu'ils y vont par petites troupes,
& se postent dans les montagnes, où ils vivent
de racines d'herbes, de serpens, de lesards,
de chauves-souris, & d'autres tels insectes.
Ils y demeurent ainsi quelques mois, se mettant autour du corps de fines écorces d'arbres
& de la mousse, si-bien qu'ils ressemblent à
des arbres. En cet état ils vont se mettre en
sentinelle, & lors-que leurs ennemis s'aprochent d'eux, les prenant pour des arbres, ils
les surprennent & les tuënt.

Cette ruse, & d'autres qu'ils ont encore, les
fait beaucoup redouter des sujets du fort, Mores & Chrétiens, qui n'osent sortir de leurs
montagnes, lors-qu'ils aprennent que les païsans sont sur pié pour de pareilles expéditions,
car ils croient qu'il est impossible de se défendre d'eux, & que pour le moins ils sont sor-
ciers; & c'est plus par la terreur dont ils sont
frapez, que par l'adresse, ou par le courage
de ces païsans, qu'ils en sont maltraitez.

Ainsi le Gouverneur prend un grand soin de
les retenir dans ses interêts, pour empêcher
les révoltes des autres, ou pour les lâcher contre ceux qui osent se révolter. Les Ternatois,
de leur côté, leur envoient des présens, pour
les gagner & se les soumettre; mais ils paroissent avoir plus de penchant pour nous que pour
eux. Ces soins qu'on prend de nous les soustraire, obligent nos gens de leur faire aussi
tous les ans des présens, & à l'ocasion on en
reçoit bien la recompense.

Le Gouverneur Gorcum avoit eu dessein d'envoier querir un nombre de ces païsans, & de
les mener dans l'isle d'Oma, pour soumettre
les

les trois Négreries rebelles, voulant auſſi lui-même y aller avec une Honie, ou flote de petits bâtimens, pour les ſerrer par mer. Mais comme les habitans de ces Négreries ſont des Mores, le Roi de Ternate prétend qu'ils ſoient ſes légitimes ſujets, parce-qu'ils étoient auſſi dans la rebellion contre les Portugais, lorsque l'Amiral E'tienne van der Hagen ſe rendit maître de leur fort d'Amboine, en vertu duquel fort, & des droits que les Portugais y avoient alors annèxez, la Compagnie tient toutes les petites iſles qu'elle poſſéde.

Comme donc ces trois Négreries, par leur révolte, n'étoient plus ſous le pouvoir des Portugais, lors-que leur fort fut conquis par les Hollandois, le Roi de Ternate prétend que nous n'avons aucun droit ſur eux. Au-reſte c'eſt une afaire que le Gouverneur ne veut pas preſſer, pendant-que les autres afaires demeurent dans l'état où elles ſont, quoi-que celle-ci donne quelque atéinte à la réputation de la Compagnie. Mais on aime encore mieux avoir le clou de girofle, dont nous ſerions privez, ſi l'on touchoit cette corde-là.

La choſe aïant été encore, depuis peu, miſe en délibération avec Willem Janſz Gouverneur du fort de Ternate, & avec moi, on a jugé à propos de ne pas donner cette ocaſion au Capitaine Hittou, de ne nous plus rien livrer; car d'ailleurs nous avions aſſez de monde pour réduire les trois Négreries ſous l'obéiſſance du fort. Mais l'on a mieux aimé la livraiſon du clou de Hittou, & l'eſpérance d'avoir encore tout celui de la côte de Céram, que la poſſeſſion de ces trois bourgs.

Il y a trois autres Négreries le long de la côte de Céram, à l'Est de Coacq, dont les habitans, quoi-que Mores, ont prêté le serment de fidélité au fort, plus par crainte que par afection, parce-que leur croïance les unit avec les Ternatois; si-bien qu'on ne peut nullement se fier sur eux. Il y a 660. hommes capables de porter les armes.

Il y en a 4. autres plus éloignées de la côte, qui reconnoissent relever du fort, mais qui n'obéissent qu'autant qu'il leur plaît. On ne sait pas précisément quel est le nombre des habitans.

Toutes ces Négreries seroient soumises, & demeureroient dans l'obéissance & dans la fidélité, fournissant plus de 5000. hommes capables de porter les armes, si l'on pouvoit chasser les Ternatois de Lucielle, de Lohou, & de Cambelle. On peut demander si la chose en vaudroit la peine, & de quelle utilité il seroit à la Compagnie d'afermir & d'étendre sa domination sur ce peuple, dans le païs duquel il n'y a que du sagu, & très-peu de clou.

Je répons qu'il faut considérer que les Ternatois, s'étant un peu relevez par le secours de la Compagnie, du misérable état où ils avoient été réduits par les Portugais & par le Roi de Tidore, n'ont pas eu si-tôt commencé à respirer, & à être plus à leur aise, que pour reconnoissance envers leurs protecteurs, ils ont emploié toutes sortes d'artifices, afin de leur faire du tort & de les afoiblir; dans l'espérance que leur aïant suscité beaucoup d'afaires, ils pourroient devenir les maîtres, & dominer comme ils ont fait autrefois.

On

On connoît donc leurs pratiques , & l'on peut diffimuler pour un tems , mais enfin on ne pourra s'empêcher d'en venir à un éclat, & de fe faire la guerre ; & alors on aura befoin des fujets de Céram. Car s'ils étoient du parti des Ternatois, il n'y auroit pas moien d'être avec quelque fureté dans l'ifle d'Amboine , & bien-moins dans celles de fa dépendance. C'eft à quoi il faut parer du-moins autant qu'il fera poffible : car les Ternatois ont affez de prétextes pour former des prétentions fur ces ifles, & fur Amboine même , ainfi qu'ils font à l'égard des trois Négreries d'Oma , dont ils fe font mis en poffeffion , pour le recouvrement defquelles on n'aura pas plûtôt fait quelque démarche , qu'ils leveront le mafque , & ils ne fe donneront aucun repos, qu'ils n'aïent remporté de grands avantages fur nous , ainfi qu'on la déja connu par expérience.

Voilà l'état des afaires à notre égard. Parlons en maintenant par raport aux Ternatois. Ils ont un lieu de réfidence fur la côte de Céram au Nord-ouëft de Hittou , dans une place nommée Lucielle , où il y a environ 90. familles. Elle eft fituée fur une montagne, & l'on ne fauroit y aborder par-devant ; mais on peut aller par-derriére chercher un chemin où fix perfonnes peuvent monter de front, & qui n'eft pas bien connu à nos gens. Ils ont là 2. ou 3. piéces de canon de fer. Il y a un Commandant, ou Gouverneur, de la part du Roi de Ternate , & environ 90. hommes capables de porter les armes. Sous ce Gouverneur font les bourgs fuivans.

Lohou d'où relèvent les villages d'Augen &
de

de Locki. On y recüeille beaucoup de clou.
Dans la grande mouſſon précédente il y en eut
400. bares. Il y a du ſagu ſufiſamment pour
les habitans, qui ſont au nombre de 2500.
hommes. Thiel eſt à la pointe la plus méridionale de Céram. Pendant la mouſſon d'Oüeſt,
on y peut ancrer ſur 40. ou 50. braſſes, mais
on n'eſt qu'à une portée de mouſquet du rivage. On n'y recüeille point de clou: il y a environ 200. hommes.

Cambelle & Liſſidi n'en ſont pas loin. Dans
une grande mouſſon on y trouve 3. à 4. cents
bares de clou. Mais depuis que le Gouverneur
Speult, ou l'Amiral Huigen chaſſérent les habitans, & firent gâter beaucoup de leurs arbres, ils ne prennent pas grande peine à en re-
cueillir, à-moins qu'il n'y aille des jonques,
qui en ofrent un bon prix. Cette année il eſt
allé trois jonques de Java & deux de Macaſſar
à Cambelle & à Liſſidi. Le Gouverneur d'Amboine a envoié le vaiſſeau *la Brille*, pour empêcher qu'on ne trafique avec elles. Nous
verrons ce qu'il fera. Les habitans ſont au
nombre de 1000. hommes.

Par le travers de Cambelle, du côté ſeptentrional, gît une iſle nommée Kelang, qui eſt
ſous le pouvoir de ceux de Cambelle & de Liſſidi. Il ne s'y recüeille point de clou. Les habitans qui ſont au nombre de 400. hommes vivent de rapines & de pirateries. Ce ſont là les
principaux endroits qui incommodent l'iſle
d'Amboine. On peut bien compter qu'ils ne
ſe donneront point de repos qu'ils n'aïent réduit les Chrétiens ſous leur obéiſſance, & à
embraſſer la croïance des Mores; & qu'ils feront

ront monter le clou , s'ils peuvent à 100. ou
120. réales la bare ; parce-que les habitans
de Macaſſar iront le prendre , ſi on ne les en
empêche.

Tous ces Behaveſos ont à Amboine un ami
conſidérable , qui ſe nomme le Capitaine Hittou , dont la juridiction s'étend depuis les 3.
Fréres à l'Oueſt, juſqu'à la Négrerie de Thiel
à l'Eſt , ce qui fait une grande partie de l'iſle;
& il a ſous lui plus de 3000. hommes. Ce Capitaine eſt le plus expérimenté de tous les inſulaires. Il ſait admirablement diſſimuler , &
compte ſi-fort ſur ſon adreſſe , qu'il s'imagine
ſe diſculper toujours auprès de nous , & que
nous ne ſavons rien de ſes menées , qu'il faut
que nous ſoufrions , faute de pouvoir pour l'en
châtier.

Ainſi nous agiſſons avec lui comme ſi nous
le tenions pour un honnête homme , & par ce
moien nous l'engageons à nous livrer du clou.
Sans cela il ne nous en fourniroit pas plus que
font ceux de Lohou & de Cambelle. Cette année il eſt ici venu devant Hittou 4. jonques de
Java , à qui il ne voudra rien livrer , afin de
ſe maintenir en crédit auprès de nous. Mais
il ne laiſſera pas d'épier l'ocaſion de les mener
de nuit ſur la côte de Céram , à Cambelle &
à Liſſidi , où il leur en fera vendre ce qu'il y
en aura , hormis ceux qui ſeront à ſa Négrerie,
afin de ne paroître pas coupable.

Avant la venuë de nos deux vaiſſeaux *Orange* & *la Brille* , il paroiſſoit fâcheux, & de mau-
vaiſe humeur contre nos gens ; mais quand il
ſut qu'ils avoient amené des ſoldats, il ſe mo-
déra un peu , & commença de faire ſa livraiſon.

fon. J'y ai été depuis le 19. de Mars 1627.
jufques au 7. de Mai fuivant, & pendant ce
tems-là il en a livré 80. bares, faifant efpérer
qu'il en livreroit jufqu'à 300. Il eft, avec juftice, comme le refte des habitans d'Amboine,
fujet du fort ; mais il y a longtems qu'il ne
prend que la qualité d'allié des Hollandois ; &
on le foufre, afin-que fe regardant fur le pié
de ceux de Lohou, de Cambelle & de Liffidi, il les oblige auffi à faire comme lui.

Ce font là nos ennemis fecrets, qui font fouvent des affemblées en cacherte & des confpi-
rations, fans qu'on puiffe les furprendre. Chacun n'entreprend rien en particulier contre
nous qu'il ne le communique aux autres. Ils
ont correfpondance enfemble, & avec le Roi
de Ternate, qui leur promet depuis deux ans
de fe joindre à eux, & de venir nous ataquer
dans l'ifle, fe perfuadant qu'il eft en droit de
le faire :

Premiérement parce-que le Gouverneur
Jean Speult fit agir les équipages de la flote,
pour ruïner & rendre infertiles tous les lieux
qui relevoient de lui, & pour détruire fes villes. Secondement, parce-que les Hollandois
vouloient introduire leur monnoie, pour paier
le clou. En troifiême lieu, parce-qu'ils violoient
les privileges de fes rades, en y prenant les jonques de Macaffar. En quatrième lieu, parce-
que Speult avant fon départ, avoit voulu gé-
ner les habitans des conquêtes de la Compagnie à une plus grande obéiffance qu'ils ne fe
croioient tenus de la rendre ; ce que les Ternatois ne prétendent pas foufrir à l'égard des
habitans de la côte de Céram, qu'ils regar-

dent

dent toujours comme leurs sujets; & ils leur
font tous les ans espérer que leur Roi envoiera une grosse flote de corcorres à leur secours;
ce qui ne manquera pas d'ariver si les différens qui sont entre lui & le Gouverneur ne s'ac-
commodent, & les afaires de la Compagnie
n'en iroient pas mieux.

Pour détruire tous ces desseins, il me semble qu'il n'y auroit qu'à faire une bonne redoute à Larique, & une à Ourie, au-lieu qu'il
n'y a que deux très-petits forts, avec 4. piéces
du plus petit canon & un pierrier dans celui
de Larique, & une garnison de dix-sept soldats sous un Sergeant. Le petit fort d'Ourie
est encore en moins bon état. Il a été commencé par le Gouverneur Gorcum; mais les
fréquentes pluïes en ont fait ébouler la terre,
& ce qu'il y avoit d'ouvrages est presque ruïné. Il n'y à que 2. piéces de canon, un Sergeant & 24. soldats.

On a grand interêt à conserver ces deux
places, puis-que la conservation de tout ce que
la Compagnie posséde, en dépend. C'est par
leur moien qu'on en tire du clou, & on en
tirera toujours tant qu'elles subsisteront, quoi-
que la plupart de ceux qui en relèvent soient
Mores. Cependant ils sont les objets des éforts
& des tentatives des Ternatois & du Capitaine Hittou, & l'on doit bien y prendre
garde.

Le Gouverneur Gorcum est d'avis qu'il y faut
faire des redoutes, ainsi-que dans tous les autres forts, & l'on n'y mettroit que sept ou huit
hommes. Cela est bien pensé, car par ce moien
on auroit au fort d'Amboine 60. à 70. hommes

mes plus qu'il n'y en a préfentement , . & on les trouveroit pour s'en fervir au befoin, au lieu qu'il en faut beaucoup envoier dans tous ces petits forts. D'ailleurs les habitáns feroient bien contens qu'on fît dans chaque lieu une redoute , ou maifon bâtie de pierre, & cela coûteroit peu à la Compagnie ; car il n'y au roit à paier que les maffons, les charpentiers, & les forgerons. Les Noirs feroient eux-mê mes le refte.

La maifon bâtie de pierre qui eft à Hatüa, dans l'ifle d'Oma , où nos gens font préfente ment en fureté , n'a coûté à la Compagnie que 306. livres , & je croi qu'il n'en coûte roit guéres plus ailleurs ; & le fort d'Ourie a déja coûté plus de 3900. livres ; le fort de Pas en coûte plus de 700. Mais il y a préfente ment à ce dernier fort une maifon de maffon nerie, qui eft prefque achevée, & qui du cô té de la mer, où elle a fon afpect, eft entou rée d'une grande demi-lune , qui étend fes pointes fi-avant, qu'elles embraffent le bâti ment entier. Le tout eft d'une bonne maffon nerie à chaux & à fable. Il y a 4. piéces de canon, un Sergeant & 22. foldats, & la pla ce eft en état de défenfe auffi-bien contre les Européens que contre les Ternatois, quand ils n'auront point de canon.

On mettroit aifément ces places en fureté, fi c'étoit là que fe recüeillît le clou. Mais dans tous les lieux où l'on a des forts il ne s'en recüeil le que très-peu, hormis à Larique & à Ourie.

La plus grande quantité des girofles d'Am boine eft dans la juridiction de Hittou, qui compofe une petite république particuliére ,

laquelle

laquelle eſt en alliance avec les habitans de la côte de Céram, où il en croît beaucoup. Suivant le Traité fait avec eux, il ſont obligez de nous le donner bien conditioné, à 60. réales de huit la bare Portugaiſe, quoi-qu'ils ne l'aïent pas fait depuis pluſieurs années. Ils l'ont vendu aux étrangers 100. réales & juſqu'à 120. ce qui eſt un apas pour eux qu'on ne leur fera pas aiſément abandonner, & ſi l'on veut l'avoir au prix dont on eſt convenu, il faudra deſormais les y ranger par l'autorité & par la force. Sans cela il ne faut pas eſpérer qu'ils nous en livrent. Les remontrances n'y ont rien fait, & n'y feront rien ; tant qu'ils trouveront un ſou plus qu'on ne leur veut donner.

Pour les amener au point où on les déſire, il faudroit commencencer par chaſſer les négocians étrangers, Malaies, Javanois, & ceux de Macaſſar. Quand même ils ſeroient déja dans les ports, il faudroit les y aller enlever, ou les y brûler. Cela ſe peut aiſément exécuter, dans la plupart des havres, ainſi que j'en ai été informé. Il n'y a qu'à regarder ſi l'on veut ſoutenir la guerre contre eux, en cas qu'ils vinſſent à la déclarer, ainſi-qu'il y a beaucoup d'aparence.

Cependant c'eſt l'unique moien de rétablir les afaires en ce païs-là. Autrement il ne faut plus eſpérer de clou de la côte de Céram, quelque beau ſemblant qu'on nous y faſſe. Il eſt vrai qu'on ne viole pas les rades & les ports; mais c'eſt lors-qu'on n'a point de raiſon valable pour le faire, comme eſt celle du violement de la foi des Traitez, ſur-tout quand

ils

ils ont été suivis d'une éxécution qui a duré longtems. Ceux de Ternate, de Lohou, de Cambelle & de Liffidi, ne nous tiennent aucune parole, & ne fe croient pas obligez d'en tenir, parce-qu'ils nous regardent comme des infidelles. Ils ne trafiquent pas avec nous comme avec des alliez, & fur le pié de l'alliance: ils n'y trafiquent que pour leur profit, & s'ils croient qu'il n'y en a point pour eux ils fe moquent des Traités. Ils s'en fervent bien, & veulent que nous les obfervions dans les points qui leur font avantageux ; mais pour ceux qui nous le font, ils n'en veulent pas entendre parler.

Ainfi ils vendent volontiers leur clou au plus ofrant; ils opriment nos fujets Chrétiens; ils débauchent nos fujets Mores; ils enlèvent les uns & les autres, comme il ariva dans le tems que j'y féjournai. Un champan d'Amboine fortit pour aller pêcher : il y avoit deux de nos Bourgeois & 7. autres tant Chinois qu'efclaves Noirs. Ils allérent à l'ifle de Noffelan, fur la côte de Céram. Quatre corcorres de l'ifle de Boano, qui apartient au Roi de Ternate, allérent une nuit les prendre, tuérent les deux Hollandois, & firent prifonniers les Chinois & les efclaves. Il fallut les reclamer, & on les fit rendre après cinq jours de prifon. Cependant il en avoit coûté la vie aux deux Hollandois.

Ce fut inutilement que le Gouverneur Gorcum envoia demander juftice à Kimalaha Liliatte, Gouverneur de Lohou pour le Roi de Ternate, qui réfide à Lucielle. Il s'excufa fur ce qu'il ne favoit ce que c'étoit, & prétendit

L

que

que l'excufe fût bonne, promettant pourtant
que s'il pouvoit être bien informé de la vérité du fait, il en feroit raifon. Ce fut tout ce
qu'on en eut, & quelque follicitation qu'on fît
depuis, on ne put rien obtenir de plus. Des
incidens à-peu-près femblables arivent tous
les jours.

Le Confeil s'étant affemblé à Amboine pour
délibérer fur les moiens qu'il y auroit de pourvoir à ces defordres, & fi l'on devoit fe ré-
foudre à la guerre, on trouva de trop grands
inconvéniens à prendre ce parti. Il fut donc
réfolu qu'on prendroit patience encore quelque tems, & qu'on fermeroit les yeux fur la
conduite des infulaires, jufques-à-ce qu'on
eût des forces fufifantes pour les mettre à la
raifon: que néanmoins on feroit toutes les inf-
tances poffibles pour obliger Kimalaha Liliatte à faire juftice du meurtre nouvellement
commis par ceux de Boano: que s'il n'avoit
point d'égard à nos requêtes, on atendroit une
ocafion favorable pour ufer de repréfailles:
que cependant on ne feroit paroître aucun ref-
fentiment contre luy, ni contre le Capitaine
Hittou, afin que la livraifon du clou de Hittou, nous puiffe être faite, l'aparence étant
qu'il y en aura une très-bonne recolte.

Jamais les afaires de la Compagnie n'iront
tout-à-fait bien, que toute l'ifle d'Amboine ne
lui foit foumife. En ce cas on en pourroit tirer 600. bares de clou par an. Mais on ne reüf-
fira dans ce deffein qu'en extirpant les Mores,
& les contraignant d'abandonner; & en in-
troduifant de nouveaux Chrétiens à leur place.
Ce feroit le vrai moien de tenir en bride ceux
de Céram.   Pour

Pour cet éfet, je croi qu'il faudroit mener
1000. hommes à Amboine, & les y faire séjourner 5. ou 6. mois. Ils sufiroient avec les
autres insulaires qui nous sont afectionnez,
pour en chasser le Capitaine Hittou, non-obstant le secours que lui donneroient ceux de
Cambelle. Il est vrai que quand on l'auroit
chassé, & ceux de sa faction, il faudroit sans
doute cinq ou six ans pour repeupler l'isle d'environ 2400. hommes pour le moins, non-seulement afin de recüeillir les cloux, mais pour
s'oposer aux entreprises du Capitaine & de sa
faction.

Car il faudroit faire son compte que dans
les commencemens ils feroient tous les éforts
imaginables pour rentrer dans leur païs, duquel ils ne perdroient pas aisément le souvenir,
non-plus qu'ont fait ceux de Banda, & ils seroient puissamment aidez par les Ternatois. Il
faut donc, avant-que de mettre la main à l'œuvre, préparer un nombre de Chrétiens pour
remplir la place des Mores qu'on chasseroit,
& c'est par là qu'il faut commencer : car d'entretenir une si-grosse garnison pendant tant
d'années, il y auroit bien plus de perte que
de gain.

Le Gouverneur Gorcum a fait un réglement
fort utile en obligeant chaque homme des sujets du fort de planter & cultiver dix girofles
par année: car l'isle se peuplera bientôt de ces
arbres, & dans dix ans on y recüeillera une
grande quantité de clou. Ce n'est pas qu'il n'y
ait déja beaucoup d'arbres, mais ils sont jeunes, & ne portent pas encore du fruit comme
ceux de Hittou, d'autant-plus que le terrein

L 2

où

où ils sont n'est pas si-bon. Car autour du fort
le fonds est sablonneux, & les girofles n'y croissent pas bien, au-lieu que plus avant dant l'isle, il est beaucoup meilleur.

Le feu Gouverneur Speult fit planter 4000.
cocos dans une enceinte de terre, afin-qu'on
pût avoir une bonne provision de noix ; mais
ils sont péris pour la plupart, n'en étant demeuré que six à sept cents, parce-que non-plus que
les girofles ils ne croissent pas bien dans les sa-
bles. On a aussi fait deux jardins où il y a 30.
ou 40. orangers. Les girofles produisent beaucoup une année, & moins l'année suivante.
L'année que ceux de Hittou produisent bien,
ceux du reste de l'isle ne produisent pas, de-
sorte que comme la fertilité doit être cette année à Hittou, on perdroit beaucoup si l'on
n'en avoit pas la recolte.

Il y a 3. Conseils établis à Amboine, le
Conseil d'Etat, le Conseil de Justice, & le
Conseil journalier. Le premier est composé
de 15. personnes tous Chrétiens. Il juge sou-
verainement toutes les afaires civiles & criminelles, & tous les sujets sont obligez de s'y
soumettre. Le Conseil de Justice est composé
de six personnes ; & le Conseil journalier de
six. Celui-ci connoît des afaires tant des soldats que de la Bourgeoisie : l'instruction s'en
fait devant lui ; & quand elles sont en état de
juger, il les raporte au Conseil de Justice.

Les frais des garnisons d'Amboine, & des
comptoirs en dépendans, ont monté cette année à 438394. livres en y comprenant 30000.
livres qui ont été avancées à ceux de Hittou
sur le clou, & qu'aparemment on ne retirera
                                                    pas.

pas. Il y en a auffi quelque chofe d'avancé aux
Bourgeois Hollandois, & à quelques Chinois,
qui ne s'inquiétent pas fort de paier. Il y a
plus de 600. perfonnes à Amboine qui tirent
des gages de la Compagnie. Le Gouverneur
tire 200. livres par mois. Elle nourrit 308.
efclaves qui ne reçoivent point de gages.

En général les frais qui fe font, font pour
l'entretien des garnifons; pour les préfens qu'on
eft obligé de faire; pour les E'coles & les E'tu-
dians; pour l'hopital où les pauvres font entretenus; pour les fortifications; pour l'E'glife
d'Amboine; pour les rançons générales; pour
les foldes générales; pour l'entretien du vaiffeau *Munnikendam*, pour celui de 2. yachts,
& d'une frégate: fans y comprendre ceux qui
fe font pour deux vaiffeaux qu'on y envoie tous
les ans de Batavia, chargez de vivres & de
munitions de guerre, & qui emportent à Batavia le clou qu'on a recüeilli.

Les droits qu'on lève font fur le vin, fur
l'entrée & la fortie des marchandifes, fur les
beftiaux; la capitation fur les Chinois; les
droits fur les Cabarettiers, fur les diftillateurs
d'arack, fur les maifons qui fe vendent, fur
les cocos, & fur les.…… Ils ont monté cette
année à 13947. livres. Les frais extraordinaires qui fe font dans les ménages, & ceux des
feftins ne font pas fur le compte de la Compagnie. Elle ne fournit que les rations, &
rien de plus.

La Réligion & la propagation de la Foi
Chrétienne, ne font pas ici de fi grands progrès que beaucoup de gens fe l'imaginent, ni
à proportion du zèle que la Compagnie tê-

L 3

moigne

moigne pour cet éfet, & des frais qu'elle fu-
porte, car elle paie plus de 500. livres par
mois pour les Ecclésiastiques & pour les Maîtres d'E'cole. Le Dimanche on fait dans l'E-
glise les éxercices de dévotion, où il ne paroît que trop que ceux qui font au service de
la Compagnie, non-plus que les autres, n'affistent que par coutume, & par néceffité, &
non par zèle.

Les Bourgeois Hollandois qui font au nombre de plus de 80. & qui font redevables de
plus de 80000. livres à la Compagnie, fans
avoir de fonds pour la païer, trouvent néanmoins toujours affez d'argent pour aller boire,
& pour l'emploier en débauches, même le Dimanche, pendant-qu'on fait le fervice divin,
où il n'y en a que 8. ou 9. qui affistent ordinairement, & qui communient. Cependant
tous ces gens là devroient être en bon éxemple
aux infulaires, ainfi-qu'ils y font apellez.

Le Sermon en Hollandois dure avec le fervice depuis 8. jufqu'à 10. heures. Le Sermon
en langue Malaie commence à 10. heures &
demie & finit à 11. heures & demie. Il s'y
trouve environ 300. infulaires, hommes femmes & enfans; mais point de Hollandois, ou
très-peu. Le Pafteur étant en chaire catéchife
chaque Dimanche 5. ou 6. enfans, & s'aquitte fort bien de cette fonction. Mais c'eft là
tout: il n'y a plus de dévotion publique dans
toute la femaine.

Je ne fai pourquoi l'on ne fait pas plus d'é-
forts pour convertir les Mores qui font fous
l'obéiffance du fort, car fans doute ils ne
feroient pas tout-à-fait inutiles. On fatisfe-
roit

roit aux devoirs de sa conscience , & l'on y
trouveroit assurément des avantages temporels. J'ai même ouï dire qu'il y en a beaucoup
qui sont dans des dispositions favorables, &
qui écouteroient volontiers les instructions
qu'on leur pourroit donner. Le Consistoire
avoit une fois pris résolution de leur envoier
un Ecclésiastique qui demeurât parmi eux pour
leur parler , & les exhorter sans cesse ; mais
elle n'eut point d'éfet. Il est étonnant qu'on ne
prenne pas d'autres mesures pour faire réussir
un si grand ouvrage. Si ces gens-là retournent
sous la juridiction des Ternatois, ou du Capitaine Hittou , il n'y aura plus d'espérance de
les gagner.

Les habitans & les Mardicres qui habitent
autour du fort, font passablement leur devoir :
il y en a qui communient , & les autres s'instruisent ; mais ceux qui font dans les montagnes, ou dans les autres petites isles , demeurent en un pitoiable état. Les E'coles font assez bien servies. L'éducation que les enfans y
reçoivent, portera un jour des fruits dans l'E'glise, & dans le temporel. Le mal est qu'après que les Pasteurs & les Proposans ont été
là quelque tems , ils veulent se retirer ; &
ceux qui viennent en leur place passant des années à étudier la langue , cela recule beaucoup
les progrès de la jeunesse. M. Rogier qui fait
le service Malais demande présentement son
congé ; Ainsi il faudra que ce service cesse si
M. du Praat n'est pas en état de le faire, ou
s'il ne le veut pas faire.

Il y a 16. E'coles entretenuës à Amboine ,
& dans les isles de sa dépendance. On y man-

L 4

que

que de papier & de plumes: il faudroit y en envoier. Ce défaut fait que les enfans ne peuvent aprendre qu'à lire. Il y a encore un autre plus grand obstacle à leur avancement. Lors-qu'ils ont l'âge de 10. ou 11. ans, leurs parens ne les envoient plus à l'école, les retenant à la maison pour en tirer du service, & ils oublient tout ce qu'ils ont apris. Il faudroit les obliger à continuer de les y envoier, au-moins trois mois par an.

Il y a d'autres écoles & 18. Maîtres, tous Chrétiens de profession, qui ne sont pas gagez du fort, & qui sont dans les isles & dans les montagnes. Ces gens-là ont encore très-peu de lumiéres. Ils sont comme des roseaux agitez par les vents, faute d'être assez enracinez. Mais il n'y a pas lieu de s'en étonner. Personne ne leur donne d'instruction, les autres Maîtres d'école, qui ne manquent pas de zèle pour les instruire, n'aïant pas la facilité de s'exprimer & de se faire entendre, & gardant eux-mêmes encore des restes de sentimens & de pratiques païennes, faute d'une plus entiére & plus parfaite connoissance, qui ne leur est fournie d'aucun endroit.

Néanmoins quels que soient ces Chrétiens, tout imparfaits qu'on les trouve, quoi-que la plupart n'aient presque rien de plus que la profession du Christianisme, il semble que ce petit raïon de lumiére ne laisse pas de les éclairer assez pour leur faire apercevoir quelques traces des vertus. Car ils ont plus de bonne foi, & de douceur que n'en ont les Mores, & leur conversation est toute autre. Aussi nos gens s'y fient-ils beaucoup plus.

Voilà

Voilà ce que je puis dire touchant l'état où
j'ai trouvé les afaires d'Amboine &c. Fait à
bord du vaisseau Orange le 17. de Mai 1627.

Etat présent des isles Moluques, sous le gouver-
nement du Sieur Jaques le Fèvre établi par la
Compagnie des Indes Orientales, dressé par G.
Seyst l'An 1627.

APRE'S-QUE l'*Orange* où j'étois embarqué, eut pris terre à Maleie, je débarquai le
23. de Mai, & apris du Sieur Jaques le Fèvre, Gouverneur de ce fort, que le Roi de Tidore étoit mort, & que Kitchiel Garrilamma
son fils, lui avoit succédé: que Kitchiel Ham-
sa, autrement Don Pedro de Cunka, frére du
Gougou & du Capitaine Laud, étoit revenu
depuis 3. mois par Gammalamma à Maleie,
après avoir été 23. ans en prison aux Manilles.
   J'apris aussi que les Ternatois avoient fait
la paix avec les Espagnols & avec le Roi de
Tidore: mais qu'il y avoit aparence qu'ils ne
seroient pas longtems sans guerre avec ces derniers, parce-que Kitchiel Ali avoit pris le
22. d'Avril précédent, à Ganinenorre, une
pirogue de Macassar, avec 30. personnes, qui
portoient des lettres au Roi de Tidore: qu'il
en avoit tué un homme: qu'il avoit fait les autres prisonniers, les aïant amenez à Maleie,
où il les tenoit encore resserrez: que les Ternatois, aïant depuis envoié deux corcorres à
Tidore avec des présens, pour contribuer à
la pompe des funérailles du Roi, selon la coutume, les Tidorois, par représailles de la
violence faite à ceux de Macassar, s'étoient em-

L 5

parez

parez des deux corcorres, & avoient arrêté les Ternatois prisonniers, avec déclaration qu'ils ne les relâcheroient pas, que tous les prisonniers de Macassar n'eussent été délivrez, & qu'on n'eût restitué tout ce qui leur avoit été pris, à quoi les Ternatois ne vouloient point entendre.

On me dit encore que le Gouverneur, & tous les Commandans Ternatois s'étant assemblez avoient résolu de déclarer la guerre à ceux de Tidore : qu'en conséquence le Roi avoit fait publier qu'on ne permît à aucun Tidorois d'aller a Machian, & qu'on eût à tuer ceux qui iroient, après la publication de la défence; & la chose étoit encore sur ce même pié lors de mon départ.

Je fis les mêmes démarches que j'avois faites à Amboine, montrant ma commission au Gouverneur & lui demandant main forte. Je visitai les livres; je fis les observations nécessaires, & je trouvai le tout en bon état, ainsi qu'il paroîtra à ceux qui les verront, & à qui je les envoie avec ces présentes.

J'ai trouvé le fort d'Orange, ou de Maleïe, en bon état, avec 4. bons bastions de maçonnerie à chaux & à sable, étant à une demi-portée de mousquet les uns des autres. Le fort est muni de 4. piéces de gros canon de fonte, de 6. autres aussi de fonte, & de 23. de fer. Le petit fort de Talucco, qui est au Nord de Maleïe, à une demi-portée de canon, sur la croupe d'une montagne, est gardé par un Caporal, qui envoie tous les mois quérir les rations à Maleïe pour lui & pour sa troupe qui est de 22. soldats. Le fort est de maçonnerie à chaux

& à

& à sable, & il y a six piéces de canon, outre les pierriers qui sont dans l'une & l'autre
place.

Du côté de la mer, proche du gros bastion
d'Orange, il y a un fort grand édifice, où le
Gouverneur & les autres Oficiers font leur résidence, & où il y a de très-beaux magasins.
Aux deux bouts de cet édifice il y a deux autres bâtimens, qui servent encore de magasins, l'un pour les vivres, l'autre pour les toiles & pour les autres marchandises, aussi-bien
que pour les deniers comptans, & autres bons
éfets.

Dans l'enceinte du fort habitent environ 50.
familles, 26. de Hollandois mariez, 5. de
Japonois, 4. de Pampangres, 10. de Bourgeois libres, & quelques Espagnols & Négres
transfuges.

Tous les Mardicres qui sont Chrétiens, & sous
notre obéissance, habitent au côté méridional
du fort, dans un espace renfermé de palissades, où ils ont assez de commodités. Ils y
composent une belle Négrerie, où il y a deux
ruës qui se croisent.

Il y a 30. familles de ces Mardicres qui s'entretiennent de leur travail, sans être au service de la Compagnie. Les 90. autres sont à ses
gages. On donne à chacune 5. réales par mois,
dont il faut que vivent le mari, la femme &
les enfans. Ils sont obligez de faire, sans exception, tout ce qui leur est commandé, & la Compagnie en tire de grands services. Sans eux on
auroit de la peine à se maintenir. On les fait
travailler aux fortifications. Ils abattent &
vont querir le bois, pour les édifices & pour

L 6   les

les conſtructions des vaiſſeaux ; planches, poutres, ſoliveaux, éparres ; & le bois de chaufage, pour le Gouverneur, pour les ſoldats,
pour eux-mêmes. Dans ces ocaſions on leur
donne une eſcorte de 40. à 50. ſoldats, parce-
que les ennemis, qui ſont ſi-proche, ne manqueroient pas de les inſulter. Ils travaillent
encore à dreſſer les poutres, à faire des afûts
de canon, à faire des rouës. En un mot on en
tire beaucoup d'ouvrage.

Le Roi de Ternate & ſes ſujets font leur réſidence hors de notre fortereſſe entre Maleïe
& Talucco, le long de la côte, proche de laquelle il y a une chaîne de roches. La place
de Maleïe n'eſt pas moins forte par ſa ſituation
que par ſes ouvrages. Elle eſt ſur le bord de
la mer. A la vérité le terrein s'élève un peu
en talus au-delà du fort, mais non-pas tant
que cela le puiſſe beaucoup incommoder. Le
côté du Sud, qui regarde Gammalamma, eſt
défendu par un marais, au-travers duquel on
auroit de la peine à faire paſſer du canon. Le
côté du Nord, où les Ternatois ſe ſont établis,
n'y donne pas beaucoup plus de facilité, à-
moins qu'on ne fût maître de Talucco, qui
n'eſt pas ſi bien ſitué que Maleïe, vu-qu'il y a
une hauteur au-devant, d'où l'on peut voir dans
la place. Néanmoins ſi les Ternatois demeuroient dans nos interêts, ce qu'ils ne feront
que pendant qu'ils ne pourront faire autrement, il ne faudroit pas craindre que les Eſpagnols puſſent l'emporter. Mais il ne faut
nullement compter ſur eux.

Il y a des armes de réſerve à Maleïe pour
deux compagnies. Ainſi dans un beſoin, au
                                        defaut

defaut d'autres gens, on pourroit en armer les
Mardicres. On ne tire point de clou de ce
fort, parce-que les Ternatois ne veulent pas
se donner la peine d'en recüeillir. Ils veulent
nous persuader qu'ils gagnent plus à cultiver
leurs jardins & à pêcher. On n'a eu cette année que douze bares & 7. cattis de clou, qui
sont venus de Tacomma.

Les Espagnols qui sont présentement en paix
avec les Ternatois, savent quand on va faire
les recoltes, & en sont avertis. Ils vont sur
les lieux & achètent tout ce qu'ils trouvent,
à 100. ou 120. réales la bare; ce qui ne se peut
faire que du consentement du Gougou, du Capitaine Laud, & de Sooisives. Une fois que
la chose se fit assez hautement, ils prirent le
parti de nous prévenir, & de nous donner avis
qu'il étoit venu une corcorre à Tacomma, qui
y avoit amené des Marchands Espagnols, qui
avoient fait leur emplette. On y envoia sur
l'heure aussi une corcorre avec 40. hommes,
qui trouvérent que tout étoit fait, & que les
Marchands avoient enlevé le clou. Par cet avis
tardif, ou faux, les Seigneurs Ternatois s'ima-
ginérent qu'ils nous avoient dupez, en nous faisant accroire qu'ils étoient nos fidelles amis.
Ainsi le clou nous fut enlevé, & les Espagnols
l'eurent. La chose ariva le 26. de Juillet dernier.

Présentement qu'on leur propose la guerre
contre les Tidorois & contre les Espagnols,
ils disent qu'un seul vaisseau & le peu de gens
que nous avons ne sont pas capables de leur
donner le secours dont ils auroient besoin, &
qu'il vaut mieux qu'ils entretiennent la paix,

jusques-à-ce qu'il nous vienne d'autres forces de Batavia. Néanmoins la garnison de Maleïe se trouva être de 240. Blancs, tous en bonne disposition, sans les Mardicres.

Les frais de l'entretien de Maleïe & de Talucco, depuis le dernier de Février 1626. jusqu'à la même date 1627. montent a 96117. livres, pour la garnison, pour la solde, pour les présens, & pour les fortifications.

Nous avions apris en arivant, ainsi que nous avions déja fait par le vaisseau *Bonne Espérance*, qu'à Bachian, dans l'isle de Labova, le Sengogie & les autres principaux habitans de cette isle, avoient fait un complot pour se rendre maîtres du fort de Barnevelt, y massacrer nos gens, & livrer la place aux Espagnols. Dans cette vuë, ils envoiérent une pirogue avec des Députés à Gammalamma, demander du secours au Gouverneur pour l'éxécution de leur entreprise.

Le Gouverneur de Maleïe en aiant été averti, partit à bord du *Bonne Espérance*, pour prévenir ce coup, & s'étant rendu à Bachian, il fit arrêter cinq des principaux conspirateurs, qui furent dans la suite éxécutez à Maleïe, & leurs têtes furent mises aux bouts d'autant de pieux. Celles des quatre autres auteurs de cette conspiration furent mises à prix, chacune à soixante réales. Ils se sauvérent dans les montagnes avec plusieurs autres de leur faction.

Comme le Sieur Général de Batavia m'avoit donné ordre de faire la visite de Machian, aussi-bien que celle de Bachian, je partis de Maleïe le 16. de Juin, à bord de *l'Aigle*, en compagnie de *l'Orange*, qui étoit chargé de vivres

pour

pour un an, afin de les laisser à Machian, &
de charger en leur place le clou qu'on avoit eu
à Gnoffaquia, en atendant mon retour de Bachian. Ensuite nous devions aller encore de
compagnie, pour notre sureté, & pour celle de
nos cargaisons, prendre le clou qui étoit dans
les autres magasins, à Tabillola, à Taffaso &c.
car on n'osoit pas aller avec des chaloupes faire le tour de l'isle, de-crainte des Tidorois.

Le 25. de Juin, nous moüillâmes l'ancre à
Bachian sous le fort de Barnevelt. Nous sûmes que les Labovas, qui d'abord que leur
conspiration avoit été découverte, s'en étoient
fuis dans les montagnes, étoient retournez chez
eux, sans venir au fort, parce-que le reste des
principaux auteurs de la conspiration, la tête
de chacun desquels on avoit mise à 60. réales,
étoit parmi eux, & ils y avoient beaucoup
d'autorité.

Bachian de Crasto qui avoit été Chef des
Labovas, pendant la minorité du Sengogie,
n'avoit point eu de part à la conspiration;
mais il mourut très-peu de tems après, laissant deux jeunes fils. Dès-qu'il fut mort les
Labovas fugitifs allérent trouver de nuit, & à
heure induë, sa veuve, nommée Dona Hele-
na, & lui persuadérent de se retirer avec eux
dans les montagnes, lui ofrant de la reconnoître pour leur Souveraine, & de lui en faire
l'hommage.

L'ambition l'aiant aveuglée, elle les suivit,
abandonnant une belle maison qu'elle avoit
proche du fort, & elle emmena ses deux pé-
tits fils. Elle est encore présentement avec eux
dans la montagne, si-bien qu'il n'est demeuré
personne

perſonne de cette nation au fort, qu'une vieille femme de conſidération, nommée Leonora
Admiraals.

Lors-que nous fûmes arivez nous aprîmes
d'un Enſeigne, du Commis, & d'un autre,
que les Labovas atendoient avec impatience la
venuë du Gouverneur, ou de quelqu'un qui eût
commiſſion de lui, pour tâcher d'obtenir pardon de leur crime, tant pour les 4. proſcrits
que pour les autres, afin-qu'ils puſſent revenir
au fort comme auparavant. Sur cette ouverture nous jugeâmes à-propos de leur envoier
quelqu'un pour parlementer. Mais comme on
crut qu'il ne ſeroit pas aiſé de les rencontrer,
& qu'ils n'avoient rien fait ſans la participation du Roi de Bachian, qui ſans doute étoit
d'intelligence avec eux, & qui avoit deſſein
de les ranger ſous ſa juridiction, j'envoiai le
Fiſcal Daniel Ottens, qui étoit mon Aſſeſſeur,
& le Commis Vollenhove vers ce Roi, pour
le prier de nous donner deux de ſes ſujets qui
ſuſſent où les Labovas s'étoient retirez, pour
y conduire un de nos gens, qui iroit leur dire
de notre part que s'ils avoient des requêtes à
faire, ils pouvoient envoier des Députés, à qui
l'on donneroit un ſaufconduit.

Le Roi étant venu lui-même à notre comptoir nous donna deux de ſes gens pour acompagner notre Envoié, leur recommandant en
notre préſence de le mener au lieu où étoient
les Labovas, & de le faire parler à eux.

Le 29. l'Envoié étant revenu au fort, nous
dit qu'il avoit amené trois Députés, entre leſquels il y avoit un des proſcrits, nommé Juan
Gabeſidi: qu'encore-qu'il fût parti le Samedi
matin

matin à 10. heures, il n'avoit pu ariver que le Dimanche au soir au lieu de leur retraite, qui étoit tout de l'autre côté de l'isle, proche du détroit de Patience: que leur Négrerie est assez proche du rivage sur une hauteur: qu'ils l'ont beaucoup fortifiée: qu'ils ne voulurent pas permettre que ni lui ni aucuns des autres qui étoient avec lui en aprochassent: qu'ils faisoient sentinelle sur le rivage: que la sentinelle lui défendit de débarquer: qu'elle le fit demeurer dans sa pirogue jusqu'au jour: que le jour étant venu, 50. hommes Labovas, Mardicres & esclaves, parurent sur le rivage, avec leurs arcs, leurs fléches & d'autres armes: qu'il leur parla, & qu'ils convinrent d'envoier avec lui les trois Députés qu'il avoit amenez, & qui étoient allez trouver le Roi de Bachian.

Ce Roi, suivi des principaux de ses sujets, étant venu au fort le 30. du mois, avec les Députés, on leur dît qu'aiant apris qu'ils désiroient parler au Gouverneur, ou à quelqu'un de sa part, on leur avoit envoié un saufconduit, afin-qu'ils pussent venir déclarer librement ce qu'ils demandoient. Gabesidi, qui étoit bien le principal auteur de la conspiration, répondit qu'ils voudroient qu'on leur dît pourquoi on avoit enlevé leur Sengogie, & d'autres Chefs de leur troupe, & pourquoi on les avoit fait mourir?

On lui repliqua que c'étoit pour une raison qui lui étoit encore mieux connuë qu'à aucun autre, & que ceux qu'on avoit fait mourir avoient reconnuë juste: que s'ils en vouloient une explication plus particuliére, on la leur donneroit

neroit volontiers. Le Roi dît à Gabefidi qu'il n'étoit pas néceffaire de la demander, que le fait étoit trop notoire, & que c'étoit une chofe que perfonne n'ignoroit; de-forte qu'il ne pouffa pas fes queftions plus loin.

Il déclara qu'il étoit venu pour demander pardon pour lui & pour fa troupe. On lui dît que les fugitifs n'avoient qu'à revenir, qu'ils feroient auffi libres qu'ils l'avoient été auparavant moiennant qu'ils fe continffent dans l'obéiffance; que perfonne ne leur feroit d'infulte; qu'ils retourneroient habiter dans leurs quartiers, hormis les 4. profcrits.

On leur demanda en même temps, d'où venoit qu'ils demandoient pardon, puis-qu'ils foutenoient qu'ils n'avoient rien commis ni attenté? Sur cette queftion il y eut plufieurs raifons alléguées de part & d'autre, & enfuite on fe fépara jufqu'au lendemain, que je les mandai. Ils revinrent avec le Roi, le Capitaine Laud, & tous les gens de leur fuite. Après plufieurs nouvelles défenfes, ils reconnurent enfin que leur Sengogie & les autres complices avoient été fuppliciez avec juftice; dequoi quelques-uns d'entre eux avoient bonne connoiffance, aiant été emploiez par lui pour l'éxécution de fes deffeins, laquelle il ne pouvoit pas procurer tout feul, & que comme ils étoient naturellement fes fujets, ils n'avoient pas ofé lui défobéir. Enfin ils fupliérent que puis-que les plus coupables avoient été punis, on voulût fe contenter de ce châtiment, & acorder un pardon général aux autres.

On leur demanda fi, en cas qu'on leur pardon-

donnât, ils reviendroient tous inceſſamment
ſe remettre dans leurs habitations, ſous l'o-
béiſſance du fort, & ſous tel Chef qu'il plairoit au Sieur Gouverneur des Moluques de leur
donner. Cette propoſition ne leur plut nullement. Gabeſidi répondit qu'ils étoient ſous
l'obéiſſance du Roi de Bachian, qu'ils le re-
connoiſſoient pour leur Chef, & qu'ils n'en
vouloient point d'autre: qu'à l'égard de la Réligion ils iroient à l'Egliſe comme auparavant, qu'ils reviendroient habiter dans notre
quartier, & non dans celui des Mores: que de
tout tems ils avoient été ſujets du Roi de Bachian, comme ceux de de Machian l'étoient
du Roi de Ternate.

Le Roi & le Capitaine Laud furent fort ir-
ritez de de cette propoſition, ils s'emporté-
rent en paroles & en actions, frapant du pié
contre terre. Le Roi diſoit qu'il ne ſoufriroit
pas qu'on lui enlevât ainſi ſes ſujets, ſans droit
& ſans raiſon: que s'ils ne l'avoient pas été,
& ſi comme tels il n'avoit pas été obligé de
les épargner, il les auroit, en notre conſidération, abſolument détruits, & fait tous périr, lors-qu'il avoit été informé de leur aten-
tat: que cependant pour récompenſe de ſa bonne volonté nous voulions les lui ſouſtraire.

Nous lui prouvâmes clairement que la ſou-
veraineté ſur les Labovas nous apartenoit de
droit: qu'ils avoient été conquis par le Vice-amiral Simon Janſz Hoen: que depuis ce
tems-là ils avoient toujours vêcu ſons notre
obéiſſance, & non ſous la ſienne: qu'il pouvoit compter que nous ne ſoufririons jamais
qu'il nous en enlevât ſeulement un. Le Roi &
les

les Labovas se récriérent de toutes leurs forces, persistant dans leurs prétention, faisant
de grands bruits, se plaignant qu'on leur vouloit faire une injustice criante ; & ils s'en retournérent tous ensemble chez le Roi.

Après midi nous mandâmes encore le Capitaine Laud, & lui dîmes que nous étions
surpris de leur injuste procédé, & de ce qu'ils
avoient fait cesser la conférence du matin par
leurs cris, par leurs hurlemens, & par leurs
maniéres violentes ; que nous l'avions fait venir lui seul pour lui déclarer avec douceur,
& sans querelle ou emportement, que nous
prétendions que les Labovas aïant été vaincus
& soumis, étoient sous la domination du Prince de Hollande : qu'ils n'avoient point eu
d'autre maître depuis ce tems-là, & que tous
les habitans des Moluques en étoient témoins:
qu'ils avoient toujours été commandez par
les Hollandois, & non par le Roi de Bachian.

Ainsi nous le chargeâmes d'aller dire à son
Roi que nous étions résolus à maintenir notre autorité: que nous ne soufririons pas que
nos sujets nous fussent soustraits par lui, ou
par qui que ce fût : que c'étoit en-vain qu'il
prétendoit nous faire perdre notre droit par
ses pratiques, & qu'avant qu'il en vint à bout
il falloit qu'il comptât de pouvoir détruire notre fort jusqu'à la derniére pierre : qu'il n'avoit
qu'à prendre son parti, & à voir s'il vouloit
renoncer à l'alliance des Hollandois, en con-
tribuant à entretenir leurs sujets dans la rebellion, ou nous laisser agir contre eux sans
s'en mêler : que le lendemain le Fiscal iroit
demanー

demander réponce ; qu'en cas d'obstination il révoqueroit le saufconduit, & que les Labovas iroient rejoindre leur troupe, ou feroient ce qu'il leur plairoit.

Le lendemain 2. de Juillet, le Fiscal accompagné d'un Commis, d'un Enseigne, & d'un autre homme, alla trouver le Roi, pour lui réitérer ce qui avoit été dit au Capitaine Laud le jour précédent. Ce Prince & les Labovas aiant persisté dans leur résolution, il révoqua le saufconduit qui leur avoit été donné, à-moins qu'ils ne voulussent revenir pour se mettre dans l'obéissance, excepté néanmoins les quatre proscrits.

Il n'y a donc aucun lieu de douter que ce ne soit le Roi de Bachian qui les entretienne dans la rebellion, & qu'il ne les assiste dans les montagnes où ils se tiennent, pour les attirer ensuite dans ses négreries, à quoi il est de la derniére conséquence de s'oposer.

Lors-que je fus sur le point de partir j'allai prendre congé de ce Roi, & l'exhortai non seulement à ne se mêler plus des afaires des Labovas, mais aussi à nous donner du secours contre eux, ainsi qu'il y étoit obligé en qualité de notre allié ; à quoi il ne parut pas résolu, soutenant toûjours qu'ils étoient ses sujets, & qu'on vouloit le priver de ses droits. Je le priai d'envoier des palissades à notre fort, & des chaussetrapes pour l'en garnir en-dedans, & il me le promit.

Il me pria aussi de permettre qu'il envoiât au Sieur Général, à Batavia, une ambassade de 3. ou 4. personnes, pour demander le secours d'un ou de deux vaisseaux, afin d'aller

enle-

enlever quelques-uns de ſes ſujets rebelles qui étoient à Amboine, & parmi les Papoüas, reconnoiſſant qu'il n'avoit pas aſſez de forces pour l'entreprendre. Il demandoit encore deux ou trois piéces de petit canon de fonte, pour leſquelles il ofroit de donner du clou; & il vouloit faire repréſenter les droits qu'il avoit ſur les Labovas, & l'injuſtice qu'on lui faiſoit.

Je refuſai de prendre ſes Ambaſſadeurs, juſques-à-ce que j'en euſſe permiſſion du Général. Il vouloit même envoier un fauconneau à Batavia pour le faire refondre. Je lui dîs qu'on n'y fondoit point de canon. Enfin s'étant retranché à prier qu'on portât une lettre au Général, qui contint ſes plaintes & ſes raiſons, on y conſentit, & on lui envoia un Aſſiſtant, pour lui aider. C'eſt la lettre qui eſt dans ce préſent paquet.

Bachian eſt un Roïaume indépendant. C'eſt un grand païs déſert, abondant en ſagu, en fruits, en poiſſon, & en pluſieurs autres ſortes de vivres, mais mal-peuplé, les habitans ne pouvant armer que deux corcorres. Ce ſont des gens pareſſeux & fainéans, qui n'aiment que le plaiſir, & c'eſt par là que d'un aſſez puiſſant Roïaume, que cette iſle étoit autrefois, elle eſt tombée dans l'état où elle eſt préſentement. C'eſt auſſi par cette raiſon qu'on n'y recüeille que peu de clou, & que les girofles y ſont péris, quoi-qu'ils y croiſſent mieux qu'en aucun autre endroit.

La recolte y a été ſi-abondante cette année, que ſi les habitans avoient autant voulu s'apliquer au travail que font ceux de Machian,
ils

ils auroient aparemment, & selon l'opinion de ceux qui ont connoissance de l'état de l'isle, amassé plus de 300. barès de clou, au-lieu qu'ils n'en ont pu livrer que 27. bares; & il n'y en aura pas moins sans doute à la recolte prochaine.

J'ai envoié quelques-uns de nos gens visiter les arbres de Bachian & de Laboya, qui m'ont raporté qu'il n'y avoit jamais eu plus d'aparence d'une bonne recolte qu'il y en a présentement; mais que les insulaires de Bachian ne prennent aucun soin des arbres; qu'en cüeillant le fruit, ils rompent les branches pour l'avoir plus aisément; que néanmoins comme il y a quantité d'arbres cela n'empêcheroit pas qu'il n'y eût aussi quantité de fruit, si l'on prenoit soin de le recüeillir.

D'ailleurs le Roi incommode beaucoup ses sujets, les ocupant, autant qu'il peut, à luy bâtir des maisons qui lui sont inutiles, & à lui construire des corcorres & d'autres petits bâtimens, qui ne servent qu'à son divertissement, sans avoir aucun égard à la saison de la recolte, pendant laquelle il faut qu'ils emploient leur tems à ces sortes de choses, tout-de-même que quand ils en ont le loisir.

Ce qu'il y a de plus fâcheux est que ceux qui vont cüeillir le clou, n'osent le porter à notre Commis qu'ils n'aient été le présenter au Roi, qui le retient le plus souvent, & ne leur fait présent que de quelque chétif mouchoir ou morceau de toile, ne voulant pas établir un impôt fixe, afin d'en pouvoir ainsi user arbitrairement. Les habitans qui voient qu'il le porte lui-même au Commis, & qu'il en reçoit

le

le prix , ne veulent pas se donner la peine de travailler, pour lui en faire avoir le profit, pendant qu'ils demeurent dans une misére extrême.

Ce qu'on a eu de clou cette année , a été aporté au comptoir à la dérobée ; mais quand le Roi le découvre il punit très-rigoureusement ceux qui le font. Si dans le tems de la recolte le Commis va lui-même, ou envoie le prier de laisser aller ses sujets faire cet ouvrage ; il se plaint qu'il n'a point de gens, qu'il n'est point servi ; & il fait marcher des inspecteurs avec ceux à qui il donne permission, pour les empêcher de rien livrer à d'autres qu'à lui ; de-sorte qu'ils n'ont pas la même ardeur pour ce travail, qu'ils pourroient avoir si le profit leur en revenoit. Ils s'en excusent, & aiment mieux aller chercher du sagu, ou pêcher ; où s'ils y vont ils n'y veulent travailler que deux ou trois jours.

Ainsi c'est sur un faux prétexte que ce Roi, dans la lettre qu'il écrit au Général, demande le secours d'un ou de deux vaisseaux, pour enlever ses sujets qui se sont retirez ailleurs, disant que lors-qu'il les aura, il pourra fournir plus de clou. Outre-que ce n'est qu'un prétexte, & une illusion qu'il veut faire comme je l'ai déja dit, il n'est nullement à propos de lui procurer plus de forces qu'il n'en a, puisqu'il est dans de très-mauvaises dispositions, qui augmenteront à-mesure qu'il aura plus de pouvoir. On peut compter qu'il en usera en toutes ocasions comme il fait présentement au sujet des Labovas.

Si l'on vouloit emploier du bien & des vaisseaux

feaux à peupler cette isle, à-cause de sa bonté, & des grands avantages qu'on en peut retirer, il faudroit que ce fussent des gens qui
eussent fait quelque séjour à Batavia, & qui
y eussent été batisez, afin-qu'ils eussent pris
quelque raport d'humeur & de conduite avec
celle des gens de notre nation. Ils pourroient
inspirer leurs sentimens à ceux de Bachian, &
faire qu'ils se contiendroient sous notre obéissance.

On pourroit d'abord leur donner le païs des
Labovas, & les arbres qui y sont à cultiver,
puis-que par la conspiration que leur Sengogie & eux ont faite, ils en peuvent être légi-
timement chassez & dépossédez. On pourroit
leur imposer des tributs fixes, & faire par-ce
moien un établissement considérable. Mais il
ne faut pas que ce soient des habitans des Moluques, ni des isles voisines, ainsi que quelques-
uns le proposent, disant que s'il y avoit jour
à conquérir Colonge & Langii, on pourroit
en transporter les habitans à Bachian. Je répons qu'ils ne seroient propres ni pour Bachian, ni pour Amboine, & qu'ils ne pourroient l'être que pour Banda.

Les peuplades qu'on voudra faire dans ces
deux autres isles, doivent y être amenées de
loin, & des païs des idolâtres, où les gens qui
seroient tentez de déserter ne puissent retourner. Il faut que ces gens là n'aient jamais eu
de commerce ni de correspondance avec les
Mores, de-peûr qu'ils n'entrent dans leurs interêts, & qu'ils ne se liguent avec eux contre
nous. Si l'on pouvoit faire à Bachian une colonie de 800. à 1000. hommes avec leurs famil-

M

les,

les, il est certain qu'on en tireroit autant &
plus de clou par an , qu'on n'en tire de Machian & d'Amboine.

Le seul obstacle qui a empêché la Compagnie de joüir des avantages que promettent un
si bon païs, est la fainéantise des habitans jointe à l'opression qu'ils soufrent de la part de leur
Roi. Mais les Mores, qui nous haissent naturellement, à-cause de la Réligion , ne seroient
ni propres à les exciter au travail, pour-nous
complaire , ni à les tenir en bride ; & l'on
peut d'autant moins atendre cela d'eux , que
nous ne pouvons les y tenir eux-mêmes , puis
qu'ils ont le dessus , & que nous sommes contrains de les ménager.

Avec les profits qu'on feroit par le moien
d'une peuplade telle que je l'ai marquée , elle serviroit encore à mettre l'isle de Bachian
en sureté contre les Espagnols, qui sont toujours atentifs aux ocasions d'y retourner , &
d'y rétablir quelques familles Portugaises. Il
feroit même à-propos de commencer par la
colonie de cette isle , avant-que d'en envoier
une à Amboine; car la chose y réüssiroit facilement si l'on avoit assez de gens pour se faire
craindre des habitans, qui ne feroient pas alors
la moindre résistance. Mais il y auroit de grandes difficultés & des risques dans ce qu'on entreprendroit à Amboine.

Le peuple qu'on meneroit à Bachian y trouveroit assez largement dequoi subsister, quand
même il monteroit à plusieurs milliers d'hommes. C'est ce que les Espagnols considérent,
en faisant tous leurs éforts pour gagner le Roi,
& pour y introduire un certain nombre de Portugais

ugais avec une grande suite d'esclaves qu'ils
romettent d'y mener, & il est fort à crain-
re qu'ils ne le fassent à-présent que les Labovas se sont retirez dans les montagnes, proche
lu détroit de Patience, où ils entretiennent
correspondance ensemble. Il y a même depuis
longtems quelques-uns des Labovas à Tidore
& à Gammalamma, qui y sont demeurez avec
les Portugais, & ont embrassé le Christianisme. C'est par leur moien que l'intelligence
continuë.

Quand les habitans de Labova se déclarent
contre nous, il n'y a pas plus de sureté pour
nous dans leur païs, qu'il y en a pour les Espagnols dans celui de Maleie; car ils peuvent
facilement venir de nuit dans notre quartier,
& voir ce qui s'y passe, sans que personne s'en
aperçoive. Déja même il est arivé qu'ils nous
ont débauché 5. ou 6. esclaves & quelques Mardicres, qui ont déserté, & sont allez les joindre dans leur montagne, où ils leur aideront
à faire des conspirations, & à causer de grands
desordres. Ainsi il seroit à désirer qu'on pût
se passer des Labovas, & les chasser d'autour
du fort, même de toute l'isle, où ils nous rendront sans doute de grands déplaisirs, puis-qu'ils
n'ont pas voulu accepter le pardon que je leur
ai ofert, par l'avis du Sieur Gouverneur le
Fèvre. Je crains même, que quand on ne le
voudroit pas, on ne soit contraint d'agir contre eux, & de se rendre maîtres de leurs personnes, ou de les tuer dans l'action, ou de les
chasser, si l'on veut être en sureté. C'est à
quoi le Sieur Gouverneur se trouvera réduit.

Ils sont à-peu-près au nombre de 40. hom-

M 2

mes

mes armez de boucliers, de fabres, de fléches, d'arcs & de moufquets, & en-tout au nombre d'environ 120. perfonnes, femmes, enfans, efclaves & Mardicres.

Le fort de Barnevelt bâti par le Vice-amiral Hoen, eft en bon état. Les munitions de guerre y font dans un lieu convénable. L'eau n'y eft pas bonne; cependant en cas de befoin on pourroit s'en fervir. On va en prendre préfentement à la riviére, qui en eft à une portée de petit canon. On n'y fait aucun autre commerce que celui du clou qu'on y achète, avec un petit fonds d'argent & de toiles pour le paier. La loge du Commis eft auprès du fort, & l'on y laiffe des marchandifes autant qu'il en faut pour un mois. Le refte eft dans le fort même, où il y a auffi largement des munitions de bouche pour un an.

Il y a préfentement 46. perfonnes dans la place, quoi-qu'ordinairement il n'y en ait que 30. Mais depuis la revolte des Labovas on a renforcé la garnifon, dont les gages montent par mois à 689. livres. Il y a encore des efclaves dont fept qui font mariez, font au fervice de la Compagnie: il y a deux Bourgeois & environ 25. Chinois, avec 3. Mardicres libres, tous demeurans hors du fort: ils s'entretiennent de leur pêche, & du travail de leurs mains.

J'ai trouvé que le Commis n'a pas bien fait fon devoir à tenir les livres en bon ordre. Mais après avoir bien tout éxaminé j'ai vu que ce n'étoit que par pareffe & par ignorance, & non manque de bonne volonté, ou de probité, & qu'il n'a point voulu frauder la Compagnie,

ni

ni faire rien tourner à son profit ; au-contraire il a ofert que s'il y a quelque chose à dire,
on le prenne sur ses gages. Cependant cela ne
sufit pas. Sa négligence est dangereuse, & in-
compatible avec le commerce. A la fin il y
auroit dans ce comptoir une confusion à quoi
on ne pourroit plus remédier.

Si j'avois eu avec moi quelque homme capable, je l'y aurois laissé. Tout ce que j'ai
pu faire a été de fournir de bonnes instructions
à celui qui y est, & de l'exhorter bien à les
suivre, tant à l'égard des livres que des Labovas, & j'en ai donné copie au Sieur Gouverneur.

Le 6. de Juillet nous avons remis à la voile, & le 11. notre vaisseau nommé *l'Aigle* a
moüillé l'ancre à Machian, où nous avons
trouvé *l'Orange*, qui avoit chargé le clou qui
étoit à Gnofficquia. Comme le tems nous a
pressez nous y avons expédié promtement nos
afaires. Dans cette isle, qui a été conquise
par l'Amiral Paul van Caerden, il y a trois
forts, savoir, Gnofficquia au Nord, Taffaso
à l'Oüest, & Tabillola du côté de l'Est.

Le premier est sur une éminence qui a 300.
pas de hauteur, loin du rivage, & de difficile
accès. Il n'est pas d'une grande étenduë, mais
il est environné d'une muraille de massonnerie à chaux & à sable. Il commande la Négrerie des Mores qui en est proche, & que le canon peut battre aisément. Il y a des vivres pour
faire subsister longtems la garnison qui consiste dans un Lieutenant & 55. soldats.

Comme il n'est pas aisé d'y faire porter les
marchandises à-cause de la Compagnie, le

Gou-

Gouverneur le Fêvre a fait faire une maiſon
ſur le bord du rivage pour y mettre celles
qui ne ſont que pour l'iſle, avec les vivres &
les denrées. Cette maiſon eſt forte, bien apuïée
& étançonnée au-dedans, & il a y 4. piéces de
canon pour ſa défence. Le premier Commis
de l'iſle qui en commande les trois forts, y
fait ſa réſidence, avec tous ceux qui ſont emploiez au négoce.

Elle eſt environnée d'une paliſſade, au-dedans de laquelle il y a des logemens pour 20.
ſoldats qui y font la garde, & pour 33. Mardicres, tous au ſervice de la Compagnie, &
la plupart mariez, dont on arme fort-bien une
corcorre, pour aller à Taffaſo & à Tabillola, & qu'on emploie à toute ſorte de travail,
ainſi qu'on fait ceux de Maleïe. C'eſt là qu'on
fait les proviſions pour les autres forts, où on
les envoie en tems & lieu. C'eſt là auſſi que
ſe recüeille le meilleur clou de l'iſle. Le Sengogie de la Négrerie qui eſt ſous le fort, nous
eſt bien-plus afectionné que tous les autres :
il a auſſi plus de ſujets, & eſt regardé comme le plus grand Seigneur de l'iſle, au-dedans
& au-dehors. Le Roi de Ternate a épouſé une
de ſes filles.

Il y a des vivres à Gnofficquia, pour plus
d'un an, tant pour le fort, que pour ceux de
Taffaſo & de Tabillola, & du riſ pour plus
de trois ans. Ce premier eſt capable de réſiſter à tous les aſſauts paſſagers ; mais il ne
pourroit ſoutenir un ſiége de quelque durée,
parce-qu'on lui peut couper l'eau, qu'il faut
aller querir au bas, vers la maiſon qui eſt au
bord de la mer, à une grande portée de mouſquet.

quet. Il seroit bon d'y faire une cîterne, qui pût contenir de l'eau pour 2. ou 3. mois. Alors il n'y auroit plus rien à craindre.

Taffaso est aussi entouré de massonnerie: il est un peu plus grand que Gnossiquia, sur une hauteur, ou petite montagne, à 170. pas du rivage. On n'y a point d'eau non-plus: il la faut aller querir au bas. Mais il y a dans la descente un retranchement exprès pour assurer le passage au puits, & vers le rivage; & il est muni de quatre piéces de canon, si-bien qu'il pourroit mieux soutenir un siège que Gnossicquia. Les habitans demeurent aux deux côtés du fort, en rase campagne, sans composer de Négrerie, ou etre à-couvert par des retranchemens, chacun se logeant & bâtissant, où il lui plaît. La garnison consiste en soixante hommes, quatorze Mardicres qui reçoivent gages, & trois prisonniers ou esclaves.

Tabillola est tout-de-même sur une hauteur, à une grande portée de mousquet du rivage. Il n'y a point d'eau: il la faut aller querir au bas, & passer par des broussailles pour se rendre au puits; de-sorte que si l'on rompoit avec les Mores, qui sont adroits a se servir de l'ocasion de ces passages, aucun de ceux qui seroient envoiez pour querir de l'eau, n'échaperoit de leurs mains. Ainsi bien-loin de compter sur un fort où il faut être à la merci de ces gens-là, je le regarde comme très-incommode & étant à charge. Ce seroit sur le rivage, auprès du puits, qu'il faudroit le transporter. Il tiendroit alors les habitans en respect, & nos gens y seroient en sureté, aussi-bien que les éfets de la Com-

M 4

pagnie

pagnie, qui font dans une maifon de paille,
hors des baftions de Tabillola, expofez aux
voleurs, ainfi-qu'il parut 2. ou 3. jours avant
mon départ.

Les Mores étoient allez de nuit creufer fous
la maifon, & avoient volé pour environ 200.
réales de marchandifes, quoi-que l'Affiftant y
faffe fa réfidence. Elle eft tout-proche du plus
bas des baftions, toute garnie de planches en-
dedans. Nos gens l'achetérent des Anglois
avant-qu'ils en partiffent. Il n'y réfide pour le
négoce qu'un Affiftant, qui va fe pourvoir au
comptoir de Taffafo, où l'on peut aller à la
rame dans une heure & demie. Il n'eft ocupé
que par un Sergeant & 19. foldats de la garnifon de Taffafo.

Cette ifle a environ 7. lieuës de tour. Il y a
une montagne ronde affez haute. Les habitans
font fous l'obéiffance du Roi de Ternate qui
les charge beaucoup. Elle eft fort-peuplée;
car felon la recherche que j'en ai fait faire, il
doit y avoir environ 2200. hommes capables
de porter les armes, en y comptant les habitans de l'ifle de Caïo, qui habitent à Tabillola, où ils furent tranfportez par le Capitaine
Schot l'an 1609. parce-qu'en nul autre lieu ils
n'étoient à-couvert des Efpagnols & des Tidorois. On y a auffi tranfporté quelques habitans de Motir, qui y font allez volontairement demeurer, depuis-qu'on a rafé le fort qui
étoit dans leur ifle.

C'eft, après Bachian, l'ifle la plus fertile
en clou de toutes les Moluques. Elle peut auffi
fournir affez de fagu pour fes propres habitans,
& même pour en faire quelque part à fes voifins.

fins. Les habitans ne nous font pas fort affec-
tionnez, mais aussi ils n'ont pas tant d'éloignement pour nous qu'en ont la plupart des autres insulaires. Ils se réglent ordinairement
sur les sentimens des Ternatois, avec qui ils
ont beaucoup de liaison par la conformité de
Réligion, & par les mariages que ces deux
peuples font ensemble, & que le Roi de Ternate avec son Conseil prennent beaucoup de
soin de procurer, afin de les tenir toujours atachez à ses interêts.

Ainsi quand les Ternatois sont en bonne intelligence avec nous, les insulaires de Machian
suivent leur éxemple, & s'il arive que ceux-là
nous tournent le dos, ceux-ci nous font mille
avanies & mille insultes. En particulier quand
les Tidorois, nous font quelque outrage, ou
nous en veulent faire, ceux de Machian ne nous
ofrent point leur secours, ni ne nous en donnent point avis, & favorisent nos ennemis,
afin qu'ils les favorisent aussi s'ils viennent à
tomber entre les mains des Espagnols.

On voit par là quel fonds on peut faire sur de
pareils alliez, & si l'on doit espérer qu'ils feront la guerre à nos ennemis, ainsi qu'ils y font
engagez par les Traités qu'ils ont faits.

C'est donc ainsi que les Ternatois en ont usé
jusques au mois d'Avril dernier, que le Gougou,
le Capitaine Laud & les Soisives, sachant qu'on
atendoit notre Général, convinrent avec le Gouverneur de Maleïe de déclarer la guerre aux
Espagnols & aux Tidorois. Après cette résolution il fut publié à Machian une défense, au
nom du Roi de Ternate, de plus soufrir qu'aucun Tidorois entrât dans l'isle. Depuis ce tems-
là

là nous avons tiré 197. bares de clou de cette isle, & nous continuërons à recevoir ce qu'il y en aura, tant que durera notre bonne intelligence avec le Roi.

Sous le fort de Gnofficquia est une petite ville du même nom, qui a son Sengogie, & cinq bourgs ou villages sous sa juridiction; la ville & les villages étant peuplez d'environ 610. hommes. Il y a entre ce fort & celui de Taffaso 5. autres bourgs & villages aussi sous un Sengogie, peuplez d'environ 480. hommes: 7. bourgs ou villages, sous deux ou trois Sengogies, entre Taffaso & Tabillola, peuplez de 600. hommes; & 4. villages sous deux Sengogies, entre Tabillola & Gnofficquia, peuplez de 300. hommes; faisant en tout 1620. hommes en état de porter les armes. Mais ils n'arment que deux corcorres, parce-que la plus grande partie de ces gens-là habitent dans les montagnes, & que les autres vont naviger sur des bâtimens étrangers. Il y avoit la plus belle aparence du monde d'une grosse recolte, qui auroit deu nous fournir plus de quatre à cinq cents bares de clou. On n'a pu découvrir pourquoi nous ne les avons pas euës.

J'ai trouvé tous les comptoirs en bon ordre, hormis celui d'un des Commis qui avoit plus porté en compte qu'il n'avoit fourni. Sur les plaintes qui m'en ont été faites j'ai éxaminé la chose, & l'aïant trouvé coupable, je l'ai emmené à Maleïe, où il a été condamné par le Conseil à une amende de 650. réales, & à restituer à ceux qu'il avoit fraudez.

J'ai été de retour à Maleïe le 26. de Juillet, & j'y ai apris que le Roi de Ternate étoit mort

le

le 16. de Juin, & qu'on en avoit proclamé un autre en sa place, à l'insu du Gouverneur, qui en étoit fort mécontent. C'étoit le Sengogie de Machian, de Sabouge & de Gomenorre, qui étoit frére du Gougou & du Capitaine Laud, & qui avoit été 23. ans prisonnier aux Manilles. Il se nommoit Kitchiel Hamsia ; mais les Espagnols lui avoient donné le nom de Don Pedro da Cunkia. Il n'y avoit pas plus de quatre mois qu'il étoit revenu des Manilles, d'où les Espagnols l'avoient ramené à Gammalamma, & renvoié à Maleïe.

Depuis son retour il avoit tenu plusieurs conseils, & fait des assemblées secrètes en faveur des Espagnols. Il s'en étoit entre-autres fait une à Tacomi, où Kitchiel Ali avoit assisté ; mais nous ne pûmes découvrir quelles résolution y avoient été prises, quoi-que nous eussions donné nos Mardicres pour gardes à Kitchiel Ali, comme pour lui faire honneur, afin-qu'ils pussent entendre une partie des choses qui se diroient, & nous les raporter. Mais on fit ensorte qu'ils n'entendirent point les délibérations, parce-que, selon toutes les aparences, Hamsia, qui avoit été la nuit précédente au fort de Gammalamma, en avoit raporté les résolutions toutes concertées.

On croit pourtant que les Ternatois ont résolu de faire délivrer leur vieux Roi, qui est encore prisonnier aux Manilles ; ce que les Espagnols ne feront nullement, à-moins que les autres ne s'engagent à nous déclarer la guerre, & à leur aider à nous chasser des Moluques. Car ils avoüent assez qu'il se fait de pareilles propositions dans leurs assemblées, & ils di-

M. 6

sent

sent qu'ils ne les écoutent que dans la vuë de procurer la liberté à leur Roi, & que dès-qu'ils y seront parvenus ils tourneront le dos aux Espagnols, & leur feront la guerre à eux-mêmes.

Ces délibérations se faisoient déja pendant que le feu Roi vivoit encore, & il avoit été résolu de donner une corcorre à Hamsia, pour aller aux Manilles, en faire part au Gouverneur, & pour disposer avec lui toutes choses, afin de parvenir à l'éxécution des résolutions qui avoient été prises à Tacomi. Mais Hamsia qui vit que le Roi étoit malade, qu'il n'y avoit pas d'aparence qu'il pût vivre encore longtems, & que comme il étoit un des plus proches héritiers, il pourroit bien obtenir sa place, ne crut pas devoir se hâter de retourner à Gammalamma. Il demeura auprès du Roi, & fut reconnu après sa mort.

On l'avoit assez bien traité dans sa prison aux Manilles: il y avoit été batisé; & l'on ne peut atendre de sa part que de très-fâcheux changemens, sur-tout dans l'état où sont les choses, & vu la paix qui est entre les Ternatois & les Tidorois. Enfin tout est à craindre, & nos gens sont présentement dans un grand péril.

Cependant ce nouveau Roi nous a raporté qu'avant son départ, c'est-à-dire, il y a sept mois, on avoit envoié des Manilles aux Piscadores, deux galéres pleines de monde, qui en étoient déja de retour lors-qu'il partit, aiant eu 50. hommes de tuez, ou de blessez; mais qu'il ne savoit si c'étoit contre nos gens qu'elles s'étoient battuës, ou contre les habitans: que le Gouverneur Général des Manilles avoit fait

équi-

équiper cinq navires, deux pataches, deux galéres, & plusieurs petits bâtimens, pour retourner, au commencement de la mousson du Sud, aux Piscadores, & s'y joindre aux forces de Macau, & aux petits bâtimens du lieu même, afin d'aller à Taïovan, dans le dessein de s'y emparer du fort que nous y avons : qu'il avoit résolu que quand il y seroit, il feroit passer ses deux galéres & ses petits bâtimens, à la faveur du flot, au-delà du fort, & jusques dans le port, où ils seroient à couvert du canon de la place : que cette armade avoit été d'abord destinée pour les Moluques ; mais que comme les galéres étoient revenuës fort-incommodées du combat : ce qui avoit fait croire que le succès ne leur en avoit pas été favorable, le Gouverneur avoit résolu de faire premiérement l'expédition des Piscadores, dont il estimeroit la prise trois fois plus que celle des Moluques : qu'après cette expédition il devoit venir aux Moluques, & y amener le vieux Roi de Ternate, pour être maître de sa faction.

Ce retour du vieux Roi, que le nouveau craint, est ce qui l'a porté à nous venir ainsi rechercher, & à nous avoüer toutes ces choses, nous priant d'en écrire au Sieur Gouverneur Général à Batavia, & de lui demander des forces pour le maintenir, & nous avec lui. Il dit encore qu'ils prétendent établir un Roi dans une place à part, & séparée des autres, vers lequel les Ternatois puissent se réfugier, si nous ne pouvons être chassez de leur isle ; afin que par ce moien, les insulaires puissent se soustraire à notre pouvoir quand il leur plaira,

M 7 & que

& que ces deux Rois partagent du moins les habitans de l'ifle.

Les Efpagnols ont trois forts à Ternate, favoir Gammalamma, Dongiel, & Callematte : deux à Tidore, nommez Taboula & Romi. Pour la garde de ces forts, ils ont deux galéres, dont chacune eft armée de 7. piéces de canon, & de 23. Blancs : mais ils n'ont d'efclaves que pour en naviger une feule. Ils fe fortifient par-tout ; ils augmentent leurs garnifons, & forment de grands projets pour nous chaffer. C'eft à nous d'y prendre garde, & de renforcer auffi les nôtres.

On ne fauroit tenir en bride les infulaires de Ternate & de Machian, jufqu'à les empêcher de livrer leur clou aux ennemis, qu'on n'ait le pouvoir & l'autorité de les punir. Les frais qu'on feroit, pour fe mettre en cet état, feroient, à mon avis, très-bien recompenfez. Sans cela il faut compter qu'ils font déja les maîtres, & qu'ils fe regardent comme tels dans leurs affemblées, tâchant néanmoins de nous amufer de paroles, & croiant qu'ils ont droit d'en ufer ainfi. Il n'y a pas moien de travailler à cet ouvrage avec le peu de gens qui eft préfentement aux Moluques, n'y aiant pas plus de 442. Blancs, qui ont de paie par mois 6191. livres, 12. fous.

Pour la fureté de ces garnifons on leur a laiffé l'*Aigle*, qui porte 32. piéces de canon, 6. pierriers, 16. barils de poudre, & 70. hommes, dont pourtant on en tirera 30. pour diftribuer à Maleïe & à Machian. Ce navire eft en mauvais état & fait eau. Lors-que nous étions à Bachian il y falloit pomper plus de 6000.

6000. bâtonnées toutes les 24. heures. Pendant-qu'on étoit devant Talucco, on boûcha les voies d'eau, mais il s'y en fait de nouvelles à tout moment, de-sorte que si on ne lui donne bien-tôt un doublage, on sera contraint de le dégrader, & de le haler sur le sec, parce-qu'il ne sera plus capable de transporter le clou à Batavia.

Toutes les places, ou comptoirs, sont pourvuës de Maîtres d'Ecole, qui y font tous les jours la priére. Il y a un Proposant venu nouvellement à bord de l'*Orange*, qui explique tous les Dimanches l'Evangile à Maleie, & s'en aquitte fort-bien. Les soldats & quelques autres s'y trouvent, avec 30. ou 40. femmes tant Hollandoises que Mardicres; mais les maris Mardicres n'y assistent point. Il y a aussi un Maître d'Ecole qui leur lit une fois la semaine des priéres en Malais.

L'Ecole y est fort-peu fréquentée : il n'y va que 5. ou 6. ou jusqu'à dix jeunes écoliers. Lors-que j'y arivai elle étoit fermée. Quand j'en partis il y alloit dix enfans, parce qu'on en avoit fait venir quelques-uns de Machian. On n'en doit pas atendre beaucoup de fruit, puis-qu'il n'y va que des enfans des Mardicres, qui sont un peuple ramassé, dont la plupart sont transfuges venus de chez les Espagnols, & qui dès-qu'ils ne sont pas contens, désertent avec autant de legéreté qu'ils ont peut-être fait la premiére fois en venant à nous ; d'autant-plus qu'ils ne possédent ni terre ni rien qui les atache. Il n'en est pas de-même à Amboine, aussi ne désertent-ils pas si legérement.

Il n'y a point d'Ecole à Machian, n'y aiant

que 3. ou 4. enfans pour y aller. Mais on fait des priéres deux fois le jour à Gnofficquia & à Taffaſo, & le Dimanche une prédication, où l'on aſſiſte avec une dévotion édifiante. Après l'action, on fait des priéres en Malais pour les femmes. Les Mardicres ne vont point à l'Egliſe : ils diſent qu'après avoir travaillé toute la ſemaine pour leurs Maîtres, il faut qu'ils aillent le Dimanche chercher dequoi leur aider à vivre. C'eſt une défaite : ils n'ont aucune bonne intention pour s'y trouver, & auſſi n'entendent-ils guéres la langue Malaïe.

Avant-que perſonne ſorte du fort de Bachian, on y fait les priéres. Le Dimanche on y lit un Sermon, où il ne ſe trouve preſque que des Hollandois. Il y a une belle Egliſe, mais on n'y fait pas le ſervice le Dimanche, parce-qu'on a découvert une conſpiration des Labovas, qui devoient aller ſurprendre ceux qui ſeroient dedans, & les maſſacrer tous. C'eſt par cette raiſon que les priéres & le ſervice ſe font préſentement dans le fort.

Il y a un Maître d'Ecole, qui depuis la déſertion des Labovas n'a que 4. ou 5. enfans à inſtruire. Ainſi l'on ne doit pas compter ſur le ſuccès des Ecoles aux Moluques. C'eſt pourquoi le Gouverneur a réſolu de renvoier les Maîtres pour en épargner les frais.

Voilà l'état où j'ai trouvé les Moluques. Fait à bord de l'Orange le 15. de Septembre 1627.

Il eſt à-propos d'entretenir correſpondance avec les Sengogies de Gammacanaxo & de Sabona, & avec le Roi d'Iloda, qui nous ſont tous, affectionez particuliérement ceux de Gam-

maca-

macanaxo, parce-qu'ils sont ennemis jurés des Espagnols & des Tidorois, infestant sans cesse les côtes de ces derniers, entre lesquels & les Ternatois ils ont souvent empêché la paix. Il faut aussi vivre en bonne intelligence avec les Rois de Sarangani, de Mindanao, de Boaio & de Solocque.

Il faut empêcher, à quelque prix que ce soit, que le Roi de Bachian ne se rende plus puissant. Il est trop remuant & trop fier, & ses gens sont trop mutins.

Ratification du Traité ci-devant conclu entre L. H. P. & la Compagnie des Indes Orientales d'une part, & le Roi de Ternate d'autre part, faite par l'Amiral François Wittert aux-dits noms de L. H. P. & de la Compagnie, & par le-dit Roi de Ternate.

QUE les Articles arrêtez & signez au mois de Mai 1607. entre l'Amiral Corneille Matelief le jeune & S. M. le Roi de Ternate, seront éxécutez de part & d'autre, selon leur forme & teneur, ce qui se fera de la part des Hollandois & Zélandois, & de celle du Roi en la maniére qui suit.

L'Amiral promet d'assister les Ternatois de tout son pouvoir; de leur aider à recouvrer les terres que leurs ennemis ont prises sur eux, & celles dont les habitans se sont révoltez pour se mettre sous la domination des Castillans & des Portugais. A cet éfet l'Amiral menera sa flote aux Manilles, ou isles Philippines, pour insulter les ennemis, & empêcher qu'ils n'envoient des vaisseaux & des vivres aux Moluques.

En-

Enfuite il doit revenir à Ternate, fans relâcher en aucun autre lieu, ni faire aucune autre entreprife que celle des Manilles, au-moins
fi le tems & les vents le permettent. Cependant il envoiera quelques corcorres, qui font
des yachts des Indes, à Amboine, avec des
lettres d'avis, & à Banda, pour favoir fi la
flote y eft arivée, afin d'affembler ici toutes
fes forces; & il ne pourra partir des Indes pour
s'en retourner, qu'il ne foit venu un autre
Amiral avec commiffion pour tenir fa place.

Au cas que la paix fe faffe entre les Hollandois, & les Caftillans & Portugais, ou qu'il
y ait quelque fufpenfion d'armes entre eux, on
y comprendra les Ternatois & leurs alliez, favoir Machian, Motir, Xula, Cambelle, Lohou, Bouro, Manippe, Célébes, Minfau, Taf-
feura, Pangafer, Sanger, Manide, More, Lo-
lodin, Camnecanor, Sabouge, Gilolo, & les
autres ifles & nations qui relèvent du Roi de
Ternate.

L'Amiral promet que lors-qu'il fera de retour en Hollande, il recommandera fortement
les afaires de Ternate à la Compagnie; & qu'il
l'exhortera à équiper une flote exprès, pour
chaffer les Caftillans de cette ifle.

Sur quoi Nous Roi de Ternate, donnons pouvoir & autorité à ceux des Provinces Unies,
Sujets des E'tats Généraux, de nous protéger,
défendre & fervir de rempart, & fi les Sieurs
Directeurs de la Compagnie, nous envoient
du fecours pour nous défendre, nous leur jurons & promettons de n'abandonner jamais les
interêts des Provinces Unies.

Nous promettons de réftituer tous les frais
qu'il

qu'il conviendra faire pour cet éfet, du-moins
autant qu'il sera en notre pouvoir : & cependant nous leur mettons entre les mains, &
donnons en nantissement, jusques au jour qu'on
pourra faire le compte, & fixer les sommes à
quoi les-dits frais monteront, tous les tributs
& impôts que nous levons ordinairement, tant
sur nos sujets que sur les étrangers, afin-que
ce qui en proviendra soit retenu par eux en déduction ; & pour eux ils demeureront francs de
tous droits.

Nous promettons d'assembler promtement
tous nos sujets, tant ceux qui sont dans cette
isle, que ceux qui sont encore dispersez en d'autres lieux, & chez les étrangers, & qui con-
servent les sentimens de soumission qu'ils doivent avoir pour Nous, afin de joindre ces forces à celles des Hollandois pour chasser les Espagnols ; & en cas qu'on n'y puisse réüssir, nous
requérons de nouveaux secours.

Nous renonçons à trafiquer de nôtre clou de
girofle avec aucune autre nation, & nous nous
engageons à n'en vendre qu'aux Commis de
nos-dits Alliés, afin-que leur nom & leur réputation puissent s'acroître dans notre païs, & le
prix dont Nous & le Sieur Amiral convien-
drons ensemble sera fixe, & nos Sujets feront
obligez de s'y tenir.

Afin qu'il y ait une parfaite intelligence entre nous, nos-dits Alliés ne feront aucune éxécution de justice sur les Ternatois, qu'ils n'en
aient donné avis & connoissance à notre Conseil. Tout-de-même, s'il y a quelqu'un des
Alliés, qui s'échape dans sa conduite à notre
égard, les Ternatois ne pourront éxercer jus-

tice

tice contre lui , qu'ils n'en aient donné avis
& connoiſſance au Conſeil de ſa nation. On
ne fera de part ni d'autre de riſées ni de diſpu-
tes ſur le fait de la Réligion.

Si quelques étrangers veulent ſe joindre aux
Ternatois , & embraſſer la croiance des Mores , ils ſeront obligez de les livrer entre les
mains de leurs-dits Alliez. De-même les Ternatois qui voudroient ſe faire Chrétiens, ſeront
rendus aux gens de leur nation.

Nous Roi de Ternate promettons auſſi , qu'à
la premiére mouſſon , nous envoierons une ou
pluſieurs corcorres à Lohou & à Cambelle,
avec un Commandant, au nom & de la part des
Etats Généraux & de la Compagnie , & en notre nom , pour faire entretenir par les habitans l'alliance perpétuelle faite entre les-dits
Alliés & nous; auquel efet nous autoriſerons des
perſonnes capables , & leur donnerons plein
pouvoir, pour faire éxécuter le tout , & tenir
nos ſujets dans la ſoumiſſion requiſe : Et de
leur côté le Sieur Amiral & ſon Conſeil, com-
mettront Adrien Corſz , ou tel autre qu'ils ju-
geront à propos, qui fera conſtruire des forts,
s'il le trouve expédient, à Lohou , ou à Cambelle , pour réſiſter à nos ennemis , ou aux
leurs.

Les ſujets des Seigneurs E'tats Généraux, &
les nôtres , enſemble nos alliés , amis & vaſ-
ſaux , ſeront tenus & engagez, & nous les y
engageons par ces préſentes , à entretenir le
Traité perpétuel d'amitié , fréqentation, trafic & commerce ; & en conſéquence les-dits
Seigneurs E'tats nos alliés & leurs Sujets trai-
teront les nôtres favorablement, nous prête-

ront

ront secours dans tous nos besoins, autant-qu'il leur sera possible, contre tous & chacun de nos ennemis; de-même que de notre part nous leur en donnerons contre ceux qui, en quelque maniére que ce fût, voudroient les ofenser, les insulter, ou leur faire tort. Auxquelles fins les-dits Seigneurs E'tats, & Compagnie, & leurs Oficiers & Sujets, & Nous-dit Roi de Ternate avec nos vassaux, amis & alliés, demeurerons ensemble dans une parfaite union, obligez & tenus de nous protéger & défendre mutuellement, ainsi-qu'il est porté ci-dessus, sous l'obligation de notre foi & parole, telles que nous les devons garder & observer envers Dieu & envers nos prochains.

Fait dans la ville de Maleïe, ou fort d'Orange, dans l'isle de Ternate, aux Moluques, le mois de Juillet 1609.

Accord fait entre les Hollandois & le Capitaine
Hitto, ou Hittou, pour le quartier de Hitto
& les autres quartiers voisins.

COMME les Sujets de L. H. P. les Seigneurs E'tats Généraux des Provinces Unies, & entre-autres l'Amiral E'tienne van der Hagen & le Conseil de sa flote, nous ont tirez, par la grace de Dieu, de l'opression où nous étions sous les Portugais, savoir Nous Capitaine Hitto & tous les Chefs & habitans de Hitto, & des villes & places voisines, à qui elles ont été restituées, par ordre de L. H. P. pour nous en laisser joüir paisiblement & de tout notre païs, ainsi-que nous faisons présentement; A ces causes, & pour reconnoître un

tel

tel bien-fait, Nous-dit Capitaine Hitto, Chefs
de Hitto & des lieux voisins, promettons & jurons aux-dits Seigneurs E'tats Généraux, à S. Ex.
le Comte Maurice Gouverneur des Provinces
Unies, & au Gouverneur du fort d'Amboine,
de leur être fidelles tant-que nous vivrons, aux
termes & conditions suivantes.

1. Nous tous-dits Chefs jurons ensemble
d'assister le Gouverneur d'Amboine & de le faire assister contre tous ses ennemis & les nôtres,
qui voudroient atenter quelque chose contre
lui & contre le fort, soit par terre ou par mer.
Nous jurons aussi que nous ne vendrons point
de clou à qui que ce soit, qu'aux Hollandois nos
alliés, & du consentement du Gouverneur.

2. Chacun demeurera dans sa croïance, ainsi
qu'elle lui a été inspirée de Dieu, ou qu'il croit
être sauvé par elle; si bien qu'on ne s'inquiétera
point les uns les autres au sujet de la Réligion.

3. S'il arive que quelques-uns des gens de
nos-dits Alliés désertent le fort, & se retirent
à Hitto, ou dans les autres quartiers, nous
promettons de les rendre toutes fois & quan-
tes nous en serons requis par le Sieur Gouverneur. Tout-de-même ceux qui déserteront Hitto, pour s'enfuir au fort, seront rendus aux Chefs
de leurs quartiers.

4. S'il arive que quelques-uns des Alliés
fassent tort & injure aux habitans, ou commettent quelque insolence dans leurs maisons,
le S. Gouverneur sera obligé d'en faire le châtiment, & jusques-là les habitans ne seront
point obligez de porter le clou au fort.

5. Si le S. Gouverneur mande les habitans
pour travailler à quelques ouvrages, ceux d'O-
lisiva

lisiva seront tenus d'aider à ceux d'Olilima. Il en sera de-même de ces derniers à l'égard de ceux d'Olisiva.

Sous ces promesses & sermens, Nous Gouverneur pour L. H. P. les Seigneurs E'tats Généraux des Provinces Unies, & S. Ex. le Comte Maurice, promettons au Capitaine Hitto, & à tous les Chefs & sujets de ces quartiers, de leur donner secours, ainsi que nous ferions à ceux de notre propre nation, contre tous ennemis qui voudroient les insulter, ou faire invasion dans leur païs.

Ce même Accord à été encore renouvellé par le même Capitaine Hitto, & par les Orancaies, aprouvé & signé en présence du S. Gouverneur Fréderic Houtman, au fort d'Amboine le 10. de la Lune Joumadil Owal, l'An de Mahomet 1019. & l'an de Christ 1609. le 9. du mois d'Août.

NOUS Sujets & habitans de Lohou, Lesidi & Cambelle, & nous tous les Olilimes & Olisives qui y faisons notre demeure, faisons avec Orangcaïa Basi la revérence à V. Majesté ; & prions Dieu qu'il lui acorde une longue vie.

Le sujet pour lequel Basi.& nous vos Sujets faisons la revérence à V. M. est pour l'informer que Hoen Vice-amiral Hollandois, & Houtman Gouverneur du fort d'Amboine, nous ont mandez au fort, où aiant comparu, le Vice-amiral & le Gouverneur nous ont requis de renouveller l'ancien accord qui a été fait entre les Hollandois & nous les Sujets de V. M. Nous avons répondu que nous ne le pouvions faire à-cause de la déférence que nous sommes obligez d'avoir pour V. M. n'étant pas convenable

venable que les Sujets s'avancent plus que leurs Maîtres.

Néanmoins preffez par leurs follicitations, nous tous les Sujets de V. M. faifons la revérence à la poufliére de fes piés, & nous foumettons en toutes chofes, & promettons d'éxécuter entiérement le Traité fait entre V. M. & les Seigneurs E'tats Généraux des P. V. & S. Excellence, ou que V. M. fera.

E'crit au fort d'Amboine le Lundi 24. de la cinquiême Lune Joumadil Owal, l'An de Mahomet 1019. & le 21. d'Août, l'An de Chrift 1609. Signé, Yman van Lohou.

Traité d'Alliance entre les Orancaies de Lohou, Cambelle & Lefidi, l'Orancaie Bafi, l'Orancaie Hitto, d'un part ; & Simon Hoen, Vice-amiral Hollandois, & Fréderic Houtman Gouverneur d'Amboine, d'autre part.

1. LES CHRE'TIENS feront profeffion de leur Réligion, & les Mahométans de la leur, fans s'inquiéter les uns les autres fur ce point.

2. Ceux qui font fous la juridiction du fort d'Amboine y demeureront, & ceux qui fe trouvent fous la juridiction de Hitto y demeureont aufli. La même chofe fera obfervée à l'égard de ceux qui font fous la juridiction de Lohou. Ceux qui font fous Lefidi & Cambelle obéiront. Si quelqu'un refufe de reconnoître fes Chefs, & paffe ou fous la juridiction des Hollandois, ou fous celle de Hitto, ou de Lohou, ou de Cambelle ou de Lefidi, il fera renvoié devant fes Chefs pour y être jugé.

3. Les

3. Les Hollandois ne pourront bâtir aucun fort ni château sur nos terres, sans notre consentement, pendant-que nous serons en alliance.

4. Si quelqu'un des habitans d'une de nos quatre villes déserte, & passe dans la juridiction du Gouverneur, il le fera mettre aux fers, & nous le renvoiera, afin qu'il n'y retourne plus. Tout-de-même, si quelqu'un veut se soustraire à la juridiction du Gouverneur, & qu'il vienne dans une de nos 4. villes, sans son consentement, nous le lui rendrons.

5. Tout le clou sera livré à nos-dits Alliés, quoi-que nous n'en fixions pas le prix ; mais nous suivrons celui qui sera fixé par notre Roi, Sa Majesté de Ternate.

6. Si nos-dits Alliés sont obligez d'entrer en guerre contre ceux de Banda & de Céram, nous ne serons pas obligez de nous y engager avec eux. Signé le Mécredi 25. de la Lune Joumadil Owal l'An de Mahomet 1019. & l'An de Christ 1609. le 26. d'Août.

Lettre du Roi de Ternate aux habitans de Lohou, Cambelle, Lesidi, & des places voisines, en date du mois de Novembre 1609.

J'AI reçu vos lettres par le S. Vice-amiral Hoen, & j'y ai vu que vous êtes entrez en alliance avec le-dit S. Vice-amiral & le Gouverneur d'Amboine, au nom des Seigneurs Etats Généraux des Provinces Unies, & de S. Excellence ; ce qui m'est fort agréable. De mon côté j'ai aussi traité ici une nouvelle alliance avec le S. Amiral François Wittert en la même qualité, laquelle vous prendrez soin

N

d'éxé-

d'éxécuter en tous ses points, qui sont en substance : Que nous vivrons réciproquement, à
perpétuité, en paix les uns avec les autres: qu'il
ne sera livré de clou qu'à nos-dits Alliés, qui
le paieront à 50. réales la bare : que nous nous
assisterons mutuellement contre les Espagnols
& contre les Portugais nos ennemis communs,
s'ils veulent atenter quelque chose contre nous,
sans nous abandonner en aucune ocasion.

*Lettre du S. Gouverneur Général Pierre Both au
Roi de Tidore, écrite en langue de Ternate, le
8. de Mai 1612.*

PUISSANT Roi, Dieu veüille rendre
V. M. heureuse sur la Terre, & bénir son
gouvernement. La lettre que vous avez écrite à notre frére le Roi de Ternate, laquelle
contient un projet pour établir la paix entre
les Tidorois & les Ternatois, nous a été communiquée. Nous y avons vu ce que V. M. dit
avec raison, que jamais la paix ne sera ferme
& durable entre les deux nations, à-moins que
les Hollandois & les Espagnols n'y entrent, &
qu'il n'y ait aussi paix entre eux, ce qui seroit le
seul moien d'arrêter une effusion de sang qui
dure depuis trop longtems. C'est ce qui nous
donne ocasion d'informer V. M. de tout ce
qui a été résolu dans notre païs sur ce sujet,
& ensuite ici éxécuté par nous, afin-que V. M.
puisse connoître que ce n'est pas par notre faute que la guerre dure encore, au grand préjudice de votre nation & de la nôtre.

Après une cruelle guerre, qui avoit continué pendant plus de 40. ans entre les Espagnols & nous, aiant enfin obtenu le rétablissement

sement de notre liberté tant à l'égard de nos priviléges que de notre Réligion, il y a eu aussi une Tréve concluë & publiée depuis quelques années entre eux & nous, qui comprend nos Amis & Alliez de part & d'autre, ainsi que V. M. le verra dans une lettre de notre Prince, qu'elle recevra avec celle-ci.

Elle y verra encore que la même Tréve doit avoir lieu & être observée entre eux & nous, & nos Amis & Alliés respectifs, ici dans les Indes Orientales, un an après que la publication en aura été faite dans notre païs. De notre côté nous nous sommes mis en devoir de nous conformer entiérement à cet article. Car on a envoié ici exprès, par l'Espagne, un Député de Hollande, pour nous en avertir, sous la condition qu'il en informeroit aussi les Espagnols. C'est ce que je fis faire à mon arivée par un Capitaine qui leur en alla donner avis & pleine connoissance en mon nom, leur ofrant de notre part d'éxécuter les articles de la Tréve, les requérant de les éxécuter aussi, & protestant en même tems qu'en cas qu'ils en fissent refus, nous ne serions pas coupables de tous les maux qui pourroient s'en ensuivre.

Cependant ni Don Juan de Silva, ni les autres Oficiers du Roi, n'ont tenu compte de cette déclaration, ni ne se font point adstreints à l'éxécution de ce Traité. Leur prétexte à été qu'ils n'avoient point reçu d'ordre de leur Roi de l'éxécuter. Ainsi la continuation de la guerre tombe absolument ou sur le Roi, ou sur ses Sujets, soit que dans les tems requis il ne soit point venu d'ordre à ceux-ci d'entretenir les clauses de la Tréve, soit que ces ordres aient

N 2

été

été retractez, ou suspendus, ou que les Commandans qui sont dans les Indes, empêchent qu'ils n'aient leur éfet.

Quoi-qu'il en soit, nous savons avec certitude, qu'il y a déja plus de deux ans, c'est-à-dire avant le départ de Don Juan de Silva des Manilles, que la Tréve leur étoit connuë, & que les avis en avoient été aportez ici aux Moluques, par Don Jéronimo. Nous avons aussi apris par les Portugais qui sont tombez entre nos mains à Banda & à Amboine, qu'elle avoit été publiée, par ordre du Roi d'Espagne à Goa & à Malacca. D'où il paroît qu'ils ne veulent pas aujourdhui s'y soumettre à-cause des grands avantages qu'ils ont remportez, & du butin qu'ils ont fait sur l'Amiral François Wittert, depuis le tems que la Tréve a deu être observée & avoir son éfet ; parce-qu'en éxécution ils seroient obligez de restituer ce butin, de rendre ce qu'ils ont usurpé sur les côtes de Sabouge & de Gilolo, & tous les prisonniers entre lesquels sont le vieux Roi de Ternate, & l'Amiral Paul van Caerden.

Mais quoi-que pour éxécuter les ordres de Nosseigneurs les E'tats & de notre Prince, nous aions recherché tous les moiens imaginables d'entretenir & de faire entretenir la Tréve, & de prévenir l'éffusion du sang, ce n'est pas que nous manquions de moiens pour nous dédommager par la force ouverte, même au quadruple, des torts qu'on nous a faits, & des pertes qu'on nous a fait frauduleusement soufrir. Aussi avons-nous résolu de le faire en tems & lieu, sur tous les Sujets du Roi d'Espagne, & sur leurs Adhérans.

Il

Il seroit à souhaiter que le désir insatiable
que cette nation a de dominer sur les corps &
sur les ames, & que les pratiques & les terribles moiens qu'elle emploie pour cet éfet,
fussent connus à **V. M.** comme ils nous le sont.
Votre Majesté ne serviroit pas de pont aux Espagnols, pour passer à l'établissement de leur
tirannie & de leur sanguinaire empire, ainsi
qu'elle fait au grand regret de tous les autres
peuples des Moluques. Elle comprendroit bien
que toute la recompense qu'elle doit espérer
de tant de fidelles services qu'elle leur rend,
sera de se voir elle-même un jour l'objet de
leur persécution & de leur cruauté, qui sont
allées jusqu'à détruire dans notre païs plus de
40000. personnes par les mains des Bourreaux;
jusqu'à faire périr par l'épée, ou dans les mines aux Indes Occidentales des millions de
gens, dont le sang, aussi-bien que le nôtre,
crie continuellement vangeance à Dieu contre eux.

Il seroit trop long de raporter à **V. M.** les
éxemples particuliers de ces barbaries. Je ne
lui en mettrai devant les yeux que deux, qui
pourront servir de matiére à ses réflexions dans
l'ocasion présente, d'autant-plus que les choses se sont passées dans ces païs.

Les Portugais, dans la premiére conquête
qu'ils firent de Malacca, aïant reçu beaucoup
de secours & de grands services de Ninache
Tuan, dont la fidélité pour eux étoit au-dessus de toute recompense, n'en eut point d'autre en éfet, que celle d'être destitué de sa charge de Sabandar, qu'il avoit éxercée à Malacca, toute sa vie, avec beaucoup d'honneur.

 Ces

Cet afront l'aïant mis au defespoir, il fit dreſſer un échafaut, & un bûcher deſſus, où il ſe
jetta & ſe brûla tout-vif, à la vuë du peuple;
diſant qu'il aimoit mieux finir avec honneur le
peu de jours que ſon grand âge lui permettoit
d'eſpérer, que de vivre acablé d'infamie, &
d'être expoſé à tout moment à une mort igno-
minieuſe, pour la fidélité qu'il avoit têmoig-
née à des ingrats.

Abdalla Roi de Campar, aïant abandonné
ſes femmes, ſes parens, ſes ſujets, ſon Roïaume, en faveur des Portugais, perdit publiquement la tête ſur un échafaut, à Malacca, par
les mains d'un infame Bourreau.

Il n'eſt pas beſoin de repréſenter ici de quelle maniére ils ont traité un des prédéceſſeurs du
Roi de Ternate. La mémoire en eſt trop ré-
cente, la plaie ſaigne encore, & tout le monde en a vu ruiſſeler le ſang, quelques ſoins qu'ils
aïent pris de le cacher. En un mot on ſait qu'ils
font profeſſion de maſſacrer les Princes & les
Rois. Ils ont aſſaſſiné l'illuſtre Pére de notre
Prince. Deux Rois de France ont péri par les
mains de deux aſſaſſins qu'ils avoient apoſtez.
Ils en ont envoié pluſieurs pour tuer notre Prince, une Reine d'Angleterre, & le Roi qui y
regne aujourdhui. Ils ont dans leur Réligion
des gens qu'on nomme des Caſuiſtes, dont la
plupart ſont Jéſuites, qui les abſolvent de tout
ce qu'ils font, & ils regardent l'abſolution,
ou plutôt la permiſſion que ces gens-là leur donnent de commettre tout ce qu'il leur plaît, comme quelque choſe de réel, qui les garantira de
la malédiction de Dieu.

Je finis en faiſant bien des vœux au Ciel, à
ce

ce qu'il ouvre les yeux de V. M. afin-qu'éclai-
rée sur les tiranniques desseins des Espagnols,
elle puisse se délivrer de leur joug, & rendre
la liberté à son païs. Pour cet éfet j'ofre à V.
M. la puissance & les armes de mes Maîtres
les Seigneurs Etats Généraux, & du Prince
Maurice, ne doutant pas que la domination
Espagnole ne vous soit aussi insuportable qu'elle nous l'a été &c.

Renouvellement & confirmation de tous les Trai-
tés d'Alliance, faits entre le Roi de Ternate aux
Moluques, & ses Sujets dans le païs d'Amboi-
ne d'une part ; & la Compagnie Hollandoise
des Indes Orientales d'autre part ; avec une
nouvelle assurance de l'éxécution des-dits Trai-
tés &c. suivant les résolutions respectivement
prises dans 4. assemblées générales tenuës à
Hittou les 12. 14. 15. & 18. de Juin 1638.
sous l'autorité d'Antoine van Diemen Gouver-
neur Général dans les Indes pour la Compagnie,
assisté d'Antoine Caën & de Jean Ottens Con-
seillers extraordinaires aux Indes.

Le Gouverneur Général & les Conseillers des
Indes de la part de L. H. P. les Seigneurs Etats
Généraux, & de S. A. Fréderic Henri, par
la grace de Dieu Prince d'Orange, Comte de
Nassau &c. ensemble des Sieurs Directeurs de
la Compagnie des Indes Orientales, aiant apris
& vu de tems en tems, avec beaucoup de dé-
plaisir, quel cours les afaires prenoient, & les
troubles qui s'étoient élevez dans ce païs d'Amboine, sur-tout par le moien des Sujets du Roi
de Ternate, à-cause de leurs infidélités, ven-

dant

dant & livrant leur clou à des Négocians étrangers qui viennent ici tous les ans, bien-armez & en grand nombre, des isles de Macassar, de Java, & d'autres lieux, qui sont protégez & défendus par les-dits sujets du Roi de Ternate, contre la foi & la teneur des Traités solemnellement jurez, & de plusieurs engagemens consécutivement pris & réitérez avec la Compagnie Hollandoise : jusques-là que les-dits sujets, aiant recherché le secours des-dits étrangers, ont entrepris depuis quelques années de faire la guerre aux Hollandois, pour se maintenir dans la possession où ils s'étoient mise de disposer des marchandises au préjudice des Traités, parce-qu'ils y trouvoient quelque gain ; & qu'il s'est répandu beaucoup de sang de part & d'autre : que ces étrangres ont ensuite porté par inductions & par menaces les sujets de la Compagnie à se révolter, & à se retirer de dessous son obéissance, à prendre les armes contre elle, à se ranger sous Quinelaha Leliatto, Gouverneur pour le Roi de Ternate en ces quartiers, & qu'ils étoient prêts à éxécuter ce dessein : Le-dit Gouverneur général s'est transporté en personne, avec une grosse flote bien armée, la mousson précédente, savoir de 1637. & est venu de Batavia dans cette isle, où il a d'abord pris d'assaut les forts dudit Quinelaha, & la place de Lucielle, où les étrangers avoient coutume de débarquer ; & il a enfin réduit tous les sujets à rendre l'obéissance qu'ils doivent, tant par la force des armes, que par de vives remontrances.

Cependant comme il étoit sur le point de pousser une des principales afaires, savoir celle
qui

qui regardoit la côte de Céram , il s'est arrêté , & n'a rien voulu entreprendre , par considération pour Quitchil Ciborii Envoié du
Roi de Ternate , & le Capitaine Laud , qui
étoient venus le trouver , avec commission pour
assoupir les différens , & terminer la guerre.

Néanmoins aïant reconnu en cette ocasion ,
ainsi-qu'on avoit déja fait auparavant , que les
Sujets du Roi qui sont dans ces quartiers , ont
peu d'égars pour ses Envoiez , il a été jugé nécessaire , afin de pouvoir parvenir à un
acommodement , que le Roi de Ternate prît
la peine d'y venir lui-même en personne , &
on l'en a très-humblement prié par des lettres.
A quoi il a répondu qu'il seroit prêt de s'y rendre , lors-qu'on lui auroit restitué les places
qui , lors de la prise du fort d'Amboine , qui
fut faite l'An 1605. par l'Amiral Verhagen ,
n'étoient pas sous la juridiction des Portugais , & qui n'ont passé que depuis ce tems-
là sous celle des Hollandois.

Sur ce refus , le Gouverneur général est venu ici pour la seconde fois , avec ses forces ,
& si à-propos , que S. M. y est venuë environ
trois mois après , & a fait promtement assembler tous ses Sujets qui résident dans ces quartiers , lesquels aïant tous comparu , ensemble
les Chrétiens Hollandois & leurs Sujets Mores , excepté le Capitaine Hittou , qui se prétend neutre , & qui s'est absenté , le-dit Roi de
Ternate & le-dit Gouverneur , aïant pris avis
de leurs Conseils , & murement délibéré sur
les moiens d'apaiser les différens survenus ,
d'exclure les Marchands étrangers , de faire
éxécuter les Traités , d'assurer la livraison du
N 5

clou

clou aux Hollandois, fous les conditions qui y font contenuës ; & auffi fur les demandes & prétentions du Roi de Ternate ; on a conclu, arrêté & établi ce qui fuit, pour-être à l'avenir obfervé & acompli inviolable-ment.

1. Sont renouvellez, continuez & confir-mez par ces préfentes, tous Traités, Accords & engagemens faits de tems en tems entre le-dit Roi avec fes Sujets, & la Compagnie Hol-landoife, touchant les Moluques & ces quar-tiers ; tels qu'ils font encore en effence, & qu'ils fe trouvent entre les mains du Gouver-neur d'Amboine, à-moins qu'ils ne foient opofez à ce qui eft contenu dans ces préfentes.

2. Promet S. M. pour l'entiére tranquillité du païs d'Amboine, & pour affurance que les-dits Traitez feront éxécutez à l'avenir, fans y être plus fait aucune infraction ;

Qu'elle emmenera d'ici avec elle tous les Ternatois, grands & petits, femmes, enfans, efclaves, & tout leur bagage, fans y en laif-fer aucun, ou y en envoier à l'avenir, que du confentement du Gouverneur.

Qu'on ne recevra aux côtes, ni aux rivages, où feront les Sujets du-dit Roi qui demeure-ront dans ce païs, aucuns Négocians étran-gers, foit Indiens, ou Européens, fans aucu-ne exception, qu'ils ne foient pourvus de bons paffeports du Gouverneur général de Batavia ; & ceux qui viendront ne pourront ancrer ail-leurs que dans ces quatre endroits ; favoir, fous le fort de la Victoire à Amboine, fous la rédoute à Hittou, & à Lohou & à Cambel-le ; ou qu'autrement l'accès dans l'ifle ne leur

fera pas permis : mais ceux qui auront mouil-
lé en ces lieux-là pourront trafiquer, pourvu
qu'ils ne chargent point de clou ; & avant leur
départ ils feront éxactement visitez par les
Hollandois, & par les Chefs du lieu où ils seront à l'ancre : & feront les Visiteurs déclaration qu'ils n'auront trouvé aucun clou de girofle, ni queuës ni balle de clou, sur peine de
la vie, & de confiscation de biens au profit du
Roi & de la Compagnie.

Que ceux qui viendront en ces quartiers sans
passeport du-dit Sieur Gouverneur, ou qui aïant
ancré en des lieux défendus, viendront à terre, seront condamnez à des amendes.

Que pour interdire l'accès de ces quartiers
à tous Négocians étrangers, & à tous ceux qui
pourroient y venir à la dérobée, par la faveur
& avec l'aide des Sujets du Roi, afin de charger du clou, les Hollandois pourront faire
tels retranchemens dans tous les chemins, &
aux places d'accès, qui font dans les quartiers
du Roi ; y bâtir tels forts & mettre dedans
telles garnisons que bon leur semblera, & les
Sujets du Roi feront tenus d'y travailler.

Que les-dits Sujets habitans de cette isle,
qui attenteront quelque chose au préjudice du
présent Traité, ou des ordres du Roi, feront punis en vertu des Sentences renduës par le Gouverneur Hollandois d'Amboine, comme aïant
la principale autorité, & par le Gouverneur
que le Roi a dessein d'y établir aussi, sur la
connoissance qu'ils auront prise des faits.

Que les Sujets du Roi tant Olisivas qu'Oli-
limas, & les Hollandois avec leurs Sujets vi-
vront ensemble en parfaite union & amitié, &

N 6

feront

feront obligez de s'affifter les uns les autres, en cas de befoin, de toutes les forces qu'ils auront; & qu'ils fe défendront mutuellement.

Que les Sujets du Roi feront tenus de ramer une fois l'année, avec les Hollandois & leurs Sujets, pour faire la ronde, lors-qu'il y aura des gens mal-intentionez à châtier, ou pour tels autres fervices que le Gouverneur Hollandois & le Commiffaire du Roi leur prefcriront pour le repos & la fureté du païs : comme auffi qu'ils s'affembleront une fois l'année, lors-que le Gouverneur les mandera, favoir une année au fort, & l'année fuivante à Lohou, ou-bien au lieu où le Commiffaire du Roi fera fa réfidence; afin-qu'on puiffe là les entendre en préfence les uns des autres, qu'on puiffe accommoder leurs différens, & rendre juftice avec connoiffance de caufe.

3. Le Gouverneur général acorde au Roi de Ternate fa demande; à-condition que les fus-dits Traités feront éxécutez en faveur de la Compagnie, & que le clou ne fera livré qu'à fes feuls Commis, favoir la bare au prix de 60. réales de 8. en efpéce, ou de 70. réales courantes, la-dite bare étant de 550. livres poids de Hollande, & le clou net & fec; & en cas que cette claufe ne foit pas obfervée & éxécutée ponctuellement, il déclare que le préfent Traité demeurera nul & de nul éfet. C'eft-à-dire, qu'il demeure d'acord & confent que non-feulement tous les lieux & gens, qui l'an 1605. lors-que le fort d'Amboine fut pris fur les Portugais, n'avoient point été fous leur fujettion, & qui font venus depuis fous celle des Hollandois; mais auffi les païs qui depuis ce
tems

tems là ont pris des engagemens avec la Compagnie, savoir Buro, Manipe, Kelang, Bonoa, Assahoudi, Lissibatte, Lesidi &c. demeurent audit Roi; & encore il fera vuider & évacuer en sa faveur, sous les conditions ci-dessus exprimées, & laissera sous la juridiction du-dit Roi, l'isle de Céram, avec toutes les places & villages qui s'y trouvent, sans en rien excepter. Item dans l'isle d'Uliasser, les Mores d'Iha & de Man, avec les petites Négreries qui en relèvent, savoir, Pieïa, Nalot, Ourou, Attela & Matelotte; & dans l'isle Oma, ou Boangebessi, les quatre bourgs Mores nommez Satuwa, Cabau, Queilola, & Ulilieu, sous condition comme dit est que tous les habitans des-dits lieux demeureront, ainsi que les autres, dans les engagemens ci-dessus énoncez; & encore que les Sujets des Hollandois pourront aller, comme auparavant faire du sagu sur la côte de Céram, & y prendre tout ce dont ils auront besoin, sans que personne puisse s'y oposer.

Ne pourront le Roi ni le Gouverneur qu'il établira, charger de nouveaux tributs & impôts, les Sujets de la côte de Céram, ni les autres qui lui sont remis, ni augmenter ceux qui sont déja établis par les Hollandois.

Pareillement confirme le Général en faveur du-dit Roi la Sentence renduë par les 4. Chefs de Hittou, savoir, Kaïovan Orancaie de Tona & de Tanahitou Messing, Baros Nesopate, Barmaille Patii Touban, & le fils de Keilise Toutohato qui étoit malade; en l'absence de Kackii Ali, du Capitaine Hitto, & de Teloucabessi de Capha; quoi-qu'entiérement contraire à

 leur

leur déclaration conjointement faite l'année précédente audit Général ; laquelle Sentence porte qu'ils reconnoissent Sa Majesté de Ternate pour Roi & dominateur des 30. Négreries de Hittou ; mais sans qu'il puisse avoir aucune autorité ou prétention, sur les sept bourgs ou villages qui sont du côté méridional, savoir, Ourien, Asseltelou, Larique, Waccassive, Alang, Lilleboi & Hattou, qui étoient sous la juridiction des Portugais au tems de la prise du fort ; tellement que les habitans demeurent & sont réputez sujets des Hollandois, quoi-que depuis quatre ans ils aient voulu se souftraire à leur juridiction, & passer sous celle de Hittou, pourquoi ils doivent s'atendre à être châtiez en tems & lieu : Et demeurent les-dits 30. bourgs qui sont laissez sous la sujettion du Roi, sujets aux mêmes charges, & dans les mêmes engagemens ci-dessus exprimez.

On se promet de part & d'autre que les Sujets respectifs, soit Chrétiens ou Mores, tant en ces quartiers qu'aux Moluques ; ne pourront être détournez de leur Réligion, quoiqu'ils vinssent à le demander eux-mêmes ; & de ne se souftraire de part ni d'autre aucun Sujet, soit par cette voie, soit par aucune autre ; mais qu'on laissera les gens respectivement à ceux à qui ils apartiennent, sous les conditions ci-dessus.

De-plus le Général acorde au Roi qu'en cas qu'aux Moluques, quelques Ternatois, ou autres auparavant ses Sujets libres, qui auroient passé du côté de l'ennemi, s'en fussent retournez après s'être faits Chrétiens ou Mores, ainsi-que le porte le Traité , & qu'il a été pratiqué jusqu'à présent , ils ne seront sollicitez ni par les Hollandois ni par les Ternatois; mais il leur sera permis de se joindre à qui ils voudront, soit pour professer la Réligion Chrétienne parmi les Hollandois , ou celle des Mores sous le Roi de Ternate ; sans qu'on use de part ni d'autre d'induction pour les détourner. Sous ce présent article sont aussi compris les Espagnols, Portugais, Tidorois, Pampangres , Chinois, Japonois, & tous autres.

Mais les esclaves qui auroient passé d'un parti dans l'autre, savoir des Ternatois aux Hollandois & des Hollaadois aux Ternatois, seront rendus à leurs maîtres ; ou s'ils déclarent être Mardicres , la Compagnie paiera pour chacun au propriétaire la somme de 60. réales de huit , moitié en argent & moitié en toiles.

Pour lequel prix aussi , soit en argent, ou en clou, les Ternatois pourront racheter des Hollandois, les Tidorois, ou leurs esclaves, que les Hollandois auront pris à la guerre.

Promet le Roi, sur les instances faites par le Général , de punir de mort, & de faire éxécuter promtement , ceux de l'isle Soulu , aussi ses Sujets, lesquels , il y a deux ans , ou un peu plus , massacrérent un Hollandois nommé Pierre Pauwelsz , & deux soldats , qui venoient de Kei au delà de Banda , dans une jonque , & avoient été jettez sur la côte de cette isle , où ces traîtres les invitérent à descendre par des témoignages d'amitié. Il promet de-même de restituer incessamment ,

tous

tous les Bourgeois & esclaves de Banda, qui se sont retirez de tems en tems sur ses terres.

Recommande le-dit Seigneur Roi au Gouverneur Hollandois d'Amboine, de lever les droits qui lui apartiennent en ces quartiers-là, & l'autorise par ces présentes à cet éfet, pour lui faire tenir aux Moluques ce qu'il en recevra, par les ocasions que se présenteront, ou par les vaisseaux de la Compagnie.

Et pour porter plus puissamment S. M. à l'éxécution du présent Traité & des précédens, il lui a été acordé & promis par le S. Général & par le Conseil, suivant l'avis des Dix-sept & les promesses qui ont été ci-devant faites au-dit Seigneur Roi, que la Compagnie fera présent, à lui ou à ses successeurs, de la somme de 4000. réales de huit par an, outre ses droits ordinaires ; laquelle somme lui sera paiée en argent comptant, ou en telles autres rares marchandises qu'il désirera, des comptoirs de Batavia ou d'Amboine, & promtement à la fin de chaque année, dèsque les Hollandois auront eu assurance, que tous les cloux des païs des Moluques & des quartiers d'Amboine qui sont sous sa dépendance, soit gros ou petits, auront été livrez à eux seuls. Sous laquelle condition expresse seront les-dites promesses effectuées ; ou-bien en cas d'inéxécution de sa part elles seront & sont dès à-présent retractées. C'est à quoi le Gouverneur Hollandois d'Amboine ne manquera pas d'avoir l'œil, & le Gouverneur pour le Roi fera bien d'y veiller aussi avec éxactitude,

tude , & ils donneront avis refpectivement
à S. M. & au S. Général, de ce qui fe fera
paffé.

Fait, terminé, conclu, écrit, figné & feellé, à bord du *Fréderic-Henri*, à la rade de
Hittou, le 20. de Juin 1638. Signé & feellé
par Antoine van Diemen, Antoine Caen &
Jean Ottens d'une part ; & par Hamfia Naf-
feron Minelahi Cha, Roi de Ternate, en
préfence du Roi de Tidore & de Gilolo, du
Capitaine Laud, de Kitchiel Sobori, & des
Soliwas & Sengogies, d'autre part.

VOIAGES
DE
PIERRE van den BROECK
AU CAP VERT, A' ANGOLA,
ET·AUX
INDES ORIENTALES.

Où l'on voit comment & par quels incidens la Loge des Hollandois à Jaccatra, est devenuë un fort nommé Batavia, qui a donné son nom à la ville qui le porte aujourdhui.

COMME on équipoit un vaisseau à Dordrecht, pour l'envoier au Cap Vert trafiquer de peaux, il me prit envie de faire ce voiage. J'allai donc ofrir mes services au Sieur Elie Trip, & à toute la Compagnie qui faisoit l'équipement, & je fus reçu & établi Sous-commis. Nous mîmes à la voile le 10. de Novembre 1605.

Le gros tems nous aïant obligez de relâcher à Dortmouht en Angleterre, nous remîmes à la voile le 5. de Décembre. Le 15. de Janvier 1606. nous moüillâmes l'ancre à une isle qui gît par le travers du Cap Vert. Nous y rencontrâmes 2. vaisseaux Hollandois, 3. François, & 5. Anglois, dont les uns cherchoient aussi à trafiquer, & les autres vouloient pren-

dre

dre des rafraichiſſemens, pour aller au Breſil.

Je fus commandé pour aller à Portodale, ville du continent, où ſe fait le principal commerce de ces païs-là. J'y loüai une maiſon, ou ce qui s'y apelle une maiſon, faite de paille, & une eſclave Portugaiſe, tant pour faire la cuiſine que pour me ſervir d'Interprète; & j'y demeurai ſeul avec elle.

Le 23. de Janvier 1606. on vit voler par-deſſus Portodale une ſi prodigieuſe multitude de grandes ſauterelles rouges, épaiſſes d'un pouce, que l'air en fut obſcurci pendant plus d'une heure. Ces inſectes broutérent tellement tout ce qui étoit ſur la terre, qu'elle ne produiſit rien, & la miſére fut ſi-grande dans le païs, que les péres vendoient leurs enfans pour être eſclaves. J'en vis donner pluſieurs, chacun pour une meſure de millet, qui n'en contenoit pas plus que ce qu'un chapeau en peut contenir.

Huit jours après il y eut un lezard qui vint de nuit paſſer ſur mon corps nud. La froideur que je ſentis m'aïant réveillé, je me levai en ſurſaut, & je vis auprès de moi, un gros ſerpent qui tiroit la langue. Cet incident me fit croire qu'il pouvoit bien y avoir de la vérité dans ce que quelques-uns ont écrit, que les lezards avertiſſent les hommes qui ſont en danger d'être mordus par les ſerpens, d'autant-plus que les habitans du païs en étoient perſuadez.

Je fis là 4. mois de ſéjour, & y achetai des peaux, des dents d'éléfans, & de l'ambre gris. Le 6. de Juin je m'embarquai dans une chaloupe, & allai trouver le Commis à Juvale,

d'où

d'où je me rendis à Réfufco, où nos vaiffeaux fe difpofoient à faire voiles en Hollande.

Pendant-que nous faifions de l'eau à la même ifle du Cap Vert où nous avions terri, il y vint une chaloupe Angloife de Juvale, pour nous donner avis que les Anglois favoient où il y avoit un vaiffeaux chargé de riches marchandifes & d'efclaves, ofrant de nous y conduire, fi pour leur part du butin, nous voulions leur donner les efclaves Noirs de l'un & de l'autre fèxe. Nous acceptâmes le parti, & aïant trouvé le vaiffeau ancré à Juvale, il fe rendit à nous.

Il étoit de Lubec, du port de 240. tonneaux, chargé de fucre de S. Thomas, de dents d'élefant, de coton, d'une partie de réales de huit, de quelques chaînes d'or, de 90. efclaves des deux fèxes, de 4. Portugais, & de 11. hommes de Lubec qui étoient malades. Le Maître étoit mort, & ils alloient terrir à Lisbonne.

Nous emmenâmes la prife au Cap Vert, pour y mettre de nos gens, & pourvoir à ce qui pouvoit lui manquer. Nous laiffâmes les efclaves entre les mains des Anglois ; puis nous remîmes à la voile le 16. de Juillet 1606. & prîmes la route de Hollande, étant trois vaiffeaux de compagnie. Nous entrâmes dans la Meufe le 5. d'Octobre fuivant.

Ce qu'on peut tirer par an de marchandifes du continent & de la riviére qui font proches du Cap Vert, monte à 30. ou 35000. peaux de bœufs, de buffles & d'élans ; mais elles font petites. On tire des riviéres de Gambi, de Carfiao, & de S. Domingo, beaucoup de
dents

dents d'éléfant & de cire; un peu d'or, & de ris; & de très-bon ambre gris. Dans le tems que j'y étois, la mer en jetta sur le rivage une piéce d'environ 80. livres. J'en achetai 4. livres, dont une partie fut venduë en Europe au prix de 800. florins la livre, & l'autre partie au prix de 450. florins.

La plupart des Portugais qui résident dans ces païs-là font de vrais bandits. Il en demeure une partie à Portodale & à Juvale, où ils trafiquent avec les Anglois, & avec nous. Ils rassemblent dans ces deux places autant d'esclaves qu'ils peuvent, & les mènent à S. Domingo, ou à Catsiao, d'où ils les envoient au Bresil, & ils les y vendent bien cher. Il y en a qui aiant amassé de grosses sommes à ce négoce, rachètent leur ban, obtiennent remission de leurs crimes, & s'en retournent en Portugal.

A l'égard des habitans du païs, voici ce que j'en ai vu ou apris sur les lieux. Ils font noirs comme du goldron, & bien-proportionez. Ils ont le visage tailladé, & font naturellement malins & larrons. Il y en a beaucoup qui parlent François, parce-qu'il y a longtems que les François trafiquent avec eux. Il y en a peu qui parlent Flamand. C'est une langue qu'ils n'aprennent pas facilement.

La plupart font idolâtres. Quelques-uns adorent la Lune, & d'autres le Diable qu'ils nomment Cammate. Lors-qu'on leur demande pourquoi ils adorent le Diable, ils répondent que c'est parce-qu'il leur fait du mal, mais que Dieu ne leur en fait point. Il y a aussi des Mahométans parmi eux.

Ils

Ils ont souvent des guerres avec leurs voisins, & ils se servent d'arcs & de fléches. Ils sont bien à cheval. On leur mène des chevaux de Barbarie, qui courent fort-vîte. Cela n'empêche pas que je n'aie vu un Négre sur le rivage de la mer, passer à la course le meilleur coureur des chevaux qu'ils avoient. Ils nagent aussi & pêchent fort-bien.

Quand ils ont défait leurs ennemis, ils leur coupent la tête, ainsi que font les insulaires des Moluques, & les parties naturelles, qu'ils portent à leurs femmes, pour marques de leur victoire. Les hommes prennent autant de femmes qu'ils en peuvent entretenir. Il les tiennent sujettes comme des esclaves. Elles les servent à la maison, & travaillent à la culture des terres.

Quand la femme à préparé le dîner, le mari va s'asseoir & mange, & la femme le sert, puis elle emporte le reste, & le va manger dans la cuisine. J'ai vu venir souvent des païsans de la campagne, avec leurs femmes grosses, par qui ils faisoient aporter 15. à 16. peaux de bœuf sur la tête, & avec cela elles portoient un enfant lié sur leur dos, pendant-que les maris n'étoient chargez que de leurs armes.

Les femmes sont si robustes, que dès-qu'elles ont accouché, elles vont elles-mêmes laver leur enfant dans la riviére, ou dans la mer. Il y en a quelques-unes qui vont aussi-tôt après coucher avec leurs maris. Lors-qu'il meurt quelqu'un, homme ou femme, les amis s'assemblent, font des cris & des hurlemens éfroiables, pendant 4. ou 5. jours. Ils boivent de même, & le bruvage est du vin de palmier,

ou

ou de l'eau-de-vie. Ils conduisent les morts
au tombeau, au son des flûtes & des tambours,
mettant un pot de vin ou d'eau à leur tête,
afin-qu'ils ne soufrent pas de la soif. Cela s'ob-
ferve pendant plusieurs années, les parens y
en portant tous les matins & tous les soirs.
Ils disent que les morts deviendront blancs
dans quelque tems, & qu'ils iront là trafiquer
comme nous faisons.

C'est une chose surprenante combien ils
boivent d'eau-de-vie. Un jour il en vint un
me visiter de la part du Roi, qui but tout d'un
trait un frison qui en étoit plein, & après l'a-
voir bu il en redemanda.

*Voiage d'Amsterdam à Angola & à la riviére de
Congo, à bord du* Neptune, *dont le Capitaine
se nommoit Adrien Jansz.*

APRE'S mon voiage du Cap Vert, je
me rengageai pour aller encore en qualité de
Sous-commis à Angola & à la riviére de Congo. Nous fîmes voiles du Texel le 26. de Novembre 1607. en bonne compagnie. Le gros
tems nous contraignit de relâcher deux fois à
Valmouth en Angleterre, où nous aprîmes
qu'il étoit péri 5. ou 6. vaisseaux de la flote
avec laquelle nous étions partis.

Lors-que nous fûmes par le travers de la
Guinée, nous mîmes le cap sur la côte de Manigette, & bien-tôt après nous vîmes venir 5.
ou 6. canots avec des Négres, qui nous aportoient des rafraîchissemens : mais ils n'osérent
aborder que nous n'eussions moüillé trois fois
un de nos doigts dans la mer, & que nous n'eus-
fions

fions laiffé tomber dans nos yeux les goutes d'eau qui y pendoient ; cérémonie que nous prîmes pour être un ferment parmi eux.

Quand cela fut fait ils s'aprochérent, fans vouloir néanmoins paffer à notre bord, craignant qu'on ne les prît & qu'on ne les retint, ainfi-que les Portugais avoient fait plufieurs fois. Ils nous aportérent du manigette, ou blé de leur païs, & des dents d'éléfans. Le 4. de Mars 1607. nous fûmes par le travers de Cabo Cors, & du fort de la Mine, où nous trouvâmes le Général Adrien van der Goes, avec deux navires & quelques yachts, qui trafiquoit de l'or.

Les Hollandois donnoient foixante morceaux de toile de Siléfie, chacun d'une aune & demie, pour une Bende d'or, qui fait le poids de deux onces. Ils donnoient diverfes fortes de verroterie, des chauderons de cuivre & des baffins, dont ils tiroient beaucoup de profit. Cette côte fourniffoit alors plus de 1800. livres d'or par an.

Nous prîmes de-là notre cours vers le cap di Lopo de Gonfalo, où le Roi d'Ollibatte vint à notre bord avec un grand canot plein d'hommes & de femmes, de dents d'éléfans, & de rafraîchiffemens. Il me troqua une partie de dents d'éléfans, pour lefquelles je lui donnai des toiles de coton.

Le lendemain je remontai la riviére, & allai trouver le Roi, pour avoir encore des rafraîchiffemens. Les femmes m'incommodérent extrémement, & j'eus bien de la peine à m'en débaraffer. Le Roi même, pour m'obliger, m'ofrit le choix de fes concubines.

Le

Le 3. d'Avril 1607. nous remîmes à la voile, à-dessein de faire ainsi-que tous les autres vaisseaux ont fait ci-devant, qui est de courir vers le Bresil, par la hauteur du cap de Bonne-espérance, & puis de ranger la côte de Lowango. Mais les travades elles-mêmes nous y poussèrent, & au grand étonnement des Pilotes de toutes nations, qui l'ont souvent entrepris sans succès, nous moüillâmes l'ancre le 22. à Lowango, qui est par la hauteur des 4. degrès & demi de latitude Sud.

Nous y rencontrâmes notre autre vaisseau qui étoit parti avant nous du Texel, sous le commandement du Général Wemmer van Berchem, qui du cap de Lopo avoit aussi gouverné sur le Bresil. Ainsi nous avons été les premiers qui aïent fait en dix-neuf jours le chemin depuis ce cap jusqu'à Lowango. Mais nous avons apris qu'après nous, plusieurs autres, en suivant nos traces, l'ont aussi fait. Nous courions toujours à 10. ou 12. lieuës de terre, parce-que les courans que causent les embouchures des riviéres, portent de Benin vers le golfe. Mais à cette distance nous ne nous en apercevions pas.

Nos gens pêchérent une dorade, qui avoit cinq piés de long, & dans son corps un poisson volant de la longueur d'un pié & trois pouces. Comme il étoit encore tout frais, je le fis rôtir sur le gril, & lui trouvai le goût de l'éperlan.

Le 1. de Mai 1607. nous commençâmes à troquer du drap pour des dents d'éléfans. Ensuite le Commis m'envoia porter des présens au Roi, pour obtenir la permission de trafiquer

O

à Maà Maïomba qui dépend de lui, & il me l'accorda.

Le matin du 11. de Juin, comme je me promenois sur le tillac, je vis quatre chevaux marins qui alloient paître à terre, & je me mis dans la chaloupe pour les aller voir de plus près. Ils nous regardérent fort paisiblement aprocher d'eux, puis quand nous en fûmes bien-proche, ils se retirérent pas à pas, & rentrérent dans la mer. Quelquefois ils mettoient leurs museaux hors de l'eau; mais dès-qu'ils nous apercevoient, ils replongeoient. Quoique nous fissions tous nos éforts pour tirer dessus & en tuer un, il ne nous fut pas possible: il y a de l'aparence qu'ils ont l'odorat fort subtil. Ils sont de la grandeur des buffles, & ont la peau unie à-peu près comme les chiens marins. Ils ont les oreilles courtes, comme quand on les a coupées aux autres chevaux, les naseaux larges, deux dents crochuës qui leur sortent de la bouche, comme celles des pourceaux. Ils ont les jambes courtes, & les piés de la figure d'une feuille de trèfle. Ils hannissent comme les autres chevaux.

Ensuite le Commis me fît passer à bord du yacht, pour aller dans la riviére de Congo, où je fus 16. jours avant le Général Berchem, qui m'envoia en commission à Bansa de Songeo, vers le Comte nommé Don Migiel, pour lui demander permission de nous retirer, nos marchandises étant presque toutes venduës.

Ce Comte fait sa résidence à sept lieuës en remontant la riviére. Il me fit rendre beaucoup d'honneurs par ses enfans, jusques au lendemain que je le vis lui-même. Il étoit aveugle,

gle, & âgé de plus de cent-dix ans. Les gens y
font accoutrez à-peu-près à la Portugaife, avec
un manteau fur les épaules, & un chapelet à
la main. Ce Seigneur fait bien entretenir les
loix dans fon païs, & tout y eft bien réglé. Il
y a quatre ou 5. Eglifes où les Portugais difent tous les jours la Meffe. Il y a auffi deux ou
trois écoles, pour inftruire les enfans.

Le peuple eft doux & traitable, propre à la
guerre, & adroit à faire fes afaires. Ce font
auffi les femmes qui travaillent en ce païs-là.
Elles labourent, elles fément & moiffonnent,
les maris les tenant comme en fervitude, &
les obligeant de travailler. Lors que quelqu'un
a une belle fille, il va ofrir fa virginité au
Comte, qui la marie enfuite avec un des Oficiers de fa Cour, lequel fe charge auffi de l'enfant, & qui reçoit cette charge comme une
faveur.

Après-que l'ainé des fils du Comte, qui fe
nommoit Don Simon, m'eut retenu & régalé
trois jours chez lui, j'eus la liberté de m'embarquer dans un amack d'un des domeftiques
du Comte, qui me remena jufqu'au Padron,
où étoit notre vaiffeau. Sur la route nous vîmes quantité de cerfs & de biches, des troupeaux de chévres, qui avoient le poil court,
& des criniéres longues comme celles des chevaux ; des brebis prefque fauvages, des coqs
de bruïére, des perdrix, & plufieurs bêtes qui
nous étoient inconnuës.

Le Roïaume s'étend depuis le cap de Sainte Catérine, qui eft par les deux degrès & demi
de latitude Sud, jufqu'au cap de Ledo. Il confine par l'Eft à la mer d'Ethiopie : par le Sud,

aux

aux montagnes de la Lune & aux Cafres: par l'Ouest, aux montagnes d'où sortent les ruisseaux qui font le Nil: par le Nord, au Roïaume de Benin. Il a environ 660. lieuës d'étenduë, c'est-à-dire depuis par les deux degrès & demi jusques par les 13. degrès de latitude Sud.

Le Roïaume est divisé en six grandes Provinces, ou Gouvernemens, qui sont Bemba, Songo, Sunda, Pango, Batta & Dunda; outre quelques petites isles qui sont dans la riviére de Zaïre, & qui en relèvent.

Bemba est le long de la mer, & s'étend depuis la riviére d'Ambrisi jusques à celle de Coanze. La capitale de cette Province se nomme aussi Bemba. Elle est située entre la riviére de Losa & celle d'Ambrisi, éloignée de la mer de cent lieuës d'Italie.

La Province de Songo tourne autour des riviéres de Zaïre & de Loango, jusqu'à celle d'Ambrisi. Elle finit aux rochers rouges de la frontiére du Roïaume de Loango. La ville capitale se nomme aussi Songo.

Sunda tourne autour de la ville de Congo, que les Portugais ont nommée Santo Salvador, d'où elle a 8. lieuës d'étenduë jusqu'à la riviére de Zaïre. La ville capitale porte le même nom de Sunda.

La province de Pango étoit autrefois un Roïaume particulier. Elle confine à Sunda par le Nord; à Batta par le Sud; à Congo par l'Ouëst; aux montagnes du Soleil par l'Est. La ville capitale, aussi nommée Pango, est à l'Ouëst de la riviére de Barbela, qui sort du même lac que le Nil.

Batta

Batta eſt au Nord-eſt entre Pango & la riviére de Barbela , & s'étend au Sud juſqu'aux
montagnes brûlées. La ville capitale porte le
même nom.

La ville de Congo eſt dans la province de
Bemba , ſur une montagne , éloignée de la mer
d'environ 150. lieuës d'Italie. Il y a encore dans
la même province une autre montagne fort-
haute , qui a de longueur environ 6. lieuës de
France. Elle eſt aſſez-bien peuplée , & il y a
pluſieurs bourgs & villages , où l'on compte
plus de 100000. ames.

Quoi-que les Anciens aient cru que la Zone
torride étoit inhabitable , à-cauſe des ardeurs
du Soleil, on a bien épouvé le contraire. Entre-autres Edoüard Lupo Portugais, qui a demeuré longtems à Congo, a écrit que l'air y
eſt ſi tempéré, que l'Hiver n'y eſt pas plus froid
que l'Automne l'eſt à Rome , & qu'on n'y
change point d'habits aux changemens des ſai-
ſons. Il n'y fait même point de froid ſur les
cimes des montagnes.

Il y pleut en Hiver , tous les jours avant
midi, pendant deux heures, & autant après
midi, & ces pluïes cauſent une ſi grande chaleur, qu'elle eſt inſuportable aux Européens.
La longueur des jours & des nuits y eſt égale
toute l'année. On y a l'Hiver quand nous avons
le Printems , & il y commence le 15. de Mars,
L'Eté y commence à la mi-Septembre. Les
pluïes y continuënt cinq mois de ſuite, depuis
le commencement d'Avril juſqu'à la fin d'Août.
Pendant toute cette ſaiſon à-peine voit-on
quelques jours clairs & ſereins. Il y tombe
ſans ceſſe de groſſe pluïe que la terre boit auſ-

O 3

ſi-tôt

fi-tôt. Mais l'Eté y eſt fort ſec, & il y pleut rarement.

Il y regne preſque toujours un vent que les Portugais apellent Meſtro, & ce vent là donne ſouvent de la pluïe. La principale riviére de ce païs-là eſt la Zaire, qui vient du ſecond lac du Nil. C'eſt la plus grande de toute l'Afrique. Son embouchure eſt de vingt-huit lieuës de large : elle contient pluſieurs petites iſles, & reçoit le Vambo & la Barbella. Après elle celle de Coanze eſt la plus conſidérable : elle arroſe les Roïaumes de Congo & d'Angola. Il y a encore le Lelonda, qui nourrit des crocodiles, des chevaux marins, & une ſorte de poiſſon qu'on nomme Pourceau, & qui eſt quelquefois ſi-gros & ſi-gras, qu'il pèſe juſqua 500. livres.

Les chevaux marins ſont tannés, & n'ont preſque pas de poil : ils vont paître à terre, & de jour ils retournent dans l'eau. Les Africains en ont aprivoiſé quelques-uns ; mais cela eſt arivé rarement & avec beaucoup de difficulté ; & ceux qui l'ont été, ſe ſont trouvez courir fort vîte. Mais il faut ſe donner de garde de leur faire paſſer des riviéres ; car ils ſavent bien ſe jetter dedans, & ſe plonger juſques au fond, puis on ne les revoit plus. Il y a auſſi, dans ces mêmes fleuves, des bœufs marins, qui vivent quelques jours lors-qu'ils ſont hors de l'eau.

L'abondance des eaux qui ſont dans ces païs-là, jointe à la proximité du Soleil, les rend très-fertiles en herbages, en fruits, en moiſſons, en grains &c. & la fertilité ſeroit encore plus grande, ſi les habitans prenoient
plus

plus de soin de les cultiver.

Il y a dans une des montagnes de Bemba des mines d'argent & d'autres métaux. Il y a dans les endroits peu fréquentez, quantité d'éléfans, qui font fort puiffans, quand ils parviennent à la moitié de leur âge, & ils vivent ordinairement jufqu'à 50. ans. On peut comprendre quelle eft leur grandeur par les dents qu'on en voit, qui pèfent quelquefois jufqu'à 200. livres.

Leurs oreilles font prefque auffi larges que le font les boucliers des Turcs; & elles ont quelquefois jufqu'à fix piés de long, étant de figure ovale. Ils s'en fervent, auffi bien que de leurs queuës, à fe chaffer les mouches de deffus le corps, & à les tuer. Les Anciens fe font bien abufez d'avoir cru que les éléfans ne pouvoient plier les genoux, ou du moins les jointures de leurs jambes; qu'ils s'apuïoient contre des arbres pour dormir; & que c'étoit à caufe de cela qu'on les prenoit facilement. Au contraire, ils font même affez agiles pour grimper contre les arbres, afin d'en manger les feüilles, & ils fe courbent autant qu'ils veulent, pour boire dans les plus petits ruiffeaux.

Il y a auffi, à Congo, des Tigres qui n'ataquent point les Blancs, & qui ne dévorent que les Noirs, ce qu'on a vu ariver même à l'égard de deux hommes qui étoient couchez & dormoient l'un auprès de l'autre. Le Noir fut déchiré, & le Blanc n'eut point de mal. Quand la faim les preffe, ils ataquent auffi les bêtes privées. On les nomme Engoi à Congo. On tient que la chair de leurs cuiffes, par

O 4

où

où elles se joignent au corps, & qui fait comme leur aisselle, est venimeuse, & que ceux qui en mangent deviennent forcenez, & en meurent.

Il y a une autre espéce d'animal, qu'on nomme Sebra, qui ressemble tout-à-fait à un mulet, hormis qu'il engendre. Son poil est fort extraordinaire. Depuis l'épine du dos jusqu'au dessous du ventre il a trois raies de différentes couleurs, savoir une blanche, une noire, & une jaune; & elles sont si pareilles que chaque raie a justement trois doigts de largeur. Cet animal produit tous les ans: il est sauvage, & extrémement leger à la course, ce qui a donné lieu aux Portugais de dire en commun proverbe : Il court aussi vîte qu'un Sebra.

On y voit encore d'autres animaux, dont il y en a qui sont comme des bœufs, & d'autres un peu plus petits, qu'on nomme Empalanges. On y voit des buffles sauvages, des loups qui sentent de fort-loin, des renards, des cerfs, des chévres, des lapins, & une multitude de liévres, parce-qu'on n'y chasse point On y voit des chats-civettes qu'on y aprivoise pour en tirer du profit.

Il y a diverses sortes de serpens, dont quelques-uns ont jusqu'à 25. piés de longueur, & 5. piés d'épaisseur. Ils ont le gosier si large qu'ils peuvent dévorer un cerf entier. Ils vivent également sur la terre & dans l'eau. Quand ils ont trouvé dequoi se rassasier, ils vont dormir, & c'est alors que les habitans qui les rencontrent les tuënt, pour les manger: car ils en trouvent la chair excellente. Il y en a qui sont si venimeux que quand on en a été

mordu,

mordu, on meurt dans 24. heures, sans qu'aucun des bons remédes qui sont en ces païs-là puisse sauver un homme.

Il y a une espéce de bêtes de la grandeur d'un belier : elles ont des aîles comme les dragons, une queuë, & une longue gueule avec plusieurs rangs de dents. Elles vivent de chair cruë & n'ont que deux piés, aiant la peau rousse, avec des taches rouges. & bleuës.

On y voit quantité de poules, de coqs-d'inde, de paons, d'oies, de canards, de perdrix privées & de sauvages, de faisans, de pigeons, de tourterelles, d'aigles, de cignes, de faucons, d'éperviers, de pélicans, de perroquets verds & de gris, & d'oiseaux carnassiers. Il y a un très-petit oiseau qui chante aussi-bien que les canaries.

On y trouve beaucoup de cristal, & de métaux dont le fer est estimé le meilleur. Il croît dans la province de Bemba une grande abondance de grain qu'on nomme Leuco, qui ressemble à la semence de moutarde, étant néanmoins un peu plus gros. On le moult avec des moulins à la main, & il rend de fort-bonne farine, dont le pain vaut celui qui se fait de froment : il est fort commun dans le Roïaume.

Il y croît aussi beaucoup de millet & d'orge, qu'on nomme Maza Congo, ou Grain de Congo. Il y croît du blé de Turquie & du ris, mais ni l'un ni l'autre n'y est estimé. Il y a quantité d'arbres fruitiers, quantité de citrons, de limons, de bananes ou figues des Indes, dont le goût est excellent, aussi-bien que la nourriture.

Il y a dans les campagnes un grand nombre

O 5   de

de palmiers, dont les uns produifent des da-
tes, & les autres des noix des Indes. Il y en
a une troifiême efpéce qui fournit du vin, de
l'huile, du vinaigre, des fruits, & une forte
de pain. L'huile fe tire du dedans du fruit,
& eft à-peu-près femblable à notre beurre,
hormis que la couleur tourne un peu fur le
verd. On s'en fert également comme nous nous
fervons du beurre pour manger, & de l'huile
pour brûler.

On tire le vin de la cime des arbres qu'on
preffe, & il en fort une liqueur fraîche, qui d'a-
bord eft douce, & qui s'aigriffant quand on
la garde, fert alors de vinaigre. Quand on en
boit de fraîche elle eft fort diurétique, ce qui
fait qu'il y a peu de gens, dans ces païs-là, qui
foient tourmentez de la pierre ou de la gravel-
le. Elle enivre ceux qui en boivent trop. On
fait le pain de l'amande du fruit de cet arbre,
qui eft affez femblable à nos amandes, mais
elle eft un peu plus dure. Ce fruit eft verd
par-dedans auffi-bien que par-dehors, & d'un
goût rude, mais de très-bon goût quand il eft
boüilli.

Il y a quantité d'herbes médecinales, & de
fruits qui ont la même vertu. Ils font même,
pour la plupart, agréables au goût. Il y a des
melons, des concombres, & d'autres femblables fruits en abondance.

Il y a des montagnes entiéres de roches,
qui ne le cédent point au marbre en beauté.
Il y en a d'autres qui font toutes de jafpe, de
prophire, de marbre blanc & d'autre couleur.
Ce marbre eft nommé à Rome Marbre de Nu-
midie, ou d'Afrique.

Il y

Il y a certaines roches où l'on voit des lits
entiers de jacinthe, qu'on en pourroit aifément féparer, & dont l'on pourroit faire des
colomnes entiéres & des obelifques. Il y en a
d'autres où l'on trouve du cuivre rouge & du
jaune.

La riviére de Zaire, ou Sarre, qui a bien 5.
lieuës d'Italie de largeur, coule jufqu'à 14.
ou 15. lieuës en mer, fans que fes eaux per-
dent leur douceur. C'eft une connoiffance bien
certaine pour les mariniers, quand ils doutent
de leur eftime. On peut la remonter jufqu'à
5. lieuës; mais au-delà on trouve des efpéces
de cataractes & de fauts, comme ceux du Nil
& du Danube.

Celle de Lelonda, qui paffe le long de la
ville de Congo, demeure prefque à fec, dès-
que les pluïes ont ceffé. Il croît un arbre admirable, fur les bords de celle de Loanda.
On le nomme Enfanda, & il eft toujours verd.
Ses branches montent d'abord en haut, puis
elles defcendent, & prennent racine par leurs
bouts en terre, ce qui le fait multiplier extraordinairement. Il croît fur la premiére écorce une efpéce de lin qu'on aprête, & qui fert
à faire des habits au commun peuple.

Dans les mers, il y a beaucoup de balénes
noires, qui fe font la guerre & fe tuënt les
unes les autres. Les habitans pêchent celles
qui font morres, en tirent le lard, & le mêlent avec le goldron, pour en froter leurs navires. Il y a des fardines, de la raie, des
éturgeons, des écreviffes &c.

Les habitans font noirs, quoi-qu'il y ait
quelques femmes qui font jaunâtres. Ils ont

O 6

le

les cheveux noirs, ou roux. Ils sont d'une taille médiocre. Les prunelles de leurs yeux sont noires, ou de la couleur du verd-de-mer. Ils ont les lévres épaisses, & pourtant moins que les autres Mores, & ils ne sont pas si-laids de visage que les autres Noirs. Les habitans de Bemba sont si-robustes, qu'ils coupent tout d'un coup un esclave en deux par le milieu du corps, ou abattent la tête d'un bœuf.

Les maisons sont, par-tout, basses & étroites, non faute de pierre, de bois, ou de chaux, mais faute d'expérience & d'adresse : car il n'y a ni massons, ni menuisiers ou charpentiers parmi eux. Chacun est l'architecte de sa propre maison.

On se sert de coquilles, au-lieu d'or, ou d'argent : cependant ils ne laissent pas de faire de gros trafics, avec cette sorte de monnoie.

Les habitans des isles qui sont dans la riviére de Zaire, faisoient autrefois la guerre avec de petits bâtimens qui étoient faits d'écorces d'arbres : il y en avoit même d'assez grands pour contenir jusqu'à 200. hommes. Ils les nageoient fort-vîte ; & quand il falloit entrer en action ils cessoient de nager, & prenoient en main leurs arcs & leurs fléches.

Lors-que les femmes de l'isle de Loanda, vont pêcher des moules, pour en avoir les coquillages, elles prennent un pannier, & étant en mer, elles le plongent dans l'eau ; d'où l'aiant retiré plein de sable, elles y cherchent les moules qui y sont, & qui différent beaucoup les unes des autres. Les plus belles sont les fémelles. Elles ont cours pour leur prix selon leur beauté. Ces mêmes insulaires ont présentement

tement de petits bâtimens à voiles & à rames, faits d'écorces d'arbres. Les hommes nagent si-bien, qu'ils peuvent traverser trois lieues de mer à la nage.

Tous les habitans de ces païs-là ont un grand penchant à voler les étrangers, mais ils ne se dérobent rien les uns aux autres. Le penchant des femmes, aussi pour les étrangers, est encore plus grand que le penchant au larcin. Elles ne savent ce que c'est que d'honneur & de réputation : elles courent encore avec plus d'abandon après les Blancs, qu'après les autres.

Les hommes & les femmes vont tête nuë. Leurs cheveux sont adroitement tressez & entrelassez. Il y en a pourtant quelques-uns qui portent des espéces de chapeaux de coques de noix, ou d'écorces d'arbres entrelassées. D'autres ont de gros bouquets de plumes entre leurs cheveux, à quoi ils tiennent par le moien de fils d'archal. Les hommes & les femmes ont de gros anneaux aux oreilles.

La plupart de leurs habits sont d'étofes faites d'écorce d'arbre. Néanmoins ils commencent à imiter les maniéres Portugaises. Les femmes ont des anneaux de cuivre, ou d'étaim, autour des jambes, pour ornement ; & plusieurs hommes en portent aussi.

Ils couchent à terre, sur des nattes. Ils vivent de fruits, de poisson & de viande, mêlant tout ensemble dans un même plat. Les plus considérables mangent la plupart du tems seuls, & assis sur des nattes. Ils ne se déchargent jamais le ventre sur la surface de la terre : ils creusent de grands trous, & mettent un gros bâton devant pour s'y apuïer. Leurs

tam-

tambours sont étroits par le bas, & larges par le haut. Leurs flûtes sont d'ivoire.

Toutes ces coutumes & maniéres sont celles de ce païs-là en général, sur-tout dans le plat païs & dans les petites villes. Mais dans les grandes villes il y a plus de régularité & de volupté.

Les habitans de Congo révérent extrémement leur Roi : ils balient les ruës par où il doit passer. Dans les bonnes villes les hommes & les femmes suivent autant qu'ils peuvent les modes Portugaises. Ils s'habillent de velours, d'autres étofes de soie, & portent des chaînes d'or. Pour le petit peuple, qui est pauvre, il va toujours nud, & ne se couvre que les parties naturelles.

Le Roi mange à la Portugaise : il rend justice en public, & en peu de paroles. Les Courtisanes jouënt de la flûte, & pendant que les unes en jouënt les autres dansent à la Moresque, avec beaucoup d'adresse & d'agrément.

Chacun est herboriste, & s'aplique à connoître la vertu des simples, afin d'être son propre Médecin. Ils se font passer les fiévres avec de la poudre de bois de santal, & la douleur de tête par la saignée. Ils se purgent d'une poudre faite de l'écorce d'un certain arbre.

La quantité d'or, d'argent, de cuivre, de cristal, de fer, & de mines d'autres métaux qui sont dans leur païs, fait assez comprendre qu'ils doivent être fort-riches. Il faut y ajoûter les grands profits qu'ils retirent d'un nombre extraordinaire de dents d'éléfans, qu'ils vendent aux étrangers, & des chats civettes, aussi-bien que de quelques autres animaux : de

sorte

forte qu'on peut mettre leur Roi au rang des plus puiſſans Monarques.

Il y a un Gouverneur dans l'iſle de Loando, qui veille ſur la pêche qu'on fait des coquilles qui tiennent lieu d'argent ; & dont le Roi tire un gros revenu. Il s'y fait auſſi un grand trafic d'eſclaves que les Portugais achètent pour les tranſporter ailleurs, & de toiles d'écorces d'arbres, qui ſont de requête dans les païs voiſins.

Le Roi d'Angola envoie tous les ans des préſens à celui de Congo, qui ſont regardez comme un tribut qu'il lui paie.

Les peuples ont beaucoup de diſpoſition aux armes, & ſont naturellement belliqueux. Néanmoins il n'y a point parmi eux de villes murées, ni de fortereſſes ſur leurs frontiéres, de-ſorte qu'ils ne pourròient réſiſter aux Européens ; mais ils réſiſtent à leurs voiſins, & les battent ſouvent.

Bemba, ou Bamba, eſt comme le boulevard du Roïaume, parce-que les habitans y ſont encore plus belliqueux & ont plus de courage qu'ailleurs. En cas de beſoin le Roi peut mettre ſur pié juſqu'à 400000. hommes, armez à la maniére de leur païs. Leurs ſabres ſont ſemblables à ceux des Suïſſes, & comme les ſoldats ſont robuſtes, ils s'en ſervent avec beaucoup d'avantage. Ce ſont les Portugais qui leur en fourniſſent. Ils ſe ſervent auſſi d'arcs & de boucliers qui ſont faits d'écorces d'arbre.

Le Gouverneur de Batta entretient des arquebuſiers, pour tenir en reſpect les Giaquas, qui ſont des peuples qui habitent le long du Nil, du côté de l'Eſt. Sans cela ils feroient de

con-

continuelles irruptions , & même ils en font
souvent. Mais les habitans de Batta , étant
avertis par un coup de mousquet, qui s'entend
de fort-loin , prennent aussi-tôt les armes , &
chassent ces ennemis. Cette seule Province
peut mettre sur pié 70. à 80000. hommes.

Il y a un Gouverneur dans chaque Province
qui fait sa résidence dans la ville capitale. Tout
le peuple, jusqu'aux principaux Seigneurs, re-
connoit le Roi pour Maître absolu de tout
ce qu'il posséde. Les Seigneurs se nomment
Mani. Le Roi ne suit aucunes loix écrites,
pour rendre la justice. Il ne suit que les anciennes coutumes, & que ce que la raison lui
dicte touchant le droit des parties.

Toutes les troupes du Roïaume de Congo
ne consistent qu'en infanterie. Quand il faut
combattre, elles se resserrent, ou s'étendent, selon que le terrein le permet, ou-bien elles se
divisent en bataillons & en petits corps. L'armée régle ses mouvemens sur les signaux du
Général, qui a son poste dans le milieu , ou
sur les ordres qu'il envoie dans chaque quartier. Il y a un signal particulier concerté pour
chaque évolution, qui se donne par le moien
des instrumens.

Ils en ont un de bois qui fait un bruit terrible, quand on soufle dedans. Ils ont des tambours faits d'une écorce entiére d'arbre couverte d'une peau, & ils battent dessus avec des
baguettes d'ivoire. Ils ont un autre instrument
triangulaire, qui est fait de plaques de fer bien
jointes, sur quoi l'on frape avec un bâton. Ils
se servent encore de dents d'éléfans creusées,
qui rendent un son guerrier qui anime beaucoup.

Le

Le Général a un grand nombre de ces inftrumens grands & petits, pour s'en fervir felon les ocafions, & que les corps d'armée font plus ou moins gros. Les foldats ont auffi des fignaux particuliers entre eux. Ceux qu'on place dans les premiers rangs, font ordinairement les mieux faits & les plus difpos, qui au fort du combat doivent animer les autres, & les avertir par des clochettes de ce qu'ils ont à faire.

Il n'y a perfonne dans le Roïaume de Congo, qui poffède rien en propre, ni qui puiffe difpofer d'aucune chofe au profit des fiens. Tout apartient au Roi, qui ôte & qui donne felon qu'il lui plaît. Les enfans même du Prince font fujets à cette loi: de forte que fi chacun paioit tous les ans au Roi ce qu'il lui doit, ils feroient dépoüillez de tout ce qu'ils ont.

On fait mourir peu de gens pour crimes. Si un fujet du Roi de Congo a un différent avec un Portugais, il fe décide felon les loix de Portugal.

Quoi-que la Réligion Chrétienne foit introduite en quelques endroits, la plupart des peuples font pourtant encore idolâtres. Les uns adorent le Soleil & le croient le mari de la Lune. D'autres adorent la Lune comme femme du Soleil. D'autres adorent des bêtes aîlées. D'autres encore adorent la Terre comme mére nourrice de tout le genre humain.

Voici comme la Réligion Chrétienne s'y eft introduite. Jaques Cano aiant été envoié par Jean II. Roi de Portugal, en qualité de Capitaine Général, pour reconnoître la côte d'Afrique, entra enfin dans la riviére de Zaire, où étant defcendu à terre, il trouva des gens

mieux

mieux faits & plus traitables que dans les autres Provinces. Il se rendit à la Cour , & y
fut bien reçu. Il emmena un Ambassadeur &
des enfans de plusieurs Seigneurs avec lui en
Portugal , pour être instruits en la Réligion
Chrétienne. Ils furent batisez , & dans la suite
renvoiez dans leur païs, où quelques Prêtres
allérent avec eux ; & en même tems on y envoia une célébre ambassade.

Les Prêtres , qui étoient des Moines Dominicains, étant arivez à Congo, gagnérent d'a-
bord un Oncle du Roi & son Fils. Ensuite le
Roi & la Reine même se firent aussi batiser, &
firent bâtir une E'glise sous le nom de Sainte
Croix. On brûla un grand nombre d'Idoles.
Le Roi prit le nom de Jean , la Reine celui
d'Eleonor, & leur fils aîné celui d'Alfonse.

Les Dominicains firent aussi bâtir des couvens & des E'glises pour eux. Ils nommérent
la ville de Congo Santo Salvador. Ils atiré-
rent beaucoup de gens à leur croïance , & ne
manquérent pas de s'atirer en même tems de
grands dons. Après la mort de ce premier Roi
Chrétien , & après celle de quelques autres qui
le suivirent, aussi-bien que de ces Fréres Prê-
cheurs , il survint des troubles , jusques-là que
les fréres s'élevoient les uns contre les autres.

Il y avoit un Archévêque à S. Thomas, qui
prenoit soin d'envoier un E'vêque à Congo.
Mais il y alloit très-peu de Prêtres: ceux qui
y étoient envoiez se hâtoient peu d'y aller :
les peuples, qui ne vouloient pas changer leur
ancienne idolatrie pour la nouveauté qu'on
leur présentoit, s'opofoient à leurs progrès ,
les femmes se soulevoient avec fureur, parce-
qu'on

qu'on vouloit qu'elles se contentassent d'un seul mari, ou que n'étant point mariées elles vêcussent chastement. Toutes ces circonstances firent qu'au-lieu des nouveaux progrès qu'on auroit pu espérer, ceux qui avoient été déja faits soufrirent beaucoup de diminution.

Enfin les Jésuites y sont allez, & ont bâti un couvent dans l'isle de Loanda, d'où ils envoient toujours quelque Missionaire au continent. Mais le peuple qui n'a point de connoissance de la langue Latine, qui vit d'une maniére fort débordée, qui ne veut point être tenu en bride, va par curiosité, par coutume, & par legéreté, les écouter un jour; & le lendemain il retourne à l'idolatrie domestique, & reprend son premier train.

Quand j'eus fait mon raport de ce qui s'étoit passé à la Cour du Comte, au Conseil de notre vaisseau, je me rembarquai dans le yacht pour me rendre à Lowango, où je reçus ordre de m'en aller avec le reste de la cargaison vers la côte de Guinée. Je partis le 20. de Septembre 1607. & je pris terre le 6. d'Octobre à Camende sur la côte d'Or.

Après y avoir trafiqué, je passai par le travers du fort de la Mine, & me rendis à Cabo Cors, où il y avoit plusieurs Négocians particuliers, qui alloient à l'envi les uns des autres, & ruinoient le commerce. Je les laissai, & pris la route de Morré, où je troquai toutes mes marchandises pour de l'or.

Cependant notre vaisseau, que j'avois quitté à Lowango y territ aussi. Je vendis le yacht, & m'étant rembarqué dans ce vaisseau, nous allâmes, en compagnie de deux autres, au cap de

de Lopo, où nous relâchâmes le 1. de Fèvrier 1609. & de-là nous fîmes voiles en Hollande.

En paffant fous la Ligne nous vîmes un poiffon à corne, qui paroiffoit avoir près de 5.
braffes de long, & fa corne près de demie braf-
fe. Ses nageoires étoient bleuës, & fon corps
d'un bleu azuré. Pendant qu'il fut proche de
notre vaiffeau, nous ne vîmes aucun autre poiffon. Nous préfumâmes qu'il falloit que ce fût un
poiffon pareil à celui qui, dans un des voiages
précédens, avoit fiché fa corne dans l'*Amfterdam*. Cette corne, qui fe trouva dans le gros
du vaiffeau, lors-qu'on voulut lui redonner un
doublage à Amfterdam, & qui n'en put être
retirée qu'avec une peine extrême, avoit paffé
au-travers du doublage de fapin, & du bordage
de chêne, jufques dans l'allonge. On m'a dit
qu'elle eft encore entre les mains du Sieur
Bart Janfz van Steenhuifen Directeur, & qu'on
l'y peut voir.

Le 4. de Juin 1609. nous terrîmes heureufement au Texel, & le lendemain, nous menâmes à Amfterdam 44. livres d'or, & une
groffe partie de dents d'éléfans.

*Second Voiage à Angola, que j'ai fait en qualité
de Premier Commis fur le yacht* Maurice.

NOUS mîmes à la voile le 17. de Septembre 1609. pour retourner à Angola & le 4. de
Janvier 1610. nous terrîmes à Lowango. Quoi-
que l'air y foit mal-fain, j'y établis pourtant
un comptoir le 8. de Fèvrier fuivant. Jufques-
là perfonne n'avoit ofé y trafiquer qu'à bord,
& l'on

& l'on m'a dit qu'il a fallu revenir à en uſer
de-même.

J'envoiai le yacht à Congo , & demeurai
avec un Contre-maître dans la ville où ſe fait
le principal commerce des dents d'éléfans. J'y
vis un Négre qui avoit neuf piés de hauteur,
meſure de bois en Hollande. Il étoit fort-bien
proportioné en ſa taille. Son pére n'avoit que
3. piés de haut, & étoit fort laid. Quelques-
uns de leurs compatriotes adoroient le fils à-
cauſe de ſa grandeur.

J'allois ſouvent me promener ſur le rivage
de la mer, où je vis une fois un chien marin
mort, tout ſemblable aux autres chiens, hormis qu'il avoit les jambes plus courtes. La
mer l'avoit jetté ſur le rivage, où les pêcheurs
le laiſſérent juſques-à-ce que les vers s'y fuſſent
mis; puis ils le portérent au Roi , qui en fit
un grand feſtin. Il nous fit l'honneur de nous
en envoier un quartier de derriére , qui puoit
ſi horriblement, que j'en fus incommodé. Je
donnai un quart d'aune de drap , pour le faire
emporter ſecrétement.

Le 9. le Contre-maître qui me ſervoit, &
qui ſe nommoit Willem Barentſz, mourut. On
ne voulut pas permettre qu'il fût enterré, parce, diſoit-on, qu'il ne viendroit plus de pluïe
s'il y avoit un Blanc enterré dans le païs. J'o-
fris de gros préſens , mais ce fut en vain. Il
fallut que j'emploiaſſe des eſclaves des Portugais pour le porter à la mer. Ainſi je demeurai ſeul.

Peu de tems après on m'aporta une multitude de perroquets & des chats-civettes à vendre. Comme les perroquets me furent donnez

pour

pour très-peu de chose, j'en pris les langues, & les fis cuire à l'étuvée, aiant ouï dire qu'on ne mangeoit rien de plus délicat ; & en éfet je trouvai ce ragoût fort-bon. J'en réservai trois des plus beaux, que j'aportai en Hollande, & il y en a encore un chez moi qui parle si-bien, & si distinctement, que je n'en ai jamais vu qui parlât de-même.

J'achetai aussi un caméléon qui vécut plus de deux mois sans rien manger, de-sorte qu'éfectivement il y a de l'aparence qu'ils vivent de vent. On a écrit qu'ils reçoivent l'impression de toutes les couleurs qui leur sont oposées, & qu'ils les prennent ; mais après en avoir souvent fait l'expérience, j'ai trouvé que le mien ne prenoit que 3. ou 4. couleurs, savoir la verte, la grise, & la jaune. Il ressembloit à-peu-près à un lesard. La plus grande différence n'étoit qu'en ce que le dessus de la tête du caméléon étoit plus plat.

Le même mois de Novembre 1609. une Reine nommée Manni Lombre, me fit inviter à manger d'un jeune éléfant, aiant dessein de me faire ensuite coucher avec elle. Elle m'envoia querir par ses Oficiers, qui m'emmenérent au lieu de sa résidence, qui étoit à la distance de dix lieuës. Là elle me fit manger par force de son éléfant qu'elle avoit fait tuer exprès pour me régaler, & qui étoit si puant, que je fus malade d'en avoir mangé. Mais elle fut fort irritée de ce que je ne voulus pas répondre à son désir, & elle me renvoia en me donnant tant de marques de mécontentement, que je me trouvai heureux d'échaper de ses mains.

Après

Après avoir été plus de 15. mois languiſſant
& malade dans ce païs-là, où cependant je
troquai toutes les marchandiſes que j'avois
pour des dents d'éléfans, du cuivre, & du bois
rouge, je pris congé du Roi & de la Cour, le
9. d'Avril 1611. Ce Prince me fit préſent de
100. livres de dents d'éléfans, d'une peau de
léopard qui étoit très-belle, & d'un chat-ci-
vette, afin de m'engager à y retourner.

Le Roi, qui depuis qu'il étoit parvenu au gouvernement n'étoit pas allé ſeulement juſqu'à
la diſtance d'un jet de pierre de ſon palais,
vint me rendre viſite, dans la maiſon que j'oc-
cupois, pour me prier de revenir, & de lui aporter quelque choſe de curieux.

Dès-le même jour, je fis mettre à la voile,
& le 27. de Juillet ſuivant je me rendis à
Amſterdam, où j'aportai 65000. livres de
dents d'éléfans, une partie de cuivre, & une
de bois rouge pour ſervir de montre.

*Troiſième voïage à Angola, que j'ai fait en
qualité de premier Commis, à bord
du* Soleil.

TROIS Vaiſſeaux deſtinez pour Madére, deux deſtinez pour la Guinée, & le nôtre, firent voiles du Texel, de compagnie,
le 30. d'Octobre 1611.

Lors-que nous fûmes proche de Madére, &
ſur le point de nous ſéparer, il y eut un garçon
de bord, qui allant déployer le pavillon du
vaiſſeau où il étoit, tomba ſur la hune, fit
rompre les cercles, & alla tomber dans le ſein
de la voile, ſans ſe bleſſer.

Dix

Dix jours après que nous nous fûmes séparez, comme nous étions par le travers du fort de Sante Crous, dans l'isle de Ténériffe, nous découvrîmes 5. voiles qui portoient sur nous. Nous courûmes sous le fort, mais avant-que nous fussions à la rade le Vice-amiral de ces 5. vaisseaux nous avoit assez haussez, pour faire feu sur nous. Par bonheur nous lui répondîmes, car sans cela on nous auroit aussi canonez du fort, nous prenant pour des Corsaires.

Ceux qui chassoient sur nous, nous voiant à couvert, remirent le cap à la mer, & aussi-tôt nous vîmes venir un Algoasil, pour demander d'où étoit le bord. Il alla porter au fort la réponce que nous lui fîmes; & le Facteur du Commis Gerrit van Veen vint à notre bord, avec un Algoasil, deux Prêtres & le Capitaine du fort, qui firent la visite, & nous les régalâmes bien. Les planches d'une chaloupe que nous portions en fagot, étoient étenduës au-dessus de ce qu'il y avoit de marchandises au fond de cale; ce qui fut le plus grand bonheur du monde; car s'ils avoient reconnu que nous voulions aller à Angola, nous aurions été traitez en criminels de lèze-majesté. Lors-que la brune fut venuë nous levâmes l'ancre sans bruit, & continuâmes notre route, sans plus rien voir le lendemain.

Proche de l'isle de S. Thomas, un poisson volant, de la longueur d'un empan, entra dans le vaisseau par un des écubiers. Je le mangeai & lui trouvai le goût de l'éperlan. Le 15. de Février 1612. nous prîmes terre à Maïomba, où j'établis un comptoir pour le commerce du bois rouge, & le 23. du même mois nous mouilmoüillâmes l'ancre à la rade de Lowango. Nous y trouvâmes en bonne santé les gens que j'y avois laissez, & ils y avoient acheté une bonne partie de dents d'éléfans pour la Compagnie.

Le Roi, à qui je fis un présent, selon la coutume, me fit l'honneur de me venir voir, & parut fort satisfait de ce que j'étois retourné dans son païs. Je ne saurois m'empêcher de raporter ici une chose qu'on traitera peut-être de fable, mais qui pourtant est véritable.

Quelques jours avant ma venuë, le Roi aiant mandé le Commis Adam Vermeulen, que j'avois là laissé, lui dit; Je vous avertis que Fitor Macasse (c'est ainsi qu'on m'apelloit en ce lieu-là) sera ici un tel jour, & la chose ariva éfectivement. Cela fut dit à Vermeulen en présence d'un grand nombre de gens, dont la plupart m'en rendirent têmoignage avec lui.

Le 22. d'Avril 1612. le yacht *la Lune* dont Joost Gerritsz Lijnbaen, étoit Maître & Commis, prit terre à Lowango, pour y trafiquer sous mes ordres. Quand j'eus examiné le comptoir de cette ville, j'allai visiter les autres qui étoient à Congo; & lors-que je fus de retour je fis charger 96000. livres de dents d'éléfans, dont il y en avoit deux qui étoient de la même bête, qui pesoient l'une 126. livres, & l'autre 128.

Le 21. de Mai 1912. nous remîmes à la voile, pour retourner en Hollande, où nous prîmes terre au Texel.

Description du Roïaume de Lowango.

Le Roïaume de Lowango, qui est enclavé

P dans

dans celui d'Angola, au continent de l'Afrique, est par les 4. degrès & demi de latitude méridionale. La baie en est bonne, mais à l'entrée, vers le bout septentrional, il y a un banc qui court depuis la pointe près d'une demi-lieuë le long de la côte : il gît à environ 2. brasses & demie de profondeur, & n'est pas large. Quand on l'a dépassé on trouve 5. brasses & demie d'eau, jusqu'à la portée d'un petit canon de terre, & là on trouve 3. brasses, fond d'argille rouge. C'est l'endroit où les vaisseaux ancrent ordinairement.

Lowango se reconnoît aisément, par le moien des hautes montagnes rouges qui sont du côté de la mer, n'y en aiant point d'autres semblables sur toute la côte. Depuis le cap de Lopo jusqu'à Lowango les terres courent, presque toujours au Sud-est-quart-de-sud, & au Sud-sud est. Presque toute l'année les courans portent au Nord avec tant de rapidité qu'il paroît fort difficile de les surmonter, & de gagner au Sud. On en est encore empêché par les vents de Sud-est qui regnent continuellement sur la côte. Néanmoins il se lève au matin une petite fraîcheur de terre, & à midi elle vient du large.

La saison la plus propre pour surmonter les courans & gagner au Sud, est celle des mois de Janvier, Fèvrier, Mars & Avril, qu'il pleut extrémement dans ce climat, & qu'on y a sans cesse des grains & des travades ; car si l'on y prend bien garde, & qu'on s'en serve à propos, le mauvais tems vous porte où vous voulez aller. Sans cela la chose seroit impossible, au-moins selon ce que les hommes en

peuvent

peuvent juger, à-cauſe des courans rapides que
forment les riviéres qui ſe dégorgent dans la
mer. C'eſt ce qui fait qu'il faut toujours naviger à dix ou douze lieuës de terre, ainſi-que
je l'ai deux fois éprouvé.

Le Roi tient ſa Cour dans la ville de Banſa
de Lowango, qui eſt à une lieuë de la côte,
ſur une petite montagne, où il y a quantité
d'arbres. Le palais ocupe près de la moitié
de la place. Il eſt entouré d'une haie de branches de palmier. Il y a ſeulement trois ou quatre grands apartemens; mais il y a plus de 250.
petites maiſons pour les femmes du Prince, &
pour ſes concubines, qui ſont au nombre de
plus de 1500. & qu'on reconnoît à leurs braſſelets d'ivoire.

Elles ſont fort étroitement gardées. S'il y
en a quelqu'une qui ſoit ſurpriſe en adultére,
on la mène, avec l'homme à qui elle s'eſt abandonnée, ſur le haut d'une montagne, d'où on
les précipite en bas, par l'endroit le plus eſcarpé, de-ſorte que leurs corps ſont briſez en
piéces, avant-qu'ils aient roulé juſqu'à la moitié de la pente. Il n'y a point de miſéricorde
pour ce crime, & j'ai été préſent à une pareille éxécution.

Les Fils du Roi ne ſont pas héritiers de la
couronne, ce ſont ceux de ſa Sœur, ou de l'aî-
née de ſes Sœurs, parce-qu'ils ſont certainement du ſang Roial, & qu'elle n'eſt connuë
que d'un ſeul mari; au-lieu que le Roi a tant
de femmes & tant d'enfans qu'il y auroit toujours des guerres entre eux, & qu'on ne ſau-
roit lequel élire.

En éfet ce Prince a de ſes concubines plus de
P 2
500.

500. enfans des deux sèxes, qui ne peuvent parvenir à aucunes charges ni dignités. Ainsi les mâles deviennent, pour la plupart, des voleurs, & les filles des garces.

Chacun peut prendre autant de femmes qu'il en peut entretenir, & ils les tiennent fort resserrées. Il faut qu'elles gagnent la vie de leurs maris, ainsi-que font toutes les autres femmes de la côte d'Afrique. Elles cultivent la terre avec des besches & des hoïaux : elles sèment & moissonnent, ce qui ne leur est pas un petit travail, pendant que les hommes s'amusent à rien, & qu'ils demeurent couchez sur le côté, comme font les femmes en Espagne. Elles servent leurs maris à table, puis elles vont manger leurs restes dans la cuisine.

Ils mangent beaucoup de poisson, & de la chair de plusieurs sortes de bêtes, mais qui est puante, ou du-moins à demi corrompuë. Quelques-uns même y laissent venir des vers pour la manger. Ils ont diverses espéces de bons fruits. Ils boivent de l'eau, & du vin de palmier, qu'ils tirent des arbres. Ils ont un fruit nommé Colla, dont ils font usage comme les Indiens font de l'arecca & de la betelle, en mâchant presque tout le long du jour. En commençant à le mâcher on le trouve amer, & ensuite on le trouve fort-doux. On tient qu'il est très-sain, & c'est ce qui en rend l'usage si commun.

Pendant-que le Roi boit personne n'ose le regarder, ou-bien il lui en coûte la vie sans rémission. Avant qu'il boive on sonne une clochette, & chacun baisse le visage contre terre. Quand il a bû, on sonne encore, & cha-

cun

cun se relève. Du tems que j'étois là il ariva
que le fils aîné de la Sœur du Roi, qui devoit succéder à la couronne, & qui aiant à-
peu-près neuf ans, étoit fort aimé du Roi,
toucha sans y penser l'habit de ce Prince & le
regarda dans le moment qu'il buvoit. Le Roi
le tua sur le champ, & fit servir son sang à ses
idolâtries.

Je demandai pourquoi le Prince avoit usé de
cette sévérité envers l'innocent enfant de sa
Sœur? On me répondit qu'il falloit qu'il le
fît, ou qu'il mourût lui-même ; ce qui fait connoître dans quel prodigieux aveuglement sont
ces peuples.

Le Roi même est un Magicien. Il va souvent
entretenir le Diable proche d'un arbre qui est
devant son palais. Son pére vit encore, & l'on
tient qu'il a plus de 160. ans. Il n'a pas été
Roi, ainsi qu'on le peut bien inférer de ce que
j'ai déja dit, & s'il survit au Roi, ce sera
son sixième fils qui montera sur le trône.

Tous les jours de fête le Roi se fait voir publiquement dans la place qui est devant son
palais, où les Grands de l'E'tat, pour l'ho-
norer, dansent & sautent en sa présence ; hommage qui s'apelle Sacralilla. D'abord qu'ils
paroissent à l'entrée de cette place, ils se pros-
ternent le visage contre terre, puis s'étant relevez ils vont toujours sautant jusqu'auprès de
lui, & s'y asséient à terre.

Les revenus de ce Roïaume consistent en
dents d'éléfans, en cuivre, en habits qu'on
nomme Lavougus, qui sont faits d'herbes,
& qui sont la monnoie qui a cours. Le Roi
en a des maisons pleines. Mais les principa-

les

les richeffes confiftent en efclaves des deux fèxes. Les gens font noirs, bien-proporcionez
dans leurs perfonnes, & doux. Ils ont plus de
penchant pour notre nation que pour les Portugais. Ils font careffans, & ne font point larrons. Quand ils fe rencontrent les uns les autres, ils fe frapent dans les mains pour fe faire honneur, & pratiquent, ainfi-que les Grands,
le Sacralilla à leur maniére. Ils font fort-fiers
de la beauté de leurs habits, quoi-qu'ils ne
foient faits que d'herbes.

Les hommes portent de longues juppes depuis la ceinture en-bas, & ils ont autour du
corps un demi-quart ou un quart d'aune de
drap en forme de ceinture. Par-deffus ils ont
une peau de léopard, ou de quelque autre bête, qui leur pend comme un tablier. Ils font
nuds depuis la ceinture en haut, & ont fur la
tête des bonnets d'herbe piquez, avec une
plume deffus, & une queuë de buffle fur l'é-
paule, ou dans la main, pour chaffer les mouches. Ils portent de larges braffelets de cuivre,
ou d'argent.

Les femmes n'ont que des Lavougus de paille, d'une aune en quarré, dont elles couvrent
leurs parties naturelles, & qui les entourent
jufques fur le derriére, quoi-qu'elles en laiffent encore la moitié à découvert; ce qui fait
une perfpective fort defagréable. Le refte de
leur corps eft nud par le haut & par le bas. Elles
s'oignent d'huile de palmier & de bois rouge
mis en poudre. Elles ont autour des jambes des
chapelets de petites perles qu'elle font de coquilles, & des braffelets d'ivoire aux bras. Elles
portent toujours fous le bras une petite natte,
pour

dour s'asseoir dessus, par-tout où elles vont.

Il faut bien se donner de garde d'avoir aucun commerce avec elles, car de dix qui s'y hasarderont, à-peine y en aura-t-il un qui n'en meure, ou qui du moins n'y gagne une grosse maladie. Il faut que cela vienne de ce que leur tempérament est tout-à-fait contraire au nôtre, à-cause de leur extrême luxure, ou des vivres qu'elles mangent, qui sont corrompus & puants. Toutes les expériences que j'ai vuës, quand quelqu'un de notre nation a été assez malheureux pour habiter avec elles, ont été qu'ils tomboient dans une grosse maladie, & que si on les saignoit, ils mouroient le troisième ou le quatrième jour.

Quoi-que les hommes portent diverses sortes d'armes ils ne sont point guerriers; mais ils sont bons pêcheurs. Ils se mettent au matin dans leurs canots, ils vont à la mer, & aportent souvent à midi beaucoup de poisson. Un jour que je donnai au garçon que j'avois pour me servir, un souflet que le fit saigner du nez, tous ceux qui étoient présens en pleurérent, hommes & femmes, ce qui me confirma dans l'opinion que j'avois qu'ils étoient doux & pitoiables. Quand ils ont des querelles ils se battent à coups du plat de la main, ainsi-que font les Chinois dans les Indes.

Il y a dans ce Roïaume abondance de volatiles, de-même que d'éléfans. Pendant-que j'y ai trafiqué j'y ai acheté deux-cents-seize-mille livres de dents. Il y a quantité de buffles, de bœufs, de vaches, de cerfs, de biches, de pourceaux, de brebis, de boucs, de tigres, de léopards, de chats-civettes, di-

 ver-

verſes ſortes de guenons , & d'autres bêtes, qui fourniſſent de très-belles peaux.

De mon tems on tua un homme ſauvage à Manicongo. Il étoit proportioné de-mème qu'un autre homme, hormis qu'il avoit tout le corps hériſſé de poil. Il avoit le nez plat, les narines larges , & par-derriére, au-deſſus de la ſéparation qui eſt entre les deux feſſes, une petite queuë de la longueur & de l'épaiſ-ſeur d'un pouce. Les habitans qui prétendent en avoir vu d'autres, diſent qu'ils ne parlent point, & qu'ils paſſent les nuits dans les arbres. Ce fut auſſi dans un arbre qu'il fut ſurpris avec ſa fem-me & ſon enfant , mais ſa femme & l'enfant échapérent, car ils ſont fort-legers à la courſe.

La plus grande partie du cuivre vient du Roïaume des Inſijeſſes. On l'en aporte à la dérobée, parce-que ces deux peuples ſe ſont la guerre. On m'a dit qu'il y a des mines d'é-taim & d'argent ; mais les habitans ſont ſi pareſſeux qu'ils ne veulent pas y travailler. Il y a des endroits où il croît du poivre comme celui de Benin , du gingembre , des cannes de ſucre, dont on ne fait point d'état.

Les Portugais de Loüande & de S. Paul, ont trafiqué de lavaugus à Lowango , il y a environ 30. ans. Ce ſont auſſi des lavaugus qu'on donne en paiement aux ſoldats du Roi d'Eſpagne , qui ſont dans la place qu'il a con-quiſe à 30. lieues de Loüande & de S. Paul, dans les terres , & qui s'apelle Maſagaum , où l'on tient qu'il y a des mines d'argent. Les Portugais achètent auſſi en ce païs-là beau-coup de bois rouge , de dents & de queuës d'éléfans.

Voiage

Voiage aux Indes Orientales, que j'ai fait en qualité de premier Commis, à la priére du Général Gérard Reynst.

EN PARTANT du Texel le 3. de Mai 1613. pour me rendre à bord, les soldats, après avoir bu plusieurs rasades, faisant des décharges de leurs armes, tuérent un homme d'une tête d'épingle qui lui entra dans le cœur. C'est ce que nous vîmes tous, & cela doit servir d'avis à ceux qui portent des armes de ne tirer pas legérement & sans besoin sur un homme; car le soldat qui fit le coup, ne savoit pas qu'il y eût une tête d'épingle dans sa poudre.

Je m'embarquai sur le *Naffau*, un des navires de la flote qui étoit sous le commandement du Général Reynst, dans le Conseil duquel j'eus ma voix, & nous fîmes voiles du Texel le 2. de Juin 1613. par un vent d'Est & d'Est-quart-au-nord-est. Mais comme le vent changea, nous fîmes le tour de l'Angleterre, & courûmes au Nord-est.

Le 1. d'Août, étant par la hauteur des 60. degrès & demi, nous n'avions que deux heures de nuit. On voioit lire à deux heures du matin. Le 1. d'Octobre, nous ancrâmes dans la baie de S. Antoine & dans celle de S. Vincent, qui sont vis-à-vis l'une de l'autre. Entre autres rafraîchissemens nous prîmes une multitude de poissons avec la seine. L'équipage de l'*Amsterdam* en prit d'un coup de seine assez pour nourrir le lendemain toute la flote, sans compter qu'on en avoit laissé beau-

P 5

coup

coup échaper, de-peur que la seine ne se rompît.

Les isles de S. Vincent & de S. Antoine, ne font pas à plus de trois lieuës l'une de l'autre. Celle de S. Antoine est peuplée de quelques Portugais, de mulâtres de Portugal, & de beaucoup d'esclaves des deux sèxes. Ils subsistent par le moien des huiles qu'ils tirent des tortuës qu'ils vont pêcher, dans une certaine saison de l'année, vers l'isle de S. Vincent, qui est aussi peuplée. On y en prend une très-grande quantité, & il vient des barques charger les huiles, qu'on transporte en divers païs. Il y a aussi beaucoup de boucs, dont ils savent aprêter les peaux comme le cuir d'Espagne. C'est un bon lieu de relâche pour les vaisseaux qui font des voiages de long cours, Néanmoins l'eau n'y est pas bonne.

Nous remîmes à la voile le 5. de Novembre 1613. & allâmes encore relâcher à l'isle d'Annobon, qui gît par un degré 40. minutes de latitude Sud, à 45. lieuës du continent d'Afrique. Elle est très-fertile en oranges, limons, citrons, noix de cocos, figues, ananas, blé de Turquie, millet, & en diverses autres sortes de fruits. Il y a péu de bœufs & de vaches, beaucoup de pourceaux & de boucs; des poules, des pigeons, & plusieurs autres espéces d'oiseaux; sur-tout abondance de poisson. Elle produit beaucoup de coton, dont Dona Losia de Silva, qui est en Portugal, tire les profits, qui montent à plus de 8000. ducats par an.

Entre les oranges que nous y prîmes, il y en avoit une qui pesoit 3. livres poids de Hollande.

lande. Le Gouverneur qui en avoit bien usé à-
cause des forces qu'il nous voioit, demanda
une lettre de recommandation, pour les autres vaisseaux Hollandois, qui viendroient à sa
rade. On la lui acorda, & il la fit bien valoir
pendant-que ceux qui y relâchérent se trouvérent les plus forts. Mais une fois le *Delft* aiant
mis trop peu de monde à terre, il fit prisonniers tous ceux qu'il put atraper, & ne les rendit qu'en paiant des rançons excessives; ce qui
doit obliger les passagers à se tenir toujours sur
leurs gardes, & à se souvenir de l'infidélité des
Portugais.

Nous remîmes à la voile le 21. de Mars 1614.
& le 3. de Juin nous moüillâmes l'ancre à la
rade de l'isle Ansüannii. Le Général m'envoia
le lendemain porter un présent au Roi, & le
prier de nous faire donner des rafraîchissemens
en paiant. Ce Prince vint lui-même au-devant
de moi, avec les flûtes & les tambours, & me
mena dans son palais.

Il étoit Arabe de naissance. Il nous donna
sur le champ 13. bœufs, dix moutons & 20.
poules, avec quelques fruits qui étoient fort
bons. Quand nous fûmes convenus de ce que
nous paierions pour chaque bœuf, je retournai
à bord pour dire au Général, que l'acord étoit
fait à douze réales de 8. par piéce.

Je fus encore renvoié à terre de l'autre côté, à la ville de Démonio, où je fus magnifiquement reçu par la Reine & par ses sujets.
On ofrit de nous accommoder de tout ce qui
étoit dans le païs, & on nous logea dans la
maison d'un Gentilhomme où nous fûmes défraiez. On nous fit présent d'un bouc si gras,

P 6

qu'il

qu'il en fut tiré 25. livres de graiſſe, outre celle qui ſe trouva dans le chaudron où l'on fit cuire la viande. Les matelots n'aiant pu manger cette graiſſe, elle fut gardée pour mettre avec des légumes.

Je fis marché de 203. bœufs, 30. moutons, 10. boucs extraordinairement gras, & 600. poules; d'une partie de ris qui n'étoit pas encore net, de millet, de fèves à-peu-près comme les fèves de haricot. Je donnai 12. réales de huit pour chaque bœuf, une barre de fer pour trois bœufs, un miroir de Nurenberg pour un bœuf, un ſonnette d'épervier pour un bœuf. Je donnai au Roi une main de papier pour un bœuf qui auroit coûté en Hollande 90. livres. Ces bœufs ont de groſſes boſſes ſur le dos, & ſont ſemblables à ceux dont Jean Huigens a donné la figure dans ſes Voiages.

Le païs d'Anſüannii eſt par les 11. degrès 50. minutes de latitude Sud. La rade eſt aſſez bonne. Au bout ſeptentrional, de la baie les vaiſſeaux ſont à l'abri de la mouſſon du Sud. Pour y entrer il faut raſer la côte le plus qu'on peut, juſques-à ce que la ville de Samodo vous demeure au Sud ſud-eſt.

Les grands vaiſſeaux y moüillent ſur 23. à 25. braſſes, fond de ſable mêlé de quelques roches.

Au côté oriental les vaiſſeaux ſont à-couvert de la mouſſon du Nord, dans une belle baie, où ils ancrent ſur 20. 23. à 30. braſſes, proche de la ville de Demommoo, où réſide la Reine, qui ſe nomme Mollana Alachorra, dont le mari a dominé ſur toutes les iſles de Comore.

II

Il y a dans cette isle quatre grandes villes
murées & 34. villages. Les insulaires sont Mahométans. Il y a beaucoup de Mosquées. Leurs
Docteurs sont Arabes. Le peuple est d'un naturel doux. On n'y voit point les femmes, comme on les voit dans les Indes. Il y a beaucoup
d'esclaves qu'on tire des païs du Prête-jan,
d'Ethiopie, & de Madagascar, & qu'on y
achète à bon marché. Ils peuplent le païs,
cultivent les terres, & les Maîtres en sont bien
servis.

L'isle est très-fertile. Elle est arrosée de quantité de clairs ruisseaux qui coulent des montagnes. Il y croît diverses sortes de bons fruits.
Il y a quantité de volatiles, des paons, des perdrix, des cailles, des perroquets &c. Il y a
un nombre extraordianire de cocos, & abondance de poisson.

Les vaisseaux sont joints & cousus avec du
Cairo au-lieu de clou. Quand la mousson y est
propre, ils vont à Madagascar querir du ris du
millet, de l'ambre gris, & des esclaves; &
avec ces cargaisons ils vont en Arabie, par la
mer Rouge, pour y troquer des toiles & des
mouchoirs des Indes, du coton, & de l'amfion.

Lors-que je fus de retour auprès du Général,
il me fit embarquer dans une chaloupe, pour
aller à l'isle Gasisa qui est à douze lieuës d'An-
suannii, où notre navire *Nassau*, qui avoit chassé sur ses ancres, avoit remouillé. D'abord en
aprochant nous ne trouvâmes point de rade:
mais ensuite nous jettâmes le grapin au côté
septentrional, devant une baie de sable blanc,
n'y en aiant point d'autre semblable autour de

P 7

l'isle

l’ifle. L’endroit où l’on moüille a 25. ou 30.
braffes de profondeur : il eft à une portée de
petit canon du rivage , devant un banc long
& étroit, fur lequel à-peine une chaloupe peut
paffer de baffe eau.

Le Roi & toute fa Cour me reçurent fort-
bien. Il me fit auffi-tôt préfent de quelques
bœufs maigres , & de noix de cocos de mauvais goût. Il y a dans cette ifle fi-peu d’eau
douce que la plupart des habitans font obligez
d’en boire de fomache , & les gens confidérables boivent l’eau de leurs chétives noix de cocos. Nous vîmes avec étonnement , que tous
les matins & tous les foirs le bétail qui venoit
des plaines & des montagnes , s’en alloit boire
de l’eau de la mer.

Le peuple eft malin & de mauvaifes mœurs.
Il y a près de dix petits Rois dans l’ifle , qui
fe font la guerre fans ceffe ; de-forte que les
étrangers qui y vont , doivent bien fe tenir fur
leurs gardes.

Le 2. de Juillet 1613. le Général aiant fait
remettre la flote fous voiles , nous allâmes la
rejoindre. Le 28. du même mois, comme nous
devions paffer par le travers de l’entrée de la
mer Rouge , & que perfonne de notre nation
n’y avoit navigé jufques alors , il fut réfolu
dans le Confeil qu’on m’y envoieroit en qualité de Capitaine Major , fur le *Naffau* , pour
éxaminer quel commerce on y pouvoit faire ,
& quels avantages la Compagnie en pourroit
retirer.

Le 2. d’Aout , le *Naffau* s’étant détaché de
la flote , nous courûmes par le travers du païs
de Mélinde , & mettant le cap fur la côte,

nous fîmes jufqu'à 60. lieuës de chemin en 24. heures. Ainfi nous entrâmes le 9. dans une belle baie, au cap de Dorfou, & lui donnâmes le nom de baie de Naffau, parce-qu'aucun Hollandois n'y avoit été, & que nous ne la trouvâmes point marquée dans les cartes.

Le lendemain nous levâmes l'ancre, & aiant doublé le cap de Gardafin, qui eft par les 11. degrès 45. minutes, nous rémoüillâmes à côté du cap, afin de voir fi nous trouverions des gens avec qui l'on pût parler. Nous y vîmes des Négres, qui prirent la fuite lors-qu'ils nous aperçurent: mais on les joignit. Ils ne voulurent parler que de loin, & dirent qu'il n'y avoit point là d'eau, ni d'autres rafraîchiffemens à efpérer.

Nous continuâmes donc à naviger vers Monte de Felix, où aiant encore mis des gens à terre, les habitans ne vouloient point nonplus leur parler. A la fin on gagna jufqu'à un petit village, nommé Dordori, dont les habitans s'enfuioient, & emportoient tout ce qu'ils pouvoient.

Mais on découvrit quelques vaiffeaux Arabes à la rade, de l'autre côté du cap. On y alla, & l'on aprit que nous étions à Illie de Metre, d'où nous devions traverfer vers l'Arabie Heureufe. Le 26. du même mois d'Août 1613. nous la découvrîmes, & nous allâmes à demi-lieuë au-deffous d'Aden.

Le Sous-commis s'étant embarqué dans une chaloupe, où il mit la banniére blanche, alla, déclarer au Gouverneur le fujet de notre venuë. Les Turcs le reçurent fort-bien, & me le renvoiérent promtement, avec du poiffon

& des

& des moutons-gras, pour me dire que j'étois le bien-venu.

Le lendemain nous allâmes moüiller l'ancre sous le fort, sur 7. brasses d'eau, proche de quelques petits bâtimens Arabes, Persans & Indiens; qui aiant passé toute la nuit à décharger leurs éfets, étoient allez se poster à l'abri du fort.

Le Capitaine des soldats fut envoié par le Gouverneur pour visiter le navire, & il m'invita de sa part à dîner avec lui; ce que je ne crûs pas devoir refuser, puis-que je voulois obtenir la liberté du commerce.

Sur le midi, on vit venir de terre une obscurité surprenante, qui amena une très-grosse ondée de pluïe. Il y avoit une rougeur comme d'un four ardent mêlée dans cette obscurité, qui faisoit un objet afreux. Le Gouverneur prit soin de nous envoier dire à bord, que nous jettassions encore deux ou trois ancres. Le nuage alla roulant vers l'Ethiopie, & quand l'orage qu'il causa au lieu où nous étions fut cessé, nous vîmes notre vaisseau couvert de sable rouge, y en aiant par-tout aussi épais que le doigt.

Lors-que je fus avec le Gouverneur, il me dît que ce nuage obscur, qui étoit comme un tourbillon, se formoit du sable de la mer : que souvent le sable qui en tomboit couvroit & enseveliffoit des caravanes entiéres, hommes & chameaux, & que c'étoient là les véritables Momies qu'on rencontroit quelquefois. Je fus conduit au palais avec beaucoup de cérémonie, entre les soldats rangez en haie.

Le Gouverneur se nommoit Hessa Aga.

Quand

Quand je lui eus fait mes préfens, il me demanda de quelle nation nous étions? Je lui répondis que nous étions Hollandois, Sujets des Seigneurs E'tats Généraux & du Prince d'Orange, alliez de Sa Hauteffe: que nous venions cómme amis, pour trafiquer, ainfi que faifoient nos compatriotes dans toutes les terres de l'obéiffance du Grand Seigneur. Il me dit que fi nous venions comme amis, nous aurions toute liberté dans le païs; mais qu'il falloit auparavant qu'il en donnât avis au Bacha Vice-roi de Jamen, ou de l'Arabie Heureufe. Cependant il nous fit trouver une maifon commode.

Après le repas je m'en retournai à bord, pour faire décharger des draps & des merceries de Nuremberg, que j'envoiai à terre avec le Souscommis. Dans la fuite j'apris par un Aga que le Bacha ne vouloit pas confentir que je laiffaffe à Aden des gens & des marchandifes jufqu'à mon retour, fur quoi je pris congé de lui pour me retirer; le laiffant & les Marchands étrangers dans la crainte que nous n'enlevaffions leurs vaiffeaux, quoi-qu'ils fuffent toüez toutproche du fort.

Nous remîmes donc à la voile, & allâmes moüiller l'ancre à une ville d'Arabie, nommée Chihiri. Le Roi nous envoia un Selbi, qui eft une petite barque de planches coufuës enfemble avec du cairo, qui nous aporta des rafraîchiffemens de boucs, de moutons, de poiffon, & de fruits.

Il ariva un incident fort extraordinaire à notre venuë. A la même rade où nous moüillions, il vint une multitude de poiffons inconnus, &
qu'on

qu'on n'avoit jamais vus auparavant. Ils
étoient presque semblables à nos grandes Schoo-
les, & encore plus aux sardines de Portugal.
Comme il sembloit qu'ils vinssent de compagnie avec nous, on leur donna le nom de Hollandois. Il y en eut pendant trois ans une si
prodigieuse quantité, que les hommes en étant
rassasiez & dégoûtez, les faisoient sécher, &
les donnoient à manger aux chameaux. Au
bout des trois ans on n'en prit plus, & l'on
n'en a pas revu depuis.

Le lendemain 20. d'Août 1614. j'allai trouver le Roi, & fus conduit à son palais, par
plusieurs soldats & Marchands Arabes. Ensuite ils nous menérent dans une belle & spacieuse
maison, où je trouvai un grand repas tout servi ; le tout de-peur que nous ne violassions le
privilége de sa rade. On nous assura que si nous
venions comme d'honnêtes Marchands, nous
aurions la liberté du commerce dans tout le
païs.

Je demandai permission d'y laisser deux ou
trois de mes gens pour aprendre la langue, jusqu'à mon retour, parce-que la mousson étoit
passée, & qu'il falloit que j'allasse faire le raport des découvertes que j'aurois faites, à mon
Général à Bantam. On m'acorda ma demande sur le champ, & l'on nous pourvut d'une
bonne maison.

Je crus devoir me servir de cette ocasion.
Ainsi je laissai là un Assistant nommé Antoine
Claasz Visscher, & deux hommes avec lui,
lui donnant peu d'argent, & quelques chétives merceries de Nuremberg. Je pris ensuite
congé du Roi, qui me promit fort que mes gens
seroient en toute sureté.   Le

Le même jour avant-que de me retirer j'envoiai le Sous-commis querir de l'argent à bord.
En l'aportant sa barque fut renversée par les
brisans. Ceux qui la conduisoient se sauvérent
à la nage : mais le sac d'argent demeura au
fond de la mer. Durant le plus bas de l'eau je
fis plonger, & promis une bonne recompense
à qui me raporteroit le sac. Les gens du païs
y aïant perdu leur peine, un Quartier-maître
qui nageoit bien, voulut aussi tenter fortune.
En plongeant, son pié donna justement sur le
sac qu'il prit, & il l'aporta au grand étonnement des spectateurs, qui regardérent cela
comme un enchantement.

La ville de Chihiri dans l'Arabie Heureuse, est par les 14. degrès 50. minutes de latitude Nord, située sur un sable aride, au bord
d'une grande baie, ou l'on ancre à une portée de petit canon de la ville, sur 8. brasses,
fond de bonne tenuë. Elle est fort grande, parce-que les maisons sont éloignées les unes des
autres. Elles sont bâties d'argile, & enduites
de chaux par-dehors. Il y a un château avec
quatre tours rondes, qui est bon pour se garantir d'une course, mais qui ne sauroit soutenir
le canon. Il y a aussi 3. ou 4. Mosquées. C'est
le principal port que le Roi posséde.

Ce Prince tient sa Cour, la plupart du tems,
à Hadermuid, ville qui est dans les terres, à
une journée de chemin de Chihiri. Il se nomme Sultan Abdulla, & est issu des vrais Arabes, aussi-bien que ses sujets. Il paie tous les
ans entre les mains du Bacha Vice-roi du Grand
Seigneur, un tribut de 4000. réales de huit,
& de 20. livres de bon ambre gris.

Son

Son peuple eſt ſincére, doux & bien-faiſant, modeſte en démarche & en actions, dévot dans la Réligion de Mahomet qu'il profeſſe. Les femmes de conſidération ne vont que maſquées. Elles ſont fort luxurieuſes, & bien-faites dans leur taille. Les parens tiennent à honneur que les étrangers veüillent avoir commerce avec leurs filles. Ils vont même les leur ofrir pour une très-legére recompenſe, lorſqu'elles ſont encore fort-jeunes. Il demeure, dans ce païs-là, beaucoup de Benjanes des Indes, & de Perſans.

Il y va tous les ans des vaiſſeaux des Indes, de Perſe, d'Ethiopie, des iſles Comores, de Madagaſcar, de Melinde. Nous y laiſſâmes 13. ou 14. petits bâtimens à la rade.

De Chihiri nous fîmes voiles à Cutſinni, qui eſt juſtement à l'entrée de la mer Rouge, ſur la côte de l'Arabie Heüreuſe, par la hauteur des 15. degrès 32. minutes, où nous moüillâmes ſur 16. braſſes d'eau, fond de roches, à une portée de petit canon de la ville.

Lors-que je fus à terre, le Roi qui ſe nommoit Sayd Bon Sahidi, ſuivi de 1000. ſoldats avec de larges ſabres nuds ſur les épaules, vint me prendre par la main, & me mena dans ſon palais, où je fus bien régalé. Je lui demandai permiſſion de laiſſer de mes gens dans ſon païs juſqu'à mon retour, & il me l'acorda. Mais quand j'eus apris qu'il étoit ami des Portugais, qui venoient tous les ans trafiquer chez lui, & qu'il étoit ennemi du Grand Seigneur, je pris réſolution de n'y laiſſer perſonne pour cette fois, & de me retirer; ce qui ſe fit avec beaucoup de marques de civilité de part & d'autre.

Le

Le 25. de Décembre 1614. nous eûmes la vuë de l'isle Juganao, où les hommes, les femmes & les enfans, vont tout-nuds, sans aucune honte. De-là nous courûmes sur Java, & rencontrâmes le Général Both, qui montoit le *Delft*, & qui vouloit aller faire de l'eau à Sumatra, pour s'en retourner en Hollande avec 4. navires richement chargez.

Je passai à son bord, pour l'informer de ce que j'avois fait dans la mer Rouge, parce-qu'il avoit beaucoup d'envie de l'aprendre. Après lui avoir dit une partie de ce qui s'étoit passé dans ce voiage, je continuai ma route, & allai moüiller l'ancre le 30. de Décembre 1614. à la rade de Bantam, d'où le Président Jean Pietersz Coen, me fit partir le 5. de Janvier 1615. pour aller charger des vivres à Jaccatra, & les mener aux Moluques.

En ce tems-là les dix sacs de poivre, dont chacun pesoit 60. livres poids de Hollande, & qui par conséquent pesoient 600. livres, se donnoient à Bantam pour 15. réales de huit, & on le vendoit vingt & un sou la livre en Hollande.

Quand j'eus exécuté ma commission à Jaccatra, qui est à-peu-près à 12. lieuës de Bantam, je rangeai la côte de Java, & rencontrai à la rade de Japara le Général Reynst, qui fit paroître beaucoup de joie de me voir. Je lui fis mon raport de tout ce que j'avois découvert, géré & négocié sur les côtes de la mer Rouge, & dans l'Arabie Heureuse, de-quoi il fut fort satisfait. Il me donna ordre d'aller à l'isle Botton, relever le Commis qui y étoit, en mettre un autre en sa place, &

ensuite

enfuite continuer ma route vers les Moluques.

Je fus fort-bien reçu du Roi de Botton, & j'apris que quelque tems auparavant il y avoit eu dans la riviére un grand crocodile, qui sortoit toutes les nuits, & dévoroit des hommes, ou des femmes, ou des enfans, ou du bêtail ; mais on n'en entendit plus parler depuis ma venuë.

Dès-que ma commiſſion fut éxécutée, je remis à la voile, & le 6. d'Avril 1615. je mouillai l'ancre à la rade d'Amboine, d'où je partis deux jours après pour aller aux iſles de Banda, rejoindre le Général Reynſt, qui y étoit à l'ancre, proche du fort de Naſſau, avec 11. navires.

Le jour que cette flote fit voiles d'Amboine à Banda, le mont Gunnapi, qui avoit continuellement brûlé depuis 17. ans, s'ouvrit ſi prodigieuſement, & jetta une telle abondance de feux, de flammes & de groſſes pierres, auſſi-bien dans la mer, que vers le fort, qu'il n'y avoit pas moien de faire tirer une ſeule piéce de canon, à-cauſe de la quantité de cendre dont les canons étoient couvers ; de-ſorte que la garniſon étoit en grand danger, ſe voiant ſur le point d'être ataquée par les Bandanois, qui y acouroient de Lontor & des autres lieux. Mais la venuë du Général fit changer la face des afaires, & ſa préſence ſauva le fort de Naſſau.

Avant-que d'être au bord du rivage, nous rencontrâmes encore beaucoup de grands morceaux de pierres brûlées, qui avoient ſauté de la montagne juſques dans l'eau, dont quelques-unes avoient plus d'une braſſe de long,

&

& auprès des groſſes il y en avoit une ſi grande quantité de petites, qu'à-peine notre chaloupe put paſſer. L'eau même boüilloit encore au bord de la mer, & l'on voioit floter des poiſſons, que la chaleur avoit tuez.

Pendant-que nous fûmes à la rade, le Général commanda ſouvent des gens, pour aller abattre de très-beaux arbres, qui portoient des noix muſcades, parce-qu'on en avoit beſoin pour le fort.

Le 14. de Mai 1615. le *Naſſau*, l'*Acole*, le *Neptune*, & *l'E'toile du matin* furent commandez avec deux frégates, une chaloupe, & dix canots bien armez, pour aller ſe rendre maîtres de l'iſle Poulowai, ou Pulo Wai. Adrien van der Duſſen commandoit les ſoldats, les Japonois & les matelots, au nombre de 900. hommes.

Nous jettâmes l'ancre ſous le fort de Poulowai, & fîmes deſcente promtement, chaſſant les Bandanois de leurs retranchemens; puis nous allâmes donner l'aſſaut au baſtion qui étoit du côté de l'eau, qui fit d'abord une grande réſiſtance. Mais elle ne dura que demi-heure, & nous l'emportâmes. Ce furent les Japonois qui y plantérent les premiers leurs drapeaux, & nos gens ne firent que les ſeconder. Les Bandanois voiant le baſtion pris, abandonnérent la place, & s'enfuirent vers les montagnes.

Cependant nos gens accablez de la fatigue de cette journée, s'étant arrêtez pour prendre du repos, les inſulaires, qui s'en aperçurent, revinrent ſur leurs pas, & reprirent, ſans que perſonne s'y opoſât, le côté du fort

qui

qui regardoit les terres , & qui étoit séparé par une muraille de la partie qui regardoit la mer. Ils mirent aussi-tôt le feu dans le Pago-de , & dans les magasins qui étoient pleins de noix muscades, de macis, de ris, & d'au-tres marchandises. La flamme & la fumée que le vent, qui venoit de la montagne , poussoit vers nous , obligea nos gens de reculer. Mais en reculant nous nous trouvâmes exposez au feu des fusils des ennemis, qui nous maltrai-térent tellement que le troisiême jour nous fûmes contrains d'abandonner honteusement la place , après y avoir perdu beaucoup de monde.

Nous fîmes prisonniers un Prêtre & un Maî-tre d'école Javanois, qui nous dirent qu'il y avoit eu près de 30. Orancaies de tuez dans le fort. Pour nous , en prenant le bastion, nous perdîmes neuf hommes , & en eûmes 15. ou 16. de blessez ; mais à la retraite, il nous en fut tué vingt-sept , & nous en eûmes 170. de blessez.

Deux de nos gens désertérent , & passérent du côté des Bandanois. L'un d'eux nommé Ooghien d'Harlem , nous fit beaucoup de mal, tirant sans cesse de dessus un arbre. Il tua deux hommes tout-proche de moi & y en blessa un troisiême , dans un moment.

Lors-qu'on fut de retour à Nira , les sol-dats furent fort rebutez de ce qui étoit arivé, & il y eut beaucoup de jalousie entre les Ofi-ciers du Conseil , de ce qu'en partant j'avois dit au Général, que ceux qui lui conseilloient d'aller en personne à cette expédition, n'é-toient pas ses amis.

Ensuite j'eus ordre de m'embarquer sur *la vieille*

vieille Zélande, pour aller aux isles Moluques, en compagnie de l'Amiral Verhagen. Le 1. de Juin 1615. nous moüillâmes l'ancre sous le fort de Maleïe à Ternate, où étoit le Sieur Laurens Réal Gouverneur de toutes les Moluques. Quelques jours après, il me fut ordonné de passer sur le *Middelbourg*, en qualité de premier Commis, pour mener des vivres & des marchandises à Motier & à Batsian. Il y avoit à Batsian un soldat Allemand, qui remuoit les oreilles comme un chien, se les faisant allonger, & se les laissant pendre comme font les chiens.

L'isle de Ternate fournit par an à-peu-près 400. bares de clou de girofle, & dans la grande mousson, qui vient une fois en sept ans, elle en fournit jusqu'à 1000. bares. La bare est de 600. livres poids de Hollande. Tidore en fournit 300. bares par an, & douze à 1300. bares dans la grande mousson. Motier que nous possédons toute entiére, n'en fournit pas plus de 100. bares. Machian qui est aussi toute entiére sous notre pouvoir, fournit deux à 300. bares de clou par an, & quinze à 1600. bares dans la grande mousson. Ce qu'on en tire si-peu vient de ce que les habitans gagnent plus à pêcher, qu'à amasser & à nétoier le clou. Batsian n'en fournit que fort-peu, ou point-du-tout. Gilolo ne fournit que du sagu, des pourceaux, & quelques autres vivres pour les garnisons.

En partant de Batsian, nous prîmes la route de Bantam, où nous terrîmes heureusement. Le Président Coen, suivant les ordres du Général Reynst, me fit de nouveau embarquer

Q

sur

sur le *Naſſau*, & m'envoia, en qualité de Préſident, aux côtes de la mer Rouge, où j'avois déja été. Sur la route nous relâchâmes à Ticou & à Priaman, dans l'iſle de Sumatra, où j'achetai une partie de poivre, à 16. & à 17. réales de huit les 360. livres. On tient que c'eſt le meilleur poivre de toutes les Indes. On pourroit y charger tous les ans plus de 3000. bares de poivre, ſi l'on avoit de l'or pour le païer, & pour ſatisfaire le Roi d'Achin, de qui cette place dépend.

Nous remîmes à la voile pour aller à Ceilon, parce-que j'avois charge de parler au Roi, & nous y mouillâmes à la rade de Palagama ſur 13. braſſes. Les habitans étant allez en diligence avertir le Roi de ma venuë, il me fit prier inſtamment d'aller le trouver dans le haut païs. Mais cela ne ſe pouvant, vu-que la ſaiſon d'aller à la Mocha ſe ſeroit paſſée, je m'en excuſai, & lui fis ſavoir, par une lettre, ce qui m'avoit été ordonné de lui dire.

Ceilon eſt, à mon gré, la plus agréable & la plus fertile de toutes les iſles, & même de tous les païs que j'ai jamais vus. On y voit de belles plaines couvertes de verdure, & des montagnes qui en ſont auſſi couronnées. Il y croît abondance de la meilleure canelle qui ſoit au monde. Le quintal, qui fait 128. livres, y vaut quatre larins, ou quarante ſous. Il y a quantité de belles pierreries de couleur, quantité de bêtail, de bêtes ſauvages & de privées, de poiſſon. La monnoie dont on ſe ſert vers les côtes de la mer, pour vendre & pour acheter, eſt du poiſſon ſec, qu'on prend proche des iſles Maldives, & qu'on nomme Albacoriſes. Il

y a

y a des éléfans qu'on eftime en tous lieux, comme aiant des qualités fi-extraordinaires qu'on
leur atribuë de l'intelligence. On tient même
pour certain que quand les éléfans des autres
païs en rencontrent quelqu'un de Ceilon, ils le
reconnoiffent, & lui témoignent du refpect.

J'ai vu dans cette ifle un homme & une femme qui avoient la jambe groffe, & telle que
Jean Huigens en a fait repréfenter dans fon
livre. On dit qu'ils font de la race de S. Thomas.

Après nous être un peu rafraïchis nous remîmes à la voile, & fur notre route, vers le
fort de Colombo qui apartient aux Portugais,
nous prîmes un petit bâtiment tout chargé de
canelle deftinée pour Coetfin, où on la vouloit
charger dans les carraques qui devoient aller
en Portugal. Nous fîmes tous nos éforts pour
ranger la côte des Indes, & nous rendre devant Coetfin, afin de voir s'il n'y auroit point
de moien d'infulter quelqu'un des vaiffeaux
qu'on difoit y être en charge affez avant en
mer. Mais comme nous n'y trouvâmes pas les
chofes dans l'état que nous avions cru, nous
continuâmes notre route vers la mer Rouge.

Le 11. de Janvier 1616. nous prîmes terre à Chihiri, où nous trouvâmes deux des
gens que nous y avions laiffez, qui étoient Viffcher & Crabbe, qui ne furent pas peu ré-
joüis de nous voir, & les habitans en marquérent auffi beaucoup de joie. J'ordonnai
Wouter Heute pour demeurer là en qualité de
Sous-commis, à la place de Viffcher, & fis
voiles à la Mocha où nous terrîmes le 15. du
même mois, au grand étonnement des habitans, qui n'avoient jamais vu de vaiffeaux d'Europe.   Q 2   Nous

Nous allâmes jetter l'ancre entre 30. bâtimens grands & petits, Indiens, Perſans &
Arabes, qui furent ſurpris & éfraïez de nous
voir. Le Gouverneur envoia ſur l'heure une
barque avec deux ou trois Turcs, pour nous
demander qui nous étions, & pourquoi nous
venions là? Après notre réponſe, ils s'en retournérent, & le lendemain qui étoit le 27.
je deſcendis à terre, & fus conduit au palais,
au ſon des flûtes & des tambours, où le Gouverneur me fit encore les mêmes demandes
qui m'avoient été déja faites.

Quand je l'eus informé de tout, il me fit
beaucoup d'honnêtetés, & me fit donner un
veſte de drap d'or, ſelon la coutume du païs.
Après quelques entretiens, & qu'il nous eut
régalez, il nous fit conduire dans une belle maiſon, qu'il nous avoit fait préparer, &
qui devoit nous coûter 140. réales de huit de
loier, pendant la mouſſon, qui eſt de 6. mois.
Enſuite je fis un acord avec lui ſur les droits
qu'il faut paier, dans le Gouvernement du Vice-
roi de l'Arabie Heureuſe. Ils furent réglez à 3.
& demi pour cent, tant pour l'entrée que pour
la ſortie des marchandiſes. Le lendemain je
fis porter des marchandiſes à terre, que je
vendis fort-bien. Je fus paié en réales & en
ducats d'or.

Le 6. de Mars 1616. on vit ariver à la Mocha, un Caffel ou une caravane d'Alep & de
Sueés, d'environ 1000. chameax, qui aportérent près de 200. mille réales de huit, &
100. mille ducats tant de Hongrie & de Veniſe, que des païs des Mores, ſans compter
ce qu'il y en avoit qui ne fut point déclaré aux
bureaux.

bureaux. Il y avoit auſſi des velours, des ſa-
tins, des damas, des armoiſins, des étofes d'or
de Turquie, des camelots, des draps, du ſafran, du mercure, du vermillon, & des merceries de Nuremberg.

Ces caravanes emploient ordinairement deux
mois à faire leur voiage. Les marchandiſes
ſont des manufactures des Arabes, des Indiens, & des Perſans. On les troquoit là pour
des toiles de coton groſſes & fines; pour de
l'indigo, du poivre, du clou de girofle, des
noix muſcades, du macis; & pour des marchandiſes de la Chine.

Le même jour j'obtins permiſſion du Gouverneur d'arborer le pavillon du Prince ſur notre maiſon, dans la ville de la Mocha, dequoi toutes les nations étrangéres murmurérent
beaucoup. Il faiſoit alors, le jour & la nuit, une
ſi grande chaleur, que ne la pouvant ſuporter
je me faiſois ſouvent jetter de l'eau ſur le
corps.

Le 21. d'Avril, le Bacha m'envoia un Firman, paſſeport, ou lettre de créance, pour tous
Seigneurs & Gouverneurs de ſa juridiction,
afin de me faire défraïer & traiter par-tout comme ſi c'étoit ſa propre perſonne; & le Capitaine des galéres eut ordre de me conduire avec
20. ſoldats Turcs au palais, pour lui parler. Le
lendemain je partis à cheval, avec le Sous-
commis Jean Arentz, & un Trompette, pour
avancer dans le païs, & le viſiter.

Nous paſſâmes par un village, & arivâmes ſur
le ſoir dans une petite ville nommée Mouſſa,
qui étoit à 8. lieuës de la Mocha, dont le Gouverneur me reçut bien. Le lendemain nous paſ-

fâmes par le petit fort d'Acuma , qui eſt à 7.
lieuës de Mouſſa , & allâmes coucher au fort
d'Aſavinde , qui eſt à trois lieuës de l'autre.

Le lendemain nous traverſâmes la petite ville d'Offluſe , qui eſt à 3. lieuës d'Aſavinde,
où une Compagnie de ſoldats Turcs vint au-
devant de moi , pour me mener dîner avec le
Gouverneur. Cette place eſt imprenable, étant
ſituée dans la pente d'une montagne eſcarpée,
où à-peine deux perſonnes peuvent-monter à
la fois. Le Gouverneur étoit Arabe. Il me fit
préſent d'une veſte de drap , à-cauſe du froid
que je commençai à ſentir en ce lieu-là. Nous
allâmes coucher à Saruï Mota , qui eſt à 2.
lieuës d'Offluſe.

Le lendemain nous allâmes à Taïeſſe, grande ville murée , à quatre lieuës de Mota, où
nous logeâmes chez le Gouverneur, qui nous régala bien , & il nous fit trouver des chevaux
frais, des chameaux & des ânes. Je viſitai
la ville , où il y a ſix hautes tours , beaucoup
de Moſquées , un magnifique tombeau d'un
Bacha , dont la dépence a été de plus de 1000.
reales de huit. Il ſe fait un gros commerce
dans cette place.

Nous gagnâmes enſuite juſqu'au bourg d'A-
car, qui eſt à 5. lieuës & demie de Taïeſſe. Après
cela nous paſſâmes par le bourg de Maïïos,
qui eſt dans la pente d'une montagne ; ce qui
me donna lieu de voir, de deſſus mon cheval,
labourer , ſemer & moiſſonner en même tems ,
& cela dure toute l'année , dequoi je fus fort-
ſurpris. Nous allâmes coucher à deux lieuës &
demie de Maïïos, dans la ville d'Ype , ou nous
allâmes dans un bain , comme l'on fait en
Turquie.   Le

Le lendemain nous nous rendîmes à Machadder, ville qui est à 5. lieuës & demie d'Ype,
& ensuite à la ville de Nacasmare ; puis à
Jerrime, ville murée qui est à 6. lieuës &
demie de Machadder. Il y tomba de la grêle
si-grosse que je n'en avois jamais vu de semblable.

Le jour suivant nous allâmes dîner à Dammer, qui est à trois lieuës & demie de Jerrime, & dont le Gouverneur étoit un Hongrois,
qui envoia cent soldats au-devant de nous, &
nous fit dîner avec lui. Il y a dans le milieu
de la ville un château bâti de pierre de taille
bleuâtre, qui est mal-pourvu de canon. De là
nous marchâmes jusqu'au bourg de Serasia, qui
est à 5. lieuës de Dammer, & le Secretaire du
Bacha nous ordonna d'y demeurer. On nous
fit un festin où il y avoit cerfs, biches, liè-
vres, coqs de bruiére, cailles, pigeonneaux ro-
tis & en pâte, toute sorte de dessert, fruits,
tartes, massepains, & de bon vin rouge du païs.

Le lendemain avant jour nous remontâmes
à cheval, & quand nous fûmes proche de la
montagne, le Secretaire m'envoia au nom du
Bacha, un beau cheval enharnaché d'or & d'argent, pour faire mon entrée dans la ville. En
aprochant nous rencontrâmes le Maréchal des
armées à cheval, avec 300. soldats Turcs &
Arabes, rangez sous 5. drapeaux, qui aiant
fait trois décharges de leurs armes, marchérent devant nous.

Proche de la ville, qui se nomme Chenna,
nous vîmes le Bacha lui-même, qui venoit au-
devant de nous avec plus de deux cents des
Seigneurs de sa Cour, tous à cheval, vêtus d'é-

Q 4

tofes-

tofes d'or & d'argent, dont l'éclat brilloit au lever du Soleil, qui étoit l'heure où ils nous rencontrérent. Le Bacha envoïa deux garçons bien-faits, mais vêtus en femmes, pour me dire de le suivre doucement, & qu'il m'atendroit dans son palais, vers lequel il reprit sa marche.

En arivant dans la ville, à-peine pouvions-nous passer autravers de la multitude du peuple. Il falloit que le Secretaire & deux pages à cheval marchassent devant, pour écarter la foule.

Lors-que nous fûmes au palais, deux valets vinrent prendre par la bride le cheval sur quoi j'étois, & le menérent jusques devant la sale, où il y avoit des tapisseries étenduës, sur lesquelles je descendis, & je marchai vers le Bacha entre deux haies de tous ceux qui composoient sa Cour. Il étoit assis dans un lieu élevé; & on lui rendoit des respects non-seulement comme on feroit à un Roi, mais presque comme on feroit à un Dieu. Quand je lui eus rendu les miens, il me fit asseoir; sur quoi le Capitaine qui étoit mon Interprète, lui dît, Seigneur, Bien vous soit, le Capitaine ne doit pas être assis de cette maniére, & il me fit aporter un beau siége.

Lors-que je fus assis, le Bacha me demanda d'un air sévére; Quel étoit le sujet qui m'amenoit? Après que je le lui eus déclaré, il mit sa main sur ma tête, & me dît, Vous soïez le bien-venu. Comme il savoit que j'étois fatigué du voïage, il me dît, allez vous reposer, nous aurons le tems de nous entretenir, & il me fit donner par son Secretaire une veste d'étofe d'or, pour marquer que ma venuë lui étoit agréable. Je remontai à cheval, & fus

con-

conduit par 4. ou 5. Seigneurs dans la maison
du Majerdom, où je devois dîner. Après-dî-
ner, on me mena dans le logis qui étoit préparé pour moi, où il y avoit une bonne provision de vivres, du mouton, des poules, du
vin, & tout ce qu'il falloit, pour y être commodément.

La ville de Chenma est à trois lieuës du bourg
de Sérasia, où j'avois couché. J'y arivai le
neuvième jour après mon départ de la Mocha,
aiant fait en tout 55. lieuës de chemin. Je fis-
mes présens au Bacha, & aux autres à qui il
en falloit faire ; puis je fus invité à un festin
dans le jardin du Secretaire, où il y eut une
grande compagnie, & un grand repas. Il y
avoit dans le jardin diverses sortes de fruits,
des raisins, des amandes, des pêches, des oranges, des limons, des citrons, dont les arbres
étoient beaux & vigoureux. Entre-autres il y
avoit une quantité de différens rosiers, des cabinets très-propres & bien-ornez, des jets
d'eau, & le bâtiment étoit fort-agréable. Pendant que nous étions à table, il parut un léopard d'une grandeur énorme, aussi privé qu'un
chien, qui vint manger ce qui tomboit sous la
table, sans faire mal à personne.

Ensuite j'allai visiter le château où loge le
Bacha. Il y avoit plus de mille personnes en
otage, hommes, femmes & enfans, tous frè-
res, enfans, ou sœurs des grands Seigneurs de
certaines provinces que le Bacha retient sous
son pouvoir par ce moien, & qui n'osent se
révolter. Il y a plusieurs antiquités, entre-autres un grand édifice qu'on dit avoir été bâti
par Noé. C'est là que les femmes du Bacha
Q 5   font

font gardées par des Eunuques. Il y a une belle Mofquée, devant l'entrée de laquelle on voit un gros morceau de bois enfermé de treillis de fer, qu'on prétend être une piéce de l'Arche de Noë, & qu'on révére comme une Relique.

Lors-que je fus fur les murailles du château, mon Trompette commença de fonner, *Guillaume de Naſſau.* A l'inftant un foldat Turc vint me fraper fur l'épaule, me difant, Tout-beau, Capitaine, crois-tu déja que le château foit à toi? Je m'excufai le mieux que je pus, ainfi qu'il faut faire en pareille ocafion, & le foldat me fit beaucoup d'amitiés. Il me dît qu'il avoit été fort-bien traité per ceux de notre nation, par qui il fut fait prifonnier, fur les galéres de Spinola, en allant à Dunquerque. Il me mena voir un grand lion fur le haut d'une tour, où il étoit dans une cage de fer.

J'y vis un puits qu'on prétend avoir été fait par le Patriarche Jacob, & qui avoit plus de 100. braſſes de profondeur. On y puife l'eau avec de feaux de fer, & elle eft fi-froide qu'on n'en peut mettre dans la bouche. Il y avoit encore une autre Mofquée quarrée, en plateforme, dans laquelle on voioit plus de cent colomnes, chacune d'une feule pierre, avec plufieurs antiquités qui précédoient la naiſſance de N. S. Jéfus Chrift.

Après cela le Bacha me fit prier d'aller le trouver, & il me refufa la permiſſion que je demandois de laiſſer quelqu'un à la Mocha, difant qu'il ne pouvoit la donner que par l'ordre du Grand Seigneur; d'autant-plus que les Docteurs Mahométans craignoient que peu-à-peu nous ne vouluſſions nous étendre jufqu'à
la

la Mèque, où est le tombeau de leur grand Profète. Ils alléguoient ce qui s'étoit déja passé; que d'abord nous avions été à Chihiri, d'où nous étions allez à Aden; qu'ensuite nous étions venus à la Mocha; que nous étions déja même à Hideda, d'où notre yacht se préparoit à naviger plus avant dans la mer Rouge, quoi-qu'il ne fût permis à aucune nation Chrétienne d'y aller.

Ainsi par la faute de ceux qui étoient demeurez à bord du yacht, qui avoient agi sans mon ordre, je ne pus rien obtenir, si ce n'est la confirmation du Traité qui portoit que nous ne paierions de droits d'entrée & de sortie que 3. & demi pour cent. Les habitans & les Marchands Persans, Indiens, & des autres nations, en eurent autant de jalousie que de surprise: mais il n'a pourtant point été rompu jusqu'à présent, & nous espérons qu'il subsistera. Les autres paient 15. à 16. pour cent.

Le lendemain j'allai avec le Secretaire, par ordre du Bacha, en compagnie de 50. à 60. Seigneurs, à un jardin nommé Rosse, qui est à une petite lieuë de la ville, où il y avoit un grand festin accompagné de plusieurs divertissemens. Le lieu même en fournissoit de très-agréables; car il y avoit de fort beaux cabinets, de jolis apartemens, des jets d'eau, d'excellens fruits, des viviers remplis de poisson.

Le 16. de Mai 1616. je partis de Chenna, après que le Bacha m'eut encore fait donner une veste d'étofe d'or; & je fus escorté d'une troupe de soldats.

Chenna est située sur la riviére de Jamen, ou de l'Arabie Heureuse, à 50. ou 55. lieuës

par terre de la Mocha , ainſi-que je l'ai déja
dit. Elle a environ deux lieuës de tour , & eſt
murée d'une pierre griſe fort-dure , naturelle,
& non cuite comme la brique. Il y a trois belles portes de pierre de taille bleuâtre. A chaque diſtance de la portée d'un arc , on y voit de
petites tours rondes avec des jalouſies.

Il y a quatre hautes Moſquées avec leurs
tours , & quantité de beaux édifices ; des maiſons de plaiſances, pour s'y aller divertir, d'autres pour y habiter ; des bains où les hommes
vont le matin , & les femmes après midi. Preſque toutes les femmes de la ville ne ſortent que
maſquées. Elles ſe font ſuivre de pluſieurs eſclaves de leur ſexe , quand elles vont dans les
ruës, ainſi-que font les femmes de Turquie.
Il y a parmi les habitans beaucoup d'enfans de
Chrétiens que les Turcs prennent au Levant,
& qu'ils tranſportent dans ces païs-là pour les
peupler.

Le Bacha que nous vîmes ſe nommoit Jaſſer
Bacha. Il étoit originairement Hongrois, &
portoit la qualité de Vice-roi du Grand Seigneur. Ce Vice-roi change tous les trois ans,
comme font les Diviſores de Portugal dans les
Indes. Cependant il y avoit déja neuf ans que
celui-ci étoit continué. On croioit qu'il en avoit
fait empoiſonner ſur la route deux autres qui
venoient aux tems réglez pour prendre ſa place.
Il eſt toujours en guerre avec les Arabes.

Tous les habitans ſont Mahométans. Les
Benjanes, les Indiens, les Perſans & les Juifs
font un grand commerce en ces païs-là.

Le 24. de Mai, j'arivai à la Mocha , où mes
gens me reçurent avec joie. Les Marchands

du païs & les étrangers furent également jaloux de la composition que j'avois obtenuë à l'égard des droits. Ils présentérent une Requête sur ce sujet, ne pouvant soufrir que des Chiens & des Infidelles reçussent des gratifications où ils ne pouvoient avoir part. Mais leur Requête fut rejettée. Le Bacha leur dît nettement que tel étoit son bon plaisir.

Je vis dans la maison du Capitaine Mime, Commandant des galéres, un mouton d'Ethiopie qui n'avoit point de laine, mais bien un poil rude; & qui avoit six cornes. J'en promis dix réales de huit. J'en vis un autre qui venoit des terres du Prêtre-jan, & qui avoit un poil uni & doux, avec une large queuë, qui traînoit jusqu'à terre, & qui pesoit autant que le tiers de tout l'animal, ainsi-qu'on le fut quand on l'eut tué.

La célébre ville de la Mocha est située au bord de la mer Rouge, sur la côte de l'Arabie Heureuse, par la hauteur des 13. degrès 18. minutes de latitude Nord. La rade y est passablement bonne. On y ancre sur 4. 5. à 7. brasses, fond de sable.

Elle est grande, mais elle n'est point murée. Il y a quantité de maisons qui sont grandes & belles. Quelques-unes sont bâties de pierre de taille bleuë, & quelques autres de brique; d'autres ne le sont que d'argille & de roseaux. Au bout septentrional de la ville il y a un petit fort vêtu de pierre de taille, qu'y fit faire Henri Middelton, pendant-qu'il en fut maître par le moien de ses vaisseaux.

Il n'y a que 50. à 60. ans que ce n'étoit qu'un bourg habité par des pêcheurs, qui est

Q 7 devenu

devenu floriſſant depuis que les Turcs ſe ſont rendus maîtres du païs : ce qui vient princi-palement de ce que le grand navire Roïal, qui deſcend tous les ans de Suees, chargé de pré-cieuſes marchandiſes, couroit trop de riſques à Babel-Mandel, par où il falloit qu'il paſſât pour aller à Aden, où le principal commerce de ces païs-là ſe faiſoit auparavant. Ainſi la Mocha donne à-préſent plus de revenus qu'au-cune autre place.

La ville eſt aſſez peuplée, & les habitans ſont de diverſes nations. Le Gouverneur eſt Turc, la plupart de ſes ſoldats le ſont auſſi. La garniſon eſt de 300. hommes. Les habitans Benjanes montent à plus de 3000. qui ſont ou Marchands, ou Orfèvres, ou Banquiers, ou artiſans. Il y a auſſi beaucoup de Juifs fort-ruſez, des Indiens, des Perſans, des Armé-niens ; mais la plus grande partie ſont des Arabes.

Dans le tems que j'y étois, les vaiſſeaux qui y arrivérent furent, un de Suratte ; un de Go-ga ; 5. de Diu ; 2. de Touwel ; 2. de Dabul ; un de Goa ; 2. de Calicut ; 3. de Cananor ; un d'Achin ; un de Maſulipatan ; 16. de Negena, Promiens, & Cadts ; un de Moſambique ; 2. de Melinde ; 3. ou 4. d'Ethiopie ; chargez de tant de diverſes marchandiſes qu'on en étoit ſurpris. Elles ſe tranſportent ou par les cara-vanes, ou par le navire Roïal, à Juda Mecca, à Suees, & au Caire.

Ces mêmes vaiſſeaux amènent des multitu-des de paſſagers qui vont en pélérinage à la Mèque. Ils ſe rendent à la Mocha ordinaire-ment depuis la mi-Mars juſqu'à la fin d'Avril.

Ils

Ils en partent dans l'autre mouſſon, qui commence en Août, & s'en retournent auſſi avec de bonnes cargaiſons de marchandiſes d'Europe, & beaucoup d'argent comptant. Le navire Roïal aporta plus de 350000. réales de huit, & 50000. ducats de Veniſe, ou Mores, quantité de draps & d'autres étofes de laine & de ſoie, de l'étaim, du mercure, du vermillon, du ſafran, des merceries de Nuremberg, des cuirs de Moſcovie, du fouwa dont on fait des teintures en écarlate, des Kahauwa * qui ſont une eſpéce de fèves noires, qu'ils mettent dans de l'eau boüillante qui en devient noire auſſi, & ils la boivent.

A mon retour de la Mocha à Chihiri, qui fut le 16. du même mois de Juillet 1616. je caſſai le comptoir que j'y avois auparavant établi, & en retirai mes gens & les marchandiſes; dequoi le Roi & pluſieurs de ſes ſujets têmoignérent beaucoup de déplaiſir. Lors-que je fus au palais, ce Prince me reçut fort bien, & m'ofrit toutes ſortes de conditions avantageuſes pour faire demeurer mes gens; mais comme je n'avois point de commiſſion, ni de fonds ſufiſant, je m'en défendis, & repris la route des Indes.

Le 2. d'Août 1616. nous moüillâmes l'ancre dans la riviére de Suratte. J'allai trouver le Gouverneur, pour lui déclarer le ſujet de ma venuë. Il me reçut favorablement, & m'ofrit la liberté du commerce, ſur quoi je lui demandai une maiſon pour y établir un comptoir, ainſi que les Anglois. Mais il n'oſa me l'accorder

---

* *Il ſemble que ce ſoit ici la premiére fois que les Hollandois ont vu des fèves de café.*

corder fans la permiffion du Grand Mogol fon
Maître. Il y avoit deux mois de chemin à
faire pour aller trouver, ce Monarque dans la
ville d'Agra où il tient fa Cour, & comme la
mouffon s'en alloit paffée, je n'ofai pas en entreprendre le voiage. Cependant les Anglois
firent tous leurs éforts, & n'épargnérent ni
préfens ni promeffes pour nous faire renvoier.

Je m'aperçus de cette intrigue, & étant allé demander au Gouverneur, pourquoi il nous
avoit mandez, je lui dîs que j'érois prêt à me
retirer, & à retourner à l'heure meme à mon
bord, dequoi les Marchands furent un peu
étonnez, craignant que je n'infultaffe le vaiffeau que j'avois vu à la Mocha, & qu'ils atendoient tous les jours. Ils allérent prier le Gouverneur de me rapeller, & de m'accorder pour
cette fois la même faveur qu'il faifoit aux Anglois. Ainfi je retournai à terre, & il ofrit de
me laiffer loüer une maifon jufques au tems de
mon retour, auquel il tâcheroit d'avoir l'a-
veu de l'Empereur.

J'en loüai donc une, & j'y laiffai un Commis, avec trois autres hommes & des marchandifes. Le Gouverneur me donna fa main,
& me promit de les conferver comme la pru-
nelle de fon œil. Il me fit auffi un préfent de
9. mouchoirs de Gufuratte; ce qui eft le plus
grand honneur qu'on puiffe faire à un homme
en ce païs-là. Ce changement furprit également les Anglois & les habitans.

Lors-que nous eûmes remis à la voile, nous
découvrîmes par le travers de Baffaie, ville
que les Portugais poffédent fur la côte des Indes, une frégate toute neuve que nous em-
menâ-

menâmes à Bantam , & qui a été une bonne
prise pour le service de la Compagnie.

Le 10. d'Octobre 1616. nous mouillâmes
l'ancre à la rade de Calicut , où nous vîmes
venir à notre bord un canot avec deux Anglois,
que ceux de leur nation y avoient laiſſez pour y
trafiquer ſous notre nom.

Le lendemain j'allai à terre aïant commiſſion de notre Général pour parler au Samorin,
qui étoit alors en campagne devant Coetſie.
Je déclarai le ſujet de ma venuë au Prince ſon
fils , qui têmoigna être extrémement ſurpris
de ce que je venois réveiller l'afaire de l'A-
miral Pierre Willemſz , dont il y avoit ſi-
longtems qu'il n'avoit ouï parler ; & il me
dît qu'ils avoient été abuſez par les Anglois
qui étoient là venus ſous notre nom. Il me re-
préſenta qu'il ne lui étoit pas poſſible de rien
faire en cela , vu l'abſence du Secretaire qui
étoit auec l'Empereur. Il me pria donc de lever l'ancre, & d'aller trouver le Roi ſur la côte ,
m'ofrant 3. ou 4. de ſes Gentishommes , pour
m'acompagner. Mais le vent étant trop contraire nous ne pûmes y aller.

Le lendemain le Prince nous régala , &
nous vint reconduire juſques ſur le rivage avec
ſes gardes. Là je reçus un meſſage de la part
de l'Impératrice , qui me faiſoit prier d'aller la trouver. Elle étoit à demi-lieuë dans
les terres , où après m'avoir reçu d'une maniére fort gratifiante, elle me pria de faire
enforte qu'on entretînt le Traité qui avoit
été fait avec l'Amiral P. Willemſz. Elle me
donna auſſi une bague d'or où il y avoit deux
beaux rubis, à condition que nous reviendrions

l'année

l'année suivante. Le palais où elle logeoit étoit beau & bien bâti. Comme j'allois m'émbarquer le Prince me fit faire une salve de 7. coups de canon, & m'envoia trois pirogues pleines de rafraîchissemens.

Les Lascares, soldats, (ou Nairos) ont ici de grands priviléges. Lors-qu'il leur plaît de coucher avec une femme mariée, ils entrent hautement dans la maison, & crient au mari, *Po, Po,* ou Retire-toi ; puis quand il est sorti, ils mettent leur sabre sur le seüil de la porte, & pendant-qu'un Nairo y est, le mari n'oseroit rentrer. C'est une chose dont j'ai été témoin oculaire.

Le 18. de Novembre 1616. nous prîmes terre à Bantam, où le Président Coen nous aprit la mort du Général Reynst.

Le 7. de Janvier 1617. le Président me donna Commission, pour aller en qualité de Commandant du navire *Middelbourg* & du yacht *le Pigeon* à l'isle Maurice, à celle de Madagascar, aux côtes de la Mer Rouge, & jusqu'à Suratte, avec ordre d'insulter les Portugais par-tout où je le pourrois faire. Ma Commission fut signée le 5. de Mars suivant.

En atendant que tout fût prêt pour mettre à la voile, le Président m'ordonna de mener plusieurs vaisseaux croiser le long de la côte de Pulo Bessi, qui est proche de Bantam, sur les jonques qui viendroient de la Chine, & de les arrêter. Les premiers vaisseaux que nous vîmes furent deux François nommez *Marguerite & Montmorenci.* Je retins le yacht jusques-à-ce que j'en eusse donné avis au Président, & que j'eusse reçu sa réponce.

Ensuite:

Enfuite nous découvrîmes deux jonques de la Chine, que je contraignis à venir moüiller auprès de moi jufqu'à nouvel ordre. Le 29. comme j'étois à terre avec le Prefident, un Chinois & une femme vinrent nous donner avis, qu'il fe braffoit une grande trahifon contre nous ; fur-quoi nous réfolûmes d'emporter de nuit tout l'argent à bord, & de ne laiffer que le premier Commis nommé Bufero.

Le 8. de Mars, je partis avec les deux vaiffeaux qui étoient fous mon commandement pour aller éxécuter ma commiffion ; & le 19. d'Avril 1617. nous laiffâmes tomber l'ancre à la rade de l'ifle Maurice.

Après avoir chargé une partie d'ébéne, & ce qui reftoit des éfets naufragez des vaiffeaux de l'Amiral Both qui avoient péri, nous remîmes à la voile le 23. de Mai ; pour aller à Madagafcar acheter du ris & des efclaves, & nous fûmes fur la côte le 4. de Juillet fuivant.

Nous rangeâmes cette côte jufques au foir que nous vîmes une belle baie ; mais comme le vent forçoit, les Pilotes n'oférent y entrer. Cependant le lendemain nous l'avions dépaffée, & quoi-que nous fiffions nos bordées pour y retourner, il ne fut pas poffible, à-caufe de la force des courans.

Le jour fuivant, voiant qu'il n'y avoit pas moien de terrir à Madagafcar, nous réfolûmes de faire route vers l'ifle de Pemba, dont nous eûmes bien-tôt la vuë, & dont les courans nous empêchoient auffi d'aprocher. Nous fûmes donc contrains de ferrer nos voiles ; nous perdîmes notre grande chaloupe qui étoit à la rouë ; & nous nous écartâmes du yacht. Outre

tre cela notre gouvernail se brisa, & le navire fit eau par tant d'endroits, qu'en 24. heures qu'on pompa continuellement à deux pompes, on fit plus de 40. mille bâtonées d'eau. Enfin nous nous rendîmes fort desemparez, & dénuez de vivres, à la rade de Monte de Felix, dans la mer Rouge.

Après nous être raccommodez le mieux que nous pûmes, j'allai à terre chercher des rafraîchissemens pour les matelots, qui étoient acablez, & la plupart malades, de la fatigue qu'ils avoient faite à pomper. Un Arabe nous aporta environ 100. livres de gomme d'Arabie. Lors-que je fus de retour à bord, on trouva que le navire continuoit à s'ouvrir de plus en plus, & les vivres diminuoient toujours; ce qui nous fit prendre la résolution d'aller à Soccotora. Quand nous fûmes sous voiles le vaisseau se tourmenta tant, qu'à-peine pouvions-nous le maintenir; de-sorte que pour nous sauver, & pour sauver la cargaison, nous résolûmes, quoi-que ce fût à contretems, de prendre vent en poupe, & de mettre le cap sur Suratte.

Le 16. du même mois de Juin, la tempête continuant toujours, nous jettâmes le plomb, & trouvâmes 50. brasses. Nous vîmes floter des serpens, ce que les Pilotes regardent comme une bonne marque. Le soir du 18. nous mouillâmes l'ancre sur 8. brasses d'eau, par un tems embrumé; mais nous ne laissâmes pas de voir la montagne de Damman, qui est une ville des Portugais. Nous levâmes l'ancre, & nous étant un peu plus aprochez nous remouillâmes sur 7. brasses. Le lendemain matin, au quart du jour, quand l'eau fut basse, nous ne trouvâ-

trouvâmes plus que 4. braſſes & demie, & nous perdîmes encore le gouvernail que nous avions refait.

Je fis alors couper le grand mât, & à demi-flot aïant fait border la miſéne, nous nous laiſ-ſâmes dériver côté en-travers vers la côte, où nous allâmes donner ſur le ſoir. Nous vîmes le rivage bordé d'une ſi-grande affluence de peuple, que nous en fûmes étonnez. Je fis paſſer deux matelots au-travers des briſans, qui étoient terribles, pour ſavoir où nous étions.

Cependant l'eau baiſſa ſi-fort, que ſur la brune j'allai au rivage à pié ſec, pour y fai-re travailler à une barricade qui pût nous mettre en ſureté, vu-que nous étions bien-proche de la ville de Damman, & à l'extré-mité des frontiéres du grand Mogol. Quand l'eau fut au plus bas, elle ſe trouva éloignée de plus d'une portée de mouſquet de l'endroit où le vaiſſeau étoit échoüé, & nous connûmes que les marées montent & deſcendent de trois piés & demi ſur cette côte. Le lendemain nous aprîmes que notre yacht *le Pigeon*, qui s'étoit écarté de nous, avoit auſſi échoüé un jour plu-tôt que nous, à une lieüë de la place où nous étions. L'équipage vint nous rejoindre.

Enfin tous enſemble nous nous emploiâmes de toutes nos forces à nous retrancher avec de grands tonneaux pleins de clou de girofle & d'autres épiceries, pour tâcher de ſauver nos éfets, & de les tranſporter à notre comptoir de Suratte. La barricade étant achevée nous brûlâmes le vaiſſeau, pour en ſauver la ferru-re, & marchâmes, enſeignes déploiées, vers le bourg de Gandivi, où nos gens ſe logérent

dans

dans une bonne maison. Pour moi j'allai en diligence à Suratte, afin d'y donner avis de notre naufrage au Commis Pierre Jelisz, & de pourvoir à la sureté de nos éfets.

Pendant que nos gens furent dans leur barricade, qu'on avoit nommée Ten Broeck, les habitans de Damman, dont nous n'étions qu'à cinq lieuës, eurent tant de peur, qu'ils n'oférent ouvrir leurs portes.

Le 30. de Septembre 1617. sept navires Anglois étant venus ancrer à Suratte, j'allai les prier de nous emmener à Bantam, ou de nous vendre un petit bâtiment Portugais qu'ils avoient pris; ce qu'ils nous refusérent avec beaucoup de dureté. Enfin pour éviter les grands frais qu'il en auroit coûté à la Compagnie, nous prîmes la résolution de passer par les Roïaumes de Partabassa, de Décan & de Golconda, & d'aller à Masulipatan.

Après avoir donné les ordres nécessaires au comptoir de Suratte, nous partîmes au nombre de 103. Hollandois & vingt-neuf. Indiens, & nous rendîmes au bourg de Laspour, puis à Nosharri, où demeurent plusieurs Persans, & où il se fabrique beaucoup de Baftas tant gros que fins, & ensuite à Gandivi, qui est à 18. Cos de Suratte; puis au village de Dagau, qui est à 4. Cos de Gandivi, & nous y arivâmes à minuit.

Le lendemain nous partîmes avant jour, & gagnâmes jusqu'au bourg d'Armau, qui est à 7. lieuës de Dagau, & la derniére place de la frontiére de Gusuratte. Le lendemain nous marchâmes sur les terres du Roi de Partabassa, passant par les villages de Caüendi & Carondi,

rondi, jusqu'à celui d'Onni, à 5. Cos d'Annau, où on vouloit que, nonobstant que nous eussions un passeport du Roi, nous païassions un impôt qui montoit à 5. mamodis pour chaque homme & pour chaque bœuf chargé, & 7. mamodis pour chaque cheval. Nous n'en voulûmes rien faire, & sur le minuit nous continuâmes notre marche, par le bourg de Serion jusqu'à Camela, qui est à 5. lieues d'Onni, où l'on recommença de nous parler de paier les droits.

Le lendemain de bon matin nous marchâmes en montant sur la montagne, ou nous fûmes environnez d'une grosse troupe de gens, qui avoient abattu des arbres pour fermer les passages, & qui fondirent sur nous avec des cris si horribles, que tout en retentissoit; & il sembloit que l'Univers alloit périr.

Nos gens se rangérent en ordre, & on tira 25. coups de mousquet dans le gros, sur quoi les Indiens s'arrétérent tout-court. J'envoiai, pour leur parler, deux de nos cavaliers qu'ils n'osérent atendre, & qui pourtant firent un prisonnier, lequel un Japonois fendit en deux par le milieu du dos, sans ordre. Cependant nous continuâmes de monter, & l'on continua de nous tirer des fléches, ce qui néanmoins cessa lors-que nous eûmes fait une seconde décharge.

Nous arrivâmes au soir dans le bourg de Gannotra, qui est à 7. Cos de Camela, & dont les habitans s'en étoient fuis, si-bien que nous ne pûmes avoir de vivres. Nous marchâmes le lendemain avec nos enseignes déploiées, passant par une montagne dont le chemin étoit fort rude, & par le bourg de Tauwer, jusqu'à celui de Gandebarri, à 8. Cos de Gannotra, dont

les

les habitans avoient aussi pris la fuite.

A minuit nous continuâmes de marcher sur la montagne, passant par le bourg de Malganhan; & à midi nous arivâmes avec beaucoup de peine au bourg de Gandéberi, qui est à trois Cos de Gandebarri. Nous crûmes que nous prendrions là quelque repos, étant proche des terres du Roiaume de Décan. Mais nos domestiques Indiens ne nous le conseillérent pas, à-cause que nous étions assez près d'une forteresse du Roi de Partabassa.

En éfet quand nous fûmes descendus de la montagne, il s'assembla une multitude de gens, qui couroient à nous de tous côtés, avec leurs bruits ordinaires, & crioient Tuë, Tuë ces Chiens, *Mahar Cotta*, *Mahar Cotta*. Nous nous remîmes en ordre, & avançâmes toujours, jusques auprès d'un petit bois où il y avoit encore d'autres gens postez. Je fis faire une décharge de mousqueterie sur eux, & étant entré avec une partie de mes gens dans le bois, nous ne vîmes plus personne.

Mais quand nous eûmes passé le bois, nous rencontrâmes le Gouverneur avec environ 300. cavaliers bien montez & bien-armez, qui crioient aussi Tuë, Tuë ces Chiens d'infidelles, croiant qu'ils alloient faire passer leurs chevaux par-dessus nous. Quand ils se furent aprochez à la distance de la longueur de trois piques, le tiers de ma compagnie fit une décharge, qui abatit le Gouverneur avec deux de ses gens. Nous achevâmes de le tuer, & prîmes son cheval.

A cet aspect le reste de ses cavaliers fut tellement épouvanté, qu'à-peine se pouvoient-ils tenir à cheval, & ils s'écartoient de nous de

tous

tous côtés sans ordre. Il vint deux autres gros
de cavalerie, qui prétendirent mieux faire ;
mais nous les forçâmes encore à faire retraite. Ils se ralliérent hors de la portée du mousquet, & nous tâchâmes de gagner toujours
païs. Néanmoins leurs gens de pié, qui se tenoient cachez dans les broussailles, nous incommodoient beaucoup de leurs fléches & de leurs
longs fusils, se servant aussi à la fin de dards
ardents & d'autres tels artifices, & nous conduisant ainsi jusqu'à la frontiére de Décan.

Enfin après avoir toujours marché en combattant, depuis midi jusques au soir, Dieu
permit que les habitans de Décan, qui étoient
en guerre avec ceux-ci, vinssent à notre secours.
Le Gouverneur de Décan nous reçut fort bien,
& nous fit conduire plus de demi-lieuë sur ses
terres, sous les montagnes de Gatos, où il nous
envoia des soldats pour notre sureté. Nous eûmes trois hommes de tuez, & 28. de griéve-
ment blessez de fléches, ou de coups de fusils.
Nous emploiâmes la nuit presque entiére à les
penser.

Le lendemain nous fûmes escortez de 8. ou
10. cavaliers de ce Gouverneur, jusques au bourg
de Callara, qui est sur une des plus hautes cimes des montagnes de Gatos, où l'on nous
demanda aussi le paiement du tribut. Non-
obstant le passeport du Roi que nous faisions
voir, il nous fallut paier 30. réales de huit.
Nous y aprîmes avec certitude, combien nos
persécuteurs avoient perdu de monde.

Outre le Gouverneur de la forteresse, dont
la mort entraïna celle de ses 5. misérables femmes, de deux de ses domestiques, & de tous

R

ses

ſes eſclaves, qui ſe jettérent dans le feu où ſon corps fut brûlé, nous leur avions tué 9. cavaliers, & 76. hommes de pié, avec 7. chevaux, & deux que nous leur avions pris. Si nous n'euſſions paſſé dès cette nuit-là ſur les terres de Décan, il ne ſeroit pas réchapé un ſeul d'entre nous; car tout le païs étoit en rumeur, & il s'étoit aſſemblé pendant la nuit une armée entiére. Cette nation de Partabaſſa, ou de Raſpouts, eſt celle qui fournit au Grand Mogol ſes meilleures troupes, ſi l'on excepte celles des Phatannes.

Le lendemain, nous allâmes à une petite ville, proche d'une fortereſſe nommée Wandanderin, parce-qu'il n'y avoit pas d'aparence de demeurer avec tant de bleſſez, ſi-proche des frontiéres. Le Gouverneur nous avertit de nous tenir bien ſur nos gardes, à-cauſe de deux cents cavaliers qui vouloient nous ſurprendre, & par qui Malder Gaen, qui étoit ſous le commandement de Melic Ambaar, Général des troupes du Roïaume de Décan, nous faiſoit atendre ſur les paſſages, parce-qu'ils croioient que nous étions fort-chargez d'or & d'argent.

J'envoiai le Sous-commis lui porter un préſent, lui montrer mon paſſeport, & lui demander quelque ſecours pour mes gens bleſſez. Quand il eut vu le paſſeport il fit venir tous ſes ſoldats, & leur ordonna de nous laiſſer paſſer par-tout, ſans nous faire aucune peine.

Après avoir pris deux jours de repos en faveur de nos malades, nous traverſâmes le bourg de Tieſgau, qui eſt muré, & où il y a un bon château. De-là nous allâmes dans un

autre

autre bourg auſſi muré, nommé Sindûar, puis dans la petite ville de Berrenera, à dix Cos & demie de Wandanderin.

Le lendemain nous partîmes avant jour, & paſſâmes par les villages de Sabergau, Malagam, Sanklei, Sontanne, Milgera, juſqu'à la petite ville de Patoda, qui eſt à 14. Cos de Berrenera. Ce païs eſt très-fertile : il eſt à 2. lieuës des Gatos, qui ſont deux montagnes, proches l'une de l'autre, ſur chacune deſquelles il y a une fortereſſe, dont l'une eſt nommée Anneque, & l'autre Tanneque. Il n'y a qu'un paſſage entre ces deux montagnes, par où le Mogol puiſſe paſſer. Mais il y trouve trop d'opoſition de la part des Rois de Décan, de Viſiapour, & de Golconda. Les Gatos s'étendent depuis Partabaſſa juſqu'à Coetſie, ou Coutſie, & y ſervent comme d'un mur.

Après avoir encore ſéjourné 2. ou 3. jours à Patoda, nous conſidérâmes que nous faiſions une prodigieuſe dépence, & il fut réſolu que ceux qui étoient en ſanté partiroient, laiſſant là le Sous-commis avec les malades. Je les recommandai fort au Gouverneur, puis nous nous mîmes en chemin, & aïant traverſé ſix villages, nous allâmes coucher à 12. Cos, au bourg de Dutanna.

Le lendemain nous traverſâmes encore 7. villages, & allâmes coucher à Laſour, petite ville murée, à dix Cos de Dutanna, & le jour ſuivant nous allâmes dîner à celle de Niſſampor, qui eſt à 10. Cos de l'autre, & à un Cos de Doltabar, ville capitale du Roïaume de Décan. Je pris une partie de mes gens & allai pour la viſiter : mais parce-que nous étions des étrangers, on ne voulût pas nous y laiffer entrer.

Elle eft fituée dans une grande place unie, vers le pié d'une montagne prefque ronde, qui, à la prendre à 60. piés du bas jufqu'à la moitié de fa hauteur, eft non-feulement efcarpée, mais taillée auffi-droit & auffi-uniment que le pourroit être une muraille, foit que cela ait été fait exprès, ainfi-que quelques-uns le croient, foit que ce foit l'ouvrage de la nature.

Au haut de cette montagne il y a une for-tereffe, dont on peut dire mieux que d'aucune autre place qui foit au monde, qu'elle eft imprenable, tant qu'on n'y manque pas de vivres. On n'y peut monter que par un fentier étroit qui eft dans la ville, laquelle eft environnée d'un double rempart, & de foffés revêtus de pierre de taille; & les rempars font flanquez de tours rondes, de lieu en lieu, à la diftance d'une portée de moufquet. Il y a beaucoup de petites piéces de canon, dont quelques-unes ont 3. ou 5. bouches. C'eft là que font les femmes du Roi & des grands Seigneurs, ce qui fait qu'on y laiffe encore moins entrer les hommes.

Sur le refus qui nous fut fait, nous allâmes vifiter les fauxbourgs qui font fort grands, mais point murez. On y trouve abondance de toutes chofes. Proche des rempars de la ville, on voit trois canons d'une grandeur fi-extraordinaire, que je n'en avois jamais vu de femblables, y en aïant un, qu'on nomme Moloc Meidaan, qui à une demi-braffe de diamétre.

Je retournai au foir joindre le refte de nos
gens,

gens, & le lendemain, nous allâmes au camp
de Melic Ambaar, où nous dreſſâmes nos tentes
proche du quartier du Roi de Golconda. J'envoiai mon Sous-commis avec la lettre du Roi
au Secretaire, afin-qu'il en expédiât auſſi une
pour nos gens que nous avions laiſſez ; & nous
demeurâmes là quatre jours, en atendant cette expédition.

Le cinquiême jour j'allai trouver le Général
Melic Ambaar, qui étoit un Habeſſi venu du
païs du Prêtejan. Il étoit noir & de grande taille : il avoit un air & un port ſévére : il étoit aimé
& reſpecté. Il avoit été eſclave d'un Seigneur
qui l'avoit acheté 20. pagodes, qui valoient
4. livres la piéce. Après la mort de ſon Maître ſa Veuve l'épouſa ; & il s'éleva enſuite par
ſes heureux exploits, ainſi qu'avoit fait autrefois leur faux Profète Mahomet.

La Veuve qu'il avoit épouſée ne lui aïant
donné que peu de bien, il vêcut d'abord de
rapines, dans les montagnes où il alla s'établir. Peu-à-peu la troupe de voleurs avec laquelle il s'étoit mis, s'étant groſſie, elle vint à
s'accroître juſqu'au nombre de 5000. chevaux,
quoi-que Niſamſiam Roi de Décan eût fait
tous ſes éforts pour les détruire. Mais ces
gens-là inſtruits des routes des montagnes,
& ſachant y prendre leurs avantages, ſoutinrent longtems la guerre contre lui.

Enfin le Roi de Décan ſachant que le Grand
Mogol avoit deſſein de l'ataquer, fit ofrir la
paix à Melic, & de grands avantages, s'il
vouloit entrer dans ſes interêts, & combattre
pour lui. Melic, qui ne manquoit pas plus
d'adreſſe que de courage, pénétra ſon deſſein,

R 3

                                                    & le

& le refufa , continuant toujours à faire fon premier métier, jufques-à-ce qu'enfin il fe vit à la tête de huit-mille hommes , & alors fa faction augmenta encore de beaucoup dans le Roïaume.

Le Roi craignant les fuites de fes attentats, lui fit faire de nouvelles ofres encore plus confidérables. Melic fit réponce que fi le Roi vouloit époufer fa fille , & l'élever à la dignité de Reine, il entreroit dans fon parti contre le Mogol , & ne l'abandonneroit jamais. Le Roi y aïant confenti, & aïant époufé la fille de Melic avec toutes les folemnités requifes, le fit Général de fes armées , & lui donna de grands revenus , dequoi il n'eut pas fujet de fe repentir, ce Général l'aïant depuis fort-bien fervi.

La premiére femme du Roi, qui étoit fille du Roi de Perfe, étant jaloufe de cette feconde, lui reprocha qu'elle n'étoit qu'une Caffarine, c'eft-à-dire concubine, & que fon pére n'étoit qu'un miférable rebelle. La fille de Melic s'en étant plainte à lui , il gagna le Secretaire du Roi , qui fit mourir de poifon la Princeffe Perfane.

Après la mort de Mouto Nifiamfiam, le jeune Nifiamfiam, qui n'avoit que cinq ans, aïant été déclaré Roi , la Régence demeura entre les mains de Melic , qui pour cet éfet fit auffi fecrétement empoifonner la Reine fa mére. Ce jeune Roi avoit douze ans lors-que nous étions là , & il eut auffi envie de nous voir.

Melic Ambaar étoit donc alors Général des armées du Roïaume, & faifoit tête aux for-

ces du Grand Mogol , avec le fecours de 3.
Rois, favoir celui de Golconda, qui lui entretenoit 6000. chevaux ; celui de Vifiapour,
qui lui en entretenoit 10000. celui de Balle-
gate, proche de Goa, qui lui en entretenoit
12000. fans compter l'infanterie ; de-forte
qu'il avoit fous fon commandement 80. mille chevaux , & de l'infanterie à proportion.
Nous vîmes ce prodigieux camp , qui étoit
prefque au pié des montagnes de Gatos , à
l'endroit où le paffage en eft le moins difficile.

Ce Général fait obferver une bonne difcipline à fes troupes, & gouverne bien le Roïaume. Il fait fi févérement punir les voleurs ,
qu'on porteroit de l'or fur fa tête dans les chemins, fans craindre qu'il fut enlevé. Pour fupli-
ce il fait verfer du plomb fondu dans le corps.
Il n'en coûteroit pas moins que la vie à qui porteroit de fortes boiffons dans fon camp, qui
avoit alors bien quatre lieuës de tour, & où
il faifoit affez froid. On y trouve à vendre
tout ce dont a befoin.

Lors-que j'allai trouver Melic , il me fit
affeoir fur un fiége auprès de lui. Je lui fis
préfent d'un fabre du Japon, & d'un poignard
de Java. Il me fit donner un autre paffeport
pour les malades que j'avois laiffez , & une
vefte d'or & de poil de chameau , fuivant la
mode du païs, quand on veut faire honneur à
un étranger.

Il me demanda fi je voulois demeurer à fon
fervice , m'ofrant de gages 100. pagodes de
4. livres la piéce, par mois , avec le revenu
d'un village; ce que je refufai. Pendant que j'é-

tois encore affis auprès de lui, il y vint des
Envoiez de ceux contre qui nous nous étions
battus, pour demander que nous leur rendif-
fions les chevaux que nous leur avoins enlevez.
Il fe prit à rire, & leur dît en me montrant,
Le voilà, prenez-le lui-même. Pourquoi les
avez-vous laiffé prendre?

Lors-que je l'eus quitté, fon Secretaire me
fuivit & me mena voir le logement qu'il ocu-
poit, & fon écurie, où il y avoit un très-beau
cheval Arabe, qui lui avoit coûté 3000. pagodes, ou 12000. livres.

Le 23. de Novembre nous paffâmes au-travers de plufieurs villages & d'une petite ville,
& allâmes coucher au bourg de Jeckedonne, qui
étoit à trois Gaus, ou 12. Cos du camp, relevant
du Grand Mogol. Le lendemain nous traverfâmes encore trois villages, allant coucher à 8.
Cos, dans la ville d'Ambar, où il fallut prendre
des vivres pour trois jours. Le jour fuivant nous
vîmes 7. villages, & couchâmes au bourg de
Degau, à 15. Cos d'Ambar, puis au bourg de
Hartegum, à 12. Cos & demi de Degau; &
enfuite au bourg de Mangalar, à 12. Cos de
Hartegum. Melic a mis fous contribution ce
bourg & 500. autres de la domination du Mogol, dont il tire de groffes fommes; car c'eft
un païs très-fertile, étant fitué le long d'un
des bras du Gange.

Le lendemain nous vîmes encore plufieurs
bourgs, & nous traverfâmes le bras du Gange, que je paffai à cheval: puis nous rencontrâmes une troupe de bœufs de charge,
qui alloient de Mafulipatan à Suratte, chargez d'épiceries qui apartenoient à des Marchands

chands Turcs, Arabes, & Arméniens. Nous fîmes ce jour-là 12. Cos, & logeâmes au soir à Casrio, où nous rentrâmes sur les terres de Melic. Nous trouvâmes un grand changement de tems, & un air beaucoup plus sain.

Le lendemain nous fîmes 10. Cos, & couchâmes à Laüorra ; puis nous montâmes sur une montagne, & passâmes au-delà de la ville de Gandaar, où réside un Renégat Portugais, nommé Manssor Gaan, avec 6000. chevaux, parce-que c'est la frontiére du Roiaume de Golconda. Nous y vîmes quantité de liévres, de cerfs, de coqs de bruiére, de perdrix, de paons. Sur le haut de la montagne proche de la ville, il y a un grand étang, qui est fort-poissonneux.

Nous fîmes 8. Cos la nuit suivante, traversant six bourgs pour ariver à Carna, qui est sur le bord d'une riviére. Nous rencontrâmes une autre troupe de bœufs, chargez de poivre, qui alloient de Goa à Décan. On m'aporta une carpe si-grosse, que je n'en avois jamais vu de semblable, & je l'eus à fort-bon marché.

Nous marchâmes toujours, trouvant plusieurs villages sur notre route, jusques au lendemain, que nous fûmes sur les terres de Golconda. Nous abordâmes au village de Chamentapour, où nous dressâmes nos tentes, parce-que nous étions proche de Caulas, ville Roïale, près de laquelle l'armée du Roi étoit campée. Le lendemain nous allâmes nous reposer dans un lieu proche de la ville. L'armée étoit de 6000. chevaux, & de 10000. hommes d'infanterie. La ville est dans la pente d'une montagne, entourée de murailles de pierre blanche & grife. On ne voulut pas m'y laiffer entrer, & l'on me dït que je venois affurément comme efpion.

De-là nous paffâmes par plufieurs places & bourgs ruinez. Le quatriême jour nous paffâmes devant Golconda, qui eft à 36. Cos de Chamentapour. On ne nous permit pas non-plus d'y entrer, parce-que c'eft la demeure des femmes de la plupart des Seigneurs du païs. Nous allâmes loger à un demi-Cos de la ville de Bagganaga.

J'envoiai le Sous-commis trouver le Gouverneur de Mafulipatan, nommé Mier Caffiem, qui étoit alors à la Cour, pour lui donner avis de mon arivée, & le lendemain j'y allai moi-même. Il me demanda la Commiffion du Roi, & m'en donna une autre de fa main, me promettant qu'il feroit toujours notre ami, de-forte qu'il me parut que nous nous féparions en bonne intelligence, & que je devois atendre toute forte de gratification de fa part.

Le même jour nous fîmes 8. Cos, & logeâmes au bourg de Mellictoufiar. Le lendemain, comme nous nous difpofions à en partir, nous fûmes emmenez dans la ville, avec quelque forte de violence, & l'on nous y tint deux jours dans une vieille grange, après-que le Fifcal nous eut fait defarmer.

Le lendemain le Roi paffa devant la grange où nous étions, pour aller dîner chez le Gouverneur de Mafulipatan, où je fus mandé: mais je m'en retournai plus vîte que je n'étois allé, & je ne fis pas mal. Après avoir follicité

cité pendant trois jours, pour obtenir la liberté de partir, nous allâmes encore une fois chez le Fiscal avec un présent, & il nous expédia sur l'heure, me menant chez Mier Mahomet Mommin, où l'on nous donna nos dépêches.

Le Gouverneur de Masulipatan en aiant eu avis, me manda, & me dît de lui faire voir le passeport que j'avois, afin-qu'il me pût dire s'il étoit en bonne forme. Lors-qu'il l'eut entre les mains il le retint, me promettant de m'en donner un autre, parce-qu'il ne trouvoit pas à propos qu'une si grosse troupe de gens allât à Masulipatan, qu'il falloit que ce fût à Pettepouli, d'où nous irions à Paliacatte. Je me retirai, connoissant encore mieux qu'auparavant, en quel païs nous étions.

La ville de Bagganaga où tient sa Cour le Roi Sultan Mahomet Cottabassia, né d'une femme Turque, & issu des Chérifs, est fort-grande, & remplie de beaux édifices publics & particuliers. Le Roi est un jeune homme Blanc & beau, à-peu-près de l'âge de 23. ans, mais il n'a pas encore le gouvernement entre les mains. C'est un vieillard nommé Mier Mahomet Mommin, qui manie les afaires.

Les revenus de ce Roïaume montent par an au-dessus de 1800. mille pagodes, de 4. livres la piéce. La plus-grande partie provient du sel, qu'on transporte sur des bœufs dans toutes les Indes. Mais le Roi est obligé de paier par an 400. mille pagodes au grand Mogol, quoi-qu'ils se fassent la guerre. Il s'y fait un grand commerce, & il y aborde des peuples de toutes nations. Les Mores y vivent avec beaucoup d'éclat.

L'Officier de police doit tous les soirs porter au Roi des mémoires de tout ce qui s'est
passé dans la ville, où à la Cour. Au mois de
Mars toutes les femmes qui font métier de
danser, viennent se présenter devant le Roi,
& dansent dans des cours, dans des jardins,
dans des maisons de plaisance. Le païs abonde en diverses sortes de fruits excellens, & en
toiles de coton blanches & peintes.

Depuis onze ans les revenus du Roi sont extrémement augmentez par la découverte d'une
mine de diamans. Il y a défenses de sa part
de vendre aucun diamant au-dessus de 5. carats, sans en faire déclaration; de-sorte qu'il
ne se peut qu'il n'en ait une grande quantité.
On tient qu'il en a dans son trésor un plein va-
se, qui sont tous au-dessus de cinq carats. C'est
ce que j'ai ouï dire à plusieurs Benjanes de ce
païs-là, gens qui paroissoient être assez-bien
informez, & très-dignes de foi.

Enfin dans une marche de cinq jours, nous
passâmes par 17. villages, & fîmes 56. Cos &
demi, jusqu'au bourg d'Abrahim Patam, situé sur une riviére qu'il faut traverser pour aller à Petrepouli. Avant-que d'ariver à ce bourg
nous passâmes le long des deux grosses forteresses du Roiaume, nommées Condiviri & Con-
depoulli.

Lors-que nous nous fûmes là reposez, nous
reçûmes une lettre de Hans de Haas, qui portoit que nous prissions le chemin de Petrepouli; à quoi nos gens ne pouvoient se résoudre. Nous prîmes néanmoins celui de Masulipatan, parce-que nous voïions que tant les
Hollandois que les Mores, qui étoient avertis

tis de notre marche, nous en prioient.

De là je fus porté dans un palanquin, au-travers de 8. villages, & me rendis à Mafuli-patan, avant-que notre troupe y arivât, ce qui fut le 24. de Décembre 1617. après avoir été 7. femaines & trois jours en chemin. L'Ofi-cier de police de la ville prétendoit fe rendre maître de nos armes, fous prétexte de les garder.

Le lendemain je reçus nouvelles, que ceux de mes gens que j'avois laiffez malades par le chemin, avoient été arrêtez par ordre du Roi au bourg de Normol. Je partis auffi-tôt pour y aller. En y arivant je trouvai qu'ils étoient fous les armes, & aux prifes avec les habitans du païs, qui étoient en grand nom-bre; de-forte que ce fut un bonheur que j'y arivaffe.

Comme je voiois que nous n'étions pas les plus forts, & que d'ailleurs je craignois de faire du préjudice au commerce de la Com-pagnie, je priai les habitans de nous laiffer continuer notre marche; mais ce fut en-vain. Le Sieur de Haas, qui étoit là en qualité de Gouverneur de la part de la Compagnie, s'y rendit auffi : mais on ne voulut pas non-plus l'écouter, dequoi je ne fai pas la raifon, fi-bien que malgré nous, il nous fallut retour-ner par Badora jufqu'à Petrepouli. J'envoiai pourtant fix malades à Mafulipatan avec le bagage.

En retournant ainfi fur nos pas, nous ne trouvions perfonne qui voulût nous vendre des vivres dans les villages; & je fus contraint de m'en aller toute la nuit en pofte à notre loge,

où

où il n'y eut point de moien de me donner du
secours. Mais un Marchand Persan, nommé
Mier Camaldin, voulut bien m'accompagner
jusqu'au-delà de Pettepouli, n'aiant pu entrer
dans la ville, & nous retournâmes à Montepouli, non sans beaucoup de péril ; & le danger
auroit été bien-plus grand encore pour nous,
si nous n'eussions pas eu ce Marchand qui nous
servit de caution.

Nous ne trouvâmes point là de chaloupe, quoi-
que de Haas me l'eût bien promis ; de-sorte
que nous fûmes contrains d'y passer la nuit à
l'air. Le lendemain le yacht y vint, mais sans
canot. Les gens du païs refusérent de nous en
loüer, & de nous mener à bord ; ce qui nous
causa une peine extrême, & nous fit retomber
dans un nouveau péril, parce-que nous fûmes
forcez de traverser les brisans à la nage, avec
nos armes sur les épaules, & de gagner jusqu'au vaisseau de la même maniére. Quand
nous fûmes tous à bord, nous levâmes l'ancre,
& fîmes voiles à Paliacatte, où nous moüillâmes dès le lendemain. Je m'en allai avec 63.
de nos gens au fort de Gueldres.

Le 28. de Janvier 1618. de Haas envoia le
Der Goes avec 3. frégates, & une Sanguesselle
le long de la côte, pour croiser sur les Portugais. Je m'embarquai avec lui sur le *Der Goes*,
& allai jusqu'à Tirepopeliére, où la Compagnie avoit une loge. Quand nous fûmes par
le travers de S. Thomas, les frégates mirent
le cap sur la ville, & s'en aprochérent autant
qu'elles purent. Nous jettâmes l'ancre sur 6.
brasses d'eau, hors de la portée du canon,
après-qu'on eut fait feu deux fois sur nous.

Durant

Durant la nuit de Haas aiant mandé à son bord les Oficiers des frégates, nous délogeâmes avant jour sans trompettes, & allâmes à Tirepopeliére, où nous débarquâmes de Haas & moi, pour nous rendre à la loge. Pendant que nous étions là nous allâmes à Polofére, & au fort de Bardauwa, où nous fûmes bien reçus. Nous y vîmes une fort jolie femme Gentive, de l'âge à-peu-près de 20. ans, qui se préparoit à se brûler le lendemain 11. de Fèvrier 1618. avec le corps mort de son mari, & qui paroissoit s'y préparer avec beaucoup de fermeté. Comme nous voulûmes l'en dissuader, elle se moqua de nous, & nous dît qu'il falloit qu'elle suivît son mari dans l'autre monde, ou qu'elle seroit exposée au mépris de ses parens & de tous les hommes, dont aucun ne voudroit plus se marier avec elle. Mais elle nous pria de vouloir, après sa mort, intercéder pour ses enfans envers le Naick, afin qu'il les fît nourrir. Nous lui promîmes que si elle vouloit changer de résolution, nous la transporterions dans un autre païs, où l'on ne sauroit point ce qui se seroit passé; ce qu'elle refusa toujours constamment.

Le jour qu'elle devoit se brûler, elle prit ses plus beaux habits & ses joïaux, se frota les yeux de jus de limon, & sauta dans le feu, prononçant Ram, Ram, & rien de plus. Il y avoit autour d'elle plusieurs Prêtres Benjanes, qui faisoient un si grand bruit avec des tambours, qu'à-peine pouvoit-on s'entendre, & il falloit être tout proche d'elle pour savoir ce qu'elle disoit.

Le bûcher étoit composé de bois, & de quelques

ques bassins avec de l'huile, & au milieu il y avoit un creux dans lequel elle se jetta. Aussitôt tous les assistans prirent des tisons brûlans, & l'en couvrirent, faisant de si-grands tintamarres, qu'il n'y avoit pas moien d'entendre ses plaintes & ses gémissemens, si elle en poussoit.

Le lendemain nous vîmes une étoile, ou une comette surprenante. C'étoit comme une longue flamme de feu qui se détacha du Ciel, & qui traversant l'air comme un trait, ou plûtot comme le feu d'un canon de demi-calibre, alla tomber dans le païs du Naick de Sangier. Les habitans en furent fort éfraïez, croiant que c'étoit un présage de guerre. En éfet, un mois après, Istopo Naick, Général du Naick de Madre, fit une irruption dans leur païs, où il pilla & désola tout.

Le desordre fut si-grand qu'il fallut penser à mettre les éfets de la Compagnie en sureté, ce qui fut éxécuté le 30. du mois de Mars, & nous abandonnâmes la belle loge que le Naick nous avoit acordée, & où les Commis avoient plusieurs marchandises.

Après avoir assez longtems croisé sans rien découvrir, nous passâmes à bord du *Tertbole*, & retournâmes avec les frégates à Paliacatte. Dès-que nous y fûmes, nous y vîmes ariver un Commis nommé Gysbert van Suylen, qui étoit malade, & qui vint de Ceilon dans un Cattamarau, chétif petit bâtiment de deux piéces de bois liées ensemble. Il se plaignit fort du Roi de Candi, qui n'entretenoit pas les clauses du Traité qui avoit été fait avec lui. Je me rembarquai sur *le Lion d'or*, pour retourner,

ner à Mafulipatan, laiffant Adolfe Thomafz pour premier Commis dans le fort de Gueldres, dont la garnifon étoit de 130. foldats Hollandois, & qui étoit muni de 32. piéces de canon.

J'ai paffé fix ans dans les païs du Roi Cotebipa fur la côte de Coromandel, réfident dans une ville maritime nommée par les Mores Nyfampatnam. Ce Roïaume commence, du côté du Sud à la riviére de Pena, qui le fépare du païs des Gentives, & il s'étend au Nord jufques au bout de la côte d'Orixa.

Les principales villes maritimes font, Carera Montepouli, qui eft célébre par le négoce qui s'y eft autrefois fait beaucoup plus grand qu'il ne s'y fait aujourdhui; Nyfampatnam; Mafulipatnam, ville la plus marchande de toute la côte de Coromandel; Cotepatnam; Caffiamaleta; Narfapour; Peteperur d'où il vient quantité de cairo, ou caire, dont on fait les cordages des vaiffeaux. Il y a encore la ville de Pentacota, & plufieurs autres petites places fur la côte d'Orixa.

On voit du côté de la mer une belle riviére, par le moien de laquelle on tranfporte le fel qui fe trouve en abondance dans les Gouvernemens de Mafulipatnam & de Nyfampatnam, & en la remontant on le mène dans le haut païs, d'où l'on ramène des grains. Dans la faifon des pluïes, les terres qui font du côté de la mer demeurent ordinairement inondées des eaux qui coulent des montagnes. La riviére eft poiffonneufe, mais il y a auffi des crocodiles, qui tiennent en alarme ceux qui habitent le long de fes bords; parce-qu'ils dévorent affez

fou-

fouvent des hommes & des bêtes. J'en ai vu quelques-uns.

Depuis la côte jufqu'à 12. lieuës dans les terres, le païs produit abondance de toutes fortes de vivres, & plus il tire au Nord plus il eft fertile. Autrefois les Portugais y alloient avec quantité de champans, de celytones, de fuftes, & emmenoient un grand nombre de denrées & de marchandifes à Cochin ; mais depuis-que nous fommes établis fur cette cô- te, leur commerce y eft réduit prefque à rien. Ce font préfentement les Mores & les Genti- ves, qui leur portent des vivres, ce qu'il ne nous eft pas aifé d'empêcher, parce-que les Souve- rains des païs par où ils paffent, veulent de- meurer neutres, & que leurs païs foient ouvers aux Marchands de toutes les nations.

Il y a plufieurs endroits, dans le païs, où l'eau eft amére. C'eft une chofe affez furpre- nante que l'eau des puits creufez dans la roche même, proche des montagnes, ne foit pas douce. Les anciens habitans font Gentives, ou idolâtres. Leurs Prêtres fe nomment Bra- mines, dont ceux du commun font fouvent Secretaires des grands Seigneurs ; car ils fa- vent beaucoup mieux écrire & chiffrer que les autes Gentives.

Ils font Pytagoriftes, & ne mangent rien qui ait eu vie. Ils ne mangent même point d'œufs, ni d'herbages qui foient rouges, tant ils ont horreur du fang. Il y en a pourtant des fectes qui ne s'abftiennent pas de manger de la viande, hormis du bœuf, ou de la vache, regardant comme une abomination quand on en mange, jufques-là que ceux qui nous fervoient

voient n'oſoient prendre les plats où il y en
avoit, pour les mettre ſur la table.

Il y a une ſecte nommeé Parriaas, qui eſt
la plus mépriſée de toutes, à une perſonne de
laquelle ſi un autre Gentive touche, il eſt regardé comme ſoüillé, & eſt plongé dans l'eau,
par ordre de la Juſtice, pour le purifier. Ceux-
ci mangent de toutes ſortes de viandes, même juſqu'à des bêtes mortes de maladie, ou
par accident, & c'eſt un feſtin pour eux, comme pour les Mores de tuer un cheval & de le
manger. Ils habitent dans les bourgs & dans
les villages, & ne ſont point reçus à demeurer
dans les villes.

Il y a dix-huit races de Gentives, qui ne ſe
mêlent point par le mariage les unes avec les
autres. Pour faire les mariages, les parens de
celui qui fait la recherche vont trouver le pére de la fille, & la lui demandent, lui promettant une ſomme d'argent convenable à ſa
qualité. Ils marient leurs enfans à l'âge de
neuf ou de ſix ans, & même de 4. ans. Lors-
qu'une fille a déja douze ans, qui eſt le tems
où on les tient capables d'avoir la compagnie d'un homme, ils la regardent comme trop
vieille, & perſonne n'en veut plus. C'eſt
une marque que ce n'eſt pas une honnête perſonne, ou qu'elle ne vient pas d'honnêtes gens:
car ils ſont éxacts au dernier point à ne con-
fondre point le ſang de leurs races avec celui
des autres nations, ou des autres races, &
ils ne veulent point de femmes qu'ils puiſſent
ſoupçonner d'avoir pu ſe mêler avec d'autres
gens. Je ne ſai pourtant ſi cela n'arive point
lors-que les femmes ſont une fois mariées;

mais

mais il faut qu'ils s'en confolent comme les autres, car on ne peut pas parer à tout, & ils font ce qu'ils peuvent fur ce point.

Pour les jeunes hommes, ils peuvent atendre auffi longtems qu'ils veulent à fe marier. Mais ils n'oferoient fe rafer la barbe que lors-qu'ils fe marient; ce qu'ils font avec beaucoup de cérémonie & de fuperftition, ainfi-que je l'ai vu fouvent. Quand la premiére femme ne donne point d'enfans à fon mari, elle confent qu'il en époufe une feconde, & même une troifiême: mais la premiére demeure toujours fupérieure aux autres. Néanmoins il arive de grands defordres dans ces fortes de ménages, dequoi j'ai eu fouvent connoiffance.

Ils font tous les ans, en certains lieux dont ils conviennent, des affemblées générales, qu'ils nomment Tierton. C'eft à-peu-près, comme les Kermiffes des Hollandois, où les affemblées des jours des confécrations des Eglifes parmi les Romains. Car les peuples s'y rendent en foule à l'honneur de leurs Idoles, dont ils ont des multitudes. Les unes font des figures humaines, mais qui ont quelque chofe de très-fingulier, par éxemple, plufieurs bras, ou plufieurs têtes. D'autres ont des corps humains, & des têtes de bêtes. Il y en a qui font dans des poftures lafcives. Les unes font des ftatuës, les autres font des peintures. J'ai vu quantité de ces abominations dans divers Pagodes.

Devant chacun de ces Pagodes, il y a ordinairement une figure d'un bœuf, taillée en pierre, fort artiftement faite. La plupart des Pagodes font auffi bâtis de pierre, & l'on ne peut affez s'étonner de voir ces grands édifices,

quand

quand on fait le peu d'outils dont fe fervent ceux qui les font. Cela paroît incompréhen-fible, & l'on ne peut s'empêcher de conclu-re, que ceux qui les ont conftruits, avoient d'autres inftrumens & d'autres machines que leurs fucceffeurs n'en ont aujourdhui. Il faut que les arts fe foient amortis parmi eux, à-caufe des guerres continuelles qu'ils ont euës, & qu'il y foit péri un grand nombre d'anti-quités, fur-tout dans les lieux où il y a des Mores.

Ce n'eft pas une chofe moins étonnante que de voir comme ils s'affujettiffent aux Mores. Dans des lieux où il y a mille Gentives con-contre un More, ils font foumis, & foufrent tout ce qu'il plaît à cette impérieufe nation de leur impofer. Cela m'a donné lieu de les étu-dier, & après avoir bien confidéré toutes leurs maniéres, j'ai trouvé que les Gentives font des gens lâches, fans courage, élevez dans des fentimens d'efclaves, atachez à leurs in-terêts, auffi-bien que les Mores, âpres fur le point d'honneur, & qui agiffant fouvent con-tre les loix de l'honneur & de la probité, & en étant convaincus, fe rétabliffent pourtant bien-tôt, & font regardez comme s'il ne s'é-toit rien paffé.

Ils ne font guéres des fêtes, ni d'affem-blées, ou de jeux, que les femmes publiques n'y foient apellées, pour leur donner le di-vertiffement de la danfe & de la mufique ; ce qui fe fait particuliérement lors-qu'il ari-ve des étrangers dans leur païs ; autrement ils croiroient ne leur avoir pas fait affez d'hon-neur.

Dans

Dans les lieux où ils sont les maîtres, il faut qu'elles aillent tous les jours danser dans les Pagodes, & on leur assigne pour cela des pensions. Mais parmi ceux qui sont sous la domination des Mores cette pratique n'a point de lieu. Il n'y a qu'au mois d'Avril, qu'elles sont toutes mandées publiquement par un Maldaar, qui est comme un Huissier, & elles doivent se transporter de tous les endroits du Roïaume à Baganagar, pour célébrer par des danses la mort du premier Roi More; coutume qui m'a paru aussi ridicule qu'extraordinaire. Les femmes qui dansent tous les jours dans les Pagodes, ne doivent se prostituer à aucuns Chrétiens, Mores, ou Barrias; si-non elles sont cassées aux gages, & traitées avec beaucoup d'infamie.

Les corps des Bramines & des Gentives sont brûlez après leur mort. Il y a une race parmi eux, qui y est en grande estime, dont les gens sont tous sculpteurs, ou faiseurs de torches & de flambeaux. Ils portent une certaine pierre liée à leur cou, ou à leur bras, ou dans leurs cheveux, & étant morts ils sont enterrez à leur séant. Ceux des autres races qui portent la même pierre, sont aussi enterrez de la même maniére.

Les femmes qui ne se jettent pas dans le bûcher où l'on brûle les corps de leurs maris, & qui veulent pourtant rétablir leur honneur, se coupent les cheveux, se tiennent dans la solitude, mènent un grand deüil, & pleurent leur perte pendant quelque tems. C'est une grande honte pour elles de se remarier. On les regarde alors comme des débauchées. Pour les hommes

mes

mes ils se remarient quand ils veulent.

Huit ou dix jours après la mort d'un homme, les parens font un festin, où on le pleure de nouveau. C'est ce jour-là que le plus proche parent du mort va rassembler ses cendres, & les porter auprès d'une riviére, où ils les mêlent avec d'autres cendres, & les jettent peu-à-peu dans l'eau, en faisant quelques priéres. Quand la commodité le permet on dresse les bûchers le long des riviéres, des étangs, ou des viviers, s'il n'y a point de riviéres, & souvent ils y aportent des vivres, pour les ofrir au mort, ou plutôt pour les donner en proie aux corbeaux.

Je leur ai vu célébrer tous les ans à Nysampatnam une fête qui me paroissoit fort étrange. Une heure avant jour, ils vont se faire enterrer jusques au cou ; ce qui se pratique, entre-autres, par ceux qui ont fait quelque vœu. Leur tête qui demeure seule au-dessus de la terre, est ornée de joïaux & de fleurs. D'autres se font enterrer la tête, & ont le corps dehors. D'autres se couchent & font bescher un peu de terre sur eux. D'autres ont d'autres maniéres qui ne sont pas moins étranges, & l'on ne sait à quoi tout cela peut aboutir.

Ils demeurent tous en cet état jusqu'au lever du Soleil, qu'un d'entre eux vient, comme si c'étoit un de leurs Dieux, aussi extraordinairement acoûtré que ce qui se fait est extraordinaire. Il a le corps & le visage peints, portant un sabre nud dans une de ses mains, & dans l'autre un arc & des fléches. On amène après lui un bouc, & on le sacrifie dans le lieu où se font toutes ces postures. Il

en

en prend le sang & en asperge ceux qui sont veautrez dans la terre, ou enterrez, & ils se relèvent aussi-tôt pour s'en retourner dans leurs maisons.

Ce même jour-là chaque famille mène un bouc dans un certain lieu marqué, & on l'y sacrifie. On laisse la tête pour la recompense de celui qui l'a tué, & on emporte le corps pour faire festin dans la famille. Voilà quelles sont les solemnités de cette rare journée.

Le matin en se lavant le visage, ils se tournent vers le Soleil, & en se retournant quelquefois ils lui font une espéce de revérence avec des signes de leurs mains. Les Bramines hommes & femmes, se vont souvent baigner dans des étangs & dans des viviers, & ceux qui demeurent le long des riviéres s'y baignent. Ils plongent la tête plusieurs fois dans l'eau, afin de se laver aussi, à-moins que l'eau ne soit trop froide, ne faisant alors que s'en asperger la tête, au-lieu de la plonger dedans.

Lors-qu'il se fait une éclipse de Lune, ce qu'ils savent fort-bien prévoir & calculer, ils vont à grandes troupes, hommes, femmes & enfans, se baigner dans la mer. Ils font même 20. à 30. lieües de chemin pour cela, & ceux qui en sont trop loin vont se baigner dans les plus grandes riviéres; ce qui est un éfet de superstition, vu-qu'ils croient que les bains faits dans cette circonstance les lavent de leurs péchez.

La premiére fois que je vis l'étrange & éxécrable pratique que les femmes observent de se brûler avec les corps de leurs maris morts, j'étois avec Jean van Weesick. Nous fûmes aver-

tis de ce qu'on alloit faire, & nous allâmes
ſur le lieu. Le frére du mort vint au-devant
de nous, pour nous remercier de l'honneur que
nous faiſions à ſon feu frére. Nous vîmes un
creux de 10. à 12. piés en quarré, & de la hauteur d'un homme, environné de bois, dans le
fond duquel il y avoit quantité de charbons ar-
dens. Il y faiſoit auſſi-chaud que dans le four
le plus brûlant.

De-là on nous mena chez une femme, en
préſence de qui l'on danſoit, on joüoit des
inſtrumens, & l'on mâchoit de la betelle avec
des airs fort-gais. Nous lui parlâmes pour la
détourner de ſon deſſein. Elle nous répondit,
que le conſeil que nous lui donnions la cou-
vriroit d'infamie ; qu'après avoir tant aimé
ſon mari, il ne ſeroit nullement honnête de
l'abandonner, & de ne vouloir pas lui tenir
compagnie dans l'autre monde.

Enſuite elle ſe leva, & nous aïant préſenté
de la betelle, elle s'en alla vers la riviére,
pour s'y baigner & ſe purifier ; puis elle mit
ſur elle une chemiſe ſoufrée ; elle diſtribua ſon
collier, ſes pendans d'oreilles & ſes braſſelets
à ſes parens, ſortit de ſa maiſon & s'en alla
au bûcher, en fit le tour, & levant les mains,
ſe jetta d'un air gai & ſatisfait dans le creux,
où on la couvrit de bois ſec, & d'autres matiéres préparées pour cet éfet. On y jetta auſſi
quelques pots d'huile, afin-que le braſier fût
plus ardent, & que les flammes la dévoraſſent
plus vîte. Au moment qu'elle ſauta dans le
feu, les Prêtres, les parens & les autres aſſiſtans ſe prirent par la main, & hurlérent
pendant un quart d'heure. C'étoit une fem-

S

me

me des plus considérables , qui n'avoit que
24. ans, & qui laissoit un enfant de trois mois
après elle.

La seconde femme que je vis faire ce funeste manége, étoit âgée d'environ 50. ans. Elle pratiqua les mêmes cérémonies ; mais ce
qu'il y eut de différence est que quand elle fut
au milieu du feu, elle le trouva si chaud qu'elle
tâcha de s'en tirer , & elle l'eût fait , si les
assistans ne l'en eussent pas empêchée. Un
Bramine de nos voisins s'étant noié, fut mis
sur un gros bûcher, où sa femme alla se mettre auprès de lui , le baisant , & le prenant
entre ses bras. Alors on vint la couvrir im-
pitoiablement d'un gros monceau de bois, où
l'on mit le feu, avec de l'huile qu'on y jetta,
& ils brûlérent ensemble. L'horreur que nous
avions euë des deux premiéres éxécutions que
nous avions déja vuës , nous empêcha d'aller
voir celle-ci, & trois ou quatre autres, auxquelles nous fûmes invitez.

Dans les lieux où les Mores dominent, cette barbare extravagance n'est pas tolérée, étant
regardée comme contraire à leur Loi. Deux
fois que des femmes sont entrées dans cette fré-
nésie , en des lieux où je me suis trouvé, &
que tout étoit prêt pour l'éxécution , on a envoié les en empêcher. Plusieurs personnes
m'ont assuré qu'on fait prendre à ces malheu-
reuses femmes certaines drogues qui leur trou-
blent le cerveau , & qui leur ôtent le sentiment de ce qu'elles vont faire.

Les Benjanes tiennent l'immortalité de l'a-
me. Ils disent que selon qu'on a bien ou mal
vécu, l'ame entre dans le corps d'une bête bonne

ne ou méchante. Je me suis souvent entretenu avec des Bramines, au sujet de leurs croïances : mais il paroît qu'ils n'ont pour fondement que des fables pleines de sens impénétra-
bles, & des questions inutiles. Ils font beaucoup de vœux pour des pélérinages, & sur-
tout pour aller visiter certains Pagodes, particuliérement ceux qui sont vers le Gange, &
encore plus celui où ils disent qu'est enterrée
la tête de Rama Raga, qui a été autrefois
Souverain de tous ces païs-là, avant-que ses
vassaux se fussent soulevez contre lui. Ils disent qu'il y a tous les ans un prodigieux con-
cours de peuple à ce tombeau.

Il y a encore un autre Pagode pour lequel
ils ont une dévotion extraordinaire. Il est
dans la ville de Tripetti, au païs des Gentives, & les peuples y vont aussi en foule. J'ai
vu beaucoup de gens porter des vivres par
ofrande hors de la ville, sous un certain arbre,
où ils assuroient qu'ils étoient consumez un peu
après-qu'ils étoient oferts ; mais j'étois fort
persuadé que tout le mistére consistoit encore
dans la voracité des corbeaux, qui revenoient
à tout moment à cet arbre, sous lequel ils
trouvoient si-souvent à manger. Les uns disoient qu'ils faisoient ces ofrandes à Dieu ;
mais ceux avec qui nous avions quelque fami-
liarité nous avoüoient que c'étoit au Diable,
parce-qu'ils voioient bien que nous le recon-
noissions.

Ils ont beaucoup de respect pour les Péle-
rins de profession, quoi-que ce soient des
gueux pleins d'audace & d'éfronterie, & de
francs garnemens. J'ai connu une certaine fem-

me

me & toute fa famille , qui aiant eu beaucoup d'enfans , & entre-autres plufieurs filles,
qui étoient tous morts , fit un vœu qu'en cas
qu'elle eût une fille qui demeurât en vie , elle
confacreroit fon honneur à Dieu , & en feroit
une proftitution publique ; ce qu'elle éxécuta
en éfet , & fa fille s'eft abandonnée à tous
allans & à tous venans. Elle avoit près de
30. ans , quand je partis de ce païs-là. Voilà
de quelle nature , à-peu-près , font les vœux
qu'ils font , & les fruits de leurs pélerina-
ges.

Ils obfervent auffi le chant des oifeaux. Au
matin , en fortant de chez eux , ils prennent
bien garde aux rencontres qu'ils font , & en
tirent de bons ou de mauvais préfages pour ce
qui leur arivera pendant la journée. S'ils font
une finiftre rencontre , ils s'en retournent dans
leurs maifons, ou s'arrêtent jufques-à-ce qu'ils
en aient fait une meilleure , & que quelque
chofe d'un augure plus favorable ait paffé devant eux. Ils tiennent auffi qu'il y a dans le
jour & dans la nuit certaines heures qui font
funeftes, dequoi ils prétendent avoir connoiffance par le cours des étoiles , qu'ils obfervent éxactement. Pendant ces heures-là ils
ne s'apliquent à rien : ils n'entreprennent ni
de trafiquer , ni de travailler à la culture de
la terre, ni de fe mettre en chemin pour voiager , ni aucune autre chofe que ce foit : ils
atendent qu'elles foient paffées. Quand quelqu'un éternuë une feule fois , c'eft un mauvais
préfage. Ils ont mille autres fuperftitions folles & damnables , dont il faut prier Dieu
qu'il les retire , les illuminant par fa grace ,
&

& les faifant revenir de ce profond aveuglement.

Lors-que les hommes travaillent, foit dans
leurs maifons, dans les campagnes, ou ailleurs,
ils n'ont qu'un fimple morceau de toile, comme un mouchoir, fur leurs parties naturelles.
En d'autres tems ils ont une efpéce de tablier,
noüé autour de leur ceinture, qui leur defcend
jufqu'aux genoux. Ceux qui demeurent dans
les villes, & qui converfent avec les gens qui
y font, ou qui font à leur fervice, portent des
Cabaies.

Les femmes ont ordinairement un vêtement
qui a douze Cobydas de long, & 2. de large,
qu'elles fe noüent premiérement autour de la
ceinture, puis au-deffus de l'épaule droite.
Elles ne fe couvrent jamais la tête, fi ce n'eft
quelquefois qu'elles y font paffer le bout de ce
grand morceau de toile qui eft noüé fur leur
épaule. Il y en a pourtant qui portent une efpéce de petit corps, qui leur defcend depuis le
cou jufques fous le fein, & fous les bras aux-
quels elles l'attachent, & par-derriére jufqu'au-delà des épaules, ce qui eft comme une
grande gorgerette; mais elles ont toujours le
corps nud depuis le fein jufqu'à la ceinture.
Les enfans, garçons & filles, demeurent tout-
à-fait nuds, jufqu'à l'âge de 4. ou 5. ans.

Le travail à quoi ils s'apliquent eft la culture de la terre, femer, moiffonner, planter
& provigner; & outre cela ils s'ocupent beaucoup à faire du fel. Ils fément des racines qui
font de la longueur d'un empan & demi, mais
qui ne font guéres groffes, & qui fervent aux
teintures rouges. Il y faut avoir beaucoup
S 3
d'égard,

d'égard, car on y peut être aifément trompé, parce-qu'elles viennent beaucoup meilleures dans un endroit que dans l'autre. Celles qu'on eftime le plus croiffent dans l'ifle de Tambréve, vis-à-vis de Nyfampatnam : enfuite ce font celles de Ganfam & celles de Manar, quand elles en font éfectivement. La couleur où elles font emploiées ne paffe point ; au-contraire plus on lave les étofes où elle eft mife, plus le rouge en eft beau.

Ce païs-là raporte par an à fon Roi plus de 1700000. pagodes. Souvent en voiageant au-travers du Roiaume je me fuis étonné du grand revenu qu'il produit, ne fachant d'où l'on peut tirer tant d'argent, car le peuple y eft pauvre, & mène une misérable vie. Ceux même qui font riches n'ofent le faire paroître, ni en vivre plus à leur aife, parce-que quand les Gouverneurs le favent, ils ne manquent pas de prétexte pour les ruiner, prenant ocafion de quelqu'une de leurs actions, où à-peine y aura-t-il feulement une ombre de faute.

Ils ne font pas propres dans leur manger: ils ne le font qu'extérieurement dans leurs perfonnes, fe lavant le corps, ou fe baignant, une ou deux fois le jour, en de l'eau froide, ou chaude, auffi-bien les hommes que les femmes. Comme les uns & les autres portent les cheveux longs, ils fe lavent la tête d'huile, tous les 10. ou 12. ou 15. jours, ceux qui en ont le moien fe fervant d'huiles odoriférantes, & ils ne s'y laiffent aucune ordure.

Les Mores qui font dans ce païs-là tirent toute leur fubfiftance du Roi. Les Perfans font ceux qui ont le plus de crédit à fa Cour.
Cet-

Cette nation est la plus superbe & la plus or-
gueilleuse de toutes celles qu'on voit aux Indes. Les autres sont pillées & foulées par celle-ci, dans les lieux où elle a part au gouvernement. Ces gens-là font metier de prêter à
usure, & ne craignent pas de prendre au-moins
quatre par cent pour chaque mois, & cinq
par cent lors-qu'ils prêtent à des Gouverneurs,
ou à des personnes qu'ils savent être fort-pres-
sées. C'est principalement par cette voie
qu'ils s'enrichissent, suçant les Gentives &
les épuisant jusqu'à la moëlle, sans épargner
leur propre nation, quand l'ocasion se présente.

Les principales forteresses du Roiaume sont
Condiveri, Condepouli & Golconda, quoi-
qu'il y en ait plusieurs autres moins considérables, ainsi-que je l'ai vu en voiageant. Condiveri sert à conserver tout le païs qui est au-
deçà de la riviére, & à le mettre à couvert
contre les Gentives. Ils tiennent que c'est une
place imprenable, à-moins que ce ne soit
par trahison, ainsi-qu'elle fut prise par les
Mores, il y a 34. ou 35. ans.

Il y a toujours dans cette forteresse des provisions de vivres pour deux ans. Elle ne manque jamais d'eau. L'issuë en est par un sentier plein de détours, & dans un lieu fort-haut,
n'étant accessible par aucun autre endroit.

Sur le haut de la montagne où elle est située
il y auroit assez d'espace pour semer des grains.
La plupart de la garnison est de Gentives. Ils
y sont comme en esclavage, n'osant descendre que très-rarement dans la ville, ou même
n'y descendant jamais. On y entretient aussi
quelque cavalerie.

S 4

La

La forteresse de Condepouli est à-peu-près semblable. Les garnisons de chacune de ces placés consistent en 3. ou 4. mille soldats, ou du-moins elles devroient monter à ce nombre: mais les Commissaires & les Oficiers d'intelligence ensemble n'y en tiennent pas plus de 2000. & profitent de la paie de ceux qui manquent.

Ceux qui peuvent se rendre maîtres de ces deux places, le sont bien-tôt de tout le plat païs: car étant toutes deux sur des montagnes, où il n'y a d'accès que par un seul endroit impraticable pour peu qu'on trouve de résistance, il faut que tout céde à ceux qui les tiennent. Les autres forts de Naudigen, de Ragamandraga, & d'Eclour, ne font pas capables de faire une grande résistance. Le principal Oficier qui ait inspection sur ces forteresses, est un More, qui a sous lui quelques Naicques, qui font Gentives; & il gouverne aussi le plat païs qui en est voisin.

Le Roiaume est divisé en Gouvernemens qu'on aferme tous les ans. Les noms de ceux dont j'ai connoissance font, Condiveri, Bellum, Corde & Venicorde, & Nysampatnam. Ils font tous au-deçà de la riviére, & Condiveri est le chef de tous les autres. Les fermes en produisent tous les ans, tant en argent qu'on serges, en sel, en toiles peintes & autres 40000. pagodes.

Condepouli, Masulipatnam, Naglawance, Sandrapatla, Gelapondi, Ecour, font cinq places des villages de la dépendance desquelles se tire la principale partie de l'indigo qu'achètent les Hollandois & les autres Marchands,

chands, pour le transporter du côté du Nord, à Chaul, & à Dabul. Mais on n'en a point tiré depuis deux ans, à-cause de la guerre qui a réduit ces gens-là dans la derniére misére; c'est-à-dire, la guerre que les habitans de Ny-samyca ont contre les Portugais de Chaul.

Ragamandraga Tatepaque est une isle qui a d'un côté la mer , & de l'autre la riviére de Narsapour Petais, qui se décharge dans la mer proche de Perour. Cette isle est très-fertile , & abondante en diverses denrées. La riviére de Narsapour Petais est fort large: on pourroit faire sur ses bords des doublages, & même construire des vaisseaux de 400. tonneaux. Mais on n'en peut sortir aisément qu'au mois d'Octobre, que commence la mousson des vents de Nord. Le bois dont on se sert pour les constructions, descend du haut païs sur l'eau.

On fabrique, dans le Gouvernement de Ragamandraga , quantité de Betilles, comme Salamporis & Parcalles. A Tatepaque on fabrique des Dongrais, qui sont nommez Dongrais de Peta, des Betilles; & à Nasapori & Condepouli , quantité de fines Parcalles.

Masulipatam , où Masulipatnam, fournit du sel, du ris, quelques serges; mais qui ne sont pas si bonnes que celle de Nysampatnam; des toiles & quelques autres marchandises, dont les fermes montent par an à 180000. pagodes. Les droits de Nysamptnam sont afermez 55000. pagodes. Le Gouverneur qui y est présentement en donne bien 1000. pagodes de plus, parce qu'il a sous-fermé d'un autre.

De cette somme de 55000. pagodes le Roi

en

en donne au Gouverneur pour ses gages & pour
sa dépence , & aux autres Oficiers qui sont
avec lui dans le gouvernement 8000. pagodes,
& les habitans de Nysampatnam lui en donnent 5000. Mais il y a très-peu de ses domestiques qui soient paiez en argent. Il les paie
en ris tout-sale , en sel , & en grains qu'il
leur compte à un tiers plus cher qu'ils ne va-
lent. Pour les principaux Oficiers , comme le
Sabandar , le Prêtre , le Juge , & quelques
autres , ils sont paiez en argent.

Le Gouverneur fait une grosse dépence &
entretient un grand train , tel qu'il n'y en a
point dans nos païs de l'Europe qui en ait un
plus magnifique , & qui le porte plus haut que
lui. Le Gouvernement consiste dans la ferme
des droits du Roi , qui se renouvelle tous les
ans, & se donne au plus ofrant , lequel pour
s'enrichir gouverne avec beaucoup de dureté,
& accable tellement les habitans, qu'ils sont
tout-à-fait à plaindre. Les Gouverneurs,
paient leurs fermes à trois termes de 4. mois
en 4. mois. S'ils gagnent du bien ce n'est pas
sans peine. Il faut qu'ils travaillent furieusement ; encore est-il incompréhensible comment ils peuvent lever tout ce qu'il donnent,
& tout ce qu'ils retiennent.

S'ils n'ont pas achevé de paier au bout de
l'an , ils sont le plus souvent si maltraitez de
coups, que de leur vie ils ne se rétablissent en
parfaite santé , ainsi que cela est arivé de mon
tems. Quelques profits qu'ils fassent ils crient
toujours comme s'ils perdoient ; car comme
l'envie regne extrémement parmi ces gens-là,
quand on sait qu'ils ont beaucoup gagné, on
ne

ne manque pas de les charger de quelque accu-
sation qui les fait tomber dans la disgrace
du leur Prince, soit qu'ils l'aient meritée,
ou non.

On ne parvient à aucun emploi qu'à force de
présens, ou par intrigue. La plûpart des Gouverneurs, ou Fermiers, sont des Bramines, ou
des Benjanes; gens rusez s'il en fut jamais,
éxercez en toutes sortes de filouteries, qui savent admirablement paier de paroles, qui savent s'accommoder aux tems, qui s'humi-
lient jusqu'à l'extrémité, quand ils ont besoin de quelqu'un pour quelque afaire particuliére, qui sont importuns jusqu'à l'éfronterie.

Il y a peu de Mores qui veüillent entrer dans
les fermes; mais ils recherchent volontiers
les commissions d'Inspecteurs sur la conduite des Gouverneurs qui les ont, & qui sont obligez de leur faire de gros présens, pour leur
faire fermer les yeux. C'est par ce moien que
les plaintes des pauvres ne peuvent parvenir
jusques aux oreilles de ceux qui ont l'autorité
en main, pour les raporter au Roi, afin-qu'il
y soit pourvu; & c'est aussi par cette voie que
tout le païs est ruiné.

Ainsi les Gouverneurs n'ont qu'à gagner le
Sabandar & quelques autres Oficiers, pour
avoir la liberté de faire tout ce qu'ils veulent.
Car en aiant leurs têmoignages, ils se discul-
pent facilement auprès des Trésoriers, des
Inspecteurs généraux, & de ceux qui ont les
fermes générales. Souvent même ils leur font
voir qu'il s'est trouvé quelque empêchement
à ce qu'ils aient pu lever, comme à l'ordinaire,

naire, tous les droits qui leur étoient afermez, & ils obtiennent diminution de leurs fermes. Cependant ils font la plupart de ces choses si grossiérement, ou si impudemment, que lors-qu'on ne le connoît pas, c'est qu'on le veut bien ignorer ; & il arive quelquefois que quand les Gouverneurs sont poussez à bout, les Sabandars & les Inspecteurs ordinaires se trouvant participer à leurs friponneries, reçoivent aussi le même châtiment.

Je n'ai pu découvrir qu'il y eût aucune Loi écrite parmi eux, ni aucun tribunal pour les afaires criminelles ; quoi-qu'il arive quelquefois que quand on a surpris des voleurs, on les empale, ou-bien on leur coupe la tête, & on la met au bout d'une perche. Une des Princesses filles du Roi, étant morte, on suplicia toute une famille, sur le soupçon qu'elle avoit été ensorcelée par ces gens-là.

Il arriva une fois à Masulipatan que des voleurs s'y rendirent au soir, sous l'aparence de gens de conséquence. Un d'entre eux étoit porté dans un palanquin, comme un homme de considération. Ils allérent loger dans la maison d'un More où ils volérent, & étant surpris ils usérent de violence. Le bruit aiant fait assembler le peuple, les voleurs s'enfuirent, mais il en fut pris un qui étoit blessé. Néanmoins après l'avoir retenu un peu de tems en prison, il fut relâché, sans recevoir aucun châtiment. En général ils ne font pas sanguinaires.

C'est dans les mois de Fèvrier, Mars, Avril & Mai, qu'on voit le plus de voleurs. Cela vient de ce que les riviéres se sèchent

alors

alors , & qu'on les peut traverser. Ils pillent souvent des villages entiers ; les habitans qui sont d'un des côtés de chaque riviére allant insulter ainsi ceux qui sont de l'autre côté. Il ne fait pas seur de voiager en ces tems-là. Les voleurs se tiennent le jour dans les bois, ou dans les montagnes , où les habitans de certains villages leur vont porter des vivres, à-condition qu'ils les épargneront , & ne s'en prendront point à eux. Ces desordres sont ceux dont les Gouverneurs Fermiers se mettent le moins en peine. J'ai même ouï assurer que quelquefois ils s'entendent avec les voleurs , & qu'ils partagent ensemble.

L'année des Gentives est aussi composée de 12. mois , & commence environ le 20. de Mars. Celle des Mores se régle par les Lunes, & commence le 10. de Janvier. Ils y font entrer 13. Lunes, & la partagent en trois saisons ; celle de la chaleur , qui commence en Mars & finit en Juin ; celle des pluies, qui commence en Juillet & finit en Octobre ; & celle du froid , qui commence en Novembre & finit en Fèvrier. Il fait assez froid en ce païs-là aux mois de Décembre & de Janvier. Depuis la mi-Mai jusqu'à la mi-Juin il y fait de si-grandes chaleurs, par un vent qui vient du Nord, que quelquefois on a une peine extrême à les suporter. Quand on tourne son visage du côté du vent , il semble qu'on soit à l'ouverture d'un four ardent. Le bois & la pierre jettent aussi une chaleur incroiable , mais on trouve l'eau qu'on boit fort-froide.

Dans cette saison il y a toujours quelqu'un que les chaleurs font mourir, souvent par leur

impru-

imprudence; parce-qu'étant trop échaufez ils boivent du lait, ou de l'eau, ou qu'ils en boivent trop. Ce fut ce qui fit mourir notre compatriote le Sieur Pierre Isaacsz, & j'ai vu mourir de la même maniére plusieurs Gentives. Si l'on fait voiage en ce tems-là, on ne peut marcher que jusqu'à neuf heures du matin, & il ne faut recommencer qu'à trois heures aprèsmidi. C'est un grand plaisir que de voiager quand les chaleurs sont passées. Ils divisent les jours & les nuits en huit parties, & ils mettent 60. heures dans le jour naturel comme nous y en mettons 24.

Il y a double poids & double mesure dans tout le Roiaume. En quelques endroits le Candi, ou la Bare, est de 380. livres : en d'autres endroits la bare est de 500. liures. Un candi contient deux Mans. Un man contient 8. Bijs. Un bijs contient 5. Ceers. Un ceer contient 24. Tols. Ce sont là les mesures.

Il y a quatre sortes de monnoies, des Pagodes, des Fanons, des Neüels, & des Cacfes. Les Marchands étrangers y portent présentement des Sérafins, des Larins, & des Réales. Un Pagode fait 15. Fanons. Un fanon 8. ou 9. Neüels. Un neüel 3. 4. 5. ou 6. Cafses. Un Sérafin fait 16. à 17. fanons. Un Pagode 7. ou 8. Larins. Une Réale, 10. ou 10. & demi, ou 11. fanons.

Les fruits qui croissent dans ce païs sont des Mangas, ou Mangens, des Bananes, des limons, des grenades, des Anasses ou Ananas en abondance, des oranges, des citrons, des James, mais il y en a peu de ces derniers. Il y a aussi une sorte de pomme de la grosseur des plus groſſes ceriſes , avec un petit noïau au-dedans. Il y a des Jamodes qui ſont tout-noirs & aigrets. Les aɪbres qui les produiſent ſe trouvent en quantité dans toutes les Provin-ces, & en certains endroits on en voit des bois entiers, dont on ſe ſert pour faire des ouvra-ges de charpente. Ils fourniſſent un bruvage fort-agréable, quand il n'eſt pas falſifié.

On voit encore par-tout des arbres qui por-tent les tamarins. Tous les ans au mois d'Avril, on tranſporte des quantités de raiſins de Gol-conda vers le bas païs, où les eaux ſomaches rendent la terre ſi-amére & ſi-mal diſpoſée, que la vigne n'y peut croître. On trouve auſ-ſi dans toutes les Provinces un grand nombre d'arbres de Raies, & pluſieurs autres ſortes d'arbres ſauvages.

Il y a diverſes eſpéces de bêtes privées, & de ſauvages, des tigres, des éléfans, des ours, des léopards, des chats-civettes, une multi-tude de guenons, des cerfs qui ont par-tout ſur le corps de petites taches blanches, & qui étant mordus par des ſerpens, n'en ſoufrent aucune autre incommodité que celle de per-dre une plaque blanche qui leur tombe. Ils ont des cornes comme en ont ceux de notre païs.

On y en voit encore d'une autre ſorte, qui n'ont point de taches, qui portent les cornes droit en haut, tournées comme ſi c'étoit un tour de vis, étant fort-luſtrées, & fort-agréables à voir. Lors-qu'on en rencontre de petits, on peut les rendre auſſi privez que des chiens, & s'en faire ſuivre par-tout où l'on veut, les faire manger à la table & dans la main.

Il y a quantité de renards, & quantité de ferpens, dont quelques-uns font fi venimeux, que ceux qui en font mordus meurent fur le champ. Il y en a d'une autre efpéce, dont les habitans difent, qu'on en a vu qui avoient la tête où les autres ont la queuë. Mais ce n'eft qu'une reffemblance de tête; car on prétend que chaque demi-année ils changent; que leur tête fe ferme & que leur queuë s'ouvre pendant fix mois; puis pendant fix autres mois leur queuë demeure fermée & leur tête ouverte. Il y en a encore d'autres qu'on nomme Cobra Toppella, qui font auffi très-venimeux, & en grande quantité.

Il y a des élans, des belettes, des porcépics, & beaucoup de bêtes qui nous font étranges; une efpéce de rats de campagne, qui tirent fur la couleur de rofe, & font d'un excellent goût; une multitude innombrable de bêtes privées, de bœufs, de vaches, de buffles, de brebis, de chévres de trois fortes; mais il s'en faut beaucoup qu'elles ne donnent autant de lait que celles de nos Provinces.

Tous les chevaux y font petits, mais ils font très-propres à voiager, & en foutiennent mieux la fatigue que ne font les grands chevaux qui font au païs, car ils font fort lâches. Mais on y en mène de Patane: fur-tout ceux d'Arabie & d'Ormus y font fort eftimez.

Dans le même mois de Mars 1618. étant arivez à Mafulipatnam, nous fûmes bien reçus du Gouverneur, qui nous fit donner une vefte d'étofe d'or, & nous fit conduire à notre logis par les danfeufes publiques. Les marchandifes que nous avions portées, furent
auffi-

auſſi-tôt venduës argent comptant. Il y avoit même des gens qui venoient nous aporter leur argent, avant-que nous puſſions leur faire la livraiſon, de-peur de n'en avoir pas.

Enſuite je partis avec Samuel Kint, qui avoit été Sous-gouverneur de Paliacatte, pour aller à Bantam. Nous relâchâmes à Achin, où il ſe fait un gros commerce de poivre. Après avoir obtenu permiſſion du Roi, j'allai à terre trouver le Commandant que nous y avions nommé Corneille Comans, qui étoit venu dans le vaiſſeau *le Faucon*, pour traiter avec le Roi, au ſujet de Ticou & de Priaman. Nous allâmes enſemble porter un préſent à ce Prince, afin d'obtenir la liberté du commerce. Pour paroître devant lui, on nous fit prendre des habits à la mode du païs, par où l'on nous marquoit que nous étions les bien-venus, & l'on nous renvoia ſur des éléfans. Le lendemain nous vîmes un combat d'éléfans privés & de ſauvages, qu'on fit battre les uns contre les autres.

Mais ce qui nous fit grand' pitié, fut de voir le traitement que reçut celui qui avoit la garde de l'éléfant du Roi. Parce-qu'il étoit venu un peu trop tard, il fut livré à l'éléfant ſur lequel le Roi étoit aſſis, qui le prit trois fois avec les dents, l'enleva, & le jetta en l'air, ſi-bien qu'il fut tout-briſé & mourut ſur la place. Il n'y eut perſonne qui oſât lui donner le moindre ſecours, ni même faire ſemblant de s'apercevoir de ſon infortune.

Le Roiaume d'Achin eſt au bout ſeptentrional de Sumatra par les 4. degrès 28. minutes de latitude Nord. On y recüeilloit autrefois du poivre en abondance ; mais maintenant il s'y en recüeilcüeille peu, le Roi aiant fait couper la plus grande partie des arbriffeaux, & fait femer du ris en leur place.

Ce Prince eft continuellement en guerre avec fes voifins, fur-tout avec le Roi de Johor, quoi-qu'il en ait époufé la Sœur. Ses fujets le redoutent beaucoup à-caufe des tirannies qu'il éxerce fur eux, inventant fans ceffe de nouveaux genres de mort & d'autres fuplices, pour avoir le plaifir de les tourmenter.

S'il arive qu'un homme, ou une femme faffe la moindre faute, ou feulement quelque chofe qui lui déplaife, il faut quelquefois que toute fa race en patiffe. Il ne fe paffe guéres de jours qu'il ne faffe fuplicier quelqu'un. De faire couper le nez, les mains, ou les jambes, ce n'eft que comme un jeu à quoi il s'éxerce ordinairement, & enfuite il envoie les mutilez en éxil dans l'ifle Pulo Wai, vis-à-vis d'Achin. Il a de belles galéres & de beaux canons de fonte. Entre-autres il en a un qu'on charge de plus de 125. livres de fer. Il entretient un grand nombre d'éléfans.

Je vis le Roi de Pahan, dont celui d'Achin a conquis le païs, & tranfporté à Achin plus de dix mille de fes habitans, qui couroit après ce dernier comme faifoient les gens du commun. On tient que le Roi d'Achin a fait cacher dans un trou en terre plus de 25. bares, ou bahars d'or, chacune du poids de 360. livres.

Lors-que nous eûmes expédié nos afaires à Achin, & que j'eus fait charger à mon bord le poivre que notre Commandant y avoit, je pris la route de Jaccatra, par le détroit de
Malac-

Malacca. Quand nous fûmes par le travers de la ville de ce nom, nous y ancrâmes assez proche pour voir au cadran quelle heure il étoit, & par conséquent pour en bien contempler la situation. Ensuite nous allâmes faire de l'eau à l'isle de Carimon, qui est devant le détroit de Sincapura. & où il y a de fort-grands arbres, qui peuvent servir à faire des mâts, même à des carraques.

Après cela nous allâmes relâcher dans la riviére de Jambi, où le Sieur André Souri trafiquoit & achetoit du poivre pour la Compagnie. Nous y déchargeâmes quelques paquets de mouchoirs & de toiles. Cette riviére de Jambi, ou Jambai, est par les 50. minutes de latitude Sud, dans l'isle de Sumatra. Il la faut remonter 25. lieuës pour aborder à l'endroit où est notre loge. Le poivre s'y vendoit alors 6. réales & demie de huit le picol, qui est de 120. livres. Autrefois on en tiroit jusqu'à 1100. lastes, mais à-présent on n'en tire pas plus de 900. On l'amène du païs des montagnes dans des canots qui descendent sur la riviére.

Le 7. de Novembre 1618. nous terrîmes à Jaccatra, où nous aprîmes, non sans beaucoup de surpise, que le Général Coen étoit en guerre avec le Roi de Bantam, & qu'il se fortifioit pour résister à ses ennemis. Nous y vîmes une comette à queuë, qui paroissoit sur ce païs-là.

Le 11. de Décembre 1618. je me rembarquai sur l'*Ange*, pour retourner à Suratte. Nous rencontrâmes proche du cap Pontam Java, un Vlîger de Java, monté par un Fla-

mand

mand de Bantam, qui nous aprit que les Anglois s’étoient emparez par trahison d’un de nos vaisseaux, nommé *le Lion Noir*, qui venoit de Patane ; ce qui nous fit prendre la résolution de retourner à Jaccatra.

Sur cette nouvelle que nous y portâmes, il fut jugé à propos de fortifier notre loge, & de la mettre en état de défense contre les insultes des Anglois. On l’entoura donc de palissades, & l’on y éleva des rempars de terre.

Les Javanois aiant vu nos travaux, commencérent aussi à se fortifier ; & nous qui vimes qu’il falloit périr, si nous n’étions pas en état de nous maintenir, nous entreprîmes de faire de notre loge un fort capable de résister aux assauts de ceux qui voudroient l’ataquer, & chacun y travailla de toute sa force.

Ainsi dans un tems où les Hollandois ne pensoient à rien moins qu’à s’emparer d’une place dans les Indes, n’y à s’en aproprier par aucune autre voie, parce-qu’ils avoient assez d’afaires sur les bras, la nécessité les contraignit d’en ocuper une, & d’y bâtir une forteresse, qui est devenuë leur boulevart. Ils doivent cet établissement à la jalousie des Anglois, qui ne prétendoient pas que la guerre qu’ils leur faisoient leur dût procurer cet avantage. Les hommes forment des projets, & Dieu dispose des événemens.

Le Roi qui vit de quelle conséquence étoit notre entreprise, & qui autrefois avoit eu de nous du canon, fit faire des batteries ; si-bien que de part & d’autre on fut sur la défiance, & l’on poussa les ouvrages avec le dernier empressement. Mais les Javanois qui étoient in-
infini-

finïment plus forts de monde , & qui avoient les matériaux à souhait, avançoient beaucoup plus leurs travaux , que nousne faisions les nô- tres. Ils dressérent dans une nuit une batterie de cables, de bois & de terre dans la loge des Anglois, vis-à-vis de notre nouveau cavalier, & ils y auroient fait un fort capable de nous empêcher l'entrée de la riviére , si l'on n'y eût pourvu.

Le Dimanche 23. de Décembre 1618. le Conseil s'étant assemblé , & aiant considéré que notre perte étoit comme certaine, & que toutes nos afaires alloient être ruinées dans les Indes , il fut résolu qu'on tiendroit ferme , qu'on continuëroit à se fortifier, & qu'on agi- roit ofensivement. Pour cet éfet le Commis le Fèvre fut envoié à la loge des Anglois, afin de leur déclarer que s'ils n'ôtoient la nouvel- le batterie qu'ils avoient fait élever , nous la détruirions nous-mêmes.

Les Anglois s'en excusérent, disant que ce n'étoit pas leur ouvrage, que c'étoit celui du Roi & de ses gens, qu'il n'étoit pas dans leur pouvoir d'y toucher , & qu'ils n'en avoient pas aussi l'intention. Dès-que le Fèvre fut sor- ti de leur loge, les Javanois y entrérent, & l'ocupérent. Notre Général fit aussi prendre les armes à tous ses gens, & leur ordonna de se tenir prêts pour le premier coup de cloche.

A ce signal, j'allai avec ma troupe mettre le feu au quartier de la tranchée. Pierre Dircksz le mit au quartier des Chinois, & Pierre van Ray à la loge des Anglois & à la batterie. On tira sur nous cinq coups de canon de l'an- gle qui avançoit dans la riviére ; mais ils ne firent

rent aucun mal. Alors les Javanois commencérent aussi à tirer de la ville. Les semelles des souliers d'un Charpentier qui étoit auprès de moi furent emportées, & les deux talons du Commis Joost Grendel le furent en même tems, avec la jambe d'un soldat. Le boulet étoit de 4. livres, & il bondit de terre dans la porte.

Le Gouverneur m'ordonna de faire tirer sur la ville, de la batterie du cavalier, qui n'étoit encore qu'à-demi elevé, afin de voir si l'on pourroit faire bréche dans la muraile. On y tira 50. coups de canon de demi-calibre, avant que la nuit fût venuë, sans rien abattre, & nous cessâmes pour épargner la poudre. Les gens de la ville ne demeurérent pas en reste. Nous eûmes ce jour-là 15. hommes de tuez, 3. Hollandois, & 12. Noirs, & 8. ou 10. de blessez.

La ville de Jaccatra, dans l'isle nommée la grande Java, est située par les 6. degrès 10. minutes, à 12. lieuës de Bantam, vis-à-vis de la riviére, & entourée d'une bonne muraille de pierre rouge. Il y avoit alors un cavalier fort élevé avec du grós canon, & des rempars au-dessous, dont on nous incommodoit fort, aussi-bien que d'un bastion qui étoit à l'entrée de la riviére, laquelle le Roi fit boûcher avec des estacades, pour nous empêcher d'en sortir.

Notre loge consistoit dans un nouveau bâtiment, nommé Maurice, qui regnoit sur la riviére; & dans le vieux nommé Nassau, au côté méridional. Il y avoit au côté septentrional une courtine de terre, le long du rivage,

&

& une palissade de 9. piés de hauteur, & de 7. d'épaisseur, sans parapet, si-bien que les ennemis nous y voioient à découvert, & il y avoit trois angles ouvers au côté oriental, où étoit à-demi élevé du côte de la ville le cavalier, sur lequel il y avoit deux piéces neuves de canon de fonte de demi-calibre. L'angle qui étoit sur la riviére, du côté du logement de Maurice, étoit élevé de deux piés au-dessus du rais de chaussée, & entouré de quelques défences contre une irruption, mais qui n'étoient pas à l'épreuve du mousquet, il y avoit dessus deux piéces de canon de fonte, & cinq piéces, grosses & petites, d'une autre sorte d'artillerie.

L'anglé qui étoit au Nord-est, & qui regardoit la mer, étoit de même hauteur que la courtine, avec des palissades jusques au parapet, & un toit de bois pour se garantir de la pluïe, avec sept autres piéces, grosses & petites, de la même artillerie. Au côté du Nord-est il n'y avoit point encore d'angle commencé, quoi-qu'il eût été bien nécessaire: il n'y avoit qu'une défense faite de bambouc au logement de Nassau, & une galerie d'où l'on pouvoit tirer du mousquet.

Le lendemain le Général m'établit Capitaine Major de toute la compagnie. On continua tout le jour à tirer sur la place, & l'on travailla sans cesse à relever le cavalier qui s'étoit éboulé; & comme nous étions à découvert en tirant, nous fûmes obligez de nous couvrir de nos bellestoiles, & de marchandises de prix.

Un Lieutenant nommé Abraham Jansz, aiant été commandé avec 30. soldats & matelots, pour aller se rendre maître de la batterie des

enne-

ennemis qui étoit de l'autre côté , à l'entrée de la riviére , demeura sur la place avec sept hommes, par leur peu d'expérience. Cet incident aiant encore relevé le courage des Javanois, ils mirent la tête du Lieutenant au bout d'un mât, devant la batterie du cavalier, & ils élevérent malgré nous une autre batterie dans le quartier des Chinois, proche du logement de Naſſau.

La nouvelle de ce commencement de guerre aiant été portée à Bantam , le Pangoran fut fort irrité de ce que le Roi de Jaccatra, avoit ſoufert que nous euſſions fait des travaux, & de ce qu'il ne s'y étoit pas opoſé dès l'abord. Néanmoins quoi-qu'il fût animé depuis long-tems contre le Roi à-cauſe de nous , comme il craignoit que ſi nous demeurions vainqueurs, nous pourrions auſſi l'ataquer , il envoia du ſecours à Jaccatra. D'ailleurs les Anglois ne ceſſoient pas de l'animer, & lors-qu'ils aprirent que nous avions brûlé leur loge & leur batterie, ils voulurent auſſi brûler la notre à Bantam ; mais le Pangoran ne le voulut par permettre.

Le 27. de Decembre 1618. après avoir paſſé les jours & les nuits à travailler à nos ouvrages, le Général fit faire une revuë , où nos gens ſe trouvérent être au nombre de 240. hommes en état de porter les armes, en y comprenant 80. Noirs. Ils furent tous diſtribuez en deux compagnies, l'une ſous mon commandement, & l'autre ſous celui du Sieur Carpentier. Il y avoit en tout , avec les femmes & les enfans, plus de 350. perſonnes.

Le 29. onze vaiſſeaux Anglois venant de Bantam

tam parurent à la vuë de notre flote. Le lendemain le Général Coen, par l'avis du Confeil, m'aiant autorifé pour commander en Chef
dans la loge, fe rendit à bord pour faire tête
aux ennemis, & atendre dans le détroit de la
Sonde nos vaiffeaux qui devoient venir. Il laiffa pour Capitaine fous moi Jean de Gorcum,
Pilote du *Lion d'Or*, & pour Confeiller Pierre
van Ray Sous-commis.

Le Général monta *le Vieux Soleil* qui revenoit
du Japon avec une cargaifon très-précieufe, &
il avoit fous fon pavillon le *Delft*, *le Lion d'Or*,
les Armes d'Amfterdam, *l'Ange*, *le Faucon*, &
le Chaffeur, qui avoient prefque tous leurs cargaifons entiéres. Sur le foir, 400. hommes de
Bantam arivérent à Jaccatra par la riviére
d'Anque.

Le 31. le Général Coen mit à la voile, &
porta fur les Anglois; mais comme il étoit
obligé d'aller trop près du vent, il ne les put
joindre. La flote Angloife alla enfin moüiller
l'ancre à une portée de moufquet de la fienne,
avec le pavillon rouge, & le Général envoia
un Trompette dans un canot tout-proche du
bord du Général Coen, qu'il ne voulut pas
aborder, pour le fommer de fe réndre, à faute dequoi les Anglois proteftoient d'aller le
prendre; fommation qui fut acompagnée de termes injurieux, & de groffes menaces.

Le lendemain 1. de Janvier 1619. les deux
flotes s'étant mifes fous voiles, les Anglois fe
retirérent, & on les perdit de vuë. Le 3. notre Général paffa par le travers de Jaccatra pour
aller à Amboine. Il nous envoia un canot avec
7. hommes, 8. demi-barils de poudre, & une

T

lettre

lettre pour moi. Les Anglois, après l'avoir
suivi quelque tems, revinrent à la rade de Jaccatra, au nombre de 18. vaiſſeaux; de-ſorte que
nous nous vîmes aſſiégez par les Javanois ſur
terre, & par les Anglois ſur mer. Les Javanois
tâchérent de nous empêcher d'avoir de l'eau:
mais ce fut vainement. *Le Lion Noir* que les
Anglois nous avoient pris tout chargé, fut
brûlé de nuit avec ſa cargaiſon juſqu'à la quille.

Le 13. qui étoit un Dimanche matin, le
quatrième angle de nos retranchemens, qui
étoit du côté du logement de Naſſau, étant
achevé, je fis planter de nouveaux drapeaux
ſur tous les quatre angles, de chacun deſquels
je fis battre la ville. Cette nouvelle batterie
d'un quatrième angle, qui n'avoit pas encore été vuë, & ces quatre drapeaux nouvellement arborez, cauſérent tant de terreur
aux habitans, que le lendemain nous trouvâmes, proche du vieux logement, des billets
écrits en Javanois, où il étoit parlé de paix,
& comme perſonne ne pouvoit aſſez bien les
lire, & encore moins écrire, on prit le parti
d'y répondre en Chinois, ou en Malais; &
d'envoier quelqu'un, avec une banniére blanche, porter la réponce.

Cette réponce, préſentée au bout d'un bâton où il y avoit une banderole blanche, fut
reçuë par un Javanois qui la porta au palais.
Sur le ſoir le Secretaire du Sabandar étant venu proche de notre fort, auſſi avec une banniér-
re blanche, demanda au nom du Roi de pouvoir nous parler. Je fis mettre tous nos gens
ſous les armes, & le Secretaire s'étant deſar-
mé, entra & donna une lettre du Roi, qui déclaroit

claroit qu'il avoit intention de vivre en paix
avec les Hollandois, comme il avoit fait auparavant, fauf fes droits fur la loge. On lui
répondit fur le champ qu'on ne fouhaitoit rien
plus que la paix, moiennant qu'elle fe fît avec
fincérité ; fur quoi le Secretaire s'en retourna, difant qu'il aporteroit le lendemain la réponce.

Cependant les Javanois fortirent en foule de
derriére leurs batteries, courant par-tout fans
plus rien craindre, & nous fûmes enfin obligez de leur défendre d'aprocher davantage.
Ils ne laiffèrent pourtant pas de paffer devant
la loge pour aller pêcher. Le lendemain nous
reçûmes une autre lettre, par laquelle, autant que nous la pûmes entendre, le Roi nous
prioit d'envoier quelqu'un auprès de lui, difant
qu'il nous donneroit des otages. Nous de-
putâmes le premier Commis Evert Hermansz,
avec Jofef de Natelaar, & le Docteur de
Haan.

Les otages nous aïant été délivrez, ils allérent trouver le Roi qui ne vouloit point entendre parler de paix jufqu'au retour du Général Coen, à-moins que nous ne ruinaffions
le cavalier, & le nouvel angle ; & nos Députés s'en revinrent avec cette courte réponfe.

Le lendemain on nous renvoïa deux otages,
& de notre côté nous députâmes le Pafteur
Adrien Jacobfz Hulfebos, Evert Hermanfz, &
le Docteur de Haan, qui déclarérent que nous
étions fort-difpofez à vivre en paix & à faire
alliance avec le Roi ; mais que pour le préfent nous ne pouvions abattre notre cavalier,
ni ruiner aucun autre de nos ouvrages, vu-
T 2

que

que les Anglois faisoient tous leurs éforts, par intrigues & ouvertement, pour nous détruire : que si le Roi avoit intention de renouveller sincérement ses alliances avec nous, & de nous permettre de continuer paisiblement notre commerce, nous cesserions nos travaux, & ne ferions plus de nouveaux retranchemens, jusqu'à la venuë de notre Général, à-condition que le Roi n'en feroit plus aussi.

Ce Prince ne voulant point entendre à ces propositions ni rendre de réponce, nos Députés lui demandérent s'il vouloit donc la guerre, ou la paix, & s'il falloit ôter les banniéres blanches, & tenter le fort des armes? Le Roi répondit enfin, Oui, Oui, je vois que les Hollandois veulent la guerre; mais il n'importe. Ensuite il commença de se plaindre des pertes que cette guerre lui avoit causées; & dît que les Hollandois avoient encouru la peine de 4000. reales, dont on étoit convenu dans le Traité fait avec le précédent Général, s'ils venoient à faire la guerre au Roi, ou aux Anglois; de-sorte qu'on connoissoit bien qu'il n'avoit en vuë que de tirer de l'argent. Les Députés lui répondirent qu'ils me feroient leur raport, & qu'ils ne doutoient pas que je ne facilitasse la paix. Le Roi parut irrité de leur réponce, & alors les Députés lui demandérent ce qu'il lui plaisoit donc de me faire dire. Il répondit, *Tida Mau Condati*; sur quoi ils sortirent & revinrent à la loge.

Le lendemain on vit revenir dans notre fort des otages, qui étoient des Orancaies. Je renvoiai aussi-tôt des Députés, qui trouvérent le Roi assis au milieu des Oficiers de sa Cour, &

des

des principaux des troupes de Bantam. En entrant au quartier du Comte, nos gens rencontrérent trois Commis Anglois, qui leur dirent de quitter leurs armes, & de se laisser bander les yeux, pour être ainsi conduits devant le Roi & devant leur Général. Ils répondirent qu'ils n'en vouloient rien faire, qu'ils venoient pour négocier avec le Roi, & qu'ils n'avoient point d'afaires avec le Géral des Anglois.

Ils parlérent fort aigrement du Général Coen, & l'acusant d'être la cause de cette guerre, ils dirent beaucoup de calomnies contre lui. Enfin ils se mirent en devoir de se saisir de nos personnes, contre le gré du Comte, & de nous entraîner. Mais à la fin après-que nous eûmes vu le Roi, & conféré avec lui, sans pouvoir rien conclure, le Comte nous escorta lui-même, & nous fit repasser à notre fort; dequoi les Anglois outrez prirent les armes contre les Javanois.

Après midi le Comte revint demander si nos Députés vouloient aller avec lui au bastion de Wattincx, trouver le frére du Roi, qui avoit pouvoir & commission pour traiter avec nous. Lors-qu'ils furent auprès de ce frére, qui étoit le Dommagon, il recommença d'éxagérer les pertes que cette guerre avoit causées, & à prouver que nous avions encouru la peine des 4000. réales, en conséquence du Traité par lequel nous nous étions engagez, de ne point faire la guerre aux Anglois dans son païs.

Enfin il déclara que puis-que nous ne voulions point abattre notre cavalier, ni ruiner le dernier angle que nous avions fait, &

pour les dédommagemens prétendus en conséquence du Traité , il falloit que nous paiaf-
fions au Roi une fomme de 8000. réales. Les
Députés répondirent qu'ils n'avoient pas fait
la guerre aux Anglois fans raifon; qu'ils avoient
foufert des pertes auffi grandes & plus grandes
que celles du Roi ; & que cependant ils nous
feroient leur raport.

Je fis affembler le Confeil pour délibérer
fur cette demande de 8000. réales ; car nous
n'étions pas fort bien pourvus de poudre : nous
craignions encore qu'on ne nous empêchât
d'aller prendre de l'eau , auquel cas nous n'aurions pu tenir deux mois contre les Javanois
& les Anglois joints enfemble : nous faifions
une perte très-confidérable par l'ufage que nous
étions contrains de faire de nos belles toiles pour nous couvrir dans nos ouvrages : nous
fouhaitions fort de mettre le comptoir de Bantam en fureté , afin d'avoir moien de faire donner des avis , au fujet des Anglois , aux vaiffeaux de notre nation qui pourroient venir
de l'Europe : enfin nous favions que de quatre
mois nous ne pouvions recevoir de fecours
de notre Général qui étoit allé aux Moluques,

Par ces confidérations il fut réfolu qu'on
ofriroit 6000. réales au Roi , 5000. en argent
comptant , & 1000. en toiles ; à-condition
que les Traités faits avec les Généraux Pierre Both & Gerrit, feroient obfervez ainfi qu'ils
l'avoient été auparavant ; que notre fort de-
meureroit dans l'état où il fe trouvoit, jufques au retour du Général Coen , ou des premiers vaiffeaux qui reviendroient des Moluques ; & que les Anglois ne pourroient faire
leurs

leurs logemens si-près des nôtres, qu'ils avoient
fait auparavant, afin de prévenir les inconvéniens qui en pourroient résulter. Enfin on devoit encore requérir que ni les Javanois, ni
les Chinois ne pourroient bâtir qu'à 20. toises
du fort. Cette Résolution étoit datée le 18.
de Janvier 1619.

En conséquence les Députés étant retournez
pour avoir audience, ils ne purent l'obtenir.
Le lendemain ils furent mandez par le Comte, & trouvérent le Roi acompagné de ses deux
fréres, l'un Prêtre, l'autre Dommagon, &
de quelques Oficiers, à qui ils firent lecture
de ce qui avoit été arrêté dans notre Conseil,
après l'avoir fait traduire. Le Roy y donna
son consentement, & en signa l'Acte que le
Comte m'aporta dans le fort, me le délivrant
en présence des Oficiers qui l'acompagnoient,
& de nos gens devant qui il fut lu.

Alors je donnai ordre qu'on arborât par-tout
des pavillons blancs, & chacun fit voir des marques de joie. A la priére du Sabandar je lui
mis entre les mains la somme & les toiles dont
on étoit convenu; & dans la même journée je
reçus divers présens du Roi.

Le 22. de Janvier, il m'envoia le Sabandar
avec quelques autres Oficiers, pour me prier de
vouloir, par amitié & par considération pour
lui, à l'éxemple des précédens Généraux &
Commandans, aller le visiter, & voir partir
les troupes de Bantam. Sur cette proposition
j'assemblai le Conseil, & le priai d'y faire
de sérieuses réflexions, parce-que j'y trouvois
beaucoup de difficulté, & que la chose étoit
d'une dangereuse conséquence, ajoûtant néan-

T 4

moins,

moins que je m'en raportois à leur avis, & que
je ne craignois pas de m'expofer dans les oca-
fionsoù ils jugeroient que l'interêt de la Compagnie pourroit le requérir.

Suivant la délibération du Confeil, j'allai
à la Cour avec le Docteur de Haan, 5. foldats,
& un jeune garçon de fervice, & j'y portai des
préfens. Dès-que je fus arivé & que je voulus
m'affeoir, je fus environné & fait prifonnier
par une troupe de Javanois, ce qui fut un grand
malheur pour moi, & un grand bonheur pour
la Compagnie ; car de la maniére que les Javanois & les Anglois avoient concerté leurs
trahifons, il nous eût été impoffible de ne nous
y pas laiffer furprendre, & de conferver notre
fort jufqu'à la venuë de notre Général, puis-
que les Anglois avoient déja fecrétement planté feize piéces de canon fur leur nouveau logement.

Je fus donc conduit devant le Roi & devant
le Général Anglois, qui me firent lier piés &
mains, & le refte de mes gens ne fut pas mieux
traité. On m'ordonna d'écrire à ceux qui
étoient dans notre fort, de fe rendre inceffamment, ou-bien qu'on les y contraindroit,
& qu'on ne feroit quartier à perfonne. Ce billet fut porté par le garçon Négre du Commis
Houtbraken, qui étoit arivé là de Bantam le
jour précédent.

Dès-qu'on eut été averti de la trahifon, nos
gens fermérent la porte du fort, & recommencérent à fe retrancher, répondant qu'ils
ne pouvoient prendre fi-promtement la réfolution de fe rendre. Vers le foir le Commis
Houtbraken vint me trouver, & me dit qu'il
avoit

avoit été envoié par le Pangoran de Bantam
pour procurer notre paix avec le Roi. Je fus
d'avis qu'il retournât promtement à Bantam,
pour demander du secours au Pangoran, &
tâcher par son moien de me faire délivrer, afin-
que nous pussions nous maintenir jusqu'à la
vennë du Général, en lui faisant des ofres
d'une grosse recompense ; car le tems qu'il
avoit cherché étoit venu, & il avoit alors
ocasion de pêcher en eau trouble.

Le lendemain deux Anglois qui entendoient
le Flamand, vinrent avec le Sabandar m'ordonner d'écrire encore une fois à ceux du fort
de se rendre, de cesser de planter du canon,
d'abattre le cavalier, & qu'on leur donneroit
un navire Anglois pour se retirer. La réponce
des Hollandois fut qu'ils avoient résolu de se
défendre jusqu'à l'extrémité. Pendant cette
négociation les Anglois firent porter de nouveau canon à terre ; ils firent de gros préséns
au Roi, & lui prêtérent encore 2000. réales
de huit.

Le 29. du même mois de Janvier 1619. ceux
du fort envoiérent ofrir 2000. réales pour ma
rançon. Le Roi non-seulement refusa l'ofre,
mais il me fit lier & garotter, & m'envoia
par deux Anglois sur le rempart, à l'endroit
où donnoit la batterie du cavalier, faisant en
même tems sommer le fort de se rendre, faute dequoi il l'ataqueroit le lendemain, & n'y
laisseroit personne en vie, s'il le pouvoit prendre. Lors-que je fus sur le rempart, je connus,
que si l'on n'eût pas jugé à propos de faire cesser le feu continuel que la batterie de notre
cavalier avoit d'abord fait dessus, elle auroit

T 5

bien-

bien-tôt fait tomber la muraille.

Je fus donc là préfenté avec la corde au cou; mais au-lieu de crier à nos gens de fe rendre, je les exhortai de toute ma force à fe défendre courageufement. Les Javanois en aiant con-noiffance me retirérent, & me traînérent fur le pavé jufqu'au palais. Le même jour les An-glois tirérent dans le fort des fléches, où il y y avoit des billets atachez, par lefquels ils ofroient des conditions favorables, fi l'on vou-loit fe rendre, fi-non ils proteftoient qu'ils fe-roient innocens du fang qui feroit répandu. En-fuite Dael leur Général écrivit une lettre à-peu-près de la même teneur, à quoi l'on jugea qu'il étoit inutile de répondre.

Le lendemain nos gens en reçurent encore une autre, qui portoit; Que pour prévenir toute éfufion de fang de part & d'autre, on lui remettroit entre les mains le fort & tout le ca-non : qu'il donneroit la vie à tous ceux qui y étoient de quelque nation qu'ils fuffent, & qu'il les garantiroit de la violence des Java-nois: que fi quelqu'un vouloit prendre fervice parmi les Anglois, il auroit les mêmes gages qu'il avoit eu, & qu'on lui en donneroit enco-re deux mois pour argent d'engagement: que le Roi avoit agréé toutes ces conditions: qu'on eût à lui faire réponce, fi l'on ne vouloit qu'il fît jouer le canon tout-à-l'heure : que fi l'on avoit intention de capituler, on pouvoit lui envoier des Députés, & qu'il donneroit des otages.

Le Confeil du fort voiant que le Roi & les Anglois avoient fait enfemble un Traité pour détruire les Hollandois, & pour rafer la place;

ce ; que leurs batteries étoient prêtes ; que les banniéres de guerre étoient arborées ; qu'il n'y avoit plus de poudre dans notre fort que pour un jour ; qu'il n'y avoit pas moien de tenir jusqu'au retour du Général Coen, qui selon toute aparence, ne pouvoit revenir de plus de 4. mois ; qu'il y avoit parmi nos gens beaucoup de malades ; que les fatigues continuelles acableroient bien-tôt les autres ; que le nouveau logement ne pouvoit être assez promtement muni de terre pour résister au canon ; il fut résolu qu'on capituleroit avec les Anglois, parce-que le Général Coen avoit dit à Jaques le Fèvre, que si l'on étoit obligé de rendre la place, il aimoit mieux que ce fût aux Anglois qu'aux Javanois. Cette Résolution fut signée de 20. personnes le 30. de Janvier 1619. & aprouvée des Bourgeois qui étoient dans le fort.

Le lendemain le Général Anglois envoia un Commis dans la place, & le Capitaine Jean van Gorcum alla le trouver ; mais on ne put rien conclure pour cette fois. Le 1. de Fèvrier 1619. le même Capitaine fut mandé par le Roi, auprès de qui sa négociation n'eut pas plus de succès. Néanmoins y étant retourné après midi, on convint des articles suivans.

Savoir, que le fort, le monde, & les munitions de guerre demeureroient au pouvoir des Anglois : que les marchandises, l'argent & les joiaux demeureroient au Roi : que les Anglois nous donneroient un vaisseau bon & capable de naviger, monté de 2. piéces de canon, avec 50. mousquets, 20. piques, un baril de poudre, des voiles, des ancres & des cordages, des vivres

pour

pour 6. mois : que le Roi nous donneroit 2000. réales en argent , moiennant quoi nous promettions de faire voiles à Coromandel , sans relâcher en aucun lieu sur la route : que tous les Chrétiens qui étoient dans le fort seroient libres : qu'un jour après la signature de la capitulation ils se retireroient dans l'isle de * * * avec 6200. réales & leur bagage , sans être insultez par les Javanois, ni par qui que ce fût : que ceux qui n'étoient pas Chrétiens demeureroient aux Anglois, à la réserve des Japonois : qu'aucun des prisonniers, ou de ceux qui pouvoient porter les armes, ne pourroit servir de 9. mois contre les Anglois : que les prisonniers seroient relâchez , pour aller rejoindre leur troupe.

Que d'un autre côté, ils s'obligeoient à fournir aux Hollandois deux vaisseaux Anglois, pour se défendre de toute insulte , pendant qu'on équiperoit le vaisseau qui les devoit transporter : que le Général Anglois leur donneroit un passeport qui leur serviroit jusques-à-ce qu'ils eussent rejoint leur Général : que jusques-à-ce qu'on eût livré le fort, il en sortiroit des principaux qui étoient , douze, Van Ray , le Pasteur , deux Sous-commis, deux Assistans, un Sergeant , quatre Canoniers : qu'en leur place il y enteroit 4. Anglois & 4. Orancaies Javanois , & pas un Javanois de plus, tant que les Hollandois y seroient.

Cette capitulation fut signée le 1. de Fèvrier 1619. par Wydurck Rama Roi de Jaccatra, par Thomas Dael Général , avec tous les Oficiers de son Conseil, & par tous ceux du fort.   Dès

Dès le foir, toute l'argenterie du Général
Coen fut délivrée au Général Dael ; mais on
ne voulut pas encore me permettre d'aller ce
foir-là dans le fort. Le lendemain matin, voici ce qui fe paffa pour le bonheur de la Compagnie.

Le Pangoran de Bantam, ému des promeffes que je lui faifois faire par Houtbraken, &
d'ailleurs jaloux de la proie qui alloit tomber
dans les mains du Roi de Jaccatra, fit partir
promtementle Dommagon avec 2000. hommes, pour empêcher notre accommodement,
& pour m'emmener. Le Dommagon étant
arivé alla trouver le Roi, que ne fe doutoit de
rien, & lui rendit une lettre du Pangoran.
Comme en la lui rendant il vit qu'il n'y avoit
prefque perfonne avec ce Prince, il lui mit le
poignard fur la gorge, & en même tems fes
gens fe rendirent maîtres de toutes les avenuës,
puis de toute la ville.

Le Roi fe voiant au pouvoir du Dommagon
qui ne le menaçoit pas de moins que de lui
ôter la vie, confentit à tout ce qu'il voulut.
Ce fut-là comme un préfage de la deftinée
qui l'attendoit ; car enfin il fut chaffé de fon
Roïaume avec fes femmes & fon fils aîné, &
il s'en alla plus avant dans le païs, d'où il fut
pourtant contraint de revenir, pour gagner fa
vie à pêcher avec un canot.

Les Anglois voiant leur entreprife renver-
fée, & que j'avois été tiré de leurs mains &
mené à Bantam, demandérent la permiffion
de rembarquer leur canon, de-forte que le
fort ne demeura plus environné que des habitans de Bantam, qui pour paroître nos amis,

T 7

y por-

y portoient des rafraîchissemens à nos gens,
à-condition qu'ils ne travailleroient point aux
fortifications.

Pour moi je fus mené à Bantam, & là étroitement gardé dans le palais du Roi, quoi-que
d'ailleurs on m'y fît des caresses, dans l'espérance que le Général Coen rendroit le fort à
ce Prince. Cependant ceux qui étoient dedans
travailloient le plus secrétement qu'il leur étoit
possible à perfectioner les ouvrages, & selon
que je leur en donnai le conseil, ils le nommérent Batavia, & mirent ce nom en grosses
lettres sur le portail. Quand les fortifications
furent en état, nos gens commencérent à faire
des sorties sur les Javanois; ce qui me mit
plusieurs fois en danger d'être poignardé.

Le 25. de Mars 1619. le Général Coen
moüilla l'ancre sous le fort de Batavia. La
flote qu'il amena des Moluques étoit composée de 17. vaisseaux. Il trouva mauvais qu'on
eût donné un nom au fort sans son consentement, & il le fit éfacer. Le lendemain aiant
fait débarquer ses gens, au nombre de douze
drapeaux de soldats & de matelots, il prit le
30. du mois la ville de Jaccatra sans résistance, n'y aïant eu de notre côté que deux hommes de tuez, & trois du côté des Javanois.

Aussi-tôt il en fit raser les murailles, & abattre les maisons; puis le 8. d'Avril il se rendit
devant Bantam, où il envoia sur l'heure nous
demander au Pangoran, avec 70. autres prisonniers qui avoient été pris sur *le Lion Noir*.

Ces propositions furent dures à entendre, &
le Pangoran s'en prenant à moi, me menaça de
me faire tuer. Le lendemain le Général lui
envoia

envoia une lettre, par deux personnes qui lui
dirent encore de bouche, qui si nous n'étions
tous à bord dans 24. heures, on sauroit bien
nous aller prendre où nous serions. Sur cette
menace le Pangoran en fit embarquer 63. dans
la vieille chaloupe du *Lion Noir*, mais il me
retint encore avec 7. ou 8. autres.

Au soir étant seul avec moi, il me dît qu'il
me comparoit à un petit oiseau, qu'un Roi
tenoit dans une cage d'or, qui mangeoit des
meilleurs morceaux de sa table, & qui en recevoit plusieurs autres bons traitemens. L'oi-
sau dît un jour au Roi, Prince, il est vrai que
vous me faites beaucoup de bien, mais dequoi
cela me sert-il? Permettez-moi qu'au-moins
une fois je puisse me servir de mes ailes: je vous
promets que je reviendrai dans la cage dorée
où je suis si-bien gouverné. Le Roi se fiant
sur sa promesse lui laissa prendre sa volée.
L'oiseau revint en éfet, mais ce ne fut pas
pour rentrer dans sa cage. Il me voulut faire
entendre qu'il craignoit mon retour.

Enfin on me relâcha aussi le lendemain avec
les autres qu'on avoit encore retenus. Je retournai avec la flote à Batavia, où je fus reçu avec joie par les gens du fort, qui avoient
eu si-souvent ocasion de craindre pour ma vie.
Ensuite le Général me renvoia devant Bantam, avec une flote, pour en retirer tout ce
que je pourrois. Il y eut beaucoup de Chinois
qui se rendirent à notre bord, & je les envoiai à Batavia. Je reçus ordre du Général
d'en faire déclaration au Pangoran, qui répondit que cela ne lui importoit nullement,
& que ces gens-là iroient où ils voudroient,

ajoû-

ajoûtant qu'il l'avoit bien dit , que l'oiſeau s'envoleroit & qu'il reviendroit , non pour rentrer dans ſa cage, mais pour faire envoler les autres oiſeaux avec lui.

Le 2. d'Août 1619. je commençai les hoſtilités contre Bantam , quoi-que nous euſſions encore onze de nos gens dans la loge qui y étoit. Nous tirâmes ſur la ville , & prîmes une troupe de pêcheurs, dont il y en eut deux qui ne voulant pas ſe rendre priſonniers, furent tuez.

Le 20. d'Octobre , il y eut un homme ſur le *Dordrecht*, l'un des vaiſſeaux de nôtre flote, qui prit mon couteau, & l'avala avec le manche , & avec cela un clou de fer ardent. Un autre but à trois traits un plein baril de quart, qui contenoit douze friſons.

Le 11. de Novembre , j'allai, avec ſix vaiſſeaux & un yacht qui étoient ſous mon commandement, de Bantam à Pulo Panian , pour croiſer ſur les Anglois. Le lendemain le Gouverneur Houtman , qui montoit le *Ouëſtfriſe*, vint ancrer auprès de nous à la rade où nous étions alors.

Depuis le 11. de Juillet juſques au jour que nous partîmes de devant Bantam , nous prîmes neuf jonques grandes & petites, tant de Bantam que de quelques Chinois; 15. tingans; 18. vlîgres; 7. Javanois; 34. femmes; & 132. Chinois, dont la plupart venoient à nous volontairement , dans le deſſein de quitter Bantam, & de s'habituer avec nous. Nous prîmes 12. laſtes de ris, 8. laſtes de radijs, 500. livres de cire, quantité d'éparres & d'autre bois.

Le 15. de Décembre , notre flote, au nombre

bre de 28. vaisseaux, alla moüiller à la rade
de Bantam. Le 28. le Général, par l'avis du
Conseil, détacha les vaisseaux *la Fidélité*, *Tho-
len*, *le Cerf*, *Samson*, *l'Ours* & *le Chien*, pour
aller croiser dans le détroit de la Sonde, sur
trois navires Anglois qu'on atendoit d'Angleterre, & je devois les commander.

Le 4. de Janvier 1620. je renouvellai mon
engagement au service de la Compagnie pour
trois ans. Comme les vaisseaux qui devoient
croiser dans le détroit, proche de Cracatau, y
étoient déja ; & que leur nombre fut augmenté jusqu'à douze, j'allai avec Willem Jansz
les rejoindre ; & en atendant le butin que nous
espérions faire, on fit du bois tout-autant
qu'on put.

Cependant nous découvrîmes *le Bul* vaisseau
Anglois, qui étoit entré dans le détroit. Le navire que je montois nommé *le Vieux Soleil*, & une
galeasse, portérent aussi-tôt sur lui. Je le contraignis d'amener, & de venir moüiller sous le
pavillon. Il nous aprit que la paix étoit faite entre eux & notre Compagnie, & nous en montra des lettres qu'il nous mit en main, nous assurant qu'il étoit suivi de près d'un yacht de la
Compagnie, qui nous en aportoit la nouvelle.
Je mis à la voile avec lui, & le menai à Batavia, où notre venuë surprit extrément le Général Coen. Nous y ancrâmes le 27. de Mars
1620.

Le 13. d'Avril, le Général fit partir le
yacht *le Cerf*, & le vaisseau Anglois *le Bul*, pour
aller porter à la flote les nouvelles de la paix,
& il me commanda de les conduire ensuite
jusques au-delà du détroit de la Sonde, & d'empêcher

pêcher qu'aucun Anglois n'allât à Bantam, sans être acompagné de quelqu'un de nos gens. Selon cet ordre les Anglois n'y envoiérent qu'une chaloupe avec un Commis Hollandois, à qui l'on ne voulut pas donner audience.

Ainsi le 15. nous remîmes à la voile, & courûmes vers le détroit, où nous rencontrâmes, sur le minuit, la flote Angloise, au nombre de 11. vaisseaux. Mais comme je ne jugeai pas à-propos d'aller ainsi la nuit me mettre au milieu d'eux, puis-qu'ils n'avoient pas encore eu la nouvelle de la paix, je portai le cap sur la côte de Sumatra, jusques au quart du jour, afin de m'aprocher d'eux quand le jour paroîtroit. Ils étoient ancrez sur la côte de Java, & leur vaisseau *le Bul* les avoit déja joints avec notre yacht. Cependant ils n'arborérent point de pavillon blanc; sur quoi je pris mon cours vers Batavia, donnant avis de leur venuë à notre flote & à notre Général.

Les Anglois voiant que je me retirois, firent force de voiles pour me suivre; mais ils furent obligez de moüiller l'ancre sous Pulo Panian, avant-que de pouvoir me joindre. Je tirai 5. coups de canon, & l'Amiral me répondit de 9. J'envoiai mon premier Commis à son bord, afin de lui dire que s'il tenoit là paix pour faite, il pouvoit passer avec nous au-delà de Bantam, parce-qu'ils étoient aussi en guerre avec la Régence de cette ville.

Le matin du 11. le Général Coen ariva sur nous avec 13. navires, outre ceux qui étoient devant Bantam, si-bien que notre flote étoit composée de 17. vaisseaux. Il fit jetter l'ancre au vent des Anglois. Je fis tirer 3. coups

& ame-

& amener mon pavillon ; & le Général les faluä de 9. coups ; le Vice-amiral de 7. & tous les autres chacun de 3. coups. L'Amiral Anglois répondit de 25. coups ; le Vice-amiral de 20. & les autres à proportion ; tout cela fe paffant à la vüe de Bantam. Les Anglois envoiérent trois Commis à bord de notre Général pour le faluer.

Alors les deux flotes allérent ancrer enfemble à la rade de Bantam, étant compofées de 29. vaiffeaux , 17. Hollandois & 12. Anglois. On envoïa deux ou trois fois du monde à terre pour parler au Pangoran, qui ne voulut point donner audience ; fur quoi notre Général prit la réfolution de fe retirer à Batavia, & d'y emmener la plus grande partie de la flote.

Les Anglois demandérent qu'on leur acordât un logement à Batavia, dans l'endroit où le leur avoit été ; mais comme c'étoit tout-proche de notre fort, on leur en fit refus ; & on leur affigna une autre place qui étoit proche du lieu où avoit été le palaïs du Roi, dequoi ils ne parürent guéres contens.

Le 9. de Juin 1620. la paix entre les Anglois & nous aïant été publiée, on en fit des réjoüiffances dans le fort & fur les vaiffeaux.

Commiffion.

,, Nous Jean Pieterfz. Coen , Général de
,, tous les forts , villes , païs , comptoirs , na-
,, vires, yachts, chaloupes , & du commerce
,, des Indes , pour L. H. P. les Seigneurs E'tats
,, Généraux , S. E. le Prince Maurice ; & les
,, Sieurs

,,Sieurs Directeurs de la Compagnie des In-
,,des Orientales, dans les Provinces Unies,
,,A tous &c. Savoir faisons qu'aiant jugé ex-
,,pédient d'envoier le navire *les Armes de Zé-*
,,*lande* avec une considérable cargaison à la
,,Mocha & à Suratte, & de faire établir, pour
,,l'avancement du commerce en ces quartiers-
,,là, des Commis, des Sous-commis, de As-
,,sistans, & un Chef ou Commandant sur eux
,,tous, comme aussi sur le commerce de Su-
,,ratte, & sur le sus-dit navire; Nous décla-
,,rons qu'aiant bonne connoissance des quali-
,,tés, de l'expérience &c. de Pierre van den
,,Broeck, nous l'avons commis & autorisé
,,pour cet éfet, le commettons & autorisons
,,par ces présentes, commandons & ordon-
,,nons à tous Commis, Maîtres, Sous-com-
,,mis, Assistans, Pilotes, Oficiers, Matelots
,,& Soldats, étant à bord du-dit vaisseau, ou
,,dans les comptoirs, & au service de ladite
,,Compagnie, à la Mocha & à Suratte, sans
,,en excepter aucun, de reconnoître ledit van
,,den Broeck pour Commandant dudit navi-
,,re, & Chef sous Nous du commerce de la
,,Compagnie dans ces païs-là, de lui obéïr &c.
,,de l'assister & lui prêter la main, tant dans
,,ce qui regarde l'administration de la justice,
,,qu'en ce qui concerne le commerce. Fait au
,,fort Jaccatra le 14. Juin 1620. Signé Coen,
,,& Par ordonnance du Général, Theys Corne-
,,lisz Vleys-houwer Secretaire.

    Le 6. de Juin 1620. je partis en qualité de
Chef & Directeur des comptoirs d'Arabie, de
Perse, & des Indes, & de Commandant du
navire *les Armes de Zélande*, pour aller dans la
mer

mer Rouge ; & le 22. d'Août je pris terre à
la ville d'Aden. Nous voïïons souvent en cette mer, que l'eau boüillonnoit, & s'élevoit auſſi
rouge que du ſang, ce qui étoit cauſé par la
rapidité des torrens, des ravines & de la quantité d'eau qui y rouloit des terres. Quand on
en puiſoit avec un ſeilleau, on y trouvoit au
fond beaucoup de ſable rouge ; ce qui donne
lieu de croire que c'eſt de-là que cette mer a
pris ſon nom.

Comme l'Aga reçut fort bien les gens que
j'envoiai à terre avec un Interprète, j'y allai
auſſi le lendemain, portant une lettre de recommandation du Soudan pour ſon Gouverneur
en ce païs-là. Il me promit auſſi-tôt de me
faire donner une maiſon.

Enſuite j'aſſemblai le Conſeil, où aïant remontré que la mouſſon pendant laquelle on
pouvoit aller à Surate, étoit prête à finir, &
que ſelon les aparences, il ſe paſſeroit beaucoup de tems avant-qu'on pût ariver à la Mocha, ce qui feroit perdre l'ocaſion du voiage
de Suratte, il fut réſolu que le Commis Herman van Gil débarqueroit avec une partie des
marchandiſes, pour ſe rembarquer à la premiére ocaſion, ſur des vaiſſeaux Arabes qui le
meneroient à la Mocha, ſuivant le deſſein qu'on
avoit ; & que cependant je partirois en diligence, pour allèr à Suratte, prendre poſſeſſion
de ma direction ſur le commerce d'Arabie,
de Perſe, & des Indes.

Ainſi Van Gil, un Sous-commis, deux Aſſiſtans & deux matelots, s'en allérent à terre,
avec le fonds qui leur fut mis entre les mains ;
& après-que je les eus recommandez au Gou-
ver-

verneur, je remis à la voile le 20. d'Août
1620. & allai relâcher à l'isle de Soccotora, où se trouve le meilleur aloë qui soit au
monde.

Jean van der Dussen Sous-commis, étant
allé dans l'isle y fut bien reçu, parce-qu'il y
remena l'équipage d'un des vaisseaux du Roi,
qui avoit fait naufrage à Monte-Felix.

Notre chaloupe étant revenuë à bord avec
des rafraîchissemens, je la renvoiai aussi-tôt
au rivage. On y eut par troc une partie de bon
aloë, un bœuf, 24. brebis, 2. pots de beurre,
& quantité de dattes sèches. Mais les habitans ne voulurent pas laisser entrer nos gens
dans la ville, de-sorte que comme il fit du
gros tems, & que leur chaloupe chassa sur son
grapin, ils furent obligez de revenir à bord;
& alors nous fîmes voiles à Suratte.

Cette isle de Soccotora gît par les 12. degrès 30. minutes, par le travers de l'embouchure de la mer Rouge, & est fort-fertile. Elle est sous la domination du Roi de Catsini,
qui se nommoit alors Sultan Amer.

Le 27. nous vîmes floter des serpens, ce qui
est une marque qu'on n'est pas loin de la côte
des Indes. Nous trouvâmes fond sur 50. brasses, puis sur 40. 30. 20. & enfin sur 5. brasses.

Le 1. d'Octobre 1620. nous mouillâmes
l'ancre à l'embouchure de la riviére de Suratte, sur 5. brasses. J'envoiai une chaloupe remonter la riviére, pour demander un Lamaneur
au comptoir. Sur la brune, l'eau aiant beaucoup baissé, le vaisseau toucha & fut en péril:
mais le montant le remit à flot.

Je débarquai le 4. & fus fort bien reçu du
Gou-

Gouverneur & des habitans. Après avoir pris possession de mon emploi, j'allai à Brochia, à Cambaie, à Amadabat, visiter les comptoirs que j'y avois déja auparavant établis. Tous les Seigneurs de ces païs-là me firent des caresses, & le Gouverneur me fit présent d'un bon cheval. Ils me menérent à la chasse aux cerfs & aux liévres. Ils chassent le cerf avec des léopards, & les liévres avec des chiens. Nous en prîmes plusieurs des uns & des autres.

Le 20. de Novembre 1620. je renvoiai mon vaisseau *les Armes de Zélande* à Batavia. Ensuite j'ordonnai le Commis Wouter Heute pour Chef du commerce à la Cour d'Agra, où je l'envoiai résider auprès du Mogol.

Le 7. de Fèvrier 1621. une frégate nommée *la Bonne Fortune*, que j'avois fait construire à Gandivi, vint ancrer à la rade de Suratte; ce qui donna beaucoup de jalousie aux Anglois & aux Mores. Le 7. d'Avril je l'envoiai à Batavia, quoi-qu'elle n'eût qu'une très-petite cargaison.

Le 26. de Juin, je vis un petit serpent qui avoit deux têtes aux deux bouts de son corps, & qui alloit un mois entier d'un coté où il étoit conduit par l'une de ses têtes, & l'autre mois, il étoit conduit par l'autre tête.

Le 12. de Septembre la mousson commença de changer, & les vents soufflérent du Nord. Nous vîmes passer un de ces orages subits que les Mores nomment E'léfant, qui sont comme un Ouragan. Il ne dura qu'une demi-heure. Le 1. d'Octobre, 6. vaisseaux qui venoient d'Angleterre, terrirent à Suratte.

Le 20. notre vaisseau *Samson* qui venoit de

la

la Mocha, où il avoit laissé le yacht *Weest*, y territ aussi. Quoi-que j'eusse donné des passeports, il s'étoit rendu maître, sur la route, d'un petit bâtiment de Cadrs, place qui étoit sous la domination du Grand Mogol, & l'avoit coulé bas, après l'avoir pillé. Il en avoit encore pris deux autres de Cananor, ville de l'Empereur de Calicut, sur la côte des Indes, dont il avoit enlevé 2000. ducats & quatre femmes; & un quatriême qui venoit d'Helick, sur la côte d'E'thiopie, dont il avoit enlevé une partie d'or en barre, une de dents d'éléfans, avec d'autres marchandises de moindre conséquence, & il l'avoit aussi coulé à fond.

Outre cela il avoit pris deux bâtimens richement chargez, de Dabul, ou Daboul, dont une partie des équipages avoit été mise à terre, sur la côte d'Arabie, & il y en avoit près de 100. hommes que le vaisseau avoit amenez. Le reste avoit été envoié à Batavia, sous la conduite d'un petit nombre de nos gens. Ces hostilités animérent extrémement les Mores, & exposérent à un grand péril le fonds que la Compagnie avoit dans les E'tats du Mogol, qui montoit à plus de 6. tonnes d'or. Mais enfin heureusement je me tirai de ce mauvais pas, non-obstant les éforts que les Anglois firent pour nous perdre. Car ils firent dire à la Cour qu'on voioit présentement la vérité de ce qu'ils avoient avancé, & qu'on pouvoit connoître par expérience si nous étions de vrais Marchands, ou-bien des Voleurs & des Pirates.

Le 10. de Fèvrier, je renvoiai à Batavia le *Samson* richement chargé de marchandises pour
le

le Sud & pour l'Europe. Ensuite je m'en allai à cheval, avec un nombre de mes gens, établir des comptoirs pour la Compagnie, à Brochia, à Boodra, à Sirches, à Amadabat, & à Cambaie. Comme j'étois prêt à partir un Docteur More, qui étoit de mes amis, vint me dire ; Ce n'est pas aujourdhui pour vous un jour heureux ; gardez-vous d'entreprendre ce voiage, & atendez jusqu'à demain pour partir, car je trouve qu'il vous en prendra mal, si vous vous mettez aujourd'hui en chemin.

Je fis peu d'état de cet avis, & aiant monté à cheval je m'en allai coucher à Brochia, ville murée & bien peuplée, où les Anglois achetoient depuis longtems des toiles de coton. Je fus bien reçu du Duc Hamet Gaan, Commandant de 3000. chevaux, & Gouverneur du lieu. De-là j'allai à Boodra ville du païs des Benjanes, aussi murée, & dont le Gouverneur, qui étoit Colonel de 2000. chevaux, ne me reçut pas moins bien.

Ensuite j'allai à Amadabat, passant le long d'une ancienne ville ruïnée, qui se nommoit Mamdabat, où les Rois de Gusuratte tenoient autrefois leur Cour. Mais quand le Mogol eut conquis ce Roiaume, il la fit raser.

La ville d'Amadabat est belle, murée & bien peuplée. Le Duc Rostom Gaan, Commandant de 5000. chevaux, y tient sa Cour, de la part du Mogol qu'il représente, & c'est lui qui expédie toutes les afaires du Roiaume. Il me reçut bien, & les habitans suivirent son éxemple. Quand j'y eus établi un comptoir, j'en partis, & en chemin un cheval dont le Sous-commis qui le montoit étoit

V

tombé

tombé à terre, & que personne n'osoit prendre, me rompit plusieurs dents; fâcheuse avanture pour moi, qui me rapella dans la mémoire la profétie du Docteur More.

Nous allâmes passer à Sirches, petite ville, où se fait l'indigo. Nous y vîmes un admirable tombeau d'un Roi de Gusuratte. Le lendemain nous arivâmes à Cambaie, belle ville, murée & fort-bien peuplée, située sur une riviére qui porte le même nom. Il y demeure un grand nombre de riches Marchands Benjanes. Les Portugais en fréquoientent autrefois le port avec leurs frégates; mais maintenant leur commerce y est anéanti.

Un vieux Marchand Benjane, qui se disoit âgé de 180. ans, vint me trouver, avec son fils, qui se disoit avoir 160. ans. Mais, autant-que nous le pûmes comprendre, ils comptent les années par les Lunes, de-sorte que sur 180. ans, cela feroit une différence d'environ 12. ans d'avec notre maniére de compter.

Lors-que j'eus expédié mes afaires, je passai la riviére de Cambaie, pendant-que l'eau étoit au plus bas, pour retourner à Suratte. Car pour traverser cette riviére il faut prendre le tems de l'ébe, la marée montant & descendant ordinairement de 5. brasses. Tous les ans il y périt des gens qui ne sont pas assez éxacts à observer le tems des mouvemens de l'eau. Comme les habitans de ce païs-là ont ouï parler d'Aléxandre le Grand, & qu'on trouve que la mémoire s'en est perpétuée parmi eux, je croirois facilement que ce fut ce fleuve qu'il ne put traverser avec son armée.

Après 25. journées de voiage je me rendis
à la

à la loge de Suratte. Le même jour notre caf-
fila, ou caravanne, y arriva d'Agra. Elle étoit
de 300. chameaux chargez, dont je fis inceſſamment porter la charge à bord, & je l'envoiaï
à Batavia, en compagnie de la frégate *Suratte*, que j'avois nouvellement fait conſtruire.

Le 29. d'Avril 1622. un des vaiſſeaux de
l'Empereur, nommé *Tocoli*, venant de la Mocha, prit terre à Suratte. Il y avoit parmi ſa
cargaiſon plus de 250000. roupies, de 24. ſous
la piéce ; la plus grande partie pour les Marchands d'Amadabat, de Cambaïe, de Suratte, & d'autres lieux.

Le même jour nous aprîmes une grande nouvelle, ſavoir, que le Sultan Chrom, troiſiême fils du Grand Mogol, avoit fait étrangler
de nuit, par ſes eſclaves, ſon frére aîné qui
devoit monter ſur le trône après la mort de
l'Empereur leur pére.

Le 4. d'Octobre 1622. l'Amiral Jaques Dedel, aiant paſſé proche de Moſambique avec
de gros vaiſſeaux bien-armez, & y aiant détruit trois grandes carraques Portugaiſes, à quoi
quelques Anglois lui avoient aidé, vint terrir
à Suratte.

Le 10. une femme Gentive ſe brûla toute
vive, avec le corps mort de ſon mari, dans
une ville proche de Suratte, en ſa petite maiſon qui n'étoit que de paille. Ce fut elle qui
prit la chandelle à la main, pour y mettre
le feu.

Le 4. de Décembre 1622. les yachts *Heuſ-
den* & *Veeſp*, vinrent de Batavia bien chargez. J'envoiai le *Veeſp* & la frégate *Mocha*,
que j'avois auſſi fait conſtruire de nouveau,

V 2

joindre

joindre notre flote qui étoit devant Goa , &
porter des lettres au Sieur Jaques Dedel. Ensuite j'y envoiai aussi le *Heusden* avec une riche
cargaison pour Batavia & pour la Hollande.

Le 14. de Février 1623. notre caravane vint
d'Agra , aiant été 61. jour en marche. Elle
aporta 358. paquets d'indigo. Le 3. de Mars
un Benjane qui n'avoit que 34. pouces de haut,
vint me visiter : il étoit bien-fait en sa taille,
& ses membres étoient bien proportionez. Le
2. de Juin , je reçus une lettre du Roi Sultan
Amer, de Chihiri, dans l'Arabie Heureuse, qui
m'invitoit à retourner trafiquer dans ses E'tats,
& me faisoit toutes sortes d'ofres obligeantes.

Le 1. de * * * 1623. le *Schoonhove* , dont
le Commis se nommoit Wollebrand Gellijnsz
le jeune , vint prendre terre à Suratte , étant
le premier vaisseau qui y soit venu de Hollande en droiture. Peu après le *Heusden* , qui
revenoit de Perse , y territ aussi. Il avoit laissé en Perse , par mon ordre , Huybert Visnicht
en qualité de Commis, avec un fonds pour trafiquer.

Le 12. *La Paix* & le *Weesp* vinrent de Batavia , & aportérent beaucoup d'argent & de
marchandises. Ensuite on nous saisit tout ce
que nous avions , & l'on nous garda fort étroitement , parce-que je ne voulois pas recevoir
des mains des Anglois , deux bâtimens Mores
qu'ils avoient arrêtez ; & nous demeurâmes
en arrêt , sans rien faire , essuiant beaucoup
de menaces , jusques-à-ce que nous eussions fait
un accord avec eux.

Cependant j'envoiai *la Paix* & le *Wesp* avec
leurs cargaisons en Perse , pour fournir le
comp-

comptoir, & en aporter des soies.

Enfin les Anglois & les Mores s'accordérent, & nous fûmes remis en liberté. Après cela le Duc m'envoia querir, & me pria de ne pas aigrir notre Général sur cette afaire, me faisant présent de deux habits à la Moresque, & d'un Firman. Je travaillai auffi-tôt à envoier les vaiffeaux que nous avions, dans les lieux pour lesquels ils étoient destinez. Le *Schoonhove* & la frégate *Brochia* furent chargez de mouchoirs & de toiles pour mener à Batavia : & le yacht *Heusden* partit le 19. de * * * 1623. avec une riche cargaison, en compagnie de deux Anglois, pour s'en retourner en Hollande. Ce fut auffi le premier vaiffeau qui y alla de Suratte en droiture.

Dans le même tems *la Paix* & le *Weesp* étant revenus de Perfe, je leur fis promtement prendre leur cargaifon, & *la paix* fit voiles le 19. de * * * 1623. pour retourner auffi en Hollande ; mais le *Weesp* partit le 29. pour Batavia.

Le 19. de Septembre, le *Dordrecht*, qui fut le fecond vaiffeau, qui vint en droiture de Hollande à Suratte, y aporta une groffe cargaifon. Le 5. d'Octobre il nous vint trois vaiffeaux de Batavia avec beaucoup de marchandifes.

Le 16. de Novembre, je fis partir 4. vaiffeaux, en compagnie de quatre Anglois, aiant fait un Traité enfemble pour réfifter à 8. galions ennemis, & à quelques autres qui étoient avec eux ; & pour agir ofensivement suivant l'ocafion qu'ils en auroient.

Le 17. de Mars 1624. ils revinrent tous enfemble de Perfe, après avoir combattu durant trois jours contre les galions Portugais, qui avoient été contrains de prendre chaſſe, aiant été beaucoup incommodez dans le combat. Albert Becker, qui commandoit les Hollandois, fut tué d'un gros boulet, dès le commencement de l'action.

Ils amenérent de Perſe le Sieur Jean van Haſſel, avec Moſſabeeque, qui alloient en qualité d'Ambaſſadeurs du Roi de Perſe auprès de L. H. P. & du Prince Fréderic Henri de Naſſau.

Notre caravane, qui vint d'Agra, au nombre de 450. chameaux, m'amena de la part du Duc, un bouc avec une feule corne, qui étoit toute-droite fur fa tête, & qu'il falloit fcier tous les deux ou trois mois, une fois d'un côté, & une autre fois de l'autre côté, ou-bien elle auroit gagné & fe feroit étenduë fur toute la tête. Elle m'amena encore d'Agra même un cerf privé, avec lequel, en allant à Brochia, nous en prîmes d'autres auſſi tout-vifs: car on lui avoit ataché un lacet à fes cornes, & on le laiſſoit courir au milieu d'une troupe de cerfs fauvages, ainſi-qu'on en voioit aſſez fouvent, & comme ils luttoient enfemble, les cornes du cerf fauvage s'embaraſſoient dans le lacet, & y demeurant arrêtées, mes gens alloient le prendre, & l'amenoient.

Le 23. d'Avril 1624. j'envoiai deux vaiſſeaux à Batavia, richement chargez, & en renvoiai deux en Hollande, à bord defquels étoient les Ambaſſadeurs de Perſe. La nuit du 27. de Mai nous eûmes un Eléfant, orage où les vents parcoururent toutes les pointes du compas avec tant d'impétuofité, qu'ils abattirent beaucoup de maifons & d'arbres. Il dura 6.

ra 6. heures. Il y avoit quarante ans qu'on n'en
avoit vu qui eussent duré si-longtems.

Le 3. d'Octobre 1624. deux vaisseaux venant d'Amsterdam & un de Zélande, prirent
terre à Suratte, & y aportérent un gros fonds
de marchandises, ce qui nous acommoda fort.
Peu de tems après nous aprîmes qu'il y avoit
9. galions Portugais devant Daman; sur quoi
je fis promtement décharger la cargaison des
trois vaisseaux, & les fis réquiper, avec un
Anglois dont l'équipage se tint aussi en état,
pour faire tête aux ennemis, s'ils venoient
les ataquer dans le bassin de Sohalli, où ils
étoient.

Le 11. quatre galions, un yacht, 25. frégates, & quelques petites galéres se présentérent
devant le bassin. L'Amiral Portugais envoia
une lettre adressée aux Anglois & à nous, pour
nous provoquer à nous mettre au large, & à
nous battre contre lui. Nous nous moquâmes
de sa fanfaronade, sachant qu'il ne pouvoit
prendre aucun avantage sur nous dans le lieu
où nous étions, & tâchant de l'arrêter jusques-
à-ce que nos gens, ou ceux des Anglois, que
nous atendions, pussent paroître.

Le 19. les galions partirent subitement,
parce-qu'une frégate qui étoit en sentinelle,
leur vint donner avis qu'elle avoit découvert
trois vaisseaux Anglois, qui venoient du large. En éfet ils les rencontrérent proche de
Daman, & deux de leurs vaisseaux en abordérent le yacht, & en furent comme les maîtres, y mettant des Portugais pour les conduire. Ensuite ils chassérent sur les deux autres
qui prirent leur cours vers la Perse, & se sauvérent. V 4 Ce-

Cependant l'équipage du yacht porta promtement de petits barils de poudre dans la chambre du Capitaine, que les Portugais n'avoient pas encore pu forcer, & y aiant mis le feu ils firent sauter tous les ennemis qui y avoient été laissez pour gouverner le vaisseau, qui non-obstant l'état où cette manœuvre le mit, ne laissa pas de naviger encore, & de se sauver aussi vers la Perse. Nous aprîmes par la voie de Daman, que les Portugais avoient perdu 60. hommes de leur nation, la plupart volontaires.

Il nous vint aussi un autre avis, qu'on avoit encore découvert 3. vaisseaux Anglois sur la côte. Nous résolûmes, avec le Président des Anglois, d'envoier tous les nôtres conjointement, pour se joindre à eux, & faire tête aux ennemis; ce qui fut éxécuté le lendemain.

Le 6. de Novembre 1624. il nous vint deux vaisseaux de Batavia, & un aux Anglois. Pour prévenir certains inconvéniens, j'établis Fréderic Kisgens Commandant de notre flote. Le 29. les 6. vaisseaux en quoi elle consistoit, se joignirent aux Anglois, & le 4. de Décembre ils firent voiles en Perse.

Le 1. d'Avril 1626. je fus instamment prié par le Gouverneur & par le Conseil, de me rengager encore au service de la Compagnie, à quoi je consentis. Le 4. de Novembre, le nouveau Gouverneur de Suratte, nommé Mier Moussa, me fit présent, à son avénement, d'un cheval, de 18. Maures d'or (qui sont une monnoie) & d'un manteau de drap d'or doublé de velours.

Le 6. de Décembre nous aprïmes que le Grand Mogol étoit mort. Cette nouvelle mit
tout

tout le païs dans une si grande confusion, que le Gouverneur nous envoia six de ses soldats, & un petit baril de poudre, avec avis de nous tenir sur nos gardes. Le 14. j'allai à bord du *Dordrecht* afin d'y donner les ordres pour son départ, étant destiné à s'en retourner en Hollande avec une très-riche cargaison. Là je reçus nouvelles que le Prince Chrom s'aprochoït avec son armée, qu'il y avoit déja de ses troupes à Suratte, & qu'on nous demandoit de sa part 10000. roupies.

Je retournai promtement à notre loge, d'où je partis la nuit, & allai vîte au-devant du Prince avec un présent. Je fus le premier arivé de tous les habitans & des étrangers qui étoient à Suratte, & je le saluai le premier. Il me fit présent d'un beau cheval, & m'ofrit de me faire grand Seigneur, si je voulois me mettre à son service. Je lui demandai un nouveau passeport, & un de ses Secretaires me l'envoia dès le lendemain. Ensuite je retournai à bord, & trouvai que le *Dordrecht* avoit déja fait voiles pour aller en Hollande. Je donnai les ordres pour faire partir ceux qui étoient destinez pour la Perse.

Lors-que je fus de retour à Suratte, j'y trouvai le passeport que le Secretaire du Roi m'avoit envoié. Il y avoit aussi un cheval, dont Machobat Gaan, grand Capitaine, & Général de ses armées, me faisoit présent. Le lendemain le château de Suratte fut remis entre les mains de ce Prince.

C'est une chose digne de remarque que ce qui ariva en ce tems-là. Le puissant Roi ou grand Monarque des Indes, alors nommé Cha

V 5

de

de Gaan, fils du feu Grand Mogol, reçut nouvelles que les Usbéeques, nation qui confine à la Tartarie & à la Chine, s'étoient mis en campagne avec une groffe armée de 20. mille femmes à cheval, & de 30. mille hommes: que cette armée avoit pris par affaut la ville de Caboul, fituée fur la frontiére, proche de Candabar, qui apartenoit au nouveau Roi Cha de Gaan: qu'elle y avoit éxercé des cruautés inouïes, tué, maffacré: qu'aiant apris que le Roi envoioit une puiffante armée pour vanger cet outrage, les Usbeeques avoient pillé & rafé la ville, & emmené toute la jeuneffe au-deffous de 14. ans, pour être efclave: que les femmes étoient allées les premiéres à l'affaut: qu'elles étoient auffi-fermes à cheval & fous le harnois que les hommes: qu'elles étoient puiffantes de leurs perfonnes & vigoureufes, & avoient un regard prefque afreux. C'eft dequoi même nous avons eu connoiffance, par le moïen d'une jeune efclave de cette nation, qui a été entre nos mains.

Ces femmes foldats portoient avec elles des vivres pour 15. jours, & en croupe dequoi nourrir auffi leurs chevaux, n'y aiant ni éxercice militaire qu'elles ne fiffent, ni fatigue qu'elles ne foutinffent, ni exploit guerrier qu'elles n'éxécuraffent, ni action violente & cruelle qu'elles ne commiffent tout-de-même que les hommes. On peut juftement les comparer aux Amazones, de qui l'on a écrit les mêmes chofes. Mais ce qu'il y a d'extraordinaire, eft qu'elles tiennent leurs maris auffi foumis, & les font auffi-bien travailler, que les Indiens font travailler leurs femmes.

Le

Le même jour un Ambassadeur de Perse vint me prier de permettre qu'il s'embarquât sur un de nos navires, pour repasser en Perse. Le 6. de Mai 1627. un de nos vaisseaux, qui venoit de Chihiri m'aporta un présent & une lettre du Roi des Arabes, qui me prioit de retourner trafiquer dans ses E'tats.

Le 8. d'Octobre 1627. Jean van Hassel vint avec toute sa famille, femme & enfans, pour me relever & prendre ma place. J'allai le lendemain à bord, pour faire honneur au Commis Jean Smit, qui étoit envoié à la Cour de Perse, en qualité d'Ambassadeur, & l'amener à terre avec cérémonie.

Le 22. un Aide de Canonier Anglois aiant été tué par un de nos matelots, j'en fis faire une information. Les Anglois s'étoient saisis du coupable, & vouloient vîte le faire éxécuter. Je leur fis dire, que s'il se trouvoit chargé, on rendroit aussi bonne justice contre lui sous le pavillon de notre Prince, qu'ils pourroient faire sous le pavillon de leur Roi, & ils me renvoiérent le prévenu. Après avoir pris connoissance de l'afaire, je voulus que justice en fût faite. Mais comme je prévoiois que les Anglois ne voudroient pas soufrir que nous le fissions éxécuter, je le condamnai à être jetté tout vif à la mer. Comme ils virent que l'éxécution s'alloit faire, & que sa Sentence lui avoit été prononcée, ils vinrent tous à notre bord intercéder pour lui, & on lui pardonna.

Le 5. de Décembre 1628. Mossabeeque Ambassadeur de Perse, qui revenoit de Hollande, vint par terre de Masulipatan à Suratte, où je le pris à mon bord pour le remener en Perse.

 Le

Le 23. je pris congé de tous mes amis, & me rendis à bord, où je fis voiles en qualité d'Amiral de 6. vaisseaux, & en compagnie de six Anglois, avec qui j'avois fait une charte-partie, pour nous battre contre les Portugais, dont la flote étoit de 9. galions, si nous venions à la rencontrer. Quand nous fûmes par le travers de Cabo Jasques, nous eûmes avis que les galions y avoient paru 5. jours auparavant avec 23. frégates. Nous envoiâmes une berge Angloise & notre yacht au rivage, pour aprendre en quel état étoient les afaires de Gomeron: ils raportérent qu'il n'y avoit point de vaisseaux à la rade.

Le 5. de Fèvrier 1629. nous allâmes jetter l'ancre à cette rade, & donnâmes l'épouvante par-tout; parce-que les habitans n'avoient pas reconnu nos pavillons. Le 7. j'allai à terre, & saluai le Duc qui me régala. Je partis avec 3. vaisseaux, pour aller à Ormus prendre du sel & de la terre rouge, & faire du bois. Je saluai le fort de trois coups de canon, & il me répondit d'autant de coups. Le Gouverneur m'envoia faire compliment à mon bord, & je descendis aussi-tôt à terre, & m'en allai au fort le saluer. Quand j'y entrai, on me fit une salve de 9. coups de gros canon. J'y fus bien régalé, & le Gouverneur me fit présent d'un beau cheval.

Le lendemain il me fit l'honneur de venir me visiter à mon bord, ce qui surprit tout le monde. Dès-que j'eus expédié mes afaires, je m'en retournai à Gomeron, pour disposer toutes choses, afin de remettre à la voile.

L'isle d'Ormus gît à 3. lieuës du continent

de Perfe. Elle ne produit que du fel, la montagne qui y eft n'étant que de fel. On trouve en de certains endroits du rivage, une terre rouge, qui eft de grand débit aux Indes & à Arracan. Le château eft féparé de la ville qui tombe en ruine. Le Gouverneur m'envoia encore par préfent un gros morceau de nége gelée, pour boire dans du vin de Schiras.

Le 29. nous eûmes nouvelles que Cha Abas Roi de Perfe étoit mort, & que fon fils Cha Saffi, âgé de 17. ans, lui avoit fuccédé. Enfuite je repaffai à bord avec le Sultan, deux Princes, l'Ambaffadeur, & quelques Anglois, ce qui ne s'étoit encore jamais fait auparavant. Nous y bûmes à la fanté du nouveau Roi, Duc de Schiras, & de plufieurs autres Princes.

Le lendemain le Sultan & le Gouverneur m'invitérent à un feftin, dans un de leurs jardins, qui étoit affez loin de la ville, où fe trouvérent plufieurs Seigneurs. Nous y allâmes à cheval, & y fûmes magnifiquement régalez. On y mena des danfeufes publiques, qui ne fe tenoient pas moins bien à cheval que les hommes. En nous retirant je reçus encore un cheval par préfent, avec des remercîmens du régal que j'avois fait à mon bord. Les deux Princes de Julfafniffe m'en donnérent auffi un Arabe, qui étoit fort-jeune, avec quelques étofes d'or.

Après avoir fait embarquer 1000. bales de foie, je repris la route de Suratte le 5. de Mars 1629. & j'y pris terre le 22. du même mois. Là je fis mes adieux pour une feconde fois, & partis le 20. d'Avril, avec une flote dont la cargaifon étoit de la valeur de 12. tonnes d'or,

 pour

pour me rendre à Batavia, où je moüillai l'ancre le 19. de Juin.

Le 22. d'Août, 1629. le fort de Batavia fut assiégé par 80. mille hommes du Mataram. Nos gens firent des sorties, & mirent le feu aux ouvrages des ennemis, sans aucune perte de leur part. Le 20. de Septembre, le Général-Coen, qui étoit malade depuis longtems d'un flux de ventre, en mourut, & le vingt-un le Sieur Specx, qui étoit à bord du vaisseau *Hollande*, avec sa femme & ses sœurs, & qui étoit revêtu de la qualité de Conseiller des Indes, prit terre à Batavia.

Le 22. le Général fut enterré avec beaucoup de cérémonie à l'Hôtel-de-ville. Je portai ses éperons; & cependant on fit tirer le canon de toutes parts à son honneur, & pour incommoder les ennemis. Le 25. le Sieur Specx fut provisionnellement déclaré Général, jusques-à-ce qu'il y fût pourvu par les Sieurs Directeurs.

Le 2. d'Octobre, les Javanois levérent le siége, après avoir perdu beaucoup de monde, tant par les sorties qu'on fit sur eux, que par la faim. Nous sûmes dans la suite, qu'il ne s'en étoit retourné que 30. mille, dont les maladies en avoient encore beaucoup emporté pendant leur retraite & depuis leur retour. Leur Mataram se nommoit Soussoimia.

Le 25. de Décembre 1629. je fus établi Commandant de la flote qui devoit retourner en Hollande, par le Conseil du fort de Batavia, & ensuite j'eus la même commission des Conseillers des Indes, pour chaque vaisseau en particulier. Quand l'Acte en eut été expédié, je fis arborer le pavillon d'Amiral sur
le

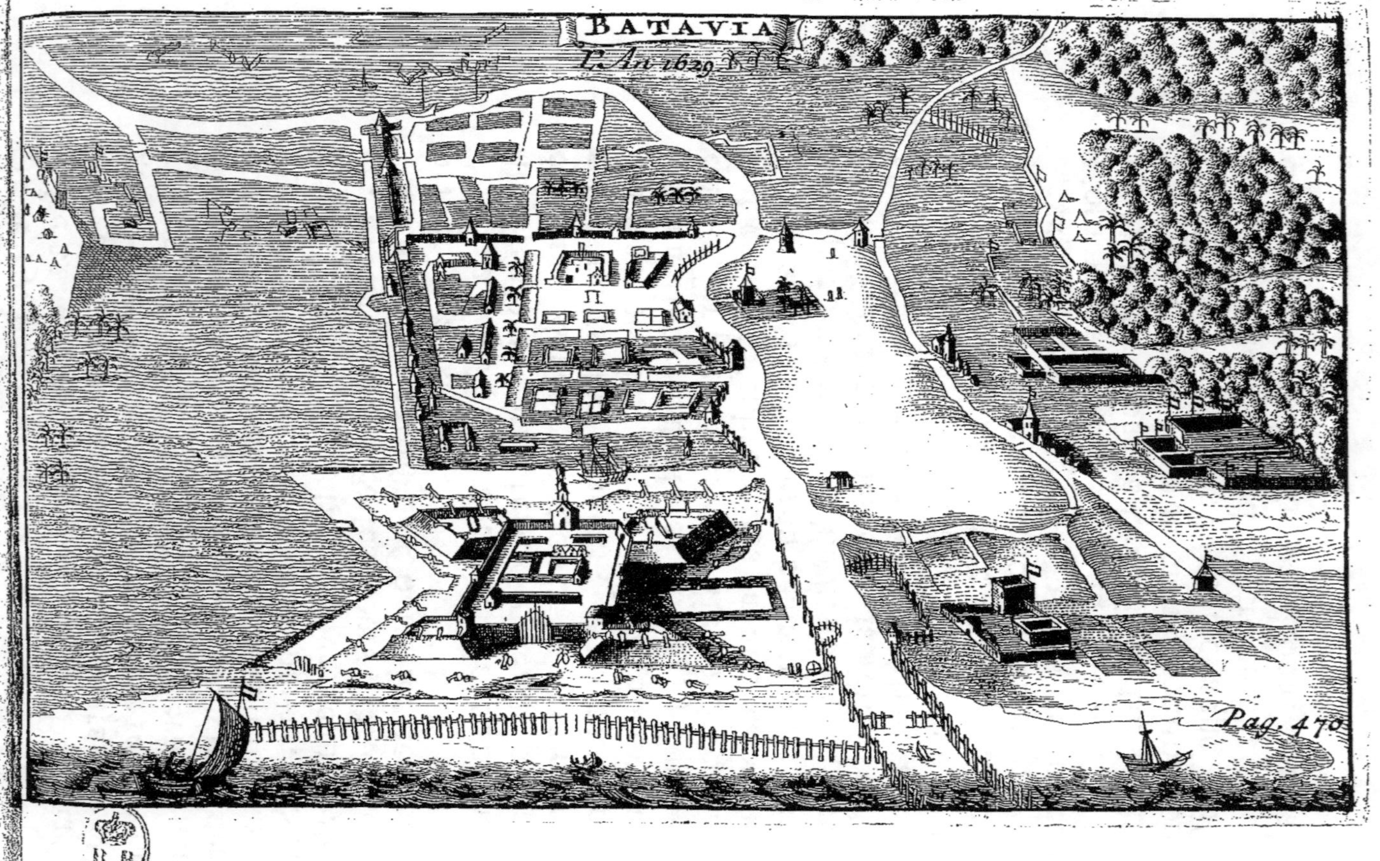

BATAVIA
L'An 1629
Pag. 470

le vaiſſeau *Utrecht*, & le pavillón de Vice-
amiral fut arboré au mât d'avant du *Prince
Henri*. La flote étoit compoſée de 8. vaiſſeaux
& d'une galéaſſe.

Le 16. le Général Specx nous aiant régalez,
avec la Dame veuve du Général Coen, qui
devoit partir avec nous pour s'en retourner en
Hollande, nous nous rendîmes à bord. Le Général me fit donner la chaîne par le Sieur Antoine van Diemen, pour la porter à l'honneur
de la flote. Le lendemain nous mîmes à la voile, & le 20. nous ancrâmes à Pulo Panian,
devant Bantam, où les Anglois nous aportè-
rent des lettres pour leurs ſupérieurs.

Le 22. nous ſortîmes du détroit de la Sonde. Là le premier Commis Croock, vint dans
un yacht, & viſita tous les vaiſſeaux l'un après
l'autre, afin de voir s'il n'y avoit point d'hommes ou de femmes qui ne duſſent pas y être,
& il n'y en trouva point. Cependant après
ſon départ il s'en manifeſta plus de 30. que je
lui renvoiai à Batavia.

Le 17. de Fèvrier 1630. nous ancrâmes dans
la baie du cap de Bonne-eſpérance. Là les
équipages commencérent à ſe mutiner. Nous y
fîmes de l'eau; mais nous eûmes peu d'autres
rafraîchiſſemens, parce-que les Sauvages prirent l'épouvante. Comme je vis que la mutinerie augmentoit, j'enterrai vîte mes lettres, ſelon
la coutume, proche du rivage de la baie de la
Table, & fis remettre à la voile le 26.

Le 17. de Mars, toute la flote moüilla l'ancre à l'iſle de Sainte Héléne, & le 23. nous
remîmes à la mer. Le 20. d'Avril 1630. étant
par la hauteur des 30. degrès 32. minutes,
nous

nous entendîmes tirer un coup du *Dordrecht.*
Tous les autres vaisseaux mirent le cap sur lui,
excepté la galéasse, qui étoit si-loin sous le vent,
que le lendemain nous la perdîmes de vuë, &
depuis nous ne la revîmes plus, jusques-à-ce
qu'elle eût terri en Hollande.

Lors-que nous fûmes proche du *Dordrecht,*
nous aprîmes que le feu y étoit. Nous envoiâmes vîte des matelots au secours, qui dîrent
qu'ils l'avoient éteint. C'étoit sur le minuit,
& ils se mirent à boire & à se divertir. Le
lendemain à la pointe du jour, on revit le feu
qui avoit presque gagné par-tout. Les matelots se jettérent dans la chaloupe & dans le
canot : il n'y eut que le Capitaine, & onze
hommes avec lui, qui ne pouvoient se résoudre à abandonner le vaisseau. Ils étoient persuadez que les autres matelots, qui étoient
allez la nuit à leur secours, n'avoient fait que
débaucher ceux du navire en péril, qui auroient
travaillé avec plus d'ardeur & de succès à sa
conservation, s'ils eussent été seuls.

Dès-que la flamme qui avoit été si-longtems renfermée dans le fond de cale, se fut fait
jour au-dessus des ponts, le navire fut bientôt
brûlé jusqu'à fleur d'eau. Le Capitaine & ceux
qui étoient demeurez avec lui, se jettérent,
à la mer, où mon canot alla les recevoir. Il
n'y eut que le Prévôt qui se noïa.

Le feu prit, autant qu'on le put découvrir,
par la négligence du garçon du Maître-valet,
qui en distribuant les rations de biscuit, avoit
plaqué la chandelle contre le fronteau de la
soute, le bout de laquelle, quand elle fut à
sa fin, tomba entre les montans, proche des
paquets

paquets de macis, où il le laiſſa, ſans ſe donner la peine de l'ôter, ou de l'éteindre, parce-qu'il préſuma qu'il étoit éteint. Les écou-
tilles furent fermées, & le feu couva juſques-à-
ce que la fumée le manifeſtât, de-ſorte que tout
le macis étoit alors déja brûlé. Il y brûla un
fort beau jeune éléfant qu'on menoit au Prince Fréderic-Henri.

Le 6. de Juillet 1630. je moüillai l'ancre
au Texel, les vaiſſeaux deſtinez pour la Zélande, & pour la Meuſe, s'étant ſéparez dĕ
nous, quand nous avions paſſé par le travers
de leur ports. La galéaſſe, qui s'étoit écar-
tée en mer, fit le tour d'Angleterre, & entra
auſſi heureuſement dans le port.

J'arivai à Amſterdam le 8. de Juillet, après
avoir été plus de 17. années conſécutives au
ſervice de la Compagnie, qui me fit préſent
d'une chaîne d'or de la valeur de 1200. livres.
Enſuite j'allai porter le préſent au Prince, &
l'entrenir de l'état où étoient les Indes. J'en
entretins auſſi L. H. P. les Seigneurs E'tats
Généraux, & ſi j'avois beaucoup eſſuïé de peines & de dangers, j'eus le plaiſir de me voir
reçu avec toute ſorte de bon accüeil & de gratification.

VOIAGE

VOIAGE DE
GEORGE SPILBERG
AMIRAL HOLLANDOIS,
AUX ISLES MOLUQUES,
PAR LE DE'TROIT DE
MAGELLAN.

L'AMIRAL George Spilberg aiant eu commiſſion pour aller aux Moluques, par le détroit de Magellan, fit voiles du Texel le 8. d'Août 1614. par un vent de Sud-eſt. La flote qu'il commandoit étoit compoſée de ſix vaiſſeaux équipez par les Sieurs Directeurs de la Compagnie des Indes Orientales. Les noms des vaiſſeaux étoient *Le Grand Soleil*, *La Grande Lune*, *Le Chaſſeur*, le yacht *La Mouëtte*, tous quatre d'Amſterdam ; *Aeole*, de Zélande ; & *L'E'toile du Matin*, de Rotterdam.

Nous navigeâmes juſqu'au 23. d'Octobre, ſans qu'il nous arivât rien de remarquable. Ce jour-là nous eûmes la vuë de l'iſle de Brave, & enſuite, de l'iſle de Fague, dont le terrein étoit fort-haut. Sur le midi nous fûmes par la hauteur des 15. degrés 30. minutes, & nous dépaſſâmes les iſles du cap Vert, qui ne ſont pas miſes par leur véritable hauteur dans les cartes, ainſi-que les a miſes le Capitaine Vincent,

cent, savoir par les 17. degrès.

Le 9. de Décembre 1614. on rendit des actions de graces à Dieu, dans toute la flote, de ce que nous avions heureusement dépassé les dangereux bancs des Abrolhos, qui s'étendent bien-avant en mer.

Le matin du 12. nous découvrîmes les terres du Bresil. La côte paroissoit assez haute, avec plusieurs collines, dont il y en avoit de fort pointuës par le haut, & d'autres qui étoient plus larges; mais proche du rivage le terrein étoit fort bas. Nous allâmes tantôt côtoiant les terres, tantôt plus au large, quand quelques bancs nous obligeoient de nous alarguer.

Le 19. en courant à l'Ouëst & à l'Ouëst-quart-de-nord-ouëst, par un bon frais de l'Est, nous nous aprochâmes de la côte, qui étoit haute, & où il y avoit des pointes. Les Pilotes crurent que c'étoit le cap de Frio. Mais *la Mouëtte* qui avoit navigé toute la nuit de l'avant, nous aiant rejoints, raporta que c'étoit Rio Janeiro que nous avions par prouë, & que devant l'embouchure il y avoit trois petites isles, espérant qu'avant la fin du jour nous aurions la vuë de Ilas Grandes. C'est pourquoi *la Mouëtte* eut ordre de se mettre encore de l'avant.

Le matin du 20. nous moüillâmes l'ancre à la rade de Ilas Grandes, entre deux grandes isles couvertes d'arbres, sur 13. brasses d'eau. L'Amiral fit mettre du monde à terre pour les visiter. Le 21. nous allâmes moüiller à une autre isle, qui en étoit à demi-lieuë, & nous y ancrâmes sur cinq brasses. On y pêcha, tant

avec

avec la feine qu'en diverfes autres maniéres,
& l'on prit quantité de poiffon, parmi lequel
il fe trouva des crocodiles de la longueur d'un
homme.

Le 23. nous allâmes moüiller derriére une
autre ifle, auffi fur 5. braffes. Nous y trouvâmes deux petites huttes, & beaucoup d'offe-
mens d'hommes fous un rocher. Le 24. on y
alla dreffer des tentes pour les malades, qui
y furent conduits, & gardez la nuit par trois
corps-de-garde de foldats.

Le 28. l'Amiral aiant fait pavillon blanc
pour fignal de Confeil, il fut réfolu que *le
Chaffeur* efcorteroit les chaloupes qui iroient
faire de l'eau à une riviére qui étoit à deux
lieuës de-là. Il y alla, & moüilla l'ancre à une
lieuë & demie de la flote, d'où le canon pouvoit à-peine porter jufqu'à terre, au mépris
de fes ordres, qui étoient de moüiller le plus
proche du rivage qu'il pourroit, pour la fureté
des chaloupes.

Le 29. la chaloupe & le canot de l'Amiral
allérent à l'aiguade, & une troupe de matelots
furent envoiez dans l'ifle, pour faire du bois.
Ils revinrent à bord fur le midi, & dès-qu'ils
eurent déchargé, on les y renvoia. La nuit,
quand ils eurent pour la feconde fois empli
leurs fûtailles, & qu'ils voulurenr s'en retourner, il fe trouva qu'ils touchoient, & qu'ils
ne purent fe mettre à flot. Ils pafférent là toute la nuit en atendant le retour de la marée,
fous une hutte que l'équipage du yacht y avoit
faite. Le matin, étant revenus à bord, ils
nous avertirent qu'ils avoient ouï un grand
bruit de gens dans le bois.

Le

Le 30. on renvoia les chaloupes de *la Lune,*
de *l'Étoile du matin* & du *Chasseur,* à l'aiguade, avec 9. ou 10. soldats, sous François du
Chesne Lieutenant du Capitaine Roelandt
Philipsz ; le reste des matelots étant sans armes, quoi-qu'ils eussent reçu des ordres contraires.

A Soleil levant nous vîmes que *le Chasseur*
faisoit tirer son canon sur le rivage, & comme il continua nous nous doutâmes bien, qu'il
étoit survenu quelque accident. Nous y envoiâmes trois chaloupes bien-armées, qui aiant
abordé le yacht, aprirent qu'il étoit venu cinq
canots armez de Portugais & de métifs, qui
avoient pris nos trois chaloupes, & massacré tous nos gens ; que sa chaloupe même avoit
été prise à une portée de mousquet de son bord.

Nos trois cheloupes armées voiant encore
les canots, & aiant mis le cap sur eux, ils prirent chasse. Cependant elles les haussérent :
mais en aprochant d'une pointe qui étoit tout-
proche d'un rocher, elles découvrirent deux
frégates qui venoient à leur secours. Ainsi elles ne virent plus rien à faire, qu'à nous raporter les tristes nouvelles de ce qui s'étoit passé.

Le 1. de Janvier 1615. le Conseil aiant été
assemblé, on amena au bord de l'Amiral quatre
matelots prisonniers, qui étoient accusez d'a-
voir voulu s'emparer du yacht, par trahison,
pour se l'aproprier. Ils furent séparez & étroitement gardez, aiant avoüé qu'ils étoient quatorze qui avoient formé le complot.

Le 2. l'équipage de *la Mouëtte* fut distribué
sur tous les vaisseaux, d'où l'on y envoia d'autres matelots. Mais comme nous n'avions pas
encore

encore affez d'eau, le yacht fut renvoié à une
lieuë de la flote pour y ancrer tout-proche de
terre, afin de défendre les chaloupes. Le calme fut fi-profond, qu'il fallut que quatre chaloupes le nageaffent, & toutes quatre aiant
fait leur eau s'en revinrent à bord. Elles avoient
trouvé le corps de l'Efquiman du yacht, qui
flotoit tout traverfé de fléches, & les matelots l'avoient enterré.

Le 3. & le 4. on éxamina les prifonniers.
Le même jour on envoia ordre à *la Mouëtte*
d'aller ancrer entre *le Chaffeur* & le rivage,
pour plus grande fureté des chaloupes. Les
Sauvages vinrent de nuit dans deux canots reconnoître notre yacht.

Le 5. deux des accufez furent condamnez à
être atachez au bout de la vergue du vaiffeau où
il fervoient, & où fix Moufquetaires devoient
tirer fur eux & les tuer. Le Fifcal Chriftien
Stulinck & le Confolateur leur furent envoiez
pour les exhorter à la repentance & à la mort,
& ils demeurérent toute la nuit auprès d'eux.
L'éxécution aiant été faite le lendemain, on
alla enterrer les deux corps dans l'ifle. Ils
étoient âgez chacun d'environ 25. ans.

Le 8. on acheva de faire de l'eau, & le foir
les deux vaiffeaux rejoignirent la flote. Il fut
réfolu en partant, que fi, en allant au détroit
de Magellan, quelques-uns des vaiffeaux venoient à s'écarter des autres par la tempête ou
par quelque autre accident, le rendévous feroit
à la baie de Cordes: qu'enfuite ce feroit dans
toutes les autres baies & ifles du détroit, dans
chacune defquelles, en y paffant, on fiche-
roit un pieu, où chaque vaiffeau atacheroit

un

un cercle, ou une corde, avec quelque autre
marque, afin que ceux qui fuivroient puffent
favoir qui feroient ceux qui y auroient paffé;
& que les pieux feroient mis dans les endroits
les plus vifibles, & où l'on ancre ordinairement. Il fut auffi réglé qu'on s'atendroit jufqu'à fix ou fept jours dans la baie, après lequel
tems chacun continuëroit fa route vers l'ifle
Lamochie, dans la mer du Sud.

Le 11. il fut propofé dans le Confeil, d'aller à la baie de S. Vincent chercher des rafraîchiffemens, faute dequoi les malades qui
avoient été mis à terre, n'avoient pu recouvrer leur fanté. Au-contraire les maladies aug-
mentoient tous les jours, fur-tout celle du
fcorbut; & comme il faut beaucoup de gens
pour gouverner & manœuvrer de fi-gros vaiffeaux, particuliérement dans un voiage de fi-
long cours, où il falloit très-fouvent moüiller
& lever l'ancre, l'Amiral fouhaitoit extrémement de faire rafraîchir les équipages. Car
d'efpérer de paffer le détroit de Magellan, où
il y avoit tant de fatigues à fuporter, avec des
équipages acablez de foibleffe, la chofe ne lui
paroiffoit pas poffible.

Ainfi le même jour on ôta les tentes, & l'on
rembarqua tout ce qui étoit à terre. On avoit
monté de nouvelles chaloupes dans cette ifle,
pour remplacer celles qu'on avoit perduës.
Nous mîmes à la voile la nuit fuivante, mais
quand le jour fut venu nous fûmes pris de calme, & il fallut remoüiller.

Le 14. les Prévôts amenérent à bord de l'A-
miral le refte des prifonniers pour caufe de trahifon, afin d'être auffi jugez. Tous les Oficiers
étant

étant venus intercéder pour eux , le Conseil leur pardonna , & on les relâcha sous la foi de leur serment, les distribuant sur différens vaisseaux. Le 15. nous mîmes de nuit à la voile, & prenant notre cours au Nord-ouëst-quart-de-nord , nous portâmes le cap sur la côte.

Le 17. nous vîmes monter un grosse fumée de terre. *Le Chasseur* & *la Mouëtte* s'étant mis de l'avant, les autres les suivirent. Sur le soir le yacht *la Mouëtte* étant revenu sous le pavillon, l'Amiral y envoia sa chaloupe. Mais Balten Stevensz de Flessingue , qui commandoit le yacht , & qui avoit été autrefois dans ces pais-là , déclara qu'il ne connoissoit point celui sur la côte duquel on se trouvoit , & qu'il croioit qu'on étoit beaucoup déchu.

Il fut résolu que la chaloupe de l'Amiral, armée de 2. pierriers, 16. soldats, & 10. matelots, sous le commandement de Pierre Coignet , iroit deux heures avant jour, au lieu où l'on avoit vu du feu , & qu'il porteroit un pannier plein de verroterie & d'autres merceries, afin de voir s'il pourroit trafiquer, à quoi il ne put parvenir. Nous jettâmes l'ancre à une lieuë de terre , sur 16. brasses d'eau.

Le 18. *la Mouëtte* s'avança vers le rivage avec une petite banniére blanche. On vit beaucoup de monde sur le bord de la mer & dans le bois. Lors-que le vaisseau fut plus proche les Portugais criérent qu'on n'envoiât qu'un homme seul, & qu'on n'entreprît pas d'aprocher avec des chaloupes. Jean Hendriksz second Pilote de *la Lune*, s'étant deshabillé, & jetté à la mer , gagna jusques au bord à la nage.

II

Il alla se poster sur un rocher, & voiant un
si grand nombre de Portugais & de Sauvages,
avec leurs arcs & leurs fléches, il leur cria de
les laisser, & d'envoier un homme parler à
lui. Il y en eut un qui fit arrêter les autres, &
qui s'étant avancé lui demanda ; D'où nous
venions, ce que nous cherchions, & où nous
voulions aller ? Il répondit que nous venions
de Flandres, que nous cherchions des rafraîchissemens pour de l'argent, & que nous voulions aller à Rio de Plata. Le Portugais dît
que nous savions bien qu'il y avoit des défences de leur Roi de trafiquer avec nous ; mais
que si nous voulions tenir la chose secréte, &
donner parole que nous n'irions pas à S. Vincent, pour découvrir ce qui se seroit passé, ils
nous fourniroient le lendemain les choses dont
nous aurions besoin.

Sur le midi, la grande chaloupe de l'Amiral armée de deux pierriers & de 40. hommes,
alla porter ordre au yacht *la Mouëtte* de se
mettre de l'avant, & de chercher une baie,
& que quand il en auroit trouvé une, il tirât
un coup de canon pour signal. L'ordre aïant
été éxécuté les 4. vaisseaux y allérent moüiller avec lui, laissant jusqu'à nouvel ordre *le
Chasseur* à l'ancre, au lieu où l'on avoit parlé
aux Portugais.

Le 19. de fort-grand matin, nous vîmes derriére la pointe de la riviére deux canots, qui
s'en retournérent aussi-tôt. L'Amiral envoia
la Mouëtte & deux chaloupes dans la riviére
pour la fonder. Incontinent après nous vîmes
sortir de la ville de Sanctus, qui étoit assez
proche, un canot, avec beaucoup de gens qui

X

vinrent

vinrent fur le rivage portant une banniére blanche. Lors-que nous fûmes affez proches pour leur parler, nous leur dîmes la caufe de notre venuë.

Ils nous répondirent qu'il falloit que nous écriviffions une lettre à leur Gouverneur, & que nous la miffions dans un bâton fur le rivage, & qu'ils nous y aporteroient réponce. Entre autres chofes ils nous avertirent de nous donner de garde des Sauvages qui font autour de S. Vincent. Peu après le yacht qui étoit entré dans la riviére, aiant tiré un coup de canon, les vaiffeaux levérent l'ancre, & y entrérent auffi. Après midi, on mit une lettre au bout d'un grand bâton qu'on alla le planter fur le rivage.

Le 20. l'Amiral fit ôter le pavillon blanc, & arborer en fa place celui du Prince, avec les flames, & pavoifer l'embelle & les hunes de fes vaiffeaux. Enfuite il envòia des chaloupes vers le lieu où l'on avoit mis la lettre le jour précédent. Quand elles y furent, on vit avancer deux canots, nagez par des Portugais, qui donnérent une autre lettre au Patron. L'Amiral & le Confeil l'aiant luë, & n'y trouvant rien de pofitif, on en écrivit une autre, qu'on porta aux gens qui étoient dans le canot, avec deux bouteilles de vin d'Efpagne, deux fromages, un petit paquet de couteaux, & un autre de vertoterie, dont on leur fit préfent.

Dans le même tems, nous vîmes fur le rivage de S. Vincent, qui étoit le lieu où ceux de Sanctus nous avoient défendu d'aller, beaucoup de gens qui faifoient voltiger une banniére blanche. Quatre de nos chaloupes étant
allées

allées à eux, les Sauvages dirent qu'ils n'o-
foient trafiquer avec nous, fans la permiſſion
du Gouverneur. Ainſi nos gens les laiſſérent.
En ſe retirant ils dirent qu'ils alloient cüeillir des fruits dans une iſle qui étoit là pró-
che, à quoi les autres ne prêtérent point de
conſentement, mais ils n'en firent point auſſi
de défences. Sur le ſoir deux de nos chaloupes, qui étoient avec *le Chaſſeur*, nous aportérent des oranges, des limons, & un peu de
viande.

Le 21. le Capitaine Guillaume van Anſſen,
ſon Enſeigne & le Lieutenant Ruffin, allérent dans 3. chaloupes bien armées, pour avoir
plus de certitude des ſentimens des habitans,
qui leur donnérent une lettre écrite au nom du
Gouverneur, mais point ſignée. Elles amenérent à bord 2. Portugais, un métif, & un Bre-
ſilien leur eſclave & Pilote, en la place deſquels le Lieutenant, l'Enſeigne & un Aſſiſtant,
étoient demeurez pour otages.

L'Amiral leur fit beaucoup de careſſes, &
les fit viſiter tout ſon vaiſſeau. Les Commandans des autres vaiſſeaux ſe rendirent au même
bord pour les ſaluer. Sur le ſoir, l'Amiral les
acompagna hors de ſon bord, & les mena voir
par-dehors *la Lune* & *le Soleil*, & ils parurent
trouver tous les vaiſſeaux fort beaux. Quand
ils en furent à une portée de mouſquet, ces
deux derniers les ſaluérent chacun de trois
coups de canon. Nos Oficiers qui étoient à terre demandérent permiſſion d'entrer dans la ville de Sanctus: on leur répondit qu'on n'avoit
point d'ordre pour cela: ainſi ils revinrent à
bord.

X 2

Le

Le 22. le yacht revint sous le pavillon. L'Amiral aiant bien vu que toutes les démarches des Portugais n'étoient que des rufes, pour nous faire confumer du tems, affembla le Confeil général, afin de prendre de nouvelles mefures. Cependant les particuliers nous aménérent en fecret, des fruits, des pourceaux, du fucre, & des conferves.

Le 23. fept chaloupes armées nagérent vers S. Vincent, fuivies du *Chaffeur* & du yacht *la Mouëtte*, tous deux bien montez de gens, l'Amiral & tous les Oficiers de guerre y étant eux-mêmes embarquez. En aprochant du rivage trois de nos gens fe mirent de l'avant, avec une banniére de paix, & une lettre au bout d'un bâton, où il y avoit auffi une banderole blanche. Un Portugais étant venu au-devant d'eux, prit la lettre & la lut, têmoignant qu'il n'en étoit pas fatisfait, & leur parlant infolemment: fur quoi on ôta les banniéres blanches, & on arbora celles du Prince.

Peu de tems après nous remontâmes la riviére, & nous trouvâmes une *ingénie*, où les Portugais avoient mis leurs principaux éfets & meubles. Cette *ingénie* étoit grande, forte, bien bâtie, & pleine d'habitans. Il y avoit une E'glife nommée Signora de Negues. Nous aprîmes des Portugais qu'elle avoit été bâtie par une certaine race de gens venus d'Anvers, qu'on nommoit les E'coffois. Le païs d'alentour étoit fort-agréable, & il y avoit abondance de cannes de fucre. Nous cüeillîmes là quantité de fruits, qui furent chargez dans un canot que nous y trouvâmes, & menez à bord, où les chaloupes retournérent auffi.

Le

Le 25. l'Amiral fit encore nager six chaloupes, dans l'une desquelles il étoit embarqué,
suivi du yacht; & il alla au même endroit où
il avoit été le 23. Le yacht étant un peu demeuré de l'arriére, on nagea en l'atendant,
vers une petite baie de sable, sur le bord de laquelle il y avoit un bâtiment en ruine, qui
paroissoit avoir été une redoute. On trouva
là des fruits. Pendant-qu'on les cueilloit, une
troupe de Portugais & de Sauvages, qui étoient
derriére la redoute, tirérent quantité de fléches, qui ne blessérent personne.

Nos Mousquetaires aiant fait feu sur eux,
les chassérent bien-vîte. L'Amiral en se retirant, fit cacher 30. Mousquetaires dans la
redoute, & ordonna que les chaloupes & le
reste de ses gens s'éloigneroient un peu du rivage, afin de voir si, selon leur coutume ordinaire, ils viendroient en foule crier après
nous. Mais aiant conçu du soupçon, ils envoiérent un espion visiter la redoute, & il alla leur donner avis de l'embuscade. Les chaloupes retournérent prendre les Mousquetaires, & portérent ensuite une multitude d'oranges à bord.

Le 26. il fut résolu qu'on ne feroit plus
qu'un tour à terre, Ainsi trois chaloupes nagérent vers une petite isle pour en aller cueillir les fruits. En y débarquant on découvrit
un vaisseau qui couroit vers la baie, & l'on
revint vîte en donner la nouvelle à la flote.
L'Amiral fit armer & mettre de l'avant quatre chaloupes, qu'il suivit lui-même avec le
Vice-amiral, à bord du *Chasseur*, que le yacht
suivit aussi. Dès-que nous fûmes en parage, nous

X 3   vîmes

vîmes venir le petit bâtiment, qui nous aiant découvers revira & mit le cap à la mer. Mais comme il étoit pris de calme, il ne put échaper, & il se rendit sans résistance. Le Pilote de *l'Etoile du matin* y étant entré d'abord avec ses gens, l'Amiral & le Vice-amiral le suivirent.

La fabrique de ce bâtiment étoit semblable à celle de France : il étoit du port de 72. tonneaux : il venoit de Lisbonne, & étoit destiné pour Rio de Javero, d'où il étoit. Il y avoit à son bord 18. hommes, Portugais, matelots & passagers, deux petits canons, une partie de mousquets & de demi-lances. Sa cargaison n'étoit d'ailleurs que d'une petite quantité de fer, de coton, d'huile, de sel, & d'autres choses semblables.

Lors-qu'ils nous virent sur leur bord, la crainte qu'ils eurent pour leur vie leur fit dire qu'il y avoit encore 10. ou 12. de nos gens prisonniers à Rio Javero, parmi lesquels il y avoit un Lieutenant nommé François du Chéne, qui avoit été blessé d'une fléche à la poitrine, dont il étoit présentement guéri, étant logé chez le Gouverneur.

Sur le soir, on envoia un des prisonniers à terre avec une lettre qu'ils avoient composée tous ensemble. Il y alla dans le canot que nous avions pris le 23. du mois, & eut charge de proposer leur échange pour les prisonniers Hollandois, homme pour homme, & que nous rendrions le reste de ceux que nous avions, pour des fruits.

Le 27. nous vîmes une banniére de paix sur le bord du rivage. Le Fiscal s'y étant rendu

avec

avec deux chaloupes, y trouva une lettre au
bout d'un bâton, qu'il alla porter à l'Amiral,
Cette lettre marquoit fort-bien le génie &
l'humeur des Espagnols : car ils déclaroient
qu'ils n'acorderoient rien de ce qu'on leur demandoit, qu'ils ne rendroient pas un seul Flamand pour une multitude de Portugais : que
si nous voulions avoir quelque chose, nous devions faire notre compte que nous ne l'obtien-
drions qu'à la pointe de l'épée ; & que nous
ferions fort-bien de nous retirer.

Le 28. l'Amiral plein de compassion pour nos
gens prisonniers, & peu disposé à maltraiter
les Portugais qu'il avoit, voulut encore faire une tentative. Il ordonna à ces derniers
d'écrire à leurs amis & aux Ecclésiastiques, &
envoia un d'entre eux avec deux petits enfans
porter les lettres à S. Vincent. Ceux-ci étant
à terre les donnérent à un Portugais qui promit
de les faire tenir, & d'aporter réponce le
lendemain.

L'après-midi nous déchargeâmes le bâtiment pris, & il y eut quelque pillage pour
les matelots, entre-autres des cofres de bord
bien-garnis, dont ceux qui étoient peu vêtus
s'acommodérent. Il y avoit aussi plusieurs Reliques, des Croix, des Bulles d'Indulgence
& d'autres pareils menus suffrages ; quelques-
unes d'une fort belle écriture, traitant de matiéres de Théologie & de Droit ; un coffre
plein de belles estampes & de peintures ; une
couronne de vermeil doré, & quelques autres
piéces d'argenterie ; & encore deux esclaves
apartenant à la Société des Jésuites.

L'Amiral ofrit de rendre toutes ces choses

X. 4. avec

avec les prisonniers, pour retirer nos gens.
Mais ce fut en-vain, & les Portugais nous firent connoître en cette ocasion, ainsi-qu'ils
avoient fait en beaucoup d'autres, qu'ils étoient
encore plus avides du sang des Hollandois,
que des richesses, quoi-qu'ils témoignassent
une extrême ardeur pour elles. Les prisonniers
que nous avions, voiant leur aheurtement, trem-
bloient sans cesse, & craignoient à toute heure
de se voir jetter à la mer. Ils écrivoient à leurs
Péres Spirituels & aux autres Ecclésiastiques ;
mais il n'y en eut pas un qui temoignât la
moindre pitié, ni qui leur donnât au-moins la
consolation de leur faire réponce.

Le 29. sept chaloupes allérent au même lieu
où elles avoient été le jour précédent, & les
Portugais donnérent encore des lettres de la
même teneur que les précédentes, qui ne contenoient que des refus. Nous allâmes cüeillir
autant d'oranges & de limons qu'il nous fut
possible, & en nous retirant, nous brûlâmes
la vieille redoute, & tout ce qui étoit autour,
pour nous vanger de l'ataque qui nous y avoit
été faite la premiére fois, & des moqueries
des Portugais, aussi-bien que des cruautés
qu'ils avoient auparavant exercées sur nos gens
qui étoient tombez entre leurs mains.

Le 30. nous brûlâmes le bâtiment que nous
avions pris. Par les lettres que nous y trouvâmes, nous vîmes qu'en ce lieu-là, & dans
tous ceux de leur domination, on y étoit depuis longtems averti de notre voiage & de notre route ; ce qui nous fit connoître qu'il falloit
absolument qu'il y eût des traîtres parmi les
principaux de notre païs, qui donnassent avis
à la

à la Cour d'Espagne de tout ce qui se passoit.

Le matin du 31. quatre chaloupes nagérent vers un endroit où l'on n'étoit point encore allé. Mais nous y trouvâmes des rochers escarpez, bordez de gens ; ce qui nous obligea de retourner à nos vaisseaux. Cependant le vent aiant passé au Nord, l'Amiral fit tirer un coup, pour signal d'apareiller. Dès-qu'on eut levé les ancres le vent changea, & il y eut calme tout-plat, de-sorte qu'il fallut remoüiller.

Les chaloupes de l'Amiral & du *Chasseur* aiant été commandées pour aller encore faire de l'eau, & armées de 5. Mousquetaires, une grosse troupe de Sauvages sortit d'un bois, & tira une si-grande quantité de fléches, qu'elles tomboient comme de la grêle. Il y avoit derriére eux des Portugais qui les faisoient avancer à coups de bâton. Nos gens aiant fait quelques décharges s'enfuirent vers leurs chaloupes. Mais ils furent poursuivis de si-près qu'on leur enleva la chaloupe du *Chasseur*. Ils se jettérent dans les autres, & en s'éloignant du rivage, ils en rencontrérent encore 4. des nôtres qui les suivoient.

Lors-qu'ils leur eurent apris l'accident qui étoit arivé, elles nagérent toutes ensemble vers terre, d'où les Sauvages recommencérent à leur tirer des fléches. Mais quand nos Mousquetaires firent leurs décharges, ils prirent la fuite. Les chaloupes se retirérent aussi, emmenant avec elles celle du *Chasseur*, quoi-qu'elle eût été percée à couler bas. Nous perdîmes quatre hommes en cette ocasion ; & presque tout le reste des autres fut blessé. Ce malheur

X-5

ariva.

ariva par la faute des Maîtres des chaloupes,
qui n'avoient pas éxactement obfervé leurs ordres, & qui étoient allez inconfidérément les
uns avant les autres, fans s'atendre, ainfi-qu'il
étoit néceffaire.

Le 2. de Fèvrier 1615. l'Amiral fit mettre
à terre 4. prifonniers Portugais, & retint le
refte pour fervir fur les vaiffeaux. Parmi ces
4. relâchez il y avoit un Pilote, nommé Pedro Alverez, qui paroiffoit avoir trafiqué
avec des gens de notre nation. Il nous fit de
grandes promeffes au fujet de ceux que nous
laiffions entre les mains des Portugais, & nous
affura qu'il travailleroit avec ardeur à leur délivrance. Mais nous ne comptâmes fur fa parole qu'autant qu'il falloit pour n'être pas trompez. On lui rendit la liberté, parce-qu'il avoit
femme & enfans auffi-bien que les trois autres,
& parce-qu'il avoit perdu & vaiffeau & voiture. L'Amiral leur donna même de l'argent,
fur quoi ils ne furent pas avares de remerci-
mens, leur coutume étant d'en faire profu-
fion,

Trois heures avant jour toute la flote aiant
mis à la voile, puis remoüillé à-caufe du calme, on vit venir un Portugais dans un canot,
qui aporta un Perroquet, des poules & des
oranges, priant l'Amiral de vouloir relâcher
un de fes beaufréres qui étoit encore parmi
les prifonniers, & qui avoit auffi femme &
enfans, ofrant même de fe mettre en fa place,
lui qui étoit un jeune homme fans engagemens.
On le refufa; on remit fes préfens dans fon canot; & on le renvoia.

Le 4. du même mois de Fèvrier, nous remîmes

mîmes à la voile par un beau frais. Le 16.
nous fimes le Sud-oüeſt-quart-de-Sud, le vent
venant du Nord-oüeſt, parce-qu'il avoit été
réſolu que dès-qu'on feroit par la hauteur de
Rio de Plata, l'Amiral arboreroit le pavillon du Prince pour ſignal, & que nous range-
rions alors la côte de plus près. Nous étions
en ce moment là par la hauteur des 38. degrès
46. minutes, & nous courûmes ſur le même
rumb juſques au 1. de Mars, que nous fûmes
à midi par les 46. degrès 46. minutes.

Le 7. de Mars 1615. nous eûmes un hori-
ſon fin, & fûmes à midi par la hauteur des 52.
degrès 6. minutes. Nous remarquâmes que
nous n'étions qu'à deux lieuës de terre, &
nous vîmes diſtinctement cinq montagnes, toute la côte paroiſſant être également un païs de
dunes. Comme nous y aperçûmes de la fumée
qui montoit, nous allâmes terre-à-terre, par
un vent de Nord-nord-eſt, juſques-à-ce que
nous fûmes certainement que c'étoit la riviére
Rio Galegas, qui a peu de profondeur.

En découvrant ce païs, il y eut de nos gens
qui crurent que c'étoit le détroit de Magellan, ſe trompant d'autant-plus que ce détroit
eſt par les 52. degrès 30. minutes. Le yacht
& *l'Etoile* ſe mirent de l'avant, parce-que le
Pilote nommé Martin Pieterſz avoit été pluſieurs fois dans ce païs-là. Vers le ſoir nous
jettâmes tous l'ancre ſur 15. braſſes, à une
demi-lieuë de terre, proche d'un cap fort-
élevé, que nous crûmes être le cap de Virginie.

Sur le minuit le cable de l'Amiral s'étant
rompu, il perdit ſon ancre, ce qui l'obligea de
tirer un coup, & de mettre deux feux; puis il

mit le cap à la mer , à petites voiles. Enfin la tempête augmentant toujours , nous nous trouvâmes tous écartez les uns des autres.

Le matin du 8. du même mois de Mars, l'Amiral ne vit plus que le yacht auprès de lui , les autres vaisseaux étant dispersez. Nous courions des bordées, tantôt au large, tantôt sur la côte , & jettions sans cesse le plomb, trouvant 10. 15. 20. & 25. brasses, & bientôt après point de fond. *La Mouëtte* se laissa aller à la dérive. Nous vîmes des terres qui nous demeuroient au Sud-sud-est & au Sud-est ; ce qui nous fit conjecturer que c'étoit la terre de Fogue , ou de Feu. Nous fîmes ainsi plus de 4. lieuës de chemin, le cap de Virginie nous demeurant au Nord-nord-ouëst. Nous aurions sans doute été jettez sur la terre de Fogue, s'il n'eût plu à Dieu de nous envoier un vent d'Ouëst, à la faveur duquel nous courûmes au Nord , & nous mîmes au large pour parer les bancs.

Le 9. tous les vaisseaux se rejoignirent. Le 10. le gros tems cessa entiérement. Le 11. sur le midi nous connûmes que nous avions reculé d'un degré, nous trouvant alors par les 51. degrès 30. minutes. Le 12. le gros tems étant revenu nous mîmes à la cape. Le 13. à midi nous fûmes par la hauteur des 50. degrès 20. minutes, par un beau tems. Le matin du 14. nous amurâmes les couëts , & mîmes le cap sur la côte. A midi nous fûmes pour la seconde fois par les 51. degrès 26. minutes.

Depuis le 14. jusques au 20. nous eûmes des vents variables & du gros tems, & après avoir beaucoup louvoié nous nous trouvâmes proche
de

de terre, dans un endroit où nous avions déja été, par les 52. degrès. La nuit suivante,
le yacht, qui avoit été séparé de nous, nous
rejoignit. Il étoit entré dans le détroit jufqu'à l'ifle des Pinguins, où il avoit laiffé à
l'ancre *l'E'toile du matin. La Mouëtte* y avoit
moüillé le 17. de Mars, à deux lieuës de ce
premier, & il y avoit eu une grande mutinerie à fon bord. Les matelots s'étant rendus
maîtres du bâtiment, avoient pris les armes
qui y étoient, & contraint le Maître & le
Commis de leur acorder tout ce qu'ils avoient
défiré.

Ils avoient forcé le Commis à être leur Coq
ou Cuifinier, & ils l'euffent même affaffiné
dans la chambre, fi le Maître n'eût intercédé
pour lui, en leur remontrant qu'ils ne tireroient
aucun avantage de fa mort. Enfin lors-qu'ils
eurent bu par excès, il y en eut deux qui coururent à la chambre, chacun avec un fabre à
la main, & lui voulurent ôter la vie. C'é-
toient deux jeunes hommes, l'un de Frife,
âgé de 20. ans; l'autre de Dordrecht, qui eût
été pendu dans fon païs, fi fes parens n'euffent
obtenu fa grace.

Aiant été encore arrêtez par le Maître, ils
voulurent couper le cable, & il les en empêcha; mais ils levérent l'ancre, & ils fe laifférent dériver dans le détroit. Quand leur plus
aveugle fureur eut commencé à s'apaifer, il
y eut différent entre eux, pour favoir qui feroit
Capitaine. Cette querelle donna ocafion au
Maître, au Chirurgien, & à quelques autres,
qui n'avoient point de part à la mutinerie,
d'entrer après eux dans la chambre, auffi

X 7

le

le fabre à la main, & d'ataquer les deux plus
mutins, qu'ils blefférent; puis étant fecondez
par le refte de ceux qui n'étoient point coupables, qui coururent encore à leur fecours, ils
fe rendirent maîtres des autres, qui fe foumi-
rent affez facilement, & chargérent de toute
la faute leurs deux compagnons.

Sur leur déclaration, & à-caufe des excès
que les deux auteurs de la fédition avoient commis & voulu commettre, on les jetta à la
mer, & l'on fit les Actes qui étoient néceffaires pour la preuve de tout ce qui s'étoit paffé.
L'Amiral commit le Vice-amiral pour aller
informer du fait, faifant venir le Commis &
le Maître à fon bord, afin de les entendre lui-
même. Il leur ofrit de diftribuer leur équipage fur les autres vaiffeaux, s'ils avoient encore quelques mauvais foupçons, & de mettre d'autres matelots à la place. Ils répondirent qu'ils efpéroient qu'il n'ariveroit plus
rien de fâcheux, & ils furent remenez à leur
bord, où le Vice-amiral fit les remontrances
néceffaires à leurs gens.

Le matin du 25. du même mois de Mars
1615. non-obftant le gros tems & les vents
contraires, nous eûmes la vuë du cap de Virginie, où nous allâmes moüiller l'ancre. Mais
le fond étoit fi-mou, que de 3. ancres que
nous jettâmes, il n'y en eut pas une qui pût mordre; fi-bien que l'Amiral aiant fait le fignal
de remettre à la voile, nous prîmes notre cours
à l'Ouëft-nord-ouëft, fans être fuivis des autres vaiffeaux.

Le 26. l'Amiral aiant beaucoup louvoié,
fe trouva proche du païs des 7. montagnes,
												où

où n'étant que sur dix brasses d'eau il remit le cap à la mer. Le 27. le vent aiant passé à l'Ouëst, l'Amiral retourna au cap de Virginie en côtoïant les terres qui étoient basses, & fort semblables à la côte de Douvres. Il y découvrit *la Mouëtte* qui par le signal d'un coup de canon, lui fit connoître, qu'il étoit fort dangereux d'aprocher trop de la côte, ce qui l'obligea de revirer, & de courir encore au large. Enfin, après beaucoup d'autres manœuvres, il alla moüiller proche de la terre de Fogue, avec *la Lune*, *l'Aeole*, & *le Chasseur*. *La Mouëtte* jetta l'ancre un peu plus loin; mais la nuit ce vaisseau chassa, & aiant été repoussé par les vent forcés, il fit une assez grande dérive.

Comme le gros tems nous avoit beaucoup retardez, en nous empêchant d'entrer dans le détroit, il se fit plusieurs murmures, sur ce qu'on disoit qu'il n'étoit pas possible que de si gros vaisseaux y pussent entrer. Il y eut des gens qui proposérent d'aller hiverner au port Desirado, où Candish & Olivier de Nord avoient hiverné. D'autres dirent qu'il valoit mieux retourner au cap de Bonne-espérance, pendant que la saison le permettoit, & que de là on iroit aux Indes Orientales; chacun se mêlant ainsi de dire son sentiment.

Enfin Pierre Baers Commis, étant allé dans la chambre de l'Amiral, déclara, en présence de tout le monde qui y étoit, que lui & le Maître désiroient savoir où ils devoient se rendre, s'ils venoient à être séparez des autres par quelque accident, où qu'on ne pût passer le détroit. L'Amiral répondit; Nous avons
ordre

ordre de traverſer le détroit de Magellan. Je
n'ai point d'autre route à vous marquer. Faites tout ce qu'il vous ſera poſſible pour demeurer avec nous. Cette réponce promte,
courte & réſoluë, arrêta les murmures, &
chacun fit ſes éforts pour paſſer ce dangereux
détroit.

Le 28. de Mars, on remit à la voile : mais
on ne vit point *la Mouëtte* ; & l'on crut que
l'équipage s'en étoit rendu maître ; & avoit
déſerté le pavillon, à-cauſe des deux matelots
qui avoient été jettez à la mer. Ainſi il n'entra que 4. vaiſſeaux dans le détroit. Le tems
étoit beau alors, & le vent venoit de l'Ouëſt,
& de l'Ouëſt-quart-au-Sud. Vers la brune
nous jettâmes l'ancre, ſur 28. à 30. braſſes,
proche de la côte ſeptentrionale.

Le 29. le vent étant Ouëſt-quart-au-ſud-
ouëſt, il pouſſa les courans hors du détroit avec
tant de force, que nous fûmes contrains de demeurer tout le jour à l'ancre. Mais ſur le ſoir
on eut du gros tems. L'œillet du cable de
l'Amiral aiant alors rompu à l'arganeau, l'ancre demeura dans le fond, & comme nous
virions le cable, nous dérivames ſur un banc,
où il n'y avoit pas plus de 16. à 17. braſſes
de profondeur. Enſuite en aiant trouvé davantage, nous dérivâmes toute la nuit hors du détroit.

Le 30. nous mîmes à mâts & à cordes,
juſqu'à midi qu'on fit ſervir les deux pacfis,
courant au Nord-quart-de-Nord-ouëſt, c'eſt-
à-dire, l'Amiral ſeul, & ſéparé de ſa flote.

Le 2. d'Avril 1615. Nous embouquâmes
encore le détroit, courant d'abord au Sud-eſt-
quart-

quart-de-sud , & peu-à-peu plus à l'Ouëst ,
pour nous mettre sur la côte septentrionale. Ensuite nous fîmes l'Ouëst-nord-ouëst ,
jettant toujours la sonde jusqu'au premier
quart que nous moüillâmes l'ancre sur 25.&
30. brasses , dont bien nous prit ; car quand
le jour , fut venu, nous vîmes, en levant l'ancre , qu'il y avoit des bas-fonds tout-autour
de nous.

Lors-que nous fûmes dans le détroit , nous
trouvâmes un banc d'un quart de lieuë de large, où il y avoit d'abord 98. brasses d'eau ,
puis 76. & enfin 5. seulement. Peu après nous
eûmes plus de profondeur, & alors nous vîmes le premier pas du détroit , qui n'avoit pas
demi-lieuë de large. En même tems nous fûmes pris de calme : mais le flot nous aiant portez dans le pas , nous jettâmes la sonde sur
40. brasses , sans trouver de fond propre à
moüiller l'ancre.

Nous vîmes sur cette Terre de Fogue, ou
del Fuego, une homme d'une très-grande taille, qui se montra plusieurs fois, montant quelquefois sur une colline, ou sur une petite montagne pour nous voir. Proche du pas cette
Terre est un lieu fort sec, où il y a des dunes
qui aprochent de celles de Zélande. Le calme continuant on mit la chaloupe à la mer
pour nager le vaisseau , & ainsi nous traversâmes le pas, & jettâmes à midi l'ancre sur 16.
brasses, entre le premier & le second pas.

Le 4. nous remîmes à la voile, par un vent
de Nord-nord-ouëst , portant le cap à l'Ouëst-
quart-de-sud-ouëst , par un beau frais : mais
au soir le vent étant devenu contraire , nous
moüillâ-

moüillâmes fur 16. braffes, fous la pointe du fecond pas, vers la côte feptentrionale.

Le matin du 7. le Commis Corneille de Viane defcendit à terre, & il fut bien-tôt fuivie de l'Amiral qui voulut auffi vifiter le païs. Ils ne virent point d'hommes, mais ils virent deux autruches, qui couroient fi-vîte qu'un cheval auroit eu de la peine à les fuivre. Ils trouvérent une riviére fort-grande & fort-large, le long de laquelle il y avoit des arbriffeaux garnis de grains noirs, qui étoient de bon goût. Le cap de cette terre fut alors nommé le cap de Viane.

Le 8. après midi, aiant remis à la voile, nous courûmes au Sud-ouëft jufqu'à la pointe du fecond pas, où nous fimes le Sud-fud-ouëft. Sur le foir nous fûmes proche des ifles des Pinguins, qui font au nombre de trois, à qui nous donnâmes les noms fuivans, favoir, à celle qui eft au Sud, le nom de la grande Côte; à celle qui eft au milieu, le nom de la grande Patagone, ou de l'ifle des Géants; à celle qui eft au Nord, & qui eft la plus petite, le nom de l'ifle de la Cruche.

Le 9. l'Amiral envoia le Fifcal à l'ifle de la grande Côte, afin de voir s'il n'y auroit point quelque marque qu'il y eût paffé de nos vaiffeaux. Il y trouva un pieu avec un cercle, & une lettre qui y avoit été laiffée par *l'Etoile du Matin*. Ce vaiffeau en étoit parti le 25. de Mars pour s'avancer dans le détroit, ainfi-qu'on le voioit dans la lettre.

On alla auffi à l'ifle de la Cruche, où l'on trouva un pieu & un cercle, mais point de billet; ce qui fit préfumer que c'étoit encore
l'Etoile

l'Etoile qui l'y avoit mis. Ensuite l'Amiral alla lui même à l'isle de la grande Côte, où il vit deux corps morts enterrez sans doute à la maniére de ce païs-là, n'aiant qu'un peu de terre sur eux, & des fléches & des arcs tout-autour. On les découvrit un peu, & on les vit ensevelis dans des peaux de pinguins. L'un étoit de la taille ordinaire d'un homme, & l'autre n'avoit pas plus de deux piés & de-mi de long. Ils avoient au cou de petits colliers artistement faits de coquilles de lima-çons qui étoient aussi lustrées que des perles. On remit ensuite sur eux toute la terre qu'on en avoit ôtée.

Nous ne trouvâmes rien dans ces isles qui fût bon à manger, le terrein en étant si-infer-tile qu'il n'y croît qu'un peu d'herbe, que les pinguins mangent, a-peu-près comme il en croît sur les dunes en Hollande, où elle est aussi mangée par les lapins.

Le 10. du même mois d'Avril, nous remî-mes à la voile, par un vent de Nord-est. Sur le midi, nous trouvâmes une belle baie de sa-ble, proche de laquelle les Espagnols avoient autrefois bâti une ville nommée Philippe, qui est toute ruinée. Nous y moüillâmes sur 15. brasses, fond de bonne tenuë. Comme nous y étions, le vent força tellement que nous fûmes obligez de mettre les mâts de hune bas. L'o-rage passa bien-tôt, & le beau tems révint.

Le 11. l'Amiral descendit à terre, où il ne trouva rien que de bonne eau, autour de laquelle il y avoit quantité de traces de bêtes, qui marquoient qu'il y en venoit pour boire. Sur le midi, nous remîmes à la voile, par

un vent de Nord-nord-eſt , courant toujours
le long de la côte ſeptentrionale , où le terrein étoit tout-ſemé d’arbres , & fort uni en
quelques endroits , avec des aparences que les
Eſpagnols l’avoient autrefois cultivé , & y
avoient ſemé. On ne trouvoit point de fond ,
qu’on ne fût tout-proche de terre.

Vers le ſoir , nous remoüillâmes ſur 30.
braſſes , ſi-près du rivage qu’un coup de mouſquet y auroit porté. Nous fûmes ſurpris de
voir ſur la côte méridionale , de beaux arbres ,
& des bois entiers bien verds , avec quantité
de perroquets , ſavoir , par la hauteur des 54.
degrès. Nous ne le fûmes pas moins de voir
un paſſage par lequel on découvroit la pleine
mer , & ſi le yacht eût été avec nous l’Amiral
l’y auroit envoié ; car il croioit que par-là on
iroit bientôt dans la mer du Chili. Mais le
yacht s’étant écarté au premier pas du détroit ,
ce deſſein ne put être éxécuté.

Le matin du 12. nous remîmes à la voile ,
courant au Sud & au Sud-quart-de-ſud-eſt , juſques-à-ce que nous fuſſions à une grande pointe , derriére laquelle il y avoit un grand enfoncement , où la rade paroiſſoit bonne. Les
terres étoient là fort hautes , & il y avoit une
montagne auſſi-couverte de néges que ſi l’on
eût été au milieu de l’Hiver. De là nous fîmes le Sud-ouëſt , pour aller au troiſiême pas.
Mais le vent étant variable , nous remoüillâmes au ſoir ſur 42. braſſes droit devant le pas.

Le matin du 13. l’Amiral envoia ſa chaloupe viſiter un autre grand enfoncement , que
nous crûmes être la baie des Moules. L’Amiral étant deſcendu à terre , n’y trouva rien de
bon

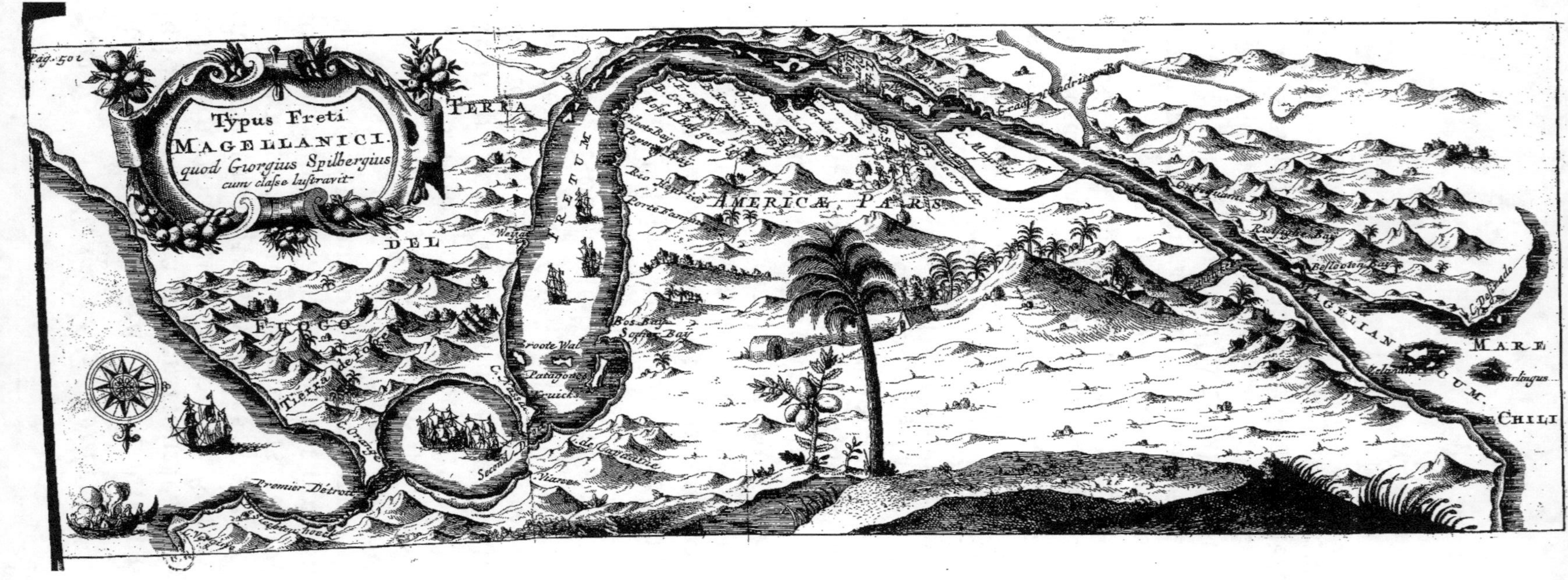

Pag. 501
Typus Freti MAGELLANICI. quod Giorgius Spilbergius cum classe lustravit.
TERRA
DEL
FUEGO
FRETUM
AMERICÆ PARS
Tierra de Fuego
Premier Détroit
Second D.
Broote Wal
Patagones
Bos Bay
Soffer Bay
Rio Henrico
Porte Famin
MAGELLANICUM
MARE
CHILI

bon que de l'eau douce , & des arbres dont
l'écorce avoit le goût aussi fort que celui du poivre ; ce qui fit que nous nommâmes cet enfoncement la baie du Poivre , quoi-qu'il y ait des
arbres de la même espéce en d'autres lieux.

Nous remîmes à la voile , mais au-lieu d'a-
vancer nous reculâmes , tant les vents qui venoient de ces hautes côtes , étoient variables
& contraires. Ainsi il fallut remoüiller. Le
16. le vent s'étant rangé à l'Est , nous remîmes
encore à la voile, courant d'abord à l'Est-quart-
de-sud-est , ensuite au Sud , & enfin au Sud-
oüest , parce-que les terres courent à l'Oüest,
& même jusqu'au Nord-oüest ; de-sorte que
nous dépassâmes la baie des Moules , à côté de
laquelle gît une petite isle. Les terres étoient
fort-hautes , & couvertes de néges en plusieurs
endroits.

Sur la brune , l'Amiral fit tirer un coup de
canon , afin-que s'il y avoit quelqu'un de nos
vaisseaux , assez proche du lieu où nous étions,
il pût l'entendre. Nous vîmes aussi monter de
la fumée , sur quoi nous tirâmes encore un coup
de canon. Peu après nous vîmes venir une chaloupe , qui nous aprit que nos vaisseaux étoient
à l'ancre dans la baie de Cordes , où ils n'é-
toient que de ce même jour-là. Ce fut une
grace de Dieu bien particuliére , que de si-gros
vaisseaux , contrariez par les vents , retardez
par le gros tems , aiant à traverser des passages si étroits, à courir sur divers rumbs de vent, à
surmonter tant de ras de marée, & de courans qui
varioient , se rencontrassent précisément dans
le même jour à leur rendévous, après s'être écartez les uns des autres , & avoir traversé le premier

mier pas en des tems différens.

Vers le soir, nous jettâmes l'ancre sur 17. brasses. Peu après le Vice-amiral, les Maîtres & les Commis se rendirent à bord de l'Amiral, ou chacun fit le récit de la maniére dont il avoit traversé la plus grande partie du détroit. On avoit vu le jour précédent, sur le rivage, plusieurs Sauvages avec leurs femmes & leurs enfans, à qui Cruick, Maître de *l'Etoile*, & quelques autres avoient parlé avec douceur, leur aiant fait présent de couteaux & d'autres merceries, & donné du vin d'Espagne, dont on pouvoit comprendre à leurs gestes qu'ils étoient bien-contens.

En recompense ils avoient donné à nos gens certaines perles faites de coquilles, assez artistement, & enfilées ensemble. Mais ils ne revinrent plus pendant-que nous fûmes là mouillez. Nous crûmes que c'étoit parce-qu'ils avoient eu de la fraïeur d'entendre tirer, ainsi-qu'on faisoit tous les jours, en allant à la chasse aux canards, aux oies, &c.

Le lendemain nous fûmes pris de calme. Ainsi nous fîmes nager notre vaisseau, pour aller mouiller dans la baie où les autres étoient. Le 18. du même mois d'Avril 1615. il fut résolu qu'on feroit là un séjour de huit jours, pour faire de l'eau & du bois. Le même jour *le Chasseur* fut nagé par des chaloupes, derriére la petite isle qui étoit dans la baie, & il y fut nétoié. Les équipages eurent pour rafraîchissemens une multitude de moules qui étoient fort-bonnes, & une autre sorte de coquillage qui étoit à-peu-près du goût des huîtres, mais qui étoit meilleur. Il y avoit aussi

du

du cresson de mer, du persil, du persil de Macedoine, & plusieurs grains rouges d'arbrisseaux.

Le 24. nous remîmes à la voile, par un vent de Nord-quart-de-nord-ouëst, qui nous fit doubler un cap en louvoiant. Nous vîmes sur le rivage oposé quantité de gens qui avoient allumé un feu, aiant quelques canots, dont il y en eut un qui nagea vers nous assez avant, nous faisant des signaux avec une pagaie; mais il n'osa venir à bord. Vers le soir, nous moüillâmes sur 16. brasses, proche d'une petite isle, près de laquelle il y en avoit sept ou huit autres aussi fort-petites, à qui l'on donna des noms.

Le 25. on trouva une belle baie, avec un fond de bonne tenuë, sur 16. 18. & 20. brasses, qui étoit à une lieuë & demie de l'endroit où nous étions. Nous remîmes à la voile pour y aller, mais le vent aiant changé, nous ne pûmes gagner jusques-là, & il fallut remoüiller un peu à l'Est, sur 23. brasses.

Le 26. nous fîmes la même manœuvre, & nous ancrâmes sur 25. brasses, derriére une isle qui est au Sud, Là nous vîmes un passage & une ouverture pour aller dans la mer du Sud. L'Amiral alla dans l'isle, & aiant monté sur une montagne, il jugea, aussi-bien que ceux qui l'acompagnoient, que c'étoit un véritable passage, ainsi-que nous l'avons déja dit dans l'article du 11. d'Avril précédent.

Mais nos Instructions portoient de suivre le détroit de Magellan, sans tenter d'autres passages: car nous étions déja informez, qu'il y en avoit au Sud, ainsi-qu'on le lit dans l'Histoire

toire des Indes Orientales, écrite en Espagnol, par le Pére Joseph de Coste, qui a été traduite par Jean Huigens Linschot, & par d'autres. En éfet il dit sur la fin du chapitre 10. que Don Gava Mendoza, Gouverneur du Chili, aiant envoié le Capitaine Ladrihlero, avec 2. vaisseaux, pour chercher un passage qui est au Sud de Magellan, il le trouva, & s'éleva par-là en haute mer, courant du Nord au Sud, sans suivre le détroit. Il y a encore plusieurs autres Historiens qui sont de cette opinion, tenant pour certain qu'il y a dans le détroit de Magellan, un passage du côté du Sud, par où l'on se met promtement au large, & l'on gagne bientôt la mer du Chili.

Le 21. *l'E'toile* mouilla l'ancre dans la baie dont il a été parlé, qui est belle, & où il y avoit 25. brasses de profondeur, fond de bonne tenuë. On y trouva quantité de grains d'arbrisseaux, qui étoient rouges ou violets, & de bon goût. Il y avoit aussi une riviére, dont les eaux couloient des montagnes, & après s'être assemblées passoient au-travers des bois pour se rendre dans la mer. Il y avoit abondance de moules & d'autres coquillages. Elle fut nommée la baie de Spilberg, du nom de l'Amiral.

Le 1. de Mai 1615. tous les vaisseaux étant dans cette baie, l'Amiral envoia Martin Pietersz, Maître de *l'E'toile*, & Henri Reyrsz, premier Pilote, avec une chaloupe pour chercher le passage. Ils ne s'étoient encore guéres éloignez, lors-qu'ils virent de très beaux oiseaux sur la terre. Quatre matelots aiant demandé permission, débarquérent pour en aller tuer.

tuer. Auffi-tôt ils fe virent ataquez par une
troupe de Sauvages armez de groffes maffuës,
qui les pourfuivirent, & en affommérent deux,
qui étoient un Canonier de *l'Etoile*, & le page
de la chambre du Capitaine, les deux autres
aiant eu le bonheur de fe fauver. L'Amiral
fut fort-mécontent de ce qu'on leur avoit donné cette permiffion, les Oficiers n'en aiant reçu
aucun pouvoir.

Le 2. nous ancrâmes fur 10. braffes, dans
une bonne baie, où une riviére venoit fe décharger. Le 3. un des domeftiques de l'Amiral, nommé Abraham Pieterfz, étant mort,
on l'enterra dans une ifle proche d'une riviére
à qui l'on donna le nom de la riviére d'Abraham. L'Amiral aiant voulu remonter cette
riviére, avec 3. chaloupes armées, dès-qu'elles
y furent entrées les courans les y poufférent
avec tant de force, qu'à-peine 8. hommes,
par le moien des rames, pouvoient empêcher
chaque chaloupe d'avancer trop-vîte.

Le long de la riviére il virent plufieurs petites huttes où les Sauvages faifoient leur demeure ; mais à la vuë des chaloupes ils les
avoient abandonnées. A l'entrée de la riviére
il y avoit un grand efpace entouré de pieux,
qu'on prit pour une pêcherie. L'*Aeole* étant allé
chercher plus loin une autre rade que celle où
nous étions, raporta que l'endroit le moins
profond qu'il eût trouvé étoit de 130. braffes.

Le 4. fur le midi, le vent s'étant rangé à
l'Eft, nous remïmes à la voile, & courûmes
à l'Ouëft-nord-ouëft. Nous vîmes dans la côte
feptentrionale un canal prefque auffi large que
le détroit même ; où les courans rouloient avec

Y

beau-

beaucoup de force. Sur le soir, les chaloupes qui étoient de l'avant pour sonder, raportérent que ce canal s'étendoit droit devant nous à l'Ouëst-nord-ouëst. Comme nous avions vent & marée à gré, il fut résolu qu'on continuëroit toute la nuit de naviger, quoi-que quelques-uns soutinssent qu'il étoit plus à propos de jetter l'ancre, & d'atendre le jour.

Le Maître de *l'Etoile* & les Pilotes de *la Lune* & de *l'Acole* étant venus à bord de l'Amiral, pour lui faire cette remontrance, d'autant-plus, disoient-ils, que nous tombions dans le calme, nous trouvant alors entre les hautes côtes qui sont proche du cap Maurice; pendant-qu'on tenoit conseil sur ce sujet, il se leva un vent si-favorable, que d'un commun avis on demeura sous voiles, le yacht étant de l'avant. C'étoit certes une chose qui inspiroit de la surprise & de la fraïeur, de voir de si-gros vaisseaux enfoncez entre deux si hautes côtes, naviger de nuit sur une eau si-profonde qu'on ne trouvoit point de fond.

Le 5. nous vîmes que le canal s'élargissoit, & nous découvrïmes par prouë la pleine mer. On fut alors pris de calme, & l'Amiral aiant dérivé vers la côte australe, fit tirer un coup pour signal aux chaloupes de venir le nager de cette côte où il étoit affalé. Dès-que les chaloupes lui eurent jetté la hansiére le vent changea, de-sorte que tout le jour & toute la nuit nous courûmes au Nord-ouëst-quart-à-l'ouëst, & fimes beaucoup de chemin.

Le matin du 6. nous eûmes un vent frais, & un tems chargé. Nous vîmes bientôt le cap du Sud, qui étoit fort-reconnoissable

par

par sa hauteur en écore, & par quelques pointes qui sont comme de petites tours. Ainsi
nous débouquâmes le long de la côte méridio-
nrle, y aiant plusieurs dangereux écueils, &
de petites isles, le long de la côte septentrionale ; & nous passâmes dans la mer du Sud.

Sur le midi le vent força tellement, que
lors-qu'on voulut haler les chaloupes à bord,
celle de l'Amiral se brisa, & on eut beaucoup
de peine à sauver les autres. Nos vaisseaux
même se trouvérent dans un fort grand péril,
à-cause des isles qui étoient sous le vent à nous,
craignant que le vent ne nous y fît dériver, &
qu'il ne nous jettât sur leurs côtes. Comme
elles sont au bout du canal de Magellan, à-
peu-près de-même que les Sorlingues sont au
bout du canal d'Angleterre, nous leur donnâmes aussi le nom de Sorlingues.

La sortie de ce canal est assurément bien-
dangereuse, à-cause de la quantité d'isles &
d'écueils fort élevez qui y sont, n'y aiant aucun lieu où, en cas de besoin, on puisse ancrer & se mettre à l'abri. Le cap méridional
qu'on nomme le cap de Desirado, ou de Desir, est d'une forme fort extraordinaire, ainsi
qu'on le peut voir dans les cartes. Dès-qu'on
l'a doublé on commence à trouver une mer agitée & du gros tems ; de-sorte qu'après les
périls du détroit, on se trouve exposé à de
nouvelles extrémités, ainsi-qu'on le voit dans
toutes les Rélations, & que nous en rendons
ici têmoignage.

Le soir du 7. du même mois de Mai, le vent,
qui forçoit toujours, sauta au Nord, si-bien
qu'il fallut serrer les huniers, & faire des bor-
Y 2 dées

dées toute la nuit. Le 8. le gros tems continua, mais il s'apaisa un peu le 9. comme nous
étions par les 50. degrès.

Le 21. nous eûmes la vuë du Chili; ce qui
nous obligea de remettre le cap à la mer, pour
courir à l'Ouëst-nord-ouëst, & de ce côté-là
nous vîmes une isle, que nous crûmes être la
Mocha. En jettant le plomb nous trouvâmes
38. brasses, fond de sable. Le matin du 23.
nous vîmes fort-distinctement cette isle, sur
laquelle nous courûmes à pleines voiles à l'Est,
le vent venant du Sud. Vers le soir, nous serrâmes les huniers, pour retarder un peu notre
course. Nous trouvâmes 60. & 70. brasses, &
eûmes calme durant la nuit.

Le matin du 24. nous fûmes par le travers
de la Mocha, & nous moüillâmes l'ancre sur
18. brasses, fond de bonne tenuë, à deux ou
trois lieuës de terre. Le vent étant contraire,
& nous empêchant d'aprocher de l'isle, nous
louvoiâmes tout le lendemain, & ancrâmes
au soir sur 17. brasses, à demi-lieuë du rivage. La côte septentrionale est basse, & l'isle y
est fort-large. La côte méridionale est toute
hérissée de rochers, contre lesquels la mer
brise avec de grands mugissemens.

Le 26. à la pointe du jour, il fut résolu,
qu'on envoieroit au rivage 4. chaloupes armées, avec des marchandises. L'Amiral &
beaucoup d'autres Oficiers y allérent aussi. Nous
trouvâmes sur le bord de la mer plusieurs insulaires qui avoient des rafraîchissemens de brebis, de poules & d'autres volatiles cruds &
cuits, & ils nous parlérent avec beaucoup de
douceur.

Sur

Sur le midi, l'Amiral se rendit à son bord
avec les rafraîchissemens, & avec le Souverain de l'isle & son fils. Après avoir été régalez ils visitérent le vaisseau, & en leur montrant le canon, on leur fit entendre qu'on venoit à dessein de s'en servir pour combattre les
Espagnols ; dequoi ils marquérent de la joie
les tenant pour leurs ennemis.

Comme ils passérent la nuit à bord, l'A-
miral fit mettre le lendemain, en leur présence, tout son monde sous les armes. Après dé-
jeûner ils s'en retournérent acompagnez de plusieurs de nos Oficiers, & furent régalez de
quelques salves de canon. Nous troquâmes encore des haches, des grains de verroterie, &
d'autres merceries, pour des moutons. Nous
avions deux moutons gras pour une petite hache. Quoi-qu'ils nous reçussent bien, ils ne
voulurent pourtant pas permettre qu'aucun de
nos gens allât dans leurs maisons, ou s'aprochassent de leurs femmes. Ils nous aportoient
eux-mêmes toutes leurs denrées jusques dans
les chaloupes. Enfin ils nous firent des signes
de leurs mains de nous rembarquer, & de nous
retirer. L'Amiral leur fit entendre qu'il le feroit incessamment, & en éfet il fit remettre
à la voile, & nous courûmes la bande du Nord.

A ce dernier tour que nous fîmes au rivage,
nous emmenâmes une brebis bien singuliére.
Elle avoit le cou fort-long, une bosse sur le
dos comme en ont les chameaux, un bec-de-
liévre, & des jambes fort-longues. Ces insulaires se servent de brebis pour labourer & cultiver leurs campagnes, comme on fait de chevaux & d'ânes. Nous eûmes plus de 100. bre-

Y 3

bis

bis & moutons fort-gras & fort-hauts, dont la laine étoit blanche, comme celle des moutons de notre païs. Nous eûmes aussi quantité de poules & d'autres volatiles ; le tout pour des haches, des couteaux, des chemises, des chapeaux, &c.

Les gens étoient doux & traitables. Ils mangeoient assez sobrement & avec quelque propreté, paroissant presque aussi civilisez que les Chrétiens. Si l'Amiral eût fait des instances pour demeurer plus longtems à leur rade, ils lui auroient encore fourni des vivres.

Le matin du 28. du même mois de Mai, nous eûmes un bon vent de Sud, & nous gouvernâmes au Nord-nord-est. Sur le midi nous vîmes terre, & crûmes que c'étoit l'isle de Sainte Marie. Vers le soir, nous fûmes tout-proche de la côte de cette isle, qui paroissoit être peu fréquentée, & qui étoit entourée de rochers, si-bien que nous connûmes que nous nous étions trompez. Ainsi nous remîmes le cap à la mer pour nous en alarguer, & courûmes des bordées en atendant le jour.

Le 29. comme nous vîmes que nous n'étions pas encore fort-loin de l'isle, nous fîmes force de voiles, rangeant la côte, jusques-à-ce que nous eussions découvert l'isle de Sainte Marie, où nous moüillâmes l'ancre aprés midi, sur 6. brasses. Peu après nous vîmes paroître 20. ou 25. cavaliers, avec la lance à la main, qui firent divers tours de côté & d'autre. On envoia le Fiscal avec 4. chaloupes armées pour proposer à ces Indiens de trafiquer avec eux. Le Fiscal amena un Espagnol & un Indien, en la place desquels il avoit laissé un Sergeant

pour

pour otage , & ils passérent la nuit à bord. En
aprochant de l'isle nous vîmes une barque à
l'ancre , qui mit à la voile dès-qu'elle nous
eut découvers. Au Nord-nord-est il y a un banc
étroit , qui court près de trois lieuës en mer.

Le 30. l'Amiral fit mettre son monde sous
les armes , en présence de l'Espagnol , qui
considéroit atentivement toutes choses. Ensuite on le mena au vaisseau de l'Amiral , où l'on
fit passer aussi les gens en revuë. L'Amiral lui
fit une salve d'un coup de canon , & le Vice-
amiral lui en fit une de mousqueterie. Il invita
le Vice-amiral & quelques autres Oficiers à
dîner avec lui , & ils y allérent.

Ils étoient à-peine à terre , & ne s'étoient
pas encore mis à table , que la chaloupe du
Chasseur alla les avertir qu'on avoit vu de dessus la hune une troupe de gens armez qui mar-
choient vers le lieu où ils devoient manger.
Sur cet avis ils se rembarquérent vîte , & emmenérent prisonnier avec eux l'Espagnol qui
les avoit voulu trahir.

Le 31. à la pointe du jour l'Amiral mena
dans l'isle trois compagnies de soldats , avec
quelques matelots , & les fit ranger en ordre.
Les Espagnols les aiant vu débarquer , mirent
le feu à leur Eglise , & prirent la fuite. Les
troupes s'avancérent au quartier où ils demeuroient , & emmenérent quantité de brebis, de
poules & de denrées. Dans les escarmouches
qu'on fit avec eux , nous eûmes deux hommes
de blessez : les ennemis en eurent quatre de
morts, les chevaux sur quoi ils étoient en aiant
sans doute sauvé un grand nombre.

Avant-que de se retirer l'Amiral fit brûler

Y 4

toutes

toutes leurs maisons qui étoient fort-bien pourvuës de vivres. Le feu les consuma bien-vîte,
comme n'étant bâties ni couvertes que de cannes & d'autres roseaux. Sur le soir tout le
monde se rembarqua. L'isle est fertile; l'air
y est sain ; mais il n'y a point de mines d'or
ni d'argent. En recompense on y recüeille
abondance de ris, d'orge, & de fèves. Il y
a quantité de brebis, de poules &c. On amena plus de 500. brebis & moutons à bord.

Le Conseil s'étant assemblé on y concerta
un Ordre, ou Réglement, touchant ce qu'il y
auroit à observer dans la mer du Sud, tant eu
égard à la navigation, qu'en cas de combat;
& il fut enjoint à tous les Oficiers de s'y conformer, & de le faire éxactement observer par
les équipages.

Le 1. de Juin 1615. nous remîmes à la voile, & nous allâmes moüiller sur 36. brasses au
bout du banc long & étroit dont il a été parlé.
La nuit le vent aiant passé au Nord, nous fûmes obligez de demeurer à l'ancre, n'étant
pas loin de la petite ville d'Auroca, où l'on
entretient ordinairement une garnison d'environ 500. Espagnols, parce-que la place est
souvent ataquée par les habitans du Chili. C'est
de ce côté-là que le Roi d'Espagne a le plus
de forces; mais la guerre continuelle qu'il est
obligé d'y soutenir, empêche qu'il ne se rende
maître du païs.

Le matin du 3. nous remîmes à la voile,
& côtoïâmes l'isle par un vent de Sud, jusqu'après midi, que nous nous trouvâmes proche d'une autre isle nommée Quiriquina, peu
éloignée du continent, derriére laquelle nous
passâ-

paſſâmes, & nous allâmes par le travers d'une petite ville nommée la Conception, où notre priſonnier nous dît qu'il y avoit 200. Eſpagnols, avec pluſieurs Indiens. Mais le vent étant trop foible, nous ne pûmes en aprocher, & nous moüillâmes ſur 26. braſſes. Nous demeurâmes juſqu'à l'onziéme du mois, dans ce parage, qui eſt par la hauteur des 33. degrés 23. minutes, ſans pouvoir avancer ni reculer.

Enfin il fut réſolu de porter droit ſur la côte, & nous nous rendîmes à un cap qui eſt proche d'une valée, & qui vient en pente d'une haute montagne. Nous crûmes être à la rade de Val-pariſa: mais aiant connu que nous nous étions trompez, nous continuâmes à naviger juſqu'à Soleil couchant, que nous moüillâmes ſur 40. braſſes, proche d'un autre cap fort ſemblable au premier, où le païs paroiſſoit fort-beau.

Le Conſeil s'étant aſſemblé, le Maître de *l'Etoile* y entra pour donner avis qu'il avoit oüi le ſon d'un cor, & vu un feu. Auſſi-tôt on fit armer trois chaloupes, & ceux qui allérent à terre y trouvérent ſeulement quelques perſonnes qui deſcendoient de la montagne, & quelques bêtes le long du rivage. On vit auſſi de petites maiſons vers la montagne; mais on n'y alla pas, les ordres de l'Amiral n'étant pas donnez pour cela.

Le 12. du même mois de Juin, ſur le midi, nous moüillâmes l'ancre dans la baie de Val-pariſa. Nous y vîmes trois maiſons au bord de la mer, & un bâtiment à l'ancre. Ceux qui étoient dedans filérent leur cable, bout pour bout , & y mirent le feu , le conduisant ainsi tout brûlant dans un petit enfoncement qui étoit entre des rochers. Nous y envoiâmes des chaloupes pour le prendre. Mais il y avoit des Espagnols postez derriére les rochers , qui les en empêchérent , par des décharges continuelles de leurs mousquets. Néanmoins elles passérent à la fin , & s'étant aprochées du vaisseau , on le vit déja tellement embrasé , qu'il n'y avoit plus de moien de le sauver. Elles retournérent aux vaisseaux qui étoient moüillez par le travers des maisons , *le Chasseur* demeurant seul auprès de celui qui brûloit.

L'Amiral & le Vice-amiral étant descendus à terre avec 200. soldats , trouvérent les maisons aussi en feu , & les Espagnols, tant cavaliers que gens de pié , en ordre de bataille , sans oser pourtant aprocher , à-cause de notre canon qui joüoit sans cesse. Au-contraire à mesure que nous nous aprochions d'eux ils reculoient. Enfin la brune survenant, l'Amiral se rembarqua , & aiant ramené ses troupes à bord , il fit lever l'ancre , & nous courûmes au large à pleines voiles.

Sur le minuit , nous serrâmes nos voiles , de-peur de dépasser le port de Quintero. Les Espagnols qui étoient dans tous ces païs-là, tant à Val-parisa , qu'à S. Jago , Sainte Marie, & par-tout ailleurs , avoient été avertis de notre voiage, ainsi-que nous le sûmes de divers endroits,& entre-autres de notre prisonnier Espagnol , nommé Joseph Cornelio , qui nous déclara qu'il y avoit déja trois mois que Rodrigo Mendosa étoit allé nous chercher à Baldivia,&

en d'autres lieux de la mer du Sud , avec deux
galéres & une patache. Nous avons aussi parlé ci-devant des lettres de Rio Genera , écrites au Bresil. Toutes ces circonstances nous con-
firmoient dans l'opinion où nous étions qu'on
savoit en Espagne tout ce qui regardoit notre voiage. Val-parisa est la baie ou le port
de S. Jago , qui est à 18. lieuës dans les terres.

Le 13. à midi , nous nous trouvâmes par
la hauteur des 32. degrès 15. minutes. Après-
midi , nous moüillâmes l'ancre sur 20. brasses,
dans la baie de Quintero , où les vaisseaux sont
tellement à l'abri , qu'ils ne craignent aucun
vent. Dès le soir l'Amiral descendit à terre
avec des troupes , pour reconnoître la situation du païs , & chercher de l'eau , dont nous
avions fort-grand besoin.

On vit de loin quantité de bêtes , qu'on
crut d'abord être des vaches & des brebis.
Mais enfin on connut que c'étoient des chevaux sauvages , qui alloient boire dans une petite riviére où il couloit beaucoup d'eau douce des montagnes. Des-qu'ils nous aperçurent
ils s'enfuirent au galop , & nous ne les revîmes plus, pendant le tems que nous fûmes en
ce lieu-là.

Le lendemain l'Amiral & le Vice-amiral
étant retournez à terre , allérent se poster avec
leur monde vers le ruisseau , pour la sureté
des matelots qui iroient faire de l'eau ; & y
firent élever une demi-lune , pour s'y retirer
& s'y défendre , en cas que l'ennemi vint les
ataquer. Les Espagnols parurent en divers endroits par pelotons , mais quoi-qu'ils fussent bien montez , ils ne nous incommodérent

Y 6   point:

point: ils se rassemblérent seulement pour se poster au coin d'un bois. Le 16. on relâcha deux Portugais qu'on avoit pris devant S. Vincent, & un vieux insulaire de Sainte Marie, qui reçurent cette grace avec d'autant plus de joie, qu'elle leur fut fort-imprévuë.

La baie de Quintero est belle, & la rade en est bonne. Il y a une aiguade qui est fort-commode, & dont l'eau est de très-bon goût. Candisch y en fit aussi, mais ce fut avec perte de beaucoup de gens. Pour nous, nous n'y en perdîmes point, & nous n'en eûmes point de blessez, le retranchement que nous avions fait étant bon & de défense. On lui donna le nom de Crèvecœur. Nous trouvâmes encore une autre riviére, où l'on pêcha quantité de poisson. Nous fîmes aussi du bois fort commodément, & l'on y en peut faire autant qu'on veut: de-sorte que c'est le lieu du monde le plus propre pour se rafraîchir, & faire ces sortes de provisions. Le 17. du même mois, nous remîmes à la voile & courûmes au large.

Le 1. de Juillet 1615. nous nous ralliâmes à la terre, & la côtoïâmes, pour ne dépasser pas la petite ville d'Aricqua, par le travers de laquelle nous nous trouvâmes le soir du 2. Elle est située par les 18. degrès 40. minutes. On voit à l'un de ses côtés une haute montagne, dans la pente de laquelle il y a un gros bourg; & à l'autre côté, une agréable campagne verdoiante d'herbages & de quantité d'arbres, entre-autres, d'orangers & de citronniers.

C'est là qu'on porte tout l'argent de la Potesie, ou du Potosi, & on l'y embarque pour le transporter à Panama, & de Panama par terre
à Porto-

à Porto Velo, ou ailleurs, afin de l'embarquer & de l'envoier en Espagne. Comme nous n'y trouvâmes ni galions, ni autres vaisseaux, nous remîmes le cap au large.

Le 10. il y eut calme avec un tems chargé, dequoi nous fûmes surpris, parce-que notre prisonnier Espagnol nous avoit dit qu'il y faisoit toujours beau tems, & que depuis plusieurs années il n'y avoit point plu. Sur un avis qu'on avoit vu quelques voiles, les chaloupes aiant été à la découverte, raportérent qu'elles n'avoient eu la vuë que d'un fort-petit bâtiment, qu'on présuma être un espion, qui alloit devant nous porter la nouvelle de notre venuë, & donner avis des manœuvres que nous faisions. En éfet la chose se trouva véritable ; car tous les jours, & même d'heure en heure, on recevoit à Lima des nouvelles de ce qui nous arrivoit, & l'on savoit en quel lieu nous étions.

Le 11. étant par la hauteur des 13. degrès 13. minutes, nous revîmes le petit bâtiment, sur lequel on chassa, sans pouvoir le joindre. Le 14. pendant-que nous étions à l'ancre proche de terre, sur 60. brasses, l'Amiral envoia au rivage deux chaloupes armées, & des marchandises, afin de voir si l'on pourroit trafiquer avec les Indiens. Comme nos gens aprochoient, ils virent beaucoup de maisons & de gros édifices, ce qui leur fit croire que c'étoit une ville, ou une forteresse. Quand ils furent tout-proche ils distinguérent deux grands bâtimens, faits comme un château, ou du moins comme un cloître, au-devant desquels il y avoit une haute muraille vieille & en dé-

Y 7

caden-

cadence, qui servoit de rempart.

Derriére cette muraille il y avoit une troupe de gens armez, partie à pié, partie à cheval, qui firent feu sur les chaloupes, pour empêcher le débarquement : mais on n'avoit pas ordre de débarquer en pareille ocasion , ni de donner combat. Les ennemis battoient sans cesse le tambour , s'avançant plusieurs fois jusques sur le bord de la mer , & faisant diverses cavalcades , avec des airs menaçans. Nos gens voiant leurs bravades, firent des décharges sur eux, & en jettérent trois ou quatre par terre; manœuvre qui fit peur aux autres, & qui les obligea de retourner se tapir derriére le mur, si-bien qu'on ne les revit plus. Les chaloupes revinrent à bord sans qu'il y eût un seul homme de blessé. Après midi, nous remîmes à la voile , & rangeâmes la côte, mais le calme nous contraignit de remoüiller.

Le 16. a la pointe du jour, on découvrit un bâtiment au large. Quatre chaloupes aiant nagé de force le joignirent , & il se rendit sans aucune résistance. Le Maître & la plus grande partie de l'équipage s'étoient jettez dans leur chaloupe, croiant se sauver. Néanmoins ils furent aussi pris, & amenez sous le pavillon. Ils étoient en tout au nombre de 19. personnes, entre lesquelles il y avoit quelques passagers. La cargaison étoit de peu de valeur, consistant en olives, & en quelques autres denrées. Mais il y avoit une bonne somme d'argent, dont nos soldats & matelots pillérent & cachérent la meilleure partie. Le Maître, qui se nommoit Jean-Batiste Gonsales, paroissoit être un homme paisible & de bonnes

mœurs.

mœurs. Il venoit d'Aripica, & alloit à Caliou, ou Calao de Lima. On déchargea le bâtiment, puis on le coula bas.

Sur la brune nous découvrimes huit voiles,
qui paroissoient être des vaisseaux d'une grandeur extraordinaire. On interrogea les prisonniers, & on leur demanda quels étoient ces
vaisseaux, & à quelle fin ils étoient en mer?
La plupart, & entre-autres Jean-Batiste, répondirent nettement, que c'étoit une flote que
le Roi d'Espagne avoit fait équiper, en atendant
notre venuë, pour nous combattre, & qu'elle
nous ataqueroit sans doute. En éfet la chose
ariva, quoi-que, selon ce que nous en aprîmes
dans la suite, par les prisonniers que nous fîmes, le grand Conseil du Pérou n'eût pas
été d'avis qu'on s'y hazardât; & encore moins
qu'on nous vint chercher, alléguant que c'é-
toit trop s'abaisser, d'aller avec une flote Roïale chasser sur quelques vaisseaux particuliers:
qu'il étoit plus avantageux & plus convenable
à la majesté de leur Maître, de nous atendre
à venir, & de nous laisser enlacer nous-mêmes, puis-qu'on savoit précisément quelle
étoit notre route, & que nous allions à Caliou; ce qui étoit tout ce qu'ils pouvoient
souhaiter: qu'on feroit des batteries de canon
sur le rivage, à la faveur desquelles on prendroit sans doute tous nos vaisseaux.

Mais Don Rodrigo de Mendoza, Commandant général de cette Roïale flote, & parent
du Marquis de Montes Claros, Vice-roi du
Pérou & du Chili, avoit été d'un avis contraire. Ce jeune Seigneur avide de gloire, &
plus conduit par le feu de son imagination que

par

par aucune expérience, repliqua que deux de ſes vaiſſeaux étoient capables de détruire tout ce que les Anglois en avoient en mer, & que par conféquent nous n'étions que comme un rien pour la flote, tant à-cauſe de notre petit nombre, que parce-qu'il ne nous regardoit que comme des poulets, ou des poules, en comparaiſon des Anglois.

Ce beau commencement de harangue avoit été enſuite apuïé de quelques raiſons, ſavoir; Qu'il n'étoit pas poſſible que nous ne fuſſions dans une extrême foibleſſe, après la fatigue que nous avions ſouferte dans un ſi-long voiage: qu'il falloit que la plus grande partie de nos équipages, fût malade, ou morte, ou du-moins hors d'état de ſe défendre: que nous devions manquer de vivres, ou n'en avoir que trés-peu: qu'il étoit aſſuré que nous ne l'atendrions pas: que s'il nous pouvoit joindre, nous ne ſoutiendrions pas même ſa premiére ataque, & qu'il nous contraindroit de nous rendre, ainſi-qu'il diſoit en avoir déja auparavant contraint pluſieurs autres.

Le Vice-roi qui n'étoit pas moins magniſi-que en penſées & en paroles, que ſon parent, & qui n'avoit pas moins d'ambition, ravi de l'entendre ainſi parler, & de reconnoître ſon ſang en ce jeune Seigneur ſi-brave & ſi-réſolu, lui dît; Vous avez raiſon; Allez; Je ne croi pas que vous aïez rien à faire qu'à donner ordre qu'ils ſoient liez piés & poings, & qu'on nous les amène ici.

Un diſcours ſi-ſuperbe & ſi-flateur pour Mendoza, l'aiant animé juſques au bout, il fit vœu & s'engagea par ſerment de ne s'en retourner

tourner jamais qu'il ne nous eût battus, ou
que du-moins il n'eût emmené quelqu'un de
nos vaisseaux dans le port de Caliou ; & pour
plus grande solemnité & confirmation de son
vœu il communia.

Le Conseil, par déférence pour le Vice-roi,
& par son propre penchant à la fanfaronade,
avoit-jugé que les raisons de Mendoza étoient
bien-fondées. Ainsi cet Amiral aiant reçu
ses ordres, avoit mis à la voile avec son armade, & étoit parti de Caliou le 11. de Juillet,
avec 8. grands galions.

Celui qu'il montoit, se nommoit *Jesus Ma-*
ria, & portoit 24. piéces de gros canon de
fonte, avec 300. hommes, tant matelots que
soldats & Canoniers ; outre deux Capitaines,
un Sergeant Major, un Enseigne en pié, 24.
Enseignes & Sergeans réformez, chacun avec
leurs pages & laquais, sans y comprendre le
Chef, qui étoit environné de quantité de Dons
& de Cavalleros ; si-bien que le navire, en
tout, étoit monté de 460. hommes, aiant cou-
té de fabrique au Roi cent-cinquante mille
ducats.

Le second galion se nommoit *Sainte Anne :* il
portoit 14. piéces de gros canon de fonte, &
plusieurs autres petits, & étoit monté par
un Amiral Espagnol nommé Pedro Alvarez
de Piger, qui avoit la réputation d'être le
plus vaillant soldat qui eût été jamais envoié
aux Indes. C'étoit lui qui, quelques années
auparavant, avoit pris un navire Anglois dans
la mer du Sud. Il avoit pour second Gaspar
Coldron, qui, en cas de mort, devoit lui
succéder. Il y avoit à son bord 200. hommes,

mate-

matelots, foldats & canoniers ; outre un Capitaine de foldats , un Enfeigne , un Sergeant , & plufieurs Volontaires avec leurs valets. , faifant en tout 300. hommes. C'etoit
le plus fort vaiffeau & de la plus belle fabrique qu'on eût auffi jamais vu dans les Indes;
& il avoit coûté au Roi autant que le précédent.

Le troifiême galion étoit auffi un gros navire nommé *le Carme* , qui étoit monté par
Don Diégo de Starbis , Meftre-de-camp. Il
portoit huit piéces de gros canon de fonte, &
200. hommes, matelots, foldats, Oficiers &
leur fuite.

Le quatriême, qui fe nommoit *Don Diégo*,
étoit de la même capacité, & également monté de canon & de gens, avec encore fix Capitaines du Chili , & plufieurs autres Oficiers
réformez qui les avoient fuivis. Il étoit commandé par Jéronimo Peraca , Meftre-de-camp.

Le cinquiême, qui fe nommoit *le Rofario*,
étoit monté par le Capitaine Dommingo
d'Apala , & portoit 4. piéces de gros canon,
avec 150. hommes.

Le fixiême , qui fe nommoit *S. Francifco*,
étoit monté par le Capitaine Loüis Albe-
din , & par 70. Moufquetaires, avec 20. matelots , fans canon. Il fut coulé à fond dès la
premiére ataque qui fe fit de nuit, ainfi-qu'il
fera dit ci-après.

Le feptiême, qui fe nommoit *S. André* , étoit
monté par le Capitaine Don Jean de Nagena,
originaire d'Allemagne , & par 80. Moufquetaires & 25. matelots, avec plufieurs Oficiers,
fans canon.

Le

Le huitième avoit été envoié par le Vice-
roi, après le départ des sept autres, pour les
renforcer encore ; si-bien que les gens qui
étoient sur ces sept premiers, ne savoient pas
de combien de monde & de canon il étoit
monté.

Le 17. l'armade ariva sur nous, & nous
portâmes aussi sur elle ; de-sorte que vers le
soir nous ne fûmes pas éloignez les uns des
autres. L'Amiral Alvarez de Piger, Vice-
amiral de cette armade, qui étoit un Capitaine expérimenté, ne jugea pas que ses gens
eussent fait une bonne manœuvre, ni qu'il fût
à-propos pour eux de passer la nuit si-proche
de leurs ennemis. Il envoia une barque de
pêcheur, qu'il faisoit toujours tenir auprés de
lui, dire à l'Amiral Rodrigo, qu'il ne lui
conseilloit nullement de nous ataquer pendant
la brune, ou que si l'Amiral le faisoit, il protes-
toit contre, & déclaroit que l'événement ne
lui en pourroit être imputé.

Non-obstant cet avis l'Amiral Espagnol
vint sur les 10. heures aborder *le Grand Soleil*
que notre Amiral montoit, & après quelques
paroles que les deux Amiraux eurent ensemble,
ils firent feu l'un sur l'autre, d'abord de la
mousqueterie, puis du canon ; ce qui n'étoit
pas moins afreux que surprenant, de tels
combats ne se faisant pas ordinairement de
nuit.

Lors-que nos Mousquetaires eurent fait leur
décharge, notre Amiral fit un si-grand feu de
son canon, que Rodrigo auroit alors bien voulu s'alarguer de lui. Mais comme il faisoit
calme tout-plat, il fallut de nécessité qu'ils
demeu-

demeuraſſent longtems ſous le feu l'un de l'autre, qui fut continuel, & toujours acompagné du ſon des tambours & des trompettes, auſſi-bien que des cris & des efroïables hurlemens de Eſpagnols.

Enfin Rodrigo aiant paſſé, il fut ſuivi d'un autre galion, qui, étant un peu meilleur voilier, ne demeura pas ſi-longtems ſous le feu de notre Amiral, & par-conſéquent il n'en fut pas ſi-incommodé. Le *S. Franciſco* paſſa le troiſiême, & aiant dérivé par le calme ſi-proche de notre Amiral, qu'il ſe trouva flanc à flanc, il fut incontinent criblé de coups, ſi-bien qu'il ſembloit devoir couler bas à l'inſtant. Cependant il alla toujours dérivant juſqu'à notre yacht, ſur lequel aiant fait une grande décharge de mouſqueterie, il y jetta les grapins, croiant qu'il s'en rendroit maître facilement. Mais le yacht ſe défendit vigoureuſement, repouſſa les Eſpagnols, ſe déborda, & vit le *S. Franciſco* couler à fond aſſez près de lui, faiſant périr la plupart de ceux qui tâchoient de ſe ſauver.

Cet accident fut le ſalut du yacht; car pendant-qu'il rendoit ce combat, l'Amiral Eſpagnol dériva auſſi vers lui, & commença de lui envoier ſes bordées. Ce fut juſtement lorſque le combat contre le *S. Franciſco* finiſſoit, de-ſorte qu'il répondit vigoureuſement à Don Rodrigo. Néanmoins la partie étant ſi inégale, il n'auroit pu s'empêcher de ſuccomber, ſi notre Amiral, qui remarqua le danger où il étoit, n'y eût envoié une chaloupe pleine de gens, & il commanda au Vice-amiral d'en faire autant. Comme la chaloupe de l'Amiral

ral étoit proche du yacht , & qu'elle ne fut
point reconnuë, quoi-que l'équipage criât de
toute fa force , *Orange* , *Orange* , il lui tira un
coup de canon, qui porta fi-bien qu'elle coula
bas dans le moment. Il n'y eut pourtant qu'un
homme qui périt, & tous les autres fe fauvé-
rent. Cependant la chaloupe du Vice-amiral
s'étant auffi aprochée , le yacht fut dégagé,
& fe retira fans être beaucoup incommodé.

La même nuit quelques autres vaiffeaux allérent auffi ataquer le Vice-amiral qui les reçut d'une telle maniére, que le lendemain ils
n'eurent pas envie d'y retourner. Comme pendant toute la nuit nous ne vîmes point le Vice-
amiral Efpagnol, non-plus que quelques-autres
de leurs vaiffeaux, nous crûmes qu'ils avoient
porté fur l'*Aeole* & fur *l'E'toile du matin* , que
le calme avoit tellement fait dériver, que nous
n'en pûmes auffi aprendre aucune nouvelle pendant la brune. Ce calme qui avoit toujours
duré, ne leur avoit pas permis de fe rallier à
la flote.

Le jour étant venu, qui fut le 18. de Juillet 1615. l'Amiral Efpagnol, qui les découvrit , porta fur eux , croiant qu'il en auroit
meilleur marché qu'il n'avoit eu des autres.
Mais il connut bien-tôt que le plus court pour
lui étoit de penfer à la retraite. Cependant
le vent s'étant levé, cinq des vaiffeaux ennemis fe joignirent enfemble, & envoiérent diverfes fois des chaloupes à leur Amiral , pour
lui dire qu'ils avoient réfolu de fe dégager de
nous , ainfi-que nous l'aprîmes dans la fuite
par nos prifonniers , entre-autres par un Capitaine & par un premier Pilote. Auffi étoient-
ils

ils tellement incommodez du combat noctur-
ne, qu'ils n'avoient point d'envie de le reprendre en plein jour.

Notre Amiral & notre Vice-amiral aiant
remarqué leurs mouvemens, portérent droit
sur l'Amiral & sur le Vice-amiral Espagnols,
qui eurent recours à prendre chasse. Rodrigo
qui vit qu'Alvarez de Piger demeuroit de
l'arriére, fit petites voiles & l'atendit. Notre
Vice-amiral l'aiant joint, lui envoia ses bordées, & notre Amiral s'en étant aussi aproché, il se fit un furieux combat entre ces quatre vaisseaux pavillons. Enfin l'*Aeole* les aiant
joints, les deux Espagnols tombérent à la fois
sous le feu des trois nôtres, & allérent à la
dérive l'un contre l'autre, vergue à vergue,
ce qui nous donna un grand avantage sur eux,
un côté de chacun de leurs vaisseaux leur demeurant inutile, pendant-que les nôtres continuoient à faire feu de tous côtés. Aussi fu-
rent-ils tellement desemparez, que chacun des
Amiraux croiant que son vaisseau alloit périr,
tâchoit de se sauver sur le bord de l'autre. En
éfet il y eut quantité de gens de l'équipage d'Alvarez qui se jettérent dans le galion de Rodrigo, persuadez que le leur, qu'ils voioient
criblé de coups, alloit couler à fond.

Mais lors-qu'ils furent à bord de leur Amiral, ils n'y trouvérent plus que 40. à 50. hommes en vie, qui s'étoient tous ralliez au château d'avant, ainsi-qu'ils nous le déclarérent eux-mêmes, & y avoient arboré une banniére blanche, qui fut retirée & remise plusieurs fois, quelques Cavaleros l'aiant ôtée
chaque fois, & aimant mieux mourir que de
com-

tomber entre nos mains. Ainsi nous continuâmes toujours de leur envoier des bordées.

Les gens d'Alvarez qui avoient passé au
bord de Rodrigo, voiant l'état où étoit son
équipage, repassérent au leur, & aiant repris
courage, firent encore feu, pour se défendre.
Enfin notre Vice-amiral fut poussé par les
lames entre les deux Espagnols, qui firent
alors joüer sur lui les bordées qui leur étoient
longtems demeurées inutiles, & de son côté
il ne manqua pas de leur envoier toutes les
siennes.

Ensuite s'étant trouvé tout-proche de l'A-
miral Espagnol ; celui-ci lui jetta les grapins,
& ses gens sautérent à l'abordage. Les nôtres
que étoient sous le pont de cordes, se battirent avec les espontons, avec les pierriers,
& avec les autres armes, tuant presque tous
ceux qui avoient sauté à leur bord. Pendant
ce tems-là, les deux galions Espagnols étoient
toujours par les deux autres côtés sous le feu
de nos deux autres navires, & ils se virent
enfin tellement desemparez, qu'il commencérent à s'écarter l'un de l'autre, & celui de
Rodrigo prit chasse. Mais notre Amiral
chassa toujours sur lui, & ne l'abandonna point
jusques au soir, que la brune lui en déroba
la vuë.

Depuis ce tems-là nous ne le revîmes plus,
ni n'en aprîmes aucune nouvelle sur le lieu.
Cependant il n'y a point d'aparence qu'il ait
pu s'éloigner si-fort pendant la nuit, que nous
n'aions pu le revoir ou le découvrir le lendemain, ainsi-que nous revîmes tous les autres
vaisseaux de son armade, d'autant-plus qu'il

y eut

y eut calme toute la nuit; ce qui nous fit préfumer qu'il pouvoit bien être allé tenir compagnie au *S. Francifco*, dans le fond de la mer,
comme fit fon Vice-amiral, ainfi-qu'il en fera
parlé ci-aprés, en raportant les nouvelles que
nous en dirent les Indiens à Guiarme & à Péi-
ta. Nous fûmes auffi que le *Sainte Marie* avoit
eu le même fort, & nous avions déja vu nous
mêmes qu'il commençoit à s'enfoncer, lorf-
que nous le perdîmes de vuë.

Notre Vice-amiral & l'*Aeole* chaffant toujours fur le Vice amiral Efpagnol, le percérent de tant de coups, qu'il n'y avoit plus
d'efpérance qu'il pût fe maintenir; & il fem-
bloit à tout moment qu'il alloit couler bas.
Il fe vit donc contraint de faire pavillon blanc,
& les Efpagnols nous ofrirent de fe rendre,
fi nous leur promettions la vie. Notre Vice-
amiral envoia deux chaloupes armées à fon
bord, & commanda aux Capitaines de lui
amener Alvarez de Piger, à quoi il ne voulut
nullement confentir. Il dît qu'il prétendoit
paffer encore cette nuit fur fon vaiffeau, à-
moins qu'on n'y voulût laiffer quelques Capitaines pour otages en fa place; ce qui lui fut
refufé, en lui remontrant que c'étoit une grande & criminelle obftination de vouloir demeurer dans un vaiffeau, qu'on voioit qui alloit couler bas.

Néanmoins il n'y eut pas encore moien de
le vaincre. Il ofrit feulement d'aller, fi notre Vice-amiral venoit lui-même le querir,
fi-non, il dît qu'il aimoit mieux périr avec fon
vaiffeau, en fervant fon Roi & fa patrie. Pendant cette conteftation, un des matelots de
l'Aeole,

l'Acole, aiant monté à son bord, en enleva le pavillon; & en même tems nos gens, qui virent qu'il n'y avoit pas moien de réduire le Commandant à une capitulation, s'en revinrent, abandonnant dix ou douze matelots qui au mépris des ordres qu'ils avoient reçus, s'étoient jettez dans le galion, à-dessein d'être les premiers à piller.

La brune étant survenuë, les Espagnols, avec l'aide de ces dix ou douze matelots Hollandois qui étoient demeurez avec eux, tâchérent de maintenir leur galion en pompant, & par d'autres manœuvres. Mais voiant que le péril augmentoit, & qu'il falloit périr, ils allumérent quantité de lumiéres & de torches, faisant de grandes lamentations & des cris extraordinaires, afin d'émouvoir à compassion ceux qui les pourroient entendre. Enfin le navire coula bas à notre vuë.

Le lendemain 19. de Juillet, l'Amiral envoia 4. chaloupes à l'endroit où le Vice-amiral Espagnol avoit péri, afin de voir s'il y auroit quelqu'un qui flotât sur des planches, ou sur des mâts, & qu'on pût le sauver. On trouva 60. à 70. hommes encore en vie, qui voiant nos chaloupes, & les croiant Espagnoles, leur demandoient du secours avec toute l'ardeur qu'on peut s'imaginer : mais les aiant reconnuës pour ennemies, ils changérent de ton, & criérent de toute leur force Miséricorde, Miséricorde.

Commes nos gens ne trouvoient point Alvarez, & qu'on leur dît qu'il s'étoit noïé la nuit, aiant déja reçu au combat deux blessures, ils sauvérent le premier & le second Pi-

Z

lotes,

lotes, un Capitaine & quelques soldats, laiffant le refte à la merci des flots. Néanmoins quelques-uns des matelots, tuérent plufieurs de ceux qui flotoient, & qui lutoient contre la mort; ce qu'ils firent au préjudice des ordres qui leur avoient été donnez.

Ce fut là le fuccès de ce combat, où il plut à Dieu de nous protéger d'une façon extraordinaire, dont graces foient à jamais renduës à fon infinie miféricorde. La perte de ces trois vaiffeaux afoibliffoit beaucoup les forces des Efpagnols. Ce qu'il y eut d'extraordinaire eft que nous n'eûmes ni beaucoup de morts, ni beaucoup de bleffez. *L'Etoile du matin*, que notre Vice-amiral montoit, en eut le plus à fon bord, favoir 16. de morts, & 30. à 40. de bleffez; ce qui ariva dans le tems qu'il étoit au milieu des deux pavillons Efpagnols. Sur tous les autres vaiffeaux enfemble il n'y en eut que 24. de morts, & 16. ou 18. de bleffez. Le même jour nous mîmes le cap fur Caliou de Lima, mais comme il calmoit, nous fîmes très-peu de chemin.

Le 20. nous eûmes le vent favorable, & aiant dépaffé l'ifle, nous courûmes droit vers le port, où nous vîmes 13. ou 14. bâtimens de diverfes grandeurs, qui trafiquoient au Pérou, n'allant jamais que terre à terre; ce qui fut caufe que nous ne pûmes nous en aprocher, parce-qu'il n'y avoit pas affez de profondeur pour nos vaiffeaux. Ainfi nous retournâmes à notre premier projet, qui avoit été de moüiller à la rade de Caliou de Lima, pour tâcher d'aprendre fi l'Amiral Efpagnol s'étoit fauvé. Comme nous ne le trouvâmes point là, & qu'on

qu'on n'en savoit aucunes nouvelles, nous demeurâmes persuadez qu'il étoit péri, & nous
en eûmes une entiére certitude à Guiarme &
à Peita.

Lors-que nous fûmes proche de Caliou de
Lima, notre Amiral s'étant mis de l'avant
jetta l'ancre sur 9. à 10. brasses, tout-proche
de terre. A-peine étoit-il établi sur ses amarres, que les ennemis plantérent sur le rivage
une piéce de canon de 36. livres de balle,
avec quelques autres petites piéces, & tirérent sur lui, sans lui causer aucune incommodité. Le yacht laissa tomber l'ancre à côté
de lui, & y reçut un coup qui passa tout-au-
travers du vaisseau, si-bien qu'il s'en fallut peu
qu'il ne coulât à fond.

Cependant nous vîmes sur le rivage beaucoup de troupes, à la tête desquelles le Vice-roi étoit lui-même, ainsi-que nous l'aprîmes ensuite, & qui consistoient en 4000. hommes d'infanterie & huit compagnies de cavalerie. Avec cela nous nous trouvions exposez aux batteries que les ennemis avoient sur le
rivage, qui pouvoient abattre nos mâts, ou
couper nos cables, & par-conséquent retarder
beaucoup notre voiage. Leurs vaisseaux qui
étoient proche du rivage, en très-grand nombre, étoient aussi tout-remplis de troupes,
& bien-pourvus de munitions. Toutes ces
considérations obligérent le Conseil à conclure qu'il falloit s'alarguer jusqu'à 2. ou 3. lieuës,
& la chose fut à l'heure même éxécutée.

Ainsi nous allâmes jetter l'ancre à l'entrée
du port de Caliou de Lima, où nous demeurâmes jusqu'au 25. du même mois de Juillet,

Z 2

fai-

faisant tous nos éforts pour surprendre quelques-uns de leurs vaisseaux. Mais ce fut inutilement ; car ils ne faisoient jamais que raser la côte , & ils étoient bien plus legers à la voile que les nôtres : de-sorte que tout le butin qu'on fit ne consista qu'en un très-petit bâtiment, presque de nulle valeur.

Le 26. nous remîmes à la voile pour continuer notre voiage , rangeant la côte aussi près qu'il nous étoit possible, jusqu'après midi que nous vîmes un petit bâtiment tout-proche du rivage. L'Amiral y envoia 3. chaloupes armées, sans que notre flote fît aucune manœuvre pour retarder sa course & pour les atendre , ne moüillant que vers le soir sur 15. brasses. Les chaloupes amenérent sous le pavillon le bâtiment qui se trouva chargé de sel, & de 80. tonneaux de sirop , qui furent distribuez à tous à tous les vaisseaux. L'équipage s'étoit sauvé à terre avec tout ce qu'il avoit pu emporter. L'Amiral trouvant à-propos de retenir ce bâtiment, y établit Jean de Wit pour Capitaine, & y envoia des matelots pour le naviger.

Après cela on délibéra dans le Conseil sur ce qu'il y auroit à faire , en cas qu'on rencontrât l'armade de Panama, & il fut résolu qu'on la combattroit avec le canon , en quoi consistoit notre principale force , & qui étoit la maniére de combattre la plus avantageuse pour nous : qu'on feroit tous ses éforts pour n'en point venir à l'abordage , & que dans cette vuë on se tiendroit toujours assez loin des ennemis : que pour cet éfet on ne feroit pas, des manœuvres si-hardies ni si-pleines de risques

ques qu'eux : qu'il falloit toujours se souvenir
que nous étions en des mers étrangéres , environnez de leurs terres , où nous ne pouvions
espérer aucun lieu de retraite , pour nous sauver , ou pour nous raccommoder , si nous étions
en péril , ou desemparez ; & que nous ne pouvions compter que sur les moiens qui se trouvoient entre nos mains & avec nous , dans
nos vaisseaux.

Outre cela il falloit considérer que le voiage que nous avions à faire étoit encore d'un
très-long cours : que nos Maîtres qui avoient
équipé la flote, atendoient de nous encore d'autres services aux Manilles & ailleurs , qui leur
devoient être très-importans , & que c'étoit
particuliérement dans cette derniére vuë que
notre flote étoit en mer : que comme dans le
combat que nous avions livré à l'armade de
Lima, nous avions eu beaucoup de desavan-
tage en ce que tous nos vaisseaux n'avoient
pu demeurer ensemble , à-cause du calme qui
les empêchoit de s'aprocher les uns des autres , il falloit penser à se tenir serrez autant
que le vent & l'ocasion nous le pourroient permettre.

Que si nous avions le bonheur de nous rendre maîtres de quelques vaisseaux ennemis, en
ce cas il étoit ordonné à tous Capitaines, Maîtres , Pilotes & autres , de demeurer dans leurs
propres vaisseaux & de les garder , & aussi aux
Capitaines des soldats de ne pas quitter leurs
bords pour passer à ceux des vaisseaux pris :
qu'il falloit contraindre les prises à envoier
leurs propres chaloupes aux nôtres , afin de ne
pas tomber dans le desordre où l'on avoit

déja été, & de ne se mettre pas en danger de perdre notre avantage, & même des gens, ainsi-que nous en avions perdu par leur imprudence, & par leur trop d'ardeur pour le pillage.

Que si l'on jugeoit à-propos d'envoier nos chaloupes aux bords des prises, cela ne se pourroit faire que par l'ordre de l'Amiral, ou du Vice-amiral en son absence, & dans une ocasion pressante; auquel cas on choisiroit les gens qui seroient les plus propres pour cette fonction, & qui sauroient la langue Espagnole, à qui l'on recommanderoit de se conduire avec beaucoup de circonspection.

Le 27. de Juillet, nous remîmes à la voile, & le 28. nous moüillâmes l'ancre à la rade de Guiarme, ou Guarme, par la hauteur des 10. degrés de latitude Sud. C'est un bel endroit, où il y a un bon port, qui peut contenir quantité de vaisseaux. Il y a un grand étang, ou marais, couvert d'eau douce, & nous y en fîmes provision.

Dès-que nous fûmes établis sur nos amarres, l'Amiral envoia une troupe de soldats à terre, où ils ne trouvérent que des maisons vuides, dont les habitans, qui avoient eu avis de notre venuë, s'en étoient fuis dans les bois. Ainsi l'on ne fit pas beaucoup de butin. Pendant-que nous fûmes là mouillez, l'Amiral envoia plusieurs fois Jean-Batiste, Maître du petit bâtiment que nous avions pris la veille de la bataille, pour visiter le païs avec nos gens, & chercher des ocasions d'avoir des rafraichissemens.

Après avoir parcouru divers endroits, ils trou=

trouvérent enfin des oranges & d'autres fruits. Les matelots trouvérent aussi dans quelques maisons des poules, des pourceaux & de la farine. Ensuite on donna ordre à un homme discret, & de la fidélité de qui l'on se tenoit assuré, de s'avancer vers les lieux où les habitans s'étoient retirez, & de parler à eux, pour leur demander des nouvelles de l'Amiral Rodrigo & de son armade. Il nous raporta qu'il étoit certain que les deux gros galions étoient péris, sans qu'il s'en fût sauvé une seule personne, que ceux que nos chaloupes nous avoient amenez du galion d'Alvarez.

Le 3. d'Août 1615. l'Amiral relâcha & fit mettre les prisonniers à terre sans rançon, faveur qui les surprit autant qu'elle les réjoüit. Après midi nous mîmes les voiles sur les cargues, & fimes le Nord-ouëst par un bon vent jusques au 6. du mois, que nous découvrîmes l'isle de Loubes, entre laquelle & le continent nous allâmes passer. Elle gît par les 6. degrès 40. minutes, & a le nom de Loubes à cause d'un poisson qu'on apelle ainsi dans ces quartiers-là, & dont il y a une grande quantité.

Le 8. nous laissâmes tomber l'ancre dans le port de la ville de Peita, & le 9. on envoia 300. hommes, dans huit chaloupes, qui aiant débarqué marchérent en bon ordre vers la ville, tout-autour de laquelle ils trouvérent des retranchemens qu'ils ne pouvoient forcer sans perdre beaucoup de monde. Ainsi après quelques escarmouches, l'Amiral qui prenoit un grand soin de conserver ses gens, sachant le besoin qu'il en avoit, les fit rembarquer.

Z 4

Nous

Nous y perdîmes un homme, & en eûmes 3. ou 4. de blessez.

Cependant sur les instances que firent les soldats, *l'Etoile du matin*, *l'Aeole* & le yacht, eurent ordre de mettre à la voile, & d'aller se poster tout-proche de la place, qui demeura ainsi assiégée. Après midi on vit venir du large un pêcheur sur qui Jean de Wit chassa, & vers le soir il l'amena sous le pavillon. Le bâtiment & les voiles étoient d'une fabrique fort-extraordinaire, & il étoit navigé par six Indiens jeunes, robustes & vigoureux, qui étoient en mer depuis deux mois, amenant quantité de poisson sec, qui étoit de bon goût, & qui fut distribué sur la flote.

Le 10. on remit du monde à terre, mais en plus grand nombre que le jour précédent, & en même tems nos trois vaisseaux firent joüer leur canon sur la ville, jusques-à-ce que les troupes fussent rangées en ordre & qu'elles marchassent. On trouva la ville ouverte & vuide, les habitans s'en étant fuis vers les montagnes, & aiant emporté tout ce qu'ils avoient pu. L'Amiral y aiant fait mettre le feu, elle fut bientôt réduite en cendres, & les troupes s'en retournérent à bord.

Le 12. du même mois d'Août, l'Amiral envoia poster en sentinelle le yacht, à une lieuë & demie au Sud, & la flote aiant quitté Peita, laissa tomber l'ancre sous un cap, proche d'un golfe, pour y atendre l'armade qui devoit venir de Panama. Durant le séjour que nous y fimes, l'Amiral envoia tous les jours Jean de Wit, avec son petit bâtiment à la découverte, & tous les soirs il se rendoit sous le pavillon. On

On envoia aussi à terre cinq de nos Indiens, pour cüeillir des fruits, & pour savoir ce qu'on disoit de l'Amiral Espagnol. Ils nous raportérent enfin qu'on en avoit des nouvelles certaines, parce-qu'il s'étoit sauvé cinq ou six hommes, par miracle, & on sut que tout le reste avoit péri avec le galion. Un de ces Indiens nous découvrit aussi des afaires secrétes, & de grande importance, à quoi nous ne craignîmes pas d'ajoûter foi, parce-que, comme il a été déja dit, il nous avoit paru discret, de bonnes mœurs, & afectionné pour nous.

Les Indiens nous aportérent encore des lettres qui nous donnérent des éclaircissemens. Le Capitaine Caldron avoit écrit à La Dona Paula, femme du Commandant de Peita, qui s'étoit retirée dans la ville de S. Michel, à 12. lieuës dans les terres. Sa réponce portoit, qu'elle étoit fort-touchée de ce qu'il étoit prisonnier entre nos mains, avec plusieurs autres Espagnols, & que si elle n'étoit point retenuë par des raisons importantes, elle viendroit se jetter aux piés de l'Amiral, & intercéder pour eux. Elle nous envoia quantité de citrons, d'oranges, de choux & d'autres rafraîchissemens qui furent distribuez par-tout.

Cette Dame est dans une grande réputation au Pérou, tant à-cause de sa beauté, que de sa modestie & de son esprit, qui lui ont aquis beaucoup d'autorité dans ces païs-là. Elle sollicitoit instamment pour la liberté des prisonniers, laquelle on lui refusa dans les termes le plus honnêtes qu'il fut possible, jusqu'à lui témoigner qu'en sa considération on n'eût pas ataqué Peita, si on l'eût connuë auparavant.

Z 5 Cette

Cette ville étoit forte, particuliérement du côté de la mer, où le canon n'auroit pu faire bréche. Il y avoit deux Églises, un couvent & plusieurs beaux édifices. Son port est un des meilleurs de tout le païs. Les armades de Panama s'y rendent, & quantité de vaisseaux y vont décharger. On va ensuite par terre à Caliou de Lima, pour éviter la difficulté qu'on trouve par mer à surmonter la force des courans qui vous contrarient. Le Vice-roi y avoit fait donner avis de notre venuë, & envoié des armes pour sa défense. Mais quoi-que les habitans eussent paru assez résolus le premier jour, ils perdirent bientôt courage.

Pendant notre séjout, l'Amiral qui voioit que les vivres commençoient à diminuer, envoia quatre chaloupes armées à l'isle de Loubes, pour pêcher des poissons de ce même nom. Elles s'en revinrent chargées, & aportérent quelques-uns de ces poissons encore en vie. Ils étoient de fort-bon goût & fort-nourrissans, & servoient à épargner les vivres. Cependant quelques esprits hargneux, ainsi-que par malheur il s'en trouve presque toujours dans les communautés, refusérent de continuer d'en manger, disant que ce n'étoit pas de cette sorte de vivres qu'on devoit faire sa nourriture ordinaire, & qu'ils engendreroient des maladies. Pour ôter à ces gens-là tout prétexte de murmure, l'Amiral fit cesser de pêcher, quoi-que toutes les fois qu'on y alloit, on fît une pêche très-abondante.

Nos matelots prirent dans cette isle deux oiseaux d'une grandeur extraordinaire, qui avoient un bec, des ailes & des griffes comme me en ont les aigles, un cou comme celui d'une brebis, & une tête comme celle d'un coq, si-bien que leur figure étoit aussi-extraordinaire que leur grandeur.

L'Amiral voiant que la plupart de nos pri-sonniers n'étoient propres à rien, les fit met-tre à terre, ne retenant que le premier Pilo-te, le Capitaine Casper Caldron, & environ 30. autres. Il relâcha aussi les Indiens, & leur rendit leur vaisseau.

Le 21. du même mois d'Août, nous remîmes à la voile, & le 22. nous remîmes le cap sur la côte, & y allâmes remoüiller. Depuis ce tems-là nous remarquâmes que les courans étoient si-rapides, & qu'ils nous étoient si-contrai-res, qu'il ne nous étoit plus possible d'avan-cer que par un vent très-favorable.

Le 23. nous l'eûmes tel, & aiant remis à la voile, nous rangeâmes la côte jusques au soir, que nous ancrâmes par le travers de la riviére nommée Rio de Tomba, dans laquel-le les chaloupes même ne peuvent entrer, à-cause de la quantité des bas-fonds qui y sont, & de la force des courans qui en viennent.

Le 24. il fut résolu qu'on iroit en droiture à l'isle Coques qui git par les 5 degrès de la-titude Sud, parce-qu'elle est fort-commode pour se rafraîchir ; & pour cet éfet le vent aiant passé à l'Ouëst, nous fîmes voiles, & courûmes au Nord-nord-ouëst. Le 27. nous fîmes par un degré & demi de latitude Sud, proche du cap de Sainte Héléne. Le 30. nous gouvernâmes plus au Sud. Dans ces parages nous fîmes sans cesse exposez au gros tems, aux tourbillons de vent, à la pluïe, aux

Z 6 éclairs,

éclairs, aux tonnerres.

Depuis le 2. de Septembre 1615. que nous étions par les 4. degrès 30. minutes, jusques au 7. du même mois, nous cherchâmes toujours l'iſle de Coques ſans la trouver, à-cauſe du gros tems. Le même jour Jean de Wit fut contraint d'abandonner ſon petit bâtiment, parce-qu'il faiſoit eau en beaucoup d'endroits. À-peine en avoit-on tranſporté les munitions, & à-peine l'équipage avoit-il eu le tems de ſe retirer, qu'il coula bas.

Depuis le 7. juſques au 13. le gros tems n'eut aucun relâche; ce qui cauſa des maladies. Le 14. il ceſſa, & nous fûmes par la hauteur des 8. degrès 10. minutes. Le 17. nous découvrîmes les terres de la nouvelle Eſpagne, qui nous parurent d'abord fort-baſſes, quoiqu'il y eût enſuite des collines, & des montagnes d'une hauteur prodigieuſe. Les jours ſuivans nous eûmes des vents variables, & tantôt du calme tantôt du gros tems.

Le 1. d'Octobre 1615. nous fîmes des bordées pour nous aprocher des terres que nous voïions toujours. Le 2. nous en fûmes aſſez proche, & nous vîmes de la fumée en pluſieurs endroits. L'Amiral fit armer une chaloupe pour aller à la découverte, & le yacht ſe mit de l'avant afin de ſonder le fond, & de chercher une rade. Mais il revint dire qu'il n'avoit trouvé ni rade, ni port, dequoi nous fûmes étonnez.

Sur le ſoir, la chaloupe étant auſſi revenuë raporta qu'elle avoit trouvé une bonne baie, tout-proche des terres, où l'on pouvoit ancrer ſur 15. ou 16. braſſes : que les habitans
étoient

étoient venus sur le bord de la mer, & avoient
parlé à nos gens: qu'ils avoient promis de fournir des rafraîchissemens, moïennant qu'on les
allât querir: mais que comme il n'y avoit
point d'ordre de mettre à terre, l'équipage
n'avoit osé l'entreprendre. Le vent étoit si-
contraire, que nous ne pûmes gagner jusqu'à
la rade. Ainsi nous fûmes contrains de remettre le cap au large. Le païs que nous vîmes
paroissoit fort-agréable, verdoiant, & bien
garni d'arbres.

Le 3. étant par les 16. degrès 20. minutes,
nous tâchâmes de gagner la rade, sans y pouvoir parvenir, faisant la même manœuvre jusqu'au 5. que nous vîmes plusieurs mâts liez ensemble, qui dérivoient en pleine mer. Nous
jugeâmes d'abord que c'étoit quelque vaisseau,
& nous en eûmes ensuite la certitude par une
de nos chaloupes. On en commanda une autre pour aller visiter la côte, & voir si l'on
pouvoit mettre du monde à terre, & avoir
des rafraîchissemens, dequoi nous avions un
besoin extrême. Le raport fut que la chose n'é-
toit pas possible; que la mer brisoit avec tant
d'impétuosité, que les chaloupes courroient
trop grand risque d'être renversées. Le même jour nous jettâmes l'ancre sur 40. brasses,
par les 16. degrès 40. minutes.

Le 6. il fut résolu qu'on ne laisseroit pas
d'envoier des chaloupes au rivage, & elles
revinrent sans avoir pu passer. On avoit vu
sur le bord de la mer quelques hommes qui
faisoient des signaux pour inviter nos gens à
passer jusqu'à eux, & des troupeaux de bêtes
qui paissoient. Le 8. on en commanda enco-

re trois autres, qui ne purent auſſi paſſer.
Mais quelque matelots s'étant deshabillez,
traverſérent à la nage, & virent des millions
de cerfs & de biches fort-ſauvages, qui s'enfuirent de toute leur force à leur vuë.

Le 9. nous rangeâmes la côte, & ſur le ſoir
du 10. nous moüillâmes l'ancre proche d'un
cap derriére lequel étoit la ville d'Aquapulco,
ou Aquapolque, où il y avoit un bon port.
Le 11. nous tâchâmes d'entrer dans le port,
& l'après-midi nous allâmes moüiller l'ancre
auprès du fort, qui nous envoia dix volées de
canon, ſans nous faire aucun mal.

L'Amiral aiant fait avancer une chaloupe,
avec une banniére blanche, les Eſpagnols vinrent au-devant, & non-ſeulement ils parlérent
civilement, mais ils ofrirent de nous donner des
rafraîchiſſemens, & tous les ſecours dont nous
aurions beſoin. Pour plus grande aſſurance,
deux d'entre eux, ſavoir Pedro Alvarez Sergeant Major, & Francisco Menendus Enſeigne, qui ſavoient fort-bien le Flamand, aiant
ſervi pluſieurs années en Flandres, vinrent à
bord de l'Amiral, à qui il réitérérent les mêmes ofres; puis ils s'en retournérent à la ville. La nuit nous toüâmes nos vaiſſeaux ſi proche du fort que nous en pouvions diſtinctement
voir toute la ſituation & le canon.

Le 12. nous eûmes des ſoupçons que les
Eſpagnols faiſoient quelque machination contre nous; ce qui nous obligea de faire tourner nos vaiſſeaux enſorte qu'ils prêtaſſent le
côté au fort, & de tenir le canon paré. Cependant comme on avoit encore envoié une
chaloupe, pour épier ce qui ſe paſſoit, elle
ramena

ramena les deux mêmes personnes, qui ofrirent de demeurer en otage, jusques-à-ce qu'on eût éfectué ce qu'ils avoient promis.

Après plusieurs honnêtetés de part & d'autre, il fut arrêté que nous rendrions tous les prisonniers, & que pour leur rançon on nous donneroit 30. bœufs, 50. brebis, une certaine quantité de poules, de choux, d'oranges, de citrons &c. Dès-que cet accord fut fait nous vîmes venir à la flote plusieurs autres Capitaines & Cavaliers, & entre-autres le Capitaine Castilio qui avoit servi plus de 20. années dans les Païs-bas. Ils nous firent tous beaucoup de civilités. Le même jour nous envoiâmes des gens à terre, pour faire de l'eau & du bois.

Le 13. on fit encore la même chose. Sur le soir les Espagnols nous envoiérent une barque, pour nous assurer qu'ils éxécuteroient le lendemain leurs promesses. Le 14. ils nous firent quelques salves du canon, & nous envoiérent les bœufs, les moutons & les fruits dont on étoit convenu, ce qui ne donna pas une médiocre joie aux équipages.

Le 15. Don Melchior Harnando, Cousin du Vice-roi de la Nouvelle Espagne, se rendit à bord de notre Amiral, avec ordre de visiter une flote, qui avoit pu vaincre une armade Roïale, telle que celle que Don Rodrigo avoit commandée. Il fut bien reçu & bien régalé, & l'on fit mettre devant lui tous les soldats de rang sous les armes. Ensuite le fils de notre Amiral & le Fiscal allérent à terre saluer le Gouverneur qui leur fit beaucoup d'honnêtetés. Sur le soir, chacun de nos vaisseaux fit une salve de trois coups de

canon a.

canon, & de quelque mousqueterie. Le lendemain les prisonniers que nous avions furent relâchez, & les Espagnols promirent d'user de la même générosité, si quelqu'un de notre nation tomboit entre leurs mains.

Pendant-que toutes ces choses se passoient, nos gens continuoient avec beaucoup d'empressement à faire du bois & de l'eau, dequoi nous avions un extrême besoin, parceque le nombre des malades augmentoit, surtout parmi l'équipage du *Soleil*, où il y avoit plus de 60. hommes couchez dans les cabannes. Aussi avoit-on résolu que si les Espagnols ne nous vouloient pas permettre de nous pourvoir de ces sortes de rafraîchissemens, on se mettroit en état d'en prendre par la force des armes. Cependant nous ne l'aurions pu faire qu'avec beaucoup de peine & de danger, puis-qu'il y avoit dans le fort 17. piéces de canon de fonte, avec quantité de mousquets, d'autres armes, & de munitions qu'on y avoit envoiées exprès à-cause de nous, la nouvelle de notre voiage étant en ce lieu-là depuis plus de huit mois.

Gregorio Porreo, Gouverneur de la place, avoit alors pour la défense du fort 400. hommes outre plusieurs Gentishommes & Volontaires, & auparavant il n'avoit que 40. hommes & 3. piéces de canon. La ville d'Aquapulco n'est pas fort-bien pourvuë de vivres : il faut les aller querir bien-avant dans les terres, & en fournir aux vaisseaux qui vont aux Manilles & qui en viennent, dont elle est le lieu de relâche.

Toutes ces considérations nous donnoient
de

de la surprise, en voiant que les Espagnols s'adoucissoient pour nous dans un tems où ils pouvoient nous causer bien de l'embarras, & que nous venions de leur faire une plaie qui saignoit encore. Nous admirions donc ce changement, & cette maniére d'agir si-oposée à celles qu'ils avoient ordinairement, & si-favorable pour nous dans l'ocasion présente. Car suposé que nous eussions pu faire de l'eau & du bois par la force des armes, il est pourtant certain que nous n'aurions point eu de bestiaux, puis-qu'ils pouvoient les faire emmener, ou les emmener eux-mêmes en abandonnant leur ville, & se retirer dans les bois & en cent autres lieux, ou nous n'aurions pu ni osé les suivre.

Le 18. du même mois d'Octobre, nous remîmes à la voile, & nous fîmes peu de chemin jusqu'au 26. qu'aiant vu un vaisseau à l'ancre proche de terre, on y envoia 4. chaloupes armées. Les gens du vaisseau les voiant porter sur lui, coupérent les mâts & le beaupré, & les aiant liez ensemble ils en firent un radeau, sur lequel douze personnes se mirent, & se sauvérent à terre.

Il étoit encore demeuré à son bord onze hommes, & entre-autres il y avoit deux Moines & un Pilote, qui n'avoient osé s'exposer sur ces mâts. Ils tirérent sur nos chaloupes, qui ne se laissant pas si-aisément épouvanter, s'avancérent, prirent le bâtiment, & l'amenérent sous le pavillon. Il n'étoit chargé que d'utensiles de peu de conséquence, & de quelques denrées qui furent distribuées à tous nos vaisseaux. On nous dît qu'il étoit allé à la
pêche

pêche des perles; mais il n'avoit rien pêché. Il étoit monté de 4. piéces de canon de fonte & de deux petits pierriers, & pourvu d'autres armes & de munitions, de-sorte qu'il y avoit beaucoup plus d'aparence qu'il eût été équipé pour faire la guerre, que pour pêcher des per-les. Nous étions alors par les 18. degrès, & entre les dix & douze minutes.

Le 27. on y envoia Jean Hendrickz Pilote de *la Lune*, avec 22. hommes, matelots & soldats, pour le naviger & suivre la flote.

Depuis le 1. de Novembre 1615. jusques au 10. le tems fut doux & calme. Le soir du 10. nous laissâmes tomber l'ancre par le travers d'un port nommé Selagues, qui est par les 19. degrès. Nos prisonniers nous dirent qu'il y avoit là une riviére fort poissonneuse, avec quantité de citrons & d'autres fruits: qu'à deux lieuës de là il y avoit des prairies où les bestiaux paissoient. Deux chaloupes aiant été commandées pour y aller, on trouva la riviére, & les arbres fruitiers. Mais oa vit aussi sur le rivage quantité de traces d'hommes qui avoient des souliers; ce qui aiant empêché nos gens de passer plus avant, ils revinrent faire leur raport. Les traces des souliers nous firent présumer que c'étoient des Espagnols d'Aquapulco, parce-que nos prisonniers nous avoient assuré qu'il n'en demeuroit que deux ou trois en ce quartier-là, & que tous les habitans étoient Indiens.

Par cette raison, l'Amiral envoia un des prisonniers à terre, avec une lettre par laquelle il demandoit qu'on voulût trafiquer amiablement avec nous, & nous donner des bestiaux

tiaux & des fruits. Comme on ne vit paroître perfonne fur le rivage, on pendit la lettre
à une branche d'arbre.

Le 11. on mit 200. foldats à terre, & des
banniéres blanches fur les chaloupes. Au-contraire les Efpagnols, qui parurent fur le rivage, firent voltiger une banniére bleuë, pour
marquer que nous n'avions rien à efpérer d'eux
que la guerre. Dès-que nos gens furent à terre, une groffe troupe d'Efpagnols qui étoient
cachez dans le bois, en fortit fubitement,
& fondant fur eux avec de grands cris & beaucoup d'adreffe, ils les épouvantérent fi-fort
que la préfence de quelques Oficiers, qui par
bonheur étoient avec eux, fut néceffaire pour
les empêcher de prendre la fuite.

Mais s'étant reconnus, & aiant repris courage, ils chargérent les ennemis avec tant de
vigueur, qu'ils les mirent eux-mêmes en fuite. Cependant ils ne jugérent pas à-propos de
les pourfuivre, de-peur qu'il n'y eût quelque
autre embufcade dans le bois, & ils fe rembarquérent d'autant-plus volontiers qu'il y en
avoit déja quelques-uns qui manquoient de
poudre. Nous perdîmes deux hommes, & en
eûmes fix ou fept de bleffez. Il demeura un
Capitaine & plufieurs autres Efpagnols fur la
place, fans les bleffez qu'ils eurent, dont on
ne fut pas le nombre.

Le 15. nous remîmes à la voile, & allâmes
au port de Natividaat, qui eft à trois lieuës
de celui de Selagues, où nous faifions notre
compte de faire de l'eau, & de prendre des
fruits, fans courre aucun rifque. Le calme
étant furvenu, nous n'y pûmes moüiller que

le

le lendemain au soir. Le yacht alla se poster
proche de l'embouchure d'une riviére dont
l'eau étoit très-bonne, d'où il pouvoit défendre ceux qui iroient à l'aiguade.

Le 17. l'Amiral, pour plus grande sureté
des matelots, descendit à terre, avec une
troupe de soldats. Comme il trouva que tous
les lieux d'alentour étoient libres, & qu'il n'y
avoit personne qu'on pût craindre, il renvoia
promtement les chaloupes, pour prendre toutes les fûtailles vuides, qui furent aussitôt
remplies.

Le même jour on mit à terre le plus jeune
de nos Moines, pour aller à de petites maisons qu'on voioit, & prier les Indiens de nous
donner des rafraîchissemens. Le Moine aiant
demeuré avec eux jusqu'au lendemain, revint
aux chaloupes avec deux chevaux chargez de
poules & de fruits, promettant d'en amener
encore autant le lendemain; & il le fit fidellement. Il nous dît aussi qu'il n'y avoit pas un
Espagnol en ce lieu-là, & que la troupe qui
nous avoit ataquez y avoit passé, mais qu'elle étoit allée plus loin, croiant nous y trouver.

La nuit du 20. nous sortîmes du port à pleines voiles. Le 24. nous fûmes assez proche du
cap de Corente, ou Corentin, par la hauteur
des 20. degrès. Le 26. il fut résolu que nous
irions en droiture à l'isle des Larrons.

Le 3. de Décembre 1615. nous eûmes la
vuë de deux isles, dequoi les Pilotes furent
étonnez, ne sachant point qu'il y eût des isles
si-avant en pleine mer. Le 4. à la pointe du
jour, nous vîmes de loin un rocher, & croiant
d'abord que c'étoit un vaisseau, nous fûmes
tout-

tout-réjoüis, dans l'espérance que nous trouverions ce que nous cherchions depuis longtems, c'est-à-dire quelque bâtiment qui vint des
Manilles. Ce rocher gisoit par les 19. degrès,
à plus de 55. lieuës au large, & il n'y avoit
aucune autre terre qui en fût proche.

Le 6. à midi, étant par les 18. degrès 20.
minutes, nous découvrîmes une autre isle, où
il y avoit cinq petites collines, dont chacune
sembloit faire une petite isle à part.

Depuis ce jour-là jusqu'au 1. de Janvier
1616. nous fîmes assez de chemin : mais les
maladies regnérent dans la flote , & il nous
mourut beaucoup de gens. Le soir du 23. nous
eûmes la vuë de l'isle des Larrons , dont le
terrein étoit bas & uni. Sur le soir nous craignîmes d'être trop près de terre , & nous mîmes
toute la nuit à mâts & à cordes.

Le matin du 24. nous fûmes tout-proche de
terre. Les Indiens vinrent dans leurs petites
barques, criant autour de nos vaisseaux, sans
aborder. Il fut résolu que toute la flote iroit
moüiller proche du rivage. Dès-qu'on eut mis
des gens à terre , les insulaires vinrent trafiquer amiablement avec eux , aportant plusieurs sortes de fruits & d'herbages, qui firent
beaucoup de bien à nos malades.

Le 26. nous enterrâmes le premier Commis
de *l'Etoile.* Les décharges de canon & de
mousqueterie qu'on fit , épouvantérent tellement les Indiens , quoi-qu'on eût pris soin
de les avertir de ce qu'on feroit , & de leur
en dire la raison, que toutes leurs barques se
dispersérent, & on ne les revit plus. Ainsi le
même jour nous prîmes notre cours vers les
Manilles.   Mais

Mais aiant été pris de calme, & n'aiant presque point fait de chemin, les infulaires qui nous virent encore affez proches, revinrent à nos bords, & nous fuivirent quelque tems en mer, nous aportant tòujours plufieurs fortes de fruits & de denrées, jufques-à-ce que le vent, qui commença de forcer, les fit penfer à la retraite. La nuit fuivante nous courûmes à pleines voiles, fi-bien que le lendemain nous perdîmes de vuë les ifles des Larrons.

Ces ifles furent découvertes l'An 1519. par Ferdinand Magellanes, qui les nomma les ifles de Velos, à-caufe de la quantité de petites barques qui y étoient, & de leurs voiles qui étoient faites avec beaucoup d'adreffe. Les Indiens qui les habitent n'ont pas leurs pareils au monde en l'art de nager. Ils fe jettent à la mer, & plongent jufques au fond, ainfi-que nous l'avons vu plufieurs fois : car comme nous y jettions de petits morceaux de fer, ils plongeoient tout à l'heure même, & les raportoient.

Ce n'eft pas auffi fans raifon, qu'on a encore donné à leurs ifles le nom d'ifles de Larrons, car ils en éxercent le métier avec la derniére fubtilité. Ils font puiffans & robuftes, hommes & femmes, mais ils n'en font ni moins difpos, ni moins adroits. Ils vont nuds, hormis qu'ils ont des chapeaux de paille, & que les femmes couvrent de feüilles leurs parties naturelles. Ils ont abondance de poules & d'autres volatiles, & encore une plus grande abondance de poiffon. Ils ont des Idoles qu'ils adorent, mais nous ne fûmes point de particularités de leurs croïances.

Le 9.

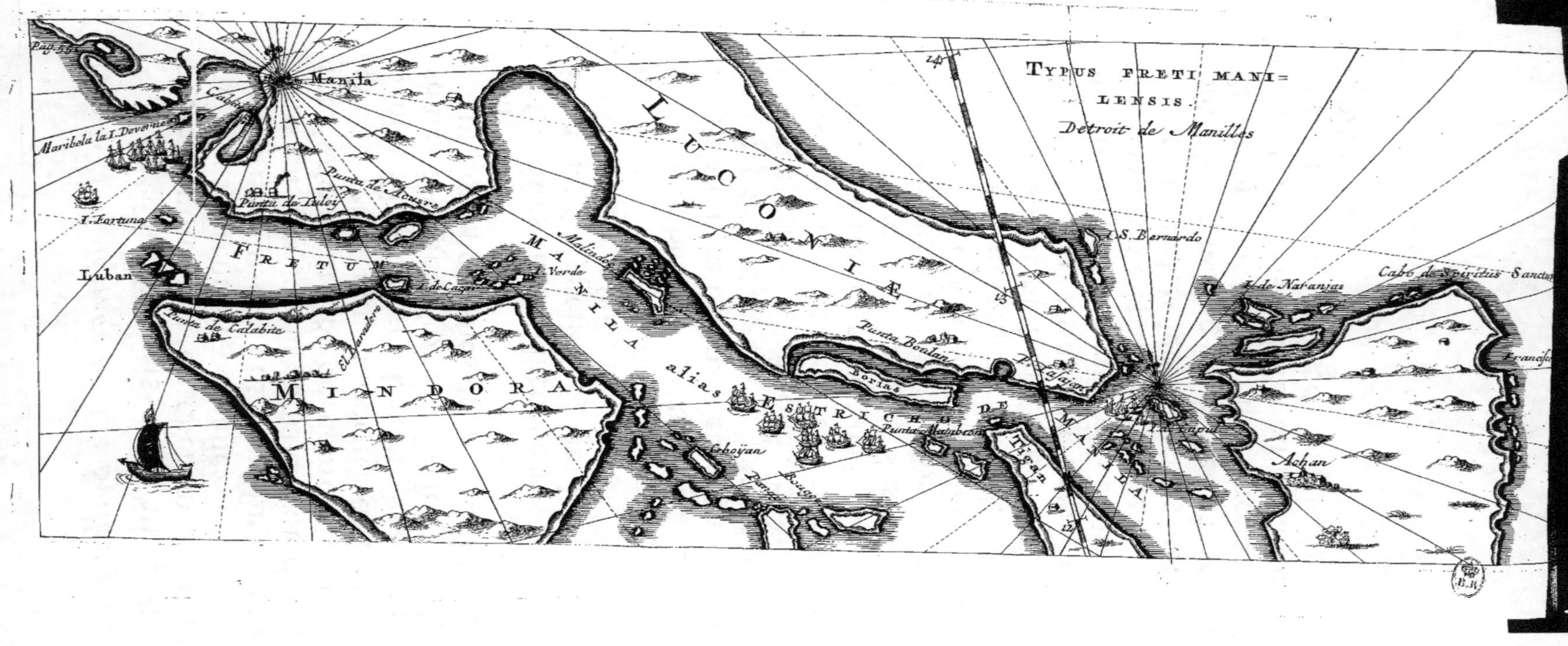

Pag. 570
Manila
Maribela la I. Doverne
I. Fortuna
Cabite
Punta de Acuera
Punta de Juley
Luban
FRETUM
Punta de Calabite
El Mandero
MINDORA
Melinde
Verde
I. de Cagan
MA NILA
LUCONIÆ
alias
ESTRICHO DE
Lehoyan
Borias
Punta Boulan
Punta Malabeon
TYPUS FRETI MANI=
LENSIS.
Detroit de Manilles
I. S. Bernardo
I. de Naranjas
Cabo de Spiritus Sanctus
Francisco
P. Galjan
M A N I L A
Tigao
La Laguna
Achan

Le 9. de Fèvrier, à la pointe du jour, nous découvrîmes le cap de Spirito Sancto, que nous doublâmes assez vîte, & le soir nous moüillâmes l'ancre à la bouque du détroit de Manilles, par les 13. degrès 15. minutes, d'où nous vîmes, selon notre estime, l'isle de Capul.

Le 10. on mit du monde à terre avec des banniéres de paix, & l'on parla aux Indiens, qui dirent que Capul étoit encore bien-loin devant nous, marquant par des signes le lieu où elle étoit. On leur demanda des rafraîchissemens, mais ils dirent qu'ils ne vouloient pas nous en donner, parce-qu'ils savoient que nous venions pour combattre les Espagnols, qui étoient leurs alliés. Nous les en priâmes avec instance, & ils persistérent toujours dans leurs refus, si-bien que ne jugeant pas à propos d'user de force, on rapella les chaloupes.

Le 11. sur le midi, nous jettâmes l'ancre dans le port de Capul, proche de quelques maisons qui étoient sur le bord de l'eau. Les habitans ne furent pas si scrupuleux que ceux que nous avions quittez le jour précédent, quoiqu'ils fussent aussi fort-bien que nous faisions la guerre aux Espagnols. Dès-que nos gens furent à terre ils trafiquérent ensemble, & nous eûmes des poules, des pourceaux, & d'autres choses, avec promesse de nous en amener davantage le lendemain ; ce qu'ils firent aussi. Nous eûmes tout par troc, ne donnant de notre part que de petites merceries.

Le 19. du même mois de Fèvrier, nous prîmes notre cours droit vers le détroit de Manilles, & sous la conduite de deux Indiens, qui
nous

nous fervoient de Pilotes, nous gagnâmes bien-tôt le cap, & entrâmes dans la bouque.

Pendant-que nous traverfions le détroit, nous allions tous les jours à terre, pour cüeillir des noix & d'autres fruits qui firent beaucoup de bien à nos malades; ce qui nous obligea d'en faire une bonne provifion. Les habitans de ces lieux-là étoient vêtus d'une maniére honnête, avec de longues robes qui étoient prefque faites comme des chemifes. Ils avoient beaucoup de refpect pour les Eccléfiaftiques, ainfi-que nous le remarquâmes à l'égard d'un de nos deux Moines prifonniers: car dès qu'ils le virent ils allérent lui baifer les mains, & lui firent beaucoup de foumiffions. Nous ne vîmes point leurs femmes. Elles demeurérent toujours cachées dans les bois & ailleurs.

Le 19. nous moüillâmes l'ancre proche de la grande ifle de Luçon, où la ville de Manilles eft fituée. Nous y vîmes une maifon fort adroitement bâtie fur des arbres, & qui étoit affez confidérable pour être regardée comme la maifon d'un Gentilhomme.

Le 26. il fut réfolu dans le Confeil, d'envoier quatre chaloupes bien-armées, pour voir de près ce que c'étoit que cet édifice. Le raport fut qu'il étoit vieux, en décadence, & qu'on n'y avoit trouvé perfonne. Notre deffein étoit de faire quelque prifonnier Efpagnol, pour être plus amplement informez de ce qu'on nous avoit dit à Capul, favoir qu'il y avoit longtems qu'une armade nous atendoit aux Manilles, & nous défirions ardemment d'en aprendre des nouvelles plus particuliéres.

Le

Le même jour, aiant mis à la voile, nous
rangeâmes la côte, passant par le travers d'une
montagne prodigieusement haute, nommée
Albaca, qui brûloit toujours, étant remplie
de soufre & d'autres semblables matiéres.
Vers le soir, nous ancrâmes sur 25. brasses,
proche d'une pointe de terre sur laquelle les
habitans allumérent un feu, pour donner avis
de notre venuë à leurs voisins.

Depuis le 21. nous continuâmes à naviger
dans le détroit jusqu'au soir du 24. que nous en
vîmes l'autre bouque, qui nous parut fort-étroi-
te, & comme on étoit à l'entrée de la nuit,
nous laissâmes tomber l'ancre.

Le 25. une chaloupe qui s'étoit mise de l'a-
vant pour sonder le passage, aiant bientôt fait
un signal, toute la flote s'avança, & à la faveur des courans, elle débouqua & se remit au
large, navigeant toute la nuit suivante sans faire moins de voiles.

Le 26. nous fîmes tous nos éforts pour gagner le port de Manilles : mais le calme & le
vent contraire nous en empêchérent. Nous vîmes des feux & d'autres lumiéres en divers endroits, qui nous firent connoître qu'on savoit
par-tout notre venuë. Aussi pendant-que nous
traversions le détroit, & depuis encore, nous
fîmes toujours suivis d'une petite barque, qui
alloit si-vîte & qui louvoioit si-bien, qu'il
ne nous fut pas possible de la prendre. Elle
portoit de tems en tems de nos nouvelles.

Le 27. après avoir bien couru des bordées,
nous jettâmes l'ancre à une lieuë du port, sur
40. brasses, proche d'un cap qui s'étendoit
jusqu'au port. Sur le minuit l'Amiral aiant

A a

fait

fait tirer un coup pour signal, nous remîmes
à la voile, & fîmes la même manœuvre jufques au lendemain au soir, que nous remoüillâmes à l'isle de Maribela, où il y a deux
hauts rochers, & derriére laquelle est la ville de
Manilles.

C'est dans cette isle qu'on tient toujours la
nuit une garde avancée, & c'est-là que font
leur demeure les Pilotes Côtiers, qui atendent
les vaisseaux qui viennent de la Chine, pour
les piloter à Manilles, parce-que l'entrée du
port est fort-dangereuse, dequoi notre Pilote
Espagnol avoit pris soin de nous avertir.

Le matin du 1. de Mars 1616. nous vîmes
deux voiles qui traversoient d'une côte à l'autre. On envoia trois chaloupes pour tâcher de
faire au-moins quelques prisonniers : mais ce
fut en-vain : elles revinrent au soir, sans avoir
pu les joindre. Le 3. nous louvoiâmes tout le
jour, sans rien gagner, & le soir nous ancrâmes proche d'une petite isle, qui couroit vers
la grande isle de Luçon, & derriére laquelle,
nous vîmes 4. champans. Nos chaloupes allérent les prendre, & les amenérent sans ré-
fistance, tous ceux qui étoient dedans, s'étant
retirez à terre. Il y en avoit trois vuides, &
le plus grand étoit chargé de ris, d'huile, de
poules, de fruits & d'autres denrées, qui furent très-nécessaires à nos malades.

Mais ce qu'il y avoit alors de plus utile à
trouver, étoit quelque personne qui pût nous
dire des nouvelles de ce qui se passoit dans ces
païs-là. Pour y parvenir, on commanda encore 4. chaloupes, qui ne trouvérent qu'un
champan chargé de chaux, où il n'y avoit personne.

Pag. 555
Manila
Cabita
Baÿ de Manila
Witters Inj.
Marten I.
I. Maribela alias de verne

sonne. Cependant on vit quantité de gens sur
le rivage, qui ne voulurent point parler. Vers
le soir on découvrit un autre champan sous
voiles, tout-à-terre, sur lequel deux chaloupes
aiant chassé, elles le joignirent la nuit, & le
prirent. Comme le vent forçoit, & que le
champan n'étoit chargé que de bois de charpente, nos gens le laissèrent, emmenant seulement avec eux six Chinois qu'ils y avoient
trouvez.

A la premiére enquête qui leur fut faite, ils
déclarérent, qu'il y avoit encore dans ce quartier-là d'autres champans chargez de vivres,
& de quelques marchandises, sur quoi l'on
commanda deux chaloupes pour aller les chercher.

Le 5. du même mois de Mars, après midi,
nous vîmes venir du large deux bâtimens, qui
avoient le cap sur nous. *Le Chasseur* & notre
petite prise que nous avions nommée *la Perle*, furent détachez pour aller chasser sur eux.
La nuit suivante nos chaloupes prirent deux
champans, qui étoient navigez par des Chinois, & il y avoit un Espagnol qui alloit lever les tributs que les places voisines paient
tous les ans à la ville de Manilles. Ils étoient
chargez de ris, de poules, d'autres denrées, &
de marchandises.

Le 6. le yacht & *la Perle* amenérent sous le
pavillon trois champans, dont il y en avoit
deux chargez de tabac, de poudre, de peaux
de cerf, & d'autres marchandises de moindre
conséquence, qui furent distribuées sur tous
les vaisseaux. Les gens qui y étoient nous in-
formérent enfin de ce qui regardoit l'armade

A a 2 des

des Manilles ; favoir ; qu'elle étoit allée aux Moluques , fous le commandement de Don Jean de Silva , pour y faire la guerre à nos gens : qu'elle étoit compofée de dix galions d'une grandeur extraordinaire , deux yachts & quatre galéres : que tous ces vaiffeaux étoient montez de 2000. Efpagnols , & d'un grand nombre d'Indiens , de Japonois & de Chinois.

Le 7. notre Amiral envoia un champan & 3. Chinois à la ville de Manilles , avec une lettre par laquelle il propofoit au Confeil d'échanger les prifonniers qu'il avoit , tant Efpagnols que Chinois & Japonois , pour ceux de notre nation qui étoient entre les mains des Efpagnols.

Le 8. notre yacht & quelques chaloupes étant allez vers le rivage , pour en amener 4. champans que nos gens avoient pris , mais qu'ils n'avoient pu amener à-caufe du gros tems , revinrent le lendemain matin avec les champans chargez de noix & d'autres fruits, & avec deux bœufs & un cerf, qu'ils avoient tuez à coups de fufil.

Le Confeil s'étant affemblé ce jour-là il fut réfolu que fi les Chinois n'étoient pas revenus le lendemain , on feroit voiles aux Moluques, pour aller au fecours de nos gens qui y étoient. Car comme on avoit fu que Silva n'étoit parti que le 4. de Fèvrier , & qu'on favoit que la mouffon étoit prête à finir , on vit que fi l'on fe hâtoit , & qu'on partît avant la fin de cette mouffon , on pourroit fe rendre encore à tems aux Moluques , & avant que les Efpagnols y euffent fait leurs plus grands eforts; au-lieu que fi on laiffoit paffer la mouffon , il faudroit

faudroit atendre six mois, ce qui seroit d'une
fâcheuse conséquence.

Cependant il étoit certain que les jonques
de la Chine venoient passer aux Manilles vers
la mi-Avril, & en les prenant on auroit fait
un grand butin. Mais la nécessité de secourir
les Moluques, jointe aux ordres qu'on en avoit,
l'emporta, d'autant-plus que notre flote étoit
encore de six bons vaisseaux, bien montée d'é-
quipages & de soldats, & bien ravitaillée; &
nous savions que les Espagnols avoient fait
leur compte de nous chasser cette fois entiérement de toutes ces isles, ne doutant point
qu'une si puissante armade, pour l'équipement
de laquelle ils travailloient depuis trois ans,
n'en dût venir à bout.

Le 10. n'aiant point reçu de nouvelles des
Chinois, nous prîmes notre cours vers les Moluques. Le même jour, tous nos prisonniers
Chinois & Japonois furent remis dans leurs
champans & renvoiez. On ne retint que l'Espagnol & un Indien. Nous fûmes pris de calme, & remouillâmes assez proche de terre.

Le matin du 11. nous remîmes à la voile.
Après midi nous eûmes un vent frais, qui nous
poussa entre tant d'isles que nous ne savions
quel côté prendre, ni par où nous pourrions
en sortir. Nous fîmes venir le Pilote Espagnol, qui connoissoit l'endroit où nous étions:
il nous conseilla de n'avancer pas davantage
à cause de la brune qui venoit, & suivant son
conseil nous ne fîmes que louvoier.

Le 12. nous eûmes un vent favorable, &
par le secours du Pilote, nous sortîmes de tous
les canaux, & courûmes au large. Le 14.

A a 3

nous

nous mîmes en panne, par le travers de l'iſle
de Panei, parce-que notre Pilote Eſpagnol,
nous avertit qu'il y avoit en ce lieu-là beaucoup de bas-fonds, & qu'on n'y pouvoit paſſer la nuit ſans péril. Enſuite nous continuâmes de naviger par un vent aſſez favorable
juſqu'au matin du 18. que nous nous trouvâmes par le travers de l'iſle de Mindenao, laquelle nous côtoïâmes juſques au ſoir. Mais
comme on nous avertit qu'il y avoit là des
dangers ſous l'eau, nous remîmes le cap au
large.

Le 19. nous courûmes de nouveau ſur la côte, & le ſoir nous y moüillâmes l'ancre ſur
36. braſſes, fort-proche de terre, où une petite barque vint du rivage à bord d'un de nos
vaiſſeaux, & promit qu'on nous aporteroit le
lendemain des rafraîchiſſemens, ſans que nous
euſſions la peine de les aller querir.

En éfet le 20. nous vîmes venir pluſieurs canots, qui nous aportérent des poules, du poiſſon, & d'autres denrées que nous eûmes à fort
grand marché, & ſi le bon vent qu'il faiſoit ne
nous eût point invitez à partir, ils nous en auroient aporté beaucoup davantage, avec quantité de pourceaux. Nous remîmes donc à la
voile, & gagnâmes bientôt juſqu'au cap de
Cadera, où les vaiſſeaux Eſpagnols qui font
voiles aux Moluques, vont faire de l'eau. Lorſque nous y fûmes, nous envoiâmes vîte demander des nouvelles de Don Jean de Silva.
Les habitans ne voulurent rien dire, & firent
ſemblant de n'en rien ſavoir, déclarant ſeulement qu'il y avoit deux jours qu'un vaiſſeau
Eſpagnol & un yacht avoient relâché à ce même
cap,

cap, & qu'ils alloient aux Moluques. Entre
l'ifle de Mindenao & celle de Tagimo nous
trouvâmes des courans fort-rapides, qui nous
contrariérent, & nous retardérent beaucoup.

Pendant ce tems-là les canots du païs nous
aportérent des poules, des pourceaux, des
chévres, du tabac, & d'autres denrées qu'on
païoit ou en argent, ou en toiles, couteaux,
verroterie &c. dequoi les Sauvages étoient
fort contens. L'Amiral permit auffi à chaque
matelot en particulier d'acheter certaines
chofes, comme du tabac, des fruits &c. car
ce païs-là étoit abondant & fertile, & les
habitans marquoient être amis de notre nation, & ennemis des Efpagnols. Nous en eûmes même une entiére affurance, car leur Souverain ofrit à notre Amiral de l'acompagner,
& de mener à fon fervice 50. de fes petits bâtimens, équipez à leur maniére.

Ils nous firent auffi voir une patente fignée
de Laurens de Réal, par laquelle il donnoit
avis à ceux qui pourroient venir à l'ifle de
Mindenao, que les habitans étoient des meilleurs amis des Hollandois, & qu'il prioit
tous fes compatriotes d'en ufer bien avec eux.

Le 23. du même mois de Mars 1616. nous
eûmes un vent à perroquet, qui nous fit dé-
bouquer d'entre ces deux ifles. Ce beau tems
dura jufqu'au 26. que nous eûmes une tempête qui défonça nos voiles, & nous caufa d'autres defordres. Le 27. nous dépaffâmes l'ifle
de Sanguin, & eûmes la vuë de plufieurs autres ifles.

Le 29. nous prîmes terre à Ternate, &
moüillames l'ancre à Maleïe. Dès-que nous

Aa 4

eûmes

eûmes été découvers du fort, le Capitaine
Hamel & François Lenimens Secretaire du
Gouverneur, se rendirent au bord de l'Amiral pour lui marquer leur joie de sa venuë.
Quelque tems après, le Gouverneur y passa
lui-même, puis ils s'en allérent ensemble à
terre, selon les odres des Sieurs Directeurs.

Il faut remarquer ici qu'en voulant terrir à
Ternate, nous perdîmes une journée de chemin, parce-que pour nous rendre à la ville,
nous courûmes de l'Est à l'Ouëst, au-lieu que
quand on court de l'Ouëst à l'Est on gagne une
journée.

Voici une Carte des isles Moluques & de
Botton, que moi Jean Cornelisz de Moye
ai dessinée avec toute l'exactitude qu'il m'a été
possible, pendant les diverses navigations que
j'y ai faites, sur-tout dans le détroit de Botton,
où je me suis appliqué à observer tout. On
trouve toujours fond dans ce détroit, & les chi-
fres qu'on y voit en marquent la profondeur:
les cinq zeros ooooo. marquent les endroits
où il n'y a point de fond, ou du-moins qu'il
y a plus de 100. brasses de profondeur, ou-bien
il faudroit être tout-proche de terre. Dans une
des petites baies qui font du côté oriental, il
y a une bonne aiguade, où j'ai fait deux fois de
l'eau, me tenant sous voiles, & faisant de petites bordées, pendant-qu'on amenoit les fûtailles à bord, parce-qu'il n'y avoit pas moien
d'y ancrer ; ce qui se faisoit assez aisément.
Au-reste je n'ai rien marqué que je n'aie vu,
ou sondé moi-même. C'est par cette raison
qu'on y trouve certains païs que ne font pas
entiérement dessinez, & vers lesquels du côté

de

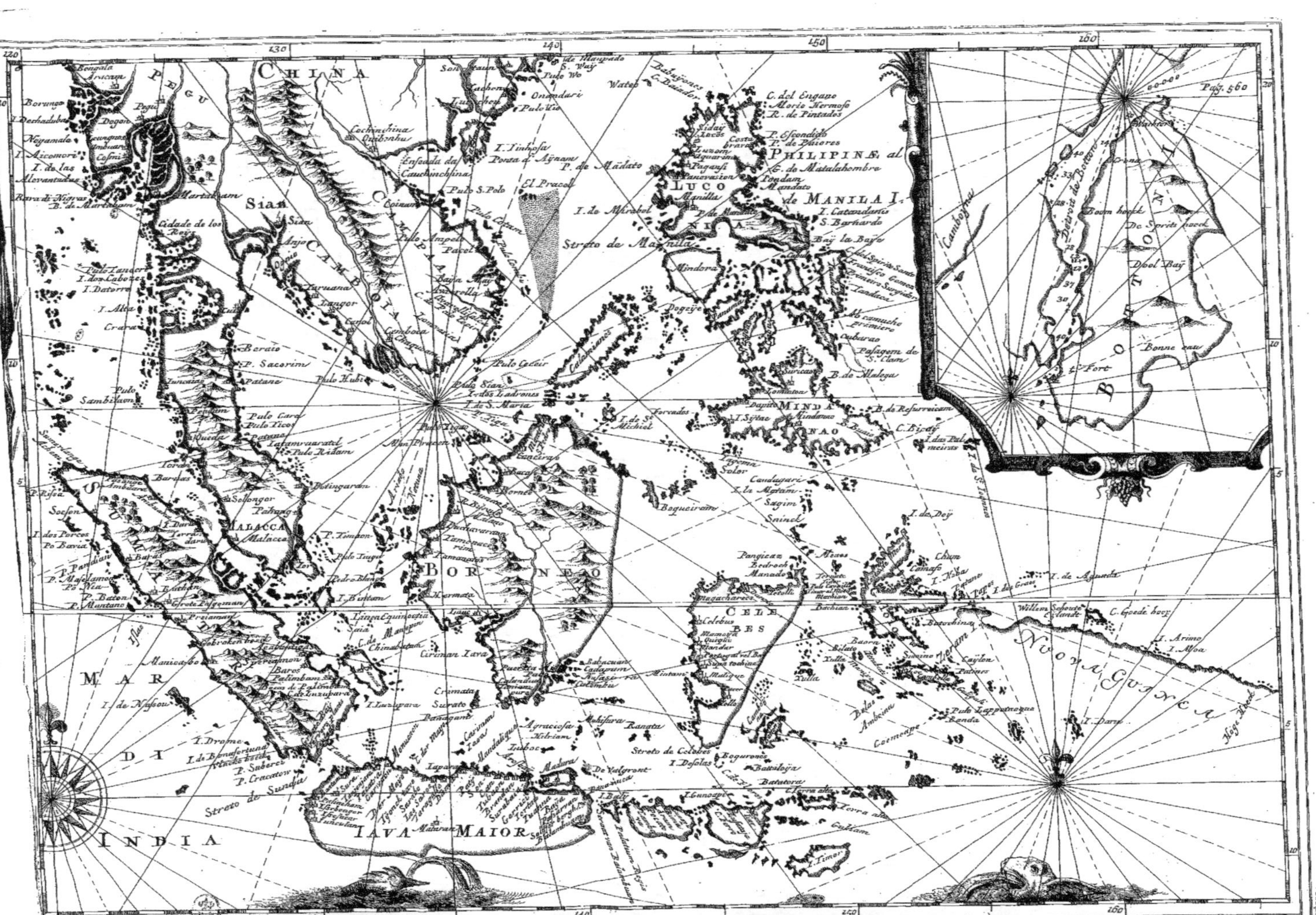

Pag. 560
CHINA
PEGU
Sian
CAMBOIA
PHILIPINE, al
LUCONIA
I. de MANILA
Mindora
MALACCA
SUMATRA
BORNEO
CELEBES
MINDANAO
NOVA GUINEA
MAR DI INDIA
IAVA MAIOR
Streto de Sunda
Streto de Manila
Streto de Colebes
Camboja
BOTTON
Cochinchina
Siam
Manilla
Bali
Madura
Timor

de l'Ouëst gît un bas-fond de 4. à 6. brasses de profondeur, fond de roche, ainsi que me l'ont assuré Jean Krijn, & plusieurs autres, qui y ont navigé, & qui ont vu clairement le fond.

Le 3. d'Avril 1616. il vint à Maleïe un navire qui avoit chargé à la Chine. Il fut promtement déchargé, & les marchandises furent portées dans les magasins. Le 5. le yacht *l'Aigle* qui étoit allé chercher des vivres, revint & moüilla l'ancre auprès de nous. Il y avoit des pourceaux, des poules, des fruits & d'autres denrées tant pour Maleïe, que pour les autres forts.

Le 8. Corneille de Viane partit à bord de notre yacht pour aller à Banda, escorté de *l'Aeole*, qui revint le 16. sous le pavillon. Le Gouverneur étant revenu une seconde fois à notre bord fit voir sa Commission, par laquelle le Gouvernement absolu de toutes les Moluques, de Banda & d'Amboine, lui étoit déféré; néanmoins sans préjudice du commandement de notre Amiral sur sa flote. Après cela tous nos soldats descendirent à terre pour se rafraîchir.

Le 2. de Mai, nous partîmes avec six vaisseaux, pour aller à Machian, & empêcher que les ennemis n'y chargeassent du clou. Le vent nous étant favorable, nous fûmes bientôt à l'ancre sous le fort Maurice, que l'Amiral alla visiter, puis ceux de Taffasor, de Tabillola, & jusqu'à Nahaca.

Le 12. nous aprîmes à Tidore, du S. Casselton Général de 4. navires Anglois, que le Commandant Jean Dircksen Lam étoit allé aux isles de Banda, avec douze navires de guerre, bien montez de soldats & de matelots: que le 10. d'Avril il s'étoit emparé de l'isle Pulo Wai, qui est la plus fertile & la plus riche de toutes, & qui produit le plus de noix muscades & de macis: que ses troupes avoient fait paroître une extrême vigueur: qu'elles s'étoient bientôt rendues maîtresses de l'isle; & que les habitans de toutes les autres étoient allez se soumettre, & avoient renouvellé un Traité d'alliance, qui étoit fort avantageux à la Compagnie.

Le 16. le Gouverneur de Tidore se rendit à Maleïe. Le 18. notre Amiral délivra des prisons & des galéres des Espagnols, 7. prisonniers Hollandois, qui y étoient retenus depuis 4. ans, donnant en échange un Moine, un Pilote Espagnol, deux Espagnols pris dans la mer du Sud, & un autre que nous avions amené des Manilles. Jamais on n'a vu de plus grande joie que celle que témoignérent nos 7. compatriotes, parce-qu'ils avoient fait leur compte de finir leur vie dans leur dure captivité. La nuit suivante nous en vîmes revenir un autre nommé Pierre de Vivére. Il avoit été mis sur les galéres, mais comme il avoit épousé une femme Espagnole, & qu'il étoit bon ouvrier en orfèvrie, on lui avoit donné assez de liberté, & il avoit enfin trouvé moien de se sauver avec sa femme.

Le 25. comme nous fûmes de retour à la rade de Machian, l'Amiral reçut un billet du Gouverneur qui lui donnoit avis qu'il étoit venu un vaisseau des Manilles, qui étoit à l'ancre sous Gammalamma. Le Vice-amiral se mit aussi-

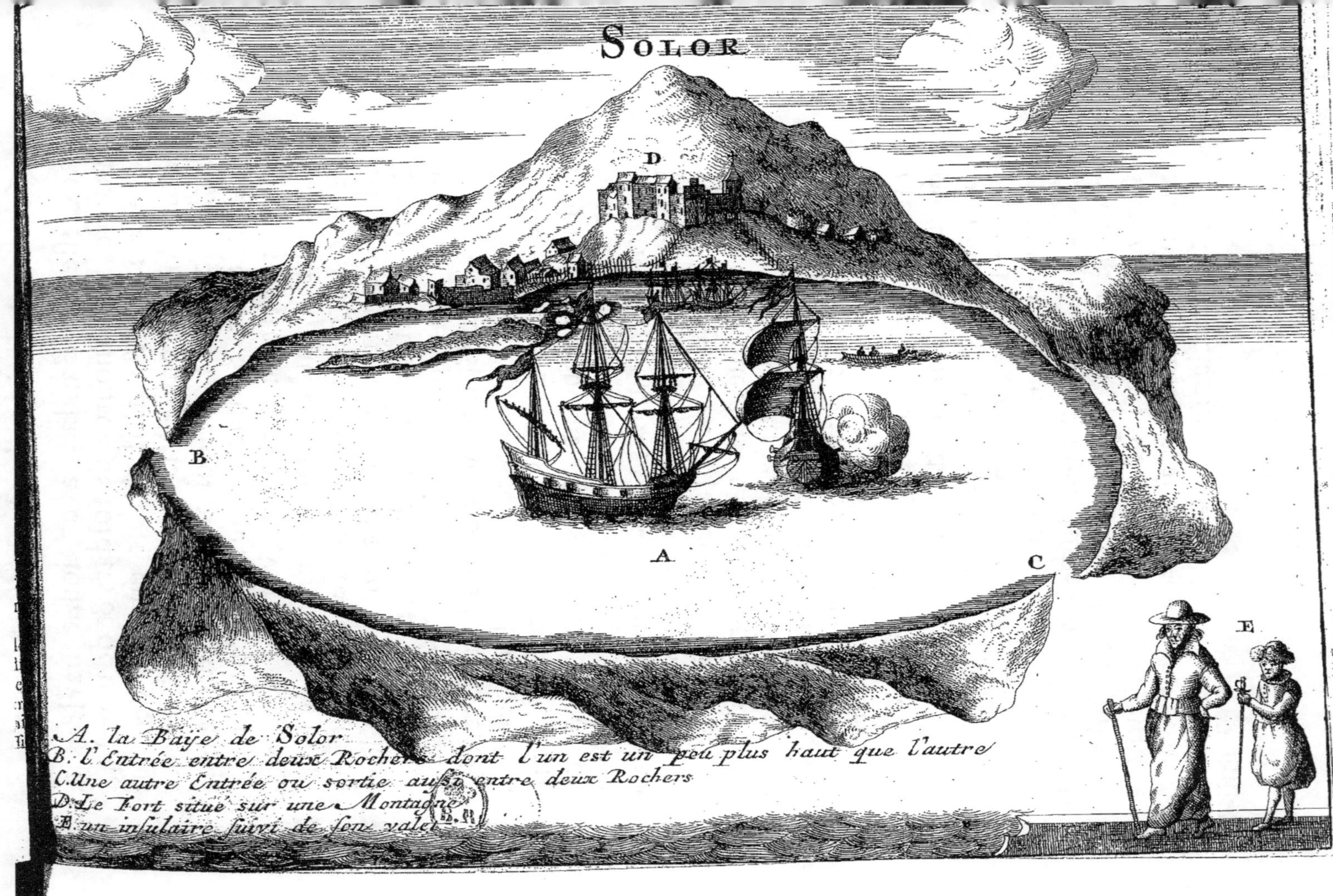

SOLOR
D
B
A
C
E
A. la Baye de Solor
B. l'Entrée entre deux Rochers dont l'un est un peu plus haut que l'autre
C. Une autre Entrée ou sortie aussi entre deux Rochers
D. Le Fort situé sur une Montagne
E. un insulaire suivi de son valet

aussi-tôt sous voiles pour y aller. Le 27. *l'E-toile* revint nous joindre. Le même jour il vint une chaloupe de Maleïe, qui aporta une lettre à l'Amiral, lequel l'aiant luë, nous fîmes voiles tous ensemble, & passâmes le long de Tidore, d'où l'on nous tira 8. volées de canon, qui ne nous firent aucun mal.

Le 28. nous entrâmes dans le port du fort Marie, & nous y jettâmes l'ancre. Dans le même instant l'Amiral se fit nager au fort de Maleïe, & après midi il revint à bord avec le Gouverneur & d'autres Oficiers, qui allérent tous ensemble au fort Marie. Le 29. l'Amiral se trouvant incommodé revint à son bord.

Le 30. le Gouverneur fut averti par des lettres qu'on lui envoia de Machian, que nos gens avoient découvert quelques vaisseaux en mer; sur quoi nous nous mîmes en parage, & allâmes croiser.

Le 1. de Juin 1616. nous fûmes rapellez de la croisiére, & nous retournâmes à Maleïe, où l'on vit venir le même jour 12. vaisseaux d'Amboine, si-bien que la flote fut de 17. voiles. Quelques-uns furent d'avis d'ataquer l'isle de Tidore, ou une autre place des Espagnols: mais la chose ne fut pas éxécutée.

Le 19. Laurens de Réal fut élu par le Conseil Général des Indes, Gouverneur & Commandant général, & installé dans sa charge. Le 18. notre Amiral reçut ordre & commission du Gouverneur, de s'en aller à Bantam avec les vaisseaux *Amsterdam* & *Zélande*, qui demeuroient sous son commandement, & d'y diriger les afaires selon sa prudence.

Aa 6

Le

Le 27. nous relâchâmes, avec ces deux vaiſſeaux à l'iſle de Botton; & le 25. d'Août ſuivant à Japara, où nous fîmes des vivres.

Le 17. de Septembre 1616. nous prîmes
terre à Jaccatra, où nous donnâmes les œuvres
de marée à nos vaiſſeaux, avec de nouveaux
doublages, nous tenant néanmoins toujours
ſur nos gardes, à-cauſe de l'armade de Don
Jean de Silva. Car nous avions apris qu'il
étoit allé à Malacca, d'où il devoit venir à
Bantam & à Jaccatra, dans le deſſein de nous
en chaſſer. Mais nous fûmes informez le 30.
qu'il étoit mort à Malacca, & qu'on ſoup-
çonnoit que c'étoit de poiſon. Nous ſûmes auſſi
que ſon armade, qui étoit afoiblie tant de vaiſſeaux que de gens, avoit repris la route des
Manilles. Ainſi cette armade, à l'équipement
de laquelle on avoit emploié 3. ou 4. ans, &
des ſommes immenſes, ſe diſſipa ſans avoir rien
entrepris, & cauſa beaucoup de préjudice aux
afaires des Eſpaguols.

Pendant-que nos vaiſſeaux prenoient le radoub à Jaccatra, nous y vîmes venir divers
bâtimens des Moluques, de Banda & d'ailleurs, bien chargez d'épiceries. Il y en vint
auſſi de Hollande, entre-autres quatre fort-
grands, bien montez d'équipages & de ſoldats,
& avec de riches cargaiſons, où il y avoit
quantité de réales. Il y en vint un autre du
Japon, qui avoit auſſi un très-grand nombre de
réales, & d'argent non-monnoïé, du cuivre,
du fer, & quantité d'autres bonnes marchandiſes, qu'il avoit enlevées d'une priſe qu'il avoit
faite ſur les Portugais, & qui alloit à Macau.

Le 20. nous y vîmes encore venir le vaiſſeau

seau nommé *la Concorde* de Hoorn, commandé
par Jaques le Maire, qui étoit parti de Hollande le 14. de Juin 1615. & venu par le Sud de
Magellan. Mais quand on sût qu'il n'étoit pas
chargé par la Compagnie générale, & qu'il
avoit fait le voiage sans sa participation, le
Président Jean Pietersz Coen le fit confisquer
au profit de la Compagnie, & distribua l'é-
quipage sur tous les autres vaisseaux.

Pendant leur longue navigation ces gens-là
n'avoient découvert ni de nouvelles terres, ni
de nouveaux peuples avec qui l'on pût trafiquer. Ils disoient seulement qu'ils avoient trouvé un nouveau passage, autre que celui par où
l'on passoit ordinairement; quoi-qu'il n'y eût
pas d'aparence, puis-qu'ils avoient emploié
justement 15. mois & 3. jours dans leur voiage jusqu'à Ternate, & que de leur aveu ils
avoient eu des vents favorables; outre que
n'aiant qu'un vaisseau, ils n'avoient pas été sujets aux retardemens à quoi l'on est presque
toujours exposé quand on est en compagnie,
parce-qu'il faut souvent s'atendre les uns les
autres.

Ces prétendus faiseurs de découvertes, qui
se vantoient d'avoir passé par un nouveau détroit, étoient fort-étonnez de ce que la flote
de l'Amiral Spilberg avoit terri à Ternate si-
longtems avant eux, quoi-qu'elle fût composée de si-gros vaisseaux, qu'elle eût été si-souvent retardée, qu'elle eût livré des combats,
qu'elle eût relâché, séjourné, & trafiqué en
tant de ports. Cependant ils n'étoient partis
que huit mois après elle, & elle n'avoit emploié qu'un an & sept mois dans toutes les ex-

A a 7

pédi-

péditions qu'elle avoit faites jusqu'aux Moluques.

Le 14. de Décembre 1616. l'Amiral Spilberg fit voiles pour s'en retourner en Hollande, avec ces deux mêmes vaisseaux, *Amsterdam*, qui étoit du port de 1400. tonneaux, & *Zélande* qui étoit de 1260.

Le 22. mourut Jaques le Maire, qui avoit été Président sur *la Concorde* de Hoorn, vaisseau confisqué, & que nous remenions avec nous en Hollande. Tout le monde fut affligé de sa perte, parce-que c'étoit un homme d'intelligence & d'éxpérience pour la navigation.

Nous fîmes voiles sur la fin de Décembre, & le 24. de Janvier 1617. nous relâchâmes à l'isle Maurice, pour faire de l'eau. Le 30. de Mars, nous en fîmes à l'isle de Sainte Héléne. Le 24. d'Avril nous passâmes sous la Ligne.

Le 1. de Juillet 1617. nous entrâmes heureusement dans nos ports.

Comme on a ci-dessus-parlé de la navigation Australe de Jaques le Maire, & de la découverte qu'il a faite d'un nouveau passage à la mer du Zud ; & qu'il mourut dans le navire de l'Amiral Spilberg, on a joint ici le Journal qui en a été tenu, croiant que le Public sera bien aise de le voir.

NAVI.

NAVIGATION AUSTRALE

faite par

JAQUES LE MAIRE,

& par

WILLEM CORNELISZ SCHOUTEN,

les années 1615. 1616. & 1617.

Où l'on voit la découverte d'un nouveau paſſage au Sud du detroit de Magellan, qui s'étend juſqu'à la mer du Sud.

COMME par certaines Lettres d'Octroi acordées par L. H. P. les Seigneurs Etats Généraux des P. V. à la Compagnie générale des Indes Orientales, il étoit fait défenſe à tous Marchands & habitans de ces Provinces, de naviger à l'Eſt du cap de Bonne-eſpérance, & par le détroit de Magellan, ſoit pour aller aux Indes, ou en quelque autre pais que ce fût, connu ou inconnu, Iſaac le Maire fameux Marchand, originaire d'Amſterdam, demeurant à Egmont, pouſſé du déſir de négocier dans les régions les plus reculées, s'apliqua à en chercher les moiens, ſans que ce fût au préjudice des Patentes de la Compagnie.

Il s'en entretint donc pluſieurs fois avec Willem

lem Cornelifz Schouten, homme expérimenté dans la marine, qui avoit fait déja trois fois
le voiage des Indes Orientales, & qui en avoit
vifité la plupart des régions en qualité de Pilote, de Maître & de Commis. Celui-ci, qui
étoit fort curieux de faire des découvertes, &
des voiages de long cours, dit à le Maire qu'il
ne doutoit pas qu'il n'y eût un autre chemin que
celui de Magellan pour entrer dans la mer du
Sud, qui ne fe trouvoit point compris dans la
défenfe des E'tats, & par lequel il devoit être
permis de paffer. Enfuite ils efpéroient tous
deux découvrir de grands & riches païs, où
l'on pourroit faire un gros commerce, & charger des vaiffeaux entiers de précieufes marchandifes, dequoi le Maire difoit avoir quelque connoiffance ; concluant que fi l'on ne
réuffiffoit pas dans ce deffein, on pourroit toujours paffer par le detroit de Magellan, & aller par la mer du Sud aux Indes Orientales,
où l'on ne pouvoit manquer de faire un grand
profit.

Enfin ils réfolurent d'aller faire une recherche dans la partie Auftrale du monde qui étoit
encore inconnuë, au midi du détroit de Magellan, & de voir s'il y auroit quelque autre
paffage dans la mer du Sud, à quoi ils trouvoient
beaucoup d'aparence, par diverfes circonftan-
ces qui avoient été remarquées en divers tems,
proche de ce premier détroit.

La chartepartie qu'ils firent fut qu'Ifaac le
Maire fourniroit la moitié des frais du voiage, du vaiffeau & de la cargaifon, & Schouten l'autre moitié, par le moien des engagemens qu'il prendroit avec fes amis, & avec
d'au-

d'autres qui voudroient bien entrer dans ſes vuës; & que ce dernier ſe chargeroit du ſoin de l'équipement, & de donner ordre à tout ce qui ſeroit néceſſaire. Celui-ci engagea donc auſſi dans l'entrepriſe Pierre Clemenſz Brouwer, Bourgmaiſtre de Hoorn, Jean Jeanſz Molenſwerf Échevin, Jean Clemenſz Kies Secretaire, & Corneliſz Serger bourgeois de la même ville, qui prirent la qualité de Directeurs avec lui, & Iſaac le Maire, & Jaques le Maire ſon fils.

Ils aſſemblérent donc par leur crédit de groſſes ſommes de deniers, ſans déclarer à aucun de ceux qu'ils aſſocioient, quel étoit le commerce qu'ils vouloient faire, & le voiage qu'ils avoient projetté, la choſe demeurant ſecréte entre les Directeurs. Ainſi ils équipérent à Hoorn un grand vaiſſeau & un yacht. Le premier ſe nommoit *la Concorde* & étoit du port de 360. tonneaux, monté par Schouten en qualité de Maître, ou de Capitaine, & par Jaques le Maire en qualité de Commis, aiant ſon frére pour Sous-commis. Il y avoit à ſon bord 65. hommes d'équipage 29. piéces de petit canon, 12. pierriers, des mouſquets, des munitions de guerre, une chaloupe à voiles, une à rames, une barque & un canot, des ancres, des cables, des voiles, des manœuvres de rechange.

Comme ils ne découvroient pas leur deſſein, ainſi-qu'il a été déja dit, ils engagérent des matelots & des Oficiers, à-condition d'aller par-tout où il plairoit au Maître de les mener. Le peuple, ſelon la coutume, parla fort diverſement de ce deſſein, & du voiage

que

que ces vaisseaux alloient faire ; & enfin on
leur donna généralement le nom de Chercheurs
d'Or ; mais les Directeurs se qualifiérent entre eux du nom de Compagnie Australe.

Le 16. de Mai 1615. la revuë de l'équipage
se fit par les Directeurs. Le 27. *la Concorde* se
rendit au Texel , & le yacht y fut le 4. de
Juin. Voici les particularités de leur voiage
tirées du Journal de Aris Claessen Commis
du yacht, & de plusieurs écrits & récits de
bouche d'une partie des autres qui firent le
voiage.

Le 14. de Juin 1615. ils firent voiles du Texel. Le 17. ils moüillérent l'ancre aux Dunes
d'Angleterre, & Schouten étant allé à Douvres y loüa un Canonier Anglois, qui se rendit à bord parmi les matelots qui étoient allez faire de l'eau. Le 25. ils relâchérent à Pli-
mouth, où on loüa un Charpentier natif de
Médenblick. Le 8. de Juillet, le second Charpentier du yacht mourut, & le 16. la mer fut
si-agitée que la barque qui étoit à la toüe de
la Concorde s'étant remplie d'eau, la hansiére
rompit, & le bâtiment périt. Ce fut par la hauteur des 20. degrès 30. minutes.

Le 21. d'Août 1615. ils découvrirent la côte de Sierra Liona , qui est fort-haute , & qui
leur demeuroit à 6. lieuës Nord-est-quart-de-
nord. Ils virent aussi les isles de Mabrabomba, qui gisent prés du cap méridional de cette côte , au Nord des Baixos de Sainte Anne.
Sierra Liona étant la plus haute terre qui soit
entre le cap Vert & la côte de Guinée, est par
là fort connoissable. Au soir ils moüillérent
l'ancre sur quatre brasses & demie , fond mou,
& pen-

& pendant la nuit, de basse eau, ils ne furent que sur 3. brasses & demie.

Le 22. ils mouillérent sur 4. à 5. brasses, fond vasard, à une lieuë des isles de Mabrabomba, qui sont fort-hautes, & au nombre de trois, gisant de rang au Sud-sud-ouëst, & au Nord-nord-est, à demi-lieue au large du cap méridional de Sierra Liona. On y mit du monde à terre, mais on ne trouva point que le païs fût habité. On y vit des traces de bêtes sauvages. Le terrein étoit rempli de broussailles, ou de montagnes.

Le 23. le Commis Jaques le Maire se rendit à bord du yacht, & prit les deux chaloupes pour aller au rivage oposé aux isles. Il trouva une riviére à l'entrée de laquelle il y avoit des rochers qui empêchoient les grands vaisseaux d'y entrer : mais au-delà elle étoit assez profonde, & si-large qu'on y pouvoit louvoier. Il ne vit point d'hommes, mais il vit trois bœufs sauvages, & une multitude de guenons, avec quelques oiseaux qui aboïoient comme des chiens; & aïant remonté la riviére près de trois lieuës, à la faveur du flot, il trouva seulement quelques palmiers sauvages, sans voir aucuns fruits.

Le lendemain 24. les deux chaloupes retournérent chacune dans une riviére particuliére. Aris Claesz Commis du yacht étoit dans l'une avec un des Assistans, & Claes Jansz Ban étoit dans l'autre, avec le second Pilote. Ils remontérent chacun près de 5. lieuës. Le Commis avoit été dans une riviére d'eau salée, & n'avoit rien vu de ce qu'il cherchoit. Ban avoit été dans une riviére d'eau douce,

&

& y avoit trouvé une plaine avec 8. ou 9. arbres chargez de limons, qu'on secoüa, & on en fit tomber 750. fruits qui étoient presque murs, & qui pouvoient se garder. On avoit aussi vu des tortuës & des crocodiles, mais il n'y avoit point d'hommes.

Il fut résolu qu'on tâcheroit de faire entrer les vaisseaux dans la riviére d'eau douce, pour y faire de l'eau & prendre des limons. Mais on n'y trouva pas assez de profondeur, & les vaisseaux remoüillérent devant l'embouchure, le long de la côte qui étoit sous le vent, sur six brasses, l'eau y étant unie à-cause des Baixos de Sainte Anne qui couvroient cet endroit-là.

Le 26. le yacht s'en alla vers la pointe méridionale de la baie, qui a environ 5. lieuës de large de la côte du Nord à celle du Sud. Le 27. *la Concorde* leva l'ancre afin de suivre le yacht. Sur le midi la chaloupe ramèna le Maire à son bord, avec 1400. limons qu'on avoit ramassez de divers endroits, toujours sans avoir vu d'hommes. Au soir le navire jetta l'ancre proche du yacht sur trois brasses & demie, fond de bonne tenuë.

Le 29. on connut qu'on n'étoit pas à la riviére de Sierra Liona, & aiant remis à la voile, on dépassa les isles de Mabrabomba par l'Oüest, sur 12. à 15. brasses. Au soir on en doubla la pointe, & on remoüilla sur 15. brasses.

Le 30. on leva l'ancre, & l'on alla moüiller à la véritable rade de Sierra Liona, sur 8. brasses, fond de sable, à une portée de mousquet de terre, d'où l'on vit 8. ou 9. petites
mai-

maisons couvertes de paille. Les Noirs criérent en leur langage qu'on allât les prendre,
parce-qu'il n'y avoit point là de canots, &
celui du vaisseau y étant allé en amena cinq à
bord, dont l'un étoit Interprète. Ils demandérent des otages, parce-qu'il y avoit eu depuis peu un vaisseau François, qui avoit trompé deux de leurs compatriotes, & les avoit
emmenez.

Aris Claasz étant demeuré à terre, on eut
d'eux 700. limons presque meurs, & des bananes, pour de la verroterie. On fit aussi de
l'eau, qui est bonne & qu'on fait aisément,
parce-qu'elle tombe d'une montagne droit au
bord de la rade. L'on n'a qu'à présenter les
fûtailles, & l'eau tombe dedans.

Le 31. on troqua encore plus de 25. mille
limons. On en pouvoit avoir tant qu'on vouloir, les bois en étant pleins. On eut aussi du
poisson des Négres. Le 1. de Septembre 1615.
on remit à la voile. Le 2. on remoüilla par
le travers d'une petite riviére. Quelques gens
étant descendus à terre aportérent au soir une
petite bête qu'on nomme Antilop, qu'ils trouvérent dans un bois, où les Négres l'avoient
mise à un lacs.

Le 5. d'Octobre 1615. sur le midi, comme on étoit par la hauteur des 4. degrès 27.
minutes, le Pilote qui étoit à l'arriére, dans
la galerie, entendit un grand bruit à l'avant
du vaisseau, & crut que quelqu'un étoit tombé
de l'éperon, ou du beaupré, dans l'eau. Il regarda donc promtement à côté de lui, & il
vit l'eau toute rouge de sang, comme s'il y en
eût été répandu une grande quantité, dequoi

il

il fut fort étonné. On découvrit ensuite que c'étoit un gros poisson, ou monstre à corne, dont la corne avoit donné dans le vaisseau d'une si-grande force, qu'elle s'y étoit rompuë. Car quand on fut au port de Desir, & qu'on eut mis le vaisseau en carène, on vit à l'avant, à 7. piés sous l'eau, une corne fichée dans le corps du bâtiment, à-peu-près de la figure & de l'épaisseur du bout d'une dent d'éléfant commune, qui n'étoit point creuse, mais bien remplie, & d'un os fort dur. Elle avoit passé tout-au-travers des trois bordages, savoir le doublage, le franc-bordage, & le serrage, & le bout en étoit entré jusques dans l'éguillette.

Ce fut un grand bonheur qu'elle eût donné droit dans l'éguillette qui étoit sur le serrage, car si elle eût passé entre deux éguilletes, & qu'elle n'eût rencontré que les trois bordages, dont celui du milieu étoit de chêne & les deux autres de sapin, elle y eût aparemment fait un grand trou, qui auroit mis le vaisseau en danger de périr. Elle étoit entrée de l'épaisseur de plus d'un demi-pié dans le bâtiment, & étoit encore à-peu-près un demi-pié en-dehors. Ce fut le sang qui sortit de la plaie où la rupture s'étoit faite, qui ensanglanta ainsi l'eau.

Le 15. étant par la hauteur des 2. degrès 36. minutes, on prit 40. bonites en un jour; & le 16. étant par un degré 45. minutes, on vit beaucoup de balénes. Le 20. on passa sous la Ligne équinoxiale.

On navigea jusqu'au 25. du même mois d'Octobre, sans que personne des équipages sût où l'on vouloit aller. Il n'y avoit que le Maître

tre & Directeur Willem Cornelifz Schouten,
& le Commis Jaques le Maire, qui en euffent
connoiffance. Mais ce jour-là on en donna publiquement avis, & l'on fit lecture de l'ordre
qui portoit qu'on chercheroit un autre paffage
que celui du détroit de Magellan, pour aller
dans la mer du Sud, afin de tâcher d'y découvrir certains païs méridionaux, où l'on efpéroit faire de grands profits; & que fi l'on ne
pouvoit y réüffir, on iroit par cette même
mer aux Indes Orientales. L'équipage marqua beaucoup de joie d'avoir apris où il alloit, chacun efpérant qu'il auroit quelque petite part aux avantages qu'on pouvoit retirer
d'un tel voiage.

Le 1. de Novembre on paffa le Soleil, &
on l'eut à midi au Nord. Le 3. étant par la
hauteur des 19. degrès 20. minutes, on vit quelques oifeaux noirs, & 2. ou 3. Jeans de Genten. Après midi, on vit les ifles de Martin
de Vaes, ou de l'Afcenfion, qui demeuroient
au Sud-eft-quart-de-l'Eft. Le 20. étant par la
hauteur des 36. degrès 57. minutes, on vit
une multitude de poux marins, infecte fort
aprochant des poux communs, gros comme
de petites mouches.

Le 23. on vit, par la hauteur des 40. degrès 56. minutes, beaucoup de balénes, & l'eau
pale.

Le 6. de Décembre, à quatre heures après
midi, étant par la hauteur des 47. degrès 30.
minutes, on eut la vuë des terres, qui étoient
une côte blanchâtre qui n'avoit pas beaucoup
de hauteur. On fe trouva, juftement felon qu'on
le fouhaitoit, au port de Defir, & au foir on
mouilla

moüilla l'ancre sur 10. brasses, à une lieuë & demie du rivage. L'ebe alloit au Sud avec autant de force qu'au Pas de Calais, ou devant Flessingue.

Le matin du 7. on leva l'ancre, & l'on courut au Sud jusqu'à midi que l'on fut à l'entrée du port de Desir, par les 47. degrés 40. minutes. On s'avança vers la passe, pendant le vif de l'eau, de-sorte que les rochers dont parle Olivier de Noort, qu'il faut laisser au Nord en entrant dans ce havre, étoient alors sous l'eau; mais au Sud il y en avoit quelques-uns qui paroissoient, & qu'on prit pour ceux qui étoient marquez par de Noort, si-bien qu'on courut au Sud pour les parer.

Cette manœuvre fit qu'on s'écarta au Sud de la véritable passe, & qu'on entra dans une baie qu'on ne cherchoit pas, où l'on moüilla l'ancre sur quatre brasses & demie de haute eau; & de basse eau il n'y en eut plus que 14. piés. *La Concorde* aiant touché de l'arriére, & le fond étant de roches, il n'y a pas de doute que si le vent n'eût pas soufié de l'Oüest comme il faisoit, & que l'eau n'eût pas été aussi-calme qu'elle étoit, le navire auroit fait naufrage.

On trouva en ce lieu-là beaucoup d'œufs sur les rochers, & de fort-belles moules, du poisson, & particuliérement de l'éperlan de 12. pouces de long, ce qui fit qu'on nomma cette baie, la baie des E'perlans. La chaloupe nagea vers les isles des pinguins, qui gisent à deux lieuës Est sud-est du port de Desir. Elle aporta au soir deux lions marins, & 150. pinguins.

Le 8.

Le 8. on quitta la baie des E'perlans, &
l'on se rendit par le travers du port de Desir.
La chaloupe s'étant mise de l'avant pour sonder la passe, raporta sur le midi qu'elle avoit
trouvé douze à 13. brasses d'eau. Incontinent après midi on eut le vif de l'eau, avec
un vent d'Est-nord-est, & l'on remit à la voile, le yacht navigeant de l'avant droit dans la
passe.

On n'avoit encore fait qu'une lieuë & demie dans le canal, lors-que le vent changea
& devint contraire. On jetta l'ancre sur 20.
brasses, fond de roches unies. Demi-heure
après on eut un vent forcé du Nord-ouëst, &
quoi-que chaque vaisseau fût sur 2. ancres, ils
ne laissérent pas d'être tous deux poussez contre
le rivage méridional : car quand il y auroit eu
20. ancres à chacun, elles ne les auroient pas
arrêtez ; si-bien que nous allions périr.

Déja *la Concorde* avoit d'un côté les façons
sur la roche, & pendant-que l'eau descendoit,
le vaisseau se tourmentoit, & baissoit quelquefois encore un peu plus sur le côté. Néanmoins
il ne s'ouvrit point. Le yacht fut jetté sur des
rochers, où il n'y avoit presque point d'eau,
& où il étoit aussi tellement sur le côté, que
de basse marée on pouvoit marcher à pié sec
sous sa quille, à l'endroit ou le grand mât
étoit arboré, & elle étoit par-tout de la hauteur de plus d'une brasse hors de l'eau ; spectacle afreux, & qui ne présentoit aux yeux rien
moins que sa perte totale. Mais le vent qui
forçoit alors du Nord-nord-ouëst le soutint,
& l'empêcha d'achever de tourner sens-dessus-
dessous.

B b

On

On reconnut encore mieux que cette force du vent avoit été la caufe de fa confervation, lors-que la tempête commença de s'apaifer; car alors il tomba fur le côté qui étoit au vent, dont les façons demeurérent trois piés plus bas que la quille, & le côté qui étoit vers le rivage demeura en l'air. On crut en ce moment-là qu'il n'y avoit plus d'efpérance de le conferver. Cependant lors-que le flot fut venu, le tems étant affez calme, il retourna de lui-même fur fon affierte, & pendant la brune on le nagea jufqu'à l'autre vaiffeau.

Le matin du 9. on remit à la voile pour entrer plus avant, & l'on gagna jufqu'à l'ifle qu'Olivier avoit nommée l'ifle du Roi. Le yacht paffa jufqu'au derriére de l'ifle, mais le vent étoit fi-contraire que *la Concorde* n'y put paffer. Quelques gens étant allez à terre trouvérent que tout étoit prefque couvert des œufs qu'y faifoient certaines mouëttes d'une efpéce particuliére. Un homme, fans changer de place, pouvoit chercher dans 45. nids, en chacun defquels il y avoit 3. ou 4. œufs, prefque comme des œufs de vaneau, mais un peu plus gros.

Le 10. la chaloupe alla de l'autre côté, pour chercher de l'eau douce, & l'on creufa jufqu'à 14. piés en terre; mais elle étoit toujours fomache, auffi-bien fur les montagnes que dans les valées. On vit des autruches, & des bêtes prefque femblables à des cerfs, qui avoient le cou auffi long que le corps, & qui étoient fort-farouches. On trouva fur le haut d'une montagne des monceaux de pierres, qu'on remua, & l'on vit deffous des fquelettes d'hommes qui

avoient

avoient dix & onze piés de long, d'où il paroît qu'en ces lieux-là on enterre les hommes sur le plus haut des montagnes, & qu'on les couvre de pierres, pour garantir les corps des bêtes & des oiseaux.

Le 17. du même mois de Décembre, le vaisseau s'avança jusqu'à l'isle du Roi, & pendant le vif de l'eau, jusques sur le rivage, où on lui donna les œuvres marée. De basse eau on alloit à pié sec tout-autour. Le 18. on mit aussi le yacht en carène, à une portée de mousquet du navire.

Le 19. pendant-qu'on travailloit à ces deux vaisseaux, & qu'on donnoit le feu au yacht, la flamme y prit à l'impourvu, & gagna si-vîte jusqu'aux haubans & aux autres manœuvres, & ensuite par-tout ailleurs, qu'il n'y eut pas moien de l'éteindre, le bâtiment étant sur le sec, à plus de 50. piés de l'eau. Ainsi les deux équipages le virent brûler devant leurs yeux, sans pouvoir le sauver. Les jours suivans on emporta ce qui n'étoit pas brûlé, le canon, la ferrure, & d'autres choses.

Le 25. les matelots trouvérent assez avant dans les terres de grandes fosses pleines d'eau douce, mais qui étoit blanche & épaisse: ils ne laissérent pourtant pas d'en emporter dans de petits barrils sur leurs épaules. Ils emportoient aussi tous les jours des oiseaux & des œufs, & quelquefois de jeunes lions marins qui étoient de bon goût. Ces lions sont de la grandeur d'un petit cheval, aiant la tête semblable à celle d'un lion, avec une criniére longue & rude; mais les lionnes n'en ont point, & ne sont pas de la moitié si-grosses que les

mâles.

máles. On ne les pouvoit tuer qu'en leur donnant ſous la gorge, ou dans la tête, avec
des balles de mouſquet. On leur donnoit cent
coups de levier & de pinces de fer, juſqu'à leur
faire rendre le ſang par la gueule & par le nez,
qu'ils ne laiſſoient pas de s'enfuir, & de ſe
ſauver.

Le 10. de Janvier 1616. le navire remit à la
voile, mais le vent de mer l'obligea de remoüiller proche de l'iſle des Lions. Le 13. il
ſortit du port & ſe mit au large. Le 18. les
iſles de Sébaldt lui demeurérent à 3. lieuës au
Sud-eſt. Sur le midi, il fut par la hauteur des
51. degrès.

Le 18. le vent aiant paſſé à l'Oüeſt, on jetta l'ancre à midi, ſur 50. braſſes, fond de
ſable noir, mêlé de petites pierres. Enſuite
le vent aiant ſauté au Nord, on eut une mer
unie, avec un beau tems. L'eau étoit auſſi
pale, que ſi l'on eût été au milieu des terres, &
l'on courut la bande du Sud-quart-au-ſud-oüeſt.
Sur les 3. heures après midi on découvrit les
terres à l'Oüeſt, & au Sud-oüeſt, & bientôt
après au Sud. Vers le ſoir le vent ſoufla du
Nord, & l'on fit l'Eſt-ſud-eſt, pour demeurer au vent, car il força incontinent après, &
il fallut ſerrer les huniers.

Le matin du 24. on revit les terres à ſtribord, à une lieuë du vaiſſeau, & l'on trouva
fond ſur 40. braſſes, par un vent d'Oüeſt. La
côte couroit à l'Eſt-quart-de-Sud-eſt, & il y
avoit de hautes montagnes, qui étoient blanches de nége. On la rangea toujours, & ſur
le midi on en trouva le bout. Mais on en vit
une autre à l'Eſt qui étoit auſſi fort-haute.
On

On jugea que ces deux côtes étoient à-peu-près à 8. lieuës l'une de l'autre, & il sembloit qu'il devoit y avoir un passage entre-deux. On le crut d'autant-plus qu'on remarqua des courans rapides qui portoient au Sud entre ces deux côtes. A midi, on se trouva par les 54. degrès 46. minutes. Après midi on eut un vent de Nord.

On courut vers cette ouverture : mais sur la brune on fut pris de calme , & toute la nuit on ne fut porté que par les courans , presque sans aucune fraîcheur. On vit des multitudes de pinguins, & des balénes à milliers, si-bien qu'il falloit toujours être sur ses gardes, courir des bordées, ou faire d'autres manœuvres, pour les éviter.

Le matin du 25. on se trouva proche de la côte la plus orientale , qui étoit fort-haute & entre-coupée, & qui du côté septentrional couroit à l'Est-sud-est , autant-que la vuë pouvoit s'étendre. On lui donna le nom de Terre des Etats , & à celle qui étoit à l'Ouëst le nom de Maurice de Nassau. On espéra de trouver le long de l'une & de l'autre de bonnes rades, & des baies de sable ; car on voioit des deux côtés des rivages sabloneux , & un beau fond de sable.

Il y a là du poisson , des pinguins & des chiens marins en abondance, beaucoup d'oiseaux & de bonne eau ; mais il n'y a point d'arbres. Le vaisseau faisoit vent largue , le vent venant du Nord , & comme on couroit au Sud-sud-ouëst on faisoit beaucoup de chemin. A midi, on fut par la hauteur des 55. degrès 36. minutes, & l'on courut au Sud-ouëſt, par un bon frais, avec de la pluie. On vit alors que la côte méridionale de l'ouverture, depuis le bout occidental du Païs de Maurice de Naſſau, couroit à l'Ouëſt-ſud-ouëſt & au Sud-ouëſt, tant que la vuë pouvoit s'étendre; & qu'elle étoit toute haute & entrecoupée.

Sur la brune, le vent s'étant rangé au Sud-ouëſt, les lames furent groſſes pendant toute la nuit, & l'eau fort-bleuë; ce qui fit conclurre, qu'il falloit qu'il y eût au lof une grande profondeur. On ne douta point même que ce ne fût la grande mer du Sud, & qu'on n'eût trouvé un chemin pour y aller, qui avoit été inconnu juſques alors. En éfet la choſe fut reconnuë véritable. Nous vîmes là des Jeans de Genten d'une grandeur extraordinaire, c'eſt-à-dire des mouëttes de mer qui avoient le corps auſſi gros que des cignes, & dont les ailes étenduës avoient chacune une braſſe de long. Elles venoient ſe percher ſur le navire, & ſe laiſſoient prendre & tuer par les matelots.

Le 26. à midi, on fut par la hauteur des 57. degrès, & l'on eut une groſſe tempête du Sud-ouëſt & de l'Ouëſt, qui dura 24. heures, pendant leſquelles on mit à la cape & l'on courut toujours au Sud. On vit encore la haute côte au Nord-ouëſt. Durant la brune on vira au Nord-ouëſt, toujours à la cape.

Le 27. à midi, on fut par les 56. degrès 51. minute. Il faiſoit fort-froid, & il tomboit des nuées de grêle. Le 28. on fit ſervir les huniers. Le vent ſoufla premiérement de l'Eſt, puis il paſſa au Nord-eſt; & l'on courut d'abord

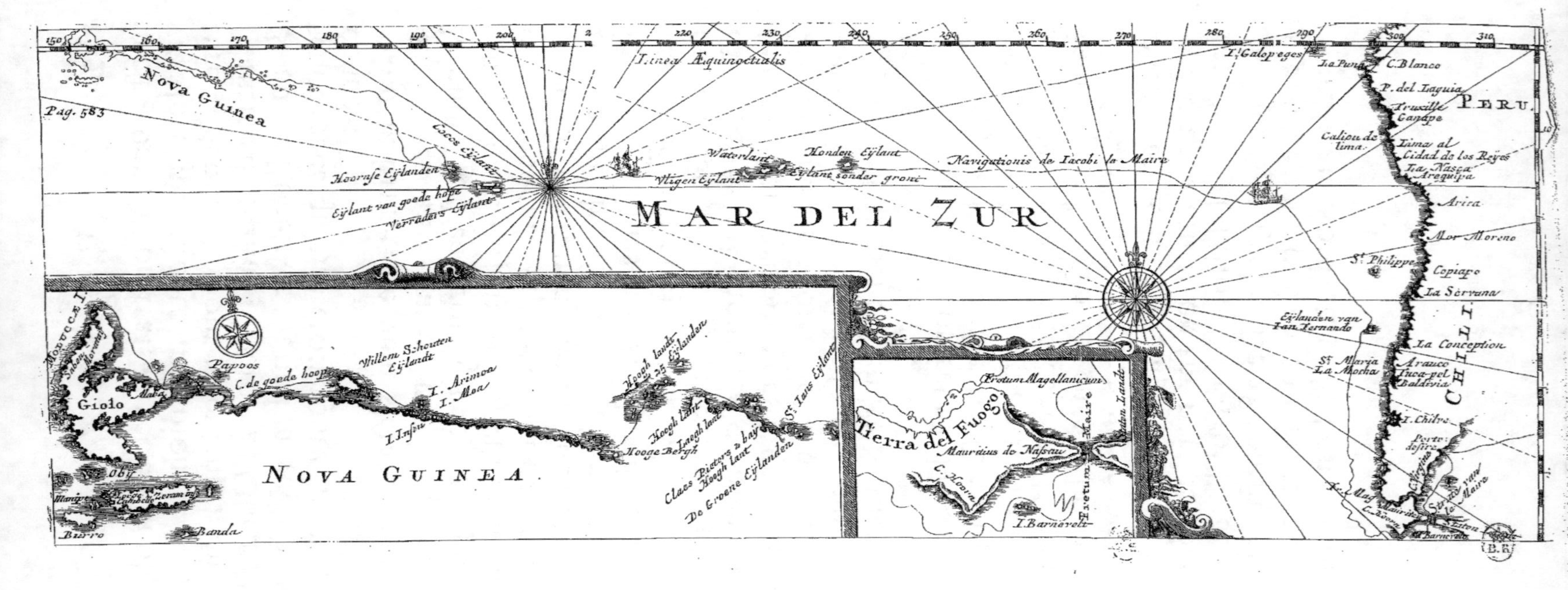
Pag. 583
Nova Guinea
Linea Æquinoctialis
MAR DEL ZUR
150 160 170 180 190 200 2 220 230 240 250 260 270 280 290 300 310
Cocos Eijlant
Hoornse Eijlanden
Eijlant van goede hope
Verraders Eijlant
Waterlant
Vliegen Eijlant
Honden Eijlant
Eijlant sonder grone
Navigationis de Iacobi la Maire
I. Galopeges
La Puna
C. Blanco
P. del Iaguia
Truxillo
Guape
Caliou de lima
Lima al Cidad de los Reyes
Ica. Nasca
Arequipa
Arica
Mor Moreno
St. Philippe
Copiapo
La Serrana
Eijlanden van Ian Iernando
La Conception
St. Maria
La Motha
Arauco
Inca-pel
Baldivia
I. Chilve
Porto desira
PERU.
CHILII
MOVCCA I.
Giolo
Maha
Oby
Papoos
C. de goede hoop
Willem Schouten Eijlandt
I. Arimoa
I. Moa
I. Inspu
Hoogh landt
25 Eijlanden
Hoogh lant
Hooge Bergh
Hoogh lant
Claes Pieters 2 baij
De Groene Eijlanden
St. Ians Eijlant
NOVA GUINEA
Burro
Banda
Fretum Magellanicum
Tierra del Fuego
Mauritius de Nassau
C. Horna
I. Barnevelt
Fretum Maire
Staten Landt
B. F.

au Sud, puis à l'Ouëst & à l'Ouëst-quart-de-
sud-ouëst. A midi on fut par les 56. degrès
48. minutes.

Le matin du 29. on eut un vent de Sud-est,
& l'on courut au Sud-ouëst. Après le déjeuné, on vit deux isles qui nous demeuroient à
l'Ouëst-Sud-ouëst. Sur le midi, on en fut
tout-proche mais on ne put les dépasser, si-
bien qu'il fallut passer par le Nord. C'étoient
des rochers gris & arides, qui étoient entourez de beaucoup d'autres plus petits, & qui
gisoient par les 57. degrès de latitude Sud.
On leur donna le nom d'isles de Barneveldt,
à-cause de M. Jean Oldenbarneveldt Avocat,
ou Conseiller Pensionaire de Hollande & de
Ouëst-frise.

On fit alors le Ouëst-nord-ouëst. Sur le soir
on revit les terres qui nous demeuroient au
Nord-ouëst, & au Nord-nord-ouëst. C'étoient
celles qui sont au Sud du détroit de Magellan,
& qui s'étendent toujours au Sud. On n'y
voioit que de hautes montagnes couvertes de
nége, qui finissent à un cap fort-pointu, qu'on
nomma le cap de Hoorn, qui est par la hauteur des 57. degrès 48. minutes. On eut ce
jour-là un beau tems ; mais au soir il se leva
un vent de Nord, & les lames rouloient de
l'Ouëst. On prit son cours à l'Ouëst, & l'on
trouva des courans rapides qui y portoient.

Le 30. on trouva encore des courans qui
portoient à l'Ouëst, l'eau étant bleuë & la
mer toujours grosse ; ce qui fit encore plus présumer qu'on trouveroit le passage qu'on cherchoit. A midi, on fut par les 57. degrès 34.
minutes.

Bb 4

Le

Le matin du 31. le vent ſoufla du Nord, &
l'on courut à l'Ouëſt. A midi on fut par les
58. degrès. Après midi, le vent s'étant rangé à l'Ouëſt & à l'Ouëſt-ſud-ouëſt, il fut fort-
variable. On avoit alors doublé le cap de
Hoorn, & l'on ne voioit plus les terres. Les
lames rouloient de l'Ouëſt, & l'eau étoit fort-
bleuë; ce qui donna une certitude entiére qu'on
entroit dans la mer du Sud, & qu'on n'avoit
plus de terres par prouë. On eut des vents variables, beaucoup de pluïes, de la grêle; de-
ſorte qu'il falut ſouvent courir des bordées.

Le 3. de Fèvrier 1616. à midi, on fut par
la hauteur des 59. degrès 25. minutes : mais
l'on ne découvrit point de terres, & l'on ne vit
point de marques qu'il y en eût au Sud. Le
12. on diſtribua une triple ration de vin à l'é-
quipage pour célébrer la joie qu'on avoit du
paſſage qu'on avoit fait, & de ce que le détroit
de Magellan nous demeuroit à l'Eſt.

Le même jour, par avis du Conſeil, & à la
ſollicitation du premier Commis, ce paſſage
nouvellement découvert entre le Païs de Maurice de Naſſau & les Terres des E'tats, fut
nommé le Détroit de Jaques le Maire; quoi-
qu'il y eût beaucoup plus de raiſon de le nommer le détroit de Guillaume Schouten, qui
étoit le Capitaine, ſous la conduite & par
l'expérience duquel le voiage avoit eu un ſi
heureux ſuccès.

Pendant le tems qu'on emploia au paſſage
de ce nouveau détroit, & à naviger par le Sud
autour des côtes nouvellement découvertes,
juſques-à-ce qu'on fût au côté occidental du
détroit de Magellan, on eut fort ſouvent du
gras

gros tems, une mer agitée, des pluïes, de la
brume, un air chargé, quantité de grêle &
de nége; de-sorte que l'équipage soufrit beaucoup. Mais la joie de la découverte qu'il avoit
faite, & l'espérance d'en faire encore d'autres
fort-avantageuses, lui fit suporter constamment toutes ces fatigues.

Le 15. on fut par la hauteur des 51. degrès
12. minutes, le vent souflant de l'Ouëst, &
l'on courut au Nord. Le lendemain le vent
vint du Nord-ouëst, du Nord-nord-ouëst, &
de l'Ouëst, jusqu'au 23. qu'on trouva les vents
alisez du Sud, & qu'on eut un beau tems. A
midi on fut par les 46. degrès 30. minutes.
Le 24. le canon du haut pont fut retiré du fond
de cale où il étoit, & on le remit dans sa place. Le 25. on fit servir les perroquets, comme étant alors dans une mer pacifique, où il
ne faisoit plus de gros tems.

Le 27. on retira aussi le canon du premier
pont, car au port de Desir on avoit descendu toute l'artillerie au fond de cale. A midi
on fut justement par les 40. degrès. On eut
un vent de Sud & de Sud-sud-est, & l'on courut au Nord, faisant beaucoup de chemin.

Le 28. il fut résolu dans le Conseil où les
4. Pilotes assisterent, qu'on relâcheroit aux
illes de Juan Fernando, pour s'y rafraîchir, l'é-
quipage se trouvant ataqué du scorbut. A midi,
on fut par les 35. degrès 53. minutes. Sur la
brune on fit petites voiles, de-peur d'aller
trop à la côte, & l'on courut au Nord-nord-est.

Le 1. de Mars, 1616. à la pointe du jour,
on eut par prouë la vuë de ces illes, qui demeuroient Nord-nord-est au vaisseau, lequel

B b 5 étoit

étoit pouffé d'un vent frais du Sud. On y moüilla l'ancre fur le midi. Elles gifent par les 33. degrès 48. minutes, au nombre de deux, le terrein de l'une & de l'autre étant affez haut. La plus petite eft la plus occidentale. Elle eft aride & ftérile, n'y aiant que des rochers & des montagnes fans verdure. Dans la plus grande, qui eft la plus orientale, il y a auffi des montagnes, mais elles font couvertes d'arbres & fort-fertiles. On y trouve beaucoup de bêtail, comme des pourceaux, des boucs, & le long de la côte une quantité prodigieufe de poiffon. Les Efpagnols vont y pêcher, & y rempliffent en très-peu de tems leurs barques, qu'ils mènent au Pérou.

On mit le cap fur la côte occidentale de l'ifle, ce qui fut une faute bien-grande, par-ce-qu'il falloit courir fur la côte orientale, pour gagner la rade qui eft à la pointe orientale de la plus grande de ces ifles. Car en faifant le tour par l'Ouëft, & en allant derriére l'ifle, on tomba dans le calme, ainfi-qu'il arive ordinairement le long d'une côte en écore & fort-élevée, de-forte qu'on ne pouvoit en aprocher pour jetter l'ancre. On y envoia donc la chaloupe pour fonder, & elle raporta qu'elle avoit trouvé fond fur 30. & 40. braffes, tout-proche de terre, fond de fable, qui tout-d'un-coup venoit à 3. braffes, & où il y avoit bon moüillage.

Les gens de la chaloupe dirent encore qu'ils avoient vu une belle valée couverte de verdure, avec de grands arbres auffi verdoïans, mais qu'ils n'avoient pas eu le tems de defcendre à terre: que néanmoins ils avoient auffi vu en
divers

divers endroits quantité de belles eaux qui couloient des hauteurs ; beaucoup de boucs fur la montagne, & d'autres bêtes que l'éloignement n'avoit pas permis de diftinguer : qu'en très-peu de tems ils avoient pris quantité de poiffon : que dès-que l'hameçon étoit dans l'eau le poiffon y mordoit, & l'on ne faifoit que le jetter & le retirer fans ceffe, jufques-à-ce qu'on en eût autant qu'on fouhaitoit ; & c'étoit, pour la plupart, du Corcobado & des brémes : qu'ils avoient encore vu un grand nombre de loups marins. Ces nouvelles réjoüirent fort les malades. La nuit il y eut calme, & les courans firent dériver le vaiffeau affez loin.

Le 2. du même mois de Mars, il alla fe rallier à la terre, mais non-pas fi-près qu'on pût trouver fond. On renvoia des gens dans l'ifle pour pêcher & pour chaffer. Leur chaffe ne fut pas fi-heureufe que leur pêche, car les haliers ne leur permettoient pas de paffer facilement, & ils n'eurent que la vuë des boucs & des pourceaux. Mais pendant qu'une partie alla quérir de l'eau, ceux qui étoient demeurez dans la chaloupe pêchérent à l'hameçon deux tonneaux de poiffon d'un très-bon goût. Ce fut là tout l'avantage qu'on put tirer de cette ifle.

Car le matin du 3. le vaiffeau fut à plus de quatre lieuës fous le vent de toutes les deux, quoi-que pendant plus de 24. heures on fît encore des éforts incroiables pour en aprocher. Mais à la fin on y renonça, & il fut réfolu qu'on continuëroit à faire route, d'autant-plus qu'on avoit tous les jours le vent favorable, & qu'on

Bb 6.

n'en

n'en profitoit pas. Cette réfolution chagrina extrémement les malades. Néanmoins on remit à voile, & courant au Nord-ouëft-quart-à-l'ouëft, par un vent frais du Sud, on fit beaucoup de chemin.

Le 11. on paffa la feconde fois fous le Tropique du Capricorne, par un vent de Sud-eft, courant au Nord-ouëft. On trouva enfuite les vents alifez de l'Eft & de l'Eft-fud-eft, & l'on navigea jufques au 15. qu'on fut par les 18. degrès. Alors on changea de route, & l'on monta la chaloupe à rames, pour s'en fervir à l'avenir, lors-qu'on feroit proche des terres.

Le 20. on fut par la hauteur des 17. degrès. Les lames étoient groffes, & venoient du Sud, le vent continuant à être Eft-fud-eft. On courut à l'Ouëft, & l'on trouva qu'on avoit nordouefté un demi-rumb. On vit quantité d'oifeaux, entre-autres des Queuës de fléches, qui font des oifeaux blancs comme nége, aiant le bec rouge, la tête rougeâtre, avec des queuës blanches fenduës ou échancrées au milieu, & de deux piés, ou deux piés & demi de long. Ils font de la groffeur des mouëttes de mer ordinaires.

Le 3. d'Avril 1616. jour de Pâques, on fut par les 16. degrès 12. minutes, l'aiguille demeurant juftement Nord & Sud, fans varier. La moitié de l'équipage fe trouva infectée du fcorbut, & le 9. Jean Cornelifz Schouten qui avoit été Capitaine du yacht, & qui étoit frére du Capitaine de *la Concorde*, en mourut.

Le matin du 10. après la prière, il fut jet-

té à la mer. Peu après on découvrit les terres qui
nous demeuroient au Nord-ouëst & au Nord-
ouëst-quart-de-nord , à environ trois-lieuës.
C'étoit une isle fort-basse, & de peu d'étenduë. On vit alors beaucoup de mouëttes & de
poisson , & l'on courut sur l'isle , assez proche de laquelle on fut à midi : mais on ne trouva point de fond.

La chaloupe étant allée sonder plus avant,
les matelots raportérent qu'ils avoient trouvé fond sur 25. brasses , à une petite portée de
mousquet de terre; qu'ils avoient vu quantité de serpens de mer , & de poisson semblable à celui des côtes des isles de Don Jean
Fernando. Cependant on n'osa faire avancer
le navire si-proche du rivage , de-peur d'accident.

La chaloupe y étant retournée après midi,
ne put passer à-cause de l'impétuosité des brisans. Les matelots se jettérent à la mer, &
passérent à la nage, s'aidant les uns les autres,
& laissant la chaloupe sur le grapin. Mais ils
n'aportérent rien de nouveau, qu'une quantité d'herbages qui étoient à-peu-près du goût
du cresson qui croît dans les jardins de Hollande. Ils dirent qu'ils avoient vu trois chiens
qui n'aboïoient point, ni ne jettoient aucun
cri, ni ne rendoient aucun son; & de l'eau
qui étoit tombée ce jour là, & qui s'étoit
amassée dans de petites fosses.

On crut que pendant les malines cette isle
devoit être inondée , ou du-moins en partie,
Il n'y avoit rien que d'un côté, en-dehors, une
bordure d'arbres bien verds, qui paroissoient
plantez comme le long d'une digue; ce qui

Bb 7

faisoit

faifoit un bel objet; & de l'eau falée au milieu de l'ifle, de même qu'en plufieurs autres endroits. Elle gît par les 15. degrès, à 925. lieuës de la côte du Pérou, felon l'eftime.

Pendant 24. heures le vent aiant foufié du Nord, on courut à l'Ouëft, vers les ifles de Salomon, après avoir donné le nom d'ifle des Chiens à celle dont on vient de parler. La nuit on eut des vents forcez, avec des groffes pluies.

Le 14. du même mois d'Avril, le vent étant Eft & Eft-fud-eft, on courut à l'Ouëft & à l'Ouëft-quart-de-nord-ouëft & l'on vit beaucoup d'oifeaux & de poiffon. Après midi on découvrit encore une ifle baffe, qui nous demeuroit au Nord-ouëft, & qui étoit fort-grande, courant au Nord-eft & au Sud-ouëft. Auffi-tôt on mit le cap fur la côte, & l'on gouverna au Nord-ouëft.

Sur la brune, le navire étant encore à une lieuë de l'ifle, on vit venir un canot avec 4. Indiens tout-nuds & tout-rouges, hormis leurs cheveux qui étoient noirs & fort-longs. Ils fe tinrent affez loin du vaiffeau, criant & faifant des fignes pour inviter les gens à defcendre à terre. Mais perfonne ne put les entendre, & ils ne nous entendirent point non-plus, quoi-qu'on leur parlât Efpagnol, Malais, Javanois, & Flamand.

A Soleil couchant le navire s'étant aproché de l'ifle, on ne trouva point de fond, ni de changement d'eau, quoi-qu'on ne fût guéres qu'à une portée de moufquet du rivage; c'eft pourquoi on revira, & l'on remit le cap à la mer. Le canot retourna trouver quantité d'Indiens qui l'atendoient fur le bord de l'eau.

Peu

peu de tems après il en revint un autre, qui ne
voulut point non-plus aborder le vaisseau. On
se parla encore, & l'on ne put s'entendre.
Le canot tourna sens-dessus-dessous; mais les
Indiens le retournérent promtement avec beaucoup d'agilité & d'adresse, & se remirent dedans. Ils faisoient des signes pour inviter à
descendre à terre, & on leur en faisoit pour le s
inviter à venir à bord.

L'isle n'est pas large, mais elle est fort-longue. Il y a quantité d'arbres, qui paroissoient
être des palmiers & des cocos. Elle gît par
les 15. degrès 15. minutes, & son rivage est
de sable blanc. On y vit la nuit des feux al-
lumez en divers endroits. Mais comme on ne
se pouvoit entendre, on la quitta, & l'on fit
le Sud & le Sud-sud-ouëst pour monter au
vent.

Après avoir navigé pendant la brune environ dix lieuës, toujours au Sud-sud-ouëst, on se
trouva le matin tout-proche de la côte, où
l'on vit encore plusieurs hommes nuds, qui
crioient d'une maniére à faire croire qu'ils désiroient qu'on allât à eux. Il vint aussi un canot vers le vaisseau, avec trois Indiens qui
crioient tout-de-même, & qui ne voulurent
point aborder. Mais ils nagérent vers la chaloupe, & s'en étant aprochez, les matelots
leur marquérent beaucoup de douceur, & leur
firent présent de couteaux & de verroterie, sans
qu'on entendît un seul mot de ce qui se disoit
de part & d'autre.

Un peu après qu'ils eurent quitté la chaloupe, ils s'aprochérent du navire, & on leur
jetta une petite corde, qu'ils saisirent, mais

ils ne voulurent pas passer à bord. Ensuite la chaloupe revint du rivage, sans avoir rien avancé. Cependant quand les Indiens eurent été assez longtems proche du vaisseau, il y en eut un qui se hasarda jusqu'à monter dans la galerie, où il tira les cloux des petites fenêtres qui étoient aux cabanes du Commis & du Maître, & les cacha dans ses longs cheveux.

On remarqua que la chose qu'ils estimoient le plus étoit le fer. Ils tiroient de toute leur force les chevilles du corps du vaisseau, & faisoient de grands éforts pour les arracher. Ils consentoient qu'un d'entre eux demeurât à bord, pourvu qu'un des matelots se mît dans leur canot, pour aller à terre; ce qui leur fut refusé. C'étoient des gens fort-larrons, qui alloient tout-nuds, n'aiant qu'un petit morceau de natte sur leurs parties naturelles. Ils étoient peints du haut jusques au bas, & avoient sur la peau diverses figures, comme de serpens, de dragons, & d'autres choses monstrueuses. Le fond de la couleur étoit d'un bleu tel que le cause la poudre à canon, quand en brûlant elle a touché à quelque partie du corps. On leur versa du vin dans leur canot, mais ils ne voulurent pas rendre la coupe où ils avoient bu.

On renvoia encore une fois la chaloupe au rivage avec 8. Mousquetaires, & six autres hommes armez de sabres. Le Sous-commis Claas Jansz, & Aris Claasz qui avoit été Commis du yacht, s'y embarquérent aussi, afin de voir l'isle & ce qui s'y passeroit. Dès-qu'ils eurent traversé le refrein, & que les matelots furent proche de terre, ils virent sortir environ 30. hommes d'un bois, avec de grosses massuës,

maſſuës, qui leur voulurent arracher leurs armes, & qui voulurent haler la chaloupe ſur le
ſec, en aiant déja tiré dehors deux hommes,
qu'ils croioient traîner dans le bois. Mais les
Mouſquetaires, dont les mouſquets étoient
bien ſecs, tirérent trois coups dans la troupe,
& en tuérent ſans doute ou en bleſſérent quelqu'un mortellement.

Ces Sauvages étoient auſſi armez de grands
bâtons, & d'une autre arme au bout de laquelle il y avoit comme des branches, ou des
épines, qu'on crut être des épées d'Empera-
dors. Ils avoient encore des frondes avec quoi
ils jettoient des pierres, mais ils ne bleſſérent
perſonne. Pour des arcs & des fléches, on ne
leur en vit point. On vit des femmes, qui vinrent prendre les hommes à la gorge, en faiſant
de grands cris, & l'on ne ſavoit d'abord ce
que cela vouloit dire : mais enfin on s'imagina que c'étoit qu'elles les vouloient faire retirer.

On nomma cette iſle, l'iſle ſans Fond, parce-qu'on n'y en trouva point. Il y avoit ſur
le bord de la mer une liſiére ſemée de palmiers,
& au milieu elle étoit couverte d'eau ; de-ſorte
que voiant une terre ingrate, & des habitans
ſauvages, avec qui il n'y avoit que des coups
à gagner, on remit le cap au large, par un
vent d'Eſt. On trouva la mer unie & ſans
briſans, comme on en avoit trouvé, les jours
précédens, à l'autre endroit de la côte, qui
rouloient du Sud ; ce qui fit préſumer qu'il y
avoit d'autres terres aſſez proche, au Sud.
L'iſle gît par les 15. degrès, à-peu-près à 100.
lieuës de l'iſle des Chiens.

E. G.

Le matin du 16. du même mois d'Avril, on eut la vuë d'une autre isle, qui nous demeuroit au Nord, sur laquelle on mit le cap. Il n'y avoit point de fond, non-plus qu'à la précédente, & le milieu en étoit aussi submergé : mais tout-autour il y avoit des arbres, quoi-qu'il n'y eût ni palmiers ni cocos. Les matelots de la chaloupe qui allérent sonder jusqu'au rivage, ne virent point d'hommes ; mais ils trouvérent assez proche du bord de la mer un puits, ou une mare, où il y avoit de l'eau douce, qu'on auroit bien pu porter dans des barrils de galére sur le rivage, la difficulté n'étant que de les porter ensuite à bord : car les brisans étoient si-impétueux, que la chaloupe n'avoit pu les franchir. Il avoit fallu la laisser au-delà sur le grapin, & les matelots se tiroient les uns les autres à terre avec une corde, & ensuite encore de-même pour retourner à la chaloupe. Ainsi ils n'emportérent que quatre barrils d'eau, ce qui ne se fit qu'avec beaucoup de peine, & avec péril.

On trouva dans cette isle la même sorte d'herbage qu'on avoit trouvée dans l'isle des Chiens, qui avoit le goût du cresson, avec quelques écrevices, des coquillages, & des limaçons de très-bon goût. Sur la brune on reprit son cours à l'Ouëst, par un vent d'Est assez frais. Le même jour, on fut par les 14. degrès 46. minutes. L'isle gît à 15. lieuës de celle qu'on venoit de quitter. On lui donna le nom de Oüaterlandt, ou Païs d'eau, à-cause qu'on y en avoit un peu trouvé. On fit cuire une pleine chaudiére de cresson, dont les malades se trouvérent tout-rafraîchis.

Le

Le matin du 18. on vit une autre isle basse, qui nous demeuroit au Sud-ouëst, & qui couroit Ouëst-nord-ouëst & Est-sud-est, gisant à 20. lieuës de la précédente. On y porta le cap & quand on en fut proche, la chaloupe alla sonder le long de la côte, où l'on trouva fond sur 20. 25. & 40. brasses, près d'une pointe sous laquelle il y avoit un banc étroit qui couroit en mer, & qui finissoit à une portée de mousquet.

Dès que l'ebe fut venuë, on envoia la chaloupe pour chercher de l'eau. Ceux qui la navigeoient, la laissérent sur le grapin au-delà des brisans, & se tirérent encore les uns les autres avec des cordes, au-travers de la mer, jusqu'à terre. Ils passérent assez avant dans un bois ; mais comme ils n'avoient point porté d'armes, & qu'ils virent un Sauvage, qui leur parut avoir un arc, ils allérent vîte se rembarquer, & retournérent à bord. Lors-qu'ils furent un peu éloignez du rivage, ils y virent venir cinq ou six Sauvages, qui les voiant déja si-loin, rentrérent dans le bois.

Il y avoit dans cette isle quantité d'arbres sauvages fort-verds, & elle étoit aussi inondée d'eaux salées, en plusieurs endroits. Quand les matelots y eurent passé, ils se virent tout-couvers de moûches, & elles les suivirent jusqu'au navire. Leurs visages, leurs mains, tout en étoit garni, & l'on avoit de la peine à les reconnoître. La chaloupe même & les rames, dans ce qui en paroissoit hors de l'eau, en étoient toutes noires ; de-sorte que c'étoit une chose étonnante. Celles qui vinrent à bord sur les matelots & sur la chaloupe, voloient par essaims

sur

fur le vifage & fur le corps des gens, & les
tourmentoient fi-fort, qu'ils ne favoient comment faire pour s'en délivrer. A-peine pouvoient-ils boire & manger. Tout ce qui fe mettoit à l'air en étoit auffi-tôt rempli. On avoit
beau fe froter le vifage & les mains, battre
des mains l'une dans l'autre, fe fraper dans les
endroits où elles étoient, cela n'y faifoit rien.
Ce tourment aiant duré deux ou trois jours, il
vint un tems frais qui contribua beaucoup à
diffiper ces infectes, avec le foin qu'on en prit,
fi-bien qu'au bout de quatre jours on n'en vit
plus-du-tout. On ne manqua pas de donner à
cette ifle le nom d'ifle des Mouches.

Après le retour de la chaloupe on fe remit
au large, & l'on eut beaucoup de pluïes dont
on affembla les eaux avec des linceuls & avec
des voiles. Pendant la nuit on fit petites voiles, afin de n'aller pas échoüer fur quelqu'une
de ces baffes ifles, par non-vuë.

Le 23. on fut par les 15. degrès 4. minutes.
On eut alors une groffe mer, les lames roulant
du Sud ; ce qui continua encore le jour fuivant, & le vent foufla du Nord-eft, & particuliérement de l'Eft & de l'Eft-quart-de-fud-
eft. Quelques-uns crurent que la Terre Auftrale qu'on cherchoit, étoit encore à 250.
lieuës par proüe. Le 25. on emplit 4. fûtailles d'eau de pluïe. Les lames continuérent à
rouler du Sud, comme elles roulent ordinairement du Nord-ouëft dans la mer d'Efpagne.

Le 3. de Mai 1616. le vent foufla de l'Eft-
fud-eft, & l'on courut la bande de l'Ouëft. A
midi on fut par les 15. degrès 3. minutes. On
vit ce jour-là de grandes Dorades, & ce fut

la première fois qu'il en parut dans la mer
du Sud, aux yeux de l'équipage du navire.

Le 9. on fut par les 15. degrès 20. minutes.
On étoit alors, selon l'eſtime, à 1510. lieuës
des côtes du Pérou & du Chili. Sur le midi,
on découvrit une voile, qu'on prit pour une
barque. Elle venoit du Sud, & paſſa par le
travers du vaiſſeau, portant au Nord. Le navire mit le cap ſur elle, & l'aiant hauſſée il
fit feu de ſes piéces de chaſſe de l'avant, qui
lui tirérent à ſtribord, pour la faire amener;
mais aiant refuſé, il fit encore une autre décharge, dont elle ne parut pas ſe mettre plus
en peine.

Les Oficiers du navire aiant fait mettre la
chaloupe à la mer, avec 12. Mouſquetaires,
on la fit nager vers la barque, & cependant
on fit encore une décharge d'artillerie ſur ſon
arriére, ſans deſſein toutefois de l'incommoder, ou de la deſemparer. Auſſi n'amena-t-
elle point encore ſes voiles; mais elle fit tant
de diverſes manœuvres pour échaper, qu'enfin
elle gagna le vent au navire.

La chaloupe qui étoit encore plus fine de
voiles qu'elle, & qui nageoit mieux, l'aiant
enfin preſque jointe, & n'en étant plus qu'à
la demi-portée du mouſquet, lui en tira quatre
coups. Lors-qu'elle fut tout-à-fait proche, quoi-qu'elle n'eût pas encore abordé, il
y eut des hommes qui de fraïeur ſe jettérent
eux-mêmes à la mer. Entre-autres, il s'y en
jetta un avec un petit enfant, & un autre qui
avoit trois petites bleſſures au dos: mais on les
retira. Ils jettérent auſſi pluſieurs choſes dans
l'eau, particuliérement des nattes & trois
poules. **Les**

Les gens de la chaloupe aiant amené le petit bâtiment à bord, ſans qu'il eût fait aucune
réſiſtance , comme n'y aiant point d'armes,
on en fit ſortir deux hommes , qui y étoient
demeurez , & qui ſe jettérent aux piés des Of-
ciers , leur baiſant les piés & les mains. L'un
de ces hommes étoit vieux & tout-gris , l'autre étoit jeune. On n'entendit point ce qu'ils
diſoient , mais on les traita fort-humaine-
ment.

La chaloupe étant promtement retournée,
pour tâcher de ſauver ceux qui s'étoient jettez
à la mer, elle n'en put prendre que deux , qui
flotoient encore ſur une rame , montrant de la
main le fond de la mer, où ils vouloient faire
entendre que les autres avoient enfoncé. Un
de ces deux-là étoit celui qui avoit été bleſſé,
& on le penſa. Il avoit de longs cheveux jaunes. Il demeura dans le bâtiment 8. femmes,
avec trois enfans à la mammelle , & quelques
autres qui avoient 9. ou 10. ans , ſi-bien qu'il
y avoit eu environ 25. perſonnes. Les hommes étoient tout-nuds , & les femmes n'avoient
rien qu'une petite couverture ſur leurs parties
naturelles.

Sur le ſoir, on remit les hommes dans leur
bâtiment , où leurs femmes , qui les avoient
cru perdus , allérent ſe jetter à leur cou. On
leur donna des grains de verroterie qu'elles ſe
pendirent au cou, & quelques couteaux , & on
leur témoigna autant de douceur qu'on put.
En reconnoiſſance , ils firent préſent de deux
nattes belles & fines , & de deux noix de cocos , parce-qu'ils n'en avoient que très-peu,
& elles leur devoient fournir à boire & à manger.

ger. Mais ils firent voir qu'ils en avoient déja bu toute l'eau, & marquérent qu'ils n'avoient
plus aucun bruvage. En éfet on les vit boire
de l'eau de la mer, & ils en donnoient à leurs
enfans, dequoi l'on fut fort-étonné.

Ils avoient une certaine forte de petits morceaux d'étofe comme des mouchoirs de toile,
dont ils fe couvroient leurs parties naturelles,
ainfi-qu'il a été déja dit, au-moins les femmes, & même quelques-uns des hommes. Ils
s'en couvroient aufli le corps par la grande
ardeur du Soleil. Ils étoient tout-rouges, &
oints d'huile. Les femmes avoient les cheveux aufli-courts que les hommes les ont en
Hollande, & ceux des hommes étoient longs,
& teints d'un beau noir.

Le bâtiment qu'ils navigeoient étoit fort-
fingulier. Il étoit fait de deux longs & beaux
canots, entre lefquels il y avoit aflez d'efpace. Il y avoit fur chaque canot, à-peu-près
au milieu, deux planches d'un beau bois rouge, fort-larges afin-que l'eau coulât deffus, &
il y avoit d'autres planches qui alloient du
bord d'un des canots fur le bord de l'autre,
pour les joindre. Elles y étoient atachées bien
ferme, & étoient bien liées enfemble, mais
il n'y en avoit pas jufques aux bouts; car à
l'avant & à l'arriére de chaque canot il y avoit
de longues pointes, ou de longs becs, qui avançoient, & qui étoient fi-bien couverts que
l'eau n'y pouvoit entrer.

A l'avant d'un des canots, à ftribord, il y
avoit un mât, au bout duquel étoit un taquet,
avec une voile d'artimon & fa vergue. Cette voile étoit de nattes, & de quelque côté
que

que le vent vint, ils favoient le prendre, & pouvoient naviger fans bouffole, & fans avoir aucun
autre inftrument, hormis des hameçons, pour
pêcher, dont le haut étoit de pierre & le bas
d'un os noir, ou d'écaille de tortuë: il y en
avoit même de nacres de perle. Leurs cordages étoient bons, & auffi épais qu'un cable,
faits d'une matiére à-peu près femblable aux
cabas de figues qui viennent d'Efpagne. Quand
ils fe féparérent du navire, ils prirent leur
cours au Sud-eft.

Le 10. le vent foufla du Sud-fud-eft, & du
Sud-eft-quart-au-Sud, & la courfe fut à l'Ouëft
& au Sud-ouëft. Dès le matin, après le déjeuné, on vit, à babord, des terres fort-hautes & tirant fur le bleu, qui nous demeuroient
à 8. lieuës Sud-ouëft-quart-au-fud. On mit
le cap fur la côte, & l'on navigea tout le
jour, prefque toujours par un beau frais, fans
en pouvoir aprocher. Sur le foir on vit une
voile bien-loin fous le vent, & peu-après encore une autre, auffi bien-loin fous le vent, &
on les prit toutes deux pour des barques de pêcheurs, parce-qu'elles couroient plufieurs bordées, & que la nuit elles mirent des feux, &
fe joignirent. Pendant la brune le navire ne fit
auffi que louvoier.

Le matin du 11. on fe trouva proche d'une
ifle qui étoit fort-haute, à deux lieuës de laquelle, au Sud, il y en avoit encore une autre
baffe & longue. On paffa fur un banc où il y
avoit 14. braffes de profondeur, fond pierreux,
qui étoit à deux lieuës de terre, & dès-qu'on
l'eut paffé on ne trouva plus de fond. Une
des deux petites voiles qu'on avoit vuës le foir
précé-

récédent, s'étant avancée vers le navire, on tacha un barril de galére à une corde, & on e laissa par l'arriére à la traînée, afin-que les ndiens du petit bâtiment le vissent, & qu'ils llassent prendre la corde pour se faire haler à bord. Mais comme ils ne pouvoient la saisir, un matelot s'étant jetté à la mer la poussa usqu'à eux. Ils détachérent le barril, & atachérent en sa place deux noix de cocos, & quatre ou cinq poissons volans ; puis criérent vers le navire. Comme on ne les pouvoit entendre, on crut qu'ils vouloient qu'on retirât la corde.

Ils avoient dans leur bâtiment un petit canot, pour le mettre à la mer en cas de besoin. Ces gens-là sont bons mariniers à leur maniére. Leurs bâtimens étoient semblables à celui dont on a déja fait la description. Ils sont bons voiliers, & il y en a peu de ceux de Hollande qui aillent plus vîte qu'eux. Ils gouvernent par le moien de deux rames qui sont à l'arriére, y aiant un homme pour cet éfet à l'arriére de chaque canot, & lors-qu'ils veulent virer de bord, ils vont avec leurs rames à l'avant. Quelque-fois aussi les bâtimens virent d'eux-mêmes, quand les Pilotes retirent leurs rames, & ils voient fort-bien quand il y a lieu de virer ainsi, sans aller à l'avant. Ils virent aussi en laissant seulement le cap debout au vent.

On mit la chaloupe du navire à la mer pour aller sonder. Les matelots raportérent qu'ils avoient trouvé fond sur 15. 14. & 12. brasses, fond de coquilles, à une portée de petit canon de terre ; sur quoi on serra les voiles, & on y

C c

mit

mit le cap. Les Sauvages aiant remarqué cette manœuvre, leur montrérent l'autre isle, & se mirent de l'avant. Néanmoins on moüilla l'ancre au bout de celle-ci, sur 25. brasses, fond de sable, pas plus loin du rivage que la portée d'un petit canon.

Cette isle est proprement une haute montagne, assez semblable à une des isles Moluques. Il y a quantité d'arbres dont la plupart sont des cocos; c'est pourquoi on la nomma l'isle des Cocos. L'autre est beaucoup plus longue & plus basse, courant Est & Ouest. Dès-que le vaisseau fut établi sur ses amarres, on vit 3. petits bâtimens, qui en firent plusieurs fois le tour, & dix ou douze canots qui l'abordérent, dont les uns venoient du rivage, & les autres du bord des trois petits bâtimens.

Il y en eut deux qui déploiérent de petits pavillons blancs, & le navire fit la même chose. Il y avoit 3. ou 4. hommes dans chaque canot qui étoit arrondi à l'avant, & aigu à l'arriére. Ils étoient tous faits d'une seule piéce d'un beau bois rouge, & nageoient d'une vîtesse extrême. Lors-qu'ils aprochoient du vaisseau, les Indiens sautoient à la mer, & venoient à bord à la nage, avec les mains pleines de noix de cocos & de racines d'ubas, qu'ils troquoient pour des cloux & pour de la verroterie, deux sortes de marchandises qu'ils paroissoient estimer beaucoup. Ils donnoient 4. ou 5. noix pour un clou, ou pour un petit chapelet de grains de verroterie, & l'on eut 180. noix ce jour-là. Enfin ils vinrent à bord en si-grand nombre, qu'on ne savoit presque plus de quel côté se tourner.

On

On envoia la chaloupe sonder le long de
autre isle , afin de voir s'il n'y auroit point
e meilleur moüillage , celui où l'on étoit
'aiant aucun abri. Lors-qu'elle fut à une af-
ez grande distance du navire , le long de la
ôte où elle navigeoit, elle se vit environnée
le 12. ou 13. canots de cette autre isle , aux-
quels il en vint encore d'autres se joindre.
Les gens qui les navigeoient avoient un air
furieux , aïant dans les mains de gros bâtons
d'un certain bois très-dur, faits comme des
assigaies, dont la pointe étoit tranchante &
un peu brûlée.

Ils abordérent la chaloupe croiant s'en rendre maîtres fort-facilement. Les matelots se
voiant dans la nécessité de se défendre , tirérent trois coups de mousquet au milieu d'eux,
dequoi ils ne firent d'abord que rire & se moquer , regardant cela comme un jeu d'enfans.
Mais le troisiême coup en aiant percé un dans
la poitrine , & la balle étant sortie par le dos,
ses compagnons le voiant défaillir , nagérent
vers lui pour le secourir. Comme ils virent
sa blessure , ils s'alarguérent bien-vîte de la
chaloupe, & s'aprochérent d'un de leurs bâtimens, lui criant d'aborder la chaloupe , & de
la couler bas , du-moins autant-que les matelots le purent comprendre : mais les Indiens
qui navigeoient ces bâtimens ne voulurent pas
le faire, sachant que les canots qui avoient été
à bord du navire , y avoient été bien reçus,
& que leurs gens en étoient fort-contens.

Ce peuple étoit fort-larron. Ils dérobérent
à la vuë de l'équipage un plomb de sonde, pendant-qu'un Pilote sondoit. Ils tâchoient de

C c 2

pren-

prendre tout ce qu'ils voioient, & de se sauver
à la nage. Il y en eut qui volérent à un matelot son oreiller, sa couverture, & son habit de
bord. D'autres dérobérent des couteaux, &
enfin tout ce qu'ils purent trouver, sautant à
la mer dès-qu'ils avoient quelque chose entre
les mains. Ainsi l'on hala sur le soir la chaloupe à bord, de-peur qu'ils ne vinssent la nuit
en couper la hansiére, & l'emmener.

Ce qu'ils recherchoient le plus étoit le fer.
Ils faisoient de grands éforts pour tirer les cloux
& les chevilles du vaisseau. Ils étoient hauts,
puissans, robustes, & bien-proportionez dans
leur taille. Ils étoient sans armes & nuds, hormis leurs parties naturelles, sur quoi il y avoit
quelque chose qui les couvroit. Ils portoient
les cheveux de différente maniére, les uns les
aiant courts, les autres les aiant fort-bien fri-
sez par artifice, d'autres les aiant tressez &
liez diversement. Ils étoient fort-bons nageurs.
Cette isle des Cocos gît par les 16. degrès 10.
minutes.

Le matin du 12. du même mois de Mai 1616.
on vit revenir plusieurs canots à bord, avec des
noix de cocos, des bananes, des racines d'ubas,
quelques petits pourceaux, & des pots pleins
d'eau douce. On eut d'eux en troc ce jour-là
1200. noix, & comme il y avoit 85. personnes,
dans le vaisseau, chacun en eut une douzaine.
Chaque Indien voulant être le premier à bord,
sautoit hors de son canot qui ne pouvoit s'en
aprocher, & plongeoit au-travers des autres,
ou dessous, pour y être plutôt, & vendre mieux
ce qu'il y portoit dans sa bouche comme dans
ses mains. Enfin ils montoient avec tant d'em-
presse-

essement, & en si-grand nombre, qu'on fut
obligé de s'y opposer, & de leur présenter le
bâton pour les fraper. Dès-qu'ils avoient fait
leur marché, ils sautoient de nouveau à la mer,
& rentroient dans leurs canots.

Ils ne pouvoient se lasser d'admirer la force
& la grandeur du navire. Il y en avoit qui se
lissoient à l'arriére en bas, le long du gouvernail, & alloient fraper avec une pierre contre le bordage, fort-avant sous l'eau, afin de
voir quelle étoit sa force en ces endroits-là.
Il vint un canot de l'autre isle, qui amena un
sanglier noir, & en fit présent de la part du
Roi. On vouloit aussi faire des présens à ceux
qui étoient dans le canot; mais ils les refusé-
ent, marquant, par signes, que le Roi leur
avoit défendu d'en recevoir.

Après midi, le Roi vint lui-même, dans
une grande pirogue à voiles, construite comme les autres bâtimens dont il a été parlé, mais
de la forme d'un de ces grands traîneaux, dont
on se sert en Hollande pour glisser sur la gla-
ce, & qui étoit escortée de 25 canots. Le
nom de sa dignité étoit *Latou*. On le reçut au
son des trompettes & des tambours; ce qui ne
lui causa pas peu de surprise, n'aiant jamais
rien vu ni ouï de semblable.

Les Indiens firent beaucoup d'honneur &
d'amitié à l'équipage du navire, au-moins extérieurement, & à leur maniére : car ils in-
clinoient souvent la tête, frapoient dessus avec
leurs poings, & faisoient plusieurs autres postures, qu'on ne pouvoit prendre que pour des
civilités. Lors-que la flote fut assez proche
du vaisseau, le Roi commença de crier de tou-

te sa force, & en se tourmentant beaucoup, à-peu-près comme quand il fait sa priére à sa mode, & tous ses gens firent de-même. On s'imagina que c'étoient des complimens de bien-venuë qu'ils faisoient.

Quand ils eurent cessé, le Roi en envoia trois à bord, avec une natte qu'on reçut, & on lui fit présent d'une vieille hache, de grains de verroterie, de quelques vieux cloux, & d'un morceau de toile, dequoi il parut satisfait, inclinant la tête par trois fois, & mettant chaque fois le présent dessus, ce qu'on prit pour un remercîment. Ceux qui étoient entrez dans le navire s'étoient jettez à genoux, & avoient baisé les piés des Oficiers, admirant tout ce qu'ils voioient,

Le Roi n'avoit rien qui le distinguât des autres Indiens; car il étoit tout-nud comme eux. On ne s'apercevoit de sa Roïauté qu'en ce qu'il leur commandoit, & qu'ils lui obéïssoient avec beaucoup de soumission. On fit des signes pour l'inviter à passer à bord, & son fils y aiant passé on le régala. Mais pour lui, il n'osa ou ne voulut pas s'y hasarder. Cependant ils faisoient tous connoître par des signes, qu'ils souhaitoient que le vaisseau allât sur leur côte, & qu'on y trouveroit dequoi troquer.

On eut d'eux trois hameçons, qui pendoient à des roseaux un peu plus gros que ceux dont on se sert en Hollande, dont les crocs étoient de nacres de perles. Le fils du Roi étant rentré dans son canot, à babord duquel il y avoit un gros bois, qui le tenoit en assiette, ils s'en retournérent dans leur isle. Il y avoit toujours sur ce bois un hameçon prêt pour pêcher.

Le

Le matin du 13. on vit venir près de 45. canots à bord, avec une flote de 23. petits bâtimens à voiles, tous faits comme les traîneaux qui glissent sur les glaces. Ils étoient navigez, l'un portant l'autre, chacun par 25. hommes, & les canots par 4. ou 5. Sous prétexte de chercher à trafiquer, les gens des canots troquérent encore des noix de cocos pour des cloux, & continuérent à faire des amitiés aux Hollandois, quoi-qu'on reconnût bientôt après que ce n'étoit que dissimulation & perfidie. Ils sollicitoient toujours qu'on allât à l'autre isle, & enfin par complaisance on leva l'ancre après déjeûné, & l'on y alla.

Le Roi, qui le jour précédent étoit venu proche du navire, y revint aussi dans un de ces petits bâtimens, & ils criérent tous d'une grande force ; ce qu'on prit encore pour un salut. On eut beau l'inviter de passer à bord, il n'en voulut rien faire, ce qui fit naître de mauvais soupçons, d'autant-plus que les canots & tous les autres bâtimens se tenoient toujours autour du vaisseau, & que le Roi quitta son bord, & alla se mettre dans un canot, & son fils dans un autre. Après cela on battit une espéce de petite caisse qui étoit demeurée dans le bâtiment qu'il avoit quitté, sur quoi tous les Indiens firent un grand cri, qu'on prit pour un signal de donner l'assaut.

En éfet le bâtiment que le Roi avoit quitté aborda le navire, courant sur lui avec autant de force que s'il avoit voulu le couler bas, & passer par-dessus. Mais ce grand choc ne lui fut pas favorable ; car les deux étraves des deux canots qui soutenoient la machine de ce bâti-

C c 4

ment,

ment, qui toutes deux avoient un aſſez grand
élancement, ſe briſérent, & les gens qui étoient
deſſus, parmi leſquels il y avoit quelques femmes, ſautérent à la mer & nagérent au vent.
Les autres Indiens commencérent en même
tems à jetter quantité de pierres, croians épouvanter l'équipage du navire, qui aiant fait ſur
eux une décharge de mouſqueterie, & de trois
pierriers chargez de balles de mouſquet &
de vieux cloux, tous ceux qui étoient demeurez dans le bâtiment dont les étraves étoient
briſées, ſe jettérent à la mer.

On ne douta point qu'il n'y en eût une partie qui eût été tuée, & qu'il n'y eût auſſi des
bleſſez. Ainſi les Indiens reculérent, ne s'é-
tant pas atendus à de telles ſalves, dont ils n'a-
voient jamais ouï parler, & qui avoient fait
périr d'une maniére ſi étrange quelques-uns de
leurs gens ; de-ſorte qu'ils ſe tinrent hors de
la portée des coups du vaiſſeau. Il y avoit
beaucoup d'aparence que le Roi avoit aſſemblé toutes ſes forces, pour cette entrepriſe,
car il y avoit là plus de 1000. hommes, entre leſquels on en vit un qui étoit tout-blanc.

Lors-qu'on fut à la diſtance de 4. lieuës de
l'iſle, l'équipage requit qu'on y retournât pour
mettre à terre par force, & y prendre des rafraîchiſſemens, parce-qu'on n'avoit plus que
très-peu d'eau ; ce qui fut refuſé par le Commis & par le Capitaine. La premiére iſle qui
étoit ſi-haute, fut nommée la Montagne des
Cocos, & la ſeconde l'iſle des Traîtres, à-
cauſe de la perfidie dont les habitans avoient
voulu uſer.

Le matin du 14. on découvrit par prouë encore

core une autre isle, qui nous demeuroit à la
distance de 7. lieuës & qui paroissoit presque
ronde, étant à-peu-près à 50. lieuës des deux
autres. On la nomma l'Espérance, & l'on mit
le cap sur la côte, dans l'espérance d'y faire de
l'eau. Mais ne trouvant point de fond, on mit
la chaloupe à la mer pour aller sonder le long
du rivage, où l'on trouva 40. brasses, fond de
petites pierres molles & noires. Quelque-fois
même on ne trouvoit que 20. à 30. brasses :
mais à la longueur, ou à deux fois la longueur
de la chaloupe, en reculant vers le large, on
ne trouvoit plus de fond.

On vit venir 10. ou 12. canots, dont on ne
voulut pas recevoir les Indiens à bord. On se
contenta de leur marquer de la douceur, & on
leur donna de petits paquets de verroterie pour
4. poissons volans, qu'on tira par l'arriére
avec une corde. Cependant la chaloupe sondoit toujours le long du rivage. Les Indiens
qui étoient dans les canots l'aiant vuë, nagérent à elle, & aiant commencé par des paroles qui ne furent point entenduës, ils l'envi-
ronnérent avec leurs canots qui étoient alors
au nombre de 14. & il y en eut quelques-uns
qui sautérent à la mer, croiant aller s'en rendre maîtres, ou la faire tourner sens-dessus-
dessous.

Parmi l'équipage de la chaloupe il y avoit
8. Mousquetaires, & les autres étoient bien-
armez de piques & de sabres. Les Mousquetaires tuérent deux hommes dans leurs canots,
dont l'un tomba dans le même moment, &
l'autre demeura encore un peu à son séant, essuiant de ses mains le sang qui lui sortoit de la

C c 5

poi-

poitrine; mais bientôt après il tomba auſſi à la mer. Ces morts ſi-imprévuës éfraïérent les autres, qui ſe retirérent au plus vîte. On vit auſſi beaucoup de gens ſur le rivage, qui crioient & hurloient de toute leur force.

Comme on n'avoit point trouvé de bon moüillage, on remit la chaloupe dedans, & l'on fit le Sud-oüeſt, pour gagner plus facile-ment au Sud, où l'on eſpéroit faire des décou-vertes. D'ailleurs la mer briſoit ſi-fort contre cette iſle, qu'il n'auroit preſque pas été poſ-ſible d'aller au rivage, où l'on ne voioit que des rochers bruns, qui étoient verds par le haut, & des terres noires avec des cocos & de la verdure. Il y avoit ſur la côte des maiſons en divers endroits, & un gros bourg. L'iſle étoit montueuſe, mais les montagnes n'étoient pas fort-hautes.

Le 18. du même mois de Mai, on fut par la hauteur des 16. degrès 5. minutes, & l'on eut des vents variables de l'Oüeſt. Le Con-ſeil s'étant aſſemblé ce jour là, le Capitaine Schouten remontra qu'on avoit déja couru en-viron ſeize-cents lieuës à l'Eſt des côtes du Pérou & du Chili, ſans avoir découvert la Terre Auſtrale, qu'on cherchoit, ainſi-qu'on l'avoit eſpéré, & qu'il n'y avoit aucune apa-rence de la découvrir : que même on s'étoit bien plus avancé à l'Oüeſt qu'il n'en avoit eu intention : qu'en continuant cette même rou-te, on ſe trouveroit ſans doute au Sud de la Nouvelle Guinée : que ſi l'on n'y trouvoit point de paſſage, comme on n'avoit aucune certitude d'y en trouver, ni aucune connoiſ-ſance qu'il y en eût, le vaiſſeau & l'équipage

péri-

périroient infailliblement , puis-qu'il feroit
impoffible de retourner à l'Eft , à-caufe des
vents d'Eft qui regnent toujours dans ces mers-
là : que de-plus il ne reftoit que peu de vivres , & qu'on ne voioit aucun moien d'en recouvrer.

Par toutes ces raifons Schouten concluoit,
que la prudence vouloit que fans différer plus-
longtems on changeât de route , & qu'on mît
le cap au Nord, pour paffer par le Nord de
la Nouvelle Guinée , & aller aux Moluques.
Le Confeil aïant fait de férieufes réflexions
fur cet avis, jugea qu'il falloit le fuivre, &
à l'heure même on commença de courir la bande du Nord-nord-ouëft.

Le 19. on eut un vent de Sud ; & la courfe fut au Nord. Après midi on vit deux iffes
qui nous demeurérent à huit lieuës Nord-eft-
quart-à-l'Eft, paroiffant être à la diftance d'une
portée de petit canon l'une de l'autre ; ce qui
obligea de faire le Nord-eft pour monter au
vent, par un beau tems, mais par un vent
foible.

Le 21. le vent venant de l'Ouëft, quelquefois avec un peu de fraîcheur, on fe trouva
encore à un lieuë de terre. Il vint alors près
de vingt canots à bord, marquant de la fran-
chife & de la douceur. Cependant un des Indiens, qui avoit à la main une affagaie aiguë
à la pointe, menaça un des matelots de l'en
fraper. Ils criérent auffi avec beaucoup de force, & leurs cris furent pris pour un fignal d'ataquer le navire ; fur quoi on leur tira deux coups
de petit canon, & quelques coups de moufquets, qui en aïant bleffé deux, les autres na-
C c 6 géreng.

gérent de force pour s'éloigner , jettant à la mer une chemife qu'ils avoient volée dans la galerie.

Le vaiffeau s'étant aproché de terre , parce-qu'il ne trouvoit point de fond , on mit la cha-loupe à la mer, avec 8. Moufquetaires, pour aller fonder , & elle n'en trouva point auffi. Quand elle voulut revenir à bord , fix ou fept canots l'aiant environnée , les Indiens voulu-rent y entrer , & arracher les armes aux ma-telots. Cette violence aiant obligé ceux-ci à tirer fur eux , ils en tuérent fix , & en bleffé-rent beaucoup, fans en favoir précifément le nombre. Car la chaloupe aborda un des ca-nots, où il n'y avoit plus qu'un corps mort, dont la moitié du corps étoit dehors , & l'autre moitié du côté des jambes étoit enco-re dedans. Il fut jetté à la mer, & les mate-lots amenérent le canot à bord avec eux. On y vit une maffuë , & un bâton de la groffeur d'une demi-pique. Comme on n'avoit point trouvé de fond , le navire courut des bordées toute la nuit, proche de la côte.

Le 22. aiant fait tous fes éforts pour fe ral-lier à la terre, la chaloupe retourna jetter la fonde, & trouva 60. braffes, fond de coquil-les , à une portée de petit canon du rivage, & le fond s'élevoit en talus jufqu'à 35. & 30. braffes. On mouilla l'ancre fur 35. braffes, jufques-à-ce qu'on pût trouver un meilleur ancrage. Le Capitaine étant allé lui-même avec la chaloupe & le canot , en trouva un au-tre très-bon & affez près, dans une baie , pro-che d'une riviére. Il y fit avancer le vaiffeau mais le vent étant devenu contraire , dès-qu'on

fus

fut dans la baie , on laiſſa tomber l'ancre à
un jet de pierre du rivage, au-dedans d'un banc
long & étroit, ſur 9. braſſes, fond de coquilles, & on ſe mit ſur quatre amarres.

La mer y étoit unie , & le ruiſſeau, ou la
petite riviére d'eau douce qui couloit de la
montagne, venoit s'y dégorger, de-ſorte que
le navire étoit par le travers de ſon embouchure , & que lors-que les matelots alloient
faire de l'eau, ou qu'ils alloient ſur le rivage,
le canon les mettoit à couvert des inſultes des
Sauvages Indiens.

Le même jour on vit venir des canots à
bord, qui aportérent des noix de cocos & des
racines d'ubas, avec un pourceau en vie, &
deux rôtis: on leur donna en troc des cloux,
de petits couteaux, & de la verroterie. Ils
étoient fort-larrons, auſſi-bien que ceux qu'on
avoit déja vus dans les autres iſles, & n'étoient
pas moins adroits à nager & à plonger.

Leurs maiſons étoient bâties proche du rivage, couvertes & cloſes de feüilles d'arbres,
rondes, & ſe terminant preſque en pointe par le
haut, pour faciliter l'égout des eaux. Elles
avoient à-peu-près 25. piés de tour, & 10. ou 12.
de hauteur, avec un trou pour porte, par lequel on
paſſoit aiant le ventre preſque contre terre. On
n'y trouva rien que quelques herbes ſèches comme du foin, ſur quoi ces gens-là ſe couchent,
avec un ou deux hameçons & leurs verges ; &
dans quelques-unes une maſſuë de bois. C'é-
toient-là tous leurs meubles, le Roi même n'en
aiant pas davantage.

Le 22. les canots revinrent aporter des cocos. On vit auſſi une grande quantité de gens

C c 7

aſſem =

aſſemblez ſur le rivage, qui ſemblои̯ent tenir
conſeil, ſoit pour ſe défendre, ou pour ataquer le vaiſſeau ; car ils étoient tous armez
d'aſſagaies, ou de bâtons. Il y avoit auſſi aſſez proche d'eux près de ʒo. canots enſemble,
où l'on voioit des pierres & des aſſagaies, &
qui aparemment y étoient venus des divers quartiers de l'iſle ; car il y en avoit qui
paroiſſoient étonnez de voir un tel vaiſſeau.
Mais quelques careſſes que les matelots leur
puſſent faire, ils ne purent les engager à paſſer à bord.

Le 24. Aris Claaſz, Reinier Simonſz Aſſiſtant, & Cornelis Schoutſz, garçon de la
chambre du Capitaine, allérent à terre pour
demeurer en otage, & il demeura ſix des principaux Indiens dans le vaiſſeau, où on leur fit
bonne chére & des préſens. Les inſulaires
n'en uſérent pas moins bien pour les trois otages qu'ils avoient, leur donnant à manger des
noix de cocos, & des racines d'ubas, avec de
l'eau à boire.

Le Roi leur fit beaucoup d'honneur. Il tint
près de demi-heure ſes deux mains l'une contre l'autre, & ſon viſage deſſus, ſe baiſſant
fort-bas, preſque juſqu'à terre, & demeurant
dans cette poſture, juſques-à-ce qu'Aris lui
fît une pareille revérence. Alors il ſe releva,
& baiſa les mains & les piés d'Aris. Un autre homme qui étoit aſſis auprès du Roi, pleu-
roit comme un enfant, & diſoit beaucoup de
choſes à Aris qui n'en entendoit rien. Enfin
il retira ſes piés de deſſous ſon derriére, ſur
quoi il étoit aſſis, & ſe les mit ſur le cou, s'hu-
miliant & ſe roulant comme un ver de terre.

Les

Les préfens qu'on leur fit, leur furent fort-agréables. Néanmoins le Roi marquoit avoir fi-grande envie d'une chemife blanche qu'Aris avoit fur le corps, qu'il en envoia querir une autre à bord pour la lui donner. En reconnoiffance il donna aux otages 4. petits pourceaux. On traita auffi pour pouvoir faire de l'eau, & il fut réfolu d'y envoier deux chaloupes, dont l'une feroit armée, pour défendre l'autre & ceux qui iroient à l'aiguade, en cas de befoin.

Pendant-qu'ils y étoient il s'y rendit un fi-grand nombre de Sauvages qu'à-peine les matelots pouvoient-ils travailler, tant ils en étoient embaraffez. On fit cinq tours ce jour-là, & tout fe paffa fans infulte. Dès-que quelqu'un des Sauvages vouloit aller à bord de la chaloupe, le Roi alloit lui-même les chaffer, ou y envoioit quelqu'un de fes domeftiques; car il fe fait fort-bien obéir.

On vit auffi quantité de canots autour du navire, les uns pour y porter des rafraïchiffemens, & les autres par curiofité, les Indiens aiant envie de le voir. Il y en eut un qui aiant monté dans le vaiffeau par l'arriére, entra dans la chambre, en emporta un fabre, & fe mit à la nage pour fe fauver. On fit nager un canot après lui, mais n'aiant pu le joindre, on alla s'en plaindre à un de ceux qui avoient le plus de crédit auprès du Roi, & il donna ordre à un autre de faire rendre le fabre.

A l'heure même on alla chercher celui qui l'avoit dérobé, & quoi-qu'il fût déja loin, on le pourfuivit fi-bien qu'on le joignit, & on l'amena. On mit le fabre aux piés de ceux

à qui

à qui il apartenoit, & on châtia de coups de bâton celui qui l'avoit pris. Ils montroient, avec les doigts qu'ils lui paſſoient ſur la gorge, que ſi le Hereico, ou le Roi, ſavoit ce qu'il avoit fait, il lui feroit couper la tête. Depuis ce tems-là on ne s'aperçut pas qu'il eût été rien volé, ni dans le vaiſſeau, ni à terre. Ils étoient acoutumez à être tenus en bride, & n'oſoient pas même détourner un ſeul poiſſon de la pêche qu'ils faiſoient.

Ils avoient une fraïeur extrême des armes à feu, lors-qu'on tiroit. Une décharge de mouſquet les faiſoit trembler & fuir de toute leur force. Mais on les épouventa bien davantage, quand on leur fit entendre par ſignes que ces groſſes piéces qu'ils voioient, tiroient auſſi. Le Roi déſira qu'on les fît tirer une fois devant lui. Mais quand on le fit ils furent tous ſaiſis d'un ſi-grand éfroi, que les deux Rois même, nonobſtant tous les avis & toutes les aſſurances qu'on leur avoit données, ne purent ſe contenir, & ils s'enfuirent tous dans les bois, laiſſant là les Hollandois qui étoient auprès d'eux. Ils revinrent pourtant quelque tems après : mais il n'y avoit pas moien de les raſſurer, & de les remettre de leur fraïeur. Sur le midi, les Indiens qu'on avoit en otage furent renvoiez à terre, & nos gens qui avoient été auprès du Roi revinrent à bord, fort-ſatisfaits de ce qui s'étoit paſſé.

Le 25. on renvoia trois hommes dans l'iſle pour troquer des pourceaux, mais on ne leur en voulut point donner. Le Roi, après avoir fait ſa priére, ainſi-qu'il la faiſoit chaquefois que quelqu'un des Hollandois débarquoit, leur

ſit

fit encore beaucoup d'amitiés. Le même jour quelques-uns des principaux de l'isle vinrent de-nouveau avec des femmes, pour visiter le vaisseau. C'étoient des hommes puissans & robustes, qui avoient des feüilles vertes de cocos penduës autour du cou, & atachées ensemble par-derriére, ce qui étoit une marque de noblesse & de grandeur. Ils avoient aussi dans les mains des branches vertes, où voltigeoit une banderole blanche, pour signe de paix.

Ils firent toutes les revérences dont il a été parlé ci-dessus, & témoignérent qu'ils voudroient bien voir la chambre du Capitaine. On les y mena, & on leur montra une dent d'éléfant, une montre, une sonnette, un miroir & des pistolets. On leur fit des présens de bagatelles, & d'une cuilliére d'étain pour porter au Roi, qui en recompense envoia deux pourceaux, & un oiseau presque semblable à un pigeon, qui étoit perché sur un bâton, & beaucoup estimé parmi eux. Vers le soir on alla pêcher à la seine, & l'on prit entre-autres deux raies extraordinaires, fort-épaisses, & qui avoient la tête fort-grosse, la peau tachetée comme un épervier, des yeux blancs, deux aîles ou grandes nageoires, une queüe étroite & fort-longue, & deux petites sonnettes aux deux côtés. Elles ressembloient fort aux souris-chauves, hormis par la queüe.

Le 26. les Commis le Maire & Aris retournérent dans l'isle, suivis des Trompettes, & portant un petit miroir avec d'autres bagatelles pour le Roi. Ils trouvérent sur le rivage un homme tout courbé sur des pierres, les mains jointes ensemble, le visage contre terre,

terre, comme s'il eût voulu prier à la Turque. C'étoit le Roi qui leur faisoit ainsi la revérence. Ils le relevérent, & ils allérent ensemble dans sa maison, ou Belai, parcequ'il pleuvoit. Elle étoit pleine de gens qui étendirent devant eux deux petites nattes pour s'asseoir, & le Roi s'assit auprès d'eux.

Les Trompettes aiant alors commencé à sonner, il ne parut pas moins d'étonnement que de fraïeur sur tous les visages, & ils se prirent tous à crier, Awo, Awo. Cependant le Vice-roi, ou le second Roi, entra, le visage tourné vers les étrangers, quoi-qu'il marchât le côté tourné vers eux. Quand il fut devant eux, il courut vîte derriére, prononçant tout-haut & avec rapidité quelques paroles d'un ton d'autorité. En même tems il fit un grand saut en l'air, & se laissa tomber tout d'un coup sur son derriére, les jambes croisées sous lui, & comme c'étoit sur des pierres, les Hollandois s'étonnérent de ce qu'il ne s'étoit pas cassé les jambes. Mais ces gens-là sont agiles & robustes, plus-qu'on ne peut se l'imaginer.

Après cela il fit une harangue, ou une priére, avec beaucoup de gravité, & quand elle fut finie on commença de manger d'une sorte de fruit, dont un domestique fit distribution à tout le monde. C'étoit une espéce de limons, à-peu-près du goût des limons d'eau, étant écaillés comme des pommes de pin. Le bruvage étoit fait de racines d'Athona boüillies.

Parmi les honneurs qu'on fit aux étrangers, on leur étendit par-tout des nattes pour marcher dessus. Le Roi & le vieux Roi leur firent

rent préfent de leurs couronnes, qu'ils ôtérent de deffus leurs têtes, & les mirent fur
celles de le Maire & d'Aris. Le Maire leur
fit auffi quelques préfens de très-peu de valeur entre fes mains, & qui devinrent des
chofes très-précieufes entre les leurs : il leur
donna fur-tout un petit miroir rond, en glo-
be, leur faifant entendre que c'étoit la figure du Soleil & de la Lune, qui étoient ainfi
ronds & luifans ; & que dans ce miroir on
pouvoit voir toutes les chofes qui lui étoient
opofées, dequoi il têmoignérent beaucoup de
furprife. Ils firent entendre qu'ils le fufpen-
droient à la poutre de leur maifon, & ils le
firent bientôt après.

Les couronnes de ces Rois étoient de plumes blanches, longues & étroites, ornées, par-
deffus & par-deffous, de quelques autres petites plumes rouges & vertes, venuës de perroquets, y en aiant dans leur ifle, où il y a
auffi une forte de pigeons qui y font fort-efti-
mez ; car chacun des Confeillers du Roi en
avoit un perché auprès de lui fur un petit bâton. Ils font blancs jufques aux aîles, puis le
refte eft noir, hormis des plumes rougeâtres
qu'ils ont fous le ventre. Ce jour-là on fit encore beaucoup d'eau, & l'on eut par troc des
noix de cocos avec des racines d'ubas. Mais
on ne put avoir de pourceaux, parce-qu'il n'y
en avoit pas trop pour les habitans, qui n'a-
voient pour toute nourriture que ces trois fortes de vivres, & quelques bananes.

Le 28. le Capitaine Schouten alla auffi à
terre avec les Trompettes, que le Roi prenoit beaucoup de plaifir à entendre fonner. Le
Roi

Roi de l'autre isle étant venu le même jour
visiter celui-ci, ils se firent beaucoup de revérences, de cérémonies, de gesticulations, &
se régalérent de racines. Mais enfin il y eut
un grand démêlé entre eux, & il se fit un
bruit terrible. Le Roi de l'isle voisine vouloit
que l'autre retint ce qu'il y avoit de Hollandois entre ses mains, & qu'on tâchât de s'emparer de leur navire, & celui-ci n'y vouloit
pas consentir, craignant, après tout ce qu'il
avoit vu, qu'il ne lui en arivât du mal.

Le Vice-roi, ou fils du Roi, aiant passé à
bord, & visité le vaisseau, ne fut pas moins
surpris qu'il l'avoit été de le voir extérieurement. Vers le soir on alla pêcher avec la seine, & comme on prit beaucoup de bon poisson, on en fit présent d'une partie au Roi, qui
en mangea sur l'heure de tout-crud, tête, entrailles, queuës, sans en rien jetter. On ne
sauroit croire quel apétit ces gens-là ont, &
avec combien de gourmandise, ou plutôt de
voracité, ils mangent le poisson. Quand la
Lune fut levée les matelots allérent danser sur
le bord de la mer avec les Sauvages, qui y prirent un grand plaisir. Ce fut aussi une joie
à l'équipage d'avoir enfin trouvé des gens avec
qui ils pussent être sans apréhension, & avec
qui ils se trouvoient aussi-familiers que s'ils eussent été dans leur païs.

Le 29. le Commis, le Sous-commis & un
des Pilotes, étant retournez dans l'isle, allérent la visiter, & montérent sur une montagne,
afin de voir ce qui y croissoit, & comment
étoit le dedans du païs. Comme ils y montoient le Roi & son frére les joignirent pour
les

es acompagner. Ils ne virent que des lieux
auvages, & quelques valées, qui à-cause de
l'abondance des eaux de pluie qui les inondoient
souvent, étoient stériles. Ils trouvérent une
certaine terre rouge, dont les femmes du païs
font une teinture pour s'en froter autour de la
tête & des jouës.

Lors-que le Roi remarqua que les Hollandois se sentoient fatiguez, il leur fit signe de
retourner à leur vaisseau, & les mena par un
chemin aisé, où ils trouvérent des cocos chargez de noix. Là il les fit asseoir sous les arbres, & son frére aiant ataché un petit lien à
ses piés, ou à ses jambes, monta jusqu'à la
cime d'un des plus hauts & des plus droits,
avec une vîtesse & une agilité surprenante, &
y cueillit dix noix qu'il aporta au bas, où il
les ouvrit par le moien d'un petit bois, en les
prenant dans un certain sens ; ce qu'il fit si-fa-
cilement que les étrangers en furent étonnez.

Ils firent entendre qu'ils avoient souvent la
guerre contre les habitans de l'autre isle, montrant des cavernes dans la montagne, & des
bois, ou des haliers, le long des chemins où
ils se mettoient en embuscade, pour se surprendre les uns les autres. Ils auroient bien
souhaité que le vaisseau fût allé à cette autre
isle, & qu'on eût voulu faire la guerre à ceux
qui y étoient. Mais comme il n'y avoit aucun
avantage à espérer d'une pareille expédition,
on n'y voulut point entendre.

Sur le midi, les Hollandois se rendirent à
bord, amenant avec eux le jeune Roi & son
frére, à qui l'on ne manqua pas de donner à
dîner. Pendant-qu'ils étoient à table on leur

fit

fit entendre qu'on vouloit partir dans deux jours, dequoi le jeune Roi marqua tant de joie, qu'il sortit de table, courut dans la galerie, & cria vers le rivage, que dans deux jours le vaisseau feroit voiles: ce qui fit encore plus connoître qu'ils craignoient qu'on ne voulût envahir leur païs, quoi-que cette crainte ne les empêchât pas d'en user amiablement. Ce Roi promit que si l'on vouloit partir dans deux jours, il feroit présent de dix pourceaux, & de quantité de noix qu'il nommoit Ali.

Lors-que le repas fut fini, le grand Roi, ou premier Souverain, vint aussi à bord. Il paroissoit avoir l'âge de soixante ans : il avoit bonne mine par raport aux autres, & à la maniére dont ils sont tous faits. Il étoit suivi de 16. personnes qui composoient son Conseil. On les reçut avec toute la civilité possible. En entrant dans le vaisseau, il se coucha sur le visage, & fit sa priére; puis on le mena dans les dedans, où il recommença de prier. Il paroissoit être dans la surprise & dans l'admiration de tout ce qu'il voioit. & les Hollandois n'étoient pas moins surpris de ses maniéres.

Ses gens leur voulant baiser les piés, ils les relevérent en les prenant par la main. Ensuite ils se mirent les mains sur la tête & sur la gorge, pour faire connoître qu'ils étoient sujets. Le Roi visita tous les endroits du navire, les hauts, les bas, l'arriére, l'avant, & paroissoit extasié, ou comme s'il eût fait un rêve. Ce qu'il admiroit le plus étoit le gros canon, dont il avoit ouï le bruit, à son honneur deux jours auparavant. Lorsqu'il

qu'il eut été par-tout, il défira de s'en retourner promtement à terre, & il fit beaucoup de
civilités en fe retirant. Les Commis le re-
conduifirent jufqu'à l'entrée de fa demeure,
où il étoit ordinairement affis. Enfuite ils
allérent fe promener avec le jeune Roi jufques au foir qu'ils fe rembarquérent.

Aris étant allé pêcher au clair de la Lune,
& aiant fait une bonne pêche, en porta une
partie au Roi, auprès de qui il trouva une
troupe de jeunes filles nuës qui danfoient,
joüant fur un bois creux comme une pompe,
qui rendoit quelque fon, fur lequel les jeunes
filles fe régloient pour danfer. Les Hollandois étoient affez furpris de voir toutes ces chofes pratiquées par des Sauvages, n'aiant point
encore ouï dire qu'on en eût trouvé qui paruffent fi-civilifez.

Le matin du 30. du même mois de Mai, le
Roi envoia par préfent deux petits pourceaux,
quantité de noix de cocos, & d'autres fruits,
dans l'efpérance que le vaiffeau partiroit. Le
même jour le Roi de l'autre ifle le revint vifiter, & lui amena 16. pourceaux, avec 300.
hommes, qui avoient tous, autour de la ceinture, certaines herbes vertes, dont ils font du
bruvage. Dès-qu'il découvrit celui qu'il alloit voir, il lui fit un grand nombre d'incli-
nations, de revérences, & fe mit la face contre terre, priant d'une voix fort-haute, & qui
aprochoit fort d'un grand cri; mais paroiffant
prier avec beaucoup d'ardeur.

Le Roi qui recevoit la vifite, alla au-devant
de l'autre, & en l'abordant ne fit pas moins
de geftes & de poftures. Enfin s'étant relevez,

vez, ils s'en allérent dans le Belai du Roi visité, où il s'assembla environ 900. hommes autour d'eux. Quand ils furent assis, ils recommencérent leurs priéres, joignant les mains,
& se baissant la tête jusqu'à terre.

Aris étoit allé avant midi dans l'isle, & après
midi il envoia querir le Maire & Ban, qui
menérent avec eux 4. Trompettes & un Tambour, que les Rois ouïrent avec un plaisir sin-
gulier. Ensuite il vint une troupe de païsans
de la plus petite isle, qui aportérent quantité
d'herbes vertes, qu'ils nommoient Cava, semblables à celles que les 300. hommes dont il a
été parlé, avoient autour du corps, & ils commencérent tous à les mâcher. Quand ils les
eurent mâchées, ils les retirérent de leurs bouches, & aiant tout mis ensemble dans un grand
vaisseau de bois, ils jettérent de l'eau dessus,
la mêlérent & la paîtrirent avec les herbes,
& en présentérent aux Rois, & à leurs Osi-
ciers, qui en burent. Ils en ofrirent aussi
aux Hollandois; mais ils étoient trop dégoutez
de ce qu'ils avoient vu.

On servit encore devant les Rois quantité de
racines d'ubas rôties, & seize pourceaux, à
qui, pour tout aprêt, on avoit tiré les entrailles du corps; & qui étoient encore tout-san-
glans, n'aiant point été lavez. Il n'y avoit
que la soie qu'on avoit fait brûler en les flam-
bant, & on leur avoit mis des pierres arden-
tes dans le corps. C'étoit là le rôt, dont ils
se régaloient, & la maniére dont ils rôtis-
soient.

Les cérémonies de ce festin furent, qu'ils
servirent d'abord des racines de Cava qu'ils
mirent

mirent en monceaux par rangs, en danſant &
en chantant, devant les Ariquis, ou Rois.
Enſuite le Roi étranger s'aſſit, puis ſes femmes & les gens de ſa Cour s'étant aſſis derriére lui en cercle, on mit à manger au milieu
d'eux, & chacun en prit. Après ce mers on
aporta de grandes civiéres de 20. à 30. piés de
long, chargées d'ubas, ou oubos, & d'autres
racines cruës, & de rôties, qui furent auſſi diſ-
tribuées.

Enfin vinrent les pourceaux rôtis, remplis
d'herbes, les foies y étant atachez avec de petites chevilles. Ils furent mangez non-ſeulement avec beaucoup d'apétit, mais avec autant
d'avidité, que s'ils avoient été boüillis ou
rôtis de la meilleure maniére qu'on le puiſſe.
Tout ce qui ſe ſervoit devant le Hereico, ou
Roi, y étoit porté ſur la tête par reſpect, &
l'on ſe mettoit a genoux pour le poſer devant
lui. De ces 16. pourceaux chaque Roi en fit préſent d'un aux Hollandois, qui leur furent tous
aportez ſur la tête de ceux qui en étoient chargez, & ils ſe mirent à genoux pour les poſer aux piés de ceux à qui on les donnoit. Avec
cela les Rois leur firent encore préſent d'onze
petits pourceaux en vie, & de quelques autres
d'une moienne grandeur. D'un autre côté les
Hollandois leur donnérent trois petits go-
belets de cuivre, quatre couteaux, 12. vieux
cloux, & quelque verroterie qu'ils avoient
avec eux. Ils ſe firent beaucoup de plaiſir de
voir cette fête, & au ſoir ils ſe rendirent à
bord.

Le dernier de Mai, les deux Rois allérent
enſemble viſiter le vaiſſeau, & y menérent la
D d plû-

plûpart de ceux qui compofoient leur Cour.
Les principaux avoient des feüilles vertes de
cocos autour du cou, pour marque de dignité, & auffi de paix. On les reçut avec autant
de cérémonie qu'il fut poffible, pour répondre aux honneurs qu'ils avoient faits: on les
mena dans la chambre du Capitaine, & par-
tout ailleurs; puis ils firent préfent de fix pourceaux, dont chaque Roi en aporta lui-même
un fur fa tête, & ils les mirent aux piés du Capitaine & du Commis, s'inclinant jufqu'à terre, avec beaucoup de refpect.

On fit emporter les pourceaux, & l'on remena les Rois dans la chambre, où on leur
donna deux petits paquets de grains de verroterie, deux couteaux à chaque Roi, & fix
cloux, puis ils s'en retournérent, & Jaques le
Maire les alla reconduire. Ils lui firent encore préfent de trois pourceaux, & quand il
les eut amenez à bord, on apareilla au grand
contentement des infulaires, qui craignoient
toujours qu'on ne les tuât, & qu'on ne voulût
s'emparer de leur ifle.

Ils étoient hauts & puiffans, ainfi qu'il a été
déja dit. Les gens de la taille ordinaire étoient
auffi-grands que les plus grands des Hollandois, mais les plus grands étoient d'une taille
bien plus avantageufe. Ils étoient vigoureux
& bien proportionez. Ils étoient legers à la
courfe, & nageoient & plongeoient fort-bien.
Leur peau étoit d'un brun jaunâtre. Ils étoient
affez ingénieux, & aimoient à fe parer de
leurs cheveux, & à les acommoder en diverfes maniéres. Les uns les avoient crêpus, les
autres les avoient bien frifez, d'autres les

avoient

avoient en 5. ou 6. tresses noüées adroitement
ensemble, & d'autres les avoient hérissez &
droits sur le haut de la tête; de la longueur
d'un quart d'aune de Hollande, comme si ç'a-
voit été des brosses, ou des vergettes de crin
de pourceau.

Le Roi avoit au côté gauche de sa tête une
longue tresse, qui lui pendoit aussi sur le côté gauche de son corps jusqu'à la hanche, &
le reste étoit noüé d'un ou de deux nœuds.
Ses Courtisans avoient deux tresses aux deux
côtés. En général tout étoit nud, hommes &
femmes, Roi & Sujets, hormis le peu de couverture qu'ils avoient sur les parties naturelles.

Les femmes étoient fort-laides de visage,
mal-faites de corps, de petite taille, & elles
avoient les cheveux courts, ainsi-que les hommes les portent en Hollande. Elles avoient
de longues mammelles, qui leur pendoient comme des sacs de cuir jusques sur le ventre. Elles étoient fort-luxurieuses, & n'avoient nulle
honte de se mêler avec les hommes publiquement, même tout-proche du Roi.

On ne put remarquer s'ils adoroient un Dieu,
ou des Dieux, & s'ils pratiquoient quelque
autre culte que la priére qu'on leur avoit vu
faire: mais on remarqua bien qu'ils vivoient
sans souci comme des oiseaux dans un bois.
Ils ne savoient ce que c'étoit que de commerce, & de vendre ou d'acheter. Ce qu'ils donnérent aux Hollandois ne fut point par forme
de trafic & de troc: cela se fit par boutades &
par saillies, selon qu'il leur venoit dans l'esprit
de donner; & les Hollandois régloient leurs
présens à-proportion de ceux qu'ils recevoient.

D d 2

Ils

Ils ne ſèment ni ne moiſſonnent, ni ne font aucun autre ouvrage. Ils recüeillent ce que la terre leur produit d'elle-même, & s'en paſſent pour l'entretien de leur vie ; ce qui ne conſiſte preſque qu'en noix de cocos, en ubas, en bananes, & en peu d'autres fruits. Lorsque la mer ſe retire, les femmes vont quelquefois chercher ſur le rivage, dans des creux, de petits poiſſons qui y demeurent ; où-bien lors-qu'elles ont grande envie d'en manger, elles en vont pêcher avec de petits hameçons, & les mangent tout-cruds, de-ſorte qu'on vit là comme on faiſoit au ſiécle d'Or, dont les Poëtes ont tant parlé.

En partant on nomma ces iſles, les iſles de Hoorn, du nom de la ville de Hoorn, où le vaiſſeau avoit été équipé, & qui étoit la patrie de la plupart des gens de l'équipage. La baie fut nommée de la Concorde, du nom du navire. Tout le jour fut preſque emploié à lever les ancres & à ſortir de la baie. Le fond étoit ſi-aigu, qu'un des cables s'étant ragué peu-à-peu, rompit en virant, & l'on perdit l'ancre. On jetta une ancre de touei, dont la hanſiére s'étant entortillée à un rocher, rompit auſſi, & l'ancre fut encore perduë.

La baie eſt au côté méridional de l'iſle, dans un golfe. D'un côté il y a un banc qui aſſéche de baſſe eau. De l'autre côté eſt la côte, mais elle eſt ſale le long du rivage. Le vaiſſeau étoit affourché ſur 4. ancres, à une portée de mouſquet de l'endroit où ſe déchargeoit la petite riviére d'eau douce, à l'embouchure de laquelle on auroit pu même ancrer ſans péril. Mais dans le mouillage où étoit le navire,

re, il avoit l'avantage de ne pouvoir éviter, parce-que le chenal étoit trop étroit.

On mit à la voile après midi, & la course fut à l'Ouëst-sud-est jusques au soir, pour se mettre au large. Ensuite on fit l'Ouëst par un vent d'Est, l'équipage étant fort content de s'être si-bien rafraîchi, & sur-tout d'avoir fait de l'eau. Le parage où le vaisseau avoit demeuré à l'ancre, étoit par les 14. degrès 56. minutes.

Le 1. de Juin 1616. on fut par la hauteur des 13. degrès 15. minutes. Le matin du 2. le Contre-maître & l'Esquiman, étant entrez dans la chambre, demandérent au nom de tout l'équipage, qu'il fût permis de prendre autant d'eau qu'on voudroit, sans qu'elle fût distribuée par rations, alléguant pour raisons que desormais on découvriroit souvent des terres; qu'on avoit 90. fûtailles pleines d'eau; que soixante sufiroient largement pour 2. mois; que lors-qu'il n'en resteroit plus que 30. il seroit assez tems de les faire distribuer par rations, si on le jugeoit à propos.

Le Conseil s'étant assemblé, on ne put d'abord s'acorder. Enfin il fut résolu de faire venir les principaux auteurs de cette requête. La plus grande partie de l'équipage les aiant acompagnez ils persistérent dans leur demande, non-obstant la lecture qui leur fut faite du Réglement de l'*Artijkelbrief*, dans lequel ces sortes de requêtes sont défenduës. A la fin on fit sortir les Requérans, & on leur dît qu'on leur feroit savoir la résolution qui auroit été prise. Cette résolution fut qu'on donneroit sans ration l'eau qui seroit nécessaire pour la

D d 3

chaudi-

chaudiére, savoir pour cuire des potages ou du poisson; mais non-pas pour la viande; avec ordre exprès au Maître-valet de rendre un compte éxact de chaque fûtaille qui se vuideroit.

Le 3. on ne vit point de terres, dequoi les Pilotes furent fort étonnez, jugeant alors autrement qu'ils n'avoient fait, & croiant qu'on avoit été bien avant derriére la Nouvelle Guinée. Pour s'en tirer, ou pour découvrir où ils étoient, ils firent mettre le cap au Nord. La nuit on fut par les 12. degrès & demi, le vaisseau étant poussé d'un vent frais, sans lames qui vinssent du Sud : il n'en venoit que du côté du vent qui soufloit de l'Est.

Les principaux Oficiers aiant raisonné ensemble, eurent soupçon qu'ils étoient plus à l'Ouëst qu'on ne pensoit, & que la Nouvelle Guinée étoit encore à côté d'eux. Ainsi ils résolurent d'en conférer encore une fois avec les Pilotes, & d'éxaminer le pointage, afin que s'il y avoit quelque lieu de douter, on fît route au Nord-quart-de-nord-ouëst, pour savoir où l'on étoit, & en chercher des connoissances, espérant qu'on pourroit découvrir les terres encore avant la fin du jour. Les pointages des Pilotes marquoient, depuis la côte du Pérou, savoir ; celui de Schouten 1730. lieuës; celui du premier Pilote 1665. lieuës; de Jaques Dirricx 1655. lieuës ; de Corneille le second Pilote 1610. lieuës ; de Koen Dirricx 1640. lieuës. Selon l'estime générale qu'on en fit, on crut qu'en les raportant les uns aux autres, il falloit regarder la course comme étant de 1660. lieuës.

Le 12. le Conseil s'étant rassemblé, & les
Pilo-

Pilotes y aiant affifté, il fut réfolu que comme on n’avoit la vuë d’aucune terre, on changeroit de route, & qu’on porteroit à l’Ouëft, ce qui fe fit dès le foir. Cependant on ne découvrit point encore les terres, & l’on commença de croire qu’on étoit à l’Eft de la Nouvelle Guinée.

Le 13. à midi, après-qu’on eut pris hauteur, on connut, felon l’eftime, qu’on étoit à 155. lieuës directement Eft & Ouëft avec les ifles de Hoorn, & l’on trouva la mer unie, changement d’eau, quantité de bonites, beaucoup d’autres poiffons, & des oifeaux. Ainfi l’on crut n’être pas loin des terres. Cependant on navigea encore jufqu’au 20. avec beaucoup d’inquiétude, par un vent de Nord-eft, & la courfe fut à l’Ouëft. Vers le foir du 20. on eut enfin la vuë d’une côte, & l’on mit à fec pendant la nuit, de-peur d’y aller échoüer. On étoit alors par les 4. degrès 50. minutes.

Le 21. du même mois de Juin, on eut un vent d’Eft, & l’on mit le cap fur la côte, près de laquelle on trouva de grands bancs, qui couroient des ifles au Nord-ouëft. C’étoient cinq ou fix ifles fort petites, couvertes d’arbres. On vit incontinent venir à bord deux canots, faits comme ceux des ifles où l’on avoit été, hormis qu’ils étoient un peu plus grands, & qu’il y pouvoit tenir cinq ou fix hommes.

Ces gens-là étoient comme ceux qu’on avoit aufli déja vus, & fembloient parler le même langage ; mais ils étoient de couleur un peu plus noire, n’aiant non-plus rien de couvert que les parties naturelles. Ils avoient pour armes des arcs & des fléches, & ce furent les premiers arcs que nous vîmes dans la mer du Sud. On leur fit préſent de verroterie & de cloux. Ils montroient l'Ouëſt, & l'on comprenoit, par leurs ſignes, qu'il y avoit d'autres iſles, que leur Roi y réſidoit, qu'on y pourroit trouver les choſes dont on auroit beſoin. Ainſi l'on remit le cap à l'Ouëſt, ne voiant là aucun bon mouillage. Cette iſle nous demeuroit au Sud-ſud-ouëſt, & à l'Ouëſt-quart-de-ſud-ouëſt, & giſoit par les 4. degrès 47. minutes.

Le 22. le vent fut Eſt-ſud-eſt, & la courſe à l'Ouëſt & à l'Ouëſt-quart-de-nord-ouëſt. Le vaiſſeau étant par les 4. degrès 45. minutes, on découvrit 12. ou 13. petites iſles, giſant tout-proche les unes des autres, qui nous demeurérent à l'Ouëſt-ſud-ouëſt, & qui couroient environ une lieuë & demie Sud-eſt & Nord-ouëſt. Elles furent laiſſées à babord, & l'on n'aperçut aucun courant dans ce parage.

Le 24. on eut un vent de Sud. Sur le midi, on vit à babord trois baſſes iſles, qui nous demeuroient au Sud-ouëſt, étant toutes verdoïantes & remplies d'arbres. Il y en avoit deux chacune de 2. lieuës de long, & la troiſiême étoit petite. Les côtes en étoient hériſſées de rochers, & l'on n'y put trouver de moüillage. On les nomma les iſles Vertes. On vit auſſi par proüe une autre iſle fort-haute, qui avoit ſept ou huit collines. La nuit on courut des bordées en atendant le jour.

Le matin du 25. pendant-qu'on faiſoit des éforts pour s'aprocher de l'iſle, on vit par proüe d'autres terres au Sud-ouëſt, qui étoient fort-hautes, & qu'on préſuma être le cap de

la

la Nouvelle Guinée, sur lequel on gouverna, laissant l'autre isle à l'Ouest. On lui donna le nom d'isle de S. Jean, à-cause qu'on l'avoit découverte le jour de la S. Jean.

Sur le midi on fut proche de la côte, & on la rangea par un vent d'Est-sud-est ; mais on ne trouva point de fond. La chaloupe étant allée sonder entre le navire & le rivage dont elle s'aprocha beaucoup, deux ou trois canots, ou pirogues, navigez par des hommes fort-noirs, nagérent à son bord. Ces gens étoient nuds, n'aiant rien de couvert que leurs parties naturelles, & ils commencérent à jetter de toute leur force avec des frondes contre les matelots, qui aiant lâché quelques coups de mousquets sur eux, les firent retirer.

La chaloupe étant de retour, on aprit qu'elle n'avoit point trouvé de fond, & que les Noirs qui avoient paru, parloient un tout-autre langage que ceux qu'on avoit vu auparavant. On continua donc à raser la côte, qui étoit toujours haute, verdoïante & agréable, & l'on vit des terres qui paroissoient avoir été cultivées. Vers le soir, après avoir doublé le cap, on entra dans une baie, où l'on trouva 50. 45. & 39. brasses, fond de sable & de caillouage. On y moüilla sur 45. brasses, fond inégal & de mauvaise tenuë, où l'on eut une mer unie & l'eau bleuë.

Dès le soir même on vit venir deux pirogues, au clair de la Lune, navigées par des Noirs, qui criérent & parlérent sans qu'on les pût entendre. Pendant la nuit les habitans firent garde tout le long de la côte. Le navire étoit à l'ancre à une portée de petit canon du rivage,

 proche

proche d'une riviére qui ſe déchargeoit dans la mer.

Vers la fin de la nuit, le tems étant ſérein, & le clair de Lune fort-beau, par une petite fraîcheur qui venoit de terre, quelques pirogues s'étant avancées juſques ſous la galerie, on y jetta des grains de raſſade, en parlant fort doucement aux Sauvages, leur faiſant des careſſes de geſtes & de ſignes, & tâchant de leur faire entendre qu'ils amenaſſent des noix de cocos, des pourceaux, des bœufs, ou des boucs, s'ils en avoient. Ils ſe tinrent le reſte de la nuit autour du vaiſſeau, faiſant des cris & du bruit à leur maniére. C'étoient des hommes véritablement ſauvages & brutaux. Cette côte étoit ſelon l'eſtime, à environ 1840. lieuës de celle du Pérou.

Le matin du 26. du même mois de Juin, on vit venir 8. pirogues, dans l'une deſquelles il y avoit 11. hommes, & dans les autres il y en avoit, 4. 5. 6. ou 7. Ils firent pluſieurs tours autour du vaiſſeau, étant armez d'aſſagaies, de pierres, de maſſuës, de bois, de ſabres & de frondes. On leur parla toujours d'un ton amiable, & on leur diſtribua quelques merceries, leur faiſant entendre qu'ils amenaſſent des pourceaux, des poules, des noix de cocos &c.

Ce n'étoit pourtant pas là ce qu'ils cherchoient; car pour réponce ils commencérent à jetter de toute leur force avec leurs frondes, & à lancer des aſſagaies, eſpérant ſe rendre maîtres du navire. Cette ataque aiant réveillé l'équipage, on fit joüer le gros canon avec la mouſqueterie, & l'on en tua dix ou douze. Leur
grande

grande pirogue fut coulée à fond, avec trois
autres, ceux qui étoient dedans se sauvant à la
nage. Cependant on mit à la mer la chaloupe
à rames, qui passant au-travers de ceux qui
nageoient, en fit périr encore quelques-uns,
en fit prisonniers trois qui étoient fort-blessez,
& prit 4. pirogues qui furent dépecées pour
servir de bois de chaufage. Un des 3. blessez
mourut, & les autres furent pensez.

Sur le midi, la chaloupe étant retournée le
long du rivage, les deux prisonniers criérent
à leurs compatriotes qu'ils amenassent des
fruits; sur quoi un canot vint présenter un petit pourceau & un paquet de bananes. On renvoia un des prisonniers qui étoit fort-blessé,
& l'autre fut mis à dix pourceaux de rançon.
Le blessé aiant été laissé sur le rivage, une
troupe de Sauvages armez sortit d'un bois,
le vint prendre par-dessous les bras, & l'emmena vers le bois, où ils s'assirent tous autour de lui, & parurent fort empressez à le
secourir.

Ils avoient les deux oreilles & les deux narines percées, & quelques-uns avoient aussi
un trou au diaphragme du nez. Dans tous ces
trous il y avoit des anneaux. Ils avoient passablement de la barbe sans moustaches, & des
brasselets de nacres de perle au-dessus des cou-
des & aux poignets. Presque tous vont nuds;
n'y en aiant que quelques-uns qui couvrent
leurs parties naturelles d'une feuille d'arbre,
qui est tenuë par une ceinture d'écorce d'arbre. Ils sont puissans & bien proportionez
dans leur taille, aiant les dents noires & les
cheveux de la même couleur, courts & crêpus,

pus, mais ils n'aprochent pas tant de la laine que ceux des Æthiopiens.

Ils portent des bonnets d'écorces d'arbres
peintes, en mettant deux ou trois l'une sur
l'autre, qu'ils joignent par une espéce de corde dont ils les lacent, & ils se les mettent
autour de la tête presque comme une coëfure
de femme. Il y en a qui ont une petite cor-
beille de jonc penduë autour d'eux, où il y a
de la chaux pour saupoudrer le pinang qu'ils
mangent. Les civilités qu'ils font & les
respects qu'ils rendent consistent à ôter leur
bonnet, & à se mettre les mains sur la tête;
ils s'y mettent aussi des feuilles d'arbre pour
marquer de l'amitié.

En venant à bord ils chantoient tous ensemble d'une maniére assez acordante. Leurs
armes sont des frondes, des assagaies d'un bois
dur où il n'y a point de fer, des massuës,
& des sabres de bois aux poignées desquels
il y a des ornemens. Ils sont agiles à la course, & mordent rudement, leur coutume étant
de mordre comme des chiens. Tous leurs canots ne sont pas égaux, y aiant dix-sept couples de rameurs sur les grands, & depuis deux
couples jusqu'à dix sur les petits. Ils navigent également de l'avant & de l'arriére, &
ont des châteaux comme les galions, ou les
corcorres, mais pas plus grands que ceux des
champans. Leur largeur n'est que pour faire
asseoir deux hommes, sans qu'il y ait aux cô-
rés aucun élancement de roseaux. On vit une
de ces grandes pirogues, dont les piéces étoient
jointes ensemble par des coutures bien-gol-
dronnées, ou frotées de térébentine. On eut
encore

encore la vuë d'une autre isle, qui gisoit au Nord
de cette grande sur la côte de laquelle on étoit.

Le 27. on fit de l'eau, on reçut un pourceau, & on vit de certains oiseaux rouges.
Le 28. quelques canots étant venus à bord sans
rien amener, & sans vouloir païer la rançon
du prisonnier, on le mit à terre. On prit ce
peuple-là pour des Papoos, car ils avoient les
cheveux courts, & ils mangeoient de la betelle avec de la chaux.

La nuit du 29. on remit à la voile, par un
vent variable, & la course fut au Nord-ouëst
& au Nord-ouëst-quart-de-Nord. Après midi on fut pris de calme. On ne put ce soir-là
découvrir le bout de l'isle, quoi-qu'on navi-
geât terre à terre. Elle couroit à l'Ouëst-nord-
ouëst & au Nord-ouëst-quart-à-l'ouëst, y
aiant plusieurs baies & golfes. Le même jour,
on eut encore la vuë de deux autres hautes isles,
qui étoient toutes deux aussi au Nord de la
grande, à 5. ou 6. lieuës. On étoit alors par
la hauteur des 3. degrès 20. minutes.

Le matin du 30. comme on demeuroit toujours
pris de calme, on vit venir à bord plusieurs
canots, dont les Noirs, qui les navigeoient,
rompirent leurs assagaies sur leurs têtes, en si-
ne de paix. Mais pour la bien établir ils ne
se crurent pas obligez de rien aporter, quoi-
qu'ils demandassent tout ce qu'ils voioient.
Néanmoins ils paroissoient un peu plus civilisez que les autres qu'on avoit vus le jour précédent. Ils avoient les parties naturelles couvertes de quelques feüilles. Leurs canots étoient
aussi mieux construits que les autres, aiant
quelques ouvrages de sculpture à l'avant & à
l'arriére.   D d 7   Ils

Ils font fort-entêtez de leur barbe , & en font une grande parade , la poudrant de chaux, auſſi-bien que leurs cheveux. Ces canots étoient venus de trois ou quatre iſles, où il y avoit quantité de cocos. Mais ils n'amenérent jamais rien , quelque peine que l'on prît pour tâcher de leur faire entendre qu'on avoit beſoin de vivres. Ils demeurérent juſqu'au ſoir ſans rien faire que tourner autour du navire, puis ils s'en allérent.

La nuit du 1. de Juillet 1616. le calme continuant toujours , les courans firent dériver le navire , qui ſe trouva le matin entre une iſle de 2. lieuës de long & la Nouvelle Guinée. Après déjeuné on vit venir de cette iſle près de 25. pirogues bien-pleines de gens. C'étoient en partie les mêmes hommes qu'on avoit vûs les jours précédens , & qui avoient rompu leurs aſſagaies ſur leurs têtes. Il parut alors que cette cérémonie n'avoit été faite qu'en vuë de tromper , aiant cru qu'ils pourroient ſe rendre maîtres du navire , pendant-qu'il ne faiſoit que dériver par le calme.

Il y avoit à l'avant du vaiſſeau deux ancres à pic & parées pour moüiller , ſur chacune deſquelles un Négre alla s'aſſeoir , avec une de leurs pangaies , ou rames , à la main , s'imaginant qu'ils alloient nager le vaiſſeau juſqu'au ſec. Les autres tournoient tout-autour , pour chercher ocaſion de faire quelque ſurpriſe. Enfin s'étant aprochez ils commencérent à jetter leurs pierres & à lancer leurs aſſagaies. Les pierres étoient pouſſées d'une ſi-grande vigueur qu'elles ſe rompoient & faiſoient des boſſes aux mâts, où bien en faiſoient voler de petits éclats,

de

de-sorte qu'on ne pouvoit demeurer sur le pont,
tout le monde se retirant dans la chambre, ou
ailleurs. Il y eut même un matelot de blessé,
& ce fut le premier, qui l'eût été durant le
voiage.

Au plus fort de leur fureur, lors-que les
Sauvages croioient qu'on ne pouvoit leur résister, on leur envoia les bordées du haut pont,
& l'on fit feu de la mousqueterie. Cette manœuvre en aiant emporté 12. ou 13. & blessé beaucoup d'autres, ils prirent la fuite. La
chaloupe qui étoit bien-armée les suivit, &
prit un canot où il y avoit 3. hommes, un qui
étoit mort, qui fut jetté à la mer, & les deux
autres y sautérent, pour se sauver à la nage.
Mais un de ces deux aiant été tué, l'autre se
rendit prisonnier. C'étoit un jeune homme de
18. ans qu'on nomma Moïse, du nom de ce
matelot qui avoit été blessé le premier de tout
l'équipage, & l'isle fut aussi nommée l'isle de
Moïse. Ces insulaires mangeoient une sorte de
pain qu'ils faisoient de racines d'arbres.

A midi, on se trouva par les 3. degrès &
un tiers. Sur le soir, on rangea encore la côte, à l'Ouëst-nord-ouëst, au Nord-ouëst, &
au Nord-ouëst-quart-à-l'Ouëst, par un bon
frais. On vit au clair de Lune une belle baie
de sable qu'on dépassa.

Le 2. du même mois de Juillet, on fut par
les 3. degrès 12. minutes, & l'on vit à babord des terres basses, avec une grande montagne; & par prouë une basse isle. Le vent
étoit Est-nord-est & foible, la course fut à
l'Ouëst-nord-ouëst. Le 3. on vit encore de hautes terres, qui nous demeuroient à l'Ouëst,

à 14.

à 14. lieuës de l'autre iſle, ou à-peu-près, étant par les 2. degrès 40. minutes.

Le 4. pendant-qu'on faiſoit des éforts pour dépaſſer ces 4. iſles, on en découvrit plus de 22. ou 23. autres, grandes & petites, baſſes & hautes, qui nous demeurérent à ſtribord, hormis deux ou trois qui furent laiſſées à babord. Elles giſoient proche les unes des autres, à diférentes diſtances, partie à une diſtance de demi-lieuë, partie à une lieuë & demie, & quelques-unes ſeulement à une portée de petit canon, par les 2. degrès 25. & 30. minutes, peu-plus ou peu-moins.

On avoit eſpéré qu'on trouveroit au ſoir une rade, mais il fallut demeurer ſous voiles, parce-que la nuit ſurvint. Sur la brune on vit à l'une de ces iſles une voile qui porta ſur le navire. Mais la nuit l'aiant empêchée d'aborder, le vent contraire la fit écarter.

Le 6. avant midi, on vit une fort-haute montagne, qui nous demeuroit au Sud-oueſt. On mit deſſus le cap, d'autant-plus volontiers que les Pilotes eurent quelque ſoupçon que c'étoit l'iſle de Banda, à-cauſe de la reſſemblance que cette montagne avoit avec celle de Gunappi, qui eſt dans cette iſle, & qu'on étoit preſque par la même hauteur. Mais en-avançant on en découvrit encore trois ou quatre autres à-peu-près ſemblables, qui étoient au Nord, & à la diſtance de ſix ou ſept lieuës de la premiére, ce qui fit connoître qu'on avoit fait une fauſſe conjecture.

Derriére cette montagne on vit à l'Eſt & à l'Oueſt une ſi-grande etenduë de païs qu'on n'en appercevoit point la fin de côté ni d'autre.

Il

Il étoit haut en partie, & en partie affez bas, & comme il s'étendoit à l'Eft-fud-eft, on crut enfin que c'étoit la Nouvelle Guinée.

Le 27. avant jour, on mit le cap fur la montagne, qui jettoit de fa cime des flammes, de la fumée & des cendres, & on lui donna le nom de Vulcan. L'ifle où elle étoit fe trouva bien peuplée, & remplie de cocos. Les habitans envoiérent quelques pirogues, dans chacune defquelles il y avoit 4. 5. ou 6. hommes, avec une efpéce d'échafaudage élevé fur des bâtons qui couvroit chaque bâtiment. On ne favoit point à quelle fin ils étoient ainfi faits, & l'on en eut quelque fraïeur. On voulut leur raifonner par le moien du Négre Moïfe qu'ils ne purent entendre.

Ils étoient auffi tout-nuds, hormis leurs parties naturelles qui étoient couvertes. Les uns avoient les cheveux courts, les autres les avoient longs. Ils étoient plus jaunes, & parloient un autre langue que les Sauvages de l'ifle ou Moïfe avoit été pris. On ne put trouver de mouillage, & l'on vit plufieurs autres ifles au Nord & au Nord-ouëft. On courut donc au Nord-ouëft-quart-à-l'ouëft, fur un cap uni qu'on voioit par prouë, & vers le foir on s'en aprocha; mais on ferra les voiles, & l'on ne fit que courir de petites bordées toute la nuit.

L'eau étoit de diverfes couleurs: il y en avoit de verte, de blanche, de jaune, & comme avec cela elle étoit plus douce que celle de la mer, on préfuma qu'elle venoit d'une riviére qui devoit s'y dégorger proche de cet endroit-là. On voioit auffi floter des arbres, des branches & des feüilles, fur quoi il y avoit quelquefois des

oifeaux

oifeaux , & des écrevices.

Le 8. on courut à l'Ouëft-fud-ouëft & à l'Ouëft-nord-ouëft , aiant à ftribord une haute ifle , & à babord de chètives terres paffablement hautes. Vers le foir on trouva fond fur 70. braffes , à une portée de moufquet du rivage , & l'on y laiffa tomber l'ancre. Les canots qui vinrent à bord étoient navigez par des hommes auffi tout-finguliers , qui étoient encore des Papoos. Ils avoient des cheveux courts & frifez , des anneaux paffez dans le nez & dans les oreilles , de petites plumes fur la tête & fur les bras , des dents de pourceau autour du cou & fur la poitrine.

Les femmes étoient prefque afreufes. Elles avoient de longues mammelles , faites prefque comme de gros boïaux , qui leur tomboient jufques fur le nombril ; des ventres gros comme des tonneaux , la plupart portant des enfans fur leurs dos , qui y étoient comme des boffes ; des jambes fort-menuës , & des bras de-même ; des phifionomies de finges ; de vilains traits de vifage ; les parties naturelles médiocrement couvertes , & le derriére nud comme le refte du corps ; des cheveux courts ; fi-bien qu'elles ne différoient des hommes , en ce qu'on voïoit , que par les mammelles.

Elles mangeoient auffi de la betelle , & avoient chacune quelque défaut particulier. L'une étoit loûche , l'autre avoit de groffes jambes mal-faines , l'autre de gros bras enflez ce qui fit préfumer que l'air étoit mal-fain, d'autant-plus que les maifons étoient élevées fur des pieux , à huit ou neuf piés du fol. C'étoit par la hauteur des 3. degrès 43. minutes

L

Les Sauvages nous firent voir une petite montre de gingembre.

Le matin du 9. le vaiſſeau étant à l'ancre, la chaloupe alla chercher un meilleur moüillage. Elle trouva une bonne baie, où le vaiſſeau, qui s'étoit remis ſous voiles, alla jetter l'ancre ſur 26. braſſes, fond de ſable mêlé d'argile. On voioit aſſez proche deux villages, dont les habitans envoiérent à bord deux canots, avec quelques noix de cocos qu'ils voulurent vendre fort-cher, demandant pour quatre noix une braſſe de toile, qui étoit la marchandiſe qu'ils déſiroient le plus. Ils avoient auſſi quelques pourceaux, qu'ils ne vouloient pas vendre moins cher à-proportion.

A midi on fut par la hauteur des 4. degrès. On régla de nouveau les rations, par proportion aux vivres qui reſtoient. Enfin on ne ſavoit point-du-tout où l'on étoit alors, ſi l'on étoit près ou loin des iſles des Indes; ni quels étoient les païs le long deſquels on navigeoit tous les jours, ſi c'étoit la Nouvelle Guinée ou non. On n'avoit là-deſſus que de foibles conjectures, toutes les cartes dont on étoit pourvu, ne marquant rien qui eût quelque raport aux païs qu'on voioit.

Le matin du 11. du même mois de Juillet 1616. on remit à la voile; & la courſe fut au Nord-oueſt-quart-à-l'oueſt, & à l'Oueſt-nord-oueſt, le long de la côte, ſans la perdre de vuë, navigeant toujours à la diſtance depuis trois lieuës juſqu'à une lieuë du rivage. Sur le midi on doubla un haut cap. Ces terres, qui étoient en éfet celles de la Nouvelle Guinée, courent pour la plupart Nord-oueſt-quart-à-l'oueſt, l'ouëſt, quelquefois un peu plus à l'Ouëſt, ou un peu plus au Nord.

Le 12. on fut par les 2. degrès 58. minutes, & l'on eut pour ſoi les courans qui portoient à l'Ouëſt, ainſi-qu'ils font le long de toute la côte de la Nouvelle Guinée. Le 13. & le 14. on navigea le long de la même côte, qui étoit tantôt haute, tantôt baſſe. Le 15. après midi, on côtoïa deux baſſes iſles peuplées, qui étoient remplies de cocos, & à demi-lieuë de la côte. On y trouva un bon moüillage, ſur 40. 30. 25. & 20. braſſes, & même juſqu'à 7. & on laiſſa tomber l'ancre ſur 13. braſſes, fond de bonne tenuë.

La chaloupe & le canot, aiant été bien-armez, le Maître qui les commandoit, fit ramer vers le rivage, pour aller faire une bonne proviſion de noix de cocos: car il y en avoit abondance dans cette iſle, & l'on en auroit eu autant qu'on auroit voulu, ſi l'on n'avoit pas eu l'imprudence de faire des bravades aux Indiens, & de ſe les rendre ennemis. Ils étoient ſur leurs gardes, & lors-qu'on voulut débarquer, ſans aſſez de précaution, ils tirérent une multitude de fléches & bleſſérent 16. hommes, entre leſquels étoit Aris, Commis du yacht qui avoit péri, & qui eut la main traverſée d'une fléche. Le Maître qui étoit la cauſe de ce malheur, ſe cacha ſous le traverſier de la chaloupe, ſur lequel étoient les matelots qui ramoient.

Cette manœuvre, qu'il fit pour ſe mettre à-couvert des fléches, ne lui fut point honorable, mais elle lui fut utile; car elle le garantit des coups à quoi furent expoſez ceux qui étoient aſſis au-deſſus de lui, dont l'un eut le
bras

bras percé, un autre la jambe, un autre le cou, un autre encore la main, &c. Les matelots ne manquérent pas de faire feu de leurs mousquets & de leurs pierriers ; mais les Indiens les accablérent d'une si-grande quantité de fléches, qu'ils furent contrains de céder & de se retirer. On étoit alors par le premier degré 56. minutes.

Le matin du 16. on navigea entre les deux isles, & l'on alla moüiller l'ançre sur neuf brasses dans un bon moüillage. Après midi la chaloupe & le canot nagérent encore vers la plus petite isle, pour tâcher d'avoir des noix. On y mit le feu à deux ou trois huttes, dequoi les Sauvages de l'autre isle parurent furieux, criant & faisant des bruits horribles. Cependant ils n'osoient traverser, à-cause de quelques piéces du gros canon du vaisseau, qui battoient le long du rivage, & dans le bois où les boulets passoient & pénétroient avec un terrible fracas, dequoi les habitans éfraiez n'osoient plus se montrer.

Sur le soir, les chaloupes étant retournées à bord, la distribution fut faite de trois noix à chaque homme. Un peu plus tard, un homme vint de la part des insulaires pour demander la paix, raportant un chapeau qu'un matelot avoit laissé tomber dans l'eau à l'ataque qui avoit été faite. Ces gens-là vont entiérement nuds, n'aiant rien-du-tout de couvert sur leur corps.

Le 17. il vint encore deux ou trois canots, qui s'étant mis au-dessus du vaisseau, jettérent à la mer des noix de cocos, afin-que le courant les portât vers le navire, & que les ma

telots

telots allaſſent les prendre , voulant par là donner des marques de reconciliation. On leur ſit
auſſi des ſignes pour les inviter de venir à bord,
& en éfet à la fin ils s'enhardirent, & ils aportérent autant de noix & de bananes qu'on en
déſiroit. On les tiroit avec de petites cordes
dans la galerie, & on leur donnoit en troc de
la verroterie, de vieux cloux, & des couteaux
roüillez. Ils aportérent auſſi un peu de gingembre verd, & des racines jaunes dont on ſe
ſert au-lieu de ſafran , & ils donnérent quelques-uns de leur arcs avec des fléches, ſi-bien
que de part & d'autre on fut bientôt bons amis.

Le 18. on troqua encore des noix & des bananes pour un peu de Caſſave & de Papede,
dont on trouve auſſi beaucoup dans les Indes
Orientales. On vit entre leur mains quelques
pots de fer, qu'on jugea être venus des Eſpagnols. Une autre marque qu'ils en avoient vu,
étoit qu'ils ne paroiſſoient pas ſurpris de voir
un navire, ni curieux de le viſiter , comme
l'avoient été les autres Sauvages. Ils faiſoient
même comprendre qu'ils ſavoient bien ce que
c'étoit que de tirer du gros canon, & ils donnoient à leur iſle, qui étoit la plus orientale,
le nom de Moa ; à celle qui giſoit par ſon travers, le nom d'Inſou; à celle qui étoit la derniére & la plus haute, giſant à 5. ou 6. lieuës
de la Nouvelle Guinée, le nom d'Arimoa.

Le 19. on alla pêcher le long de la plus grande iſle. Les Sauvages parurent non-ſeulement
fort traitables; mais ils allérent aider à tirer
la ſeine, & donnérent autant de noix qu'on
en voulut. On vit alors venir pluſieurs pirogues de l'Eſt, c'eſt-à-dire des autres iſles qui
étoient

étoient plus à l'Est, & il y en avoit qui étoient
assez grandes; sur quoi on rapella les pêcheurs.
Les Noirs qui étoient proche du vaisseau ex-
citoient à tirer sur ces pirogues: mais on leur
fit entendre qu'on ne le feroit pas, à-moins
que les pirogues ne fissent quelque acte d'hostilité. Enfin il se fit une nouvelle distribution
de noix à l'équipage, & chaque homme en
eut 50. avec deux paquets de bananes. La Cas-
save dont ces gens là font leur pain, n'est pas
comparable à celle des Indes Occidentales: ils
en font aussi des galettes rondes.

Le 20. du même mois de Juillet 1616. on
remit à la voile, & le 21. on rangea encore
la côte à l'Ouëst-nord-ouëst. A midi on fut
par la hauteur d'un degré 13. minutes. On eut
la vuë d'un nombre d'isles, vers lesquelles le
vaisseau fut porté par les courans, jusques-là
qu'on pouvoit entendre la mer briser. A minuit on jetta le plomb, & aiant trouvé 13. à
15. brasses, on laissa tomber l'ancre pour atendre le jour. On n'apeçut point de feu dans
l'isle proche de laquelle on étoit.

Le 23. on leva l'ancre, & comme le vaisseau s'alarguoit de la côte, il fut suivi de 6.
grands canots qui avoient des aîles, ou des élancemens aux deux côtés, & de l'acastillage à
l'avant & à l'arriére, à-peu-près comme les
bâtimens de Ternate. Ceux qui les navigeoient
étoient armez de fléches, & d'abord ils furent
timides; mais enfin ils marquérent qu'ils vouloient de la verroterie. On fut surpris de les
voir, parce-qu'on n'avoit eu aucune indica-
tion que l'isle fût peuplée.

Ils avoient du poisson sec qui paroissoit
être

être des brémes, des noix de cocos, des bananes, du tabac, un petit fruit aſſez ſemblable à des prunes. Il en vint encore d'une autre iſle qui amenérent auſſi quelques vivres, & une montre de porcelaines de la Chine, dont ils donnérent en troc deux petits plats. Ils ne parurent pas, non-plus, curieux de viſiter le navire ; ce qui fit conclure qu'ils avoient déja vu des Chrétiens & leurs vaiſſeaux.

Ils étoient différens des autres Noirs des grands canots, aiant la peau plus jaune, & étant de plus grande taille. Quelques-uns avoient les cheveux longs, les autres les avoient courts. Ils ſe ſervoient d'arcs & de fléches, & l'on en eut d'eux quelques-uns en troc. Ils étoient curieux de verroterie & de ferrure. Ils avoient aux oreilles des bagues de verre bleuës, de blanches, & de vertes, qu'aparemment ils avoient euës des Eſpagnols.

Le 24. on fut par la hauteur d'un demi-degré, le tems étant preſque calme. La courſe fut au Nord-ouëſt & à l'Ouëſt-ſud-ouëſt, le long d'une belle & grande iſle, verdoïante & agréable. On la nomma l'iſle du Capitaine Willem, ou Guillaume Schouten : & ſa pointe occidentale fut nommée le cap de Bonne-eſpérance, parce-qu'on eſpéroit que de-là on gagneroit bien-tôt par le Sud juſqu'à l'iſle de Banda, préſumant que ce cap étoit une pointe de quelqu'une des iſles qui ſont à l'Eſt de celle-là.

Cependant comme cette iſle de Schouten s'étendoit juſques ſous la Ligne, on eut auſſi quelque ſoupçon que ce pouvoit bien être une de celles qui ſont marquées dans les cartes à
l'Ouëſt

l'Ouëft de la nouvelle Guinée jufqu'à la Ligne. Le Confeil s'étant affemblé fur ce fujet,
on craignit beaucoup de déchoir dans quelqu'un des golfes de Gilolo, & l'on fut d'avis
de monter au Sud, ou au Nord, fans différer
davantage. Le vent venoit alors de l'Eft, & l'on
vit quantité de lamiers, de bonites, de cor-
conades, cette mer étant fort-poiffonneufe.
On vit auffi floter des feüilles & des herbes ;
mais on ne trouva point de fond le long de
la côte.

Entre les fruits qu'on avoit eus à l'ifle où
l'on avoit été le 23. du mois, il y en avoit
un, qui en-dedans étoit jaune ou de couleur
d'orange, & vert en-dehors ; mais il étoit
creux, rempli de pepins, & plus petit que le
melon dont il avoit affez le goût. On en mangea beaucoup avec du fel & du poivre, & on
le trouva fort-fain.

Le 25. on vit à babord une grande étenduë de pais en partie fort-haut, & en partie
fort-bas, qui nous demeuroit au Sud-fud-ouëft.
Le 26. on vit trois ifles, dont les côtes couroient encore au Nord-ouëft, & au Nord-ouëft-
quart-à-l'ouëft. Le 27. étant par la hauteur des
29. minutes, on vit encore au Sud de hautes
terres, & d'autres baffes, & on les côtoia toujours à l'Ouëft-nord-ouëft.

La nuit du 28. au 29. il fit un grand tremblement de terre. Les matelots éfraïez fautoient
hors de leurs cabanes, ne fachant d'où venoit
ce qu'ils fentoient, car le vaiffeau fe tourmenta d'une maniére terrible. On ne trouva point
de fond.

Le 30. on entra dans un grand golfe, qui

E e

paroif-

paroiſſoit tout environné de terres , & où l'on ne trouvoit point d'ouverture pour en ſortir; ce qui obligea de remettre le cap au Nord. Il fit ce jour-là des éclairs & des tonnerres ſi-épouventables, que le navire paroiſſoit tout en feu, & la pluïe qui les ſuivit, fut ſi-extra-ordinaire qu'aucun de l'équipage n'en avoit jamais vu de ſemblable.

Le 31. on trouva que ce golfe étoit un cul-de-ſac , & que les terres ſe joignoient, ſur quoi on mit le cap au Nord , & le ſoir on paſ-ſa pour la ſeconde fois ſous la Ligne ; puis on moüilla l'ancre ſur 12. braſſes, fond de bonne tenuë , à une portée de petit canon d'une iſle qui étoit-proche du continent , & où l'on ne vit point d'hommes.

Le 1. d'Août 1616. on leva l'ancre avec beaucoup de peine, parce-qu'elle étoit ſous un rocher , où l'un de ſes bras demeura. On étoit alors par la hauteur des 15. minutes de lati-tude Nord. Sur le ſoir , les courans portérent le vaiſſeau vers la côte , & comme il cal-moit, on remoüilla ſur peu de profondeur, fond inégal.

Le 3. après midi, on trouva un banc de ſa-ble large , d'où l'on pouvoit à-peine avoir la vuë des terres. Il y avoit depuis 12. juſqu'à 40. braſſes de profondeur. On remoüilla ſur 12. braſſes, afin de connoître où les courans portoient, & l'on vit que c'étoit à l'Ouëſt-ſud-ouëſt. Le même jour on fut par les 45. minutes de latitude Nord, & l'on vit des ba-lénes & des tortuës. On jugea de cette hau-teur qu'on étoit au bout de la Nouvelle Gui-née, le long des côtes de laquelle on avoit fait

280. lieuës de chemin. On vit ce même jour deux autres isles, qui nous demeuroient à l'Ouëst.

Le 4. la course fut au Sud-sud-ouëst, les courans portant avec force à l'Ouëst. On eut la vuë de 7. ou 8. isles, & l'on se tint toute la nuit au large, de-peur de déchoir trop sur les côtes. Le 5. on courut au Sud & au Sud-est; mais le vent s'étant rendu contraire, on mit le cap sur la côte qu'on avoit jugé le jour précédent être celle d'une isle, proche de laquelle on ne trouva point de fond. La chaloupe aiant nagé tout-à-terre, & jetté le plomb, on trouva 45. brasses.

En nageant vers le rivage, on vit de dessus la chaloupe, d'abord deux pirogues, & ensuite trois, qui démaroient pour venir à son bord. Comme elles arborérent la banniére blanche, elle en mit aussi une, & elles la suivirent jusqu'au vaisseau. Elles ne portoient que des montres de fèves & des pois des Indes, avec du ris, du tabac, & deux oiseaux de paradis, dont un, qu'on eut par troc, étoit blanc & jaune.

On entendoit un peu ce que ces gens-là disoient, y aiant plusieurs mots Ternatois mêlez dans leur langage. Il y en avoit un qui parloit assez bien Malais, langue que le Commis Aris entendoit. Ils avoient même quelques termes Espagnols, & avec cela un chapeau à l'Espagnole. Leurs vêtemens consistoient en quelques toiles assez belles, qui étoient noüées autour de leurs ceintures, quelques-uns même aiant des calçons de soie de diverses couleurs, & des turbans sur la tête, & l'on disoit qu'ils étoient Turcs, ou plutôt Mores. Ils avoient

des

des bagues d'argent & d'or aux doigts, &
leurs cheveux étoient noirs comme du goldron.
Ils troquérent quelques denrées pour de la
verroterie, mais ils aimoient mieux des toiles. Cependant ils étoient timides & ne s'a-
prochoient pas volontiers des Hollandois. On
leur demanda quel étoit le nom de leur païs,
à quoi ils ne voulurent pas répondre ; ce qui
fit présumer, aussi-bien que diverses autres circonstances, qu'on étoit au bout oriental de
Gilolo, à la langue de terre du milieu ; car
Gilolo s'étend par trois langues de terre à l'Est.
Par conséquent ceux qui nous parloient devoient être des gens de Tidore, amis des Espagnols ; & en éfet on sut dans la suite que cette derniére conjecture étoit véritable, dequoi
tout l'équipage fut fort joïeux. Car après avoir
tant erré & tant soufert, c'étoit une véritable
consolation de se trouver enfin dans des lieux
où la nation étoit connuë, & où l'on espéroit
rencontrer des compatriotes.

Enfin nous apîmes à Soppi, par l'Interprète du Sengage, que ce lieu étoit une isle
assez grande, nommée Maba, qui relevoit du
Roi de Tidore. Il se leva une petite fraîcheur,
à la faveur de laquelle on alla moüiller l'ancre à une portée de petit canon du rivage, sur
40. brasses d'eau. Les insulaires portérent à
bord des noix & d'autres fruits, & dirent que
le moüillage n'étoit pas bon ; ce qui se trouva
véritable, car un vent forcé qui se leva sur le
soir fit chasser le vaisseau. Quèlques pirogues,
qui vinrent alors à bord, promirent d'amener
des poules le lendemain. Ce jour-là, on se
trouva pour la troisième fois sous la Ligne équinoxiale.   Le

Le matin du 26. les infulaires étant reve‑
nus à bord, préfentérent du tabac, quel‑
ques porcelaines & d'autres chofes à vendre.
Mais comme il faifoit un beau frais du Sud‑
fud eft, & que l'ancrage étoit mauvais, on
leva l'ancre, pour aller aux Moluques, & l'on
fit le Nord, pour doubler le cap feptentrional
de Gilolo.

Le 7. du même mois d'Août 1616. on eut la
vuë du cap qui eft au Nord‑eft de cette ifle, qui
fe nomme le cap de Moratai, & qui nous de‑
meura au Sud‑ouëft. La mer aiant alors com‑
mencé à s'élever, les houles roulérent fu‑
rieufement du Sud, ce qu'on n'avoit point vu
depuis longtems. Sur la brune, il y eut cal‑
me; puis le vent aiant forcé de l'Ouëft, on
craignit de ne pouvoir paffer au‑deffus de Bor‑
neo, entre cette ifle & Célébes, pour fe rendre
à Java; & qu'on ne fût contraint de déchoir
vers Patane, ainfi‑qu'il étoit arivé plufieurs
fois à d'autres vaiffeaux.

Le foir du 9. on fit publiquement lecture
de l'*Artijkel‑brief*, parce‑que l'équipage fatigué
d'un fi‑long voiage, & n'aiant eu depuis long‑
tems que de foibles rations, avoit voulu qu'on
lui acordât moitié vin & moitié eau pour fon
bruvage. Cette première infolence fut fuivie de
plufieurs autres que l'ivrognerie fit commettre.
Car les matelots gardoient leurs rations de vin,
& quand ils en avoient affemblé plufieurs ils bu‑
voient de compagnie, s'enivroient, faifoient,
du bruit toute la nuit, fumoient du tabac, ce qui
donnoit un grand fujet de craindre qu'ils ne
miffent le feu au vaiffeau. Il fut donc réfolu
que la diftribution du vin fe feroit devant la

E e 3

cham‑

chambre du Capitaine, & qu'on le boiroît à l'inſtant.

Le 12, on revit le cap de Moratai de l'iſle de Gilolo, & le 17. on ſe rallia encore à la même terre, ſur le rivage de laquelle on vit la nuit pluſieurs feux. Le 18. il y eut calme, & l'on ne fit que dériver le long de la côte. Sur le midi deux pirogues d'un bourg nommé Soppi, vinrent à bord avec des banniéres de paix. Ceux qui les navigeoient, étant Ternatois, on put aiſément les entendre, & parler avec eux.

Il y en avoit auſſi de Gammacanor, qui raportérent qu'un yacht d'Amſterdam, nommé *le Paon*, y avoit fait près de trois mois de ſéjour, & y avoit pris ſa charge entiére de ris : qu'un mois ou deux auparavant on y avoit auſſi vu un vaiſſeau Anglois. La vuë de ces peuples amis acheva de réjoüir l'équipage, qui étoit encore au nombre de 85. hommes, tous en ſanté, & qui ſe voiant à bout de leurs vivres, trouvoient enfin un païs, où on leur en fourniroit. On étoit alors par la hauteur des 4. degrès 17. minutes. Quelques-uns des gens de Soppi, paſſérent la nuit à bord, pour piloter le lendemain le vaiſſeau à la rade de ce bourg.

Le 19. on eut un vent de mer qui venoit du Nord, & l'on entra dans la baie, ou l'on moüilla l'ancre ſur 10. braſſes, fond de ſable, à une portée de petit canon de terre, par le travers du bourg. Le même jour on eut par troc du ſagu, des poules, deux ou trois tortuës, & un peu de ris. Le 20. il vint une corcorre du Roi de Ternate pour charger du ris

&

& du fagu , dont l'équipage raporta qu'il y
avoit autour de Ternate près de 20. vaiffeaux
Anglois & Hollandois , & qu'il en étoit allé
huit autres auffi de l'une & de l'autre nation
aux Manilles.

Le 25. on remit à la voile, & le 1. de Septembre 1616. le vent étant contraire, on alla moüiller l'ancre fur la côte d'une ifle déferte, où quelques-uns des Officiers aiant débarqué , voulurent aller fur une montagne, afin
de voir la fituation de l'ifle , & comment étoit
le païs de l'autre côté. Mais la pente en étoit
tellement efcarpée & embaraffée de haliers ,
que dans le peu de chemin qu'ils firent , ils fe
virent en danger de tomber & de périr ; ce
qui les obligea de retourner fur leurs pas.

On vit en ce lieu-là un ver prodigieux, qui
étoit auffi gros que la jambe d'un homme ,
& qui caufa beaucoup de fraïeur. Cette ifle,
qui paroiffoit inhabitée , & qui s'apelle Moro , fe divife en plufieurs ifles, ainfi-qu'on le
vit enfuite en navigeant, & en fait jufqu'à 5.
ou 6. Celle où l'on étoit à l'ancre étoit la premiére & la plus grande , & il y avoit une
ville nommée Bihou. La feconde, où étoit
la montagne vers le haut de laquelle on avoit
commencé à monter, fe nommoit Doi , ou
Dou.

Enfuite on en découvrit trois autres. La
première qu'on vit étoit au milieu & la plus
petite, & fe nommoit Tuacaro. La troifiême étoit la plus grande & fe nommoit Pow.
Toutes les trois font petites & gifent proche
l'une de l'autre , à une lieuë des grandes ifles.
Il y en avoit encore une autre vers la côte de

Ee 4   Gam-

Gammacanor, qui eſt jaunâtre & baſſe, dont le nom étoit Salangari. Elles ſont toutes preſque ſur une ligne.

Les jours ſuivans on eut toujours le vent contraire, & on ne fit que dériver le long de cette côte. Le 5. de Septembre le vaiſſeau étant à l'ancre ſur la côte de Gilolo, quelques matelots allérent pêcher. En tirant la ſeine, ils virent 4. Ternatois ſortir d'un bois, chacun avec un ſabre & un bouclier au poing, pour tuer les matelots qui n'étoient point armez. Mais par bonheur le Chirurgien cria *Orau Hollanda*, ce qui les arrêta dans le même inſtant, & ils jettérent de l'eau ſur leurs têtes, diſant qu'ils croioient que c'étoient des Caſtillans. Les matelots les aiant amenez à bord, on leur fit quelques préſens, & ils promirent qu'ils aporteroient tout ce qu'on ſouhaiteroit. Ils dirent qu'ils étoient de Gammacanor, dont on étoit encore à 5. ou 6. lieuës, au-moins ſelon leur raport.

Le vent continuant à être contraire, le premier Commis & celui du yacht s'embarquérent le 8. du même mois de *Septembre*, dans une chaloupe bien-armée, pour aller chercher des rafraîchiſſemens dans cette iſle. La côte depuis Soppi court juſqu'à Gammacanor Sud-ouëſt & Nord-eſt, avec pluſieurs golfes & d'autres moindres enfoncemens, les courans portant au Nord. Le 11. la chaloupe revint ſans avoir été au lieu où elle devoit aller, qui ſe trouva trop éloigné pour les proviſions qui lui avoient été données.

Cependant les Commis avoient débarqué proche d'un bourg nommé Loloda, qui étoit
à dix

à dix lieuës de l'endroit où le vaisseau étoit à
l'ancre, & ils y avoient reçu en troc quelques
bananes, dont il y avoit abondance. Les habitans leur avoient dit que les Hollandois &
les Ternatois s'étoient rendus maîtres d'une
isle nommée Siauw, qui étoit sur la route des
Manilles, & qu'il y avoit 13. vaisseaux à Ternate.

Le 14. on remit à la voile, & l'on fit deux
lieuës & demie de chemin avec beaucoup de
peine. Le 15. on fit 4. lieuës. Le matin du 16.
on fut à une lieuë & demie des isles de Tog-
gosongi & de Loloda, qui demeuroient alors
par poupe au Sud dans un golfe. Avant midi
on vit la haute montagne de Gammacanor, &
les deux montagnes de Loloda, puis Ternate,
Tidore, & l'isle d'Iri.

Le matin du 17. on vit au lof un vaisseau
qui couroit aussi sur Ternate, & qui étoit *l'É-
toile du Matin* de Rotterdam. Sur le midi la
chaloupe, qui avoit été déja trois nuits avec
lui dans le golfe de Sabau, où on l'avoit rencontré auparavant, alla encore le joindre. Il
étoit monté par l'Amiral Verhagen, & étoit
de la flote de l'Amiral Spilberg.

Les gens de la chaloupe aprirent là que lors-
que Spilberg étoit dans le détroit de Magellan, qu'il n'avoit pu traverser en moins de
deux mois, son plus petit yacht s'étoit écarté de lui : qu'il avoit perdu sur la côte du Bresil, dans la riviére du S. Esprit, trois chaloupes
avec les équipages : qu'il avoit ruiné la vil-
de Paita : qu'il s'étoit battu contre les Espagnols, & avoit détruit trois de leurs plus grands
navires &c.

Ils furent auſſi qu'on avoit envoié depuis peu aux Manilles dix vaiſſeaux équipez en guerre, commandez par Jean Dirks Lam de Hoorn, pour ataquer l'armade Eſpagnole qui devoit venir à Ternate: que comme l'Amiral Pierre Both s'en retournoit en Hollande avec 4. vaiſſeaux, il y en avoit eu trois qui avoient fait naufrage à l'iſle Maurice, où les vents forcez les avoient jettez contre des rochers; & qu'il y avoit péri quantité de gens, du nombre deſquels étoit l'Amiral; mais que le quatrième vaiſſeau s'étoit ſauvé.

Le ſoir de ce même jour-là on jetta l'ancre à la rade de Ternate, ſous le fort de Maleïe, ſur 11. braſſes, fond de ſable. Le Capitaine & le Commis débarquérent auſſi-tôt pour aller parler au Général Laurens Real, qui avoit ſuccédé au feu Général Girard Reinſt. Ils furent fort-bien reçus du Général, de l'Amiral Verhagen, du Gouverneur d'Amboine, & de tout le Conſeil des Indes.

Le 18. ils vendirent les deux chaloupes & 4. petits canons du yacht qui étoit péri; & encore une partie de plomb, 2. gros cables, 9. ancres, & d'autres choſes, pour le prix de 1350. réales; & ils achetérent du Général deux laſtes de ris, un gros tonneau de vinaigre, un autre de vin d'Eſpagne, & trois tonneaux de viande.

Le 24. onze hommes & quatre garçons de bord demandérent leur congé au Capitaine Schouten, parce-qu'ils avoient deſſein de paſſer quelque tems dans les Indes, & d'y ſervir la Compagnie, à quoi le Capitaine conſentit, en aiant été auſſi requis par le Général.

Le 26.

Le 26. on prit congé de lui. Outre toutes les amitiés qu'il avoit faites aux Oficiers, il conduisit le Capitaine & le Commis à bord, avec les enseignes déploiées. On remit donc à la voile, en compagnie de *l'Etoile du Matin* qui étoit venu le 22. moüiller auffi à la rade de Ternate, & qui vouloit aller à Motir, au-lieu que *la Concorde* alloit à Bantam. Ce dernier vaiffeau prit à fon bord, à la priére du Général, un de fes domeftiques, & le Commis de *l'Etoile*, pour les mener à Bantam, où ils étoient envoiez.

Le 27. on dépaffa Tidore, & *l'Etoile* fe fépara de l'autre pour prendre la route de Motir. Le 28. on paffa pour la quatrième fois fous la Ligne équinoxiale. Le 2. d'Octobre 1616. on paffa par le travers de Loga Cambella, de Manipa & de Zeira. Le 3. on dépaffa Buro, & le 6. Botton & Cabeffecabica ; & Cambone le jour fuivant.

Le 8. on traverfa le détroit de Buquerones, entre la pointe de Célébes & Defolafo. Le foir du 13. on eut la vuë de l'ifle de Madure. Le 14. on vit Java, & l'on paffa par le travers de Tuban. Le 16. fur le midi, on moüilla l'ancre à la rade de Japara, où l'on trouva le vaiffeau *Hollande*, de la Chambre d'Amfterdam, qui chargeoit du ris pour Ternate, cette ville en étant bien pourvuë, & de quantité d'autres denrées, qui n'y font pas chéres. On y fit des vivres autant-qu'on crut qu'il en falloit pour retourner en Hollande.

Le 23. du même mois d'Octobre 1616. on remit à la voile, & le 28. on moüilla l'ancre à Jaccatra, en-dehors des ifles, où l'on ren-

<table><tr><td>E e 6</td><td>contra</td></tr></table>

contra 3. vaisseaux Hollandois, savoir *Hoorn*
l'Aigle & *la Fidélité*, avec 3. autres, qui étoient
Anglois. La nuit suivante il mourut un homme de l'équipage qui fut le premier du vaisseau
la Concorde qui fût mort de maladie, pendant
tout le voiage; car Jean Cornelisz Schouten,
frére du Capitaine, qui étoit mort dans la mer
du Sud, devant l'isle des Chiens, & un autre
qui étoit mort sur la côte de Portugal, étoient
tous deux de l'équipage du yacht. Ainsi jusques à ce jour-là il n'étoit mort que trois hommes des deux équipages. Ceux qui restoient à
bord étoient au nombre de 48.

Le 1. de Novembre 1616. le Président, nommé Jean Pietersz Coen, aiant mandé le Capitaine Schouten & les Commis, ils comparu-
rent dans l'assemblée du Conseil, qui leur déclara au nom & de la part des Sieurs Directeurs de la Compagnie, qu'il falloit qu'ils re-
nonçassent à leur vaisseau, & qu'ils le livrassent
au Président. Le Capitaine eut beau alléguer
ses raisons, & représenter le tort & l'injustice
qu'on lui faisoit; comme il n'étoit pas le plus
fort, il fut contraint de subir la loi qu'il plut
au Conseil de lui imposer, le Président lui déclarant qu'il avoit ses ordres, & qu'il étoit
obligé de les suivre; que s'il prétendoit qu'on
lui fît tort, il pourroit se pourvoir en Hollande, & y poursuivre ses droits en Justice. C'est
ainsi qu'il fut dépossédé de son vaisseau & de
la cargaison.

Le Président aiant donné commission à deux
Capitaines & à deux Commis d'en aller prendre possession, il fut fait inventaire de tout
ce qui y étoit, en présence de Schouten, &

des

des Commis du navire. Cela se passa le Lundi 1. jour de Novembre, selon le compte de l'équipage; mais selon le compte du Conseil des Indes, le Mardi deuxième jour du même mois.

La cause de cette différence de compte étoit que comme *la Concorde* en partant de Hollande avoit couru à l'Ouëst, & avoit une fois fait le tour de la terre avec le Soleil, ce vaisseau avoit eu une nuit, ou un coucher du Soleil, moins que ceux qui viennent de l'Ouëst à l'Est, qui au-contraire gagnent un jour: or ce jour gagné d'un côté, & cette nuit perduë de l'autre, font les vingt-quatre heures de différence qu'on trouvoit. Mais pour s'accommoder au compte du lieu où *la Concorde* étoit alors, l'équipage perdit un jour qui fut le Mardi, passant du Lundi au Mécredi, & par conséquent il n'eut que six jours dans cette semaine-là.

Le vaisseau aiant été ainsi ravi à ceux qui le possédoient, quelques-uns des gens de l'équipage, passérent au service de la Compagnie, & le reste fut distribué sur les vaisseaux *Amsterdam & Zélande*, qui retournoient en Hollande, sous le commandement de Georges Spilberg. Le Capitaine Schouten, Jaques le Maire, & dix autres de leurs hommes, s'embarquérent sur l'*Amsterdam* que Spilberg montoit, & dont le Maître étoit Jean Cornelisz Mai. Aris Claasz & le Pilote Claas Pietersz avec dix autres furent envoiez au bord du *Zélande*, dont le Maître étoit Corneille Rimlandt de Middelbourg. Ces vaisseaux firent voiles de Bantam le 14. de Décembre 1616.

Le 31. du même mois, Jaques le Maire mourut.

 Le

Le 1. de Janvier 1617. l'*Amsterdam* perdit de vuë le *Zélande*. Le 24. il moüilla l'ancre à l'isle Maurice, & le 30. il remit à la voile. Le 6. de Mars il doubla le cap, selon l'estime, car on n'en eut point la vuë. Le 31. il alla relâcher à Sainte Héléne, où il rencontra le *Zélande* qui y avoit ancré quelques jours auparavant.

Le 6. d'Avril les deux vaisseaux remirent à la voile. Le 24. ils eurent la vuë de l'isle de l'Ascension. Le 23. de Mai ils découvrirent deux voiles au vent à eux, par la hauteur d'un degré de latitude Sud, mais ils ne purent les joindre.

Le 1. de Juillet l'*Amsterdam* territ en Zélande, où l'autre vaisseau, aussi nommé *Zélande*, avoit déja moüillé l'ancre le jour précédent, les gens de l'équipage de *la Concorde* se retrouvant ainsi dans leur patrie au bout de deux ans & dix jours.

VOIAGE
DE LA
FLOTE DE NASSAU
AUX
INDES ORIENTALES,
PAR LE
DÉTROIT DE MAGELLAN,

Commencé l'An 1623. sous le commandement de l'Amiral JAQUES L'HERMITE, & fini l'An 1626.

TOUS les Politiques qui ont eu une particuliére connoissance des afaires du Roïaume d'Espagne, ont jugé qu'il n'y avoit point de meilleur moien pour le réduire sur l'ancien pié, & pour faire cesser les tirannies qu'il éxerçoit en divers endroits de l'Europe, que de lui enlever ce qu'il possédoit dans l'Amérique, ou au-moins de lui en faire perdre les revenus : car c'est par le secours des richesses qu'il en tire, qu'il ose faire la guerre aux autres païs de la Chrétienté.

C'est dans cette vuë qu'on a entrepris diverses expéditions dans la mer du Nord & dans celle du Sud. Mais il s'est toujours trouvé des circonstances fâcheuses, ou des accidens imprévus, qui en ont empêché le succès. Parmi les obsta-

obstacles qu'on a rencontrez, celui du dangereux passage du détroit de Magellan pour aller dans la mer du Sud, n'a pas été regardé comme un des moins considérables. En éfet les flotes y soufroient tant d'incommodités, & emploioient tant de tems à le traverser, qu'après cela elles n'étoient plus en état de bien éxécuter les entreprises à quoi elles étoient destinées.

Il y avoit quelques années qu'on avoit découvert à l'Est une autre ouverture fort-étenduë, qui étoit au Sud de *Terra del Fuego*, par laquelle on passoit promtement dans la mer du Sud. Les E'tats Généraux, & le Prince Maurice de Nassau, Amiral général des Provinces Unies, jugérent à-propos de faire visiter ce passage, & d'y envoier une flote d'onze vaisseaux, l'armement de laquelle fut commis aux soins des Sieurs Hugo Muis van Holy, Albert Joachimi, & Abraham Bruningh. Elle fit voiles de Goerée, ou Gourée, le 29. d'Avril 1623. sous le commandement de l'Amiral Jaques l'Hermite, & de Gheen Huigen Schapenham Vice-amiral sous lui.

Les onze vaisseaux ensemble étoient montez de 1637. hommes, entre lesquels il y avoit 600. soldats, distribuez en cinq compagnies; & de 294. piéces de canon de fonte & de fer. les frais de l'armement aiant été faits par divers Colléges de l'Amirauté & de la Compagnie des Indes Orientales, savoir par le Collége d'Amsterdam, ceux des vaisseaux

Amsterdam, comme Amiral, du port de 800. tonneaux, avec 237. hommes. Leenders Jacobsz Stolck en étoit Capitaine, Pierre Wely Com-

Commis, & Engelbert Schutte étoit Capitaine des soldats. Au même bord étoit Fréderic van Reynegom en qualité de Fiscal, Jean van Walbeeck en qualité de Mathématicien de la flote, & Juste de Vogelaar en qualité de Mathématicien extraordinaire. Il y avoit 20. canons de fonte, & 22. de fer.

Delft, comme Vice-amiral, du port de 800. tonneaux, monté par le Capitaine Witte Corneille de Witte, & portant 242. hommes, 20. canons de fonte & 20. de fer. Willem van Brederode étoit Capitaine des soldats.

L'Aigle, du port de 400. tonneaux, monté par le Capitaine Meydert Egbertsz, & portant 144. hommes, avec 12. canons de fonte & 16. de fer.

Le yacht *le Levrier,* de 60. tonneaux, monté par le Capitaine Salomon Willemsz, portant 20. hommes, & 4. piéces de canon de fonte.

Le Collége de Zélande avoit équipé l'O-*range* du port de 700. tonneaux, monté par le Contre-amiral Jean Willems Verschoor, aiant sous lui le Capitaine Laurens Jansz Quiry-nen; & Omarus Everwijn étoit Capitaine des soldats. Il portoit 216. hommes, dix canons de fonte, & 22. de fer.

Le Collége de Rotterdam avoit équipé le vaisseau *Hollande* du port de 600. tonneaux, qui étoit monté par Corneille Jacobsz, Con-seiller de l'Amiral, & par le Capitaine Adrien Tol. Il portoit 182. hommes, 10. canons de fonte, & 20. de fer.

Le *Maurice* du port de 360. tonneaux, monté par le Capitaine Jaques Adriaansz, & portant 169. hommes, 12. canons de fonte, &
20.

20. de fer. Jean ter Halte étoit Capitaine des
soldats.

L'Espérance, du port de 260. tonneaux, monté par le Capitaine Pierre Hermanſz Slobbe,
& portant 80. hommes, avec 14. canons de fer.

Le Collége de Nort-hollande avoit équipé
la Concorde du port de 600. tonneaux, monté par le Capitaine Jean Ysbrandtz ; & Pierre Evertſz de Vries étoit Capitaine des ſoldats. Il portoit 170, hommes, 18. canons de
fonte & 14. de fer.

Le Roi David, du port de 260. tonneaux,
monté par le Capitaine Jean Thomaſz, &
portant 79. hommes, avec 16. canons de fonte.

Le Griffon, du port de 320. tonneaux, monté par le Capitaine Pierre Corneliſz Hardloop, & portant 78. hommes, avec 14. canons de fer.

Le 29. d'Avril 1623. l'Amiral ſortit de la
paſſe de Goerée, par un vent de Nord-nord-
eſt, avec 9. vaiſſeaux & le yacht. Le ſoir du
30. après avoir dépaſſé Dunquerque, on lui
vint dire que *l'Aigle* faiſoit eau par l'avant,
& que toutes les deux horloges il y faloit pomper 3000. bâtonnées d'eau. *L'Orange* que montoit le Contre-amiral, & qui avoit été équipé en Zélande, joignit alors la flote, qui avoit
fait petites voiles pour l'atendre.

Le 1. de Mai, il fut réſolu dans le Conſeil qu'on relâcheroit à Wicht, pour y remédier aux voies d'eau de *l'Aigle*. Les vaiſſeaux
l'Espérance & *Orange* s'étant abordez, l'éperon de celui-ci fut fort endommagé, & le mât
d'artimon de celui-là tomba ſur le pont. Après
midi la flote laiſſa tomber l'ancre à Portſmouth,
hormis

hormis *l'Espérance*, dont le Capitaine, qui avoit de la vanité, aiant pris un autre cours que le reste des vaisseaux, alla toucher pendant le vif de l'eau, & fut en danger de périr. Mais la diligence du Vice-amiral, qui y alla lui-même avec ses grandes chaloupes, où il fit mettre le canon du vaisseau pour l'alléger, le tira de ce péril, & dès la nuit suivante il fut remis à flot.

Le 2. nous levâmes l'ancre par un vent d'Est, puis nous allâmes remoüiller sous le château de Cou. Vers le soir on hala *l'Aigle* sur le sec, & quand on eût ôté le doublage de l'avant, on trouva que les coutures du franc-bordage de chêne, n'étoient pas bien jointes en beaucoup d'endroits, & qu'il y en avoit où l'on pouvoit faire entrer un couteau avec sa gaïne. Le 6. il fut en état de naviger.

Le 8. nous remîmes à la voile par un vent de Sud-est, & prîmes notre cours derriére l'isle de Wicht. Mais avant que *l'Orange* & *le Levrier* eussent dépassé les Aiguilles, on fut pris de calme; de-sorte qu'il fallut remoüiller hors des Aiguilles occidentales. Le 9. le yacht rejoignit la flote, mais le vent fut encore trop-foible pour *l'Orange*, qui ne se rendit sous le pavillon que la nuit du 11.

La nuit du 13. au 14. l'Amiral aiant donné ordre de tirer un coup de canon, pour signal de remettre à la voile, & le boulet n'aiant pas été bien refoulé, la piéce creva, & fit un si-grand fracas, que deux des baux du haut pont, & deux de ceux du second pont, se rompirent, & toutes les cabanes qui étoient dessus, ou tout-proche, furent brisées: quantité de cofres

volérent

volérent en éclats, & ce qui étoit dedans fut gâté avec beaucoup d'autres chofes. Celui qui y avoit mis le feu étoit un Aide de Canonier qui n'eut aucun mal: mais un de ceux qui fervoient le canon, étant proche, eut le bras caffé en deux endroits, & en mourut bientôt après.

Le 23. du même mois de Mai, nous remîmes à la voile, par un vent d'Eft, & le matin du 24. nous vîmes le cap du Lezard, qui nous demeuroit à l'Ouëft.

Le 29. nous fûmes par les 40. degrès 40. minutes. On avoit tiré en ouaiche, pendant quelques jours le yacht *le Levrier*, mais ce jour-là on démarra la hanfiére. L'Amiral ordonna ce même jour que les vaiffeaux s'étendroient, fans néanmoins fe perdre de vuë, pour tâcher de découvrir la flote d'argent, & qu'ils reviendroient tous chaque foir fous le pavillon. Le 30. il fut réfolu qu'on navigeroit à la vuë des côtes d'Efpagne, pour faire quelque prife, par laquelle on pût aprendre des nouvelles de cette flote.

Le 31. nous raifonnâmes à trois Corfaires Turcs, qui nous dirent que 6. navires de guerre Efpagnols avoient chaffé fur eux vers le cap de S. Vincent. Sur le foir nous rencontrâmes encore, à deux lieuës des Bartels, huit autres Corfaires, dont un s'étant engagé au milieu de notre flote, & aiant été abordé par *la Concorde*, fut obligé d'amener. Le Capitaine fut conduit à bord de l'Amiral.

Le 1. de Juin 1623. ce même Capitaine qui avoit été congédié dès le foir précédent, revint demander à l'Amiral la reftitution de 5.

efcla-

esclaves, qu'il disoit s'être sauvez dans la chaloupe du Vice-amiral, lors-qu'elle étoit allée
visiter son vaisseau, assurant qu'il avoit acheté
ces esclaves à Alger. L'Amiral aiant assemblé le Conseil, & éxaminé les esclaves, on connut qu'ils étoient tous Hollandois, & ils déclarérent qu'il y en avoit encore d'autres, dans
le vaisseau Turc, qui avoient été enlevez depuis
peu de certains vaisseaux Hollandois qui alloient au Levant.

Comme suivant les Traités faits entre les
E'tats Généraux & la Régence d'Alger, tous
ces esclaves devoient être remis en liberté, on
envoia les enlever du vaisseau Turc, dequoi le
Capitaine ne fut guéres content, se chargeant
avec peine d'une lettre qu'on lui donna pour le
Consul Hollandois qui étoit à Alger. Ceux qui
avoient été délivrez furent distribuez sur la flote, & reçus sous la condition des mois de gages ordinaires.

Le 4. à la pointe du jour, nous vîmes dix voiles séparées les unes des autres, & comme dif-
persées. Le calme nous empêchant de les haus-
fer, on envoia des chaloupes armées, qui en
prirent quatre, dont il y avoit trois barques
Espagnoles, & la quatrième étoit un autre petit
bâtiment. Tous ces vaisseaux venoient de Fer-
nambuc, & étoient chargez de sucre. Il y avoit
quelques passagers à bord de ce dernier, savoir
un Prêtre, & un Seigneur Espagnol nommé
Augustino Osorio, qui avoit été longtems au
Pérou, d'où il étoit allé par terre à Buenos
Airos, & s'y étoit embarqué pour retourner en
Espagne.

Le 7. pendant-qu'on chassoit sur un Corsai-
re

re Turc, les priſes ne pouvant ſuivre la flote, demeurérent un peu de l'arriére. Un autre Corſaire leur aiant donné la chaſſe, nous les auroit enlevées, ſi le Vice-amiral, qui remarqua ſa manœuvre, n'eût reviré de bonne heure ſur elles. Le Corſaire, qui atendit le Vice-amiral, avoit alors au timon un eſclave Chrétien, qui, d'un coup de barre, fit aller l'avant de ſon vaiſſeau à bord du Hollandois, & par ce moien lui & les autres eſclaves Chrétiens y ſautérent.

Le Capitaine, qui étoit originaire d'Enchuiſe, & ſe nommoit Henri Harmenſz, aiant demandé la reſtitution de ſes eſclaves, le Vice-amiral le ſollicita lui-même à reconnoître ſa faute, & il le fit avec ſuccès. Henri alla prendre tout ce qui lui apartenoit en particulier, & paſſa ſur le vaiſſeau Hollandois, les Turcs ſe retirant fort chagrins d'avoir perdu leur Capitaine avec 17. hommes.

Le 8. ſur le raport que ce Capitaine fit, qu'il y avoit en mer 29. ou 30. navires de guerre Eſpagnols, on fit aſſembler le Conſeil. Là il fut remontré que le peu d'eſpace vuide qui reſtoit dans nos vaiſſeaux, les rendoit incapables de combattre contre des navires de guerre, & encore moins contre un nombre ſupérieur au nôtre : qu'on ne pouvoit ſe ſervir des canons du bas pont, ſans en ôter pluſieurs choſes qui étoient pourtant abſolument néceſſaires pour le voiage : que tout l'avantage qu'on pourroit remporter en combattant les Eſpagnols, ne contrebalanceroit pas la perte qu'on feroit auſſi dans le combat, & le préjudice qu'on recevroit par le retardement du voiage.

Ces raiſons firent prendre la réſolution de relâcher

relâcher à la rade de Safia, où l'on nous avoit dit qu'il y auroit des vaisseaux Hollandois, pour y charger les marchandises qui étoient sur les prises, & les envoier en Hollande. Afin de pouvoir exécuter cette résolution, nous courûmes la bande du Sud-sud-ouëst, par un vent de Nord. Le soir du 12. nous moüillâmes l'ancre à cette rade, où nous trouvâmes un navire de guerre Hollandois, nommé *Overissel*, & trois autres bâtimens, avec un vaisseau marchand François, & un Anglois.

Le 13. le Capitaine de l'*Overissel* se rendit avec le Vice-amiral à bord de l'Amiral, & lui dît que son équipage s'étoit mutiné, & si bien rendu maître du navire, qu'il pouvoit dire qu'il n'y commandoit plus. L'Amiral envoia enlever les auteurs de la mutinerie, & ordonna qu'ils fussent tenus en arrêt sur l'*Amsterdam* & sur le *Delft*, & qu'on préparât l'*Overissel*, qui étoit sur le point de retourner en Hollande, afin d'y charger une partie du sucre.

Outre cela il fut résolu qu'on y renvoieroit avec lui le yacht *le Levrier*, qui étoit trop pesant de voiles; & qu'on retiendroit en sa place le petit bâtiment Espagnol, qui avoit été pris avec les trois barques, où l'on feroit passer le Maître & l'équipage du yacht. Ensuite il fut jugé a-propos de retenir encore une petite caravelle qui étoit toute-neuve & bonne voiliére, parce-que nous n'étions pas assez bien pourvus de yachts.

Le 18. après que les prisonniers de l'*Overissel* eurent été éxaminez au sujet de leur rebellion, le Capitaine requit que sept des Oficiers de la flote voulussent lui aider à juger leur procès.

cès. Ce jour-là il foufla une briſe du Nord-
nord-oüeſt , & la nuit une autre du Nord-
nord-eſt.

Le 21. quatre hommes de l'équipage de l'O-
veriſſel qui avoient réſolu de ſe rendre maîtres
du navire & de ſe l'aproprier, ainſi-qu'ils en
furent pleinement convaincus , furent pendus
aux bouts des vergues. Trois autres qui avoient
été leurs complices, & qui avoient ſervi à exciter la rumeur, eurent la grande cale par-deſ-
ſous la quille , & furent tranſportez ſur notre
flote pour y ſervir ſans ſalaire. Une partie de
ce deſordre venoit de ce que le Capitaine n'é-
toit pas capable de bien maintenir ſon autorité.

Le 22. & le 23. on pourvut d'équipages les
priſes qu'on envoioit en Hollande. Le 24. nous
fîmes voiles de Safia , y aiant 16. vaiſſeaux de
flote. Sur le ſoir, l'*Ovériſſel*, *le Levrier*, & deux
barques, ſe ſéparérent des autres , & prirent
leur cours vers la Hollande.

Le 5. de Juillet 1623. nous moüillâmes l'ancre à la rade de S. Vincent. Comme elle eſt
bonne , qu'il n'y avoit pas à craindre qu'il y
plût d'un mois, & qu'au-contraire il pleut toujours en cette ſaiſon à Sierra Leona , il fut réſolu qu'on deſarrimeroit les vaiſſeaux, qu'on
y feroit de l'eſpace, qu'on mettroit le canon
à fond de cale , & qu'on y feroit toutes les autres manœuvres qu'on auroit faites à Sierra
Leona , hormis la proviſion d'eau. Car à ce
dernier égard il n'y avoit pas moien de ſe pourvoir à S. Vincent , parce-que les cerceaux de
nos fûtailles ne valoient rien , & que dans cette
iſle il n'y avoit point de bois pour en faire ,
au-lieu qu'il y en avoit beaucoup & de très-bon
à Sierra Leona. Le

Le Contre-amiral aiant été commandé pour aller à l'isle de S. Antoine avec 3. chaloupes, y mena quelques-uns des prisonniers Portugais, pour tâcher, par leur moien, d'obtenir des limons & des oranges, afin-qu'on ne fût pas obligé d'en prendre par force.

Il fut en même tems arrêté qu'on mettroit les malades à terre, qu'on leur dresseroit des tentes, qu'on leur laisseroit pour leur garde deux compagnies de soldats, qui, au bout de six jours, seroient relevées par deux autres. Sur le soir on creusa un puits, assez proche du rivage, & l'on y trouva de l'eau douce. On mit aussi des forgerons à terre, pour faire des cercles de fer, & d'autre ferrure dont on avoit besoin.

Le 7. avant jour, le Contre-amiral étant revenu de S. Antoine, raporta que les Noirs avoient amiablement trafiqué avec lui ; qu'ils lui avoient montré un verger où il y avoit des oranges, des limons, des grenades, & des figues qui n'étoient pas encore mûres, mais qu'il n'avoit pas laissé d'en faire cüeillir & d'en aporter ; qu'ils lui avoient mis entre les mains quatre lettres, dont la derniére étoit du *Leide*, & marquoit que les Noirs en avoient fort-bien usé à son égard. Le 9. on fit le Sermon dans l'isle de S. Vincent.

On prenoit toutes les nuits un grand nombre de tortuës, & du poisson autant-qu'on en pouvoit désirer : mais il s'en falloit beaucoup qu'on ne tuât autant de boucs qu'on auroit souhaité. Néanmoins sur la fin, quand, par expérience, on eut reconnu comment il falloit faire cette chasse, chaque vaisseau en eut 15. ou 16. par jour.

F f   Le

Le 22. le Vice-amiral s'étant embarqué dans le nouveau yacht, qu'on avoit aussi nommé *le Levrier*, & aiant pris deux chaloupes armées avec lui, alla une seconde fois à S. Antoine, & y mena tous les prisonniers Portugais, & les Maîtres des prises qu'on avoit faites.

En les faisant débarquer il fit présent de 12. réales de huit à chaque homme, pour leur subsistance. Il n'y eut que le Seigneur Espagnol Osorio qui demeura dans les fers. On aporta de cette isle 22000. oranges, & on laissa une lettre aux Noirs, pour servir de certificat qu'on étoit fort-content d'eux.

Le matin du 25. du même mois de Juillet nous remîmes à la voile.

Les isles de S. Vincent & de S. Antoine sont les plus occidentales des isles du cap Vert. Elles gisent depuis par les 16. degrès & demi de latitude Nord jusques par les 18. degrès, à-peu-près à deux lieuës l'une de l'autre. La baie de S. Vincent où l'on ancre sur 18.20. & 25.brasses, fond de sable, est par les 16. degrès 56. minutes, & est bonne & commode.

S. Vincent est une isle aride, inculte, semée de rochers, & il y a peu d'eau douce. On y trouve pourtant, au côté du Sud-sud-ouëst de la baie, une petite source qui peut fournir de l'eau à deux ou trois vaisseaux tout-au-plus; ce qui n'aiant pas été sufisant pour tous ceux qui y étoient, on creusa des puits, dont l'eau étant un peu somache, ne pouvoit pas être tout-à-fait saine, & l'on ne douta point, dans la suite, qu'elle ne fût la cause du flux de sang qui regna parmi la flote.

Les boucs qu'on prend dans cette isle, sont fort-

fort-gras , & de meilleur goût que par-tout
ailleurs. On les atrape difficilement à-cause
de l'incommodité du terrein , qui eſt preſque
par-tout traverſé de roches aſſez aiguës. Cependant quand on connoît les chemins, on en
a plus facilement, pourvu qu'on aille en troupe, & qu'on ſoit vingt-cinq ou trente hommes
enſemble.

On y trouve quantité de tortuës de 2. ou 3.
piés de long, dans la ſaiſon où elles viennent
la nuit à terre faire leurs œufs & les enterrer dans le ſable, afin-que le Soleil les y échau-
fe, comme s'ils étoient couvez ; ce qui arive
depuis le mois d'Août juſques au mois de Fèvrier : enſuite elles demeurent dans la mer.
C'eſt un fort-bon mets, & qui a plus le goût
de chair que de poiſſon. Il y a auſſi quantité
de beau poiſſon , qu'on prend à l'hameçon,
proche des rochers , en ſi-grande abondance
que quand on vouloit pêcher, on en avoit ſufiſamment pour toute la flote.

L'iſle eſt déſerte. Une fois l'année les habitans de Sainte Lucie y viennent prendre des
tortuës ; pour en tirer de l'huile, & chaſſer
aux boucs, afin d'en envoier les peaux en Portugal. On porte la viande à S. Jago, où l'on
en fait des ſalaiſons , qui vont au Breſil. Il
n'y a point d'autres arbres fruitiers que quelques figuiers ſauvages, qui ſe trouvent par endroits , quand on avance dans l'iſle. Il y a
auſſi des plantes de coloquinte. D'ailleurs il
y fait une ſéchereſſe extrême , quand ce n'eſt
pas la ſaiſon des pluïes, qui commencent ordinairement en Août & finiſſent en Fèvrier,
quoi-que cela ne ſoit pas toujours réglé.

F f 2

L'iſle

L'isle de S. Antoine est habitée par des Noirs, qui, avec leurs femmes & leurs enfans, sont à-peu-près au nombre de 500. personnes. Il y a beaucoup de boucs dont les habitans vivent ainsi-que ceux des autres isles. On y trouve un peu de coton. Du côté de la mer il y a un grand verger plein d'oranges & de limons, où l'on en peut prendre jusqu'à 50000. quand les fruits sont mûrs. Les Noirs les troquent volontiers pour des merceries. Nos gens ne virent ni pourceaux, ni brebis, ni poules.

Lors-que nous fûmes au large, nous eûmes des vents d'Est, & nous ne pûmes monter qu'au Sud & au Sud-sud-est. Le 4. d'Août 1623. nous fûmes par la hauteur des 11. degrès & demi, & eûmes un vent de Sud-ouëst. Dans cette route nous eûmes des pluïes continuelles, & les incommodités qu'elles causérent, avec le mauvais éfet de l'eau somache qu'on avoit buë à S. Vincent, engendrérent des maladies, qui aiant augmenté pendant-qu'on fut à Sierra Leona, firent mourir beaucoup de monde, entre-autres Corneille Root, Commis de *la Concorde*.

Le 7. nous vîmes l'eau changée, & le 8. aiant découvert les terres qui étoient fort-basses, nous connûmes que nous étions encore bien loin au Nord de Sierra Leona. Nous prîmes notre cours au Sud, par un vent d'Est-sud-est. Le soir du 10. nous vîmes la haute côte de Sierra Leona, qui nous demeuroit au Sud-quart-de-sud-est. Le 11. nous moüillâmes l'ancre à la rade, & le Vice-amiral étant allé à terre, afin de chercher une aiguade, & un lieu propre pour donner un doublage au *Levrier* qui

qui faisoit eau , il amena quelques Négres qui
vouloient savoir quels vaisseaux étoient à leur
rade , aiant laissé à terre quelques-uns de nos
gens en otage.

Le 13. les Négres n'aiant pas voulu permettre que personne débarquât, qu'on ne leur eût
paié le droit qu'ils demandoient, l'Amiral en
fit venir quelques-uns à son bord , & leur fit
présent de deux barres de fer , de quelques
morceaux de toile , & de merceries, pour le
frére du Roi , & pour le Capitaine du bourg ,
dequoi ils furent contens.

Le 14. ce Frére du Roi & ce Capitaine vinrent visiter l'Amiral, & lui firent présent d'u-
ne dent d'éléfant & de poules, dont ils furent
bien recompensez.   Le premier étoit vêtu de
toile raïée , l'habit étant fait à la Hollandoise ,
& il avoit des chausses bleuës & des mules rouges. Le Capitaine avoit son habit ordinaire ,
à la maniére de son païs , & paroissoit avoir
beaucoup à cœur sa réputation.

Le 15. quelques matelots de *la Concorde* trouvérent certaines noix de la figure des noix-mus-
cades , mais dont le bon , ou la noix étoit un peu
plus grosse ; & ils en mangérent. Dès-qu'ils furent retournez à bord un d'entre eux mourut subitement , & devint violet comme on est quand
on a pris du poison ; ce qui aiant donné lieu
aux autres de prendre du contre-poison , ils en
réchapérent.   On fit donner avis sur toute la
flote de s'abstenir de ces sortes de noix.

Le 25. d'Août le *Maurice* fut sur le point de
périr , parce-qu'en le mettant en carène , on
avoit oublié de boûcher les dalots, & il y avoit
déja 7. ou 8. piés d'eau , quand on s'en aper-

F f 3

çut.

çut.   Le 28. & les jours ſuivans , moururent
le Capitaine du *Maurice* , l'Ecrivain & un des
Commis de l'*Amſterdam*.   Les trois Sententiez
qu'on avoit enlevez de l'*Overiſſel* , s'étant bien
comportez juſqu'à ce jour-là, on leur rétablit
leurs mois de gages.

   Le 4. de Septembre 1623. on leva l'ancre de
Sierra Leona , qui eſt une montagne dans le
continent, au côté méridional de l'embouchure d'une riviére qui ſe dégorge dans la mer
par le côté occidental de l'Afrique.   La rade
où l'on a coutume de moüiller, eſt par les 8.
degrès 20. minutes de latitude Nord.   Cette
montagne eſt fort-haute, couverte d'arbres fort-
épais , & par cette raiſon fort-aiſée à reconnoître pour ceux qui viennent du Nord , parce-qu'il n'y a aucune côte qui ſoit ſi-haute,
dans tous les païs qui ſont ſur cette route.

   Il y a une multitude incroiable d'arbres
qui portent une certaine eſpéce de limons,
qu'on apelle des Limaſſes, qui ont le goût.&
la couleur des limons d'Eſpagne ; mais ils ſont
un peu plus petits.   Quand on a traité avec
les Négres , on en peut prendre autant-qu'on
veut.   Nous y étions dans le tems où ces limaſſes étoient dans leur maturité , & l'on en
prit plus qu'il n'étoit néceſſaire.   Car l'excès que les équipages en firent, & le mauvais
air , augmentérent le flux de ſang qui regnoit
déja dans la flote , ſi-bien que depuis le 11.
d'Août juſqu'au 4. de Septembre il mourut 40.
hommes.

   Il y a auſſi beaucoup de palmiers , & quelques ananas.   Nous y fimes du bois, & y prîmes des baux , des barrots & des cercles. Il
y a

y a par le travers de la rade une bonne aiguade, où l'on fait de l'eau facilement. On y
trouve gravez sur les rochers les noms de François Draak & des autres Anglois, qui ont autrefois visité ce païs-là. A une lieuë de l'embouchure la riviére se divise en deux bras, qui
s'étendent dans les terres, où ils reçoivent d'autres petites riviéres & des ruisseaux, qui les
grossissent peu-à-peu. Les rivages de chacun
de ces bras sont garnis d'arbres jusques bien-
avant dans l'eau ; ce qui fait qu'on a beaucoup
de peine à y aborder.

Nous allâmes aussi visiter le côté septentrional de cette riviére sans y pouvoir trouver de
rafraîchissemens. Il y a même plus de danger
à y en aller chercher que de l'autre côté, parce-que les Noirs qui y habitent ont beaucoup
de commerce avec les Portugais, & qu'ils
sont tous les jours avec eux. Le 10. l'Amiral
tomba malade.

Depuis le 11. jusqu'au 28. nous eûmes un
vent de Sud, & courûmes la bande de l'Est,
quelquefois celle de l'Ouëst. Quoi-qu'on tienne pour certain que les courans portent toujours dans le golfe de Guinée, nous ne l'é-
prouvâmes pourtant pas ; car nos pointages
s'acordérent presque toujours avec les cartes.

Le 29. nous eûmes par prouë l'isle de S.
Thomas, au vent de laquelle nous ne pûmes
monter. Nous fûmes alors pleinement persuadez que *l'Aigle* nous avoit causé plus d'un moïs
de retardement : car chaque jour il demeuroit
fort-loin sous le vent à nous, & nous étions
obligez d'ariver sur lui pour le rejoindre. Sans
cela nous aurions aisément passé au-dessus de

Ff 4

S. Tho-

S. Thomas, & enfuite relâché à l'Ouëft d'Annobon.

Le 1. d'Octobre 1623. nous moüillâmes
l'ancre à la rade du cap de Lopes Gonfalves.
Mais l'eau de l'aiguade s'étant trouvée trouble, fale, puante, & y en aiant même très-
peu, on remit à la voile pour tâcher de gagner l'ifle d'Annobon. Le 3. nous eûmes un
vent contraire, qui nous fit déchoir à plus
d'une lieuë au Nord du cap de Lopes. Le 4.
le vent devint favorable, mais les courans
nous portérent au Nord, deforte-que nous ne
pûmes aller au cap, ne faifant que courir des
bordées, fans rien gagner jufqu'à midi, que
nous eûmes un vent frais, à la faveur duquel
courant à l'Ouëft-quart-de-nord-ouëft, nous
aprochâmes du cap.

Vers le foir l'*Amfterdam* toucha fur un banc
à trois quarts de lieuë Ouëft-quart-de-fud-ouëft
du cap, s'étant trouvé tout-d'un-coup de 25.
braffes fur quoi il couroit, fur 3. braffes, fond
de fable. On mit auffi-tôt à l'autre bord, mais
cela ne fervit de rien. *La Concorde* aiant auffi
touché fur le même banc, l'Amiral fit tirer
un coup de canon, pour donner avis aux autres vaiffeaux. Leurs chaloupes étant allées
au fecours, avec les ancres, les cables & les
hanfiéres, on remit les deux vaiffeaux à flot.
La fatigue que l'Amiral foufrit en cette ocafion, où il prit des foins extraordinaires, lui
aiant caufé une rechute, fes forces ne fe rétablirent plus, & fa maladie augmenta peu-à peu.

Le 6. on continua de courir fur le cap de Lopes, parce-qu'on avoit apris de quelques mariniers, qu'au défaut de l'aiguade, qui s'étoit
trouvée

trouvée mauvaise, on y pouvoit creuser des puits dont l'eau étoit bonne. Le 7. la flote aiant moüillé pour la seconde fois à la rade du cap, le Capitaine qui avoit été envoié pour faire creuser les puits, vint dire à l'Amiral que l'eau avoit tellement cru à l'aiguade, qu'il y en avoit plus que sufisamment pour toute la flote.

Il y eut des plaintes, & quelques présomptions contre Jaques Veeger, Chirurgien du *Maurice*, sur ce que plusieurs gens qui avoient pris de ses remédes, étoient morts d'une maniére à faire croire qu'il y avoit eu quelque chose d'extraordinaire ; & il fut résolu qu'on en feroit un éxamen fort-éxact.

Quoi-qu'on eût fait de l'eau, on jugea qu'il étoit à-propos d'aller encore relâcher à l'isle d'Annobon, parce-que le scorbut regnoit parmi les équipages ; & l'on vouloit les faire rafraîchir avec des oranges & d'autres choses, avant-que de s'engager au passage du détroit de le Maire.

Le Vice-amiral & le Contre-amiral aiant eu commission d'éxaminer le Chirurgien du *Maurice*, tâchérent de le porter à confesser son crime. Mais quoi-qu'il niât obstinément, comme il y avoit des demi-preuves contre lui, il fut apliqué à la question. On le mit à demi nud, & on suspendit à son corps six des plus pesantes boîtes de pierrier, dequoi il fut si-peu ému, qu'il dit avec insolence à ses Commissaires, qu'il ne s'en mettoit pas en peine, & qu'ils pouvoient faire de lui ce qu'il leur plaisoit.

Ce peu de sensibilité qu'il marquoit pour la

 dou-

douleur, aiant donné lieu de ſoupçonner qu'il
pouvoit y avoir du ſortilége en ſon afaire, on
acheva de le dépoüiller, & on lui trouva ſur
la poitrine un ſachet où il y avoit une peau &
une langue de ſerpent, qu'on lui fit ôter, & l'a-
faire en demeura là pour cette fois.

Le 26. du même mois d'Octobre, on continua de l'éxaminer. Comme il étoit à la poupe, proche de la dunette, où le Prévôt lui
ôtoit les fers, pour le mener dans la chambre
du Conſeil, il fit un ſi-grand éfort, quoi-que
ſes mains ne fuſſent pas encore déliées, qu'il
ſauta à la mer par l'arriére, à deſſein de ſe
noier. Un Trompette du vaiſſeau s'étant auſſi-
tôt jetté après lui, le ſoutint par force ſur l'eau.
Mais le Chirurgien buvant continuellement
pour tâcher d'enfoncer, & d'entraïner le Trompette avec lui, un autre matelot ſe jetta auſſi,
pour ſecourir le Trompette, & ils ſoutinrent
enſemble le criminel, juſques-à-ce que la chaloupe allât les prendre tous trois.

Après cette tentative, Veeger, à qui on
donna le tems de reprendre ſes eſprits, voiant
qu'il alloit être trop-bien obſervé, & qu'il n'y
auroit plus moien d'échaper, confeſſa qu'il étoit
originaire de Louvain, iſſu de parens Eſpagnols, Licencié en Médecine : que de propos
délibéré il avoit fait mourir 7. hommes, parce-qu'il avoit trop de peine à les gouverner,
& qu'il vouloit en être promtement déchargé:
qu'il avoit deſſein d'entreprendre quelque cure
extraordinaire, & que lors-qu'il l'auroit faite, il auroit demandé à l'Amiral de manger à
la table du Capitaine : que ſi on l'eût refuſé,
il auroit fait tous ſes éforts pour empoiſonner
                                        l'Ami-

l'Amiral, le Vice-amiral, & les autres hauts
Oficiers qui lui auroient été contraires.

Il déclara encore qu'il y avoit longtems qu'il
avoit eu intention de faire pacte avec le Diable, lequel il avoit invoqué pour cet éfet;
mais que le Diable n'avoit jamais voulu s'apa-
roître à lui, quelques éforts qu'il eût faits pour
l'y engager: que depuis qu'il étoit prisonnier
il avoit tâché de se tuer, qu'il avoit mis un
oreiller sur sa bouche pour s'étoufer, & qu'il
n'avoit pu en venir à bout. On avoit encore
de grands soupçons qu'il eût commis d'autres
crimes; mais la foiblesse où il étoit fit qu'on
se contenta de cette confession volontaire. Le
17. on lui prononça sa Sentence sur le *Delft*,
où le Conseil s'étoit assemblé à-cause de la maladie de l'Amiral, & le 18. il eut la tête tranchée à bord du *Maurice*.

Le matin du 20. on eut la vuë de l'isle de
S. Thomas. Le 22. le Vice-amiral s'embarqua
sur le yacht, qui fut acompagné de deux chaloupes, pour aller chercher une bonne rade à la
petite isle de Rolles, qui est proche de la pointe Sud-ouëst de S. Thomas, & pour voir s'il
y auroit des fruits pour le rafraîchissement des
équipages, parmi lesquels le scorbut gagnoit
toujours.

Le 23. le Vice-amiral fit son raport à l'A-
miral, savoir qu'il y avoit très-peu d'oranges
à Rolles, parce-que la saison étoit trop avancée: qu'on avoit trouvé 7. 6. 5. & 4. brasses &
demie de profondeur, fond de roches, & mauvais mouillage. L'Amiral voiant qu'il n'étoit
pas à-propos de relâcher à cette isle, & que
d'ailleurs le vent étoit contraire pour aller à

F f 6

An-

Annobon, ordonna au Paſteur de faire un Sermon extraordinaire, afin de demander à Dieu
le rétabliſſement de la ſanté des malades, la
conſervation de ceux qui ſe portoient bien, &
un heureux ſuccès du voiage, puis-qu’il ne lui
avoit pas plu de bénir les ſoins que les Oficiers
s’étoient donnez pour gagner un lieu de relâche. Ce jour-là nous prîmes notre cours à
l’Ouëſt, pour rencontrer les vents de Sud-eſt.

Le 29. nous vîmes l’iſle d’Annobon, qui nous
demeuroit à l’Ouëſt-quart-de-ſud-ouëſt, à dix
lieuës. C’étoit une choſe bien remarquable,
que pendant tout le tems qu’on avoit eu deſſein d’aller à cette iſle, & qu’on avoit fait tous
les éforts imaginables pour cet éfet, on n’a-
voit pu y réüſſir, & l’on en avoit même perdu
toute l’eſpérance. Mais lors-qu’on n’y penſoit
plus, qu’on y avoit renoncé, & qu’on croioit
tenir une toute autre route, on la découvrit,
& on reconnut que c’étoit ſans doute par une
direction particuliére de la Providence de Dieu,
qui vouloit délivrer la flote des maux dont elle
étoit menacée faute de rafraîchiſſemens.

Le 30. on laiſſa tomber l’ancre à la rade
d’Annobon. Le 31. Corneille Jacobſz & le Fiſcal étant allez à terre, furent reçus avec une
banniére de paix, & le Gouverneur nommé
Antonio Nunez de Matos conſentit qu’on tra-
fiquât librement avec les habitans, qu’on fît
de l’eau, qu’on prît autant d’oranges qu’on en
voudroit, qu’on mît des ſoldats à l’aiguade
pour la défenſe des matelots, à-condition qu’ils
ne feroient ni tort ni inſulte à perſonne. Dès
le ſoir les chaloupes retournérent à bord, & y
menérent de l’eau & des oranges.

Le 1.

Le 1. de Novembre 1623. on eut par troc 40.
pourceaux & des poules pour du fel. Le 3. on
fit un préfent au Gouverneur de la valeur de
300. livres, dequoi il ne fut pas content; &
comme d'ailleurs nos gens avoient fait quelques infultes aux Noirs, proche de l'aiguade,
leur aiant pris des poules & d'autres chofes,
il fut fur le point de faire arrêter le Vice-amiral & tous les autres Oficiers qui etoient à terre. Cependant comme ils y étoient allez fur
fa parole, il voulut la tenir, & leur donna la
liberté de fe retirer, en les avertiffant de ne
fe confier pas à l'avenir fi-legérement à leurs
ennemis, & leur difant qu'il auroit pu les emmener dans les montagnes, d'où tous les gens
de leur flote n'auroient pu les retirer, non-pas
même quand il y auroit eu encore deux fois,
autant de forces. Ainfi ils fe féparérent les uns
des autres avec honnêteté.

A la vérité c'étoit une chofe bien mal-di-
gérée, que le Vice-amiral, Corneille Jacobfz & plufieurs autres Oficiers, fe fuffent
ainfi livrez à la difcrétion d'un Gouverneur
Portugais, fur fa fimple parole, & qu'ils l'euffent fait fans aucun befoin. Car qu'avoient-ils
afaire de defcendre à terre, & encore plus qu'a-
voient-ils afaire de s'éloigner de leurs gens, &
de fe mettre entre les mains d'un ennemi qui
avoit un prétexte affez fpécieux de les perdre,
dans l'infolence que les gens qui étoient à l'aiguade avoient commife, & qui avoit été tolérée
par leurs Oficiers? Outre cela il pouvoit à tout
moment furvenir de nouveaux incidens, qui lui
auroient donné lieu d'ufer de repréfailles, fans
qu'on eût pu raifonablement s'en plaindre.

F f 7

Ainfi

Ainſi dans cette ocaſion les Hollandois furent blâmables , & le Gouverneur mérita des
loüanges, d'avoir ſi-bien obſervé ſa parole , &
de n'avoir pas voulu ſe ſervir du petit prétexte
qui lui étoit ofert de la violer. Deux de nos
gens déſertérent dans cette iſle , l'un étant Eſpagnol & l'autre Grec. Tous les deux avoient
paſſé à nos bords dans la mer d'Eſpagne , aux
rencontres que nous y avions faites des vaiſſeaux Corſaires Turcs ſur quoi ils étoient ; &
ce fut là la recompenſe de les avoir délivrez
de leur dure captivité.

Le bout oriental de l'iſle d'Annobon, où ſont
la rade & le village , gît par un degré & un
tiers de latitude Sud. L'iſle a ſix lieües de tour.
Le terrein en eſt haut, & elle eſt habitée par
des Négres, qui y ſont peut-être au nombre de
150. ſans les femmes & les enfans , qui excé-
dent ce nombre là. Ils ſont ſous la domination
des Portugais , qui n'y laiſſent que 2. ou 3.
hommes de leur nation pour y gouverner. Cependant les Négres leur ſont extrémement ſou-
mis. Ceux qui ne ſe tiennent pas dans leur devoir , ſont auſſi-tôt tranſportez à l'iſle de S.
Thomas. C'eſt tout le châtiment qu'ils ont à
craindre , & ils le craignent beaucoup.

L'iſle eſt abondante en fruits , bananes , ananas, noix de cocos, tamarins, patates, cannes
de ſucre. Mais le principal fruit, & qui y atire
le plus les vaiſſeaux qui cherchent à ſe rafraîchir , ce ſont les oranges, dont il y a une telle
abondance , qu'en trois jours de ſéjour que nous
y fimes nous y en prîmes plus de 200000. ſans
celles que mangérent ſur le lieu les matelots
qui les cüeillirent ; & le Gouverneur dît que

pluſieurs

plusieurs vaisseaux, qui y avoient passé avant
nous, en avoient déja pris une quantité extraordinaire.

Ces oranges sont d'un goût excellent. Elles
ne sont ni trop aigres, ni trop douces. Elles
sont grosses & pleines de jus. Il y en a qui pèsent jusqu'à trois quarterons, & dont le jus
a un goût de musc. Il y en a aussi de douces que
les habitans n'estiment pas. On en trouve toute l'année ; mais il y a une saison où elles sont
meilleures & plus propres à garder que dans
les autres. Lors-que nous y étions elles étoient
trop mûres, & il s'en pourrit un grand nombre. Il y a aussi quelques limons, des bœufs,
des vaches, des boucs, beaucoup de pourceaux, & les Négres nous en troquoient pour
du sel.

Au-côté Sud-est de l'isle il y a une bonne
aiguade, dont l'eau coule de la montagne
dans une valée qui est remplie d'orangers &
d'autres arbres fruitiers. Mais ce n'est qu'avec
beaucoup de peine qu'on la va querir, à-cause des brisans, & les Négres y ont fait un retranchement de massonnerie sèche, d'où ils
peuvent beaucoup incommoder ceux qui veulent faire descente.

La rade est du côté du Nord-est. On y peut
ancrer sur 7. 10. 13. 16. brasses &c. fond de
sable, tout-proche de terre, par le travers
d'un bourg où est le retranchement de pierres. Quand les habitans ne peuvent empêcher
la descente, ils abandonnent leurs maisons, qui
sont construites de bois & de sable, & se retirent dans les montagnes. Ils sont bien-pourvus de mousquets & d'autres armes, dont
quel-

quelques-uns d'entre eux favent fort-bien fe
fervir.

On recüeille du coton dans l'ifle , & c'eſt
à-peu-près tout le revenu qu'on en tire. Les
Négres le ramaſſent , & après l'avoir nétoié,
ils l'envoient en Portugal. Il y a auſſi quelques chats-civettes-dans la montagne , mais
on n'en tire pas un grand profit. Les habitans font pauvrement vêtus. Les femmes ont la
tête nuë , & le haut de leur corps l'eſt tout-
de-même. Mais elles ont un morceau de toile tourné tout-autour d'elles , depuis le deſ-
fous des mammelles juſqu'aux genoux.

Les vaiſſeaux Hollandois qui relâchent à
cette ifle , doivent bien prendre leurs précau-
tions avec ces gens-là. Quelque Traité qu'ils
aïent fait ils ne doivent pourtant pas expoſer
leur monde à la diſcrétion des Négres, qui ne
font pas ſcrupuleux à tenir leur parole. Ainſi
le plus feur eſt d'être toujours en état de défenfe , car quand on y a manqué , il eſt ſouvent arivé qu'on a eu lieu de s'en repentir.

Le 4. du même mois de Novembre, nous remîmes à la voile , & le 12. nous trouvâmes
les vents aliſez de l'Eſt , étant à 90. lieuës
à l'Oüeſt d'Annobon , par la hauteur des 3. degrès. Le 20. trois garçons de bord joüant &
luttant enſemble , & fe tenant tous trois étroitement embraſſez, fe pouſſérent au bord du
vaiſſeau , & tombérent à la mer. Il n'y en
eut qu'un de fauvé par la chaloupe : les deux
autres fe noiérent.

Le 6. de Janvier 1624. on fut par les 44.
degrès 40. minutes, étant de 20. degrès & demi plus à l'Eſt que le cap de S. George , qui
eſt

est sur la côte du Bresil , environ par les 47.
degrès. Nous vîmes alors une multitude de
mouëttes, & des herbages floter , d'où nous
conjecturâmes que la Terre Australe n'étoit
pas fort éloignée de nous.

Le 7. & le 8. nous courûmes à l'Ouëst , par
un vent de Sud. Le 19. sur la brune, la mer
nous parut en plusieurs endroits aussi rouge que
du sang , & le 20. nous connûmes que cette
rougeur venoit d'une infinité de petites écrevices rouges , qui paroissoient sur la surface
de l'eau.

Le 26. comme on étoit par la hauteur des
51. degrès 10. minutes , on eut , sur le soir,
un vent forcé du Sud-ouëst , & en même tems
il gela si-fort , que les deux jambes d'un matelot larron , qui étoit aux fers , demeurérent
gelées. Ce froid orage dura jusqu'au soir
du 27.

Le 28. nous perdîmes de vuë notre barque,
& nous ne la revîmes plus depuis. Il y avoit
18. hommes d'équipage , dont trois étoient
Portugais, & ils étoient fort-sobrement pourvus de vivres. Nous aprîmes dans la suite qu'ils
avoient fait tous leurs éforts pour rejoindre la
flote , & que n'aiant pu y réüssir , ils s'étoient
mis en route pour retourner en Hollande.

Mais l'eau leur aiant manqué , ils étoient
entrez dans le Rio Plata , & avoient remonté
si-haut la riviére , qu'ils avoient trouvé de
l'eau douce. Ensuite aiant navigé avec des
fatigues incroïables , & une disette extrême ,
ils avoient gagné jusqu'à la côte d'Angleterre,
où un capre de Dunquerque , qui chassoit sur
eux , les avoit obligez de s'échoüer ; & enfin
ils

ils s'étoient rendus dans les Provinces Unies.

Le 1. de Février 1624. nous vîmes les terres qui nous demeuroient à 5. lieuës Sud-sud-ouëst. C'étoit le cap de Pennas, dont l'aspect étoit comme de hautes montagnes , couvertes de néges sur la cime. Nous trouvâmes fond alors sur 25. brasses , & courûmes au Sud-est , & au Sud-est-quart-de-Sud , par un vent de Nord-est.

De connoître par la navigation que nous avions faite , si le détroit de le Maire est bien placé dans les cartes, par raport à l'isle d'Annobon , ce fut une chose impossible. Car la plupart des Pilotes ont la mauvaise coutume que quand ils ont navigé dans la terre , ils ne mettent dans les cartes que la moitié de leur pointage , & du nombre de lieuës qu'ils ont faites; mais au-contraire, quand ils navigent au large , & que cependant ils ont soupçon d'être proche des terres , ils mettent dans leurs cartes le double du chemin qu'ils ont fait.

Aussi arriva-t-il dans notre flore qu'étant par les 31. degrès & demi , les pointages des Pilotes se trouvérent différer de beaucoup, ainsi-qu'il fut alors remarqué : mais ici ils s'acordérent presque tous, quoi-qu'on eût fait bien 400. lieuës de chemin , sans avoir la vuë d'aucune terre. Ceci doit être un avis aux Pilotes, qu'il est plus seur de se régler par son expérience, & par les règles de l'art, que par les cartes.

Comme nos Instructions nous défendoient de relâcher à la côte du Bresil plus au Nord que Rio de Plata , dès-que nous fûmes par la hauteur de cette riviére, nous fîmes tous nos

éforts

éforts pour découvrir cette côte : mais nous
en fûmes pouffez bien-loin à l'Eft , par les
vents de Sud-ouëft : ce qui peut fervir d'aver-
tiffement à ceux qui veulent paffer par le détroit de le Maire, qu'ils doivent tâcher de s'a-
procher de la côte du Brefil le plutôt qu'il leur
fera poffible, & de la ranger , parce-qu'ils y
trouveront fans doute des vents plus favorables.

Le 2. du même mois de Fèvrier, nous nous
trouvâmes devant la bouque du détroit de le
Maire, que nous n'aurions pu voir, & devant
laquelle nous n'aurions pas foupçonné d'être,
fi Valentin Janfz , Pilote de *la Concorde*, qui
y avoir été le mois de Janvier 1619. avec les
caravelles d'Efpagne, ne l'eût reconnuë aux
hautes montagnes, qui font à fon côté occidental ; ce qui fit qu'il continua fa route avec
fon vaiffeau pour y embouquer.

Cette bouque a pourtant de bonnes connoif-
fances, parce-que les terres orientales qui font
le long du détroit, nommées le Païs des E'tats,
font hautes, montueufes & entrecoupées ; &
au côté occidental, nommé le Païs de Maurice, on voit quelques collines rondes, tout-
proche du rivage. Lors-que nous fûmes à
l'entrée du détroit, nous vîmes deux vaiffeaux
à l'ancre dans une baie, qui dans la fuite fut
apellée la baie de Verfchoor : ils fe mirent
auffi-tôt fous voiles pour nous joindre.

Le vent aiant alors tourné à l'Eft , & les
courans nous portant avec rapidité dans le détroit vers la côte occidentale, l'Amiral étoit
fort-incertain de ce qu'il devoit faire , & s'il
iroit ancrer avec la flote dans le détroit de le
Maire,

Maire, dans la baie de Valentin, dont la côte étoit sous le vent. Mais comme on fut proche de la baie, qui, en la prenant par le côté du Nord, est entre la seconde & la troisiême pointe du côté occidental du détroit, &
qu'on étoit prêt d'y entrer pour le visiter, on
y vit un vaisseau à l'ancre ; ce qui donna encore plus d'ocasion d'avancer. Ensuite on se
préparoit à jetter l'ancre hors de la baie, lors-
que nous vîmes une chaloupe qui nageoit vers
nous, nous faisant des signaux, & criant de
ne moüiller pas en cet endroit-là. Sur cet
avis nous revirâmes promtement, gagnant par
un grand bonheur le dessus de la pointe méridionale de la baie, où nous moüillâmes sur
15. brasses, fond presque tout de roches.

De ce moüillage nous enfilâmes le milieu
du détroit, où nous atendîmes les deux vaisseaux que nous avions vus au-dehors, & qui
nous joignirent sur le midi. C'étoit l'*Orange*
& l'*Espérance*, de-sorte qu'il ne nous manquoit plus que le *Griffon*, qui étoit celui que
nous avions vu dans la baie de Valentin, &
la barque. Mais comme nous crûmes que le
Griffon ne pourroit mettre à la voile par le vent
qu'il faisoit, nous continuâmes notre route, &
traversâmes le détroit.

Avant-midi le tems fut si-embrumé, qu'é-
tant au milieu du détroit, nous ne pouvions
voir les terres ni de l'un ni de l'autre côté,
ce qui fait que nous n'en pouvons presque rien
dire. Sur le midi, la pointe méridionale de
la côte orientale du détroit nous demeurant à
l'Est, nous fûmes par la hauteur des 55. degrès 20. minutes. Le vent de Nord-est continua

tinua de foufler jufqu'à minuit, qu'il fe fit
Ouëft-fud-ouëft.

Beaucoup de gens s'étonneront de ce que
nous emploiâmes 9. mois à nous rendre de Hollande au détroit de le Maire, & croiront que
cette navigation eft difficile & prefque impraticable. Mais on connoîtra le contraire,
fi l'on fe donne la peine d'y faire atention,
& l'on trouvera qu'elle eft facile, pourvu-qu'on
fe mette en route dans le tems requis.

En éfet les caravelles Efpagnoles, qui pafférent par ce détroit l'an 1620. ne partirent
de Lisbonne qu'au mois d'Octobre, & non-
obftant un affez long féjour qu'elles firent dans
le Rio Janeiro, elles furent dans le détroit
au mois de Fèvrier fuivant. Ainfi la raifon
qui fit fi-longtems durer notre voiage, fut que
nous mîmes trop-tôt à la mer, & que nous
paffâmes fous la Ligne dans une faifon qui
n'étoit pas favorable. Ceux donc qui voudront
à l'avenir faire cette route, doivent prendre
leurs mefures pour paffer fous la Ligne à la fin
d'Octobre, ou en Novembre; car alors par le
moien des vents de Nord, qui regnent entre
les Tropiques, leur voiage fe pourra faire
promtement & heureufement.

Le 3. du même mois de Fèvrier, on fut par
la hauteur des 56. degrès, & l'on eut un vent
de Nord-ouëft. Après midi on fut pris de
calme, & pendant ce tems-là le Contre-amiral Verfchoor fit le récit à l'Amiral de ce qui
étoit arivé depuis le dernier de Décembre à
fon vaiffeau *Orange*, à *l'Efpérance* & au *Griffon*.

Ils s'etoient ralliez à la terre, par la hauteur

teur des 54. degrès; & le 30. de Janvier ils
avoient embouqué le détroit; mais les courans
rapides qui en venoient les avoient empêchez
de paſſer. Néanmoins ils étoient demeurez
ſous voiles la nuit ſuivante, & le dernier de
Janvier ils avoient viſité les baies qui ſont au
côté occidental du détroit, ſans trouver aucun
bon moüillage. Le lendemain ils avoient envoié *le Griffon*, avec la chaloupe de *l'Orange*,
à la baie de Valentin, où nous l'avions vû à
l'ancre le jour précédent, pour découvrir ſi la
flote y auroit été, & en faire donner avis aux
deux autres vaiſſeaux, qui avoient deſſein d'y
aller auſſi moüiller, en cas que le fonds fût
de bonne tenuë.

Cependant ces deux derniers avoient ancré
hors du détroit dans la baie de Verſchoor, &
avoient envoié des gens à terre, pour viſiter
le païs. Ils étoient entrez dans une petite riviére qu'on voioit aſſez proche des deux vaiſſeaux, & y avoient trouvé une rade propre
pour de petits bâtimens, où ils pouvoient être
à l'abri de preſque tous les vents : mais il n'y
avoit pas aſſez d'eau pour les grands vaiſſeaux.
Ils avoient trafiqué avec les habitans, qui
leur avoient donné des peaux de chiens marins, mais point de bêtail, ni d'autres rafraîchiſſemens.

Ils avoient pêché à l'hameçon dans cette
baie, & pris quantité de poiſſon, de la figure & du goût du merlan. Mais comme ils
n'étoient pas à-couvert du vent d'Eſt, & que les
houles étoient haûtes, qu'elles incommodoient
beaucoup, ils avoient levé l'ancre le plutôt
qu'ils avoient pu, & avant-que de nous avoir
découvers. Le

Le 6. du même mois de Fèvrier, nous vîmes le cap de Hoorn, qui nous demeuroit à 3. lieuës Nord-nord-ouëst. Comme nous avions un vent frais de l'Ouëst-sud-ouëst, qui nous empêchoit de monter au vent des terres, nous mîmes le cap au Sud. Le 11. nous fûmes par les 58. degrès & demi. Le froid étoit extrême, & les équipages le pouvoient d'autant moins suporter qu'on avoit été obligé de diminuer leurs rations.

Le 14. nous trouvâmes que l'aiguille du compas avoit beaucoup de déclinaison, quoi que les boussoles différassent pourtant les unes des autres, dequoi on étoit fort surpris. Sur le midi nous fûmes par les 56. degrès un tiers. Après midi l'Amiral fit assembler le Conseil, pour prendre l'avis des Pilotes touchant les courans. Mais au moment qu'on arboroit le pavillon blanc, nous vîmes le cap de Hoorn, qui nous demeuroit à 7. lieuës Ouëst ; d'où il s'ensuivoit que les courans nous avoient furieusement portez à l'Est, bien-que notre estime eût été toute autre : car nous croïions fermement que les courans portoient à l'Ouëst, comme le Maire l'avoit écrit. Ainsi tous les pointages des Pilotes nous mettoient bien loin à l'Ouëst du cap de Hoorn.

Le matin du 15. nous vîmes ce cap nous demeurer à 2. lieuës Ouëst-nord-ouëst. En le doublant nous vîmes entre lui & le plus prochain cap à l'Ouëst, un grand golfe, qui entroit dans les terres aussi-avant que la vuë pouvoit s'étendre. Nous espérâmes y trouver quelque bonne baie, & pour cet éfet l'Amiral aiant fait mettre le yacht de l'avant, y entra

lui

lui-même, pour y chercher une bonne rade, & tâcher de faire de l'eau & du bois, & de prendre du lest. Nous y courûmes donc jusques sur 52. brasses. Mais comme la brune survint aussi-bien que le calme, & qu'il n'y eut pas lieu de moüiller avant la nuit, nous remîmes le cap au large. Au commencement de la nuit nous eûmes un vent de Nord qui nous fit sortir de la baie, & ensuite nous rangeâmes la côte.

Le 16. nous fûmes par les 56. degrès 10. minutes, le cap de Hoorn nous demeurant à l'Est. Nous eûmes la vuë de deux isles, qui gisent à 14. ou 15. lieuës, à l'Ouëst de ce cap, & qui ne sont point marquées dans les cartes. Les courans portoient au Nord-ouëst.

Le 27. nous connûmes que nous avions perdu pendant la brune, & nous craignîmes de déchoir au-dessous du cap de Hoorn, le vent étant Ouëst-nord-ouëst. Ainsi l'Amiral trouva bon de prendre son cours vers une grande baie, qui fut nommée dans la suite la baie de Nassau, où aiant avancé jusqu'à deux lieuës, il y laissa tomber l'ancre, & fit arborer le pavillon pour signal qu'il y avoit bon moüillage. Les autres vaisseaux se rendirent aussi à la même rade, & ancrérent sur 25. à 30. brasses, fond comme de chaux.

Le 18. les Capitaines, en allant à terre, trouvérent un autre bon ancrage, où l'on pouvoit être en sureté contre les brisans, & assez proche duquel il y avoit de l'eau douce, qui descendant des montagnes pouvoit être portée dans les seilleaux jusqu'aux chaloupes. On y pouvoit aussi faire du bois & prendre du lest.

Ce

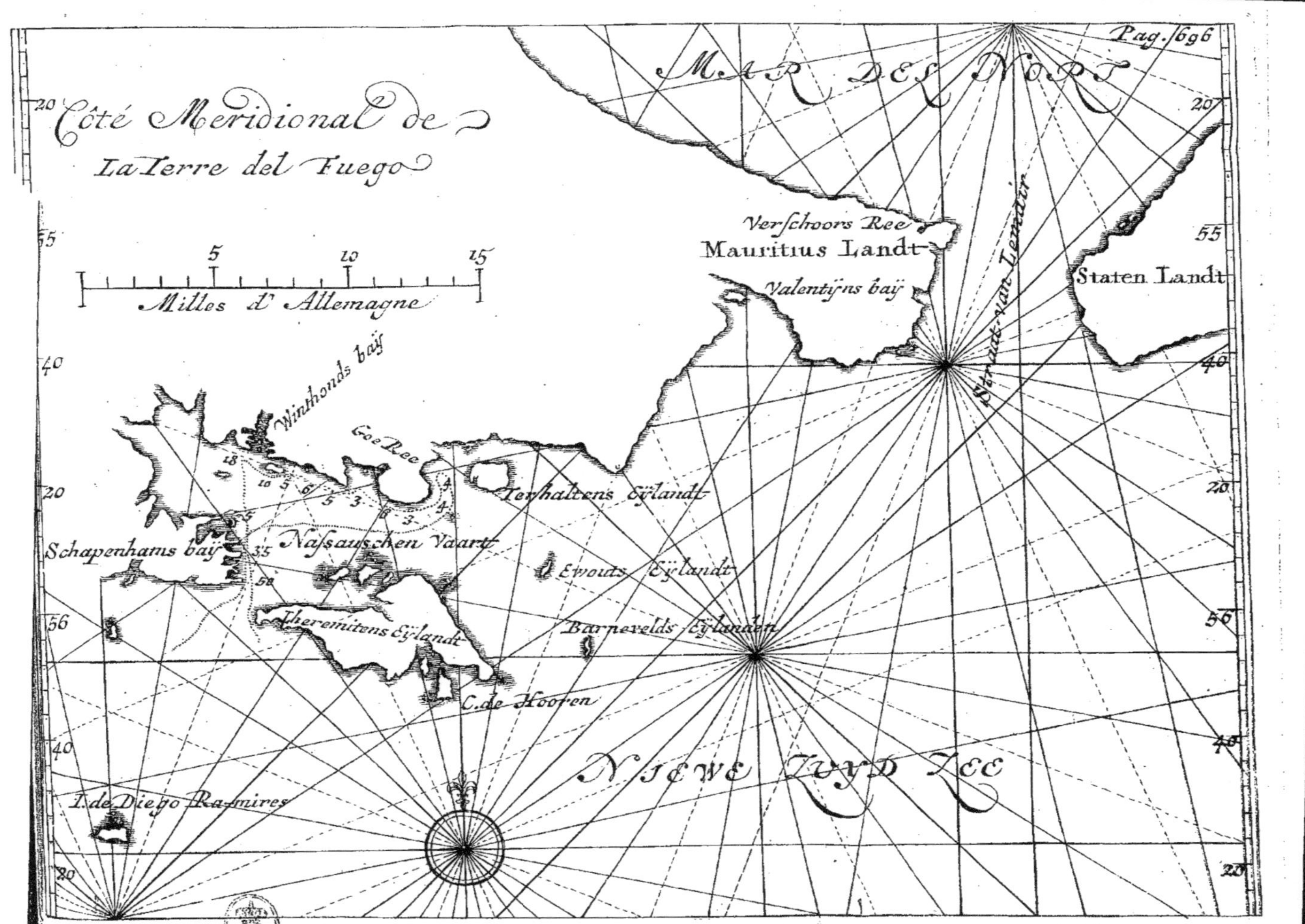

Pag. 696
Côté Meridional de
La Terre del Fuego
MAR DEL NORT
Milles d'Allemagne
5
10
15
Verschoors Ree
Mauritius Landt
Valentijns baij
Staten Landt
Straat van Lemair
Winthonds baij
Goe Ree
Terhaltens Eylandt
Schapenhams baij
Nassauschen Vaart
Ewouts Eylandt
Theremitens Eylandt
Barnevelds Eylanden
C. de Hooren
NIEWE ZUYD ZEE
I. de Diego Ramires

Ce fut la troisiême baie qu'on trouva du côté du Sud. On la nomma la baie de Schapen-ham, du nom dn Vice-amiral.

Le 22. pendant-qu'on faifoit de l'eau, il s'éleva un orage fubit, qui obligea une partie des matelots de demeurer à terre. Il parut en ce tems-là des Sauvages proche de l'aiguade, qui parlérent & agirent amiablement. Le 23. après midi, l'orage aiant recommencé avec plus de violence que le jour précédent, il y eut 19. hommes de l'équipage de *l'Aigle*, qui furent contrains de demeurer encore, n'aiant pu repaffer à leur chaloupe.

Le 24. du même mois de Fèvrier 1624. les chaloupes étant retournées à l'aiguade, ne trouvérent plus en vie que deux hommes des 19. qui y étoient demeurez le foir précédent. Les Sauvages étoient venus fur la brune, & en avoient tué ou affommé 17. avec leurs frondes & leurs maffuës; ce qui ne leur avoit pas été difficile, les matelots n'aiant point d'armes. Cependant aucun de nos gens n'avoit fait le moindre tort ou la moindre infulte à ces barbares.

On ne trouva fur le rivage que cinq corps, entre lefquels étoient ceux du premier Pilote & de deux garçons de bord. Ceux-ci étoient coupez par quartiers, & celui-là étoit déchiré d'une étrange maniére. Les Sauvages avoient déja enlevé les autres pour les manger. On n'envoia plus de chaloupe qu'il n'y eût dans chacune huit ou dix foldats pour leur défenfe; mais il étoit trop-tard; ces hommes brutaux ne parurent plus.

Le 25. le Vice-amiral, qui s'étoit embar-

G g

qué

qué ſur le yacht *le Levrier*, pour aller viſiter
la côte, étant revenu ſous le pavillon, dît à
l'Amiral qu'il étoit allé d'abord vers l'endroit
de la rade où l'on avoit vu monter de la fumée, lequel fut marqué dans la carte ſous le
nom de la baie du Levrier ; & qu'il y avoit
été à l'ancre pendant la nuit : que le matin
étant deſcendu à terre, il y avoit trouvé quelques huttes, où les Sauvages étoient venus
parler à lui : que de-là le yacht s'étant avancé à l'Eſt, avoit traverſé un grand canal, &
s'étoit trouvé à l'Eſt du cap de Hoorn : qu'il
étoit allé ancrer hors du canal derriére un
cap, endedans d'une iſle nommée Terhaltens, juſques-à-ce que le vent s'étant rangé
à l'Eſt, lui eût donné lieu de revenir joindre
la flote.

Il raporta auſſi que la Terre del Fuego, telle
qu'on la voit dans les cartes, eſt diviſée en pluſieurs iſles : que pour paſſer dans la mer du Sud,
il n'eſt point néceſſaire de doubler le cap de
Hoorn : qu'on le peut laiſſer au Sud, en entrant par l'Eſt dans la baie de Naſſau, & gagner la haute mer par l'Oüeſt de ce cap : que
comme on voit par-tout des anſes, des baies,
& des golfes dont la plupart s'enfoncent dans
les terres autant-que la vuë peut s'étendre, il
eſt à préſumer qu'il y a des paſſages dans la
grande baie, ou plutöt le golfe de Naſſau, par
où les vaiſſeaux pourroient traverſer dans le
détroit de Magellan.

La plus grande partie de la Terre del Fuego
eſt montueuſe ; mais il y a quantité de belles
valées & de prairies, arroſées d'agréables ruiſ-
ſeaux, qui coulent des montagnes. Entre cette
terre

terre & les isles il y a plusieurs bonnes rades,
où des flotes entiéres peuvent être à-couvert.
On y peut faire du bois par-tout, & l'on y
trouve de bon lest de pierres.

Les montagnes, qui à leur aspect du côté de
la mer paroissent arides, sont toutes couvertes d'arbres qui panchent tous vers l'Est, où
les pousse la violence des vents d'Ouëst, qui
soufflent ordinairement en ces païs-la. La terre
de ces montagnes, où il croît tant d'arbres,
est creuse, & n'a que deux ou trois piés de
profondeur, ce qu'on mesure facilement avec
un bâton, en faisant un creux jusqu'à la roche.

Les vents y regnent presque toujours, & il
y fait de fréquentes tempêtes, qui sont aparemment causées par les grandes exhalaisons
qui sortent des eaux, & qui sont chassées avec
impétuosité de l'Ouëst à l'Est. Comme donc
les vents d'Ouëst sont aussi impétueux dans tout
ce climat de la Terre del Fuego qu'en aucun
autre lieu du monde ; qu'ils se lèvent si-subi-
tement, ainsi-que nous l'éprouvions sans cesse
dans la baie de Nassau, qu'à peine à-t-on le
tems d'amener les voiles ; qu'ils font chasser
les vaisseaux, même quand ils sont affourchez
sur deux ou trois ancres, & moüillez à l'abri
de la côte d'où le vent vient ; qu'ils renversent les chaloupes qui sont à la touë ou amar-
rées à bord ; il faut que ceux qui veulent faire route à l'Ouëst, évitent cette Terre autant
qu'ils peuvent, & qu'ils courent au Sud. Car
par ce moien ils se trouveront délivrez des
vents d'Ouëst, & selon ce que l'expérience
que nous en avons faite nous donne lieu de conjecturer, ils rencontreront les vents de Sud,

G g 2

qui

qui les conduiront ſans doute au lieu de leur deſtination.

Les habitans de cette Terre ſont auſſi blancs que ceux de l'Europe, ainſi-que nous le connû-mes en voiant un jeune enfant. Mais ils ſe frotent le corps d'une couleur rouge, & ſe le peignent de diverſes autres couleurs, & en différentes maniéres. Les uns ont le viſage, les bras, les mains, les jambes, ou d'autres membres peints de rouge, & le reſte du corps blanc, tout marqueté de peintures d'autres couleurs. Il y en a qui ſont demi-rouges, ou tout-rouges d'un côté & tout-blancs de l'au-tre. Enfin ils ſe peignent chacun à ſa fantaiſie.

Ils ſont puiſſans & bien-proportionez dans leur taille, qui en général eſt à-peu-près com-me celle des Européens. Ils ont les cheveux noirs, épais & longs, pour en paroître plus afreux. Leurs dents ſont auſſi aiguës que le tren-chant d'un couteau. Les hommes vont tout-nuds, mais les femmes couvrent d'un morceau de cuir leurs parties naturelles. Elles ſont peintes comme les hommes, & ont autour du cou des colliers de coquilles, ou de coques de lima-çons.

Il y en a quelques-uns qui mettent ſur leurs épaules une peau de chien marin, ce qui ne les garantit guéres du froid qui eſt fort-âpre en ce lieu-là, & c'eſt une choſe ſurprenante qu'ils le puiſſent ſuporter. Leurs maiſons, ou plu-tôt leurs huttes, ſont faites d'arbres, étant ron-des par le bas, & ſe terminant, à la maniére des tentes, preſque en pointe par le haut, où il y a une petite ouverture pour faire ſortir la fumée. Elles ont en-dedans deux ou trois piés de profondeur dans la terre, & font enduites de terre par-dehors.

Tous les meubles de ces huttes confiftent en quelques corbeilles de jonc, où font les inftrumens dont ils fe fervent pour la pêche, favoir des lignes & des hameçons faits de pierre, affez artiftement, à-peu-près comme les nôtres. Ils y atachent des moules, & par ce moien ils prennent autant de poiffon qu'ils veulent.

Ils font armez différemment. Quelques-uns ont des arcs & des fléches au bout defquelles il y a des harpons de pierre, auffi faits avec affez d'art. D'autres ont de longs javelots, avec un os tranchant à la pointe, & garni de crochets pour mieux tenir dans la chair. Les autres ont des maffuës, des frondes, des conteaux de pierre fort-tranchans.

Ils ne font jamais fans leurs armes, parceque, felon que nous le pûmes comprendre, ils ont toujours la guerre avec un autre peuple, qui eft à quelques lieuës de leur païs, à l'Eft de Goerée & vers l'ifle de Terhaltens. Ce peuple-ci eft tout peint de noir, de-même que celui de la baie de Schapenham, & de celle du Levrier, l'eft prefque tout de rouge.

Leurs canots font fort-finguliers. Ils dépoüillent un des plus gros arbres de toute fon écorce, & la courbent fi-adroitement, en ôtant des bandes de certains endroits, pour les recoûdre en d'autres endroits, qu'ils lui font prendre la figure des gondoles de Venife. Pour les fabriquer ainfi ils mettent l'écorce fur un certain bois, à-peu-près comme en Hollande on met les vaiffeaux fur les chantiers. Quand elle a pris la forme qu'il faut, ils la garniſſent dans le fond d'un bout à l'autre de piéces de bois qui la traverſent pour l'afermir, & couvrent encore ces bois d'une autre écorce, par le moien de laquelle le bâtiment demeure étanché & franc d'eau. Les canots ont 10. 12. 14. & 16. piés de long, & à-peu-près deux piés de large. Sept ou huit hommes y peuvent tenir, ſans qu'il ſoit beſoin d'y mettre d'élancemens aux côtés, & ils nagent auſſi-vîte que les chaloupes à rames.

Au-regard de leurs maniéres & de leur naturel, ces gens-là ont plus de raport avec les bêtes qu'avec les hommes. Car outre qu'ils déchirent les hommes, & en dévorent la chair cruë & ſanglante, on ne remarque pas en eux la moindre étincelle de Réligion, ni de police. Au-contraire ils vivent tellement comme des bêtes, que s'ils ſe trouvent proche les uns des autres, & qu'il leur prenne envie d'uriner, ils ſe lâchent leur eau ſur le corps, à moins que celui qui ſe trouve à portée, ne ſe retire.

Ils ne connoiſſent point les armes des Européens, & ne croient pas, en voiant une épée ou un mouſquet, qu'on en puiſſe faire du mal, ou des bleſſures; ſi-bien qu'ils ne craignent pas de prendre à poignée la lame d'un ſabre. Cependant ils ont l'adreſſe d'être méchans, ruſez & infidelles. Ils paroiſſent amiables aux étrangers, & dans le même tems ils cherchent les moiens de les ſurprendre, de les ataquer, de les maſſacrer, ainſi-qu'ils firent à l'égard des 17. matelots de *l'Aigle*.

En un mot ceux qui entreront à l'avenir dans la baie de Naſſau, peuvent faire leur
compte

compte d'y trouver de l'eau, du bois & du
lest : mais nous n'avons trouvé ni bêtail, ni
poisson vers la baie de Schapenham : nous n'y
avons vu que quantité de moules. Sur-tout ils
doivent bien se donner de garde de se fier aux
Sauvages, quelque beau-semblant qu'ils fassent :
ils doivent demeurer toujours armez, & ne se
hasarder pas, pour avoir des bestiaux, à s'a-
vancer dans les terres où nous savions qu'il y
en avoit & d'autres rafraîchissemens aussi ; car
ce désir, & la démarche qu'ils feroient pour
le contenter, leur seroit aparemment funeste.

Ce qui nous a donné lieu de croire qu'il y
avoit des bestiaux dans la Terre del Fuego,
est que nous avons vu en plusieurs endroits du
fient & des paissons de bêtes, & des nerfs
de bœuf. Outre cela pendant-que le yacht
étoit à l'ancre à Goerée, un soldat qui s'étoit
avancé dans le païs, fit raport au Vice-amiral
qu'il avoit vu un grand nombre de bêtail paître dans une prairie.

Sur le soir un furieux orage aiant causé de
grands desordres, renversa, entre-autres, la chaloupe de l'*Orange*, où il se noïa 8. hommes ; &
six autres, après avoir nagé & lutté contre les
flots près d'une heure & demie se sauvérent à
bord du *Delft*.

Le 27. du même mois de Fèvrier, l'Amiral voiant que la tempête étoit presque continuelle, & que les vaisseaux, qui chassoient souvent, couroient risque d'être poussez à la côte, fit le signal de remettre à la voile. Comme le vent venoit du Nord, nous espérions,
courir au large par le côté occidental de la
baie de Nassau. Mais avant-que nous en pus-

G g 4

sions

ſions ſortir, nous eûmes calme tout-plat ; ſi-bien que les refreins que la tempête qui venoit de ceſſer, avoit cauſez, nous pouſſoient par le travers de la pointe orientale de la baie ; & il y a de l'aparence que ſi le calme eût encore continué une heure, la plupart des vaiſſeaux feroïent allez ſe briſer contre des rochers, où il n'y avoit point de fond. Mais le vent aiant fraîchi, nous nous élevâmes enfin ſans aucun accident. Sur le ſoir nous eûmes une nouvelle tempête de l'Oüëſt, qui dura toute la nuit.

Le 3. de Mars 1624. à midi, nous fûmes par les 59. degrès 3. quarts, le vent venant du Nord-oüëſt La plupart des Navigateurs ont cru juſqu'à-préſent qu'on peut bien aller au Chili par le détroit de le Maire, mais qu'il n'eſt pas poſſible de venir du Chili & du Pérou, par ce détroit, dans la mer du Nord, s'imaginant que les vents de Sud, qui regnent continuellement dans la mer du Sud, ne le per-mettent pas.

Mais la choſe va tout-autrement. Car les vents d'Oüëſt & de Nord-oüëſt que nous avons trouvez, marquent qu'il eſt incomparablement plus aiſé de venir du Chili traverſer ce détroit, en côtoïant la Terre del Fuego, qu'il ne l'eſt, en allant par le détroit au Chili, de monter au Sud, pour être délivré des vents d'Oüëſt.

Le 6. on eut des vents d'Oüëſt-nord-oüëſt & de Nord-oüëſt. L'Amiral craignoit fort que ces vents qui regnoient ſi-longtems ſans diſcon-tinuer, ne fuſſent des vents aliſez ; parce-qu'on ne voioit point d'eſpérance de gagner au Sud du cap de Hoorn, pour courir dans la mer du Sud. Cependant les tempêtes continuelles,

les

les brumes, les pluïes, & d'autres fortunes de
mer, pouvoient faire écarter les vaisseaux les
uns des autres ; & comme les vents d'Ouëst
continuoient toujours, on ne savoit que leur
prescrire touchant la route qu'ils devroient tenir pour se rejoindre , parce-qu'il n'y avoit
point d'autre rendévous indiqué par les E'tats
Généraux, que les isles de Juan Fernando, où
il n'étoit pas possible de se rendre avec ces
vents-là.

Sur cette difficulté l'Amiral aiant fait assembler le Conseil , prit les avis touchant
l'endroit que chacun jugeroit le plus propre
pour hiverner, & pour servir de rendévous, au
cas que quelques-uns des vaisseaux vinssent à
s'écarter, & que les vents d'Ouëst continuas-
sent toujours à soufler. On proposa la Terre
del Fuego, & le détroit de Magellan ; mais
après en avoir bien considéré les incommodités, il fut résolu qu'on navigeroit encore deux
mois , pour tâcher de doubler le cap , & de
gagner jusqu'à la mer du Sud.

Le 8. On fut par les 61. degrès , & le 14.
par les 58. Les 18. 19. & 20. nous eûmes un
vent fait de Sud-sud-est, assez frais, & qui nous
étoit favorable. L'air fut aussi plus doux, de-
sorte qu'après tous les mauvais tems que nous
avions essuïez, il nous sembla que nous avions
passé dans un autre monde.

Le 24. nous perdîmes de vuë le *Maurice* &
le *David*, si-bien que la flote ne fut plus que
de 7. vaisseaux. Sur le soir nous fûmes par
les 47. degrès ; & le 25. nous fûmes par les 45⅓.

Le 28. du même mois de Mars, nous vîmes
le Chili , qui nous demeuroit à l'Est-sud-est.

A midi nous fûmes par les 42. degrès & une ſixiême. Sur le ſoir nous n'étions qu'à une lieuë de terre, mais le vent s'étant rendu favorable, nous nous remîmes au large. La côte paroît élevée, & l'on y voit des montagnes aſſez hautes.

L'Amiral qui étoit au lit fort-malade, aiant apris que nous étions proche de la côte du Chili, & que nous étions déchus devant le port de Chilue, où Suarte Theunis avoit été reçu l'an 1603. par les habitans, avec beaucoup d'afeĉtion, crut qu'on y pourroit auſſi être bien reçu, & qu'on y trouveroit du ſecours contre les Eſpagnols. Il déclara donc qu'il auroit bien voulu qu'il fût permis par les Inſtruĉtions, d'aller en droiture au Chili, où les habitans n'aimant pas les Eſpagnols, il y auroit eſpérance de faire de plus grands progrès qu'ailleurs.

Mais les Inſtruĉtions portant préciſément que la flote étoit deſtinée pour tenter la conquête du Pérou, ne permettoient pas qu'on formât de nouveaux deſſeins, & il fut conclu que nous irions nous rafraîchir aux iſles de Juan Fernando, pour aller enſuite à Arica, combattre les galions Eſpagnols, & tâcher de nous rendre maîtres de cette place, afin de pouſſer enſuite, nos deſſeins plus loin, avec le ſecours des Indiens.

Le 1. d'Avril 1624. on fut par les 38. degrez & une ſixiême. On aprit que le Vice-amiral étoit bien-malade, & qu'il n'y avoit guéres d'aparence que l'Amiral ni lui retournaſſent en vie de cette expédition.

Le 4. à midi, nous eûmes la vuë de l'iſle de
Juan

Juan Fernando, qui nous demeuroit à l'Ouëst-quart-de-nord-ouëst, étant alors par les 33. degrès 50. minutes. Nous allâmes au plus près du vent jusques au soir, que l'Amiral craignant que nous ne dérivaßions au Nord de l'iße, fit mettre le yacht de l'avant, pour chercher une rade, à la faveur du clair de Lune. Mais comme il ne marqua par aucun ſignal qu'il eût trouvé ce qu'il cherchoit, nous remîmes le cap à la mer, puis revirant une heure après, nous jettâmes l'ancre un peu avant jour, ſur 30. braßes.

Le 5. une chaloupe qu'on fit nager vers terre, vint raporter qu'on n'étoit pas à la rade, & qu'elle étoit plus au Nord; ſur quoi nous remîmes à la voile, & nous étant avancez au Nord, nous vîmes une autre baie, à-peu-près d'une lieuë de large, dont les pointes étoient Nord-ouëst & Sud-est. Quand nous voulûmes y entrer nous fûmes pris de calme, & l'on employa tout le jour à faire nager les vaißeaux par les chaloupes. Enfin on trouva fond ſur 60. à 70. braßes, puis on gagna jusqu'à la baie de ſable, où eſt la valée verte.

Le 6. il fut ordonné que chaque équipage travailleroit à faire des chevaux de friſe & des palißades, pour s'en ſervir dans les ocaſions de la guerre; & le Vice-amiral qui ſe portoit mieux, fit la viſite de toute l'artillerie de la flote. Sur le ſoir, *le Griffon*, que nous avions cru trouver au rendévous, vu le long ſéjour que nous avions fait dans la baie de Schapenham, s'y rendit, & nous rejoignit, après avoir été ſéparé de nous depuis le 2. de Fèvrier. Il avoit navigé jusques par les 60. degrès, ſans avoir eu la vuë du cap de Hoorn. Le Capitaine dit

que

que le moüillage étoit fort-bon dans la baie
que nous avions nommée de Valentin, qu'une
flote entiére y pouvoit être furement, & que
l'avis contraire que la chaloupe de l'*Orange*
avoit donné par fes fignaux & par fes cris,
avoit été donné contre fon fentiment & malgré lui.

Le 7. l'*Orange* fe rendit auffi au rendévous,
aiant vu, pendant fa route, deux fois les côtes du continent, une fois par les 50. degrès,
& l'autre par le 41. Le 8. cinq matelots du
vaiffeau *Hollande*, qui avoient rompu les écoutil-
les du fond de cale, & dérobé le vin à pleins barrils de galére, furent condamnez à être pendus.

Le 9. on fit de l'eau & du bois, on prit de
nouveau left, on coupa des arbres, dont on fit
des lattes pour garnir les chateaux d'avant, &
les hauts des vaiffeaux, enforte qu'on y fût ga-
ranti des coups de moufquet. Le 10. on obtint
le pardon des 5. matelots condamnez à la mort.

Le 11. nous découvrîmes le *David*, dont le
Capitaine fit donner avis que le *Maurice* étoit
auffi tout-proche; & qu'ils avoient erré enfemble cinq ou fix jours autour de l'ifle, fans y pouvoir terrir à-caufe des vents contraires.

Le 13. après midi, nous remîmes à la voile. La plus orientale des deux ifles nommées
de Juan Fernando, qui eft auffi la plus grande,
gît par les 33. degrès 40. minutes de latitude
Sud, à 70. lieuës Oueft de la côte du Chili.
L'autre, fuivant le raport des Pilotes Efpagnols, gît à 20. lieuës Oueft-quart-de-nord-
oueft de cette premiére que les Efpagnols nomment Ifla de Tierra; & la plus occidentale,
Ifla de Fuera.

Ainfi

Ainſi c'eſt un grand abus de prendre le rocher qui eſt au Sud-ouëſt de la plus orientale
de ces deux iſles, pour la ſeconde ou la plus
petites iſle des de Juan Fernando, puis-qu'elles
ſont à la diſtance de 20. lieuës d'Allemagne
l'une de l'autre, & que la plus occidentale a
auſſi un pareil rocher.

La plus orientale où nous étions moüillez,
a ſix lieuës de tour, & s'étend de l'Eſt à l'Ouëſt,
plus de deux lieuës & demie. La rade eſt au
Nord-eſt, & de ce côté-là on voit dans l'iſle
des valées couvertes de tréfle & d'autres herbes. Le fond de la baïe eſt en talus eſcarpé,
en partie de roche & ſale, & en partie de ſable noir. La profondeur y eſt ſi-grande qu'on
a beaucoup de peine à venir ſur 34. & 30.
braſſes, & pour cet éfet il faut n'être qu'à une
demi-portée de mouſquet de terre. Mais
avant-que d'avancer juſques-là, on trouve des
vents variables & des calmes fréquens qui
même ſe ſuccédent & qui incommodent extrémement; de-ſorte que nous fûmes obligez
de moüiller d'abord ſur 80. & 90. braſſes, puis
nous nous fîmes toüer avec les ancres de toüei
juſques-à ce que nous fuſſions ſur 30. braſſes
où eſt la véritable rade.

Selon les vents qui regnérent pendant-que
nous étions dans cette baïe, il y a lieu de conclure qu'on y peut entrer par le Nord, auſſi-
bien que par le Sud: cependant il eſt conſtant
qu'en E'té on y peut mieux entrer par le Sud,
& en Hiver par le Nord. Il y a de très-bonne eau dans l'iſle, & l'on y pêche facilement
quantité d'excellens poiſſons de diverſes ſortes. A-peine laiſſe-t-on tomber le hameçon un
Gg 7

demi-

demi-pié dans l'eau, que les poiſſons ſe battent pour y mordre ; & l'on n'a qu'à le retirer à l'inſtant même, on le trouve déja garni.

Il y a des milliers de lions & de chiens marins, qui de jour ſortent de la mer pour ſe réjoüir au Soleil. Les matelots en tuérent un bon nombre, tant pour en manger, que par divertiſſement ; mais ceux qui demeurérent ſur la place devinrent ſi-puants, & infectérent tellement l'air, qu'à-peine oſoit-on aller à terre. Il y en avoit dont le goût étoit preſque comme celui d'une viande qui auroit été boüillie ou rôtie deux fois, au-moins au goût de quelques-uns, d'autres n'en pouvant pas ſeulement manger. Mais d'autres trouvoient que quand on en avoit ôté la graiſſe, ils étoient auſſi-bons que le mouton.

Il y a auſſi quantité de boucs qui ne ſont pas de ſi-bon goût que ceux de l'iſle de S. Vincent, & on a de la peine à les aprocher, à-cauſe des brouſſailles : mais nous n'y vîmes point d'autres bêtes. Nous trouvâmes beaucoup de palmiers ſur la montagne, & trois coignaſſiers proche de la rade, où nous prîmes bien une centaine de coins. D'ailleurs nous n'y vîmes point d'autres fruits.

L'iſle fournit beaucoup de bois de ſantal, qui n'eſt pourtant pas ſi-bon que celui de Timor. Il y a une autre ſorte de bois dur & fort-compact, a-peu-près comme l'ormeau. Il eſt propre à faire des poulies de caliorne, & des rouëts. Il y en a d'autre qui eſt également propre à mettre en œuvre & à brûler. Mais il n'y a point d'arbres aſſez hauts pour faire des mâts, ni même des mâts de hune,

au-

au-moins que nous aïons vu.

Autrefois il y avoit toujours 10. ou 12. Indiens, pour pêcher, & pour tirer de l'huile des chiens marins, qu'on transportoit à Lima; mais présentement l'isle est tout-à-fait déserte. Il y eut trois soldats & trois Canoniers du Vice-amiral qui y demeurérent volontairement & de leur choix, refusant de servir plus long-tems sur la flote.

Depuis le 18. jusqu'au 22. nous eûmes les vents de Sud, & nous connûmes bien que nous étions dans la Mer Pacifique. L'aiguille nor-desta ici un degré & demi, & 2. degrès. Nos Instructions portoient que si nous voïions qu'il fût trop-tard pour trouver les galions à Arica, nous fissions route en droiture de l'isle de Juan Fernando à Callao de Lima, afin de voir s'ils n'y seroient point avec leur charge d'argent.

Pour être parez en cas de rencontre des ennemis, notre flote fut alors distribuée en trois divisions. La premiére étoit composée de l'*Amsterdam* comme amiral, du *Hollande*, de l'*Aigle*, & du *Griffon* : la seconde, du *Delft* comme Vice-amiral, de *la Concorde*, du *David* & du *yacht* : la troisième de l'*Orange* comme Contre-amiral, du *Maurice* & de l'*Espérance*. On mit aussi entre les mains de chaque Capitaine une Instruction à laquelle ils devoient se conformer en cas de combat.

Le 25. nous fûmes par les 25. degrès, le vent venant toujours du Sud ; & le 3. de Mai 1624. étant par les 16. degrès & un tiers, nous vîmes la côte du Pérou. Le 7. nous fûmes si proche de la côte que nous pouvions bien voir les brisans. A midi nous nous trouvâmes par

les

les 12. degrès 45. minutes.

Le 8. trois chaloupes armées nagérent vers
un cap, pour reconnoître si nous étions à Callao de Lima, d'où nous craignions d'être déchus. Avant midi nous découvrîmes une voile qui venoit du large & qui portoit droit sur
nous. On commanda une chaloupe & un canot
pour chasser, & ils l'amenérent à bord de l'A-
miral. C'étoit une petite barque sans couverte, où il y avoit un Capitaine Espagnol nommé Martin de la Rea, & quatre Espagnols,
avec 6. ou 7. tant Indiens que Négres. Ils déclarérent que la flote d'argent étoit partie le
Vendredi précédent, 3. du mois, de Callao
pour aller à Panama, au nombre de 5. voiles,
savoir 2. navires de guerre & 3. vaisseaux marchands, très-richement chargez : que l'Amiral Espagnol étoit encore demeuré à Callao :
que c'étoit un navire du port de 800. tonneaux,
monté de 40. piéces de canon de fonte : qu'il
y avoit avec lui deux pataches, montées chacune de 14. piéces, & 40. ou 50. vaisseaux
marchands, sans canon : qu'ils étoient tous
toüez jusqu'à terre, & défendus par 3. batteries élevées sur des pierres, au-devant & aux
deux côtes desqelles il y avoit des retranchemens aussi de pierre, & qu'elles étoient de 6. ou
7. piéces de canon : que le reste du canon qui
avoit été amené de Lima, jusqu'au nombre de
50. piéces, avoit été planté sur le rivage, pour
empêcher une descente, parce-que le Vice-roi
nous aiant vu porter sur Callao, avoit bien
cru que nous avions dessein de l'ataquer : qu'il
y avoit là 4. compagnies de soldats, chacune
de 70. à 80. hommes : que les deux meilleu-

res

res compagnies étoient allées avec la flote d'argent à Panama : que le Vice-roi aiant eu avis de notre venuë le jour précédent, avoit envoié ses ordres pour rassembler les Espagnols , & les faire venir de toutes parts à Callao, où ils seroient bientôt au nombre de plusieurs milliers.

Le 9. le Conseil s'étant assemblé, il fut résolu qu'on feroit l'ataque le lendemain, & comme la foiblesse de l'Amiral ne lui permettoit pas d'agir, il établit le Vice-amiral en sa place, & son beau-frére nommé Corneille Jacobsz pour Sergeant Major.

Outre les cinq compagnies de soldats qu'on avoit, on en fit encore cinq autres de matelots, sous le commandement des Capitaines Stolk , de Wit , Querijnen , Ysbransen , & Egbertsen. Mais comme il n'y avoit pas assez de petits bâtimens dans la flote , pour mettre à terre en même tems les soldats & les matelots, il fut arrêté que les soldats débarqueroient vers la fin de la nuit ; qu'ils feroient autour d'eux une demi-lune de chevaux de frise , pour leur défense ; & qu'ils demeureroient sur le rivage dans leur poste , jusques-à-ce que les compagnies de matelots fussent avec eux.

Il y a des gens qui croient que nous fîmes mal de ne suivre pas la flote d'argent qui étoit en mer , & que nous aurions peut-être jointe ; puis-qu'au moins nous l'aurions trouvée à Panama , devant-qu'elle eût été déchargée. Mais on leur répond que ce qu'ils disent n'a aucune aparence ; que la traversée est fort-petite ; & que comme les vaisseaux Espagnols auroient pour le moins autant fait de chemin devant nous,

nous, que nous en aurions fait en les ſuivant, ils auroient conſervé leur avantage.

D'ailleurs quand nous les aurions trouvez à Panama ſans être déchargez, à quoi il y avoit peu d'aparence, parce-qu'on n'auroit pas manqué de les décharger dès-qu'ils auroient été arivez, ce qui ſe pouvoit faire promtement, nous n'aurions pas ſans doute obtenu de grands avantages ſur eux : car ils auroient été entre deux forts, d'où l'on peut tirer de l'un à l'autre, & ſous leſquels il n'y auroit pas eu moien de ſe haſarder.

Mais comment auroit-on oſé faire entrer une telle flote dans le golfe de Panama, ſans avoir des Pilotes qui l'euſſent fréquenté, & qui même y fuſſent fort-expérimentez ? Comment ſe feroit-on expoſé aux courans rapides qui y entrent, aux bancs & aux dangers qui y ſont, & qui cauſent ſi-ſouvent des naufrages ? Comment enfin auroit-on pu en ſortir, puis-que ce ſont les vents de Sud qui regnent ſur ſa côte, & qu'il y calme preſque toujours aux mois de Juin & de Juillet ?

Ce fut par ces conſidérations qu'on prit le parti d'ataquer Callao de Lima, qu'on préſumoit avoir été afoibli par le départ des galions, & du monde qui les avoit acompagnez. Cette circonſtance nous paroiſſant favorable, il eſt conſtant que la priſe de cette place, auroit cauſé un grand échec aux afaires du Roi d'Eſpagne dans le Pérou ; & par ce moien nous aurions pu reconnoître quel fonds on auroit pu faire ſur les Indiens, & tâché, par leur ſecours, de nous rendre maîtres d'une partie de ces riches païs.

Le

Le 10. du même mois de Mai 1624. avant
jour, les soldats aiant le Vice-amiral à leur
tête, nagérent vers l'endroit du rivage où on
leur avoit marqué qu'on pouvoit mettre à terre, même sans se moüiller, savoir entre Callao & la riviére de Lima ; & où l'on croioit
que les chaloupes pouvoient demeurer en sureté au-deçà du brisant, & hors de la portée du
canon.

Mais lors-qu'ils furent proche du rivage, ils
trouvérent que les choses étoient tout-autrement. Les brisans étoient fort-impétueux, &
il n'étoit pas possible de les franchir sans que
les mousquets, la poudre, & tout ce qu'on
avoit fût moüillé ; & les chaloupes ne le pouvoient faire qu'avec beaucoup de péril. Le
Vice-amiral surpris fit continuer à nager le
long de la terre, en atendant qu'il fût jour,
afin de voir s'il n'y auroit point d'endroit propre pour son dessein.

Le jour étant venu il ne découvrit rien de
plus favorable. La mer brisoit par-tout avec
une égale violence. Cependant il parut une
grosse troupe d'Espagnols, qui se disposoient
à empêcher la descente. Le Vice-amiral aiant
fait faire quelques décharges sur eux, reconnut l'impossibilité de l'éxécution de son entreprise, & fit retourner chacun à son bord.

Si l'on eût pu débarquer, il y a de l'aparence qu'on eût reçu du secours & des instructions des Indiens qui étoient dans la barque
qu'on avoit prise le jour précédent ; car ils
marquoient déja beaucoup de zèle pour nous,
& nous assuroient que les autres Indiens & les
Négres se déclareroient en notre faveur, dès-

que

que nous ferions maîtres de quelque place où
ils puffent trouver retraite.

L'Amiral ordonna que pendant la nuit on
nageroit le yacht *le Levrier* vers terre, & qu'à
la faveur de son canon, on tenteroit la defcente. Les Espagnols s'étant aperçus de notre
projet, dreffèrent vîte une batterie de deux
canons, percérent le yacht à l'avant, & firent
avorter ce deffein.

Le 11. on déchargea les prifes, & l'on en
diftribua les rafraîchiffemens. Sur le minuit
les Capitaines Tol, Slobbe, & Egbertfen, nagérent avec 12. chaloupes bien armées d'hommes, de petites piéces de canon de fonte, &
d'artifices, droit vers les vaiffeaux Efpagnols,
qui étoient à-peu-près au nombre de 50. fous
le canon tant des trois batteries, que du galion
Efpagnol, & des deux pataches.

Cependant nos gens étoient allez donner une
fauffe alarme au Nord de Callao, & pendant
qu'une partie des Efpagnols étoit ocupée de ce
côté-la, les chaloupes aiant abordé les vaiffeaux ennemis, mirent le feu chacune à un
bâtiment; puis le laiffant, & nageant vîte à
un autre, elles l'y mirent auffi, & enfuite à
un autre, jufques-à-ce qu'elles euffent emploié
tous leurs artifices.

Dès-que les ennemis fe furent aperçus de
cette manœuvre, ils pointérent leurs canons
contre nos chaloupes, & firent un grand feu
fur elles, tant des batteries, que du galion & des pataches. Elles répondirent de
leurs petits canons & de leurs pierriers, fe tenant à-couvert, autant qu'il leur etoit poffible, derriére les vaiffeaux ennemis, pour
éviter

éviter les boulets, & le feu des Mousquetaires dont le rivage étoit bordé, & qui tiroiént sans cesse.

L'expédition étant faite, les chaloupes retournérent à bord, après avoir brûlé 30. à 40. vaisseaux, autant-qu'on le put remarquer, parmi lesquels il y en avoit plusieurs grands, & quelques-uns qui portoient du canon. Lors-qu'elles se furent retirées les Espagnols éteignirent le feu de quelques-uns des bâtimens, avec l'aide de leurs esclaves & des Indiens.

Nous eûmes, en cette action, 7. hommes de tuez, & 14. ou 15. de blessez, la plupart étant de l'équipage du Vice-amiral, parce-que sa chaloupe avoit fait de grands éforts pour aborder une patache. L'action fut vigoureuse, & éxécutée avec beaucoup de courage; mais nous n'eûmes pas assez de prévoiance; car si nous nous fussions pourvus de haches, nous aurions aisément coupé les cables, & nous serions rendus maîtres des vaisseaux, presque sans péril, parce-que le vent de terre les poussoit vers nous. Un peu avant jour nous vîmes dériver vers nous neuf de ces bâtimens tout en flammes, & pour les éviter nous fûmes obligez de lever les ancres, & de courir sur l'isle.

Le 13. du même mois de Mai, le Capitaine Engelbert Schutte alla prendre poste, avec sa compagnie, dans l'isle de Lima, où nous fîmes une redoute pour la garde de nos grandes chaloupes, qui étoient encore en fagot dans le fond de cale, & qu'on vouloit monter dans cette isle.

Ce même jour on tint conseil au sujet de l'entrel'entrepriſe de Callao qui avoit manqué, & de ce qu'il y avoit à faire dans la ſuite. Nos Inſtructions portoient qu'en ce cas nous demeurerions là quelque tems, pour prendre tous les vaiſſeaux qui voudroient entrer dans le port, ou en ſortir, afin de ruïner le commerce, & de tâcher par cette voie de cauſer quelque révolution dans ces païs-là.

Certaines gens, qui avoient fait un long ſéjour au Pérou, avoient aſſuré au Prince Maurice, que les Indiens, & particuliérement les Négres, qui ſont en grand nombre à Lima, ne manqueroient pas de ſe revolter contre leurs maîtres, s'ils voioient du ſecours à eſpérer, & qu'ils nous fourniroient eux-mêmes les moiens de nous emparer de Lima, ou de Callao. Mais le Vice-roi y avoit pourvu, ainſi-que nous l'aprîmes, aiant laiſſé à Lima deux compagnies d'Eſpagnols, pour avoir l'œil ſur les Négres, à qui il avoit été fait défenſes d'avoir des haches, & on leur avoit ôté celles qu'ils avoient. Outre cela, il avoit levé une Compagnie de Négres, à qui il donnoit des gages, & qui avoient un Capitaine auſſi Négre. Par cette gratification il engagea ceux-ci à veiller ſur la conduite des autres, & ils lui donnoient avis de tout ce qui ſe paſſoit.

A l'égard des Indiens, il leur fut permis d'avoir des haches, à-condition de ne s'en ſervir que pour leurs ouvrages.

Comme on n'avoit pas beſoin de toute la flote, pour tenir le port de Callao fermé, on détacha 4. vaiſſeaux, ſous le commandement de Corneille Jacobſz, pour aller du côté du Sud, & y chercher les voies d'incommoder les ennemis.

nemis. Si les afaires des Espagnols au Pérou
eussent été dans l'état où on les supofoit être
en Hollánde, suivant les avis qui avoient été
donnez, de la vérité defquels on n'avoit pas
aslez douté, la flote n'auroit eu qu'à quitter
Lima, pour se rendre à Arica, & prendre
cette place, avec la facilité que les mémoires
fournis aux E'tats marquoient que la chofe fe
pouvoit faire.

Après cette conquête, nous n'aurions eu
qu'à nous avancer vers le Potofi, qu'on nous
avoit marqué comme dépourvu d'armes, &
par conféquent nous l'aurions aifément fubju-
gue, & nous y aurions trouvé des richeffes qui
auroient abondamment recompenfé nos Maîtres
des frais de l'armement de notre flote. C'eft
ainfi qu'on avoit raifonné au loin.

Mais étant fur les lieux, nous trouvâmes,
felon le raport bien circonftancié de nos prifonniers, Efpagnols, Négres & Indiens, que
la ville d'Arica étoit bien fortifiée, & pourvuë de tout ce qu'il falloit pour fa défenfe:
qu'il y avoit dans le Potofi feul plus de 20000.
Efpagnols, fans les Indiens & les Négres;
& qu'on y étoit bien muni d'armes. A la vérité il y en avoit peu autrefois; mais les derniè-
res années il s'étoit éléve un grand différent
entre les Caftillans & ceux de Bifcaie, au fujet de la diftribution des charges, de-forte qu'ils
s'étoient pourvus d'armes, & s'étoient fait la
guerre les uns aux autres, & le trouble n'étoit
pas encore trop-bien apaifé. Enfin nous ne
vîmes par le moindre jour pour l'éxécution de
nos grands projets.

Le 14. du même mois de Mai 1624. Corneille

neille Jacobsz partit avec son détachement
composé de *la Concorde*, du *David*, du *Griffon*
& du *Levrier*, prenant son cours au Sud, pour
aller ataquer la Nasca, Pisco, ou quelqu'une
des autres places qui étoient au Midi de Lima.

Le 20. on fit dans deux des prises Espagnoles des caveaux de planches fort épaisses, bien-
jointes par des rablures profondes, ensorte
que l'eau n'y pouvoit entrer, & encore mas-
sonnées tout-autour avec des pierres, le tout
de l'épaisseur de six piés : on y enferma de la
poudre & des artifices, pour les adresser au
galion Espagnol, & tâcher de le faire sauter
en l'air.

La nuit du 22. deux Grecs, qui servoient
sur le vaisseau du Vice-amiral, s'étant emparez d'un petit bâtiment, gagnérent le rivage,
& allérent se rendre aux Espagnols. Le même jour nous prîmes un vaisseau chargé de bois,
qui venoit de Guaïaquil, à bord duquel il y
avoit 30. personnes, Espagnols & Négres.

Le 23. le Contre-amiral fut détaché avec le
Maurice & *l'Espérance*, & les deux compagnies
de soldats des Capitaines Schut & Bréderode,
pour aller à Guaïaquil, & tâcher de détruire
un galion du Roi d'Espagne, qui y étoit presque achevé de construire. Nos prisonniers nous
avoient fait la prise de cette place assez facile, & nous y avoient ofert leurs services. De
notre part nous nous y étions aussi engagez fort
legérement, séduits par l'espérance d'un gros
butin. Mais il en fut comme du reste : nous
trouvâmes les choses dans un tout autre état
qu'on ne nous l'avoit raporté. Pour remplacer les soldats qu'on emmenoit, 40. matelots
furent

furent deftinez à la garde de l'ifle de Lima.

Le 27. un des brulots où étoient les caveaux, & où l'on avoit mis deux milliers de poudre, avec des balles d'artifices, des grenades, & quantité de matiéres combuftibles, fut conduit au galion, par cinq hommes, qui s'y étoient volontairement oferts, parmi lefquels étoit Willem Commers Commis de *l'Aigle*.

Le brulot s'aprocha jufqu'à une portée de moufquet, fans que les Efpagnols en priffent aucune alarme. On avoit deffein de mettre d'abord le feu dans les artifices & dans les matiéres combuftibles qui étoient au haut du bâtiment, afin-que pendant-que les Efpagnols feroient ocupez à l'éteindre, il pût parvenir à la poudre. Mais on trouva au-devant du galion un banc étroit que le brulot ne put traverfer, fi-bien qui fallut le ramener à la flote.

Le 2. de Juin 1624. l'Amiral Jaques l'Hermite, qui étoit afoibli d'une longue maladie, mourut au port de Callao de Lima. Depuis notre départ de Sierra Leona il n'avoit point eu de fanté, & il y avoit déja 4. ou 5. mois qu'il n'avoit plus-du-tout de forces. Le Vice-amiral fit laiffer le pavillon au mât de *l'Amfterdam* qu'il montoit, afin-que les ennemis n'euffent point de connoiffance de fa mort. Ce jour-là on prit un petit bâtiment, où il y avoit 18. laftes de froment.

Le 3. on enterra le corps de l'Amiral dans l'ifle de Lima, & le convoi fe fit avec toutes les cérémonies requifes. Mais on fit la parade fur toutes les prifes qu'on avoit faites, & on les orna de pavillons, afin-que les Efpagnols puffent croire que le canon qu'ils enten

H h

droient

droient tirer fût, pour célébrer des réjoüiſſances, au ſujet de tant de priſes; & qu'ils ne
puſſent ſoupçonner que ce fût pour célébrer les
funérailles du Général. Le Vice-amiral voulut àtendre le retour du Contre-amiral & des
vaiſſeaux qu'il commandoit, pour prendre poſſeſſion de la charge d'Amiral, au deſir des Patentes qu'il en avoit.

Le 6. après midi, l'*Orange* mit à la voile,
& alla jetter l'ancre proche de la pointe de
Callao, pour faire des décharges de ſon canon
tout le long du rivage, à la faveur deſquelles
on pût adreſſer le brulot avec moins de péril.
Ce brulot qui étoit toujours conduit par le
Commis de *l'Aigle*, & par quatre autres hommes réſolus, navigea cette fois le long du
banc, afin de pouvoir joindre le galion. Mais
lors-qu'il en fut à une portée de mouſquet, ou
plus proche, & qu'il étoit prêt d'aborder, il
toucha, parce-que le galion étoit dans un baſſin, dequoi nous n'avions point de connoiſſance.

Les Eſpagnols pointérent tout leur canon
contre lui, & les Mouſquetaires qui étoiént à
terre firent auſſi un feu continuel, de-ſorte que
ceux qui le conduiſoient ne voiant point d'eſpérance de le remettre à flot, mirent le feu
aux artifices, & dans le dalot qui aboutiſſoit
à la poudre; puis ils ſe ſauvérent, ſavoir au
nombre de quatre, le cinquième aiant eu la
tête caſſée d'une balle de mouſquet.

Le brulot enflammé s'étant relevé de lui-
mêmé, dériva vers le rivage, ſans que le feu
prît à la poudre que ſur le ſoir; mais comme
elle étoit mouillée, il ne ſe fit qu'un aſſez lé-
ger éclat.

Le 8.

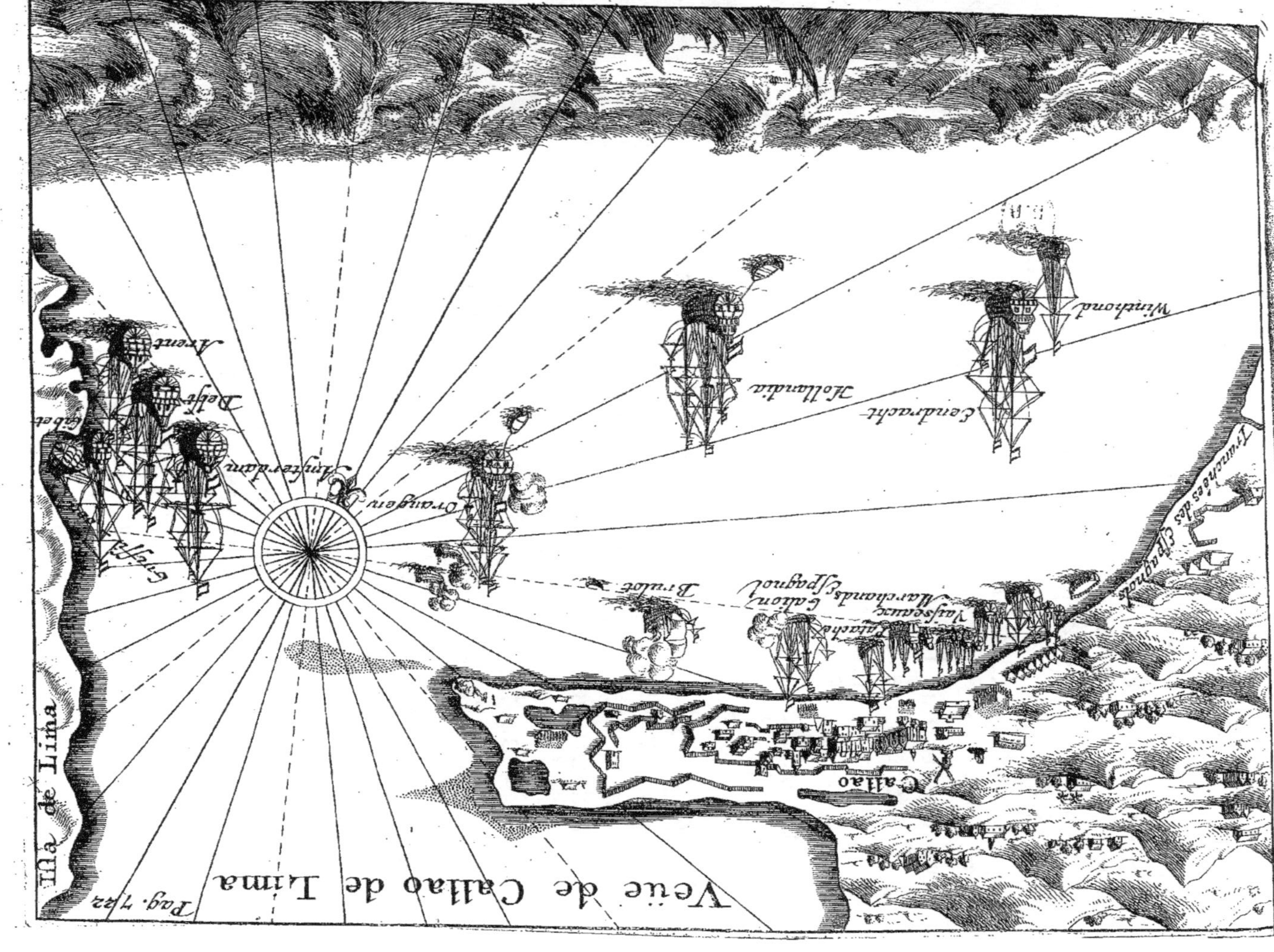

Veüe de Callao de Lima
Pag. 742
Ila de Lima
Callao
Tranchées des Espagnols
Brulot
Vaisseaux Marchands Galion Espagnol
Wintbond
Hollandia
Eendracht
Orangen
Amsterdam
Delft
Arent
Griffi

Le 8. du même mois de Juin, il y eut un tremblement de terre dans l'isle de Lima. Le 13. à la follicitation de quelques prifonniers Efpagnols, le Vice-amiral leur permit d'écrire au Vice-roi pour le prier de traiter de leur rançon, étant perfuadez qu'ils auroient pour cet éfet affez de crédit auprès de lui. Un Affiftant s'étant embarqué dans un petit bâtiment, où il y avoit une bannière de paix, & aiant nagé vers la pointe de Callao, les Efpagnols arborérent auffi la bannière blanche, fi-bien qu'il atendit les chaloupes qui vinrent le prendre, & le menérent dans la place.

L'Affiftant aiant déclaré qu'il n'avoit point d'autre ordre que de préfenter la lettre, les Efpagnols n'en voulurent rien croire, & le Vice-roi commanda qu'on allât lier les mains & couvrir les yeux des matelots, & qu'on les gardât dans les chaloupes. Sur le foir, le Général de la mer du Sud reçut la lettre que l'Affiftant avoit portée, & fit délier les matelots, qu'on follicita vivement, chacun en fon particulier, de demeurer à terre, & de fe mettre au fervice du Roi d'Efpagne. Comme il n'y en eut aucun qui y voulût entendre, le Général les laiffa partir avec l'Affiftant, qui eut pour réponce ;

Que le Vice-roi n'avoit que de la poudre & du plomb au fervice des Hollandois ; qu'il ne prétendoit faire aucune négociation ni Traité avec eux pour la délivrance des prifonniers ; que fi quelqu'un entreprenoit encore d'aller à Callao, de la part de l'Amiral, quoi-qu'avec une bannière de paix, il le feroit pendre avec fa bannière au cou.

H h 2

Le 14.

Le 14. après qu’on eut reçu cette réponce, il fut résolu qu’on tuëroit tous les prisonniers Espagnols, à la réserve de 3. vieillards. Les raisons d’une éxécution si-peu ordinaire parmi les Hollandois, furent que comme on n’avoit plus que peu de vivres, & encore moins d’eau, on ne pouvoit nullement garder des gens de qui il n’y avoit service, profit, ni rançon à espérer: que de les relâcher c’étoit contre toutes les règles de la prudence, à-cause des divers inconvéniens qui en pouvoient résulter, outre que les Espagnols en auroient fait des risées. Il falloit pourtant absolument s’en décharger, & il n’y avoit point d’autre voie sure, que celle de leur ôter la vie.

Le matin du 15. on pendit 21. Espagnols à la vergue de miséne de l’*Amsterdam*, à la vuë de tous ceux qui étoient sur le rivage; & les trois vieillards furent mis dans une petite barque, & renvoiez pour dire au Vice-roi qu’il voioit l’éfet que sa brutale réponce avoit produit, & que puis-qu’il n’y avoit point de quartier avec lui, on prétendoit n’en faire point aussi.

Sur le soir, Corneille Jacobsz ramena sous le pavillon le détachement de 4. vaisseaux qu’il avoit commandé. Il raporta au Vice-amiral, que depuis le 14. de Mai il avoit fait tous ses éforts pour gagner au Sud, s’imaginant que dès-que le vent tourneroit un peu vers le Sud, & qu’il deviendroit plus favorable, il mettroit le cap sur la côte pour ne pas déchoir, & pour prendre terre au lieu qui lui avoit été marqué: mais que le vent s’étant rangé de plus en plus à l’Est, il avoit eu toutes les peines

du

du monde à mettre à l'autre bord :

Que le 10. du mois courant, c'est-à-dire de Juin, il s'étoit trouvé déchu à 4. lieuës sous le vent de Pisco, quoi-qu'il eût été par la hauteur des 18. degrès & demi : qu'un bon vent s'étant levé, il avoit remonté le long de la côte jusqu'à Pisco, & y avoit moüillé l'ancre le 11. qu'il avoit fait descente le 12. avec ses gens & deux petits canons, & qu'il avoit marché jusqu'à une portée de mousquet de la ville :

Qu'il avoit trouvé la ville enfermée d'une muraille de pierre de 15. piés de haut, audehors de laquelle il y avoit encore un retranchement, où les soldats pouvoient se maintenir : que toutes les défenses se flanquoient fort-bien les unes les autres : que par conséquent il n'y avoit pas eu d'aparence d'ataquer avec si-peu de monde une place si-bien fortifiée, & pourvuë d'une bonne garnison : que tous les Oficiers avoient conclu qu'il falloit faire retraite, & se rembarquer avec le plus de précaution qu'il seroit possible :

Que pour cet éfet on avoit travaillé le reste du jour à faire une demi-lune sur le bord du rivage, & que ce travail ne s'étoit pas fait sans escarmoucher avec les ennemis : que sur le soir on s'étoit mis à-couvert dans ce retranchement : que la nuit suivante tout le monde s'étoit rembarqué ; & qu'ensuite aiant remis à la voile le 13. on étoit revenu joindre la flote.

Dans cette expédition il y avoit eu 5. hommes de tuez, & 15. ou 16. de blessez, outre la perte qu'on avoit faite de 13. autres qui désertérent.

Selon ce qu'on en avoit pu apercevoir, il y avoit plus de 2000. hommes ſous les armes, avec 200. cavaliers armez de boucliers & de lances, qui étoient poſtez hors de la ville, pour prendre les Hollandois par-derriére. Néanmoins quand ils parurent on en coucha quelques-uns par terre : mais on ne put ſavoir quel éfet fit le petit canon qu'on avoit fait venir des vaiſſeaux, & qui ne ceſſa point de tirer.

Le 25. on pendit dans l'iſle de Lima, en préſence de la plupart des équipages, un Canonier qui avoit été pris en déſertant. Nous avions alors dans cette iſle deux forgerons, qui travailloient à préparer des afûts & d'autres utenſiles. Car comme le Vice-amiral étoit bien informé de l'état du Chili, par un naturel du païs, & par le raport de pluſieurs priſonniers, qui étoit conforme à celui du Chilois, il avoit deſſein d'y mener la flote dèsque nous aurions fait de l'eau.

On pouvoit auſſi aller atendre les galions des Manilles, & croiſer ſur eux proche d'Acapulco ; mais l'incertitude de les rencontrer, & celle de profiter de leur rencontre, & des avantages qu'on pourroit remporter ſur eux, firent regarder ce deſſein comme de peu de conſéquence pour une telle flote. Il fut donc arrêté qu'on iroit au Chili, & qu'on tâcheroit d'y faire quelque conquête : ſi-non nous pouvions au-moins nous y rafraîchir, & nous y pourvoir de vivres, pour aller enſuite aux Manilles, ſuivant nos Inſtructions.

Au-regard de l'état du Chili, voici ce qu'on en avoit apris. Cette même année les habitans avoient encore la guerre contre les Eſpagnols,

& fur la fin de l'année précédente ils avoient
atrapé une troupe de plus de 50. hommes de
la nation, qui étoient allez en parti, & les
avoient fi-bien environnez, qu'ils avoient tout
tué, fans qu'il en fût réchapé un feul.

Les places qu'ils avoient conquifes fur les
Efpagnols l'an 1599. dont Baldivia étoit la
plus confidérable, demeuroient encore fous
leur pouvoir, quoi-que dans le tems que nous
étions au Pérou il y fut répandu un bruit que
le Roi d'Efpagne avoit donné ordre qu'on fît
des éforts pour la reprendre, à-caufe de la
bonté & commodité de fon port; mais on n'a-
voit pas ofé fe hafarder à cette entreprife. Cette ville eft fituée par les 40. degrès de latitude
Sud, & préfentement inhabitée. Son havre
eft admirable, fans baffes & fans bancs.

L'infanterie Efpagnole a beaucoup d'avantage fur les Chilois, par le moien des moufquets: mais la cavalerie de ceux-ci eft beaucoup au-deffus de celle de leurs ennemis; car
ils font fort-bien à cheval, & il n'y a point
de cavalier Efpagnol qui ofe faire tête à un
cavalier Chilois. Outre cela ces derniers pa-
roiffent fort-fouvent par corps de trois ou quatre mille hommes, & font bien-vîte retirer
leurs ennemis de devant eux.

Leur maniére de faire la guerre aux Efpagnols eft d'aller gâter leurs campagnes, & four-
rager leurs fruits: enfuite ils vont bloquer
leurs fortereffes, & n'y laiffent rien entrer.
Ainfi ils affament les garnifons, qui demeurent dans une extrême mifére, en atendant que
le Gouverneur du Chili, amène de la Conception toutes fes forces, pour les dégager.

H h 4   Les

Les Eſpagnols envoient encore tous les ans
trois ou quatre drapeaux de ſoldats de Lima
au Chili. Cette milice eſt compoſée, de tous
les malfaiteurs qui ſe trouvent avoir été mis
en priſon au Pérou à-cauſe de leurs crimes.
Pour cet éfet on les fait conduire à Lima. Mais
ce nombre de gens ne ſufiſant pas pour faire
tête aux Chilois, on y a envoié chacune des derniéres années, un bon nombre de ſoldats, qui
y vont ordinairement de Buenos Airos par terre, ſuivant les ordres venus de la Cour d'Eſpagne.

Dans cette année 1624. la diſette & la miſére des Eſpagnols avoit été ſi-grande au Chili, qu'ils s'y étoient mutinez juſqu'à chaſſer
& maltraiter leurs Oficiers, qui avoient eu
beaucoup de peine à les remettre ſous l'obeiſ-
ſance. Si l'on veut ſavoir la raiſon pourquoi
le Roi d'Eſpagne n'abandonne pas le Chili,
puis-qu'il n'en tire point de profit; c'eſt qu'il
craint que les Chilois ne s'en tinſſent pas à la
joüiſſance de la liberté qu'ils auroient recou-
vrée, y aiant beaucoup d'aparence, qu'ils voudroient pénétrer dans le Pérou.

D'ailleurs il a beſoin des Indiens du quartier le plus méridional du Pérou, & de la
partie la plus ſeptentrionale du Chili, pour
travailler aux mines dans le Potoſi, parce-
qu'ils ſont vigoureux & peuvent ſoutenir la
grande fatigue qu'il faut ſuporter dans le fond
de ces mines; au-lieu que ceux du Nord du
Potoſi n'y peuvent réſiſter, & meurent promtement. On ne parle point ici de la fertilité
du Chili, ni de l'or qui s'y trouve, parce-que
le Public en eſt aſſez informé, par pluſieurs
Réla-

Rélations qui en ont été faites.

Le 26. du même mois de Juin, outre-que le scorbut regnoit généralement dans toute la flote, il y avoit tant de malades sur les 4. vaisseaux qui avoient fait le voiage du Sud, qu'il n'y en avoit pas assez en santé pour armer les chaloupes. Cependant il n'y avoit aucune espérance de trouver à Callao ni des herbages, ni d'autres rafraîchissemens ou remédes, quoique nous fussions obligez d'y séjourner encore à cause du *Maurice* & de *l'Espérance*, qui auroient pu tomber entre les mains des ennemis, si on les eût abandonnez.

Ainsi nos afaires alloient fort-mal, & nous n'eussions pas manqué dans peu de tems de perdre beaucoup de monde, si Dieu n'eût permis, qu'un Suisse malade du scorbut, ne fût allé sur la cime de la plus haute montagne de Lima, où l'on n'avoit pas le moindre soupçon qu'il y eût de la verdure. Il y trouva certaines sortes d'herbages qu'il connoissoit, & dont aiant mangé il reçut beaucoup de soulagement.

Dès-que le Vice-amiral sut ce qui étoit arivé au Suisse, & quelle étoit la vertu de ces herbes, il en envoia prendre autant que tous les équipages en pouvoient manger, qu'on fit aprêter avec de l'huile & du vinaigre en salade, aussi-bien qu'en potage. Ce rafraîchissement produisit un éfet merveilleux : les malades se rétablirent assez promtement, & l'on continua de manger des herbes pendant-qu'on fut à Callao.

Le 1. de Juillet 1624. le Vice-amiral aiant essaié de faire creuser des puits dans l'isle, on trouva que le fond étoit si-pierreux sous la ter-

 re,

re, qu'on ne put creuſer juſqu'à l'eau. En éfet
cette iſle, qui a environ 3. lieuës de circuit,
eſt toute remplie de pierres & de roches, &
il n'y croît rien que les herbages dont on a parlé, qui ſont ſur la montagne. On voit à ſon
bout occidental pluſieurs ſépultures des Indiens,
qui paroiſſent fort-anciennes.

Le 18. on vit deux Eſpagnols, ſur des fagots
de gros joncs, qui flotoient vers l'*Orange* qu'ils
abordérent. C'étoient deux déſerteurs de Callao, dont l'un étoit le principal des Comé-
diens du Pérou, & l'autre un ſimple ſoldat.
Ils nous aprirent que le *Maurice* & l'*Eſpérance*
avoient pris 4. bâtimens ſur la côte de l'iſle de
Puna, & qu'ils avoient brûlé la ville de Guaïaquil avec le nouveau galion du Roi.

Ils déclarérent auſſi qu'il y avoit des fortifications tout-autour de Callao, & 80. piéces
de canon dans la place, outre les 40. du gal-
lion qui étoit dans le baſſin : qu'il y avoit 40.
compagnies d'infanterie & 16. de cavalerie,
pour la défendre : que le Vice-roi avoit envoié
des milices à toutes les aiguades afin-que nous
ne puſſions faire d'eau en aucun endroit.

Ils dirent que le ſujet de leur déſertion étoit
que depuis quelques jours ils avoient tué à Callao le Général de la cavalerie Eſpagnole, pour
une querelle qu'ils avoient priſe avec lui, à-
cauſe d'une femme de débauche. D'ailleurs
ils ne ſavoient rien de nouveau, parce-que depuis le coup ils avoient toujours été cachez,
& avoient eu l'eſprit plus ocupé à chercher les
moiens de ſe ſaver, qu'à s'informer des nouvelles, & de ce qui ſe paſſoit.

Le 22. dix chaloupes ennemies bien-armées
s'étant

s'étant avancées vers *la Concorde*, firent grand
feu fur ce vaiſſeau, & coupérent deux de ſes
haubans.   Le vaiſſeau ne manqua pas de leur
envoier ſes bordées ; mais comme il rouloit
trop-fort, les coups ne portérent pas.

Le 24. les Eſpagnols envoiérent au *David*
plus de 100. volées de canon, de boulets de 6.
7. & 8. livres, ſans bleſſer perſonne.   Leur
hardieſſe venoit de ce que le Vice-amiral, qui
avoit ſon deſſein au ſujet du Chili, avoit recommandé qu'on ne tirât que par une abſolue
néceſſité, & qu'on épargnât la poudre.   Ainſi
voiant qu'on les laiſſoit faire, ils oſoient s'a-
procher peu-à-peu : mais lors-qu'il en étoit
tems on les faiſoit bien reculer.

Le 29. à la pointe du jour, treize chaloupes Eſpagnoles s'étant avancées tout-proche
de *la Concorde*, ce vaiſſeau fut embaraſſé de
ce que le yacht *le Levrier*, qui n'étoit pas bien
pourvû de canon, y étoit amarré avec une hanſiére, parce-qu'il ſervoit aux Eſpagnols à les
couvrir, & que *la Concorde* ne pouvoit tirer
ſur eux qu'au-rravers du yacht, qui en auroit
été deſemparé.   Ainſi on ne put d'abord les
incommoder.   Ils eurent le tems d'envoier
au navire plus de 30. boulets de 16. & de 18.
livres, dont la plupart portérent, avant-qu'il
fût paré ; & il ſembloit qu'ils avoient deſſein
d'aborder le yacht.   Mais enfin le navire s'é-
tant débaraſſé tira plus de 70. coups, & les Eſpagnols, après en avoir tiré plus de 120. firent
rétraite. Il n'y eut de nos gens qu'un Canonier de bleſſé ; mais il perdit le bras droit.

Le 5. d'Août, le Vice-amiral fut inſtalé
dans la charge d'Amiral, en vertu des Paten-

H h 6

tes

tes du Prince Maurice, & il fit prêter le ferment de fidélité à bord du *Delft*, où les équipages des plus prochains vaisseaux se rendirent tour à tour. Le Contre-amiral lui aiant aussi succédé dans la charge de Vice-amiral, Corneille Jacobsz Conseiller de l'Amiral, fut établi Contre-amiral en sa place.

Sur le midi, l'Amiral nagea vers l'*Orange*, avec toutes les chaloupes, pour y prendre le ferment du reste des équipages, qui s'y rendirent aussi. Les Espagnols aiant remarqué la manœuvre des chaloupes, s'avancérent avec les leurs, & avec des frégates, en tout au nombre de 15. croiant surprendre le yacht: mais on y donna si-bon ordre qu'ils furent contrains de se retirer.

Bientôt après on vit revenir le nouveau Vice-amiral Jean Willemsz Verschoor, avec le *Maurice* & *l'Espérance*, & une prise qu'ils amenoient. Les Hollandois avoient trouvé à la rade de Puna trois bâtimens, dont ils en avoient brûlé deux ; & celui qu'ils amenoient étoit le troisiême. Ensuite ils avoient remonté la riviére jusqu'à Guaïaquil, place qui étoit bien fortifiée, & pourvuë d'une bonne garnison. Néanmoins ils avoient fait descente, non-obstant le feu des batteries des ennemis, aiant pourtant perdu 35. hommes, qui furent tuez en débarquant; & ils s'étoient rendus maîtres de la ville.

Mais comme après cette victoire, il ne restoit que 200. hommes, nombre de gens qui étoit trop-médiocre pour garder une telle ville, au milieu de tant d'ennemis; & qu'ils n'avoient pas assez de chaloupes, ni d'autres petits

tits bâtimens, pour en enlever le butin, ils avoient brûlé & la ville, qui étoit remplie de marchandises, parce-que c'étoit le port de Quito, & un galion du Roi, qui y avoit été nouvellement construit; & ils s'étoient retirez à la première marée.

A la prise de la place il fut tué plus de 100. Espagnols, & il en fut fait 17. prisonniers, qu'on jetta ensuite à la mer à Puna, pour avoir voulu faire une trahison. Après cela le Vice-amiral aiant fait nétoier ses vaisseaux, & rafraîchir les équipages dans l'isle, avoit mis à la voile, & au plus près du vent, courant la bande du Sud, jusques par les 25. degrès & un tiers de latitude méridionale, où il étoit à 350. lieuës de terre. Alors le vent aiant changé, il avoit fait remettre le cap sur les terres, dans la pensée d'abattre vers Arica, & de relâcher encore en quelque endroit, pour y prendre des rafraîchissemens par force. Mais le vent étoit devenu si-impétueux, qu'il n'avoit pu rendre le bord au Pérou que par les 13. degrès, & le jour précédent; & il avoit ensuite toujours continué sa route, jusques au tems que ses vaisseaux venoient de paroître.

Le Vice-amiral & tous les autres atribué- rent l'honneur de cette expédition au Capitai- ne Engelbert Schutte, qui, après la première charge voiant nos gens découragez, les avoit animez par ses paroles & par son éxemple, & les avoit remenez à la charge, quoi-que les ennemis fussent trois fois plus forts. Cette valeur avoit sans doute sauvé les troupes & les vaisseaux; car les Espagnols auroient pu faci- lement couper les premiéres dans leur retraite,

H h 7

& en-

& enfuite ils fe feroient rendus maîtres des deux navires.

L'Amiral voulant continuer de monter le *Delft*, y fit arborer le pavillon au grand mât : l'*Amfterdam* ne le porta plus qu'au mât d'avant; & l'*Orange* continua de porter le fien à l'artimon.

Le 13. du même mois d'Août 1624. nous abattîmes les huttes de l'ifle de Lima, & fîmes nos préparatifs pour partir. Le lendemain toute la flote, alors compofée de 14. voiles, par le moien de 3. prifes qu'on emmenoit, & qu'on avoit équipées pour s'en fervir, prit fon cours vers les Pifcadores, & paffa entre-deux, laiffant un petit rocher à babord; puis allant au plus près du vent, nous courûmes vers la baie qui eft derriére ces ifles, où nous mouillâmes l'ancre fur le foir.

Auffi-tôt l'Amiral étant allé à terre avec cinq compagnies de foldats, & une groffe troupe de matelots, fit pofter les premiers autour d'une place affez proche du rivage, où les autres creuférent un puits, parce-qu'on lui avoit affuré qu'il étoit aifé de trouver de l'eau douce par cette voie, & il vouloit en favoir la vérité avant-que de faire aucune autre manœuvre.

Lors-qu'on eut trouvé l'eau, & connu qu'elle étoit bonne, on fit travailler toute la nuit les matelots à une demi-lune, qui dès le lendemain matin, fut en état de défenfe. La nuit les foldats avoient été fous les armes, pour couvrir les travailleurs, & cependant l'Amiral avoit fait débarquer dix petits canons, avec leurs afûts, qui furent mis dans le retranchement, afin-que fi les foldats étoient ataquez

le

le lendemain , ils puſſent être à-couvert ſous
cette artillerie.

Le matin du 15. les 5. compagnies étant
entrées dans la demi-lune, on y fit pâſſer avec
une vîteſſe incroïable 6. piéces de gros canon,
de 20. à 24. livres de balle. La difficulté étoit
que les puits qu'on avoit creuſez , ne pouvoient
fournir , dans un petit eſpace de tems , autant d'eau qu'il en falloit pour toute la flote.
D'ailleurs notre retranchement étoit commandé par des éminences & par des montagnes ,
où les Eſpagnols de Lima pouvoient aiſément
conduire leur artillerie & leurs forces, ainſi-que
le raportérent ceux qui furent envoiez pour
viſiter ces endroits-là.

Ce raport obligea l'Amiral de faire rembarquer le gros canon , & de le faire remener à bord avec autant de diligence qu'on l'en
avoit amené: mais les petites piéces demeurérent à terre pour favoriſer la retraite , ſi
l'on étoit obligé de la faire.

Le matin du 16. les troupes & les canons retournérent auſſi à bord , ſans que perſonne s'y
opoſât. Après midi nous mîmes à la voile , à
la faveur de la briſe de mer , & nous fîmes
l'Oüëſt pour doubler Punto Perdido.

Le ſoir du 20. nous découvrïmes les iſles de
los Lobos , qui nous demeuroient à babord.
Le 23. nous eûmes la vuë de Cabo Blanco, &
le 24. celle de l'iſle de Sainte Claire, qui nous
demeuroit au Nord-oüëſt. Sur le midi, l'A-
miral fit mettre trois chaloupes de l'avant ,
pour donner avis de notre venuë aux Indiens de
Puna , & leur dire que nos gens ne leur feroient
aucun tort ; & en même tems pour tâcher d'a-
prendre.

prendre d'eux ce qui se passoit à Guaïaquil.

Le 25. après midi, nous allâmes ancrer à la rade de l'isle de Puna, où les chaloupes étoient déja quatre heures avant nous. Elles avoient pris une petite barque, où il y avoit des balles de marchardises, qui devoient être envoiées par terre à Lima. Mais pour les hommes, Espagnols & insulaires, tout s'en étoit fui, & il fut impossible de trouver personne à qui l'on pût parler.

Le 27. les 3. plus gros vaisseaux se déchargérent de leur canon & de leur lest, & furent halez sur le sec pour être néroiez. Le 28. l'Amiral reçut le fâcheux avis du mauvais succès d'une nouvelle entreprise qu'on avoit faite sur Guaïaquil. Nos troupes, par la faute de quelques Oficiers, y avoient été mises en fuite, & s'étoient rembarquées avec perte de 26. à 28. hommes.

Ce desordre étoit arivé, selon le raport du Commandant, parce-que la moitié de la compagnie de soldats du Capitaine Everwijn, avoit monté sur la montagne, sans atendre le Capitaine, & avoit marché droit aux ennemis, par vanité, & pour avoir l'honneur de la victoire, la croiant assurée, à-cause qu'on avoit vu que quelques Espagnols fuïoient. Mais les ennemis retranchez dans des maisons, sur le haut de la montagne, où ils atendoient nos gens, aiant chargé tous à la fois, en jettérent quelques-uns par terre, & éfraïérent tellement les autres, qu'ils prirent la fuite, & mirent aussi en déroute une autre compagnie, qui marchoit derriére eux, pour aller les soutenir.

On

On fit une nouvelle tentative ; mais le Commandant qui fut bleſſé , & qui vit que la fraïeur avoit ſaiſi ſes gens , leur ordonna de faire retraite.   Le Capitaine Schutte y fut auſſi bleſſé , & non-obſtant ſa bleſſure il fit tous ſes éforts pour retenir ſa troupe , & empêcher la fuite.

Ce fut une choſe étrange qu'avec deux fois plus de monde qu'il n'y en avoit auparavant, on ne pût prendre Guaïaquil brûlée & ſans retranchemens ; au-lieu qu'il y en avoit de bons lors-qu'elle fut priſe la premiére fois avec ſi peu de gens.   Le ſentiment commun fut que cela venoit du peu d'expérience du Commandant au fàit de la guerre , ou de ce que les ſoldats étoient prévenus qu'ils ne pourroient obtenir la victoire ſous ſa conduite ; ce préjugé les aiant empêché de marcher aux ennemis avec la même ardeur qu'ils avoient acoutumé.

Le 1. de Septembre , les 3. principaux navires étant nétoïez , & remis dans leur aſſiette ; on commença de nétoïer les autres. Le 2. l'Amiral alla mettre deux corps-de-garde auprès des deux puits qu'on avoit faits , de-peur que les ennemis ne les vinſſent empoiſonner.

Le 9. après pluſieurs délibérations , il fut réſolu que , non-obſtant les aparences d'un bon ſuccès qui ſe préſentoient ſi l'on alloit au Chili , on iroit premiérement à Acapulco , ſuivant ce qui étoit porté dans les Inſtructions , pour y croiſer ſur les galions qui devoient y venir des Manilles ; & qu'enſuite , ſelon l'état où ſeroit la flote , on pourroit aller au Chili.

Le 11. nous brûlâmes tout le bourg de Puna , & abattîmes les murailles de l'Egliſe. Le 12. nous remîmes à la voile. Il déſerta 8. ſoldats.

dars, 4. François & 4. Anglois, de la compagnie du Capitaine Schutte, qui s'enfuirent dans l'isle, lors-que nous partîmes. Ils avoient toujours fort-bien servi, & avoient combattu vaillamment dans toutes les autres actions: mais le fâcheux succès de celle de Guaïaquil les avoit rebutez. Ils demeurérent persuadez que nos afaires iroient mal, & qu'il n'y auroit pour eux aucun moien de faire fortune avec nous.

Le 17. du même mois de Septembre, nous fûmes par les trois degrès de latitude Sud, & le 18. nous trouvâmes les vents alisez du Sud-sud-ouëst. Le 20. nous fûmes surpris de ne point découvrir les isles de Gallapagos, quoi-que, selon les cartes, nous fussions par cette longitude, & que, suivant tous les pointages, nous dussions alors traverser entre elles. Ainsi nous crûmes qu'elles n'étoient pas placées dans les cartes par leur véritable longitude, & qu'elles nous demeuroient à l'Ouëst.

Le 22. à midi, nous fûmes par la hauteur d'un degré 35. minutes, & peu après nous vîmes quelques isles qui nous demeuroient au Sud, & que nous regardâmes comme étant les Gallapagos, bien-que selon tous nos pointages nous dussions les avoir dépassées. Nous eûmes toujours les vents de Sud-ouëst jusqu'au 10. d'Octobre, que nous tombâmes souvent dans le calme, & eûmes des vents de Sud-est & d'Est-sud-est.

Le 20. d'Octobre 1624. nous eûmes la vuë de la Nouvelle Espagne, qui nous demeuroit au Nord-est, & dont les terres nous paroissoient aussi-hautes que des montagnes. A midi

di nous fûmes par les 17. degrès 50. minutes ;
& le 22. par les 18. degrès 12. minutes, à deux
lieuës de terre. Une chaloupe qu'on avoit envoiée sur la côte, raporta qu'elle couroit Est-
sud-est & Ouest-nord-ouest, & qu'à une bonne portée de petit canon du rivage, il y avoit
20. à 30. brasses d'eau, fond de sable : qu'on
avoit vu des hommes à terre, mais qu'on n'a-
voit pu traverser les brisans pour y aller.

Le matin du 23. nous fûmes pris de calme,
& après midi nous eûmes une brise de mer,
comme le jour précédent. Ainsi nous vîmes
par expérience que le long de la côte de la
Nouvelle Espagne, les vents de mer souflent
depuis midi jusqu'à minuit, & que depuis minuit jusqu'à midi les vents sont variables,
& qu'il y fait du tonnerre, des éclairs, des
pluïes &c.

Le 24. nous eûmes la vuë de Siguataneio,
qui est fort reconnoissable, à-cause de 4. rochers blancs, qui en gisent à trois lieuës. Ensuite nous vîmes le mont de Calvario, qui
court au Sud-ouest en mer, & qui, lors-qu'on
en aproche, paroît de tous côtés être une isle.

Le 28. à la pointe du jour, nous nous trouvâmes à demi-lieuë d'une isle qui est devant le
port d'Acapulco, & sur le soir nous y mouïl-
lâmes l'ancre, à la vuë du fort, qui avoit été
rebâti l'année précédente sur une pointe qui
s'avancoit en mer, pour mettre à-couvert les
galions qui viennent des Manilles, qu'on peut
y tenir à l'ancre sous le canon. Il y a quatre bastions, qui sont munis de 10. ou 12. piéces
d'artillerie, & il est entouré d'une bonne
muraille.

Le 29.

Le 29. nous cherchâmes les voies d'entrer en négociation avec les Eſpagnols, pour tâcher d'aprendre par les otages qu'ils nous pourroient donner, s'ils atendoient cette année des galions des Manilles, & s'ils viendroient bientôt. Nous fîmes entendre aux Eſpagnols que nous avions fait des priſonniers ſur la côte du Pérou; qu'il y avoit des Capitaines & quelques autres gens conſidérables de leur nation; & que maintenant que l'Amiral avoit réſolu de faire route aux Indes Orientales, il conſentiroit volontiers à traiter de leur rançon pour des rafraîchiſſemens, ſi le Gouverneur vouloit donner en otage quelque Oſicier ou perſonne de diſtinction, de-même que de notre côté nous ofrions d'envoier des otages au port.

Le Gouverneur répondit qu'il ne vouloit ni envoier des otages à l'Amiral, ni en recevoir dans ſon fort; mais que ſi l'on vouloit mettre les priſonniers à rançon pour de l'argent, on n'avoit qu'à les amener, & qu'il traiteroit ainſi qu'il ſeroit raiſonable, & ſelon la pratique ordinaire. L'Amiral n'aiant pas voulu y conſentir, la négociation fut finie.

Le 1. de Novembre 1624. les vaiſſeaux furent remorquez hors du port. Cependant on tira de la place ſix coups qui ne portérent point. Sur le ſoir, il ſe fit un détachement de l'*Amſterdam* *la Concorde*, *l'Aigle*, le *David* & le *Griffon*, avec les yachts le *Chaſſeur* & *la Violence*, & la chaloupe de *l'Aigle*, ſous le commandement du Vice-amiral, qui alla mouiller l'ancre à 18. ou 20. lieuës au vent, c'eſt-à-dire à l'Ouëſt d'Acapulco, afin-qu'il pût découvrir & aborder les galions, qui, ſelon nos conjectures,
pour-

pourroient bien terrir à-peu-près en ce lieu-là; ou qu'au moins, s'il ne pouvoit les joindre, il leur donnât la chasse, & les fît tomber au milieu des vaisseaux qui restoient à l'Amiral, lequel retourna moüiller dans le port.

Le 2. le *Maurice*, *Hollande*, *l'Espérance*, *le Levrier* & *Naffau*, s'étant mis sous voiles, allérent moüiller à une lieuë & demie l'un de l'autre, de-sorte que *l'Espérance* qui étoit le plus à l'Est, étoit à demi-lieuë au-dessus d'Acapulco, & le *Maurice*, qui étoit le plus à l'Oüest, jetta l'ancre à portée de vuë de ce premier; le *Delft* que montoit l'Amiral, demeurant moüillé dans le port avec l'*Orange*.

Le 3. & le 4. les chaloupes & les canots du *Delft* & de l'*Orange* allérent faire de l'eau à Porto del Marques, qui est à une lieuë & demie d'Acapulco. Le 7. le Capitaine Witte étant retourné à l'aiguade avec les chaloupes, les ennemis qui étoient dans une embuscade, ataquérent ceux qui puisoient de l'eau, qui prirent la fuite & se rembarquérent, aiant perdu 4. hommes, qui furent tuez, ou qui se noiérent. Il y en eut un autre qui demeura sur le rivage: mais le Capitaine Witte le voiant dans ce danger, fit encore nager vers terre, & alla luimeme le prendre, & le tirer dans la chaloupe; générosité qui lui valut une blessure, qu'il reçut alors dans le côté, & dont il guérit dans la suite.

Le 8. l'Amiral sortit du port d'Acapulco, & le 15. le Vice-amiral aiant laissé ses vaisseaux en sentinelle, & passé à bord du *Levrier*, se rendit auprès de lui, & lui dît qu'il avoit trouvé une bonne aiguade, à 16. ou 18. lieuës

à l'Oüest

à l'Ouëſt d'Acapulco, mais que la mer y briſoit ſi-fort, qu'il étoit difficile de paſſer juſqu'au rivage. Nous étions alors à 5. lieuës, à
l'Ouëſt de cette ville, & l'Amiral fit donner
avis à tous les vaiſſeaux qui étoient ſous le vent
de le ſuivre.

Le 21. nous vîmes ceux des vaiſſeaux du détachement du Vice-amiral qui étoient le plus
à l'Ouëſt, & nous nous trouvâmes à 17. lieuës
d'Acapulco, aiant fait en 6. jours 11. lieuës
à l'Ouëſt. Le 22. nous les vîmes tous ſous voiles. Le calme les empêchant de nous joindre,
nous aprîmes du yacht, qui enfin nous aborda,
que ſix ſoldats avoient déſerté ; que l'*Amſter-*
dam & *la Concorde* avoient fait de l'eau ; que le
lendemain de leur départ on avoit vu paroître
plus de 600. Eſpagnols ſur le rivage ; qu'ils
étoient venus, ſans doute, pour ſurprendre
ceux qui ſeroient à l'aiguade ; mais que par
bonheur ils s'étoient déja retirez.

Le 24. on courut à l'Ouëſt juſqu'au 28. en
rangeant la côte, pour chercher les iſles de La-
drilleros, qui, ſuivant le Journal Eſpagnol,
ſont à 40. lieuës, à l'Ouëſt d'Acapulco, & où
l'on trouve de l'eau, du poiſſon & des patates
en abondance. Mais après avoir fait plus de
45. lieuës d'Allemagne, au-lieu des 40. lieuës
d'Eſpagne marquées, ſans trouver ces iſles, on
ne s'amuſa plus à les chercher. Le 29. nous
brûlâmes les yachts *le Levrier* & *la Violence* qui
ne pouvoient plus naviger.

Le 15. de Janvier 1625. nous vîmes les terres qui nous demeuroient à l'Ouëſt, & qui
étoient fort baſſes. Le briſant étoit extraordinaire, & ce fut un bonheur que nous n'y déchû-
mes

mes pas pendant la brune. Nous jugeâmes que c'étoit l'isle de Galperico.

Le 23. on trouva que le scorbut avoit tellement gagné, qu'à-peine, en quelques vaisseaux, y avoit-il assez de gens sains pour manœuvrer. Le soir du 25. nous fûmes sur la côte d'une des isles des Larrons nommée Guagan. Le terrein étoit passablement haut. Les Larrons vinrent avec plus de 20. canots, à deux lieuës de terre, & nous donnérent des noix de cocos, des bananes, des patates, pour de vieille ferraille.

Le matin du 26. nous vîmes revenir plus de 150. canots, qui nous donnérent en troc près de 700. noix, & des Anjamas. Vers le soir, nous moüillâmes l'ancre au côté occidental de Guagan, sur 10. brasses, fond de sable.

Le 27. le Vice-amiral & la moitié des soldats allérent dans une petite isle qui gît à trois lieuës au Sud de la rade, pour y chercher des rafraîchissemens. Mais comme la mer y brisoit extrémement, qu'on craignoit d'y perdre des chaloupes sur les rochers qui y pouvoient être sous l'eau, & que les Larrons priérent le Vice-amiral de ne pas débarquer, lui promettant de lui porter à bord tout ce qu'ils auroient qui pourroit l'accommoder, il retourna moüiller à la rade. Le Contre-amiral, de son côté, aiant visité la baïe, y trouva une aiguade, où l'eau étoit bonne, & facile à faire.

Le 28. on envoia poser à terre un corps-degarde de 50. soldats, pour la sureté de la grande chaloupe, & des ouvriers qui lui devoient donner le radoub. Le 29. on fut obligé de renforcer ce corps-de-garde, & d'y envoier du petit canon, parce-que les Larrons parroissoient vers

l'aigua-

l'aiguade, par groſſes troupes, & armez d'aſſagaies.

Les premiers jours du mois de Fèvrier 1625.
ils portérent du ris à bord, & en donnérent une
balle de 70. à 80. livres pour une vieille hache
toute-roüillée. Le 5. on fit une revuë générale
ſur la flote, où l'on trouva 1260. hommes, en
y comprenant 32. priſonniers Eſpagnols &
Noirs. Le 9. l'Amiral fit faire le Sermon à terre. Le 11. nous remîmes à la voile.

L'iſle Guagan que nous quittions, eſt une des
iſles nommées Iſlas de las Velas, ou des Larrons. Elle gît par les 13. degrès 2. tiers de latitude Nord. Mais la rade où la flote étoit
moüillée ſur 10. 20. & 30. braſſes, fond de ſable, à une portée & demie de gros canon du
rivage, eſt par les 13. degrès & demi, & au
côté occidental de l'iſle. On y peut entrer également par le Nord & par le Sud.

Le terrein de cette iſle eſt paſſablement haut,
& fertile. On y ſème du ris en pluſieurs endroits. Il y a un nombre infini de cocos, auſſi-
bien que dans l'autre iſle qui eſt au Sud-eſt,
& aſſez de palmiers. Il y a auſſi une quantité
extraordinaire d'Anjamas. On nous donna 200.
poules, mais point de beſtiaux, quelques éforts
que nous fiſſions pour en obtenir.

Les Larrons ſont plus grands que les Ternatois, & que les autres Indiens, & ſont bien proportionez dans leur taille. Ils ont le teint rougeâtre, & vont tout-nuds, hormis-que les femmes couvrent leurs parties naturelles d'une
feüille d'arbre. Leurs armes ſont des aſſagaies
& des frondes, dont ils ſavent fort-bien ſe
ſervir.

Leurs

Leurs canots sont bien faits, & propres à pincer le vent. Ils s'en servent pour aller jusqu'à 2. ou 3. lieuës au large, quoi-que la mer soit grosse, parce-que quand les canots tournent, ils les retournent aisément, & en vuident l'eau.

D'abord on diroit que ces gens-là trafiquent avec quelque bonne foi; mais on connoît bien-tôt que ce n'est pas sans raison qu'on leur a donné le nom de Larrons: car il n'y eut pas une des balles de ris qu'ils nous vendirent, où l'on ne trouvât du sable, ou de petites pierres, ou d'autres choses; & avec cela ils volent éfecti-vement tout ce qu'ils peuvent atraper.

Il ne faut pas débarquer dans leurs isles, sans être bien pourvu d'armes, ni prendre la moin-dre confiance en eux; car tous les matelots qui s'écartent de la troupe de leurs compagnons, ne manquent pas d'être massacrez, au-moins s'ils sont rencontrez par ces cruels insulaires, ain-si-que nous en fîmes la triste expérience en quelqu'un de nos gens.

Le 14. du même mois de Fèvrier 1625. nous fûmes par les 10. degrès & demi, & nous vî-mes une isle que nous crûmes être celle de Sa-havedra, quoi-que cette estime ne s'acordât pas bien avec les cartes.

Le 15. à 9. heures du matin, nous vîmes une autre isle, que nous ne trouvâmes point dans les cartes, dont les habitans qui vinrent à nous dans des canots, étoient de la même taille que les Larrons. Ils avoient les cheveux noirs & longs, & quelques ornemens à leur mode au-tour du corps; mais comme nous courions tou-jours ils ne purent nous aborder. Leur païs

I i

paroitparoiſſoit bien cultivé & aſſez peuplé : il eſt par les 9. degrès 3. quarts.

Le 23. il fut réſolu dans le Conſeil qu'on prendroit ſon cours au Sud-ſud-ouëſt, juſques par la hauteur des 3. degrès, pour gagner Gilolo, & aller enſuite à Ternate. A midi nous prîmes hauteur, & nous trouvâmes que les courans nous avoient furieuſement portez au Nord, quoi-que la mouſſon du Nord ſouflât alors.

Le 2. de Mars 1625. nous eûmes la vuë de la montagne de Gammacanor, qui eſt ſur la côte de Moro, bout occidental de Haremahera, ou de la grande iſle de Gilolo, par le travers de la partie occidentale de laquelle giſent les iſles Moluques.

Le 4. ſur le ſoir, nous eûmes un bon frais du Nord, qui nous pouſſa juſqu'à Malaie, principale place de l'iſle de Ternate. L'Amiral envoia une chaloupe à Talucco, où étoit alors le Sr. Jaques le Fèvre Gouverneur des Moluques, pour lui donner avis de notre venuë.

Le 5. du même mois de Mars, ſelon notre calcul, & le 6. ſelon le calcul de ceux qui étoient aux Indes, le Gouverneur étant venu à bord ſaluer l'Amiral, ils allérent enſemble à terre. La raiſon de cette différence du compte des jours eſt que la flote, en courant à l'Ouëſt, avoit couru près de 16. heures avec le Soleil, de-ſorte que nous avions eu ordinairement les jours un peu plus longs que 24. heures; au-lieu que ceux qui de Hollande avoient pris leur cours droit aux Indes Orientales, aiant fait l'Eſt, avoient couru contre

le

Soleil, & avoient eu ordinairement les
ours un peu plus courts que 24. heures; &
ls avoient trouvé le Soleil à midi, aux
Moluques, environ huit heures plutôt qu'ils
e l'avoient eu en Hollande, si-bien que ces
deux différences faisoient ensemble un jour en-
ier.

Le 13. on eut nouvelles qu'un des vaisseaux
de la Compagnie, nommé *la Fidélité*, avoit
fait naufrage sur la côte de Sangi, isle qui gît
à 50. lieuës Nord-ouëst-quart-au-nord de Ternate, sur la route des Philippines. Le même
jour une partie des gens de la flote fut emploiée
à ruïner le fort de Calemate, qu'on ne vouloit
plus conserver.

Le 17. le Vice-amiral partit avec un détachement, pour aller aussi ruïner un fort qu'on
avoit à Motir, qui est la troisième des grandes isles Moluques.

Le 25. le Gouverneur de ces isles, partit
avec toute la flote, pour aller à Macian, où
l'on jetta l'ancre à la rade de Gnoffaquia. Le
26. *la Concorde* fit route vers Sangi, pour
prendre ce qui se seroit sauvé du naufrage de
la Fidélité.

Le 18. la flote fit voiles; mais parce-que
le vent forçoit trop, pour monter au lof de
Gorties, elle traversa le détroit qui est entre
la vieille isle de Batsian & la nouvelle.

Le 4. d'Avril 1625. nous ancrâmes sous le
fort d'Amboine, où le Gouverneur nommé
Herman van Speult fit des préparatifs pour
aller à Louhou & à Cambelle, dans l'isle de
Céram. Le 25. la chaloupe de *l'Aigle* prit la
route de Batavia, afin de donner avis de notre

                    venuë

venuë au Gouverneur Général pour les Hollandois dans les Indes.

Le 14. de Mai, l'Amiral & les deux Gouverneurs d'Amboine, nommez Speult & Gorcum, aiant déja auparavant envoié deux vaisseaux, l'un à Louhou & l'autre à Cambelle, les suivirent avec toutes leurs forces, tant de vaisseaux Hollandois que de corcorres. D'abord ils prirent Louhou, & ruïnérent la place, puis ils brûlérent les Négreries des rebelles, & détruisirent tous leurs girofles.

Le 22. de Juin, ils s'en retournérent à Amboine. Le 18. de Juillet, l'Amiral & le Gouverneur Speult en partirent avec la flote, & firent route vers Batavia.

Le 25. d'Août le même Gouverneur se détacha de nous avec l'*Orange* & le *Maurice*, pour aller à Japara, & nous continuâmes notre route à Batavia, où nous terrîmes le 29. Quelques jours après Speult nous y vint rejoindre.

Comme il ne se présentoit alors aucune entreprise où la flote pût être emploiée, il fut résolu, dans le Conseil des Indes, de la séparer, & d'envoier les vaisseaux en divers lieux, selon que les interêts de l'Etat & de la Compagnie pourroient le requérir. Le commandement des navires *Orange*, *Hollande*, & *Maurice*, fut donné au Gouverneur Speult, pour aller à Suratte, dans le dessein de n'y séjourner que le moins qu'il seroit possible, & de faire voiles en Hollande le plutôt qu'il pourroit.

Le Vice-amiral Verschoor eut le commandement de *l'Espérance*, du *Griffon*, & de deux

yachts

yachts de la Compagnie, pour aller faire une expédition à Malacca. *L'Aigle* & le *David* furent deftinez pour la côte de Coromandel. On équipa *la Concorde*, pour le renvoier inceffamment en Hollande. Le *Delft* & l'*Amfterdam* furent envoiez à l'ifle Onruft, pour prendre le radoub, & fuivre *la Concorde* dès-qu'ils feroient en état.

Le 29. d'Octobre 1625. l'Amiral étant tombé malade s'embarqua fur *la Concorde*, qui fit voiles de Batavia, de compagnie avec les *Armes de Hoorn*, pour retourner en Hollande. Le 3. de Novembre, l'Amiral mourut à bord, & le 5. il fut enterré dans l'ifle Pulo Boftoc, à deux lieuës de Bantam.

Le 21. de Janvier 1626. les deux vaiffeaux moüillérent l'ancre à la rade du cap de Bonne-efpérance, & le 9. de Juillet fuivant ils terrirent heureufement au Texel.

Defcription du gouvernement du Pérou, faite par un prifonnier Efpagnol nommé Pedro - de Madriga, natif de Lima.

LES Roïaumes du Pérou, du Chili & de Terra Ferma, font préfentement gouvernez par Don Jean de Mendofa Marquis de Montes Claros, en qualité de Vice-roi, qui y éxerce la même puiffance que le Roi fon Maître éxerce dans l'Efpagne. Il confére les charges qu'on nomme Corigimentos: il fait des dons & des préfens: il diftribuë les revenus, les adminiftrations, les commiffions, & les Alcaldias qui font les infpections fur les mines.

 Cette

Cette haute dignité ne demeure ordinairement entre les mains de celui qui en est revêtu que six ou huit ans; quoi-que le Roi puisse prolonger le tems autant qu'il lui plaît. Les apointemens sont de 40000. ducats par an, outre les présens des fêtes de Noël, des Rois, de la Pentecôte, & de Pâques, qui sont de 1000. Pesos Ensaïados à chaque fête, chaque Peso valant 20. réales & demie. Ces présens lui sont faits pour régaler tous les Conseillers d'Audiance, quatre fois l'année, & il s'en faut beaucoup qu'il ne les y emploie. On lui donne encore 2000. Pesos Ensaïados pour les frais du Voiage qu'il fait chaque année à Callao, afin d'y régler ce qui regarde l'armade & la flote d'argent.

Il est servi dans son palais non-seulement par des Gentis-hommes & Seigneurs Espagnols & Indiens, mais même par des Princes & des Rois des Indes, qui prennent la qualité de ses Majordomes, Capitaines des gardes, Gentishommes de la chambre. Les autres domestiques sont en si-grand nombre qu'il n'y en a pas davantage dans les maisons des plus grands Rois.

Lors-qu'il sort il est suivi de toute sa Cour, d'une garde de 30. soldats qu'on nomme des Halebardiers, & de 100. Lanciers avec 50. Mousquetaires qu'on qualifie de Gardes du Roïaume. Les gages des Lanciers sont de 800. Pesos par an, & ceux des Mousquetaires de 400.

Il y a quatre Auditeurs au Pérou, un à Panama, un dans la Province de Quito, un à Charlas, & un à Lima. Il y en a aussi au Chili.

li, Roïaume qui a son Gouverneur particulier nommé par le Roi d'Espagne. C'est Don Alonso de la Ribera qui est présentement pourvu de cet emploi. Les afaires civiles & criminelles se plaident en première instance devant les Auditeurs, des Sentences de qui l'on peut apeller devant un tribunal supérieur qui juge définitivement & en dernier ressort. Tous ces Oficiers sont vêtus d'une même maniére, & ont chacun 3000. Pesos Ensaïados d'apointement.

La ville où le Vice-roi tient sa Cour, se nomme Civitados de los Reyos, ou la ville du Roi. Elle est située dans une belle & grande valée. Elle peut avoir une lieuë & demie de long, & trois quarts de lieuë de large. Il y a plus de dix mille habitans, sans compter un grand nombre d'étrangers qui s'y trouvent en tout tems.

Il y a quatre grandes places dans l'une desquelles est l'Hotel-de-ville, où l'on rend la justice, & où les Marchands s'assemblent pour traiter entre eux des afaires du commerce. On y voit beaucoup d'Indiens qui éxercent des métiers comme de Tailleurs d'habits, de Cordonniers &c. dont la plupart demeurent dans un quartier nommé Cercado, qui est tout-proche de la ville.

Il y a aussi beaucoup de gens qui s'ocupent à cultiver la terre, & qui vendent des oignons, des choux, des salades, des raves, des concombres, des melons, du mays, des Camotes, qu'on apelle en Espagne dès patates. Tout cela se trouve dans la place de Pobel Cercado, autour de laquelle il y a plus de 2000.

I i 4

habi-

habitans. Une des autres places se nomme Sainte Anne, une autre S. Diego, & il y en a encore une autre qu'on apelle El Sato de Los Cavalles, parce-qu'on y expose tous les jours en vente des chevaux, des mulets, des ânes.

L'Archévêque fait sa résidence dans cette même ville. Celui qui y est aujourd'hui se nomme Don Bertholom Lobo Guerrero. Il a 50. à 60. mille Pesos de revenu, plus ou moins selon que les dîmes sont abondantes. Il y a 24. prébendes pour les Chanoines de l'Eglise Cathédrale, un Archidiacre, des Maîtres d'E'cole entretenus, des Prêtres, des Chapelains, qui ont de revenu environ 2000. pesos, plus ou moins aussi selon que les dîmes sont plus ou moins hautes.

Il y a pour cette même E'glise quatre Curés qui ont chacun 1500. pesos de rente, que le Roi leur donne pour leur entretien. L'E'glise se nomme de S. Jean l'E'vangéliste.

Il y en a encore quatre autres; l'une de Sin Marcello, qui est desservie par deux Curés, qui ont chacun 1000. pesos de pension : une autre de S. Sébastien, où il y a aussi deux Curés qui ont une pension égale : une autre de Sainte Anne desservie tout-de-même. La quatrième est celle de l'Hopital, ou de la Maison des Orfelins, où il n'y a qu'un Curé, qui dépend des quatre Curés de la Cathédrale qui ne lui donnent que 500. pesos de pension.

Il y a dans la ville des Moines de S. François, de S. Dominique, de S. Augustin, & de Nuestra de les Marsedes. Chacun de ces Ordres y a deux couvens, & celui de S. François y en a trois. Outre cela il y a deux Maisons

Maisons de Jésuites qu'on y nomme Téatins. Dans les principaux couvens il y a jusqu'à 250. Moines ; mais il n'y en a que 20. dans celui des Fréres Mineurs.

Il y en a aussi cinq de Réligieuses, savoir de l'Incarnation, de la Conception, de la Sainte Trinité, de S. Josef, & le cinquième de Sainte Claire. Il y a trois autres Églises dites de Notre-Dame de Montecorate, de Prado, & de Loretto.

Il y a 4. Hopitaux, l'un de S. André où l'on ne pense que les pauvres, & il s'y en trouve ordinairement jusqu'à 400. ou plus: un de Sainte Anne où l'on reçoit les Indiens; un de S. Pedro, qui est pour les Prêtres & pour les autres Ecclésiastiques : un de la Caridade, où l'on met les pauvres femmes. Il y en a encore un autre apellé S. Lazare, où l'on traite les hommes qui sont affectés à d'anciennes maladies, & qui n'ont point de revenus pour se faire soulager. Il y en a un nommé du S. Esprit, qui est destiné pour les mariniers.

Il y a dans la ville plus de 6000. Prêtres chantant Messe, & plus de 1000. Étudians, dans trois Colléges, dont le premier est le Collége Roïal où l'on entretient 24. Étudians. Le second est nommé de S. Torinio, du nom de l'Archévêque qui l'a fondé, & il y a tout-de-même 24. Étudians entretenus. Le troisième porte le nom de S. Martin, où il y a plus de 400. Étudians qui doivent païer pour leur entretien, & pour être enseignez, chacun 200. pesos Ensaïados.

L'Université où l'on enseigne toutes les Sciences, est composée de plus de 220. Doc-

I i 5

teurs

teurs soit en Théologie, en Droit, &c. c'est-
à-dire de gens qui ont pris leurs degrès. Les
Professeurs sont gagez du Roi, & ont par an
chacun 1000. pesos.

Outre les leçons, que font les Professeurs,
il y a deux auditoires pour le Droit, où on
lit deux fois le jour, avant midi & après midi, & les Lecteurs ont chacun 600. pesos de
gages. Chaque Maître de Mathématiques a
400. pesos, ainsi que ceux qui enseignent les
Instituts. Tous les Docteurs ensemble élisent
tous les ans un Recteur, qu'on nomme Jues,
ou Juge des Etudians.

Il y a, tant dans l'enceinte des murailles de
la ville que dans les dehors, plus de 20000.
esclaves. Parmi les Espagnols il y a plus de
femmes que d'hommes. Les Indiens y sont
aussi libres que les Espagnols, hormis qu'ils
sont tenus de paier au Roi, ou à ses Commis,
tous les six mois, deux pesos, & une poule
qui vaut une réale, une demie pièce du drap,
ou de l'étofe dont ils font leurs habits. Ceux
qui habitent dans la valée, ou dans le plat
païs, doivent fournir des étofes de coton, &
ceux qui demeurent dans les montagnes en
fournissent de laine.

Chaque Indien est obligé de passer 30. jours
par an au service du Roi. Ils commencent à
servir dans les mines au mois de Mai, & ne
finissent qu'à la fin de Novembre. Ceux qui
demeurent proche des mines, y rendent leurs
services; & ceux qui en sont éloignez, sont
emploiez ailleurs. Les Maîtres qu'ils servent
doivent leur donner 2. réales & demie par
jour, pour leur salaire, & des vivres qui sont

du

du pain, de la viande, du fel &c.

Il y en a qui vont fervir à la campagne, pour paître le bêtail qui y eft en quantité. Car outre un grand nombre de brebis d'Efpagne qu'on y voit préfentement, il y en a d'autres du païs qui font auffi grandes qu'un jeune cheval qui eft parvenu à la moitié de la grandeur ordinaire des chevaux. Elles reffemblent affez aux chameaux, & l'on s'en fert de tout tems, dans ces païs-là pour bêtes de charge, fur-tout dans le Potofi, où on leur fait porter par les montagnes les matiéres qu'on tire des mines, jufques-à-ce qu'elles foient dans le plat païs.

Depuis Arica jufqu'au Potofi on trouve dans les ports, des beftiaux, de la farine de froment, du mays, de l'Acicoca, qui eft une herbe verte, dont les Indiens font un ufage ordinaire, en aiant toujours dans la bouche. Ce n'eft pas qu'il n'y ait quantité de chevaux & de mulets dans le païs : mais les Efpagnols aiment mieux fe fervir de brebis pour les voitures.

Les Indiens compofent un bruvage qu'ils nomment Schica, ou Chica, qu'on boit froid, & qui eft fort fain. Cette même ville Roïale abonde en vivres, pain, viande, poiffon. Seize onces de pain y coûtent une réale fimple, plus ou moins felon le prix du blé, car la mefure de froment qui ne vaut ordinairement que trois pefos, valut l'an paffé jufqu'à 10. ou 12. piéces de huit. L'Aroba de viande y vaut quatre réales & demie, ou jufqu'a cinq. La livre de poiffon frais y vaut 3. quarts de réale.

Une groffe & poiffonneufe riviére paffe le long de la ville, & elle s'enfle encore affez souvent quand il tombe beaucoup de pluïes ou qu'il se fait des débordemens d'eaux. Son cours est alors si véhément, qu'il emporte les arches, & quelquefois les piliers d'un beau pont de pierre, qui a sept arches aussi fortes qu'on en trouve en aucun autre lieu.

Il y a un Conseil composé de 24. Conseillers, & un palais qu'on nomme le palais du Roi, où tient la Contractation composée du Trésorier, du Contador, du Facteur, & du Médor. C'est là que sont gardez les trésors & les revenus du Roi. Il y a un autre tribunal d'Inquisition, dont les deux Inquisiteurs ont 300. pesos d'apointement. Ils ont une prison séparée des autres, un Major, & deux Notaires dont chacun a 1000. pesos de gages. Il y a un tribunal nommé Del Crusada, pour les Indulgences & pour les Reliques, dont les Oficiers & Suppôts ont les mêmes revenus que ceux de l'Inquisition.

La ville est située à 2. lieuës de la mer. Il y a une garnison de 8. compagnies de cavalerie, & d'autant d'infanterie. Son port s'apelle Callao, & il y a environ 800. habitans Espagnols. Tout-proche du lieu où ils sont établis il y a aussi un village d'environ 200. Indiens, qui parlent tous assez bien la langue Espagnole. Ils servent les Espagnols, & cultivent les terres à froment, quoi-qu'il y soit aussi envoïé beaucoup de blé par mer, de-même que du vin, de Pisco, d'Yca, & de la Nasca,

Les marchandises d'Espagne pour vêtir les Indiens, & celles qui se fabriquent dans cette même ville, en sont transportées au Potosi

toſi qu'on nomme La Villa Imperial. Il y a
dans ſon enceinte une haute montagne, des mines de laquelle on tire l'argent. C'eſt une choſe afreuſe que ces mines. Il y faut deſcendre
par plus de 400. marches, & l'on n'y voit
aucune clarté que celle des lumiéres qu'on y
porte.

Plus de 20000. Indiens ſont emploiez à
foüir dans toutes les mines de ces païs-là, &
il y en a un nombre à-proportion qui enlève
les matiéres, & les porte â la riviére, dans
plus de 100. moulins qui y ſont, pour les y
faire moudre, & les purifier. Quand elles ſont
mouluës auſſi menu que la pouſſiére, on les
met dans des auges ou vaiſſeaux quarrez, avec
du ſel & du froment briſé, & une certaine
quantité de mercure, qui ſert à ſéparer l'argent de la terre.

L'argent s'étant mêlé avec le mercure, on
travaille enſuite à les ſéparer auſſi. Pour cet
éfet on a un four pareil à ceux où les fondeurs
de cuivre font fondre ce métal, hormis que
celui-ci eſt ouvert par le haut, & l'on y met
le feu par le bas. Sur cette ouverture il y a
un comble, ou comme une tourelle d'argile,
qui n'eſt point engagée dans la conſtruction
du four, qui peut s'ôter & ſe remettre, &
qui pend ſeulement au-deſſus. Là monte le
mercure qui eſt chaſſé par la chaleur du feu qui
vient du bas, & l'argent demeure dans le four,
le mercure qui s'eſt allé loger dans l'argile, en
étant retiré pour ſervir une autre fois.

Il fait un grand froid autour de ces mines,
& il ne croît rien dans tout le païs qui les
environne juſqu'à quatre lieuës à la ronde, ſi
ce

ce n'eſt une herbe que les Indiens nomment Ycho. On y mène les vivres dans des charet-tes, ou ſur des bêtes de charge, qu'on y envoie d'Arica qui eſt le port du Potoſi, & de quel-ques autres endroits. Quelquefois les vivres y ſont chers, mais au-moins l'on prend ſoin qu'il y en ait toujours ; & pour cet éfet il y a un gros village qui contient plus de 6000. hom-mes, qui ne s'emploient preſque tous qu'à en voiturer, outre plus de 2000. hommes d'Ari-ca, qui font auſſi le même métier.

La ville du Potoſi eſt à plus de 180. lieuës d'Eſpagne de ſon port. On trouve, ſur le chemin, des villages à huit ou dix lieuës les uns des autres, habitez par des Indiens, & l'on y en voit auſſi de ruïnez. Le Roi y envoie un Corrigidor, qu'il change tous les ſix ou huit ans.

Plus avant encore dans les terres eſt la vil-le de Chicuſacas, où il y a un tribunal de Juſtice compoſé de 4. Ceydores, ou Oydores, d'un Fiſcal, & d'un Préſident qui y a preſque la même autorité que le Vice-roi à Lima, hormis qu'il ne conſére pas les charges, ni ne diſtribuë pas les revenus, ſa commiſſion n'é-tant que de rendre juſtice.

La ville n'eſt pas grande mais elle eſt bon-ne. Il y a un E'vêque, dont les revenus mon-tent à 3000. ducats. Il y a un Chapitre de Chanoines à l'E'gliſe Cathédrale, ainſi-qu'à Lima, & des couvens de Moines du même Ordre, mais non-pas en ſi-grande quantité. Les habitans ſont au nombre de 3. à 4. mil-le ; & s'il arrive ou ſi l'on craint quelque deſordre dans le païs ou ſur les côtes, ils ſont

obligez

obligez d'aller au Potoſi, & même à Arica, pour y ſervir avec ceux du Potoſi.

Il y a dans cette derniére place plus de 1500. vagabonds & gens oiſifs, qui ne font qu'aller & venir, ſoit à Arica ou ailleurs; qui tâchent de tromper les marchands & les autres bourgeois; qui ne vivent que de filouteries, par le jeu & par de tels autres moiens; & qui font grand tort au commerce.

A 70. lieuës à côté de Chicuſacas, eſt une autre ville qu'on nomme Oruro, où il y a auſſi des mines qui fourniſſent beaucoup d'argent, qui eſt du même aloi que celui du Potoſi. Les habitans ſont à-peu-près au nombre de 2000. mais il y a toujours beaucoup d'étrangers, marchands & voituriers, qui y portent des vivres, & qui y en vendent.

Un peu plus loin en tirant du côté de Lima, eſt un autre lieu nommé Chocoloicora, où il y a encore des mines; mais l'on n'en tire pas tant d'argent que d'Oruro & du Potoſi. Il eſt habité par 500. Eſpagnols & par 3. à 4. mille Indiens. L'air y eſt auſſi froid qu'au Potoſi.

Plus proche encore de Lima eſt Caſtro Vireyna, où l'on monnoie de l'argent, & où il y a 500. Eſpagnols & 5000. Indiens, qui tirent des vivres de la ville d'Yca qui eſt dans la valée. Le port de cette place ſe nomme Piſco: il lui fournit des vins, des farines, & du mays pour les Indiens.

Il y a dans chacune de ces places un Gouverneur qui y eſt établi par le Vice-roi, & qui a 2000. Peſos Enſaiados de revenu.

A-peu-près à 20. lieuës de ces derniéres vil-

les

les il y en a une autre nommée Juamabeluca,
bâtie presque comme le Potosi, à deux lieuës
de laquelle on nourrit quantité de bestiaux qui
fournissent beaucoup de beurre & de fromage.
On tire de Pisco, & des autres places qui sont
dans les valées, beaucoup de vin & d'autres
denrées. Juamanga, qui est un païs rempli
de cannes de sucre, fournit des conserves.

Il y a environ 150. lieuës du Potosi à Cusco, tout chemin de valées unies, qu'on nomme Callao, où l'on trouve des villages d'Indiens à dix ou douze lieuës les uns des autres,
ou même plus près, de-sorte que quand l'on
en perd un de vuë, on découvre presque l'autre. On y voit beaucoup de bons marchands,
& en même tems beaucoup de ces filoux dont
il a été déja parlé, qui régentent incessamment dans les Tambos, ou cabarets tels que
ceux qu'on apelle Ventas en Espagne.

Cusco est une ville presque semblable à Lima, qui est fort grande, mais aride & inégale, étant située au pié d'une grande montagne. Il y pleut fréquemment. Il y a plus de
6000. habitans Espagnols. On voit dans le
voisinage plusieurs villages d'Indiens, qui
contiennent plus de 2000. hommes.

Il y a dans la ville un Corrigidor, un Evêque, un Cabildo, des Alcaldes; des couvens
comme à Lima; deux Colléges d'Etudians,
où il y en a plus de 600. L'Eglise Cathédrale a un Chapitre de Chanoines.

On trouve dans ce païs-là plusieurs belles
valées, qui fournissent abondance de vivres &
de bestiaux. On y transporte du vin d'Ara-
quipa ville maritime située à 100. lieuës de
Cusco.

Cufco. Il y a des Efpagnols prefque par-tout,
pour faire commerce, à quoi contribuënt encore un grand nombre de moulins à fucre qui
y font. On y a des poires, des pommes, des
coins, &c. d'autres fruits nommez Dierafno
& Melocotones, qu'on y confit pour en porter aux mines.

Guamanga eft à 60. ou 70. lieuës de diftance de Cufco. Le chemin eft mauvais & pierreux. La ville eft grande : il y a un E'vêché,
mais point de mines ; ce qui fait que le païs
n'eft pas riche. En recompenfe les vivres y
font à bon marché, le terroir étant fertile,
& très-propre à être cultivé. Il y a quantité
de bœufs, de brebis, & de chevaux qui deviennent beaux & vigoureux.

Juancabeluca, ou Juancabelica, eft le lieu
où l'on fait le mercure. Il y a une montagne
comme au Potofi, qui n'eft ni moins haute,
ni moins efcarpée. On en defcend par le moien
d'échelles de corde, qui font comme les ti-
revieilles des mâts. La mine eft extraordinairement profonde, & il faut que les Indiens
portent au haut fur leurs épaules les matiéres
qu'on en tire, qui font des pierres dont on
fait le mercure. Il n'arrive que trop fouvent
qu'en montant & en defcendant il tombe quelqu'un de ces malheureux, & alors il faut que
tous les autres qui font au-deffous de lui,
tombent auffi & fe précipitent, y aiant plus
de 400. marches. Il y a une riviére où tout
ce qu'on y plonge fe convertit en pierre, &
ceux à qui il arrive d'en boire de l'eau, meurent à l'heure même.

De Juancabelica on defcend vers Xaura,

K k   *qui*

qui est à 40. lieuës de Lima. Elle est située dans une valée agréable, où tout abonde, & où l'air est fort sain. On y nourrit beaucoup de bêtes venuës d'Espagne. Les Indiens y sément du froment & du mays. Il y a plus de 40. villages & plus de 10. mille habitans Indiens, sans compter un grand nombre d'Espagnols qui y trafiquent.

Entre la valée de Xaura & Lima il y en a une autre nommée Quorogerii, qui est a 12. ou 14. lieuës de Lima, & toute habitée par des Indiens, n'y aiant que très-peu d'Espagnols parmi eux.

Depuis cette derniére valée jusqu'à Callao, ou Calliou de Lima on trouve les villages d'Aburco, de Pachacama, de Chica, d'Abia, où il y a peu d'habitans, & ils sont fort pauvres. D'ailleurs le païs n'est pas bon jusqu'à Canetto village où il y a environ 80. familles Espagnoles.

Sur cette côte, en tirant vers Arica, on voit encore plusieurs villages habitez par des Espagnols ; entre-autres Pisco, où l'on recüeille beaucoup de vin, quoi-qu'il n'y ait qu'environ 50. hommes dans le village & dans la valée. Ensuite on trouve Yca, lieu à-peu-près semblable ; puis la Nasca ; & après cela plusieurs autres villages habitez par des Indiens ; enfin la ville d'Ariquipa, qui est assez belle, & où il y a près de 2000. habitans Espagnols, un Corrigidor, un Evêque & un Cabildo.

Le chemin de cette derniére place jusqu' celle d'Arica, est solitaire, & l'on y rencontre peu de gens. On tient qu'il y a au
plu

plusieurs lieux habitez au-dessous de Lima,
jusqu'à Chaucai où il n'y a pas moins d'habitans Espagnols qu'à Canetto. Aux environs de cette derniére place demeurent quelques Indiens qui cultivent les terres & nour-
rissent du bêtail. Il y a peu d'Indiens sur toute cette côte; mais ceux qui y sont parlent bon
Espagnol.

Plus bas on trouve Guara, où il y a un peu
plus de 800. habitans, & parmi eux peu d'Indiens. Ils envoient à Lima beaucoup de sucre, de sirop, & de farine.

De Guara on se rend à Varancas bourg peuplé de 200. familles d'Indiens, qui recüeillent du froment & du mays qu'on porte à Lima. Ensuite on arrive à Guarmei, où les habitans subsistent comme ceux de Varancas, n'y
aiant presque aucun Espagnol parmi eux. De
cette derniére place on va vers un haut païs, où
est le bourg de Casmala, qui est presque ruïné,
dont les habitans sont fort-pauvres, & où il y
en a bien-peu.

Après cela on trouve Santa, petite ville où
il y a plus de 100. familles Espagnoles & peu
d'Indiens; puis Truxillo, où l'on a établi depuis peu un E'vêque. Le lieu est beau, mais
on y est fort pauvre. Il y a près de 2000. Indiens. Son port se nomme Guanecaco. On
sème beaucoup de froment dans la campagne,
où il y a aussi plusieurs moulins à sucre. De
Santa l'on transporte des farines à Panama.
On nourrit, dans les lieux voisins, beaucoup
de bêtail venu d'Espagne, & quantité de ca-
vales, pour en avoir des chevaux & des mulets. Les denrées y sont à bon marché, aussi n'y

fi n'y a-t-on guéres d'argent pour les paier.

La ville capitale du Chili fe nomme S. Ja-go. Elle eft habitée par des Indiens: il y a une mine d'or dont le Roi d'Efpagne ne tire aucun profit. Coquinibo eft une autre ville abondante en cuivre dont on fait des canons au Pérou.

Valdavia, ou Baldavia eft abondante en or ; mais les habitans la reprirent fur les Efpagnols l'an 1599. & ils y éxercérent de grandes cruautés.

A l'égard d'Auraco, où les Efpagnols ont un fort, la compagnie de foldats qu'ils y tiennent en garnifon, y manque fouvent de vivres.

Il y a un Gouverneur Efpagnol dans la ville de la Conception, qui y entretient 400. foldats de fon païs, qui ont quelques piéces de canon pour leur défence.

Chilve, ou Chiluë, qui eft à l'extremité du païs, eft auffi entre les mains des Efpagnols; mais elle eft fi-peu confidérable qu'un Capitaine Hollandois nommé Antoine Swart s'en eft une fois rendu maître avec 30. hommes.

Documents manquants (pages, cahiers...)

NF Z 43-120-13

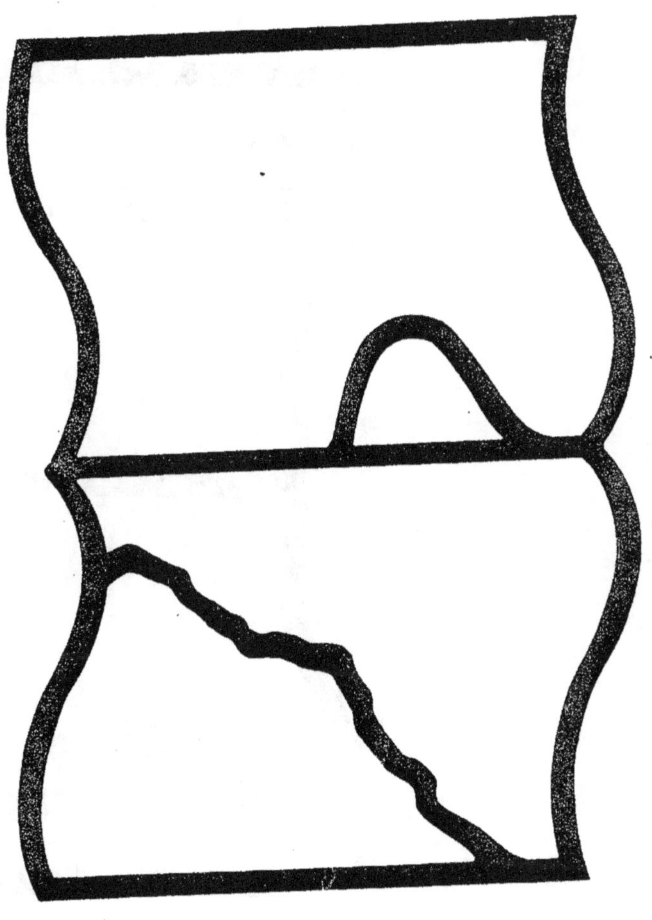

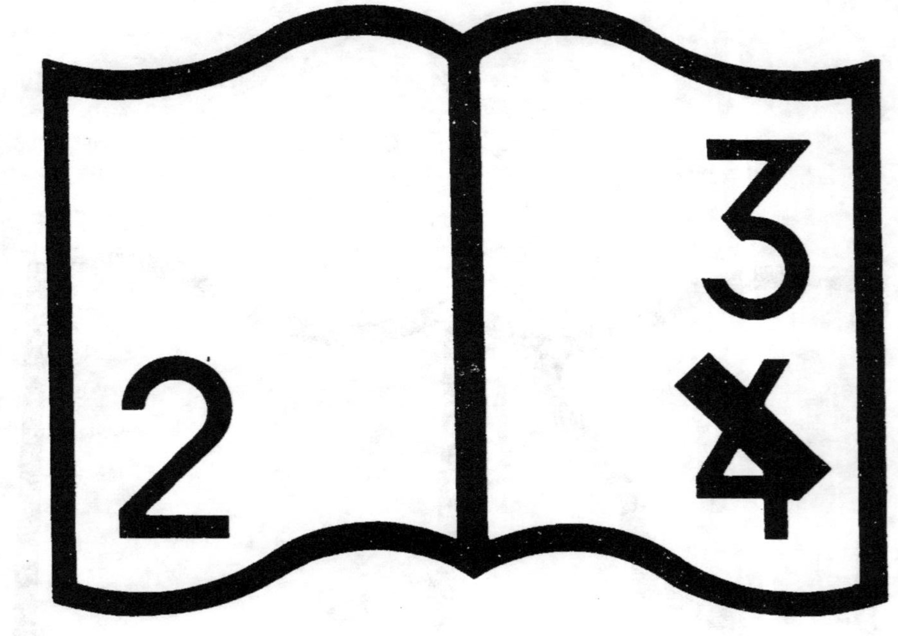

Pagination incorrecte — date incorrecte

NF Z 43-120-12